Springer-Lehrbuch

Walther Busse von Colbe
Peter Hammann · Gert Laßmann

Betriebswirtschafts-
theorie

Band 2. Absatztheorie

Vierte, verbesserte und erweiterte Auflage

Mit 93 Abbildungen

Springer-Verlag Berlin Heidelberg GmbH

Dr. Walther Busse von Colbe
Dr. Peter Hammann
Dr. Gert Laßmann

Professoren der Betriebswirtschaftslehre
an der Ruhr-Universität Bochum
Universitätsstraße 150, W-4630 Bochum-Querenburg

Die erste und zweite Auflage erschien als Heidelberger Taschenbuch 186.

ISBN 978-3-540-55807-1   ISBN 978-3-642-58139-7 (eBook)
DOI 10.1007/978-3-642-58139-7

Dieses Werk ist urheberrechtlich geschützt. Die dadurch begründeten Rechte, insbesondere die der Übersetzung, des Nachdruckes, der Entnahme von Abbildungen, der Funksendung, der Wiedergabe auf photomechanischem oder ähnlichem Wege und der Speicherung in Datenverarbeitungsanlagen bleiben, auch bei nur auszugsweiser Verwertung, vorbehalten. Die Vergütungsansprüche des § 54, Abs. 2 UrhG werden durch die „Verwertungsgesellschaft Wort", München, wahrgenommen.
© Springer-Verlag Berlin Heidelberg 1977, 1985, 1990, 1992
Ursprünglich erschienen bei Springer-Verlag Berlin Heidelberg 1992
Die Wiedergabe von Gebrauchsnamen, Handelsnamen, Warenbezeichnungen usw. in diesem Werk berechtigen auch ohne besondere Kennzeichnung nicht zu der Annahme, daß solche Namen im Sinne der Warenzeichen- und Markenschutz-Gesetzgebung als frei zu betrachten wären und daher von jedermann benutzt werden dürften.
Satz: typo media, Plankstadt bei Heidelberg

42/7130-543210 – gedruckt auf säurefreiem Papier

Vorwort zur vierten Auflage

Die vierte Auflage ist gegenüber der vorausgegangenen dritten Auflage in Teilen ergänzt und redaktionell überarbeitet worden, was auch eine Aufdatierung und Ergänzung der empfohlenen Literatur einschließt.
Die inhaltlichen Veränderungen beziehen sich auf einige aus neuerer wirtschaftstheoretischer Sicht erforderliche konzeptionelle Erweiterung im ersten Kapitel, Ausführungen zur Ökologie von Absatzprozessen, zu Just-in-Time-Lieferkonzepten sowie zu neueren Tendenzen in der Produkt-, Preis- und Distributionspolitik. Wir danken unseren Mitarbeiterinnen und Mitarbeitern (insbesondere Herrn cand. rer. oec. Andreas von der Gathen) für die Unterstützung bei der Materialsammlung und der technischen Abwicklung der Neuauflage.

Bochum, Mai 1992
Walther Busse von Colbe
Peter Hammann
Gert Laßmann

Vorwort zur dritten Auflage

Die dritte Auflage weist gegenüber der zweiten Auflage eine Reihe redaktioneller Veränderungen auf. So wurden neben kleineren Korrekturen am Text insbesondere die Beispiele optisch stärker hervorgehoben. Einige wenige sachliche Unstimmigkeiten wurden beseitigt sowie Überschriften geändert. Die inhaltlichen Veränderungen beschränken sich auf Ergänzungen zu den §§ 1, 4 und 6. Im Abschnitt zur Monopolpreispolitik wurde darüber hinaus eine Umstellung vorgenommen. Nunmehr wird hinsichtlich der Preispolitik des Monopolisten auf dem vollkommenen und auf dem unvollkommenen Markt differenziert. Die Inhalte sind unverändert, der verbindende Text wurde jedoch angepaßt.

Bochum, im September 1989
Walther Busse von Colbe
Peter Hammann
Gert Laßmann

Vorwort zur zweiten Auflage

Mit der 2. Auflage wurde der Band 2 der 1. Auflage der Betriebswirtschaftstheorie in zwei Bände Absatztheorie und – als Band 3 – Investitionstheorie geteilt, weil die beiden Sachgebiete häufig in getrennten Lehrveranstaltungen behandelt werden. Band 3 soll gegen Ende 1985 erscheinen.
Für die 2. Auflage von Band 2 wurde das Autorenteam mit Professor Dr. Peter Hammann, Bochum, um einen Koautor erweitert, dessen Lehraufgaben und Forschungsinteressen ungleich stärker auf das Gebiet der Absatztheorie und des Marketing im allgemeinen ausgerichtet sind, als dies bei den beiden Autoren der 1. Auflage des Bandes 2 der Fall ist.
Die Neuauflage wurde gegenüber dem Kapitel Absatztheorie der 1. Auflage um rund 60 Seiten erweitert. In §1 wurde ein Abschnitt über mehrstufige Märkte und in §2 über die Theorie des Tausches eingefügt. Vor allem wurde der bisherige §3 neu bearbeitet, erheblich erweitert und in §3 „Absatzstrategische Grundentscheidungen" sowie §4 „Absatzpolitik" gegliedert. Hier wurden insbesondere die Darstellung der Organisation des Absatzbereichs, der Werbung, des persönlichen Verkaufs, der Verkaufsförderung, der Öffentlichkeitsarbeit, der Kundendienstpolitik, der Absatzfinanzierung und der absatzpolitischen Besonderheiten im Dienstleistungsbereich neu aufgenommen oder vertieft. In den übrigen Paragraphen wurden einzelne Abschnitte ergänzt oder neu gefaßt.
Der gesamte Text wurde von uns gemeinsam gründlich durchgesehen und diskutiert. In verstärktem Ausmaß wurde auf die einschlägige Spezialliteratur verwiesen und das neuere Schrifttum eingearbeitet. Trotz der eingehenden Behandlung insbesondere der absatzpolitischen Instrumente haben wir uns bemüht, die absatztheoretischen Grundlagen herauszuarbeiten und auch für Band 2 den Charakter eines einführenden Lehrbuches zu wahren, das für Lehrveranstaltungen des Grundstudiums und für erste Vorlesungen und Übungen des Hauptstudiums geeignet ist.
Wir danken dem Springer-Verlag für die wiederum reibungslose Zusammenarbeit und unseren Mitarbeitern und Mitarbeiterinnen für die Unterstützung bei der Materialsammlung und der technischen Abwicklung der Neuauflage.

Bochum, Dezember 1984   Walther Busse von Colbe
Peter Hammann
Gert Laßmann

Vorwort zur ersten Auflage

Die drei Bände der Betriebswirtschaftstheorie enthalten den *Kern der Theorie der Unternehmung*. Zu ihm gehören neben der in Band 1 behandelten Produktions- und Kostentheorie die Theorie des Absatzes und der Investition. *Absatz-, Produktions- und Investitionsprobleme* haben insofern *starke Beziehungen* zueinander, als Entscheidungen zwischen alternativen Investitionsobjekten oder -programmen Marktanalysen und Entscheidungen über den Einsatz absatzpolitischer Instrumente voraussetzen und für die Abschätzung der zukünftigen Ausgaben von den Produktionsplänen auszugehen ist. Die quantitativen Probleme dieser Gebiete lassen sich mit gleichartigen Instrumenten analysieren, während für Finanzierung, Rechnungswesen und Organisation in stärkerem Ausmaß institutionelle Gegebenheiten zu beachten sind. Auf anspruchsvolle Spezialprobleme konnte dabei im Rahmen dieser *Einführung* nicht eingegangen werden, sondern gezielt nur auf die weiterführende Literatur verwiesen werden. Wir haben uns bemüht, die Probleme realitätsnäher zu behandeln, als es sonst in der betriebswirtschaftstheoretischen Literatur üblich ist. Besondere Aufmerksamkeit widmeten wir in Band 2 der Einordnung der betriebswirtschaftlichen Preistheorie in die neuere Absatztheorie, der ökonomischen Interpretation der linearen Programmierung und der Preisgrenzbetrachtung.

Hinsichtlich der *Methodik* gilt für Band 2 das, was bereits im Vorwort zu Band 1 gesagt wurde: Das Buch soll dazu dienen, den akademischen Unterricht von der großen Vorlesung wenigstens zum Teil in kleine Gruppen zu verlagern. Es soll
- den Hörern ermöglichen, das Mitschreiben in Vorlesungen auf ergänzende Notizen zu reduzieren,
- Grundlage für Kolloquien in kleinen Arbeitsgruppen sein,
- die Wiederholung des Stoffes während der Vorbereitung auf Übungsklausuren und Prüfungen erleichtern,
- den Zugang zur Fachliteratur erschließen, nicht aber die Durcharbeitung der einschlägigen Literatur ersetzen.

Erfolg wird die *Arbeit in kleinen Gruppen* von 20 bis 30 Studenten mit Hilfe des Buches nur dann haben, wenn die Hörer den Text einschließlich der wichtigsten Aufgaben eingehend durcharbeiten. Der Dozent kann sich dann darauf beschränken, in der Vorlesung die größeren Zusammenhänge aufzuzeigen und auf schwierige Einzelprobleme sowie die modellmäßigen Ableitungen näher einzugehen. Jeder Hörer sollte sich durch die Beantwortung der *Kontrollfragen* und die Lösung der *Übungsaufgaben*, die im Anschluß an jeden Paragraphen angegeben sind, vergewissern, daß er den gebotenen Stoff verstanden hat und mit den gedanklichen Instrumenten umzugehen weiß. Die *Literaturempfehlungen* zu den Paragraphen sind so knapp gehalten, daß der Student einzelne Fragestellungen parallel zur Vorlesung vertiefen kann. Im Anhang ist ein *Test*

VIII Vorwort

nach dem Multiple-Choice-Prinzip wiedergegeben, durch dessen Bearbeitung die Studenten die Erreichen des Lernziels überprüfen können. In entsprechender Form werden Klausuren in Bochum gestellt und unter Einsatz der EDV ausgewertet.
Von Dozenten kann zum ausschließlich persönlichen Gebrauch auch zu Band 2 ein Heft mit *Lösungen* zu den Übungsaufgaben und zusätzlichen Klausuraufgaben erworben werden. Außerdem kann das *EDV-Programm* zur Klausurbewertung und statistischen Auswertung angefordert werden. Bestellungen sind ausschließlich an die Autoren zu richten, die sie an den Verlag weiterleiten werden.
Das Buch ist aus dem Vorlesungsmanuskript zu der Veranstaltung „Betriebswirtschaftstheorie II" hervorgegangen, wie sie seit 1968 an der Ruhr-Universität Bochum zum Programm des Grundstudiums gehört. Zum Wintersemester 1969/70 erschien im Offsetdruck die 1. Auflage. Wegen des zunehmenden Interesses auch von anderen Universitäten und Fachhochschulen erschien die 5. Auflage in den Heidelberger Taschenbüchern. Dafür waren eine gründliche Überarbeitung und Ergänzungen des Textes notwendig.
Zu dieser Neubearbeitung haben Fakultätskollegen durch konstruktive Kritik und zahlreiche Anregungen in erheblichem Maße beigetragen: Zur Absatztheorie insbesondere die Professoren Dr. Werner Hans Engelhardt und Dr. Peter Hammann, und zur mathematischen Darstellung quantitativer Probleme Professor Dr. Arno Jaeger. An Band 2 haben von der ersten Auflage an unsere wissenschaftlichen Mitarbeiter durch Formulierungsvorschläge für einzelne Abschnitte, Ausarbeitung von Aufgaben und Zeichnungen sowie vor allem auch durch konstruktive Kritik mitgewirkt. An der vorliegenden Neufassung arbeiteten insbesondere die Herren Dipl.-Math. Reinhard Brand, Dipl.-Wirtschaftsing. Gerhard Bürstner, Diplom-Ökonomen Horst Heiber, Dr. Horst Köhler, Alfred Kroesen, Heino Nolte, Hartwig Mennenöh, Sören Rieger, Volker Schmied, Alfons Vogt und Dr. Heinz-Michael Winkels mit. Unseren Kollegen und Mitarbeitern sie auch an dieser Stelle herzlich für die ausgezeichnete Zusammenarbeit gedankt. Nur durch die bereitwillige Kooperation aller Beteiligten konnte dieser Leitfaden für die betriebswirtschaftstheoretischen Lehrveranstaltungen des Grundstudiums entwickelt werden, der von allen auf diesem Gebiet in Bochum Lehrenden verwendet wird. Dank gebührt auch zahlreichen Studenten, die durch kritische Fragen und Hinweise mitgeholfen haben, den Text zu verbessern, und unseren Mitarbeiterinnen für das Schreiben des Manuskriptes sowie nicht zuletzt dem Springer-Verlag für die Aufnahme in die Schriftenreihe.

Bochum, Januar 1977 Walther Busse von Colbe
Gert Laßmann

Inhaltsverzeichnis

1. Kapitel. *Grundlagen der Absatztheorie*

§1 Gegenstand und Grundbegriffe der Absatztheorie 1
   A. Einführung 1
   B. Der Markt 3
      1. Begriff des Marktes 3
      2. Relevanter Markt 6
      3. Marktformen und Wettbewerb 8
      4. Marktmacht 12
      5. Vollkommene und unvollkommene Märkte 14
      6. Einstufige und mehrstufige Märkte 15
      7. Marktzugang und Marktregelung 16
   C. Grundlegende Ansätze für eine Absatztheorie 17
      1. Institutionsbezogener Ansatz 17
      2. Güterbezogener Ansatz 18
      3. Funktionsbezogener Ansatz 19
      4. Instrumentenbezogener Ansatz 20
      5. Marketingansatz 22
   Literaturempfehlungen 24
   Aufgaben 25

§2 Bestimmungsgrößen der Güternachfrage 27
   A. Grundlagen des Käuferverhaltens 27
   B. Nachfrageverhalten von Konsumenten 29
      1. Klassische Haushaltstheorie 29
      2. Die Theorie des Tausches 34
      3. Neuere Theoreme des Käuferverhaltens 36
         a) Kaufmotivtheorem 37
         b) Referenzgruppentheorem 38
         c) Dissonanztheorem 39
         d) Risikotheorem 40
         e) Lerntheorem 40
         f) Diffusionstheorem 41
         g) Gesamtmodelle des Kaufprozesses 43
      4. Stochastische Modelle und Simulation 46

X Inhaltsverzeichnis

C. Nachfrageverhalten von Produktions- und Handelsbetrieben 49
D. Nachfrageverhalten von öffentlichen Institutionen 50
Literaturempfehlungen 54
Aufgaben 55

§ 3 Absatzpolitische Grundentscheidungen 56
A. Einführung 56
B. Absatzziele im Rahmen der Unternehmens-Gesamtziele 58
  1. Kurzfristige Gewinnmaximierung als Gesamtziel 58
  2. Langfristige Gewinnmaximierung 60
  3. Gewinnmaximierung unter Nebenbedingungen 61
  4. Erlösmaximierung unter Nebenbedingungen . . . . ·. . 66
  5. Partialziele des Absatzes 68
  6. Befriedigung eines Anspruchsniveaus bei mehrdimensionalen
     Zielsystemen 71
C. Marktstrategien 72
  1. Allgemeine Grundlagen 72
  2. Die Analyse der Ausgangsgrößen für die Strategieformulierung 73
     a) Die Analyse des Unternehmensumfeldes 73
        α) Die Analyse der Kenngrößen des Marktes 73
        β) Die Analyse des Verhaltens der Marktteilnehmer 74
        γ) Analyse der allgemeinen Unternehmensumwelt 78
     b) Analyse der Unternehmung 78
        α) Analyse der Unternehmenszwecksetzung 78
        β) Abgrenzung strategischer Geschäftseinheiten 79
        γ) Stärken- und Schwächenanalyse 80
  3. Die Formulierung einer strategischen Grundkonzeption 88
D. Marktsegmentierung 93
E. Organisation des Absatzbereiches 96
Literaturempfehlungen 100
Aufgaben 101

§ 4 Absatzpolitische Instrumentalentscheidungen 103
A. Einführung 103
B. Preispolitik 108
  1. Nachfragefunktion und Preisabsatzfunktion 108
  2. Preiselastizität der Nachfrage und des Angebots 112
  3. Erlös- und Grenzerlösfunktionen 120
  4. Gewinnfunktionen 123
  5. Preisaufbau und Preisansatz 125
  6. Empirische Ermittlung von Preisabsatzfunktionen 129
  7. Produktdifferenzierung und Preispolitik 136
  8. Wirkungen von Preisveränderungen auf den Marktanteil 137
C. Produkt- und Sortimentspolitik 140
  1. Produktqualität 141
  2. Markierung 150
  3. Sortimentspolitik 152
  4. Neuproduktentscheidungen 157

5. Umweltökonomische Probleme der Produkt- und Sortimentspolitik .. 161
6. Produzentenhaftung als Restriktion der Produktpolitik 168
D. Informationspolitik 174
   1. Grundlagen der Informationspolitik 174
   2. Werbung 175
      a) Werbeobjekt, Werbeziel und Werbesubjekt 177
      b) Werbeinhalt, Werbemittel und Werbeträger 179
      c) Bestimmung und Verteilung des Werbebudgets 180
   3. Persönlicher Verkauf 183
   4. Verkaufsförderung 184
   5. Öffentlichkeitsarbeit 185
E. Vertriebspolitik 185
   1. Vertriebswegeentscheidungen 186
   2. Technische Vertriebsdurchführung 189
F. Kundendienstpolitik 195
G. Absatzfinanzierung 197
H. Integration der absatzpolitischen Instrumente 200
   1. Marketing-Mix-Strategien 200
   2. Verbundwirkungen und Restriktionen 203
   3. Produktlebenszyklus als Planungsgrundlage 205
I. Absatzpolitische Besonderheiten im Investitionsgüterbereich 208
J. Absatzpolitische Besonderheiten im Dienstleistungsbereich 210
Literaturempfehlungen 213
Aufgaben 214

2. Kapitel. Produktions- und Absatzplanung

§ 5 *Integrierte Produktions- und Absatzplanung des Polypolisten auf einem vollkommenen Markt* 221
A. Ausgangsbedingungen 221
B. Integrierte Produktions- und Absatzplanung im Einproduktunternehmen 223
   1. Gewinnmaximale Produktions- und Absatzplanung bei differenzierbaren Kostenfunktionen 223
      a) Lineare Kostenfunktionen 223
      b) Nichtlineare Kostenfunktionen 224
   2. Gewinnmaximale Produktions- und Absatzplanung bei stückweise differenzierbaren Kostenfunktionen 228
   3. Erlösmaximale Produktions- und Absatzplanung unter Einhaltung eines Mindestgewinns 229
   4. Preisgrenzbetrachtungen 230
      a) Gewinnorientierte Preisuntergrenze 230
      b) Liquiditätsorientierte Preisuntergrenze 232
   5. Break-Even-Analyse 233
C. Integrierte Produktions- und Absatzplanung in Mehrproduktunternehmen 237
   1. Produktions- und Absatzplanung bei unverbundener Produktion ... 237
   2. Produktions- und Absatzplanung bei verbundener Produktion 237
      a) Einführung 237

XII Inhaltsverzeichnis

      b) Gewinnmaximale Produktions- und Absatzplanung bei einem
         Engpaß 238
      c) Gewinnmaximale Produktions- und Absatzplanung bei mehreren
         Engpässen 240
      d) Erlösmaximale Produktions- und Absatzplanung unter Einhaltung
         eines Mindestgewinns 256
    3. Preisgrenzbetrachtungen 258
      a) Stabilität der Optimallösung 258
      b) Preisgrenzen für Aufnahme und Ausscheiden von Produkten ... 261
      c) Arithmetische Ermittlung von Preisgrenzen 264
Literaturempfehlungen 267
Aufgaben 268

§ 6 *Integrierte Produktions- und Absatzplanung des Monopolisten auf dem
vollkommenen und unvollkommenen Markt* 274
  A. Ausgangsbedingungen 274
  B. Integrierte Produktions- und Absatzplanung des Einproduktmonopolisten
     auf dem vollkommenen Markt 276
    1. Gewinnmaximale Produktions- und Absatzplanung bei differenzier-
       baren Kostenfunktionen 276
    2. Gewinnmaximale Produktions- und Absatzplanung bei stückweise
       differenzierbaren Kostenfunktionen 278
    3. Erlösmaximale Produktions- und Absatzplanung unter Einhaltung
       eines Mindestgewinnes 279
    4. Preispolitik auf der Grundlage von Durchschnittskosten 280
    5. Preisgrenzbetrachtungen 282
  C. Integrierte Produktions- und Absatzplanung in monopolistischen Mehr-
     produktunternehmen auf dem vollkommenen Markt 283
    1. Produktions- und Absatzplanung bei technologisch verbundener
       Produktion (Kuppelproduktion) 283
      a) Konstante Produktmengen-Relationen 283
      b) Variable Produktmengen-Relationen 286
    2. Produktions- und Absatzplanung bei wirtschaftlich verbundener
       Produktion 287
      a) Planung bei einem Produktionsengpaß 287
      b) Planung bei mehreren Produktionsengpässen 289
  D. Integrierte Produktions- und Absatzplanung des Monopolisten auf dem
     unvollkommenen Markt 291
    1. Gewinnmaximale Produktions- und Absatzplanung bei Preis-
       differenzierung 291
      a) Vorbemerkungen 291
      b) Beispiel einer Preisdifferenzierung 291
      c) Allgemeiner Ansatz der Preisdifferenzierung des Monopolisten .. 296
    2. Gewinnmaximale Produktions- und Absatzplanung unter Einsatz
       weiterer absatzpolitischer Instrumente 299
    3. Weiterführende Modellansätze unter Berücksichtigung der
       Ungewißheit 304

Inhaltsverzeichnis XIII

Literaturempfehlungen 307
Aufgaben 308

§ 7 *Integrierte Produktions- und Absatzplanung des Polypolisten und des Oligopolisten auf einem unvollkommenen Markt* 317
   A. Einführung und Ausgangsbedingungen 317
   B. Integrierte Produktions- und Absatzplanung bei polypolistischer Konkurrenz auf unvollkommenen Märkten 319
     1. Gewinnmaximale Produktions- und Absatzplanung im monopolistischen Handlungsbereich 320
     2. Gewinnmaximale Produktions- und Absatzplanung bei Einsatz weiterer absatzpolitischer Instrumente 322
   C. Integrierte Produktions- und Absatzplanung bei oligopolistischer Konkurrenz auf unvollkommenen Märkten 326
     1. Gewinnmaximale Produktions- und Absatzplanung des einzelnen Anbieters 326
       a) Doppelt geknickte Preisabsatzfunktion 326
       b) Einfach geknickte Preisabsatzfunktion 328
     2. Gemeinsame Gewinnmaximierung aller Anbieter 331
       a) Formen der Zusammenarbeit 331
       b) Gemeinsame gewinnmaximale Produktions- und Absatzplanung . . 333
   D. Weiterführende Modellansätze unter Berücksichtigung der Ungewißheit . 338
Literaturempfehlungen 339
Aufgaben 340

§ 8 *Grundlagen und Methoden praktischer Absatzplanung* 345
   A. Einführung 345
   B. Prognoseverfahren 345
     1. Überblick 345
     2. Statistische Prognoseverfahren 347
       a) Extrapolation von Zeitreihen 347
       b) Korrelationsrechnungen 353
       c) Analogieschlüsse 362
     3. Befragungsverfahren 363
   C. Absatzplanung 367
     1. Ziele und Grundlagen 367
     2. Erlös- und Erfolgsplanung 371
     3. Absatzplan und Gesamtplan der Unternehmung 374
Literaturempfehlungen 377
Aufgaben 378

Abschlußtest 383

Stichwortverzeichnis 411

Symbolverzeichnis

Symbol	Begriff
a_t	Auszahlung im Zeitpunkt t
b_e	Engpaßkapazität
b_{eh}	zeitliche Inanspruchnahme des Engpaßfaktors durch eine Einheit der Produktart h
b_j	Kapazität des Potentialfaktors j
b_t	Einzahlung im Zeitpunkt t
c	Deckungsbeitrag je Produkteinheit
g	Steigung der linearen Preisabsatzfunktion
h	Index für Produktart (Erzeugnisart)
k	Stückkosten (gesamte)
k_v	variable Stückkosten
k_{vl}	ausgabenwirksame variable Stückkosten
k_T	durchschnittliche Transportkosten je Mengeneinheit
max	Index für Maximalwert
min	Index für Minimalwert
n	Restnutzungszeit
opt	Index für Optimalwert
p	Produktpreis
p^*	erfolgsorientierte Preisuntergrenze mit Berücksichtigung einsparbarer Fixkosten bei Stillegung
p_l	liquiditätsorientierte Preisuntergrenze
q_{jh}	Immissionsmenge des Stoffes j, die durch die Produktion einer Einheit des Produktes h verursacht wird
$\bar{q}_j^{max}$	maximal zulässige Immissionsmenge des Stoffes j
r_i	Aktivitätsniveau des i-ten absatzpolitischen Instruments
u	Ordinatenabschnitt der linearen Preisabsatzfunktion, Prohibitivpreis
w_i	Wahrscheinlichkeit
v_j	Auswahlvariable von Projekt j
$\hat{x}$	Prognosewert des Absatzes
x	Absatz- und Produktionsmenge
y_h	Verkaufsmenge der Produktart h
z_h	Opportunitätskosten je Einheit der Produktart h
A	Konsumausgaben
B_t	Geldbestand im Zeitpunkt t

XVI Symbolverzeichnis

C	Cournot-Punkt
D	Gesamtdeckungsbeitrag
D_j	Daten- oder Umweltkonstellation j
E	Erlös
E'	Grenzerlös
E_{ih}	liquiditätswirksamer Teil der Erlöse der Produktart h
EW	Erwartungswert
F	Gesamtbudget
F_j	Ausgaben für Projekt j
G	Gewinn (Periodengewinn)
G'	Grenzgewinn
GG	Gewinngrenze
GE	Geldeinheit
GS	Gewinnschwelle
G_{ei}	Gewinn einer bestimmten Preis-Werbe-Kombination
Kf	fixe Kosten
K_f^*	bei Stillegung abbaufähige Fixkosten
K_{fi}	ausgabenwirksame Fixkosten
K_i	liquiditätswirksamer Teil der Kosten
$K'; K'_v$	Grenzkosten
K_v	variable Kosten
M	gleitendes Monatsmittel
ME	Mengeneinheit
N	Nutzen
P_{ij}	Punktwert eines Meßobjektes j bezüglich Eigenschaft i
Q_j	Qualitätsindex von Meßobjekt j
S	exponentiell geglätteter Mittelwert
$S_1, S_2, S_3, \ldots$	Strategien
T	Planungsperiode
V	Verlust
W	Werbeaufwendungen
α	Gewichtungsfaktor
β	Lageparameter
ε	Preiselastizität des Angebots
γ	Lageparameter
η	Preiselastizität der Nachfrage
λ	Lageparameter
μ	Erwartungswert
ν	Restgröße
σ	Standardabweichung
ϱ_j	Rangkennzahl von Projekt j
τ	Informationsalter von Beobachtungswerten
ϑ	Proportionalitätsfaktor

1. Kapitel. Grundlagen der Absatztheorie

§1 Gegenstand und Grundbegriffe der Absatztheorie

A. Einführung

Der Begriff „Absatz"[1] bezeichnet allgemein den Austausch von Gütern gegen Entgelt (als Komplement zum Begriff „Beschaffung"). Im vorliegenden Band sollen mit der Theorie des Absatzes die wichtigsten Bestimmungsgrößen des Güter-Geld-Tausches auf einem Markt analysiert und typische Vorgänge erklärt werden, die sich bei der Abgabe eines Gutes von einem Wirtschaftssubjekt an ein anderes vollziehen. Außerdem werden die Zusammenhänge mit der in Band 1 betrachteten Produktions- und Kostentheorie aufgezeigt. Die Integration von Absatz- und Produktionstheorie bildet die Basis für umfassende betriebswirtschaftliche Aussagen, die – trotz ihrer Modellbezogenheit – von grundsätzlicher Bedeutung sind.
Die Behandlung weiterer Bausteine einer umfassenden Theorie der Unternehmung[2] – die Theorien der Investition[3], der Finanzierung[4], des Rechnungswesens[5] sowie der Unternehmensorganisation und -leitung[6] – bleibt anderen Veröffentlichungen vorbehalten.
Die Absatztheorie greift in die *allgemeine Markttheorie* über, die die Aspekte des Güteranbieters (Absatztheorie) und des Güterabnehmers (Beschaffungstheorie) gleichgewichtig umfaßt. Die entsprechenden betriebswirtschaftlichen Denkansätze werden heute vielfach unter der Bezeichnung *Marketing* zusam-

---

[1] Zum Begriff des Absatzes vgl. Gümbel, Rudolf: Absatz, in: Tietz, Bruno (Hrsg.): Handwörterbuch der Absatzwirtschaft, 1974, Sp. 1–7.
[2] Zum Begriff Theorie der Unternehmung s. Band 1, §1 C.
[3] Vgl. Band 3, 3. Aufl., 1990.
[4] Vgl. Süchting, Joachim: Finanzmanagement, 5. Aufl., 1989.
[5] Vgl. Chmielewicz, Klaus : Betriebliches Rechnungswesen, Bd. 1, 3. Aufl., 1982; Bd. 2, 2. Aufl., 1981.
[6] Vgl. Bleicher, Knut; Meyer, Erik: Führung in der Unternehmung, 1976; Kuhn, Alfred: Unternehmensführung 2. Aufl., 1990.

mengefaßt. Im Rahmen dieses Bandes stehen die absatzwirtschaftlichen Entscheidungsprobleme industrieller Anbieter im Vordergrund. Zur Lösung dieser Probleme hält die Betriebswirtschaftslehre eine Reihe von Erklärungshypothesen und Instrumenten bereit, die in einem grundlegenden Überblick dargestellt werden sollen. Dabei werden die Möglichkeiten und Grenzen der Vermarktung von Gütern erörtert. Die Einführung in die Absatztheorie betont damit die *Theorie der Absatzpolitik,* d. h. den Gestaltungsaspekt in bezug auf den Funktionalbereich „Absatz" industrieller Unternehmen.

Für den *Anbieter* von Gütern sind vor allem Erkenntnisse darüber bedeutsam, wie er *Nachfrager* für seine Güter findet, die zur Erfüllung seiner Forderungen bereit sind. Der Nachfrager anderseits bemüht sich um Informationen darüber, wann, wo, in welcher Qualität und zu welchem Gegenwert er begehrte Güter erwerben kann. Ziel der Markttheorie ist die Ableitung von absatz- und beschaffungswirtschaftlichen Schlußfolgerungen (Theoremen) aus bestimmten Grundannahmen über Angebots- und Nachfragebedingungen. Auf diese Weise sollen die wesentlichen ökonomischen Bestimmungsgrößen von Tauschvorgängen aufgedeckt und den Entscheidungsträgern Prognoseansätze als Entscheidungshilfe bei alternativen Tauschbedingungen an die Hand gegeben werden. In diesem Buch stehen die Aspekte des Güteranbieters im Vordergrund. Zu beachten bleibt jedoch, daß den Absatzaktivitäten des Anbieters die Beschaffungsaktivitäten des Nachfragers gegenüberstehen und daher auch auf wesentliche Bestimmungsgründe des Nachfragerverhaltens einzugehen ist.

Meist werden nicht einzelne Güterarten gegen Geld getauscht, sondern Geld gegen mehr oder weniger eng verbundene Bündel von Sachgütern und Dienstleistungen, etwa die komplementären (Sach-) Güter Fotoapparat, Fototasche, Film und die dazu ebenfalls komplementären Dienstleistungen wie Beratung und Erklärung. Das angebotene Gut oder Güterbündel wird auch als *Absatzobjekt* bezeichnet. Als *Anbieter* und *Nachfrager* können einzelne Personen oder aber Personengruppen im eigenen Interesse oder als Vertreter einer Institution (Rechtsperson) auftreten. Auf der Anbieterseite findet man vor allem produzierende Betriebe, Handelsbetriebe und Absatzhelfer (z. B. Vertreter, Agenturen). Als Nachfrager treten im wesentlichen (End-)Verbraucher (private Haushalte), produzierende Betriebe, Handelsbetriebe und öffentliche Institutionen auf. Private Haushalte können auch als Anbieter auftreten, z. B. beim Verkauf eines Gebrauchtwagens. Auf dem Arbeitsmarkt bieten die Endverbraucher ihre Arbeitskraft an.

Soweit private Haushalte als Nachfrager auftreten, bezeichnet man die begehrten Güter als *Konsumgüter.* Diese können wiederum langlebiger oder kurzlebiger Natur sein (Gebrauchs- oder Verbrauchsgüter). Soweit produzierende Betriebe nachfragen, spricht man von *Investitionsgütern,* die ebenfalls langlebiger Natur (Potentialfaktoren) oder kurzlebiger Natur (Verbrauchsfaktoren) sein können (vgl. Band 1, S. 68 ff.). Händler fragen *Handelsgüter* nach, öffentliche Institutionen sowohl Gebrauchs- als auch Verbrauchsgüter zur Deckung des öffentlichen Bedarfs *(öffentliche Bedarfsgüter),* wie z. B. Gebäude, Verwaltungsmaterial, Instandhaltungsdienste. Diese Gütereinteilung richtet sich primär nicht an den Eigenschaften der Güter, sondern an dem jeweiligen Verwender aus.

> **Beispiel**
> Ein Auto kann Investitionsgut bei Verwendung im Industrieunternehmen, Handelsgut bei Verwendung als Handelsobjekt und Gebrauchskonsumgut beim Erwerb durch einen Haushalt sein.

Mit dieser Aufteilung lassen sich die Güterströme für gesamt- und einzelwirtschaftliche Marktanalysen verfolgen. Die Einteilung ist in absatzpolitischer Hinsicht für die Anbahnung und Abwicklung von Tauschvorgängen bedeutungsvoll. Die Investitionsgüternachfrage unterliegt teilweise anderen Bedingungen und Einflüssen als die Konsumgüternachfrage oder die Nachfrage nach öffentlichen Bedarfsgütern. Bei der Händlernachfrage bestehen ebenfalls besondere Einflüsse, die vor allem von der weiteren Zielrichtung der Warenströme bestimmt werden (Weiterverarbeitung, weitere Handelsstufen oder Konsum im Haushalt oder in öffentlichen Institutionen).
Das Zustandekommen von Tauschprozessen hängt von den *Tauschbedingungen* ab. Darunter sind die von den Anbietern und Nachfragern ausgehandelten gegenseitigen Ansprüche an Güterqualität und -menge, Preis, Zahlungsweise, Gewährleistungen, Ort und Zeit der Lieferung zu verstehen. Von der Anbieterseite werden die Tauschbedingungen vor allem durch *absatzpolitische Maßnahmen*, wie z. B. Preisstrukturierung (Grundpreise, Aufpreise, Rabatte), Mengenbegrenzungen, gezielte Informationen über Produkte und Unternehmung, Dienstleistungen wie Beratung, Installationshilfen bei Gebrauchsgütern, Transport sowie Finanzierungshilfen beeinflußt. Der *Tauschprozeß* umfaßt die organisatorischen Vorgänge, die sich beim Eigentums- und/oder Besitzwechsel von Gütern vollziehen. Von zentraler Bedeutung für die Erfassung und Systematisierung von Tauschprozessen und der ihnen zugrunde liegenden Bedingungen ist der Begriff des *Marktes*, auf den im folgenden näher eingegangen werden soll.

B. Der Markt

1. Begriff des Marktes

Die gedankliche Zusammenfassung von Raum, Zeit und am Austausch nach bestimmten Regeln beteiligten Personen bzw. Institutionen wird als *Markt* bezeichnet[1]. Auf einem Gemüsemarkt oder an der Wertpapierbörse stoßen Güterangebot und -nachfrage für jedermann sichtbar aufeinander. Vielfach läßt sich jedoch ein Markt weder regional oder zeitlich eindeutig abgrenzen noch allgemein erkennbar machen. Güterangebot und -nachfrage stoßen individuell – etwa brieflich, telefonisch, telegrafisch, in persönlichen Besprechungen – an wechselnden Orten aufeinander. Dies erschwert eine Systematisierung des Marktgeschehens und seiner Bestimmungsgrößen.

Häufig werden sogar für ein Gut bei gleichen Marktpartnern die Tauschvorgänge im Zeitablauf unter unterschiedlichen Bedingungen und nach unterschiedlichen Regeln abgewickelt. Streng genommen wäre unter diesen Umständen jeder Tauschvorgang für ein Gut zu einer bestimmten Zeit an einem bestimmten Ort als ein besonderer Markt zu bezeichnen (Elementarmarkt)[2]. Eine so enge Abgrenzung des Marktbegriffes würde zwar zu einer eindeutigen, aber wegen des hohen Differenzierungsgrades unübersichtlichen Absatztheorie führen. Daher werden Tauschvorgänge, die sich unter ähnlichen Bedingungen in einem bestimmten Zeitraum vollziehen, zu einem „Markt" zusammengefaßt. Der Grad der Ähnlichkeit der Tauschvorgänge und die Erfassung der entsprechenden Abgrenzungsmerkmale bereiten in der Praxis – etwa bei Anwendung des Gesetzes gegen Wettbewerbsbeschränkungen[3] – große Schwierigkeiten. Hier zeigt sich die Relativität des Marktbegriffes.

> **Beispiel**
> Man kann z. B. den Kauf und Verkauf von alkoholfreien kohlensäurehaltigen Getränken oder von Bittergetränken oder von Mineralsprudel als besonderen Markt betrachten (gutsbezogene Marktabgrenzung).

Grundsätzlich gibt es beliebig viele Abgrenzungskriterien. Ein Markt kann daher nur zweck- oder problemorientiert abgegrenzt werden. Dies soll mit dem Begriff des *relevanten Marktes* erreicht werden[4], auf den im nächsten Abschnitt näher eingegangen wird.

---

[1] Vgl. Gümbel, Rudolf: Absatz in: Tietz, Bruno (Hrsg.): Handwörterbuch der Absatzwirtschaft, 1974, Sp. 3; vgl. auch von Stackelberg, Heinrich: Grundlagen der Theoretischen Volkswirtschaftslehre, 2. Aufl., 1951, S. 18 f.
[2] Vgl. von Stackelberg, Heinrich: Grundlagen der Theoretischen Volkswirtschaftslehre, 2. Aufl., 1951, S. 221.
[3] Vgl. Gesetz gegen Wettbewerbsbeschränkungen i. d. F. vom 24. 9. 80. (BGBl. I, S. 1761).
[4] Vgl. Buell, Victor P. (Hrsg.): Handbook of Modern Marketing, 1970, S. 2–3.

Bei näherer Betrachtung erweist sich der Begriff „Markt" als mehrdeutig[1]. Der oben verwendete Marktbegriff lehnt sich weitgehend an den *mikroökonomischen Begriff des Marktes* an, der als gedachter Ort verstanden wird, an welchem Gleichgewichts-Tauschverhältnisse herrschen (also solche, bei welchen durch die Tauschvorgänge die Angebots- und Nachfragemengen derart ausgeglichen werden, daß kein Tauschbeteiligter Anlaß zu Veränderungen seiner Versorgungssituation sieht). Daneben existiert ein *institutioneller Marktbegriff*. Hier heißt die beobachtbare Menge an geordneten Tauschhandlungen, die sich zwischen den Beteiligten ergeben, „Markt". Dieser ist somit eine Einrichtung des Wirtschaftssystems zur Abwicklung von Tauschhandlungen. Wie jede Institution bedarf sie einer Verfassung und einer Struktur, die die Ordnung der Tauschhandlungen gewährleistet. Eine institutionell orientierte Wirtschaftstheorie interessiert sich somit besonders für die Typologie der Organisationsformen der Institution „Markt" und ihrer ökonomischen Wirksamkeit. Schließlich wird der Begriff „Markt" als Bezeichnung für einen *empirischen Tatbestand* verwendet.

Die Betriebswirtschaftslehre ist im wesentlichen ein Teilgebiet der institutionell orientierten Wirtschaftstheorie. Ihr Gegenstand ist die Institution „Unternehmung", deren Verbindungen zu anderen Institutionen (Lieferanten, Abnehmer, Konkurrenten, staatliche Institutionen, Märkte) u. a. zu analysieren sind. Nimmt eine Unternehmung am Tauschgeschehen eines Marktes teil, so tut sie dies stets *sowohl* in der Rolle eines Anbieters eines ökonomischen Gutes A *als auch* eines Nachfragers eines ökonomischen Gutes B oder von Geld, wenn sich das Tauschgeschehen auf den Tausch von A gegen B oder Geld bezieht.

Eine Theorie der Absatzpolitik der Unternehmung soll Kenntnisse darüber vermitteln, wie die Beziehungen der Unternehmung zu anderen Institutionen gestaltet werden können und welche Wirkungen von einzelnen Maßnahmen im Hinblick auf die ökonomischen Zielsetzungen ausgehen. Voraussetzung ist die positive Entscheidung über die Aufnahme von Beziehungen zu anderen Institutionen. Sie wird stets dann angestrebt, wenn eine Selbstversorgung mit den benötigten Gütern nicht oder nicht hinreichend möglich ist. Die Inanspruchnahme der Institution „Markt" für diese Zwecke dient folglich in erster Linie der Beschaffung und Abgabe von *Informationen* über die Versorgungsmöglichkeiten. Daneben dient der Markt der Findung vertraglicher Vereinbarungen zwischen den tauschwilligen Institutionen und dem Vollzug des Tausches im vereinbarten Rahmen. Durch die vertraglichen Vereinbarungen zum Gütertausch koordinieren die beteiligten Institutionen ihre Wirtschaftspläne.

Ob und inwiefern eine Institution in einem Markt tätig wird, hängt nicht zuletzt auch von einer Abwägung der Vor- und Nachteile der Marktnutzung ab. Die Nutzung des Marktes soll letztlich zu einer Verbesserung der Versorgungslage

---

[1] Vgl. hierzu insbesondere Schneider, Dieter: Allgemeine Betriebswirtschaftslehre, 3. Aufl., 1987, S. 42 f.; zur Wirtschaftstheorie der Institutionen siehe Williamson, Oliver E.: Die ökonomischen Institutionen des Kapitalismus, 1990, S. 21–95.

der Unternehmung infolge des Tausches führen. Diesem Vorteil steht der Nachteil von Kosten der Inanspruchnahme des Marktes (sog. *Transaktionskosten*) gegenüber. Sie entstehen zum einen im Vollzug des Informations- und Güteraustausches zwischen den Tauschpartnern, aber auch als Kosten, die der Institution bei der Verarbeitung der Information und der Bereitstellung der Tauschgüter entstehen[1].

2. Relevanter Markt

Mit dem Begriff *relevanter Markt* bezeichnet man das Ergebnis der Marktdefinition bzw. Marktabgrenzung, die eine Unternehmung (oder Behörde oder ein anderer Betrachter) aus ihrer (subjektiven) Sicht und Problemlage heraus vornimmt[2].
Damit wird deutlich, daß die jeweiligen Betrachter möglicherweise stark abweichende Marktbetrachtungen und -abgrenzungen vornehmen können. Ihre Sicht bzw. Interessenlage bestimmt die Abgrenzung. Ein *Wissenschafter*, der allgemeingültige Aussagen anhand von Marktmodellen erarbeiten will, wird von vielen Einzelheiten eines Marktes abstrahieren müssen, die für die realen Aktionen eines Unternehmers im Markt sehr wichtig sein können. Ein in wettbewerbsrechtlichen Entscheidungsfällen urteilender *Richter* wird sich nicht mit der Betrachtung einer Marktseite begnügen können. Der einzelne *Unternehmer* wird jedoch genau dies tun, wenn er sich im Wettbewerb an der Marktgegenseite orientiert, deren differenzierte Bedürfnisse ihn zu immer neuen und besseren Problemlösungen herausfordern.
Die unterschiedliche Sichtweise wird in einer Vielzahl von *Kriterien* und *Konzepten* reflektiert. Allgemein läßt sich der relevante Markt in
- sachlicher (z. B. Getränke- und Lebensmittelmarkt)
- räumlicher (z. B. europäischer oder überseeischer Markt)
- zeitlicher (z. B. Markt der Vor-, Haupt- oder Nachsaison)
- marktstufenbezogener (z. B. Händler- oder Konsumentenmarkt)
Hinsicht abgrenzen[3]. Hierbei bereitet lediglich die *sachliche Abgrenzung* größere Probleme. Die Kriterien sind nicht alternativ, sondern komplementär zu sehen.

---

[1] Vgl. zur Transaktionskostentheorie Coase, Ronald H.: The Nature of the Firm, in: Economica, New Series, Vol. 4 (1937), S. 386–405; Williamson, Oliver E.: Market and Hierarchies: Analysis and Antitrust Implication, 1975; Schneider, Dieter: Allgemeine Betriebswirtschaftslehre, 3. Aufl., 1987, S. 474 ff.
[2] Vgl. auch Engelhardt, Werner H.; Plinke, Wulff: Elemente der Marketingstrategie, 1978, S. 35 ff.; Hoppmann, Erich: Die Abgrenzung des relevanten Marktes im Rahmen der Mißbrauchsaufsicht über marktbeherrschende Unternehmen, 1974, S. 7–41.
[3] Vgl. Engelhardt, Werner H.; Plinke, Wulff: Elemente der Marketingentscheidung, 1978, S. 35.

Beispiel 1
Der Eigentümer einer Mineralwasserquelle mag den Mineralsprudelmarkt als seinen relevanten Markt ansehen und schließt somit weitergehende Absatzüberlegungen bzw. -dispositionen aus, die Anbieter und Nachfrager von Bittergetränken im einzelnen betreffen. Aber auch der Mineralsprudelmarkt kann noch in verschiedene Teilmärkte untergliedert werden; z. B. erscheint eine vollständige Bedienung des nationalen Marktes nicht immer sinnvoll. So mag ein Unternehmer beispielsweise wegen der Transportkosten entscheiden, nur den niederbayerischen Markt als Teilmarkt zu bedienen (regionale und gutsbezogene Marktabgrenzung: Niederbayerischer Mineralwassermarkt für Getränkegroßhändler).

Beispiel 2
In einem Fall zum Recht gegen Wettbewerbsbeschränkungen wird u. a. ausgeführt: „Bei der Abgrenzung des Marktes, in dessen Rahmen die Stellung der Beschwerdeführerin zu beurteilen ist, waren alle gleichwertigen Waren anderer Hersteller zu berücksichtigen. Sämtliche Erzeugnisse, die sich nach ihren Eigenschaften, ihrem wirtschaftlichen Verwendungszweck und ihrer Preislage so nahe stehen, daß der verständige Verbraucher sie als für die Deckung eines bestimmten Bedarfs geeignet in berechtigter Weise abwägend miteinander vergleicht und als gegeneinander austauschbar ansieht, sind marktgleichwertig"[1].

Die Beispiele verdeutlichen zugleich die Problematik, die bei der konkreten Bestimmung eines relevanten Marktes zu bewältigen ist.
Aus *Anbietersicht* wäre folgendes Vorgehen zur Abgrenzung des relevanten Marktes zweckmäßig:
(1) Ausgangspunkt sollte das *Bedarfsmarktkonzept*[2] sein, um diejenigen Güter zu ermitteln, die zur Befriedigung der Nachfragerbedürfnisse grundsätzlich geeignet sind.
(2) Darauf aufbauend ist zu prüfen, welche dieser grundsätzlich geeigneten Güter tatsächlich als *subjektiv austauschbar* angesehen werden. Entsprechend sind die Nachfrager zu gruppieren.
(3) Schließlich werden diejenigen Anbieter subjektiv austauschbarer Güter als zum relevanten Markt gehörig betrachtet, die *vom einzelnen Anbieter in seinen Absatzplänen berücksichtigt* werden müssen.

---
[1] Ulmer, Peter: Fälle und Entscheidungen zum deutschen und europäischen Kartellrecht, 2. Aufl., 1975, S. 77.
[2] Siehe Abbott; Lawrence: Qualität und Wettbewerb, 1958, S. 76, sowie Arndt, Helmut: Anpassung und Gleichgewicht am Markt, in: Jahrbücher für Nationalökonomie und Statistik, 170. Jahrg., 1958, S. 217 ff.

8 Grundlagen der Absatztheorie

Von großer Bedeutung sind in diesem Zusammenhang die Beziehungen, die zwischen verschiedenen Märkten bestehen *(Marktinterdependenzen)*. Diese können je nach der gewählten Abgrenzung mehr oder weniger intensiv sein.

Beispiel
Eine Umstellung von Pfand- auf Einwegflaschen im Mineralsprudelmarkt hat eine Nachfrageerhöhung bei der Kunststoff- oder Glasindustrie zur Folge, dies wiederum einen gesteigerten Absatz der entsprechenden Rohstoffgewinnungsbetriebe.

Bei der Betrachtung von Teilmärkten ist zu beachten, welche wesentlichen Interdependenzen zu benachbarten Märkten bestehen. In den folgenden modelltheoretischen Betrachtungen wird diese Problematik der Marktinterdependenzen weitgehend außer acht gelassen. In einfachen Modellbetrachtungen werden zunächst nur Teilaspekte von Tauschprozessen isoliert betrachtet. Aus derartigen Modellansätzen können daher keine unmittelbar verwertbaren Erkenntnisse für die Absatzpolitik gewonnen werden. Sie dienen jedoch zur Verdeutlichung grundlegender Probleme der Absatzwirtschaft und tragen zur Entwicklung von Lösungstechnologien für entsprechend formalisierte Problemstellungen bei.

3. Marktformen und Wettbewerb

Für den Aufbau der Absatztheorie – insbesondere der *Preistheorie* – hat es sich als zweckmäßig erwiesen, bestimmte Marktbedingungen und Anbieter-Nachfrager-Konstellationen zu Markttypen *(Marktformen)* zusammenzufassen[1]. Dabei sind z. B. die folgenden Fragestellungen maßgebend: Wie sind Tauschprozesse organisierbar, welche Machtverteilungen können unter welchen Voraussetzungen entstehen, welche rational begründeten Verhaltensweisen sind jeweils von Anbietern und Nachfragern zu erwarten, welche Gütermengen werden gegen welche Geldmengen (Preise) getauscht? Ausgehend von der *Anzahl* der Marktteilnehmer lassen sich auf beiden Marktseiten grundsätzlich drei Möglichkeiten unterscheiden.

Wird ein Gut auf einem Markt lediglich von einem einzigen Marktteilnehmer angeboten, so bezeichnet man dieses als *monopolistische Angebotsstruktur.* Wer das betreffende Gut erwerben will, muß mit dem Monopolisten Verbindung aufnehmen. Dieser besitzt die größte erreichbare Anbietermacht.

---

[1] Vgl. v. Stackelberg, Heinrich: Marktform und Gleichgewicht, 1934, S. 29 ff.; Ott, Alfred E.: Grundzüge der Preistheorie, Neudruck der 3. überarbeiteten Auflage, 1984, S. 32 ff; Dorn, Dietmar: Marktformen, in: Marketing Enzyklopädie, Band 2, 1974, S. 691–700, sowie die dort angeführte Literatur.

Marktformen und Wettbewerb

Beispiel
Die deutsche Bundespost ist monopolistischer Anbieter für Telefon, Telegraphie und Briefbeförderung.

Von einer *oligopolistischen Angebotsstruktur* spricht man, wenn das Gut von wenigen Anbietern mit etwa gleich großem *Marktanteil* (prozentualer Anteil des Absatzes eines Anbieters – mengen- oder wertmäßig – am gesamten Absatz aller Anbieter in einer Periode auf einem relevanten Markt) angeboten wird. Die Zahl der Anbieter ist so klein und damit ihr jeweiliger Marktanteil so groß, daß von jedem einzelnen *erhebliche Einflüsse* auf Mitanbieter und Nachfrager ausgeübt werden können.

Beispiel
Die PKW-Hersteller in der BRD würden bei Vernachlässigung von ausländischen Angeboten die Angebotsstruktur des Oligopols verwirklichen.

Wenn die Zahl der Anbieter sehr groß und der Marktanteil des einzelnen relativ klein ist, spricht man von *polypolistischer Angebotsstruktur*. Die Marktmacht der einzelnen Anbieter ist gering, und zwar um so geringer, je mehr Anbieter auftreten.

Beispiel
Das Obst- und Gemüseangebot auf einem Großstadtgemüsemarkt kann als polypolistisch bezeichnet werden.

Analog zur Angebotsseite werden folgende Nachfragestrukturen unterschieden:

Monopolistische Nachfragestruktur:
Das Gut wird nur von einem einzigen nachgefragt.

Beispiel
Die Bundesrepublik Deutschland auf dem inländischen Waffenmarkt als Nachfrager für nur von der Bundeswehr verwendete Militärflugzeuge und Panzer.

Oligopolistische Nachfragestruktur:
Das Gut wird von wenigen nachgefragt, die jeweils einen relativ großen Teil des Marktangebots in Anspruch nehmen.

Beispiel
Die deutschen Automobilhersteller als Nachfrager für Vergaser bei den Zulieferbetrieben.

10 Grundlagen der Absatztheorie

Polypolistische Nachfragestruktur:
Das Gut wird von vielen nachgefragt, die jeweils nur einen sehr geringen Anteil des Marktangebots in Anspruch nehmen.

Beispiel
Die privaten Haushalte als Nachfrager für Lebensmittel in einer Großstadt.

Jede der drei Angebotsstrukturen läßt sich nun mit jeder der drei Nachfragestrukturen kombinieren. Wir erhalten auf diese Weise neun verschiedene *Marktformen*[1].
Sie sind in Tabelle 1.1 einander gegenübergestellt[2].

Tabelle 1.1. Marktformenschema

Angebot \ Nachfrage	Einer	Wenige	Viele
Einer	zweiseitiges Monopol	Angebotsmonopol/ Nachfrageoligopol	Angebotsmonopol/ Nachfragepolypol
Wenige	Nachfragemonopol/ Angebotsoligopol	zweiseitiges Oligopol	Angebotsoligopol/ Nachfragepolypol
Viele	Nachfragemonopol/ Angebotspolypol	Nachfrageoligopol/ Angebotspolypol	zweiseitiges Polypol

Die Abgrenzung zwischen „viele" und „wenige" ist fließend. Zahlreiche Zwischen- und Übergangsformen sind denkbar. Zum Beispiel kann sich die Angebotsseite aus einer sehr großen Zahl kleiner Anbieter und wenigen großen Anbietern (Teiloligopol) oder einem großen Anbieter (Teilmonopol) zusammensetzen. Eucken hat auch diese Erscheinungsformen in ein erweitertes Marktformenschema eingebaut[3].
Die Marktformen des Oligopols und Polypols stellen darauf ab, daß unter den Anbietern (bzw. Nachfragern) *Wettbewerb* herrscht. Wettbewerb liegt immer dann vor, wenn (zwei oder mehr) Marktteilnehmer derart nach einem Ziel streben, daß der höhere Zielerreichungsgrad eines Marktteilnehmers einen geringeren Zielerreichungsgrad der (des) anderen Marktteilnehmer(s) zur

---
[1] Vgl. hierzu vor allem v. Stackelberg, Heinrich: Grundlagen der theoretischen Volkswirtschaftslehre, 2. Aufl., 1951, S. 235; ferner Möller, Hans: Kalkulation, Absatzpolitik und Preisbildung, 1962, S. 31 und S. 39.
[2] Vgl. Jacob, Herbert: Preispolitik, 2. Aufl., 1971, S. 32f.; Ott, Alfred E.: Grundzüge der Preistheorie, Neudruck der 3. überarbeiteten Auflage, 1984, S. 39.
[3] Vgl. Eucken, Walter: Die Grundlagen der Nationalökonomie, 8. Aufl. 1965, S. 111.

Folge hat[1]. Für die Wettbewerbstheorie und -politik, aber auch die Fortentwicklung des Wettbewerbsrechts, hat sich vor allem die von F. A. von Hayek bereits im Jahre 1937 entwickelte und später von Hoppmann aufgegriffene *Prozeßtheorie* als maßgeblich erwiesen[2]. Sie betrachtet das Geschehen auf dem Markt als einen Prozeß des Hin- und Herverlagerns von Information unter den am Geschehen beteiligten Institutionen. Diese betreten den Markt mit jeweils sehr unterschiedlichem Informationsstand (asymmetrische Informationsverteilung), der durch die Teilnahme am Markt erhöht bzw. verbessert werden soll, so daß Markttransparenz (annähernd) entsteht. Der Informationsaustausch wird durch die Aussendung und Aufnahme von „Signalen" (z. B. Preis- oder Qualitätsinformationen) seitens der Marktteilnehmer bewirkt.[3]

Danach wird Wettbewerb als ein Prozeß verstanden, in welchem die Anbieter den Nachfragern zur Befriedigung ihrer Bedürfnisse jeweils bessere Angebote („Gelegenheiten") zu bieten haben als die bisher von allen Anbietern unterbreiteten Angebote. Das verbesserte Angebot kann in einer Steigerung der Produktqualität, einem gänzlich neuen Produkt, einem niedrigeren Preis usw. bestehen. Als *wirksam* wird der Wettbewerb dann bezeichnet, wenn die Anbieter Anreize zur Entdeckung bzw. Auffindung günstigerer Angebotsmöglichkeiten für die Marktgegenseite fühlen und aufnehmen. Die Wirksamkeit des Wettbewerbs ist dabei *nicht* an den Einsatz des Preises als Wettbewerbsinstrument geknüpft. Vielmehr besteht wirksamer Wettbewerb z. B. auch dann, wenn bessere Produkte zu unveränderten oder sogar höheren Preisen oder bessere Produkte zu niedrigeren Preisen angeboten werden[4].

Folgt man diesen Überlegungen, so kann man vier verschiedene *Grundformen* des *Wettbewerbs* ableiten, die in Tab. 1.2 zusammengestellt sind.

---

[1] Vgl. Schmidt, Ingo: Wettbewerbstheorie und -politik – Eine Einführung, 1981, S. 2 oder Schuster, Helmut: Wettbewerbspolitik, 1973, S. 20.
[2] Vgl. hierzu Hayek, F. A. von: Economics and Knowledge. In: Economica, N. F., Bd. IV, 1937, S. 33–54, insbesonders S. 39 ff. Siehe aber auch Hoppmann, Erich: Marktmacht und Wettbewerb, 1977; derselbe: Das Konzept des wirksamen Preiswettbewerbs. In: Recht und Staat in Geschichte und Gegenwart. Heft 484/485, 1978.
[3] Vgl. hierzu die Arbeiten der führenden Vertreter der sogen. Modern Austrian Economics. Neben Hayek sind dies vor allem Kirzner, Israel M.: Wettbewerb und Unternehmertum, 1978; Lachmann, Ludwig M.: On the Central Concept of Austrian Economics: Market Process. In: Dolan, Edwin G. (Hrsg.): The Foundation of Modern Austrian Economics, 1976, S. 126 ff.
[4] Hoppmann, Erich: Das Konzept des wirksamen Preiswettbewerbs. In: Recht und Staat in Geschichte und Gegenwart. Heft 484/485, 1978, S. 16.

Tabelle 1.2. Formen des Wettbewerbs

		Preise der Anbieter	
		identisch	nicht identisch
Leistungs-bündel der Anbieter	identisch	„homogener Wettbewerb"	Preiswettbewerb
	nicht identisch	Leistungs-wettbewerb	Preis- und Leistungswettbewerb (heterogener Wettbewerb)

Wettbewerb zwischen Anbietern in einem relevanten Markt entfaltet sich demnach entweder über die Zusammensetzung, den Umfang und die Qualität der Leistungsbündel und/oder über die Preise. Sind die Leistungsbündel der Anbieter sowie die dafür geforderten Preise sämtlich identisch (*Fall des „homogenen Wettbewerbs*), so liegt im Grunde Wettbewerb im Sinne der Prozeßtheorie nicht vor[1]. Im Falle des *Leistungswettbewerbs* (bei identischen Angebotspreisen) liegt die Überlegung nahe, daß die Anbieter Preisabsprachen getroffen haben. Es ist nicht einzusehen, warum Anbieter nicht-identischer Leistungsbündel zufällig identische Preise verlangen sollten. Der Regelfall des Wettbewerbs ist *der heterogene Wettbewerb* (Substitutionswettbewerb). In ihm kommt das am nachhaltigsten zum Ausdruck, was mit dem „Entdecken von Gelegenheiten" als Wesenselement von Wettbewerb gemeint ist[2]. In der wirtschaftspolitischen Diskussion spielt allerdings nach wie vor der *Preiswettbewerb* als Leitbild und Untersuchungsgegenstand eine herausragende Rolle. Deshalb beziehen sich die nachfolgenden Darstellungen der absatztheoretischen und absatzpolitischen Grundtatbestände vornehmlich auf diese Wettbewerbssituation.

4. Marktmacht

Für praktische – insbesondere wettbewerbsrechtliche und wirtschaftspolitische – Untersuchungen kommt es auf die Erfassung der Marktmacht der Marktteil-

---

[1] Vgl. hierzu Hammann, Peter; Lohrberg, Werner: Die Mittelstandsempfehlungen des Gesetzes gegen Wettbewerbsbeschränkungen. In: Die Betriebswirtschaft, 41. Jg., Nr. 3, 1981, S. 378.
[2] Vgl. hierzu Hayek, F. A. von: Der Wettbewerb als Entdeckungsverfahren, 1968, sowie Hoppmann, Erich: Das Konzept des wirksamen Preiswettbewerbs. In: Recht und Staat in Geschichte und Gegenwart. Heft 484/485, 1978, S. 15 ff.

nehmer an[1], d. h. auf die Messung des Zieldurchsetzungsvermögens einzelner Teilnehmer(gruppen) gegenüber anderen. Die Messung dieser Marktmacht und die Festlegung von Kriterien für wirtschaftspolitisch erwünschte Machtgleichgewichte gehören zu den schwierigsten Aufgaben der staatlichen Wettbewerbspolitik, mit der der allgemeine Handlungsspielraum für alle Marktteilnehmer vorgegeben wird.

Die Marktmacht folgt jedoch nicht allein aus der Anzahl der Marktteilnehmer. Von großer Bedeutung ist auch, ob eine Unternehmung einzelne oder viele Produkte auf einzelnen oder vielen Märkten anbietet. Hohe Erträge auf einem Teil der Märkte ermöglichen es u. U. auch längerfristig, auf einzelnen Märkten eine verlustbringende Angebotspolitik zu betreiben, um Mitanbieter zu verdrängen. Über die verschiedenen Produkte und Märkte hinweg kann sich hierbei ein *kalkulatorischer Ausgleich* ergeben, d. h. die Verluste auf einzelnen Teilmärkten werden durch Gewinne auf anderen Teilmärkten ausgeglichen. Eine auf wenige Produkte und Märkte spezialisierte Unternehmung wäre nur in wesentlich geringerem Umfang zu einer derartigen Absatzstrategie in der Lage.

Im *Gesetz gegen Wettbewerbsbeschränkungen* werden folgende Kriterien zur Beurteilung der Marktmacht einer Unternehmung genannt:
- das Unternehmen ist keinem oder keinem wesentlichen Wettbewerb ausgesetzt;
- das Unternehmen hat gegenüber seinen Konkurrenten eine überragende Marktstellung, die sich über einen hohen Marktanteil hinaus ausdrückt in
- hoher Finanzkraft, die etwa die Inkaufnahme höherer Risiken zuläßt;
- besonderen Vorteilen auf Beschaffungs- und Absatzmärkten, etwa in Form von Sonderkonditionen;
- Verflechtungen mit anderen Unternehmen;
- rechtlichen oder tatsächlichen Schranken, die für den Marktzutritt anderer Unternehmen durch Patente, Verträge oder Absprachen mit Lieferanten oder Abnehmern bestehen[2].

In bezug auf den Marktanteil enthält das Gesetz die Vermutung, daß ein Unternehmen marktbeherrschend ist, wenn der Marktanteil über einem Drittel liegt und die Umsatzerlöse im letzten abgeschlossenen Geschäftsjahr 250 Millionen DM überschreiten.

---

[1] Vgl. auch Hoppmann, Erich: Die Abgrenzung des relevanten Marktes im Rahmen der Mißbrauchsaufsicht über marktbeherrschende Unternehmen, 1974, S. 41–53.
[2] Vgl. § 22 Abs. 1, Gesetz gegen Wettbewerbsbeschränkungen i. d. F. vom 24. 9. 1980 (BGBl I, S. 1761); zum Problem der Marktmacht s. auch Arndt, Helmut: Wirtschaftliche Macht, 3. Aufl., 1980, insbesondere S. 137–150, sowie Hoppmann, Erich: Marktmacht und Wettbewerb, 1977.

5. *Vollkommene und unvollkommene Märkte*

Nach den Voraussetzungen, unter denen sich der Wettbewerb zwischen Anbietern und Nachfragern mehr oder weniger intensiv entfalten kann, wird zwischen vollkommenen und unvollkommenen Märkten unterschieden. Wird ein qualitativ völlig gleichartiges Gut jedermann in einer Zeitperiode am gleichen Ort zu gleichen Tauschbedingungen angeboten, sind zugleich alle Marktteilnehmer über diese Gegebenheiten voll unterrichtet, so spricht man von einem vollkommenen Markt. Bei rationalem Verhalten in Ausrichtung auf die Maximierung der Periodengewinne (oder ein anderes ökonomisches Ziel), bei einheitlicher Nutzeneinschätzung und unendlicher Reaktionsgeschwindigkeit aller Marktteilnehmer (Grundannahmen der statischen Theorie) werden auf einem vollkommenen Markt alle Tauschakte denknotwendig zu gleichen Bedingungen, insbesondere zum gleichen Preis, abgewickelt (*„Gesetz der Unterschiedslosigkeit der Preise"*[1]). Die Erfüllung aller dieser Voraussetzungen bildet eine Extremposition für theoretische Analysen. Bei polypolistischer Angebotsstruktur spricht man in diesem Fall auch von *vollkommener Konkurrenz*[2] (vgl. auch den Fall des „homogenen Wettbewerbs" in §1 B 4). Bei monopolistischem bzw. oligopolistischem Angebot werden die Bezeichnungen *vollkommenes Monopol* bzw. *vollkommenes Oligopol* verwendet.

In der Realität gibt es fast nur unvollkommene Märkte. Je nach dem Grad der Nichterfüllung der genannten Voraussetzungen für die Vollkommenheit kann eine Vielzahl von unterschiedlichen Abgrenzungen für unvollkommene Märkte vorgenommen werden:

(1) Qualitative Gleichheit der auf einem Markt angebotenen bzw. nachgefragten Güter ist bei gegenseitiger Ersetzbarkeit der Güter gewährleistet. Güter können sich aber in nur einer Eigenschaft, in wenigen, in vielen oder in allen Eigenschaften unterscheiden *(sachliche Differenzierung)*.

(2) Die Konstanz der Tauschbedingungen innerhalb einer Periode steht zahlreichen Varianten *zeitlicher Differenzierung* gegenüber, wie z. B. unterschiedlichen Tarifen für Tagstrom und Nachtstrom oder unterschiedlichen Telefongebühren für Gespräche an Wochentagen, Sonn- und Feiertagen sowie zur Tag- und Nachtzeit.

(3) Die Konzentration aller Anbieter und Nachfrager an einem Marktort sichert die *vollständige Transparenz* der Tauschbedingungen. Eine Differenzierung des Angebots nach verschiedenen Orten kann die Transparenz mehr oder minder stark herabsetzen und zu unterschiedlichen Tauschbe-

---

[1] Vgl. Jevons, W. Stanley: Die Theorie der politischen Ökonomie, 1924, in: Schneider, Erich: Einführung in die Wirtschaftstheorie, IV. Teil, Ausgewählte Kapitel der Geschichte der Wirtschaftstheorie, 1. Band, 3. Aufl., 1970, S. 235.
[2] Vgl. Gutenberg, Erich: Grundlagen der Betriebswirtschaftslehre, 2. Band, Der Absatz, 17. Aufl., 1984, S. 187.

dingungen, insbesondere unterschiedlichen Transportkosten führen *(räumliche Differenzierung)*.
(4) Gleiche Tauschbedingungen für jedermann schließen *persönlich bedingte Präferenzen* aus. In der Realität können jedoch vielfältige persönliche Bindungen und Beziehungen beobachtet werden, die zu einer mehr oder weniger starken Individualisierung der Tauschbedingungen führen *(personale Differenzierung)*.

Wenn es auch in der Realität streng genommen keinen vollkommenen Markt gibt, so hat sich für die erste Stufe der ökonomischen Modellanalyse trotzdem die Annahme vollkommener Märkte als zweckmäßig erwiesen. Für die Formulierung von Modellen höherer Stufe ist andererseits der Grad der Unvollkommenheit, d. h. der Umfang der Nichterfüllung der genannten Kriterien, von wesentlicher Bedeutung. Das gilt auch für die Analyse der absatzpolitischen Aktionsvariablen. So kann etwa die Werbung den Informationsstand der Nachfrager maßgebend mitbestimmen, die Verbindung von Sachgütern mit Dienstleistungen (wie z. B. Service) kann zur Produktdifferenzierung beitragen, die besonders freundliche Bedienung einzelner Nachfrager zur Präferenzbildung für einen bestimmten Anbieter führen. Die Zahl möglicher Einzelmaßnahmen und ihre Kombinationsmöglichkeiten sind sehr groß. Das führt bei realitätsbezogenen Analysen zwangsläufig zu äußerst komplexen Modellansätzen der Absatztheorie.

6. *Einstufige und mehrstufige Märkte*

Die nachfragerbezogene Abgrenzung eines relevanten Marktes schließt auch Überlegungen hinsichtlich der Zahl der zu berücksichtigenden Marktstufen ein. Treten die Verwender bzw. Verbraucher eines Gutes mit dessen Hersteller direkt in eine Tauschbeziehung ein, so liegt ein *einstufiger Markt* vor. Die Absatzanstrengungen des Anbieters richten sich somit lediglich auf die unmittelbar nachgelagerte Marktstufe (Verwender- bzw. Verbraucherstufe). Können Verwender bzw. Verbraucher eines Gutes nur indirekt mit dessen Hersteller in eine Tauschbeziehung eintreten, so liegt ein *mehrstufiger Markt* vor. Die Absatzanstrengungen des Herstellers richten sich somit nicht nur auf die (End-)Verbraucher- bzw. Verwenderstufe, sondern auch auf die Mitglieder der dazwischen liegenden Mittlerinstitutionen. Zu diesen rechnen in erster Linie Handelsbetriebe. Widmen sich diese Betriebe dem Handel unter Kaufleuten, so liegt *Großhandel* vor. Findet Handel mit Nichtkaufleuten statt, so spricht man von *Einzelhandel*. Konsumgütermärkte sind meist mehrstufig ausgeprägt (Ausnahmen: Direktabsatz von bestimmten Kosmetika oder Elektrogeräten), Investitionsgütermärkte überwiegend einstufig (Ausnahmen: z. B. Handel mit Abfall- und Reststoffen; Handel mit Stahlerzeugnissen). Die nachfragerbezogene Abgrenzung des relevanten mehrstufigen Marktes kann sich auch auf

16 Grundlagen der Absatztheorie

mehrere Verwenderstufen bis hin zur Verbraucherstufe beziehen. Aus ihrer Nachfrage leitet sich die Nachfrage aller Verarbeitungsstufen nach den verschiedenen Arten von Produktionsfaktoren ab (*derivative Nachfrage*). Eine nur auf die nächste Marktstufe gerichtete Abgrenzung des relevanten Marktes für PKW-Teile wäre in diesem Falle nicht sachgerecht. Eine Einführung in absatzwirtschaftliche Grundfragen kann sich im wesentlichen nur mit Situationen auf einstufigen Märkten befassen. Diese Eingrenzung ist zudem notwendig, um Modellanalysen der Absatztheorie übersichtlich zu halten[1].

7. *Marktzugang und Marktregelung*

Nach dem Grad der Zugangsmöglichkeit unterscheidet man Märkte mit beschränktem und unbeschränktem Zugang. Ein Markt kann gegenüber neuen Anbietern (oder Nachfragern) etwa durch örtliche, rechtliche, standesbezogene und andere Begrenzungen zeitweise oder dauernd abgeschirmt sein. Kann der Kreis der Marktteilnehmer in einem Betrachtungszeitraum überhaupt nicht ausgedehnt werden, so spricht man von einem *geschlossenen Markt*.

> **Beispiele**
> Patentschutz bei bestimmten Erzeugnissen unterwirft den Markteintritt neuer Anbieter der Kontrolle des Patentinhabers. Die natürliche Begrenzung bestimmter Rohstoffquellen kann zu einer weitgehenden Schließung des Marktes führen (z. B. internationales Kartell der Erdölländer).

Kann jedermann bedingungslos als Anbieter oder Nachfrager für ein Gut auftreten, so handelt es sich um einen *offenen Markt*. Nach den besonderen Bedingungen lassen sich Zwischenformen für partiell geschlossene Märkte in zeitlicher, persönlicher und sachlicher Hinsicht unterscheiden.
In der Realität erschweren viele Faktoren den Zugang zu einem Markt, so z.B. vertragliche Bindungen der Abnehmer an bestimmte Lieferanten, großer Kapitalbedarf für die Herstellung eines neuen Produktes, mangelnde Kenntnis der Herstelltechnik. Es kann auch nur die Nachfrage- oder nur die Angebotsseite eines bestimmten Marktes geschlossen, die jeweils andere Seite offen sein. Im konkreten Fall ist daher anzugeben, in bezug auf welche Kriterien ein Markt bzw. eine Marktseite offen bzw. geschlossen ist.
Auf den meisten Märkten sind der Gestaltung der Tauschbedingungen durch Gesetze und Verordnungen sowie durch Aktionen staatlicher Organe Grenzen gesetzt. Von einer *Marktregelung* soll hier gesprochen werden, wenn über allgemeine gesetzliche Regelungen hinaus (z. B. Bürgerliches Gesetzbuch,

---

[1] Siehe zur Analyse mehrstufiger Absatzprobleme u. a. die Arbeit von Weber, Hans-Hermann: Grundlagen einer quantitativen Theorie des Handels, 1966.

Handelsgesetzbuch) auf die Tauschbedingungen auf einem speziellen Markt für bestimmte Produkte von staatlichen Organen Einfluß genommen wird.

> **Beispiel**
> Im Gesetz über das Apothekenwesen wird z. B. untersagt,
> – bestimmte Arzneimittel ausschließlich oder bevorzugt anzubieten oder abzugeben,
> – das Angebot auf bestimmte Hersteller oder Händler zu beschränken[1].
>
> Damit wird die Gestaltung der Tauschbedingungen sowohl zwischen der Apotheke und ihren Kunden als auch zwischen Zulieferern und Apotheke beschränkt.

Noch weitergehenden Regulierungen sind die einzelnen Märkte beinahe sämtlicher Agrarprodukte unterworfen. Hier bestehen *Agrarmarktordnungen*, auf deren Grundlage die Erzeugerpreise der betroffenen Produkte so manipuliert werden, daß ein Toleranzbereich um ein von der Europäischen Gemeinschaft (EG) festgesetztes Preisniveau nicht verlassen wird. Die wichtigsten Instrumente sind hier z. B. Richtpreissysteme sowie Mengen- und Preisbestimmungen für den grenzüberschreitenden Handel[2].

C. Grundlegende Ansätze für eine Absatztheorie

Je nach den spezifischen Aspekten, die zum Ausgangspunkt absatzwirtschaftlicher Betrachtungen und Analysen ausgewählt werden, können verschiedene absatztheoretische Ansätze unterschieden werden[3].

1. Institutionsbezogener Ansatz

Nach der ältesten Konzeption für eine Lehre von der Absatzwirtschaft[4] werden schwerpunktmäßig Struktur und Zusammenwirken der Betriebe und Betriebseinrichtungen (Institutionen) untersucht, die überwiegend absatzwirtschaftli-

---

[1] Vgl. §10, Gesetz über das Apothekenwesen vom 20. 8. 1960 (BGBl III 2121-2).
[2] Vgl. Deutscher Bundestag, 6. Wahlperiode: Agrarbericht 1971 der Bundesregierung, Drucksache VI/1800, S. 105 ff.; zu einer anschaulichen Darstellung der Marktordnung für Getreide vgl. Wächter, H.-H.: Preispolitik für landwirtschaftliche Erzeugnisse in der EWG, in: Gerhard, Eberhard; Kuhlmann, Paul: Agrarwirtschaft und Agrarpolitik, 1969, S. 418 ff.
[3] Vgl. Nieschlag, Robert; Dichtl, Erwin; Hörschgen, Hans: Marketing, 16. Aufl., 1991, S. 1–8.
[4] Schär, Johann-Friedrich: Allgemeine Handelsbetriebslehre, 5. Aufl., 1923, S. 175 ff.

18   Grundlagen der Absatztheorie

che Aufgaben erfüllen (Organisationseinheiten des Handels, Absatzeinrichtungen der Hersteller, überbetriebliche Institutionen wie etwa Börsen). Die Institution des Handels wird dabei definiert als Bindeglied zwischen Produktion und Konsum ohne Rücksicht darauf, ob diese Funktion selbständig erfüllt wird oder ob z. b. eine Angliederung an ein produzierendes Unternehmen vorliegt[1]. Die unterschiedlichen Institutionen des Handels und ihre absatzwirtschaftlichen Organe (z. B.Verkaufsabteilungen, Makler, Reisende) werden ausführlich beschrieben. Die typischen Organisationsformen werden seit *Seyffert* mit Hilfe der Handelskettenanalyse systematisiert. Dabei wird eine Handelskette durch die Reihenfolge der Betriebe gebildet, die am Umsatz einer in ihrem stofflichen Charakter unverändert bleibenden Ware vom Erzeuger zum Verwender beteiligt sind[2]. Bezogen auf das o. a. Mineralsprudelbeispiel kann z. B. folgende Handelskette gebildet werden:

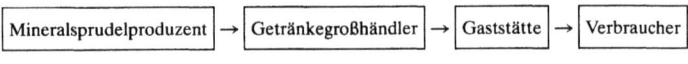

Abb. 1.1. Handelskettendarstellung

Daneben können weitere Handelsketten gebildet werden, die einzelne Stufen überspringen.
Der institutionelle Ansatz beschreibt nur einen Teilausschnitt des Absatzprozesses und reicht daher als Grundlage einer betriebswirtschaftlichen Absatztheorie nicht aus.

2. Güterbezogener Ansatz

Da verschiedenartige Produkte unterschiedliche Anforderungen an die Absatzpolitik stellen, wird mit dem güterbezogenen Ansatz (commodity approach/ Warenanalyse) eine produktorientierte Absatztheorie aufgebaut. Bei konsequenter Verfolgung des Prinzips müßte für jede Warenart (oder Warengruppe) eine eigene Absatzlehre entwickelt werden[3]. Dies würde zwar zu einer exakten Beschreibung der Vertriebswege und Marktvorgänge bei einem Gut führen (z. B. für Mineralsprudel), hätte jedoch eine unübersehbare Fülle des Stoffes und eine Wiederholung der für verschiedene Waren gleichen Absatzvorgänge zur Folge. Der Ansatz ist daher weder für eine überschaubare Absatzlehre noch als

---
[1] Vgl. Seyffert, Rudolf: Wirtschaftslehre des Handels, 5. Aufl., 1972, S. 1.
[2] Vgl. Seyffert, Rudolf: Wirtschaftslehre des Handels, 5. Aufl., 1972, S. 623 sowie die Ausführungen in §1.
[3] Vgl. z. B. Knoblich, Hans : Betriebswirtschaftliche Warentypologie, 1969, S. 21. Siehe ferner Marquardt, Jürgen: Der Commodity Approach im Investitionsgütermarketing – Eine kritische Analyse. Arbeitspapiere zum Marketing Nr. 10 (Hrsg.: W. H. Engelhardt, P. Hammann), Ruhr-Universität Bochum 1981.

Grundlage praktischer Absatzpolitik geeignet. Andererseits kommt eine Absatztheorie nicht an der Berücksichtigung produktspezifischer Aspekte vorbei. Problembezogene Klassifizierungen etwa nach Konsumgüter- und Investitionsgütermärkten sowie nach Gebrauchsgüter- und Verbrauchsgütermärkten haben sich durchaus als zweckmäßig erwiesen.

3. Funktionsbezogener Ansatz

Die Aufgliederung des gesamten Absatzvorganges in einer Unternehmung in Teilfunktionen zeigt die verschiedenen Phasen des Absatzprozesses und deren Beziehungszusammenhänge auf (functional approach). Beispielhaft sei das Funktionenschema in Anlehnung an *Schäfer* in etwas verkürzter Form wiedergegeben[1].

Übersicht: Teilfunktionen des Absatzbereiches

A. Absatzvorbereitung
  1. Markterkundung
  2. Auswertung bisheriger Absatzerfahrungen
  3. Absatzplanung
B. Absatzanbahnung
  1. Generelles Angebot (z. B. Veröffentlichung von Preislisten, Werbung und andere absatzpolitische Maßnahmen)
  2. Individuelles Angebot (Anfragenbearbeitung, Bemusterung, Vorführung)
C. Vorratshaltung für den Verkauf
  1. Lagerhaltung im Werk (Zentrale)
  2. Haltung von Auslieferungslagern
  3. Unterhaltung von Konsignationslägern
D. Absatzdurchführung („Verkauf")
  1. Verkaufsabschluß (Verkaufsverhandlungen)
  2. Auftragsbearbeitung
  3. Verpackung und Versand
  4. Behandlung von Reklamationen
E. Finanzielle Durchführung des Absatzes
  1. Rechnungsstellung
  2. Absatzfinanzierung
  3. Inkasso (einschließlich Mahnung)
F. Erhaltung der Absatzbeziehungen
  1. Kundendienst (Beratung, Instandhaltungs- und Ersatzteildienst)
  2. Kundenpflege (Besuche, Erinnerungswerbung)

---

[1] Vgl. Schäfer, Erich: Die Unternehmung, 10. Aufl., 1980, S. 135.

Der funktionsbezogene Ansatz trägt dazu bei, alle Teilvorgänge des Absatzprozesses und die zwischen diesen bestehenden Beziehungszusammenhänge transparent zu machen. So bestehen zwischen ganz verschiedenen Teilfunktionen gegenseitige Beeinflussungen.

> **Beispiel**
> Ein Kundendienst führt nicht nur zur Erhaltung bestehender Absatzbeziehungen, sondern kann auch der Absatzanbahnung dienen. Die Unterhaltung von Außenlagern kann wesentlich zur Erhaltung der Absatzbeziehungen beitragen.

Insoweit sind die Teilfunktionen A bis F keine unabhängigen Phasen des Absatzprozesses. Auch stehen bei diesem Ansatz die beschreibenden Elemente im Vordergrund. Die einzelnen Teilvorgänge werden gleichgewichtig nebeneinander gestellt und ihre Bedeutung für Absatz- und Erlösvolumen nicht genügend analysiert. Insoweit lassen sich aus diesen Beschreibungen ebenfalls kaum Entscheidungshilfen für die Absatzpolitik ableiten. Eine erste Weiterentwicklung in diese Richtung ist von der Erfassung der spezifischen Kosten- und Erlöswirkungen zu erwarten, die mit der Erfüllung dieser Teilaufgaben verbunden sind (z. B. die Frage, welche Kosten- und Erlöswirkungen mit der Unterhaltung eines dezentralen Auslieferungslagers für den Mineralsprudelproduzenten verbunden sind).

Dadurch könnte die wirtschaftliche Gewichtung und Beurteilung von Aktivitäten innerhalb der verschiedenen Funktionsbereiche erleichtert werden. Allerdings gelingt in der Praxis die Isolierung von Einzelkosten und -erlösen je Teilaufgabe nur in engen Grenzen. Vielfältige Interdependenzen führen überwiegend zu Gemeinkosten bzw. Gemeinerlösen für die Erfüllung verschiedener Teilaufgaben. Dadurch werden betriebswirtschaftlich fundierte Entscheidungen innerhalb der einzelnen Teilfunktionen sehr erschwert.

4. Instrumentenbezogener Ansatz

Als ein Mangel der bisher geschilderten Ansätze wurde herausgestellt, daß sie dem Unternehmen noch keine ausreichenden Entscheidungshilfen bieten. Mit dem instrumental-entscheidungsorientierten Ansatz sollen solche Entscheidungshilfen formuliert werden. Er wurde insbesondere von *Gutenberg* entwickelt[1].

Ausgangspunkt der Analyse und Modellaufstellung bilden folgende Fragestellungen:

---

[1] Vgl. Gutenberg, Erich: Grundlagen der Betriebswirtschaftslehre, 2. Band, Der Absatz, 17. Aufl., 1984.

(1) Welche Aktionsvariablen zur Beeinflussung des Absatzes (Absatzinstrumente) gibt es grundsätzlich?
(2) Nach welchen spezifischen Teilkriterien sollen die verschiedenen Absatzinstrumente eingesetzt werden?
(3) Wie lassen sich die verschiedenen absatzpolitischen Instrumente im Hinblick auf die Zielsetzungen der Unternehmung kombinieren?
(4) Welche Auswirkungen ergeben sich durch den (kombinierten) Instrumentaleinsatz auf Produktion und Absatz sowie Kosten und Erlöse?

Als Aktionsvariable kommen alle Größen, die die Tauschbedingungen bestimmen, in Betracht, soweit sie vom Anbieter kontrollierbar sind. Dies hängt im Einzelfall von den besonderen Gegebenheiten auf einem Markt ab. Grundsätzlich sind die folgenden Größen zu nennen:

– *Preis* mit seinen Bestandteilen (wie Grundpreis, Aufpreise, Rabatte),
– *Gutseigenschaften* (Qualität im engeren Sinn)[1],
– *Gutsmenge* und ihre zeitliche Verteilung im Bezugszeitraum (z. B. Planungsperiode),
– *Verbund* von Sachgütern *mit technischen Dienstleistungen* vor, bei und nach dem Kauf (wie Gebrauchsinformationen, Montage, Inbetriebsetzung und Transport),
– Verbund von unterschiedlichen Sachgütern, insbesondere von komplementären Gütern *(Sortimentsgestaltung),*
– Finanzierungs-, Garantie- und sonstige *Bedingungen des Kaufabschlusses,*
– Wahl und Ausgestaltung des *Vertriebsweges* (z. B. Produzent an Verbraucher oder Produzent–Handel–Verbraucher),
– *Werbung* als Instrument zur Beeinflussung des Nachfragerverhaltens,
– *Beratung und Projektierung* als Voraussetzungen für das Zustandekommen von Absatzbeziehungen,
– *Verkaufsförderungsmaßnahmen* (z. B. Schulungsmaßnahmen im Handel, Preisausschreiben, Verkäuferwettbewerbe, Regalpflege) zur kurzfristigen Beeinflussung der Marktpartner.

Diese Größen sind grundsätzlich sowohl für die Anbieter als auch für die Nachfrager maßgebend für das Zustandekommen des Tausches. Allerdings haben in der Absatztheorie bisher diese Dimensionen vorwiegend aus der Anbietersicht Berücksichtigung gefunden. Man spricht hier von *Preis-, Qualitäts-, Mengen-, Sortiments-, Konditionen-, Vertriebswege-* und *Kommunikationspolitik,* die der Anbieter betreiben kann. Obwohl die Interdependenz zwischen diesen Instrumenten offenkundig ist, wurden zunächst theoretische Grundlagen (Entscheidungshilfen) für die isolierte Entscheidung über den Einsatz einzelner Absatzinstrumente entwickelt.

---

[1] Zum Begriff der Güterqualität vgl. den zusammenfassenden Überblick bei Engelhardt, Werner H.: Qualitätspolitik, in: Handwörterbuch der Absatzwirtschaft, 1974, Sp. 1799–1803.

Grundlagen der Absatztheorie

> **Beispiel**
> Das Mineralsprudelunternehmen versucht zu ermitteln, welcher zusätzliche Umsatz (Erwartungsparameter) nach einer Erhöhung der Ausgaben für eine bestimmte Werbeaktivität (Aktionsvariable) zu erwarten ist. Könnte man auf eine statistisch hinreichend gesicherte Beziehung zwischen der betreffenden Werbeaktivität und dem Umsatz zurückgreifen, so könnte – bei gleichbleibendem Einsatz der übrigen Aktionsvariablen – die gewinnmaximale Werbeausgabensumme geschätzt werden.

Als formal-analytisches Instrument wird für diesen Ansatz meist die Marginalanalyse herangezogen[1]. Sie ist jedoch eher zur grundsätzlichen Analyse der Zusammenhänge als zur Lösung praktischer Probleme geeignet. Die Gewinnung der notwendigen Daten über die Wirkungen von Aktionsvariablen ist meist nur bei Inkaufnahme sehr hoher Kosten möglich.

5. Marketingansatz

Die bisher behandelten Ansätze für den Aufbau einer Absatztheorie heben einzelne Aspekte – die Absatzinstitution, die Güterart, die Teilfunktionen des Absatzvorganges, die absatzbeeinflussenden Aktionsvariablen des Anbieters – besonders hervor. Das Ziel des Marketing-Ansatzes ist die Verbindung dieser Teiltheorien zu einer umfassenden Absatztheorie. Dies macht eine vertiefte Analyse der Kombination der absatzpolitischen Instrumente nicht nur im Hinblick auf ihre Wirkungen im Markt und auf die Konsequenzen daraus für *alle* Funktionsbereiche des Betriebes notwendig. Vielmehr müssen auch die Einsatzvoraussetzungen und Gestaltungsalternativen der Instrumente vor dem Hintergrund bestehender Stärken und Schwächen des Betriebes in bezug auf die Leistungserstellung überprüft werden[2]. Neben diesem Integrationsaspekt liegt das zweite wesentliche Charakteristikum des Marketing-Ansatzes in der weiterreichenden Berücksichtigung der Nachfrageseite. Gegen die ältere Absatztheorie wird von den Vertretern des Marketing-Ansatzes eingewandt, sie sei vorwiegend anbieterorientiert und messe den Bedürfnissen sowie den jeweiligen Nachfragebedingungen zu wenig Bedeutung zu[3].

---

[1] Vgl. Gutenberg, Erich: Grundlagen der Betriebswirtschaftslehre, 2. Band: Der Absatz, 17. Aufl., 1984, S. 12 und Band 1, 24. Aufl., 1983, S. 84 ff.
[2] Siehe hierzu u. a. Engelhardt, Werner H.; Plinke, Wulff: Elemente der Marketingstrategie, 1978, S. 19 ff. Vgl. auch Meffert, Heribert: Marketing, 7. Aufl., 1986, S. 29 ff.
[3] Vgl. Kotler, Philip; Bliemel, Friedhelm: Marketing-Management, 7. Aufl., 1992, S. 25–32. Raffée, Hans: Grundprobleme der Betriebswirtschaftslehre, 1974, S. 106–120.

> **Beispiel**
> Der Mineralsprudelhersteller hätte die Durststillung potentieller Nachfrager unter Beachtung von hygienischen und therapeutischen Ansprüchen in den Vordergrund zu stellen. Daraus wären die Maßnahmen der Produktgestaltung, Informationspolitik, Preispolitik usw. – unter gleichgewichtiger Beachtung der Herstellmöglichkeiten und -kosten sowie der eigenen Zielsetzung – abzuleiten.

Grundlage des Marketing-Ansatzes bilden somit intensive Analysen der Nachfragerziele und -bedingungen. Die grundlegenden Gegensätze zwischen Anbieter- und Nachfragerzielen – z. B. Gewinnmaximierung bei den Anbietern und kostenminimale Befriedigung eines vorgegebenen Bedarfs der Nachfrager – haben einige Marketing-Vertreter veranlaßt, die Berücksichtigung ethischer Kategorien im Rahmen der Absatzstrategie zu fordern. Zum Beispiel soll die Gewinnerzielung durch *gemeinwirtschaftliche Gesichtspunkte* eingeengt werden[1]. In diesem Zusammenhang sind auch die Bestrebungen des Konsumerismus[2] zu erwähnen. Durch den Zusammenschluß von Verbrauchern mit gleichgerichteten Interessen – organisiert etwa in Verbraucherzentralen, Testinstituten usw. – sollen Gegenpositionen gegenüber Anbietern geschaffen werden, die eine relativ große Machtposition einnehmen. Ziele derartiger Verbraucherzusammenschlüsse sind zum Beispiel:

– die Verbesserung der Markttransparenz durch Verbraucherinformationen,
– Herstell- und Vertriebsverbot bzw. Werbeverbot für gesundheitsschädliche Produkte (Lebensmittelrecht, Arzneimittelrecht usw.),
– die Information über unechte Produktdifferenzierung (z. B. allein durch Verpackungsunterschiede),
– die Information über Minderungen der Produktqualität (die lediglich zur Intensivierung des Ersatzbedarfs herbeigeführt worden sind),
– die Durchsetzung einer verstärkten staatlichen Aufsicht (technische Überwachungsvereine, Labors für die Überwachung von Lebensmitteln und Medikamenten usw.).

Als besonders herausragende Merkmale eines umfassenden Marketing-Ansatzes seien u. a. zusammenfassend genannt:

– Ausrichtung an komplexen Bedürfniskategorien (Problemlösungen sollen angeboten werden, nicht Produkte),

---

[1] Vgl. Dawson, Leslie H.: The Human Concept: New Philosophy for Business, in: Business Horizons, 1969, Nr. 12, S. 29–38.
[2] Vgl. Meffert, Heribert: Marketing und Konsumerismus, in: Zeitschrift für Betriebswirtschaft, 45. Jg., 1975, S. 69–90. Siehe ferner die Beiträge in Hansen, Ursula; Stauss, Bernd; Riemer, Martin (Hrsg.): Marketing und Verbraucherpolitik, 1982.

24 Grundlagen der Absatztheorie

- Bedarfs- bzw. Problemorientierung von Produktart, Absatzinstitution und Absatzfunktion,
- Priorität der absatzwirtschaftlichen Aspekte gegenüber fertigungswirtschaftlichen Gesichtspunkten bei der Gütererzeugung,
- integrierte Erfassung der Absatzinstrumente in ihrer Wirkung auf das Nachfrageverhalten,
- Einschränkung der Gewinnerzielung durch stärkere Berücksichtigung von ethischen Grundkategorien, medizinischen Erkenntnissen und sozialen Forderungen.

Abschließend sei noch erwähnt, daß sich der Marketing-Ansatz nicht nur auf erwerbswirtschaftliche Probleme beschränkt, sondern daß auch Ansätze zum „nicht-kommerziellen Marketing" entwickelt worden sind[1].

Literaturempfehlungen zu § 1

Bidlingmaier, Johannes: Marketing 1, 1973, S. 13–16 (zu § 1 C 5).
Disch, Wolfgang: Marketing-Theorie, in: Handwörterbuch der Absatzwirtschaft, 1974, Sp. 1293–1301 (zu § 1 C 5).
Knoblich, Hans: Warenorientierte Absatztheorie, in: Handwörterbuch der Absatzwirtschaft, 1974, Sp. 167–179 (zu § 1 C 2).
Kroeber-Riel, Werner: Verhaltensorientierte Absatztheorie, in: Handwörterbuch der Absatzwirtschaft, 1974, Sp. 159–167 (zu § 1 C).
Lange, Manfred: Entscheidungsorientierte Absatztheorie, in: Handwörterbuch der Absatzwirtschaft, 1974, Sp. 101–110 (zu § 1 C).
Meffert, Heribert: Systemorientierte Absatztheorie, in: Handwörterbuch der Absatzwirtschaft, 1974, Sp. 138–158 (zu § 1 C).
Schenk, Hans-Otto: Funktionale Absatztheorie, in: Handwörterbuch der Absatzwirtschaft, 1974, Sp. 110–120 (zu § 1 C 3).
Tietz, Bruno: Institutionsorientierte Absatztheorie, in: Handwörterbuch der Absatzwirtschaft, 1974, Sp. 130–138 (zu § 1 C 1).
Leitherer, Eugen: Markt, Marktformen und Marktverhaltensweisen, in: Handwörterbuch der Betriebswirtschaft, 4. Aufl., 1975, Sp. 2604–2617 (zu § 1 B).
Gutenberg, Erich: Grundlagen der Betriebswirtschaftslehre, 2. Band: Der Absatz, 17. Aufl., 1984, S. 1–6 (zu § 1 A).
Gümbel, Rudolf: Handel, Markt und Ökonomik, 1985, S. 77–144 (zu § 1 B).
Schneider, Dieter: Allgemeine Betriebswirtschaftslehre, 3. Aufl., 1987, S. 39–52 (zu § 1 B).

---

[1] Vgl. Raffée, Hans: Perspektiven des nicht-kommerziellen Marketing, in: Zeitschrift für betriebswirtschaftliche Forschung, 28. Jg., 1976, S. 61–76, und die dort angegebene Literatur; siehe auch die umfassende Marketing Definition von Kotler, Philip; Bliemel, Friedhelm: Marketing-Management, 7. Aufl., 1992, S. 6 sowie Kotler, Philip: Marketing für Nonprofitorganisationen, 1978, insbesondere die Anwendungsbereiche S. 277 ff.

Nieschlag, Robert; Dichtl, Erwin; Hörschgen, Hans: Marketing, 16. Aufl., 1991, S. 1–18 (zu § 1 A, B).
Kotler, Philip; Bliemel, Friedhelm: Marketing-Management, 7. Aufl., 1992, S. 3–28 (zu § 1 A).

Aufgaben zu §1

1.1 Definieren Sie den Begriff „Markt". Nach welchen Kriterien können unterschiedliche Märkte abgegrenzt werden?

1.2 Welche Kriterien sind für die Abgrenzung des relevanten Marktes eines Produzenten von
– Edelstahlerzeugnissen
– Fernwärme
– Wäscheknöpfen
– Gänseleberpastete
– Krawatten
– Nahverkehrstransportleistungen
heranzuziehen?

1.3 Welche Angebots- und Nachfragestrukturen lassen sich nach der Zahl der Marktteilnehmer unterscheiden? Stellen Sie ein einfaches „Marktformenschema" auf. Welche Bedeutung ist einem derartigen „Marktformenschema" beizumessen und welche Probleme treten bei seiner praktischen Anwendung auf?

1.4 Welche Formen des Anbieterwettbewerbs kann man unterscheiden? Gibt es Verbindungen zum Schema der Marktformen? Begründen Sie Ihre Antwort!

1.5 Durch welche Kriterien wird ein vollkommener Markt charakterisiert?

1.6 Was versteht man unter einem offenen Markt?

1.7 Bilden Sie Beispiele für Märkte (z. B. nach Regionen, Produktarten, Marktteilnehmern usw.)
Nennen Sie Beispiele für
(a) weitgehend vollkommene,
(b) unvollkommene,
(c) geschlossene
Märkte. Geben Sie bei den gewählten Beispielen für unvollkommene und geschlossene Märkte die maßgebenden Kriterien an und versuchen Sie unter Angabe einer Begründung eine Marktform zuzuordnen.

1.8 Versuchen Sie zu den in 1.7 gewählten Beispielen unter Angabe einer Begründung wichtige Marktinterdependenzen aufzuzeigen.

1.9 Geben Sie Beispiele für mehrstufige Märkte! Vergleichen Sie das Konzept des mehrstufigen Marktes mit dem Konzept der Handelskette von R. Seyffert!

1.10 Welche qualitativen und quantitativen Merkmale hat der Gesetzgeber für marktbeherrschende Unternehmen festgelegt [vgl. Gesetz gegen Wettbewerbsbeschränkungen vom 4. 4. 1974 (BGBl. 1, S. 869)]?

1.11 Nennen Sie die wichtigsten Ansätze für Absatztheorien und charakterisieren Sie ihre wesentlichen Ausgangspunkte.

§ 2 Bestimmungsgrößen der Güternachfrage

A. Grundlagen des Käuferverhaltens

Zentraler Bezugspunkt der Güterherstellung und des Güterhandels ist eine mit Kaufkraft ausgestattete Nachfrage. Diese findet auf dem Markt ihren Ausdruck im Käuferverhalten[1] bzw. in den Marktaktivitäten der Nachfrager. Je höher nun bei den Anbietern der Informationsstand über die Bestimmungsgrößen des Käuferverhaltens ist, um so eher kann die Angebotspolitik zielgerecht auf rationaler Basis gestaltet werden. In diesem Bereich liegt daher ein wesentlicher Ansatzpunkt für die empirische Forschung. Grundsätzlich sind dabei die folgenden Fragen zu klären[2]:
- *Welche* Marktbedingungen gelten (Marktform, Marktregelung, Grad der Unvollkommenheit usw.)?
- *Was* wird auf dem betrachteten Markt gekauft (Eigenschaften der Kaufobjekte)?
- *Warum* werden bestimmte Kaufobjekte gekauft (rationale und irrationale Kaufziele/Kaufmotive)?
- *Welche Mengen* werden zu bestimmten Tauschbedingungen gekauft (Angebots oder Nachfragemengen)?
- *Wer* kauft (Kaufsubjekte)?
- *Wie* läuft der Kaufprozeß ab (Phasen des Kaufprozesses)?
- *Wo* werden die Kaufabschlüsse getätigt (Ort)?
- *Wann* kommen Kaufabschlüsse zustande (Zeit)?
- *Welche* Mitanbieter treten mit welchen absatzpolitischen Maßnahmen auf (Wettbewerbsart und -intensität)?

Die Beantwortung dieser Fragen für die angebotenen Güter auf den einzelnen Märkten bildet eine wesentliche Grundlage der Absatzpolitik.

Beispiele
Bei manchen Konsumgebrauchsgütern wie Kühlschränken, Waschmaschinen usw. sind für das Kaufverhalten technische Funktion des Gutes, Service und Preis von besonderer Bedeutung. Für den Anbieter haben daher Qualitätspolitik, Servicepolitik und Preispolitik im Vordergrund zu stehen. Bei einem Verbrauchsgut wie etwa Seife spielen andererseits z. B. Vertriebsweg, Verpackung und Werbung eine besondere Rolle.

---
[1] Zur einführenden Darstellung der Theorie des Käuferverhaltens siehe Hill, Wilhelm: Theorien des Konsumentenverhaltens, eine Übersicht, in: Die Unternehmung, 1972, S. 61–79.
[2] Vgl. auch Kotler, Philip; Bliemel, Friedhelm: Marketing-Management, 7. Aufl., 1992, S. 247.

28 Grundlagen der Absatztheorie

Der Einfluß der Käufer auf die Tauschbedingungen hängt insbesondere von der Marktform, der Markttransparenz und von Art, Intensität und Nachhaltigkeit des Bedürfnisses ab (Grundbedürfnis, dessen Befriedigung lebensnotwendig ist, oder untergeordnetes Bedürfnis, auf dessen Befriedigung relativ leicht verzichtet werden kann). Daraus folgen für den Anbieter bestimmte Begrenzungen des absatzpolitischen Handlungsspielraumes.

Nach den Kaufsubjekten lassen sich im Hinblick auf grundsätzliche Unterschiede im Nachfragerverhalten vier Arten von Märkten unterscheiden[1]:
- Konsumentenmärkte (Nachfrager sind private Haushalte),
- Produzentenmärkte (Nachfrager sind Betriebe, die die erworbenen Güter im Produktionsprozeß einsetzen),
- Händlermärkte (Nachfrager verkaufen die erworbenen Güter unverändert weiter),
- Märkte der öffentlichen Hand (Nachfrager sind öffentliche Stellen wie Vertreter von Bund, Ländern, Gemeinden).

Vor allem die Kaufpraktiken und Tauschbedingungen, aber auch die Kaufziele sind in diesen Marktarten unterschiedlich.

Im Vordergrund der klassischen Absatztheorie stand der *Konsumentenmarkt*. Die Nutzenvorstellungen und die Präferenzordnung der Haushalte für die angebotenen Güter sowie die verfügbare Konsumsumme werden hier als die maßgebenden nachfragebestimmten Einflußgrößen auf Tauschvorgänge – insbesondere auf die Preisbildung – betrachtet. In der neueren Absatztheorie werden darüber hinausreichende Einflußgrößen berücksichtigt, und der Konsumentenmarkt wird weiter untergliedert etwa nach Einkommensklassen, Familienstand und Güterarten. Durch Kombination derartiger Kriterien können immer enger eingegrenzte Teilmärkte gebildet werden.

Beispiele
Eine Untergliederung nach Einkommensklassen ist u. a. bedeutsam für die Bestimmung der Nachfrage nach Luxusgütern/Gütern des „gehobenen Bedarfs" und Grundnahrungsmitteln/Gütern des „täglichen Bedarfs"; der Familienstand bestimmt die Nachfrage auf Märkten für z. B. Säuglings-, Kleinkinder-, Jugend- und Seniorenartikel (Altmarkt); auch unterschiedliche Güterarten wie Gebrauchs- und Verbrauchsgüter sowie Dienstleistungen können als Kriterien verwendet werden (vgl. auch die Marktabgrenzungskriterien in §1).

Besonders kennzeichnend für die *Produzenten-* und *Händlermärkte* sind[2]:

---
[1] Vgl. auch Kotler, Philip; Bliemel, Friedhelm: Marketing-Management, 7. Aufl., 1992, S. 93 f.
[2] Vgl. auch Schulz, Roland: Kaufentscheidungsprozesse des Konsumenten, 1972, S. 23 f.

- der relativ höhere Rationalitätsgrad bei der Auswahl des Kaufobjektes,
- die weitergehende Institutionalisierung und Formalisierung des Kaufprozesses,
- das Auftreten von Einkaufskommissionen (Multipersonalität),
- oligopolistische Marktstrukturen auf der Nachfragerseite in vielen Wirtschaftszweigen,
- relativ lange zeitliche Erstreckung des Kaufprozesses insbesondere im Anlagengeschäft (z. B. beim Kauf von industriellen Großanlagen mehrere Jahre)[1].

Der Markt der *öffentlichen Hände* ist durch vielfältige Marktregelungen gekennzeichnet sowie in weiten Bereichen durch eine monopolistische oder oligopolistische Nachfragestruktur. Daraus folgen spezielle Tauschbedingungen, auf die in der Absatzpolitik Rücksicht zu nehmen ist.

Mitunter werden die *internationalen Märkte* als weitere Marktart neben die bisher behandelten Märkte gestellt[2], da aus dem Übergang der Güter in andere Währungs-, Sprach- und Kulturzonen zahlreiche Besonderheiten für den Kaufprozeß folgen. Innerhalb der internationalen Märkte treten jedoch wiederum Produzenten, Händler, Konsumenten und öffentliche Institutionen als Nachfrager auf, so daß nur eine entsprechende Untergliederung dieser Marktarten sachgerecht ist. Darauf wird bei deren näherer Behandlung in den folgenden Abschnitten jedoch nicht eingegangen[3].

B. Nachfrageverhalten von Konsumenten

1. Klassische Haushaltstheorie

Die klassische Haushaltstheorie ist der älteste Ansatz zur Erklärung von Tauschvorgängen. Sie bildet eine Basis der Preistheorie, die den Preis in Abhängigkeit von der Marktform und bestimmten Marktbedingungen sowie

---

[1] Vgl. Arbeitskreis „Marketing in der Investitionsgüter-Industrie" der Schmalenbach-Gesellschaft: System Selling, in: Zeitschrift für betriebswirtschaftliche Forschung, 27. Jg., 1975, S. 767.
[2] Vgl. Kotler, Philip; Bliemel, Friedhelm: Marketing-Management, 7. Aufl., 1992, S. 577 ff.
[3] Siehe hierzu u. a. Meissner, Hans Günther: Außenhandelsmarketing, 1981 oder Meffert, Heribert; Althans, Jürgen: Internationales Marketing, 1982 und die dort angegebene Literatur.

30 Grundlagen der Absatztheorie

rein rational begründeten Verhaltensmustern der Konsumenten betrachtet[1]. Vorausgesetzt werden Konstanz der Bedürfnisstruktur und damit verbunden der Nutzenschätzung für alle Güter sowie Konstanz der verfügbaren Konsumsumme[2]. Erklärungsziel ist der Zusammenhang zwischen (alternativen) Preisen und Nachfragemengen für die angebotenen Güter. Zur allgemeinen Erläuterung sei hier nur der Zwei-Güter-Fall behandelt.

Auszugehen ist von der *Budgetgleichung* (2. 1) für das betrachtete Wirtschaftssubjekt:

(2.1) $\quad A = p_1 \cdot x_1 + p_2 \cdot x_2$

mit

A: = Konsumausgabensumme eines Wirtschaftssubjektes,
p_1: = Preis für eine Mengeneinheit des Gutes 1,
p_2: = Preis für eine Mengeneinheit des Gutes 2,
x_1: = Anzahl der eingekauften Mengeneinheiten des Gutes 1,
x_2: = Anzahl der eingekauften Mengeneinheiten des Gutes 2.

Die Budgetgleichung repräsentiert die alternativen Kombinationen von Einkaufsmengen der beiden Güter, die das Wirtschaftssubjekt beschaffen kann, wenn es die Konsumausgabensumme A vollständig verausgabt.

Die Auswahlentscheidung des Wirtschaftssubjektes für eine bestimmte Kombination von Gütermengen x_1, x_2 hängt von der als gegeben angenommenen *Bedürfnisstruktur und Nutzenschätzung* ab. Diese wird durch ein *Indifferenzkurvensystem* ausgedrückt[3].

Eine Nutzenindifferenzkurve ist der geometrische Ort aller Gütermengenkombinationen (x_1, x_2), die nach Ansicht des Wirtschaftssubjektes gleichwertig sind, also den gleichen Nutzen bzw. den gleichen Grad an Bedürfnisbefriedigung bieten. Derartige Indifferenzkurven können von einer Nutzenfunktion $N = N(x_1, x_2)$ ebenso abgeleitet werden wie Ertragsisoquanten aus einem substitutionalen Produktionsmodell. Die geometrische Darstellung der Nutzenfunktion möge ein „Nutzengebirge" ähnlich dem Ertragsgebirge der Produktionstheorie sein. Legt man nun horizontale Schnitte entsprechend verschiedener Nutzenniveaus durch dieses Nutzengebirge und projiziert sie auf die x_1, x_2-Ebene, so ergibt sich das Indifferenzkurvensystem. Auf dieser Basis können

---

[1] Zur Kritik an der klassischen Haushaltstheorie vgl. Albert, Hans: zur Theorie der Konsumnachfrage, in: Jahrbuch für Sozialwissenschaft, 1965, S. 139–198, insbesondere S. 162–169; Wiswede, Günter: Über die Dürftigkeit des wirtschaftstheoretischen Konzeptes zur Erklärung des Konsumentenverhaltens, in: Jahrbuch für Absatz- und Verbrauchsforschung, 1964, S. 141-152.
[2] Vgl. Schneider, Erich: Einführung in die Wirtschaftstheorie, II. Teil, 13. Aufl., 1972, S. 17.
[3] Zu Einzelheiten vgl. Ott, Alfred E.: Grundzüge der Preistheorie, Neudruck der 3. überarbeiteten Auflage, 1984, S. 80–88.

Klassische Haushaltstheorie 31

Grenzraten der Substitution abgeleitet werden. Analog zur Produktionstheorie gilt für sie, daß sie betragsmäßig dem reziproken Verhältnis der zugehörigen Grenznutzenwerte entsprechen[1]. Die vorgegebene Konsumsumme führt bei festen Güterpreisen und dem Ziel der Nutzenmaximierung zu einer eindeutigen Gütermengenwahl. Dies veranschaulicht Abb. 2.1., in der neben den Indifferenzkurven (z. B. $\overline{I_0 I_0'}$) eine Budgetgerade ($\overline{BB_0'}$) für eine bestimmte Konsumsumme eingezeichnet worden ist. Der Nachfrager wird sich für die Gütermengenkombination im Punkt P_0 entscheiden. Dort tangiert die Budgetlinie $\overline{BB_0'}$ eine Indifferenzkurve. Der Punkt P_0 repräsentiert daher den mit der gegebenen Konsumausgabensumme höchstens erreichbaren Nutzen. Die Steigung der Budgetlinie ist dann im Punkt P_0 gleich der Steigung der Indifferenzkurve. In der Produktionstheorie wird in entsprechender Weise die Minimalkostenkombination abgeleitet. Analytisch gesehen ist sie erreicht, wenn die (negative) Grenzrate der Substitution gleich dem reziproken Faktorpreisverhältnis ist (vgl. Band 1, § 13C). In der Haushaltstheorie ist analog dazu das Nutzenmaximum des Individuums erreicht, wenn das Verhältnis der Güterpreise gleich dem Verhältnis der Grenznutzen der beiden Güter ist.

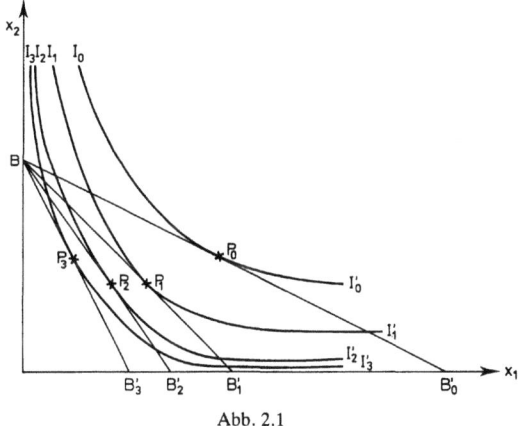

Abb. 2.1

Aus der Darstellung kann auch der Zusammenhang zwischen geänderten Preisen für ein Gut und zugehörigen Nachfragemengen – unter sonst gleichen Bedingungen (ceteris paribus) – abgeleitet werden. Bei einer Preisvariation für

---

[1] Vgl. dazu die Ausführungen in Band 1, § 9 B, über die Grenzrate der Faktorsubstitution und die Grenzproduktivitäten sowie Ott, Alfred E.: Grundzüge der Preistheorie, Neudruck der 3. überarbeiteten Auflage, 1984, S. 84 ff.

32 Grundlagen der Absatztheorie

Gut 1 dreht sich die Budgetlinie um den Ordinatenschnittpunkt B. Bei einer Preissenkung erfolgt eine Drehung gegen den Uhrzeigersinn und bei einer Preiserhöhung im Uhrzeigersinn. Bei einer Preiserhöhung wird also die Menge, die das Wirtschaftssubjekt maximal *allein von Gut 1* kaufen kann, geringer. Außerdem tangiert die nach links gedrehte Budgetlinie eine andere Indifferenzkurve. Dies bedeutet eine Veränderung der nutzenoptimalen Nachfrage nach Gut 1 *und* Gut 2.

Trägt man nun die unterschiedlichen Preise p_1 für Gut 1 und die zugehörigen nutzenmaximalen Mengen x_1 in ein p_1, x_1-Koordinatensystem ein, so erhält man für den einzelnen Nachfrager den gesuchten Zusammenhang zwischen Preis und nachgefragter Menge. Die Beziehung $x_1 = f(p_1; A, p_2)$ für $A = A^0 =$ const. und $p_2 = p_2^0 =$ const. wird auch *individuelle Nachfragefunktion* genannt (vgl. Abb. 2.2).

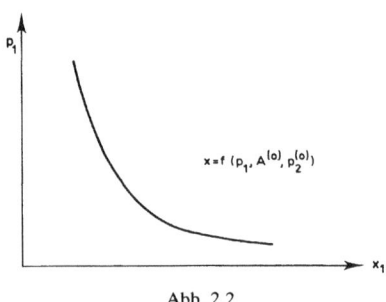

Abb. 2.2

Um zu einer Nachfragefunktion zu gelangen, die das Nachfrageverhalten aller Wirtschaftssubjekte eines relevanten Marktes beschreibt, ist eine horizontale Aggregation durchzuführen; für jeden Preis werden die Nachfragemengen der einzelnen Wirtschaftssubjekte addiert[1]. Nur ein Angebotsmonopolist steht unter den angegebenen Prämissen dieser Nachfragefunktion unmittelbar gegenüber. Sie entspricht seiner *Preisabsatzfunktion* (vgl. dazu § 4 B 1).

Die klassische Haushaltstheorie ist nicht nur zur Analyse der Konsumentennachfrage eingesetzt worden. Durch explizite Berücksichtigung der Kosten von Tauschvorgängen können auch mehrstufige Märkte – etwa aufgrund des institutionalisierten Handels – abgebildet werden[2]. Weiterhin können Güterum-

---
[1] Vgl. Morgenstern, Oskar: Spieltheorie und Wirtschaftswissenschaft, 2. Aufl., 1966, S. 145 ff.
[2] Vgl. Weber, Hans Hermann: Grundlagen einer quantitativen Theorie des Handels, 1966. Siehe auch § 1 B 6.

Klassische Haushaltstheorie 33

wandlungsprozesse im privaten Haushalt betrachtet werden[1]. Die beschafften Güter sind vielfach nicht unmittelbar zur Bedürfnisbefriedigung geeignet, sondern müssen – ähnlich wie in einem Industriebetrieb – unter Einsatz von Potentialfaktoren und anderen Gütern produktiv verändert werden. Z. B. sind die von Haushaltsmitgliedern eingekauften Lebensmittel Einsatzgüter, die unter Verwendung eines Herdes und von Haushaltsgeräten sowie von Energie zu Speisen verarbeitet werden. Die Lösung der hierbei auftretenden Entscheidungsprobleme wird weitgehend in Analogie zur Theorie der Unternehmung gesucht[2]. Erweiterungen der Haushaltstheorie sind auch in der expliziten Berücksichtigung der Zeitkomponente und der Unterstellung unvollkommener Information zu sehen[3].

Trotz dieser Erweiterungen ist der Erklärungswert der klassischen Haushaltstheorie für das reale Nachfragerverhalten relativ gering. Dies ist einerseits auf einige realitätsferne Prämissen, andererseits auf den hohen Abstraktionsgrad zurückzuführen. Unter den Prämissen ist insbesondere die Forderung expliziter Nutzenschätzung durch die Wirtschaftssubjekte kritisiert worden[4]. Die horizontale Aggregation der individuellen Nachfragefunktionen vernachlässigt die Erfahrungstatsache, daß Kaufentscheidungen nicht unabhängig voneinander gefällt werden, sondern intensive Interdependenzen zwischen vielen Handlungen der Nachfrager auf verschiedenen Märkten bestehen. Außerdem sind Kaufentscheidungen meist nicht rein rational begründet (d. h. der Käufer verhält sich nicht als homo oeconomicus). Schließlich wird der Preis einseitig als Entscheidungskriterium für die nachgefragten Gütermengen betrachtet, obwohl es weitere Bestimmungsfaktoren für das Nachfragerverhalten gibt, wie im folgenden Abschnitt näher dargelegt wird. Anderseits ist nicht zu verkennen, daß dem Preis auf den meisten Märkten für Anbieter und Nachfrager ein großes Gewicht unter den Bestimmungsfaktoren des Nachfrage- und Angebotsvolumens zukommt. Dies gilt insbesondere dann, wenn die Anbieter homogene Leistungen anbieten und somit Preiswettbewerb herrscht. Daher lassen sich aus der preistheoretischen Modellanalyse wichtige ökonomische Grundeinsichten zum rationalen Verhalten von Anbietern und Nachfragern ableiten, wenn auch unter Inkaufnahme eines relativ hohen Abstraktionsgrades.

---

[1] Vgl. Lancaster, Kelvin J.: A New Approach to Consumer Theory, in: The Journal of Political Economy, 1966, S. 132–157.
[2] Vgl. Weber, Hans Hermann: Zur Bedeutung der Haushaltstheorie für die betriebswirtschaftliche Absatztheorie, in: Zeitschrift für betriebswirtschaftliche Forschung, 21. Jg., 1969, S. 773–787.
[3] Vgl. Kirsch, Werner: Entscheidungsprozesse, Band I, 2. Aufl., 1977, S. 42–60.
[4] Vgl. den zusammenfassenden Überblick bei Schneider, Dieter: Die Preis-Absatz-Funktion und das Dilemma der Preistheorie, in: Zeitschrift für die gesamte Staatswissenschaft, 1966, S. 587–628.

2. Die Theorie des Tausches

Trotz eines hohen Abstraktionsgrades liefert auch die Theorie des *isolierten Tausches* (der vereinfachte Fall des *bilateralen Monopols*[1]) Aufschlüsse über die *Bedingungen*, unter denen zwei Wirtschaftssubjekte (Institutionen) A und B miteinander in eine Tauschbeziehung treten können[2]. Dem Tausch „Ware gegen Ware" kommt in entwickelten Volkswirtschaften eine relativ geringe Bedeutung zu.
Aber sie existiert nach wie vor im Wirtschaftsverkehr mit Entwicklungs- oder Staatshandelsländern[3]. Vorherrschend ist die Form des Tausches „Ware gegen Geld". Dennoch sind die Grundlagen der Tauschtheorie für die Entwicklung einer Absatztheorie weiterhin relevant. Die Tauschtheorie ist allerdings nicht nur eine nachfrageorientierte Theorie, sondern sie analysiert zugleich auch das Verhalten des Anbieters. Auch die in der Theorie des isolierten Tausches betrachteten Wirtschaftssubjekte erfüllen beide Rollen zugleich : sie sind Anbieter *und* Nachfrager verschiedener Güter.

Beispiel
Zwei Bauern tauschen landwirtschaftliche Produkte. Der eine bietet Ackerfrüchte, der andere Milchprodukte. Jeder benötigt das Gut des anderen.

Im Hinblick auf die ökonomische Ausgangssituation vor Aufnahme einer Tauschbeziehung zwischen zwei Wirtschaftssubjekten sind grundsätzlich *drei Fälle* denkbar:
(1) Die Wirtschaftssubjekte sind mit bestimmten Gütern unterschiedlich versorgt. Durch einen Tausch von „Überschußmengen" erreichen sie jeweils

---

[1] Vgl. hierzu u. a. Schneider, Erich: Einführung in die Wirtschaftstheorie. II. Teil: Wirtschaftspläne und wirtschaftliches Gleichgewicht in der Verkehrswirtschaft, 13. Aufl., 1972, S. 351 ff.
[2] Vgl. hierzu Jevons, William Stanley: The Theory of Political Economy, 1871, Chapter IV (dt. Übersetzung: Die Theorie der politischen Ökonomie. Hrsg. von H.Waentig, 1924, S. 115 ff.); Walras, Marie Esprit Léon: Théorie Mathématique de la Richesse Sociale, 1876 (dt. Übersetzung: Mathematische Theorie der Preisbestimmung der wirtschaftlichen Güter, 1881); derselbe: Eléments d'Economie Politique Pure, 1874; Wicksell, Knut: Über Wert, Kapital und Rente nach den neueren nationalökonomischen Theorien, 1893, insbesondere S. 36 ff.; Schneider, Erich: Einführung in die Wirtschaftstheorie, IV.Teil: Ausgewählte Kapitel der Geschichte der Wirtschaftstheorie. 1. Band, 3. Aufl., 1970, S. 216 ff.; Weber, Hans-Hermann: Grundlagen einer quantitativen Theorie des Handels, 1966, S. 11 ff.
[3] Zu Problemen der Gegengeschäfte (Kompensationsgeschäfte) im Investitionsgüterbereich siehe insbesondere Schuster, Falko: Gegen- und Kompensationsgeschäfte als Marketing-Instrumente im Investitionsgüterbereich, 1979, S. 16 ff.

einen höheren Grad an Befriedigung ihrer Bedürfnisse[1]. Man spricht in diesem Fall von *unterschiedlichen Versorgungslagen*, bei welchen für die Wirtschaftssubjekte bezüglich je zweier für den Tausch in Frage kommenden Güter *unterschiedliche Grenzraten der Substitution gelten*.
(2) Die Wirtschaftssubjekte *produzieren* unterschiedliche Güter, z. B. im Wege der Arbeitsteilung, benötigen jedoch beiderseits die Güter zur Befriedigung ihrer Bedürfnisse (partielle oder totale *Spezialisierung*). Hier spricht man von *unterschiedlichen Produktionslagen* (Produktionsbedingungen).
(3) Die Wirtschaftssubjekte weisen *sowohl unterschiedliche Versorgungs- als auch unterschiedliche Produktionslagen* auf.

Im folgenden behandeln wir nur den ersten Fall. Um ihn analysieren zu können, reduzieren wir ihn auf die Konstellation zweier Wirtschaftssubjekte und zweier Güter. Die *Prämissen* des isolierten Tausches sind:

- Die Güter sind beliebig teilbar.
- Die Wirtschaftssubjekte verfügen über eine eindeutige und konsistente Präferenzstruktur.
- Es existiert jeweils eine mit der verfügbaren Gutsmenge monoton steigende, stetige und differenzierbare Nutzenfunktion des einzelnen Wirtschaftssubjekts.
- Die Grenzrate der Substitution des einen Gutes in Bezug auf das andere nimmt mit fortgesetzter Substitution des einen Gutes durch das andere ab (Gesetz von der abnehmenden Grenzrate der Substitution).
- Die Gütermengenkombinationen, die aus der Sicht der Wirtschaftssubjekte einen gleichen Nutzen stiften, lassen sich durch Indifferenzkurven abbilden (die sich nicht schneiden).

Ein Tausch des Gutes *a* von *A* gegen das Gut *b* von *B* ist offenbar nur dann sinnvoll, wenn *A* und *B* ihren individuellen Nutzen jeweils vermehren können. Um das Tauschverhältnis ermitteln zu können, benötigt man die Grenzrate der Substitution. Sie gibt an, wieviele Einheiten von *b* durch eine Einheit von *a* bei Konstanz des Nutzens ersetzt werden können. *A* wird immer dann eine Mengeneinheit von *a* gegen eine Mengeneinheit von *b* hingeben, wenn der Nutzenzuwachs einer Mengeneinheit von *b* höher eingeschätzt wird als der Nutzenentgang einer Mengeneinheit von *a*. Für das zweite Wirtschaftssubjekt *B* gilt Analoges. Die Tauschentscheidung setzt somit den Vollzug eines Grenznutzenvergleiches der in Frage kommenden Güter voraus. Da der Grenznutzen von *a* bzw. *b* mit fortgesetzter Substitution immer kleiner wird, läßt sich eine

---

[1] Der Grad der Bedürfnisbefriedigung wird auch – in Anlehnung an Vilfredo Pareto – Ophelimitätsindex genannt. Vgl. Pareto, Vilfredo: Cours d'Economie Politique, Tome I, 1896, S. 3 bzw. S. 8; Schneider, Erich: Einführung in die Wirtschaftstheorie. II. Teil: Wirtschaftspläne und wirtschaftliches Gleichgewicht in der Verkehrswirtschaft. 13. Aufl., 1972, S. 6 ff.

Substitutionsgrenze bestimmen. Der Nutzenzuwachs wird Null, wenn der Grenznutzen von Gut *a* gleich dem Grenznutzen von Gut *b* wird.
Das Tauschverhältnis zweier Güter *a* und *b* ergibt sich aus dem umgekehrten Verhältnis der Grenznutzen der nach dem Tausch verfügbaren Gütermengen[1].
Die tatsächlichen Gütermengen, die zum Austausch kommen sollen, können nur solche Mengenkombinationen sein, bei denen keiner der Tauschpartner Nutzeneinbußen erleidet.
Offenbar ist nur eine Tauschrelation

(2.2) $$\left|\frac{\Delta x_{Ab}}{\Delta x_{Aa}}\right| = \left|\frac{\Delta x_{Bb}}{\Delta x_{Ba}}\right|$$

mit x_{Aa} = Menge des Gutes *a* bei *A* nach Tausch,
x_{Ab} = Menge des Gutes *b* bei *A* nach Tausch usw.

realisierbar, welche zum *Ausgleich der unterschiedlichen Grenzraten der Substitution* führt. Im allgemeinen gibt es nun nicht nur eine Mengenkombination von *a* und *b*, die (2.2) erfüllt[2]. Welche der möglichen Mengenkombinationen tatsächlich gewählt wird, hängt von zusätzlichen Kriterien ab, die die Bildung einer erweiterten Nutzenfunktion erforderlich machen.
Die Theorie des Tausches bildet die *Grundlage der Preistheorie* und der *allgemeinen Gleichgewichtslehre*, die von gegebenen Angebots- bzw. Nachfragemengen qualitativ unveränderlicher Güter ausgehen und den Preis zu bestimmen suchen, für welchen bei gegebenen Marktstrukturen Gleichgewicht unter Realisierung des Nutzenoptimums der Marktteilnehmer herrscht.

3. Neuere Theoreme des Käuferverhaltens

Empirische Untersuchungen haben ergeben, daß nicht nur rational nachvollziehbare Ziel-Mittel-Entscheidungen zu konkreten Tauschprozessen führen, sondern daß Launen, Stimmungen, ästhetische Momente, Triebelemente und Einwirkungen Dritter das Marktgeschehen maßgebend beeinflussen können[3]. Wissenschaftliche Analysen wurden insbesondere in Richtung auf die folgenden Fragestellungen durchgeführt: Welche psychischen und geistigen Vorgänge vollziehen sich beim einzelnen Nachfrager im Zusammenhang mit einem Kaufentschluß und bestimmen die Geschwindigkeit, mit der neue Produkte

---

[1] Vgl. Jevons, William Stanley: The Theory of Political Economy, 1871, Kap. IV (dt. Übersetzung: Die Theorie der politischen Ökonomie. Hrsg. von H. Waentig, 1924, S. 91 f.).
[2] Vgl. Pareto, Vilfredo: Manuel d'Economie Politique, 1927, Chapitre III, § 116 (Modes et Formes d'Equilibre dans l'Echange).
[3] Vgl. den Überblick bei Nieschlag, Robert; Dichtl, Erwin; Hörschgen, Hans: Marketing, 16. Aufl., 1991, S. 102–128. Siehe auch Kroeber-Riel, Werner: Konsumentenverhalten, 4. Aufl., 1990.

akzeptiert werden (*Motivtheoreme und Diffusionstheoreme*)? Welches Risiko empfinden Nachfrager und inwieweit sind sie bereit, Risiken im Falle des (Erst-)Kaufes auf sich zu nehmen (*Risikotheoreme*)? Welche Einwirkungen werden von anderen Individuen auf bestimmte Nachfrager ausgeübt (*Referenzgruppentheoreme*)? Welche Wirkungen gehen von vollzogenen Käufen auf die spätere Nachfrage (Wiederholkäufe) nach bestimmten Gütern aus (*Dissonanz- bzw. Konsonanztheoreme und Lerntheoreme*)? Trotz partieller Überschneidungen bei diesen Theorieansätzen werden überwiegend einander ergänzende Aspekte des Konsumentenverhaltens aufgezeigt. Allerdings ist ihre Überführung in ein realitätsnahes, quantitativ ausgerichtetes Gesamtmodell noch nicht gelungen. Eine entsprechende Konzeption bietet das am Ende dieses Abschnitts behandelte Howard/Sheth-Modell.

a) Kaufmotivtheorem

Das Kaufmotivtheorem beruht auf Erkenntnissen über die unterschiedlichen Bedürfnisse des Menschen, die den Wunsch nach dem Erwerb von Gütern, die zu ihrer Befriedigung geeignet sind, hervorrufen[1]. Grundlegende Bedeutung kommt in diesem Zusammenhang der Analyse der *Motivstruktur* des Menschen durch *Maslow*[2] zu. Maslow stellte fest, daß der Mensch nach Befriedigung verschiedenartiger Grundbedürfnisse strebt, denen allerdings eine unterschiedliche Gewichtung je nach Alter, persönlichen Eigenschaften, Bildungsstand, allgemeinen Existenzbedingungen usw. beigemessen wird. Diese Gewichtung kann sich im Zeitablauf entsprechend den sich wandelnden Umweltbedingungen und persönlichen Verhältnissen verändern. Die Bedürfniskategorien selbst bleiben jedoch grundsätzlich bestehen. Er unterscheidet folgende Grundbedürfnisse in einer aufsteigenden Ordnung (*Bedürfnispyramide*):
- Physische Existenzerhaltung durch Nahrung, Schlaf, ärztliche Beratung, Medikamente usw.,
- Sicherheit durch Schutz vor Eingriffen Dritter in die eigenen Lebensverhältnisse (z. B. Erhaltung des Arbeitsplatzes, Altersvorsorge),
- Geselligkeit durch persönliche Einbindung in die soziale Umgebung (Familie, Freundeskreis, Vereine usw.),
- Anerkennung durch Dritte (Vorgesetzte, Mitarbeiter, Konkurrenten, Untergebene, Angehörige usw.),
- Freiheit zur Entfaltung der Persönlichkeit (Selbstverwirklichung z. B. durch politische Ämter, Sozialarbeit, künstlerische Betätigung usw.).

Am ausgeprägtesten sind die ersten drei Bedürfnisse. Sie stehen in allgemeinen Notzeiten (z. B. Kriegszeiten) zunächst zur Deckung an, ihr relatives Gewicht

---
[1] Vgl. Kotler, Philip; Bliemel, Friedhelm: Marketing-Management, 7. Aufl., 1992, S. 263 ff.
[2] Vgl. Maslow, Abraham H.: A Theory of Human Motivation, in: Psychological Review, 1943, S. 370–396.

ist dann am größten. Man hat aber erkannt, daß in einer hochentwickelten Gesellschaft (Wohlstandsgesellschaft) den beiden letzten Bedürfnissen zunehmende Bedeutung zugefallen ist, da die hierarchisch untergeordneten Bedürfnisse weitgehend befriedigt sind. Viele Güter tragen allerdings gleichzeitig zur Deckung verschiedener Bedürfnisse bei, d. h. die Nachfrage nach bestimmten Gütern wird von mehreren Motiven induziert. Das kompliziert die Analyse von realen Kaufprozessen erheblich. Hinzu kommt, daß sich die Bedürfnisse nach einzelnen Gütern im Zeitablauf verändern.

Je nach den Motiven, die bei den einzelnen Nachfragern gerade vorherrschen, richten sich deren Interessen auf andere Güterarten. Ferner werden die Tauschbedingungen aus Nachfragersicht von der Stärke der zu befriedigenden Bedürfnisse maßgebend bestimmt.

b) Referenzgruppentheorem

Die meisten Menschen unterhalten seelisch und geistig geprägte Beziehungen zu spezifischen Gruppen (Bezugs- oder Referenzgruppen). Die Basis bilden z. B. Übereinstimmungen in ethischen Grundwerten, soziale Bezüge, gemeinsame sportliche und/oder geistige Interessen. Das Individuum ist vielfach bestrebt, sich ähnlich zu verhalten wie die übrigen Mitglieder einer Bezugsgruppe[1]. Es kann angenommen werden, daß der Konsument durch verschiedene Gruppen seiner sozialen Umwelt beeinflußt wird. Die Mitgliedschaft in einer Referenzgruppe ist nicht konstitutiv für dieses Theorem. Es kann sich auch um Gruppen handeln, in denen eine Mitgliedschaft für wünschenswert gehalten wird – auch wenn sie gar nicht erreichbar ist. Wesentlich für die Erklärung des Käuferverhaltens ist die Tatsache, daß Individuen, die von einer bestimmten Referenzgruppe beeinflußt werden, das eigene Handeln mit dem Handeln und mit den Verhaltensnormen der Bezugsgruppenmitglieder auf Konformität überprüfen.

Beispiel
Ein Konsument möge – für ihn selbst mehr oder weniger unbewußt – überprüfen, ob
– der Kauf eines Personenwagens der Marke x dem Lebensstil der Bezugsgruppe „sportliche junge Leute" entspricht oder ob
– der Kauf einer bestimmten Kaffeemarke den Geschmacksanforderungen der Familienmitglieder entspricht.

---

[1] Vgl. Kotler, Philip; Bliemel, Friedhelm: Marketing-Management, 7. Aufl., 1992, S. 253 f. Sheth, Jagdish N.: Eine zusammenfassende Übersicht zum Käuferverhalten, in: Bergler, Reinhold (Hrsg.): Marktpsychologie, 1972, S. 161; Bourne, Francis S.: Group Influences in Marketing, in: Likert, Rensis; Hayes, Samuel P. (Hrsg.): Some Applications of Behavioral Research, 1957, S. 208 ff.

Referenzgruppen können auch ein genau konträres, abweichendes Verhalten bei den betrachteten Individuen erzeugen[1]. Der Einfluß der Referenzgruppen bezieht sich insbesondere auf solche Produkte, deren Konsum besonders auffällig ist[2], und beruht möglicherweise auf gedachten oder tatsächlich erwarteten sozialpsychologischen Sanktionen der Bezugsgruppe gegenüber dem beeinflußten Individuum[3]. Damit ist das Verhalten einer Bezugsgruppe zugleich maßgebend für die Risikoneigung eines Individuums. Bei gruppenkonformem Verhalten wird in der Regel ein geringeres (soziales) Risiko empfunden als bei gruppenkonträrem Verhalten.

c) Dissonanztheorem

Nach dem Kauf eines Gutes kann beim Käufer Zufriedenheit oder Unzufriedenheit im Hinblick auf nicht wahrgenommene Alternativen auftreten. Dies ist insbesondere für den Wiederkauf des gleichen Gutes bedeutsam. Unzufriedenheit kann z. B. dadurch entstehen, daß die Funktionsfähigkeit eines Gutes nicht mit den erwarteten Leistungen übereinstimmt. Dissonanzen können aber auch entstehen, wenn der bezahlte Preis in Relation zum Qualitätsniveau des Gutes als überhöht empfunden wird. Alle mit dem Kaufprozeß und der Güterverwendung zusammenhängenden Kenntniskomponenten (Preis, Produkteigenschaften, Service, Zahlungsbedingungen usw.) werden als kognitive Elemente bezeichnet[4]. Zwischen diesen können

- konsonante,
- dissonante oder
- neutrale

Beziehungen auftreten. Eine eindeutige Aussage, zu welchen Konsequenzen für das Käuferverhalten Dissonanz- und Konsonanzzustände führen, läßt sich bisher nicht ableiten. Man kann beobachten, daß *Dissonanzzustände* sowohl durch *verändertes Kaufverhalten* (Kaufablehnungen) als auch durch innere *Verdrängungsprozesse* abgebaut werden (d. h. dissonanzverursachende Informationen werden bewußt zurückgewiesen)[5].

---

[1] Vgl. Siebel, Wigand: Einführung in die systematische Soziologie, 1974, S. 195 f.
[2] Vgl. Kotler, Philip; Bliemel, Friedhelm: Marketing-Management, 7. Aufl., 1992, S. 253. Der Begriff „auffälliger Konsum" (conspicuous consumption) stammt von Th. Veblen. Siehe dazu Veblen, Thorstein: The Theory of the Leisure Class, 1899.
[3] Vgl. Engelhardt, Werner H.: Betriebliche Absatz- und Beschaffungspolitik, internes Manuskript, Ruhr-Universität Bochum, 3. Aufl., 1975, S. 33.
[4] Vgl. Festinger, Leon: A Theory of Cognitive Dissonance, 1957; Raffée, Hans; Sauter, Bernhard; Silberer, Günter: Theorie der kognitiven Dissonanz und Konsumgütermarketing, 1973, S. 12–18.
[5] Zur Meßproblematik siehe u. a. Schuchard-Ficher, Christiane: Ein Ansatz zur Messung von Nachkauf-Dissonanz, 1979, insbesondere S. 34 ff.

40 Grundlagen der Absatztheorie

d) Risikotheorem

Jeder Nachfrager empfindet beim Güterkauf ein mehr oder minder hohes subjektives Risiko[1]. Dies kann sich

- auf die Qualität des Gutes (Funktionserfüllungsrisiko),
- auf das Ansehen als Käufer dieses Gutes (sozialpsychologisches Risiko) und/oder
- auf die finanziellen Bedingungen (finanzielles Risiko)

beziehen. Das Risikoempfinden wird insbesondere vom Informationsstand über die Eigenschaften des Produktes und die erwarteten Konsequenzen, die mit der Güterverwendung verbunden sind, beeinflußt. Der Informationsstand hängt einerseits von der Informationsvermittlung (dem gegebenen Informationsangebot) und andererseits von der Informationsaufnahme ab. Die als Stimuli eingehenden Informationen über die drei Risikoarten werden mit den subjektiv empfundenen Risikogrenzen verglichen. Auf dieser Basis wird über weitere Informationsbeschaffung, Kauf oder Ablehnung entschieden. Die Informationsvermittlung kann durch den Anbieter, aber auch durch andere Verwender des betreffenden Gutes erfolgen. Die Intensität der Informationsverarbeitung hängt vor allem von der Bedürfnisart ab, die mit dem Gut befriedigt werden soll. Der Kauf eines Sportwagens oder eines Jagdgewehres ist mit größeren Verwendungsrisiken verbunden als der Kauf eines Anzuges. Das subjektive Risikoempfinden kann durch Verbesserung des Informationsstandes nur partiell beeinflußt werden. Je nach Güterart und Güterverwendung kann jedoch auf die Höhe des zu erwartenden Verwenderrisikos geschlossen und die Informationspolitik darauf ausgerichtet werden.

e) Lerntheorem

Das Käuferverhalten wird in starkem Maße durch Erfahrung geprägt. Lernen bedeutet gezielte Aufnahme von Informationen, ihre systematisierte Aufbewahrung im Gedächtnis und ihre Verwendung in ähnlichen Problemsituationen. Lernvorgänge sind daher ebenfalls für den wiederholten Kauf ein und derselben Güterkategorie bedeutsam (z. B. zur Erklärung von Wiederholungskäufen bei Markenartikeln). Es gibt verschiedene lerntheoretische Ansätze. Im Vordergrund stehen wahrscheinlichkeitstheoretische Aussagen über das Käuferverhal-

---

[1] Vgl. Cox, Donald F. (Hrsg.): Risk Taking and Information Handling in Consumer Behaviour, 1967, S. 23–108; Sheth, Jagdish N.: Eine zusammenfassende Übersicht zum Käuferverhalten, in: Bergler, Reinhold (Hrsg.): Marktpsychologie, 1972, S. 167 f.; Taylor, James W.: The Role of Risk in Consumer Behavior, in: Journal of Marketing, 1974, Nr. 2, S. 54–60.

ten unter dem Einfluß von Lernvorgängen[1]. Als wesentliche Aspekte können hervorgehoben werden:

- Das Kaufverhalten wird außer von Motiven bzw. Bedürfnissen durch äußere Reize vielfältiger Art bestimmt (z. B. durch Kommunikation mit einem Meinungsführer oder durch eine Werbebotschaft). Im Zusammenspiel mit der aktuellen Umweltsituation und der Erinnerung an eine positive Erfahrung mit einem ähnlichen Produkt (z. B. Anerkennung des Kaufes durch eine Referenzgruppe) kann es zu einer Kaufentscheidung kommen.
- Erlebt der Käufer nach dem Kauf eine positive Erfahrung mit dem Produkt, so steigt die Wahrscheinlichkeit, daß er bei einer ähnlichen Bedingungskonstellation das Produkt erneut kauft.
- Folgt jedoch nach einigen positiven Erfahrungen eine negative Erfahrung, so wird die Kaufwahrscheinlichkeit für eine Folgesituation verringert, im Extremfall nach mehreren Enttäuschungen bis auf null abgebaut.
- Das erlernte Kaufverhalten kann wieder verlorengehen, wenn nicht durch absatzpolitische Maßnahmen der erworbene Kenntnisstand aufrecht erhalten wird[2].

f) Diffusionstheorem

Mit der Diffusionstheorie wird versucht, die Aus- bzw. Verbreitung von Neuheiten in einer Massengesellschaft zu erklären. Hier interessiert insbesondere die Diffussion von neuen Produkten. Den Ausgangspunkt bilden als besondere Phasen unterschiedene psychisch-geistige Vorgänge, wie sie vornehmlich bei Käufern bestimmter Konsumgüter beobachtet werden konnten:

- In der Wahrnehmungsphase werden Informationen über ein Produkt aufgenommen, ohne daß schon eine Kaufabsicht besteht.
- In der Suchphase ist ein allgemeines Interesse an einem Produkt geweckt, und es werden alle erreichbaren Informationen gesammelt.
- In der Bewertungsphase werden Vorstellungen über das Produkt im Hinblick auf seine Eignung oder Fähigkeit zur Befriedigung eines bestimmten Bedürfnisses entwickelt.

---

[1] Vgl. Kuehn, Alfred A.: Consumer Brand Choice as a Learning Process, in: Britt, Steuart H. (Hrsg.): Psychological Experiments in Consumer Behavior, 1970, S. 73 ff.; Engel, James F.; Kollat, David T. und Blackwell, Roger D.: Consumer Behavior, 1968, S. 113–141; Nolte, Hartmut: Die Markentreue im Konsumgüterbereich, 1976, S. 46ff.

[2] Vgl. auch die kritischen Anmerkungen zur Lerntheorie bei Gutenberg, Erich: Grundlagen der Betriebswirtschaftslehre, 2. Band, Der Absatz, 17. Aufl., 1984, S. 442 ff. Ein weiterer quantitativer Ansatz basiert auf Markov-Ketten, mit denen die Kaufwahrscheinlichkeiten für Wiederholungskäufe abschätzbar gemacht werden sollen. Vgl. Nolte, Hartmut: Die Markentreue im Konsumgüterbereich, 1976, S. 37ff.

- In der Probierphase wird ein Versuch mit dem Produkt unternommen, sei es in Form einer Gratisprobe oder eines Kaufs kleinerer Mengen.
- In der Aufnahmephase wird das Produkt endgültig akzeptiert und in den Warenkorb des Wirtschaftssubjekts aufgenommen.

Nach entsprechenden empirischen Untersuchungen von *Rogers*[1] wird die Geschwindigkeit, mit der sich diese Phasen des Kaufprozesses bei einem Individuum vollziehen, von den drei Einflußkomplexen Produktcharakteristik, Käufercharakteristik und Vertriebsmethode bestimmt.

Unter *Produktcharakteristik* erfaßt er insbesondere

- den relativen Produktvorteil gegenüber ähnlichen Produkten,
- die Übereinstimmung der Bedürfnisstruktur (Einstellungen und Wertungen der Konsumenten),
- die Erklärungsbedürftigkeit der Produkteigenschaften,
- die Teilbarkeit des Produktes.

Rogers stellt die Hypothese auf, daß ein Produkt die beschriebenen Phasen um so schneller durchläuft, je ähnlicher es schon vorhandenen Produkten ist, und daß es um so besser der Bedürfnisstruktur entspricht, je höher seine Teilbarkeit ist, je geringer seine Erklärungsbedürftigkeit und je leichter seine Erklärbarkeit ist.

Die *Vertriebsmethode* bestimmt vor allem die Intensität, mit der potentielle Käufer mit dem Angebot eines Gutes in Berührung kommen und mit der ihnen Informationen über das Gut vermittelt werden.

Der Produktcharakteristik und der gewählten Vertriebsmethode steht die Käufercharakteristik gegenüber. Während der „Lebensdauer" eines Produktes erscheinen nacheinander unterschiedliche Typen neuer Käufer. In der Einführungszeit eines neuen Produktes treten nur wenige besonders risikofreudige Käufer (Innovatoren) auf, die meist aus Schichten mit relativ höherem Einkommen und besserem Informationsstand stammen. In zunehmendem Maße folgen dann Käufer aus Schichten mit geringerer Risikoneigung. Es setzt ein allgemeiner Verbreitungsprozeß ein, wobei die Innovatoren in erheblichem Maße als Referenzpersonen bzw. Meinungsführer fungieren. Als Meinungsführer bezeichnet man jene Personen, die von anderen um Informationen oder Rat gebeten werden[2]. Referenzpersonen sind solche, die hinsichtlich ihrer Äuße-

---

[1] Vgl. Rogers, Everett M.: Diffusion of Innovations, 2. Aufl., 1983; Kaas, Klaus P.: Diffusion und Marketing, 1973, S. 1–8, vertiefend S. 9–60; derselbe: Innovationsbereitschaft, Markentreue und Kaufvolumen der Käufer als Grundlage einer Umsatzprognose, in: Kroeber-Riel, Werner (Hrsg.): Konsumentenverhalten und Marketing, 1973, S. 213–235, hier: S. 213–223; Kroeber-Riel, Werner: Konsumentenverhalten, 4. Aufl., 1990, S. 543 ff.

[2] Vgl. Kotler, Philip; Bliemel, Friedhelm: Marketing-Management, 7. Aufl., 1992, S. 253 f.

rungen und ihres (Kauf-) Verhaltens für andere maßgeblich sind. Die folgende Abbildung (2.3) verdeutlicht diesen „*Diffusionsprozeß*" von Produkten.

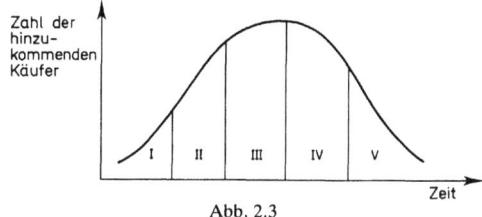

Abb. 2.3

I = Innovators (Innovatoren) – probierfreudig/risikofreudig, oft Referenzpersonen bzw. Meinungsführer,
II = Early Adopters (Frühkäufer) – wählerisch, weil oft auch Meinungsführer,
III = Early Majority (Frühe Mehrheit) – vorsichtig,
IV = Late Majority (Späte Mehrheit) – skeptisch,
V = Laggards (Nachzügler) – traditionsbewußt.

Das Diffusionstheorem enthält, wie in der kurzen Skizzierung angedeutet, auch Elemente des Risikotheorems sowie des Referenzgruppentheorems. Für die Absatzpolitik einer Unternehmung ergibt sich aus diesen Erkenntnissen das Erfordernis eines zeitlich differenzierten Einsatzes der Aktionsvariablen entsprechend den im Zeitablauf dominanten Käufertypen. Grundlage ist die Prognose des Diffusionsprozesses.

g) Gesamtmodelle des Kaufprozesses

Die in den vorangegangenen Abschnitten dargestellten Theoreme des Käuferverhaltens zeigen einzelne Aspekte des Nachfragerverhaltens auf. Sie lassen sich durch empirische Untersuchungen auch nachweisen. Die Quantifizierung von exakten und im Zeitablauf stabilen Wirkungszusammenhängen ist jedoch schwierig[1]. Die einzelnen Bausteine besitzen für die isolierte Analyse des Käuferverhaltens ihren Erkenntniswert, liefern jedoch kein geschlossenes Bild des gesamten Kaufprozesses. Man weiß zwar heute, daß etwa die Motive des Käufers, seine Lernprozesse, die Referenzgruppeneinflüsse im Kaufprozeß eine Rolle spielen, man kann aber bislang das Zusammenwirken aller Komponenten nicht erfassen, geschweige denn – was für die absatzwirtschaftliche Strategie von Anbietern besonders wichtig wäre – eine Prognose für konkrete Fälle aufstellen.

---

[1] Einen Überblick über die empirische Forschung zum Konsumentenverhalten gibt: Kroeber-Riel, Werner: Konsumentenverhalten, 4. Aufl., 1990.

Ungeachtet dessen haben einige Autoren versucht, die Struktur des gesamten Kaufprozesses modellhaft darzustellen und die verschiedenen Partialtheoreme in einem Strukturmodell zu integrieren. Aus der Vielzahl komplexer Strukturmodelle wird der Ansatz von *Howard* und *Sheth* herausgegriffen (Abb. 2.4). Seine Grundstruktur besteht in dem sogenannten S-O-R-Schema, wobei S die Inputvariablen, R die Outputvariablen und O den den Kaufprozeß bestimmenden Organismus repräsentieren. Innerhalb des Organismus vollziehen sich Prozesse, die in einem Beziehungszusammenhang stehen (dargestellt durch Pfeile). Innerhalb der einzelnen Bausteine, die „hypothetische Konstrukte" genannt werden[1], lassen sich die Einzeltheoreme des Käuferverhaltens zum Teil wiedererkennen. Ganz eindeutig ist dies bei dem Baustein *Motive* erkennbar. In dem Baustein *Befriedigung* und der dadurch beeinflußten Käufereinstellung drücken sich Elemente des Dissonanztheorems aus[2]. Der *Grad der Sicherheit* korrespondiert mit der Risikotheorie. Eine Ausnahme bildet das Referenzgruppentheorem, das im Inputbereich auftritt. Die Konstrukte und ihre gegenseitigen Beziehungen lassen sich jedoch mit den Partialtheoremen nicht vollständig identifizieren. Trotzdem trägt das Modell zur Systematisierung der Einzeltheoreme bei und zeigt vermutete Beziehungszusammenhänge auf. Seine Nachteile liegen in der bisher nicht geglückten empirischen Fundierung, der mangelnden Quantifizierung, den hohen Anforderungen an die Informationsbasis und die Meßtechnik sowie dem Anspruch der Allgemeingültigkeit. Das Modell hat daher vor allem didaktischen Wert, während es sich für eine praktische Verwendung in der Angebotspolitik von Unternehmen kaum eignet[3].

---

[1] Hypothetische Konstrukte sind das Verhalten bestimmende endogene Variablen, die nicht direkt empirisch beobachtbar sind.
[2] Gerade dem Konstrukt *Einstellung* wird heute große Bedeutung für die Erklärung des Kaufverhaltens zugeschrieben. Vgl. Britt. Steuart H. (Hrsg.): Consumer Behaviour and Behavioural Sciences – Theories and Applications, 1966, S. 134–150. Siehe ferner u. a. Trommsdorff, Volker: Die Messung von Produktimages für das Marketing, 1975; Kroeber-Riel, Werner: Konsumentenverhalten, 3. Aufl., 1984, S. 158 ff. zur Messung von Einstellungen siehe auch Hammann, Peter; Erichson, Bernd: Marktforschung, 2. Aufl., 1990, Kapitel 6.
[3] Einen Überblick über den Entwicklungsstand geben: Schulz, Roland: Kaufentscheidungsprozesse des Konsumenten, 1972, S. 70–95; Topritzhofer, Edgar: Absatzwirtschaftliche Modelle des Kaufentscheidungsprozesses, 1974; Meffert, Heribert: Modelle des Käuferverhaltens und ihr Aussagewert für das Marketing, in: Zeitschrift für die gesamte Staatswissenschaft, 1971, S. 326–353; Bettmann, James R.; Morgan, Jones J.: Formal Models of Consumer Behavior, in: Journal of Business, 1972, Nr. 4, S. 544–562; Farley, John U.; Ring, L. Winston: An Empirical Test of the Howard-Sheth Model of Buyer Behavior, in: Journal of Marketing Research, 1970, S. 427–438.

Neuere Theoreme des Käuferverhaltens 45

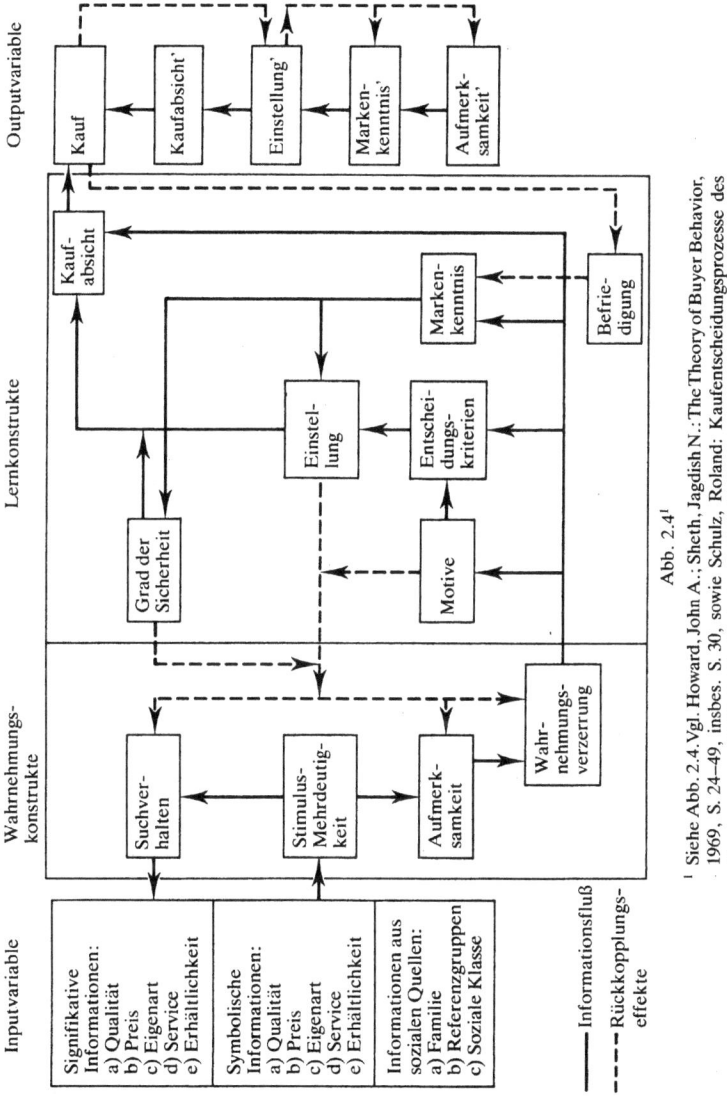

Abb. 2.4[1]

[1] Siehe Abb. 2.4. Vgl. Howard, John A.; Sheth, Jagdish N.: The Theory of Buyer Behavior, 1969, S. 24-49, insbes. S. 30, sowie Schulz, Roland: Kaufentscheidungsprozesse des

4. Stochastische Modelle und Simulation

Nachdem es bisher nicht gelungen ist, quantitativ orientierte Käuferverhaltensmodelle unter expliziter Berücksichtigung der endogenen Variablen (die im Inneren des Käufers wirkenden Einflußgrößen auf den Kaufprozeß) aufzustellen, begnügen sich stochastische Modellansätze meist nur mit der Erfassung und Verknüpfung von exogenen Einflußgrößen – den Inputvariablen und Outputvariablen – bestimmter Kaufprozesse[1]. Sie basieren grundsätzlich auf Informationen über abgelaufene Tauschprozesse. Es werden Zeitreihen der Variablen aufgestellt und statistisch ausgewertet. Man betrachtet z. B. aus vergangenen Perioden die Absatzmenge, den Marktanteil oder den Erlös einer Produktkategorie als abhängige Variable (Zielgrößen) und analysiert, ob stochastische Beziehungen zu anderen (unabhängigen) Variablen wie z. B. Preisen, Werbeausgaben oder dem Serviceniveau bestehen. Als methodischer Ansatz wird vielfach die Regressionsrechnung verwendet. Das Ergebnis sind Reaktionsfunktionen der Absatzmenge auf einzelne oder mehrere absatzpolitische Aktionsvariablen. Die endogenen Einflüsse wirken sich nur in stochastischen Störgrößen aus, da man sie im Modellansatz vernachlässigt. Aus diesem Grund rechnet man diese Ansätze zu den „black-box-Modellen".

Beispiel
Angenommen, es hat sich eine statistisch fundierte Beziehung zwischen Werbeausgaben und Absatzhöhe ermitteln lassen, so gibt ein Regressionskoeffizient für die unabhängige Variable „Werbung" an, welche Absatzsteigerung im Beobachtungszeitraum vermutlich als Folge der Erhöhung der Werbemittel um eine Einheit (etwa der Werbeausgaben um 1000 DM) eingetreten ist. Damit ist aber nicht zugleich eine kausale Begründung für die Absatzwirkung von Werbeausgaben gegeben. Kausale Begründungen für solche Wirkungszusammenhänge müssen auf anderem Wege (nämlich durch ein Experiment) beschafft werden. Entsprechendes gilt für alle übrigen einbezogenen Variablen. Allerdings sind intensive Interdependenzbeziehungen zwischen den Variablen zu vermuten. Daher sind Aussagen über die isolierte Wirkung einzelner Aktionsvariablen sehr enge Grenzen gesetzt. Außerdem ist zu beachten, daß die Wirkungskoeffizienten für die

---

[1] Zur einführenden Darstellung vgl. Bass, Frank M.: The Theory of Stochastic Preference and Brand Switching, in: Journal of Marketing Research, 1974, Nr. 11, S. 1–20; Topritzhofer, Edgar: Absatzwirtschaftliche Modellanalysen des Kaufentscheidungsprozesses I, II, III, in: Wirtschaftsstudium, 1974, S. 463–468, S. 518–522, S. 573–576; derselbe: Einige elementare Überlegungen zur Struktur stochastischer Prozesse und ihrer Eignung für die Darstellung des Kaufverhaltens, in: Die Unternehmung, 1971, S. 329–338.

einzelnen Aktionsvariablen nur im Rahmen der empirisch erfaßten Spannweiten des Ausgangsmaterials gelten.

Bei Verwendung von Regressionsergebnissen für *Absatzprognosen* dürfen keine Veränderungen der wesentlichen Bedingungen, die auf einem Markt im Basiszeitraum (dem Zeitraum der verwendeten Zeitreihen) geherrscht haben, erwartet werden. Dies schränkt die Anwendbarkeit derartiger Modellansätze ein. Sie sind jedoch die einzigen Ansätze, mit denen bisher quantitative Modelle in der Praxis aufgebaut werden konnten (s. § 8 B). Dabei steht die Ermittlung von relativ kleinen Abschnitten der Reaktionsfunktionen und punktuellen Elastizitäten der Absatzmenge in bezug auf einzelne Aktionsvariablen im Vordergrund.

Bei der *Simulation* wird zunächst der zu untersuchende Ausschnitt aus der Wirklichkeit mit einem problemgerechten Abstraktionsgrad in einem Erklärungsmodell abgebildet[1]. Man verändert gezielt einzelne Modellvariablen und beobachtet das Verhalten der abhängigen Modellgrößen, insbesondere soweit sie im Hinblick auf bestimmte Fragestellungen als Zielgrößen auftreten. Sie findet vor allem dort Verwendung, wo exakte mathematische Algorithmen bzw. Optimierungsverfahren noch nicht vorhanden sind oder einen unvertretbar hohen zeitlichen und/oder finanziellen Aufwand erfordern.

Beispiel
In einem Erklärungsmodell wird die erreichte Absatzverteilung eines Handelsunternehmens mit regional weitgestreuten Abnehmern für verschiedene Produkte einschließlich der Erlös- und Erfolgsrechnung erfaßt. Die Beziehungszusammenhänge zwischen Verhaltensweisen der Nachfrager und Kombinationen absatzpolitischer Maßnahmen werden durch angenommene oder empirisch abgeleitete stochastische Reaktionsfunktionen dargestellt. Man bestimmt dann je Instrumentalkombination mithilfe der zugehörigen bekannten Verteilungsfunktionen der Modellparameter und unter Ziehung von Zufallszahlen mögliche Verhaltensweisen der Käufer bzw. die daraus folgenden Veränderungen des Marktanteils, der Erlöse und/oder der Erfolge. Somit erhält man für jede Instrumentalkombination und jede Zielgröße die Information, in welchem Bereich die Zielwerte mit welchen Wahrscheinlichkeiten liegen.

Wegen des Fehlens von exakten Optimierungs-Algorithmen ist theoretisch eine sehr hohe – im Extremfall unendliche – Zahl von Alternativkalkülen möglich (im Sinne einer unbegrenzten Enumeration). Es sind daher sogenannte „Stopregeln" in Form von Heuristiken vorzugeben. Das sind Erfahrungskriterien, die sich in der versuchsweisen, häufig wiederholten Anwendung bewährt haben.

---

[1] Vgl. Band 1, § 4 B 2 und § 4 D.

48 Grundlagen der Absatztheorie

Im angegebenen Beispiel wäre die Simulation im wirtschaftlichen Sinn als vorteilhaft zu bezeichnen, wenn mit ihrer Hilfe eine gegenüber dem Ausgangszustand zielgünstigere Lösung gefunden werden könnte. Man kennt dann zwar nicht die exakte (optimale) Lösung, ist aber z. B. dem Ziel eines gegenüber dem Istzustand höheren Marktanteils und/oder Gewinns nähergekommen. Stellt man mit zunehmendem Rechenaufwand gegen Null tendierende Verbesserungen des Zielerfüllungsgrades fest, so wird man mit dem zugrundegelegten Modell nicht weiterrechnen. Es könnte jedoch versucht werden, einen neuen, weiterreichenden Simulationsansatz zu formulieren (als Ergebnis eines Lernprozesses aus dem vorangehenden Simulationsansatz)[1].

Die Simulation ist nicht nur auf komplexe, aus der Empirie abgeleitete Systemmodelle anwendbar, sondern auch auf gedanklich konstruierte Beziehungszusammenhänge (etwa entsprechend dem Howard-Sheth-Modell). In diesem Fall entsprechen die Simulationsmodelle grundsätzlich den prämissenbedingten Entscheidungsmodellen der klassischen Absatztheorie. Gegenüber diesen liegt jedoch eine wesentliche Erweiterung in der Möglichkeit, stärker differenzierte Beziehungszusammenhänge zwischen einer größeren Zahl von Variablen des Kaufprozesses in Richtung auf verschiedene Zielkriterien (Zielfunktionen und Nebenbedingungen) durchzuspielen. Dagegen können exakte Optimallösungen nicht ermittelt werden. Die bisher bekanntgewordenen Simulationsmodelle für Marktprozesse enthalten sowohl heuristische Elemente aus den behandelten Verhaltenstheoremen als auch stochastische Beziehungszusammenhänge[2]. Sie haben teilweise den Anstoß zur Entwicklung eigenständiger Käuferverhaltensmodelle gegeben[3]. Wegen der Aufwendigkeit der Datenbeschaffung und ihrer Verarbeitung im Computer sind den Simulationsmodellen in der Praxis heute noch relativ enge wirtschaftliche Grenzen gesetzt.

---

[1] Vgl. beispielsweise Stahlknecht, Peter: Operations Research, 2. Aufl., 1970, S. 169 ff. und Zentes, Joachim: Simulation in der Absatzwirtschaft, in: Handwörterbuch der Absatzwirtschaft, 1974, Sp. 1866 ff.
[2] Vgl. Kroeber-Riel, Werner: Konsumentenverhalten, 3. Aufl., 1984, S. 436 ff.
[3] Amstutz, Arnold, E.: Computer Simulation of Competitive Market Response, 1967; Klenger, Franz; Krautter, Jochen: Simulation des Käuferverhaltens, Band I-III, 1972.

C. Nachfrageverhalten von Produktions- und Handelsbetrieben

Die von Produktions- und Handelsbetrieben nachgefragten Güter sollen entweder als Produktionsfaktoren in Produktionsprozessen oder als Handelsgüter zum Wiederverkauf verwendet werden. Damit wird die Nachfrage von den „nachgelagerten Märkten", in letzter Konsequenz von den Konsumentenmärkten induziert[1]. Trotzdem sind die Kaufbedingungen und Kaufpraktiken unterschiedlich. Während die meisten Konsumentenmärkte durch eine sehr große Zahl von wenig einflußreichen Nachfragern gebildet werden, bestehen die Produzenten- und Händlermärkte in vielen Wirtschaftsbereichen aus einer geringen Zahl von Nachfragern (Nachfrageoligopol oder -teiloligopol). Im Extremfall gibt es nur einen einzigen Nachfrager, sei es, weil z. B. nur ein Verarbeiter oder Händler für ein Gut existiert, oder sei es, weil sich die vorhandenen Nachfrager zu einem „Einkaufskartell" zusammengeschlossen haben (Nachfragemonopol).

Einkaufsentscheidungen von Unternehmen werden formal organisiert und meist unter Mitwirkung von mehreren Personen getroffen[2]. Neben Einkäufergremien, die insbesondere die Marktbedingungen analysieren, die Kontakte schließen und die Abwicklung der Beschaffungsvorgänge überwachen, wirken bei der Qualitätsauswahl vor allem Vertreter der Produktionsabteilungen und der Konstruktionsabteilung mit. Auch Vertreter des Rechnungswesens und der Finanzabteilung können auf die Beschaffungsvorgänge Einfluß ausüben. Kontrakte über Großobjekte und grundsätzliche Liefervereinbarungen werden vielfach unter Mitwirkung der Unternehmensleitung abgeschlossen (z. B. die Bestimmung der Preisobergrenze, des Zahlungsmodus). Die größere Personenzahl und die organisatorische Formalisierung des Beschaffungsprozesses bewirken, daß die rationalen Elemente bei der Nachfrageentfaltung auf dem Markt stärker ausgeprägt sind als dies bei privaten Haushalten auf dem Konsumentenmarkt der Fall sein kann. Andererseits haben empirische Untersuchungen gezeigt, daß auch hier irrationale Einflüsse auftreten[3].

Auf der Basis einer qualitativen, quantitativen und zeitlichen Bedarfsermittlung werden die möglichen „Bezugsquellen" (Anbieter auf verschiedenen

---

[1] Vgl. auch Kotler, Philip; Bliemel, Friedhelm: Marketing-Management, 7. Aufl., 1992, S. 295.
[2] Vgl. Webster, Frederick E.; Wind, Yoram: A General Model for Understanding Organizational Buying Behaviour, in: Journal of Marketing, 1972, S. 12–19; Witte, Eberhard: Organisation für Innovationsentscheidungen – Das Promotorenmodell 1973; Scheuch, Fritz: Investitionsgütermarketing, 1975, S. 35–42; Engelhardt, Werner H.; Günter, Bernd: Investitionsgütermarketing, 1982, S. 39 ff; Backhaus, Klaus: Investitionsgütermarketing, 2. Aufl., 1990.
[3] Vgl. Levitt, Theodore: Industrial Purchasing Behaviour: A Study of Communications Effects, 1965.

Märkten) für die betreffenden Güter systematisch erkundet. Von den als leistungsfähig eingeschätzten Anbietern werden detaillierte Angebote eingeholt. Aus einem Angebotsvergleich wird ein Anbieter ausgewählt, der die geforderte Qualität, Quantität und Lieferzeit zu den günstigsten Preis-, Zahlungs-, Transport- und Garantiebedingungen zusichert. Häufig werden zwischen Angebotsvergleich und endgültiger Auswahl des Lieferanten Verhandlungen zwischen dem Nachfrager und einzelnen Anbietern über die gesamten Kaufbedingungen geführt, insbesondere bei der Beschaffung höherwertiger Fertigungsanlagen und bei der erstmaligen Verwendung neuer Werkstoffe und Bauteile. Bei Wiederholungskäufen von Gütern werden Verhandlungen nur von Zeit zu Zeit durchgeführt, um die Optimalität der bisherigen Bezugsquelle zu überprüfen. Eine besonders wichtige Rolle spielt in diesem Zusammenhang die *Qualitätskontrolle* (Annahmekontrolle). Hierfür stehen hochentwickelte technische Geräte und statistische Verfahren zur Verfügung. Die Ergebnisse von Qualitätskontrollen sind eine wichtige Grundlage für zukünftige Beschaffungsentscheidungen.

Der Kaufprozeß für Güter, für die im Zeitablauf wiederholt Bedarf auftritt (insbesondere Roh-, Hilfs- und Betriebsstoffe, typisierte Teile, entsprechende Handelswaren), vollzieht sich im Rahmen längerfristig fixierter Organisationsregeln. In Großunternehmen werden Lagerbestandsführung, Bedarfsermittlung, Angebotseinholung, Bestellaufgabe und Lieferüberwachung über EDV-Anlagen mit einem hohen Mechanisierungsgrad abgewickelt. Wesentlich weniger schematisiert ist der Kaufprozeß bei langlebigen Gebrauchsgütern, insbesondere industriellen Fertigungsanlagen wie z. B. ganzen Walzwerkanlagen, Stahlwerken, Transferstraßen usw. Innerhalb einer Rahmenorganisation für den Beschaffungsprozeß sind hier meist weitreichende anlagen- und marktspezifische Maßnahmen durchzuführen[1].

D. Nachfrageverhalten von öffentlichen Institutionen

Auch die Beschaffungsentscheidungen der öffentlichen Institutionen sind das Ergebnis eines organisierten multipersonellen Entscheidungsprozesses. Von daher gelten für das Nachfrageverhalten der öffentlichen Hand die für Produzenten und Händler getoffenen Feststellungen. Andererseits bestehen für die Vergabe von öffentlichen Aufträgen besondere Vorschriften, die einerseits zu erhöhter Markttransparenz beitragen, andererseits jedoch zu speziell geregelten Märkten führen. Die von der Nachfrageseite vorgegebenen

---

[1] Vgl. im einzelnen dazu Kirsch, Werner; Schneider, Jürgen: Investitionsgütermarketing, in: Handwörterbuch der Absatzwirtschaft, 1974, Sp. 941, und die dort angegebene Literatur; Roth, Paul: Der Informations- und Entscheidungsprozeß der Anlagenbeschaffung in einer industriellen Großunternehmung, Diss., Köln 1974.

Marktregelungen bedingen eine entsprechende Ausrichtung der Absatzpolitik. Die öffentliche Hand umfaßt in der BRD den Bund einschließlich seiner Sondervermögen Bundesbahn und Bundespost, die Länder, die Gemeinden und Gemeindeverbände sowie die sonstigen juristischen Personen des öffentlichen Rechts (wie z. B. Rundfunkanstalten, Universitäten, Stiftungen usw.). Einen Grenzfall bilden privatrechtliche Körperschaften, die sich ganz oder mehrheitlich im öffentlichen Eigentum befinden, wie z. B. Versorgungsbetriebe der Gemeinden, einzelne Industriekonzerne. Diese Nachfragergruppe unterliegt überwiegend den Marktbedingungen des Produzenten- und Händlermarktes, da für sie die Bestimmungen des Vergabe- und Preisrechts nicht gelten.

Unbeschadet der für die Vergabe von öffentlichen Aufträgen bestehenden Sondervorschriften ist in der BRD das Zivilrecht für die Vertragsgestaltung maßgebend, d. h. Beschaffungsmaßnahmen der öffentlichen Hand stellen keinen Verwaltungsakt dar. In anderen Ländern wie z. B. Frankreich handelt es sich um Verwaltungsmaßnahmen, die dann auch der Zuständigkeit der Verwaltungsgerichte unterliegen. Durch die in der BRD bestehenden Sondervorschriften und Verwaltungsanweisungen sind die Beschaffungsträger von öffentlichen Institutionen jedoch in der Ausübung der privatrechtlich vorhandenen Vertragsfreiheit stark eingeengt, so daß sich im Vergleich zu einem industriellen Einkäufer ein wesentlich engerer Kompetenzrahmen ergibt. Die rechtliche Grundlage für die Vergabe öffentlicher Aufträge enthält das Haushaltsgrundsätzegesetz vom 19. 8. 1969 (HGrG)[1]. Nach § 55 Absatz 2 der Bundeshaushaltsordnung[2] ist beim Abschluß von Verträgen nach einheitlichen Richtlinien zu verfahren. Diese sind in den Verdingungsordnungen für Leistungen – ausgenommen Bauleistungen -VOL-[3] (und der Verdingungsordnung für Bauleistungen -VOB-A) festgelegt. Im Teil A dieser Verordnungen sind die für die Angebotseinholung und Auftragserteilung einzuleitenden Maßnahmen im einzelnen geregelt, Teil B enthält die grundlegenden Geschäftsbedingungen. Nach der Bundeshaushaltsordnung und der Verdingungsordnung sollen grundsätzlich *öffentliche Ausschreibungen* erfolgen, in denen die nachgefragten Güter und Lieferbedingungen im einzelnen festgelegt werden. Dadurch soll vor allem auch die Vergleichbarkeit der Angebote gewährleistet werden. Die Aufträge sollen an „fachkundige, leistungsfähige und zuverlässige Bewerber zu angemessenen Preisen" vergeben werden (z. B. § 2 Abs. 1 VOL/A). Die öffentliche

---

[1] Vgl. hierzu Diederich, Helmut: Aufträge, öffentliche, in: Handwörterbuch der Betriebswirtschaft, 1975, Sp. 298–309 sowie die dort angegebene Literatur; Abschnitt III: Ausführung des Haushaltsplanes (§§ 19–31), Haushaltsgrundsätzegesetz vom 19. 8. 1969, BGBl III, 63–14; Welter, Erich: Der Staat als Kunde, 1960.

[2] Vgl. Bundeshaushaltsordnung vom 29. 8. 1969, BGBl I, S. 1284.

[3] Vgl. Verdingungsordnung für Leistungen – ausgenommen Bauleistungen –, Beilage zum Bundesanzeiger Nr. 105 vom 2. 6. 1960 (Abdruck der vollständigen Verordnung, nachfolgende kleinere Änderungen sind ebenfalls im Bundesanzeiger veröffentlicht).

Ausschreibung, nach der jeder Hersteller eines Gutes ein Angebot abgeben kann, ist in den letzten Jahren zugunsten der *beschränkten Ausschreibung* und *freihändigen Vergabe* zurückgedrängt worden. Bei der beschränkten Ausschreibung werden nur bestimmte Anbieter zur Abgabe eines Angebots aufgefordert. Diese Ausschreibungsform soll insbesondere angewandt werden, „wenn Art und Umfang der Leistung besondere Zuverlässigkeit, Leistungsfähigkeit oder Fachkunde des Bewerbers erfordern und eine ausreichende Zahl leistungsfähiger Unternehmen vorhanden ist" (z. B. § 3 Abs. 2 VOL/A). Die zunehmende technische Kompliziertheit und Größenordnung von öffentlichen Investitionsleistungen (z. B. im militärischen Bereich, Krankenhausbereich, Fernmeldewesen, Bahnverkehr usw.) stellt entsprechend hohe Anforderungen an den Lieferanten, so daß nur ein begrenzter Kreis von Anbietern in Betracht kommt. Nach Möglichkeit sollen mindestens drei Unternehmen zur Angebotsabgabe aufgefordert werden, so daß ein Wettbewerbselement erhalten bleibt (§ 9 Abs. 2 VOL/A). Kann im Zeitpunkt der Auftragsvergabe das Investitionsobjekt noch nicht im einzelnen beschrieben werden, sondern sind zunächst noch größere Forschungs- und Entwicklungsarbeiten zu leisten (z. B. neuartige Nahverkehrsmittel wie Kabinentaxi oder Sonnenkraftwerke), so kommt die freihändige Vergabe an einen auf dem entsprechenden Gebiet als leistungsfähig ausgewiesenen Produzenten (oder ein Produzentenkonsortium) zum Zuge (z. B. § 3 Abs. 2, Ziff. g VOL/A).

Bei der Auftragsvergabe soll nicht allein die niedrigste Preisforderung bestimmend sein, sondern es soll unter Abwägung aller Umstände – also der Güterqualität, des Lieferzeitpunktes, der Lieferzuverlässigkeit usw. – das „wirtschaftlichste" Angebot wahrgenommen werden (vgl. z. B. § 24 Abs. 3 VOL/A). Damit erhalten die öffentlichen Bedarfsträger einen nicht unbeträchtlichen Handlungsspielraum. Nach der Verordnung PR Nr. 30/53 des Bundesministers für Wirtschaft über die *Preise bei öffentlichen Aufträgen* vom 21. 11. 1953 (VPöA)[1] ist die Preisfindung ausführlich geregelt. Für marktgängige Güter bildet der im Güterverkehr allgemein übliche Preis (Marktpreis – § 1) die Höchstgrenze. Für Individualgüter, die vor allem im Investitionsgütersektor zunehmende Bedeutung gewinnen, und bei Mangellagen für bestimmte Güter sind kostenorientierte Preise (Selbstkostenpreise – § 5) anzusetzen. Hierbei sollen nach Möglichkeit Kostenfestpreise (§ 6) auf der Grundlage der Vorkalkulation vereinbart werden. Kann wegen einer noch nicht vollständig abgeschlossenen Produktentwicklung eine endgültig gesicherte Vorkalkulation nicht erstellt werden, so ist ein vorläufiger Kostenpreis (Selbstkostenrichtpreis – § 6) zu vereinbaren. Dieser ist im Laufe der Fertigung in einen endgültigen Kostenpreis umzuwandeln, sobald die Kalkulation endgültig abgeschlossen werden kann. Sind diese Voraussetzungen nicht zu erfüllen, so können in

---

[1] Vgl. Verordnung PR Nr. 30/53 über die Preise bei öffentlichen Aufträgen vom 21. 11. 1953, Bundesanzeiger 1953, Nr. 244, S. 1 f. (vollständiger Abdruck, einzelne Änderungen sind ebenfalls im Bundesanzeiger veröffentlicht).

Ausnahmefällen Selbstkostenerstattungspreise (§ 7) vereinbart werden. Die Kalkulationsform, die Abgrenzung der Kostenarten und die Bewertung der Kostengüterverbräuche sind in den „Leitsätzen für die Preisermittlung aufgrund von Selbstkosten" (LSP)[1] ausführlich geregelt.

Aus den Vorschriften zur Preisbildung ergeben sich für die öffentlichen Auftraggeber Prüfungsrechte und für die Lieferanten weitreichende Nachweispflichten. Zuständig sind – außer bei Bahn und Post, denen das Prüfungsrecht selbst zusteht – die für die Preisbildung und Preisüberwachung zuständigen Behörden der Bundesländer. Darüber hinaus gewähren die im Teil B der Verdingungsordnungen festgelegten Geschäftsbedingungen den öffentlichen Auftraggebern technische Kontrollbefugnisse. Schon vor der Güterabnahme können Kontrollen durch Fertigungsbeobachtung und Qualitätsprüfungen durchgeführt werden (§ 13 Abs. 1 VOL/B).

Bei Großprojekten, etwa der Raumfahrt, ist eine ständige Projektbegleitung in technischer, zeitlicher und finanzieller Hinsicht durch Vertreter des Auftraggebers üblich geworden. Hierdurch sollen die technische Konstruktion und die Wirtschaftlichkeit sowie die zeitliche Abwicklung laufend mitbeeinflußt werden. Hierin liegt eine wesentliche Besonderheit von öffentlichen Märkten. Auf den Konsumenten-, Produzenten- und Händlermärkten bestehen derart weitreichende Kontroll- und Eingriffsmöglichkeiten der Nachfragerseite gegenüber der Anbieterseite nicht. Andererseits folgt aus den verschiedenen Vorschriften und der Größe des Behördenapparates eine erhebliche Schwerfälligkeit bei der Abwicklung von Kaufprozessen: Die endgültige Auftragsvergabe kann erst nach Bereitstehen der Haushaltsmittel aufgrund der jährlichen Haushaltsverabschiedung oder entsprechender Ermächtigungsklauseln für die Übernahme von Zahlungsverpflichtungen erfolgen; viele Ressorts haben ein Mitsprache- und Mitzeichnungsrecht bei der Auftragsvergabe; Veränderungen des Lieferumfangs bedürfen einer besonderen förmlichen Vertragsänderung (Nachtragsaufträge); im nichtöffentlichen Geschäft übliche Preisgleitklauseln können nicht angewendet werden, vielmehr gelten besondere preisrechtliche Vorschriften. Als vorteilhaft gegenüber den anderen Marktbereichen kann die Bonität und regelmäßige Zahlungsweise der öffentlichen Auftraggeber herausgestellt werden.

Die Marktstellung der öffentlichen Auftraggeber ist nicht einheitlich. Für manche Güter sind öffentliche Stellen Nachfrager neben vielen privaten Haushalten (z. B. PKW, Papier). Andere Güter werden nur vom Bund (z. B. Panzer) oder von der Bundesbahn nachgefragt. Sicher gibt es auch einen spezifischen Bedarf für über 10 000 Gemeinden der BRD. Insoweit lassen sich monopolistische, oligopolistische und polypolistische Nachfragestrukturen finden. Für alle Marktbereiche der öffentlichen Hand läßt sich aber relativ hohe

---

[1] Vgl. Leitsätze für die Preisermittlung aufgrund von Selbstkosten, Anlage zur Verordnung PR Nr. 30/53, Bundesanzeiger 1953, Nr. 244, S. 1 f.

54 Grundlagen der Absatztheorie

Transparenz der Nachfrage im Zeitpunkt ihres Wirksamwerdens feststellen. Dagegen unterliegt die Prognose der zukünftigen Nachfrage Unsicherheitsfaktoren, soweit nicht ein zwingender Folgebedarf besteht (etwa bei DB, DBP, Straßenunterhaltung, Krankenhausbetrieb usw.). In diesem Zusammenhang sei erwähnt, daß die öffentliche Auftragsvergabe in zum Teil erheblichem Umfang struktur- und konjunkturpolitischen Einflüssen unterliegt (z. B. Förderung wirtschaftsschwacher Gebiete, Mittelstandsförderung, Beeinflussung der Arbeitslosigkeit in Konjunkturkrisen).

Literaturempfehlungen zu § 2

Kotler, Philip: Wissenschaftliche Modelle für die Erklärung des Käuferverhaltens, in: Der Markt, Heft 19, 1966, S. 79–87 (zu § 2 A).
Weber, Hans H.: Grundlagen einer quantitativen Theorie des Handels, 1966, S. 10–42 (zu § 2 B 2).
Weber, Hans H.: Zur Bedeutung der Haushaltstheorie für die betriebswirtschaftliche Absatztheorie, in: Zeitschrift für betriebswirtschaftliche Forschung, 21. Jg., 1969, S. 773–783 (zu § 2 B 1).
Sheth, Jagdish N.: Eine zusammenfassende Übersicht zum Käuferverhalten, in: Bergler, Reinhold (Hrsg.): Marktpsychologie, 1972, S. 144–192 (zu § 2 B, B 3).
Webster, Frederick E.; Wind, Yoram M.: A General Model of Understanding Organizational Buying Behavior, in: Journal of Marketing, 1972, Nr. 36, S. 12–19 (zu § 2 C).
Engel, James E.; Kollat, David T.; Blackwell, Roger, D.: Consumer Behaviour, 1973, (zu § 2 A, B); insbesondere S. 160–189 (zu § 2 B 2 b), S. 227–246 (zu § 2 B 2 e), S. 37–41 (zu § 2 B 2 g).
Sheth, Jagdish N. : A Model of Industrial Buyer Behavior, in: Journal of Marketing, 1973, Nr. 4, S. 50–76 (zu § 2 C).
Kailing, Valentin: Aufträge, öffentliche, in: Handwörterbuch der Absatzwirtschaft, 1974, Sp. 226–232 (zu § 2 D).
Weinberg, Peter: Konsumentenverhalten, in: Poth, Ludwig (Hrsg.) Marketing, 1976, Abschnitt 2.2.2 (zu § 2 A).
Ott, Alfred, E.: Grundzüge der Preistheorie, Neudruck der 3. überarbeiteten Auflage, 1984, S. 69–104 (zu § 2 B 1).
Trommsdorff, Volker: Konsumentenverhalten, 1989 (zu § 2 B).
Kroeber-Riel, Werner: Konsumentenverhalten, 4. Aufl., 1990, S. 49–210 (zu § 2 B 3).
Backhaus, Klaus: Investitionsgütermarketing, 2. Aufl., 1990, S. 1–9 (zu § 2 C, D).
Nieschlag, Robert; Dichtl, Erwin; Hörschgen, Hans: Marketing, 16. Aufl., 1991, S. 136–142 (zu § 2 B2), S. 619–623 (zu § 2 C).
Kotler, Philip; Bliemel, Friedhelm: Marketing-Management, 7. Aufl., 1992, S. 245–292 (zu § 2 A, B), S. 293–314 (zu § 2 C), S. 320–326 (zu § 2 D).

Aufgaben zu § 2

2.1 Welche Bestimmungsgrößen der Güternachfrage gibt es und welche Gruppierung der Nachfrager hat sich für Marktanalysen als zweckmäßig erwiesen?
2.2 Charakterisieren Sie die wesentlichen Grundlagen zur Erforschung von Absatzmärkten und beziehen Sie die gefundenen Ansatzpunkte auf Konsumentenmärkte.
2.3 Von welchen Erkenntnisgrundlagen gehen die klassische Haushaltstheorie und die Theoreme des Käuferverhaltens schwerpunktmäßig aus?
2.4 Nennen Sie die wichtigsten Prämissen der klassischen Haushaltstheorie und interpretieren Sie eine Indifferenzkurve für zwei substitutionale Güter.
2.5 Stellen Sie die Analogie zwischen Produktions- und Haushaltstheorie im Hinblick auf die Begriffsinhalte Grenzrate der Substitution und Grenzproduktivität/Grenznutzen her. Leiten Sie die Grenzraten der Substitution formelmäßig ab.
2.6 Auf welchen Prämissen baut die Theorie des isolierten Tausches auf?
2.7 Welche Bedürfniskategorien unterscheidet Maslow und welche Bedeutung ist ihnen für das Entstehen von Kaufmotiven beizumessen? Diskutieren Sie auch die Gewichte, die für die Bedürfnisbefriedigung je nach den herrschenden Umweltbedingungen zu erwarten sind.
2.8 Charakterisieren Sie einige Käuferverhaltenstheoreme und nehmen Sie zur Frage ihrer Bedeutung für die Absatztheorie Stellung.
2.9 Nennen Sie den wesentlichen Unterschied zwischen Käuferverhaltenstheoremen und stochastischen Modellen von Kaufprozessen.
2.10 Nennen Sie einige wesentliche Unterschiede zwischen dem Gesamtmodell des Käuferverhaltens von Howard/Sheth und den Theoremen über Referenzgruppen und Diffusionsprozesse.
2.11 Vergleichen Sie das Nachfrageverhalten von Konsumenten, Produktions- und Handelsbetrieben sowie von öffentlichen Institutionen nach einem selbst erarbeiteten Kriterienkatalog.

§ 3 Absatzpolitische Grundentscheidungen

A. *Einführung*

Den laufenden absatzpolitischen Entscheidungen auf der Basis ökonomischer Kalküle sind Grundentscheidungen vorgelagert[1]: Warum eine Unternehmung ausgebaut wird, welche Branchen ausgewählt, welche Produkte hergestellt, welche Nachfrager bedient, welche Absatzmethoden angewendet werden sollen und wie wettbewerbsintensiv man den Konkurrenten gegenübertritt, wird nicht ausschließlich nach ökonomischen Kriterien bestimmt. Jedoch kann im Anschluß an die autonome Auswahl einer begrenzten Anzahl derartiger *strategischer Alternativen* durch betriebswirtschaftliche Analysen abgeschätzt werden, welche dieser Alternativen günstigere Ergebnisse erwarten lassen als andere, d. h. insbesondere höhere bzw. weniger risikoreiche Gewinne und ein kontinuierliches finanzielles Gleichgewicht versprechen. Dabei sind grundsätzlich diejenigen Alternativen auszusondern, für die nicht einmal Kostendeckung bzw. die für die Aufrechterhaltung einer Unternehmung erforderlichen Mindestgewinne und/oder notwendige Sicherung des finanziellen Gleichgewichtes prognostiziert werden.

Die Entscheidung über die grundlegenden Unternehmensziele und das Verhalten gegenüber den Konkurrenten auf unvollkommenen Märkten sowie das Aufspüren von Handlungsalternativen sind in einer Wettbewerbswirtschaft spezifische *Aufgaben der Unternehmensleitung*. Sie sind meistens auf der Grundlage von ungewissen zukunftsgerichteten Informationen, d. h. unter Inkaufnahme erheblicher Risiken zu lösen. Die Ergebnisse dieser strategischen Grundentscheidungen gehen als Zielvariable bzw. als Nebenbedingungen in die laufende Unternehmensplanung ein. Dadurch wird der unternehmensinterne Bedingungsrahmen für die kurzfristige Absatzpolitik, deren Grundlagen und Grundelemente in den folgenden Abschnitten behandelt werden sollen, geschaffen.

Der einzelne Anbieter kann (bzw. will) seine Absatzpolitik gewöhnlich nicht auf alle Nachfrager eines Marktes ausrichten. Vielmehr wird er sich nur auf bestimmte Abnehmergruppen konzentrieren, was eine Marktspaltung erforderlich macht. Es ist aber auch denkbar, daß der Anbieter alle Abnehmergruppen differenziert ansprechen möchte. Die Aufspaltung des relevanten Marktes in Teilmärkte (*Marktsegmentierung*) ist bis zu einem gewissen Grade ebenfalls strategischer Natur und insoweit nur durch autonome unternehmerische

---

[1] Vgl. den Überblick bei Gälweiler, Aloys: Unternehmenssicherung und strategische Planung, in: Zeitschrift für betriebswirtschaftliche Forschung, 28. Jg., 1976, S. 362–379.

Einführung 57

Entscheidungen begründbar. Daher soll die Konzeption der Marktsegmentierung vor den Aktionsvariablen kurzfristiger Absatzpolitik erörtert werden. Die Planung des Absatzes ist in vielfältiger Weise mit der Planung der übrigen Funktionsbereiche des Unternehmens verbunden. Diese Verbindungen sind komplex, so daß universelle Planungssysteme, in denen die Abhängigkeiten zwischen den wesentlichen Variablen im Absatz-, Produktions-, Beschaffungs- und Finanzierungsbereich simultan erfaßt werden, heute noch nicht praktiziert werden können. Daher herrscht in der Praxis für die Gesamtunternehmung nicht die *Simultanplanung*, sondern die *Sukzessivplanung* vor. Daraus ergibt sich für die Unternehmensleitung die Notwendigkeit, *partielle* Ziele für die verschiedenen Unternehmensbereiche zu formulieren.

Beispiele
Für den Beschaffungsbereich: Minimierung der Beschaffungskosten für vorgegebene Bezugsmengen; für den Produktionsbereich: Minimierung der Auftragswartezeiten, des Materialverschnitts, der Herstellkosten für vorgegebene Erzeugungsmengen; für den Absatzbereich: Erreichung oder Sicherung einer bestimmten Absatzmenge in einem Marktsegment, Erhöhung des erreichten Marktanteils um 10% bei gleichzeitiger Preissenkung um 5%, Erlösmaximierung unter Erhaltung eines bestimmten Preisniveaus.

Für die Formulierung partieller Ziele ergibt sich die Schwierigkeit, daß sich vor Abschluß der Planungsarbeiten der Zusammenhang zwischen den verschiedenen Bereichszielen und dem Gewinn als oberster wirtschaftlicher Zielgröße der Unternehmung nicht vollständig klären läßt.

Beispiel
Das Ziel der Minimierung des Materialverschnitts kann eine Intensivierung der Arbeitsvorbereitung mit erheblichen zusätzlichen Kosten erfordern und zu einer Umstellung der Herstellverfahren führen, die mit einer Leistungsminderung verbunden sein kann (durch sorgfältigere Arbeitsweise sinkt die Produktmenge je Zeiteinheit). Die Verminderung der Leistung führt – bei Ausschließung ergänzender Fremdbezüge – zu einer entsprechenden Verminderung der maximal möglichen Angebotsmenge. Bei kapazitätsüberschreitender Nachfrage wären dann die entsprechenden Erlösverminderungen den Mehrkosten der Arbeitsvorbereitung und den Kostenminderungen infolge geringeren Materialverschnitts gegenüberzustellen, um insgesamt zu ermitteln, ob eine Erfolgserhöhung oder -verminderung eintritt.

Dieses Beispiel soll verdeutlichen, warum grundsätzlich nur eine Simultanplanung zu oberzielkonformen Zielvorgaben für alle Unternehmensbereiche führen kann. Da in der Praxis so differenzierte und umfassende Planungssysteme meistens auf unüberwindbare Schwierigkeiten bei der Datenerfassung und -verarbeitung stoßen (auch bei Verwendung von EDV-Anlagen), sind die

Bereichsziele von der Unternehmensleitung vor Beginn des (sukzessiven) Planungsprozesses weitgehend isoliert vorzugeben. Dabei können jedoch Plausibilitätsüberlegungen und Erfahrungsregeln (Heuristiken) eingesetzt werden, die eine möglichst weitgehende Konformität zwischen den Bereichszielen und den Oberzielen der Unternehmung gewährleisten[1]. Außerdem sind im Zuge der Abstimmung und Koordination der Bereichspläne korrigierende Eingriffe der Unternehmensleitung möglich, so daß auch auf diesem Weg ein integrierter Gesamtplan der Unternehmung entwickelt werden kann.

In den §§ 5-7 werden sowohl simultane Planungsmodelle für mehr als einen Unternehmensbereich als auch absatzbezogene Partialmodelle mit spezifischen Unterzielen zur Diskussion gestellt. § 8 gibt dann einen Einblick in die Praxis der sukzessiven Absatzplanung.

B. *Absatzziele im Rahmen der Unternehmens-Gesamtziele*

1. *Kurzfristige Gewinnmaximierung als Gesamtziel*

Die *klassische Wirtschaftstheorie* unterstellt, daß die Unternehmung als Entscheidungseinheit agiert und das Streben nach größtmöglichem Gewinn ihr wirtschaftliches Hauptziel bildet. Der Gewinn sei hier definiert als die Differenz zwischen den Erlösen und den variablen Kosten der von einer Unternehmung in einer Periode abgesetzten Güter, abzüglich der periodenfixen Kosten:

$$(3.1) \qquad G = \sum_{h=1}^{n} (E_h(x_h) - K_{vh}(x_h)) - K_f \qquad \text{mit}$$

E_h: = Erlös aus dem Verkauf der Erzeugnisart h,
K_{vh}: = variable Kosten der Erzeugnisart h,
K_f: = fixe Kosten,
x_h: = abgesetzte Menge der Erzeugnisart h ($h = 1, 2, \ldots, n$).

Nach Auffassung der klassischen Wirtschaftstheorie ist mit dem Gewinnstreben aller Anbieter unter der Voraussetzung vollkommener Konkurrenz zugleich die wirksamste Förderung des Gemeinwohls verbunden, d. h. die nutzenoptimale Güterversorgung der Konsumenten und der gesamtwirtschaftlich kostenoptimale Einsatz aller Produktionsfaktoren zu erreichen[2].

---

[1] Vgl. Heinen, Edmund: Das Zielsystem der Unternehmung, 1960, S. 215-222; Frese, Erich: Koordination, in: Handwörterbuch der Betriebswirtschaft, 4. Aufl., 1975, Sp. 2263-2273; Alewell, Karl: Absatzplanung, in: Handwörterbuch der Betriebswirtschaft, 4. Aufl., 1974, Sp. 64-78.
[2] Vgl. Schneider, Erich: Einführung in die Wirtschaftstheorie, IV. Teil, 1. Band, 3. Aufl., 1970, S. 67 ff.

Angesichts der wirtschaftlichen und gesellschaftlichen Verhältnisse in entwickelten Industriestaaten können die Annahmen

- eines intensiven Wettbewerbs zwischen vielen Anbietern und Nachfragern sowie
- der Parallelität von Eigen- und Gemeinnutz

generell nicht als realitätsnah betrachtet werden. Die Unternehmung ist vielmehr als eine Koalition derjenigen gesellschaftlichen Gruppen und Institutionen zu betrachten, die Interesse an ihrem Bestand und ihren Ergebnissen haben. Das sind außer den von der klassischen Wirtschaftstheorie hauptsächlich betrachteten Eigenkapitalgebern die Fremdkapitalgeber, das Management, die Arbeitnehmer, aber auch die Lieferanten und Nachfrager sowie Staat und Kommunen. Über diese Gruppen und Institutionen ist die Unternehmung in die Gesellschaft integriert[1]. Daraus folgt die Notwendigkeit, die Zielsetzung der Gewinnmaximierung einzuengen, d. h. zusätzlichen institutionellen, rechtlichen und ethisch-sozialen Schranken zu unterwerfen oder auch um weitere Ziele zu ergänzen. Das hebt jedoch nicht die grundsätzliche Feststellung auf, daß der *Gewinn in einem wettbewerbsorientierten Gesellschaftssystem als wirtschaftliche Existenzvoraussetzung der Unternehmung* zu betrachten ist. Bestimmte Mindestgewinne sind insbesondere zur Sicherung einer kapitalmarktgerechten Eigenkapitalverzinsung und für Erneuerungs- und Erweiterungsinvestitionen erforderlich, damit die Unternehmung dem technischen Fortschritt sowie Bedarfswandlungen am Markt folgen und ihre Gesamtgröße an die allgemeine Marktentwicklung anpassen kann (i. S. der volkswirtschaftlichen Wachstumsthese). Gewinne bilden aber zugleich auch eine wirtschaftliche Grundlage für die Erreichung anderer Ziele bzw. schränken deren Erreichbarkeit ein (wie z. B. politische oder persönliche Einflußnahmen, soziale Ziele, bestimmte Umweltveränderungen). Ein Unternehmen kann allenfalls vorübergehend auf Gewinn verzichten oder sogar einen Verlust hinnehmen. Langfristig führen Verluste zur Unternehmensauflösung, sofern nicht dauernd Subventionen von dritter Seite gewährt werden.

Im *ersten Schritt* der produktions- und absatzbezogenen Modellbetrachtungen soll in den §§ 5-7 aus Gründen der Vereinfachung die *Maximierung des Periodengewinns* ohne explizite Bestimmung anderer Unternehmensziele oder einer gemeinwirtschaftlichen Begrenzung des Handlungsrahmens zugrundegelegt werden. Damit sollen die bestehenden ökonomischen Grundzusammenhänge zwischen wichtigen Unternehmensbereichen dargestellt werden. Bei derartigen Simultanplanungen sind dann die Unterziele des Absatzbereichs Größen, die sich aus dem gewinnoptimalen Gesamtplan der Unternehmung sekundär ergeben (wie z. B. die auf einem Marktsegment anzubietende Menge eines Gutes und der Angebotspreis). In einem *zweiten Schritt* wird die

---

[1] Vgl. Ulrich, Hans: Die Unternehmung als produktives soziales System. Grundlagen der allgemeinen Unternehmenslehre, 2. Aufl., 1970, S. 166ff., insbesondere S. 183.

60   Grundlagen der Absatztheorie

unternehmensbezogene Gewinnmaximierung durch Nebenbedingungen, insbesondere aus dem Produktions- und Absatzbereich, eingeschränkt (z. B. Vorgabe von Mindestabsatzmengen für bestimmte Produkte in einzelnen Teilmärkten). In einem *weiteren Schritt* soll in § 8 der Fall *getrennter Absatz- und Produktionsplanung* betrachtet werden, wobei dann die Absatz- und Produktionsunterziele primär vorzugeben sind.

2. Langfristige Gewinnmaximierung

Die uneingeschränkte Verfolgung der kurzfristigen Gewinnmaximierung kann u. U. zu erheblichen Nachteilen für das Unternehmen führen. Daher ist die kurzfristige Gewinnmaximierung einer längerfristigen Betrachtung unterzuordnen.

Beispiele
- Verzicht auf die Heraufsetzung der Absatzpreise bei einer vorübergehenden Erhöhung der Nachfrage, wenn damit zu rechnen ist, daß die Abnehmer dadurch verärgert werden, sich deshalb später anderen Anbietern oder Substitutionsgütern zuwenden und so dem Unternehmen nur für eine begrenzte Zeit höhere Gewinne erwachsen.
- Verzicht auf die Entlassung von qualifizierten Mitarbeitern bei Unterbeschäftigung während eines Konjunkturtiefs; im späteren Aufschwung können sonst durch erneute Personalbeschaffung (Anzeigen etc.) und Einarbeitung Kosten entstehen, die die vorher kurzfristig erzielten Einsparungen weit übersteigen.
- Durchführung eines Investitionsprojektes, auch wenn kurzfristig – etwa in der Anlaufphase – Verluste eintreten.

Die Betrachtung muß daher grundsätzlich über die nächste Periode hinaus bis zum *ökonomischen Horizont* der Unternehmensleitung ausgedehnt werden. Die Auswirkungen einzelner Maßnahmen auf die zukünftige Erfolgslage sind im Rahmen gegebener Prognosemöglichkeiten in den Entscheidungsprozeß einzubeziehen. Der Gewinn wird dabei als die Summe der auf den Betrachtungszeitpunkt abgezinsten Einnahmeüberschüsse aus allen Planungsperioden bis zum ökonomischen Horizont definiert. Je nach der Qualität der Prognosen sind dabei Risikoerwägungen zu berücksichtigen[1].

Mit einer Theorie der Unternehmung sollen Entscheidungen der Unternehmensleitung rational begründbar werden. Dazu muß der Zielerfüllungsgrad als Folge einer Maßnahme in einer eindeutig definierten Maßgröße angegeben werden können. Sofern daher bestimmten Entscheidungen quantitativ

---
[1] Vgl. Band 3, 3. Aufl., 1990.

abschätzbare Änderungen der erwarteten Zahlungsströme nicht zugeordnet werden können, verliert die Zielsetzung der langfristigen Gewinnmaximierung ihre Operationalität[1].

3. Gewinnmaximierung unter Nebenbedingungen

Bei der Planung in der Unternehmenspraxis müssen zahlreiche innerbetriebliche Gegebenheiten und außerbetriebliche Daten beachtet werden, die insbesondere auf folgenden Tatbeständen beruhen:

– *Stand der Technik* (z. B. Entwicklungsstand der Herstelltechnologie und Mechanisierung des Fertigungsablaufs);
– *Vorhandene Fertigungskapazitäten*;
– *Bedingungen auf den Märkten für Produktionsfaktoren* (z. B. Lohntarife, Beschaffungspreise, begrenzte Rohstoffbezugsmöglichkeiten);
– *Bedingungen auf den Absatzmärkten* (z. B. Konkurrentenverhalten, Nachfragerverhalten, Verbraucherorganisationen, institutionell bedingte Absatzmindest- und -höchstmengen);
– *Bedingungen auf dem Finanzmarkt* (z. B. begrenztes Angebot an Eigen- und Fremdkapital zu bestimmten Finanzierungskonditionen);
– *Rechtsordnung* (z. B. Bürgerliches Recht, etwa bei gesetzlichen Gewährleistungsansprüchen aus Kaufverträgen[2]; Handelsrecht, etwa bei nicht in Kaufverträgen vereinbarten Verzugszinsen[3]; Arbeitsrecht, etwa bei der Einführung und Anwendung von technischen Einrichtungen zur Verhaltens- und Leistungskontrolle von Mitarbeitern[4]; Steuerrecht, etwa bei konjunkturabhängiger Aussetzung der Möglichkeit zur degressiven Abschreibung[5]; Wettbewerbsrecht, etwa die Begrenzung von Fusionen, aus denen höhere Gewinne erwartet werden[6]).

Aufgrund dieser außerbetrieblichen Daten und innerbetrieblichen Begrenzungsfaktoren sind für die Modellaufstellung Nebenbedingungen zu formulieren. Hierin können auch Zielvorstellungen zum Ausdruck kommen (z. B. der Wunsch, die bestehenden Herrschaftsverhältnisse im Unternehmen aufrecht zu erhalten). Im folgenden seien einige typische Nebenbedingungen behandelt.

---

[1] Vgl. March, James; Simon, Herbert A.: Organizations, 1959, S. 155.
[2] § 459–493 Bürgerliches Gesetzbuch v. 18. 8. 1896 i.d. F. v. 28. 8. 1975 (BGBl III 400-2).
[3] § 352 Handelsgesetzbuch v. 10. 5. 1897 i.d.F. v. 28. 8. 1975 (BGBl. III 4100-1).
[4] § 87 Absatz 1 Ziff. 6 Betriebsverfassungsgesetz v. 15. 1. 1972, BGBl. I, S. 30 (hier hat der Betriebsrat ein Mitbestimmungsrecht).
[5] § 51 Absatz 1 Ziff. 3 Einkommensteuergesetz 1975 v. 5. 9. 1974 (BGBl III 611-1).
[6] §§ 23–24 Gesetz gegen Wettbewerbsbeschränkungen v. 24. 9. 80 (BGBl. I, S. 1761).

Grundlagen der Absatztheorie

(1) Absatzrestriktionen

> **Beispiel**
> Infolge fester Lieferverpflichtungen oder aus Gründen der Sortimentsabrundung kann bzw. will das Unternehmen eine bestimmte Absatzmenge nicht unterschreiten. Damit wird die Menge gewinnversprechender Handlungsmöglichkeiten u. U. erheblich eingeengt. Somit müssen neben die Zielfunktion gemäß (3.1.0) für n Produktarten ($h = 1, 2, \ldots, n$) entsprechende Nebenbedingungen treten.

Zielfunktion:

$$(3.1.0) \qquad G = \sum_{h=1}^{n} (E_h(x_h) - K_{vh}(x_h)) - K_f = \max!$$

Nebenbedingungen:

$$(3.1.1) \qquad x_h \geq x_h^{\min}$$

mit
$x_h^{\min}$: = jeweilige *Mindestabsatzmenge* für jede Produktart,
$x_h^{\min} \geq 0$.

Andererseits kann es auch aufgrund von Absprachen zu Obergrenzen für die Absatzmenge bei einigen Erzeugnissen kommen.
Die Nebenbedingung lautet dann:

$$(3.1.2) \qquad x_h \leq x_h^{\max}$$

mit
$x_h^{\max}$: = *Absatzhöchstmenge* der Produktart h.

> **Beispiel**
> Absatzbeschränkungen aufgrund von Kartellabsprachen oder Festlegungen innerhalb eines Konzerns; technologisch begrenzte Aufnahmemöglichkeiten eines Nachfragemonopolisten.

(2) Kapazitätsrestriktionen

Innerhalb einer Periode stehen nur bestimmte Höchstmengen an Faktoren für die Leistungserstellung zur Verfügung. Das gilt insbesondere für Potentialfaktoren (z. B. Maschinen, Gebäude und Lagerflächen sowie Arbeitskräfte); aber auch für Rohstoffe oder Einbauteile können Bezugsgrenzen auftreten. Bei Mehrproduktunternehmen konkurrieren dann die verschiedenen Erzeugnisarten um die vorhandenen Kapazitäten der Potentialfaktoren und Materialmen-

Gewinnmaximierung unter Nebenbedingungen 63

gen. Die Angebotsmenge x_h einer bestimmten Produktart h – unter Vernachlässigung eines etwaigen Lagerbestandes – darf nicht größer sein als die in dieser Periode verfügbare Potentialfaktor-Kapazität b_j zuläßt:

(3.1.3) $\qquad \sum_{h=1}^{n} \overline{b}_{jh} \cdot x_h \leq b_j, \qquad (j = 1, 2, \ldots, m)$

mit
b_j: = vorhandene Kapazität (gemessen z. B. in Maschinenstunden oder Quadratmetern Lagerfläche oder Materialmenge) des j-ten Produktionsfaktors,
$\overline{b}_{jh}$: = Beanspruchung bzw. Einsatzmenge des j-ten Produktionsfaktors für eine Einheit des Produktes h (Produktionskoeffizient) bei linearlimitationalen Faktor-Produktbeziehungen.

(3) Finanzrestriktionen

Bedingung für das Fortbestehen jedes Unternehmens ist die Aufrechterhaltung der Zahlungsfähigkeit[1] (des *finanziellen Gleichgewichts*). Diese Bedingung läßt sich allgemein folgendermaßen ausdrücken[2]:

(3.2) $\qquad B_{t-1} + e_t - a_t \geq 0$

oder als Deckungsrelation

(3.2.1) $\qquad \dfrac{B_{t-1} + e_t}{a_t} \geq 1$

mit
B_{t-1}: = Geldbestand zum Ende der Periode $t - 1$,
e_t: = Einzahlungen in der Periode t,
a_t: = Auszahlungen in der Periode t.

Die Bedingung (3.2) ist eine dynamische Relation, mit welcher die Bestände an Zahlungsmitteln von Periode zu Periode fortgeschrieben werden können. Allgemein gilt:

(3.2′) $\qquad B_{t_e} + \sum_{t=1}^{\tau} (e_t - a_t) \geqq 0$

mit B_{t_e} = Geldbestand zum Zeitpunkt $t = 0$ und $\tau = 1, \ldots, T$.

---
[1] Die Zahlungsunfähigkeit ist neben der Überschuldung (Vermögen kleiner als Schulden) ein in der Konkursordnung (vgl. §102 Konkursordnung i.d.F. v. 17. 7. 1974, BGBl. III 311–4) fixierter Konkurs- bzw. Auflösungsgrund für eine Unternehmung.
[2] Vgl. Süchting, Joachim: Finanzmanagement, 5. Aufl., 1989, S. 407f; Mühlhaupt, Ludwig: Finanzielles Gleichgewicht, in: Handwörterbuch der Finanzwirtschaft, 1976, Sp. 401ff.

64 Grundlagen der Absatztheorie

Die Bedingung (3.2) muß grundsätzlich für jeden Zeitraum $t \in T$ erfüllt sein. Dieser Zeitraum ist so kurz zu bemessen, daß die zeitliche Verteilung der Ein- und Auszahlungen innerhalb dieses Zeitraumes die Zahlungsfähigkeit nicht in Frage stellt (z. B. ein Monat oder eine Dekade). Genauer wäre es zu fordern, daß die Bedingung der Zahlungsbereitschaft in jedem Zeitpunkt zu erfüllen ist. Im normalen Geschäftsablauf können überraschend auftretende Finanzlücken für einige Tage oder sogar Wochen meistens ohne Schwierigkeiten ausgeglichen werden (z. B. durch Überbrückungskredite von Banken oder durch Verlängerung von Zahlungszielen bestimmter Lieferverträge). Die Finanzierungsseite wird in der einperiodischen Planung meistens anschließend an die Ermittlung eines gewinn- oder erlösoptimalen Produktions- und Absatzplanes untersucht. Tritt eine unüberbrückbare Finanzierungslücke auf, so müssen die Produktions- und Absatzpläne entsprechend angepaßt werden (sukzessive Planung). In der langfristigen Planung bildet demgegenüber das Finanzierungspotential zumeist die Ausgangsbasis des Planungsprozesses in den übrigen Unternehmensbereichen.

(4) Rechtliche Restriktionen

Die quantitative Formulierung einer durch die Rechtsordnung gesetzten Nebenbedingung[1] kann z. B. für Bestimmungen des Immissionsschutzes (Umweltschutz)[2] vorgenommen werden. Dieses Gesetz schafft die Grundlage für die Begrenzung der Lärm- und Feststoffimmission. Läßt sich die Immissionsmenge für eine Unternehmung feststellen, bei der z. B. die Luftverschmutzung in der Umgebung einen Richtwert übersteigt, und ist bekannt, wie viele Immissionseinheiten durch die Produktion und/oder den Absatz einer Mengeneinheit der Produktart h verursacht werden, so lautet die entsprechende Nebenbedingung:

(3.1.4) $\quad \sum_{h=1}^{n} \bar{q}_{jh} \cdot x_h \leq q_j \quad (j = 1, 2, \ldots, m)$

mit

q_j: = *maximal zulässige Immissionsmenge des Stoffes j*,
$\bar{q}_{jh}$: = *Immisssionsmenge des Stoffes j, die durch die Produktion einer Einheit des Produktes h verursacht wird.*

---

[1] Vgl. Sieben, Günter: Rechnungswesen bei mehrfacher Zielsetzung: Möglichkeiten der Berücksichtigung gesellschaftsbezogener Ziele durch die Betriebswirtschaftslehre, in: Zeitschrift für betriebswirtschaftliche Forschung, 26. Jg., 1974, S. 700.
[2] Bundesimmissionsschutzgesetz v. 15. 3. 1974 (BGBl. III 2129–8).

(5) Aufrechterhaltung der Herrschaftsverhältnisse im Unternehmen

Geschäftsführende Eigentümer von Unternehmen in Familienbesitz verfolgen häufig das Ziel, die auf der *Kapitalstruktur* basierenden Herrschaftsverhältnisse aufrechtzuerhalten. Banken sind gewöhnlich nur so lange bereit, einem Unternehmen weitere Kredite zu gewähren, wie ein bestimmtes Verhältnis von haftendem Eigenkapital zu Fremdkapital nicht unterschritten wird, weil ihnen bei höherem Fremdkapitalanteil das Risiko zu hoch erscheint[1]. Dieses Verhältnis ist nach Ländern, Wirtschaftszweigen und Unternehmensgrößen verschieden; es resultiert weitgehend aus Konventionen, die von Kreditgebern und Kreditnehmern getragen werden. Die Fremdfinanzierung kann nur durch Aufnahme weiteren Eigenkapitals ausgedehnt werden, sobald der Eigenkapitalanteil geringer ist, als es die jeweils zugrundegelegte *Kapitalstrukturregel* verlangt. Für Einzelunternehmer und Offene Handelsgesellschaften sowie Gesellschaften mit beschränkter Haftung ist die Beschaffung von Eigenkapital (etwa für eine erfolgversprechende Investition) nur durch Aufnahme neuer Gesellschafter möglich, sofern die jeweiligen Eigentümer nicht selbst über zusätzliche Finanzmittel verfügen. Die Aufnahme neuer Gesellschafter kann jedoch dazu führen, daß auch die neuen Anteilseigner in der Geschäftsführung mitwirken wollen. Die Einschränkung der Gewinnmaximierung liegt in diesem Falle darin begründet, daß die bisherige Unternehmensleitung „Herr im eigenen Haus" bleiben möchte. Anders ausgedrückt: Das Gewinnmaximum wird nur unter der Nebenbedingung angestrebt, daß die Herrschaftsverhältnisse im Unternehmen unverändert bleiben[2].

(6) Geschäftspolitische Nebenbedingungen

Weitere Nebenbedingungen können aus dem Bestreben nach langfristiger Gewinnmaximierung resultieren, ohne daß exakt angegeben werden kann, in welchem Ausmaß die zukünftigen Einzahlungsüberschüsse durch Einhaltung dieser Nebenbedingungen steigen.

---

[1] Vgl. hierzu Gutenberg, Erich: Untersuchungen über die Investitionsentscheidungen industrieller Unternehmen, 1959, S. 175 ff.; Jonas, Heinrich: Grenzen der Kreditfinanzierung, 1960, S. 273–353, insbesondere S. 317–322; Süchting, Joachim: Finanzmanagement, 5. Aufl., 1989, S. 375–416.
[2] Vgl. Busse von Colbe, Walther: Die Planung der Betriebsgröße, 1964, S. 209.

66 Grundlagen der Absatztheorie

Beispiele
- *Aufrechterhaltung des Marktanteils.* Z. B. werden zeitweilig geringere Gewinne in Kauf genommen, um den Marktanteil zu halten, z. B. durch Senkung der Preise.
- *Konstanz der Angebotspreise* eines Produktes. Obgleich durch Variation der Preise ein höherer Periodengewinn zu erzielen wäre, wird darauf verzichtet, weil die Preisstellung des einzelnen Produktes mit den Preisen der gesamten Angebotspalette (Sortiment) abgestimmt ist.
- *Beibehaltung oder Erweiterung des Produktprogramms.* Obwohl bei einer Einschränkung des Produktprogramms in nächster Zeit höhere Gewinne erwartet werden, bietet ein breiteres Produktprogramm langfristig ein geringeres Absatz- und Beschäftigungsrisiko, sofern etwa die Absatzschwankungen der einzelnen Produkte zeitlich phasenverschoben auftreten.
- *Belieferung verschiedener Abnehmer.* Die Belieferung nur eines Abnehmers (oder einer Abnehmergruppe) führt zu einseitiger wirtschaftlicher Abhängigkeit. Erleidet der Abnehmer einen Absatzrückgang, so schlägt dieser unmittelbar auf den Lieferbetrieb durch.
- *Gewährleistung eines bestimmten Personalstandes und Sozialstatus.* Sollen z. B. trotz nachhaltiger Absatzrückgänge langjährige Mitarbeiter nicht entlassen werden oder will sich eine Unternehmung durch zusätzliche Sozialaufwendungen (Altersversicherung, Krankenfürsorge, Freizeitgestaltung usw.) von anderen Unternehmen unterscheiden (sozialbedingte Nebenziele), so können die Gewinnerzielungsmöglichkeiten dadurch eingeschränkt werden.

Je mehr Nebenbedingungen in einen Modellansatz aufgenommen werden, um so weitergehend wird die Gewinnmaximierungsmaxime eingeschränkt. Die Anzahl der dem Mindestgewinnanspruch entsprechenden Alternativen vermindert sich mit zunehmender Anzahl wirksamer Nebenbedingungen.

4. Erlösmaximierung unter Nebenbedingungen

Bei manchen Unternehmen ist als Ziel die Maximierung der Umsatzerlöse unter Einhaltung eines Mindestgewinnes anzutreffen[1]. Der Mindestgewinn kann eine

---
[1] Vgl. Baumol, William J.: Business Behavior, Value and Growth, 1959, S. 47ff.; ferner Oxenfeldt, Alfred: How to Use Market Share Measurement, in: Harvard Business Review, Vol. 37, Nr. 1, 1959, S. 59ff.; White, Michael C.: Multiple Goals in the Theory of the Firm, in: Boulding, Kenneth E.; Spivey, Allen W.: Linear Programming and the Theory of the Firm, 1960, S. 192; Wittmann, Waldemar: Überlegungen zu einer Theorie des Unternehmenswachstums, in: Zeitschrift für handelswissenschaftliche Forschung, 13. Jg., 1961, S. 501.

absolute Größe[1], ein bestimmter Prozentsatz vom Erlös, ein bestimmter Stückgewinn oder – was wohl am ehesten der Wirklichkeit entspricht – ein bestimmter Prozentsatz des im Unternehmen eingesetzten Kapitals sein (*Gesamtkapitalrendite, Eigenkapitalrendite*).
Die Erlösmaximierung unter Einhaltung eines Mindestgewinnes läßt sich wie folgt formulieren, wenn allein die Absatzmengen und/oder die Preise variabel sind:

(3.3) $$E = \sum_{h=1}^{n} p_h(x_h) \cdot x_h = \max!$$

mit
E = Gesamterlös
x_h = abgesetzte Menge des Erzeugnisses h ($h = 1, \ldots, n$)
p_h = Preis pro Mengeneinheit des Erzeugnisses h

unter den Nebenbedingungen

(3.3.1) $$\sum_{h=1}^{n} (E_h(x_h) - K_{vh}(x_h)) - K_f \geq G^{min}$$

mit
G^{min} = Mindestgewinn im Planungszeitraum, G^{min} = const. und $x_h \geq 0$.

Folgende Gründe können dazu führen, daß ein maximaler Erlös angestrebt wird:
– Die Entwicklung der Umsatzerlöse in der Zeit wird als Ausdruck für den *Markterfolg* der Unternehmung angesehen, solange dabei ein bestimmter *Mindestgewinnanspruch* nicht verletzt wird.
– Für Manager bedeuten höhere Umsatzerlöse oft einen größeren Einflußbereich und höheres Einkommen (*Umsatztantiemen*).
– Die Qualifikation leitender Angestellter wird häufig an der Erlösentwicklung des von ihnen geführten Unternehmensbereiches gemessen; damit hängt ihre Karriere weniger vom Gewinn als vom Umsatzvolumen ab. Der Erlös läßt sich darüber hinaus im Gegensatz zum Gewinn wesentlich eindeutiger erfassen. Die Umsatzerlöse ergeben sich unmittelbar aus den Verkaufsrechnungen (abzüglich geschätzter Forderungsverluste), während bei der Gewinnermittlung Zeitabgrenzungs- und Bewertungsprobleme bei einzelnen Aufwands-, Ertrags- und Bestandsgrößen auftreten können.
– Die Unternehmen versuchen, ihren *Gewinn langfristig* über die Erlösmaximierung zu *maximieren*.

---
[1] Vgl. auch: Krelle, Wilhelm: Preistheorie, 1. Teil, Monopol- und Oligopoltheorie, 2. Aufl., 1976, S. 297f.; Jacob, Herbert: Preispolitik, 2. Aufl., 1971, S. 105ff.

Die Zielsetzung der Erlösmaximierung unter Einhaltung eines Mindestgewinns kann eine andere Angebotsmenge erfordern als die der kurzfristigen Gewinnmaximierung (vgl. dazu § 4 B 3 und § 5 B 4).

Ein in der Praxis unter bestimmten Voraussetzungen bedeutsames absatzstrategisches Partialziel ist die *Vergrößerung des Marktanteils*. Erwartet die Unternehmung z. B. in einem bestimmten Marktsegment langfristig für ein Produkt einen wesentlichen Anstieg der Nachfrage, so kann sich ein kurzfristiger Gewinnverzicht als günstig erweisen. Bei starkem Konkurrenzdruck (mehrere Anbieter verfolgen gleichzeitig die Strategie der Marktanteilsvergrößerung) kann eine Unternehmung z. B. die Nebenbedingung „Erhaltung des Marktanteils" oder auch „Ausdehnung des Marktanteils von a % auf $(a + \Delta a)$ %" setzen. Hierbei kann es zu einer kurzfristigen Inkaufnahme von Verlusten kommen. Die Zielformulierung lautet dann: Erlösmaximierung unter Einhaltung eines bestimmten Mindestabsatzes (gemessen als Marktanteilswert) bei gleichzeitiger Unterschreitung einer bestimmten Verlustgrenze.

Eine solche Strategie kann grundsätzlich nur für wenige Perioden verfolgt werden, es sei denn, die Verluste können – etwa durch Gewinne auf anderen Teilmärkten – auch längerfristig ausgeglichen werden. Wettbewerbspolitisch und wettbewerbsrechtlich bedenklich ist die Möglichkeit von Mischkonzernen, die in sehr unterschiedlichen Märkten anbieten, durch Unterkostenverkäufe in einem Markt einen Verdrängungswettbewerb mit erheblichen Marktanteilszuwächsen zu führen, der durch Gewinne aus der Hochpreispolitik in einem anderen Markt finanziert wird. In eine ähnliche Richtung weist die Problematik des „Verkaufs unter Einstandspreisen"[1]. Man nennt eine derartige Vorgehensweise auch *Mischpreispolitik* oder aus der Sicht des Rechnungswesens Preisstellung auf der Grundlage von *Ausgleichskalkulationen*.

5. *Partialziele des Absatzes*

Bisher wurden absatzbezogene Teilziele als Nebenbedingungen für Simultansätze der Unternehmensplanung betrachtet. Wie einleitend zu diesem Paragraphen herausgestellt, herrscht in der Praxis die Sukzessivplanung vor. Daher sollen im folgenden typische Partialziele des Absatzes aufgeführt werden, die von der Unternehmensleitung in den Planungsprozeß zunächst weitgehend autonom einzugeben sind. Im übrigen können sich die im Absatzbereich tätigen Führungskräfte bei der späteren Planverwirklichung im wesentlichen auch nur an derartigen Bereichszielen ausrichten. Je konkreter und zweckgerechter

---

[1] Vgl. hierzu u. a. Diller, Hermann: Verkäufe unter Einstandspreisen. In: MARKETING-ZFP, 1. Jahrg., Nr. 1, März 1979, S. 7–12; Lindacher, Walter F.: Lockvogel- und Sonderangebote. 1979, Siehe auch Kartte, Wolfgang; Dranz, Götz: Neue Perspektiven der Vierten Kartellgesetznovelle zur Kontrolle von Marktmacht. In: Die Betriebswirtschaft, 41. Jahrg., Heft 3, September 1981, S. 361–370 (insbesondere S. 369).

daher diese Ziele formuliert und hierarchisch abgestuft werden, um so stärker werden die am Absatzprozeß beteiligten Personen motiviert. Dazu bedarf es einer für die Mitglieder der hierarchischen Stufen einer Unternehmung einsichtigen, *konsistenten Zielhierarchie*, die aus den Gesamtzielen der Unternehmung abgeleitet werden muß. Die Ziele einzelner hierarchischer Unternehmungsstufen besitzen dabei stets Mittelcharakter für die übergeordneten Stufen. In Verbindung mit einer Überwachung der Planausführung, die auf gründlichen Analysen der Ursachen und Verantwortlichkeiten für wesentliche Zielabweichungen beruht, ergibt sich daraus ein wichtiger Einfluß auf den Unternehmenserfolg. Als derartige quantifizierbare *Partialziele* seien die folgenden beispielhaft genannt:

– für regional zuständige Verkaufsniederlassungen oder Absatzhelfer:
  Vorgabe der Verkaufsmengen je Quartal für bestimmte Produkte zu bestimmten Preisen oder mit einem Mindestnettoerlös für alle Marktsegmente;
– für Verkaufsangestellte oder Absatzhelfer:
  Vorgabe von Besuchshäufigkeiten für bestimmte Nachfragerkategorien;
– für eine unternehmenseigene Vertriebsabteilung:
  Zeitlich über vier Quartale gestufte Absatzmengen von auslaufenden Produkten mit bestimmten maximalen Preisnachlässen;
– für konzerneigene Handelsgesellschaften:
  Zeitlich über mehrere Quartale gestufte Zuwachsraten des Marktanteils bei einer bestimmten Produktgruppe in einem relevanten Markt unter Einsatz eines bestimmten Budgets für Service- und Werbemaßnahmen sowie für die Verkaufsförderung;
– für eine Vertriebsgesellschaft im industriellen Anlagenexport:
  Hereinholung bestimmter Anlagenaufträge in neu zu erschließenden Märkten als Referenzanlagen bei einem relativ weitreichenden Limit für Preisnachlässe und dem Angebot besonderer Serviceleistungen;
– für die eigene Vertriebsabteilung und Absatzhelfer:
  Sortimentsbereinigung von ertragsschwachen Produkten unter Beachtung von Absatzverbunderscheinungen.

Ein *Beispiel*[1] für die Herleitung einer konsistenten Hierarchie solcher Partialziele zeigt Abb. 3.1. Ausgehend von den allgemeinen Zielkategorien (Distributions-, Kommunikations-, Markt-, Erlös- und Erfolgszielen) wird die Verkettung der für die einzelnen Unternehmungsebenen im Absatzbereich relevanten und operationalen Partialziele aufgezeigt. Die Pfeile des Schaubilds deuten die Mittel-Zweck-Beziehungen zwischen Zielen an. Wie die Ziele des Beispiels sich im einzelnen gebildet haben, läßt sich anhand des Schaubilds jedoch nicht nachvollziehen.

---

[1] Vgl. Engelhardt, Werner Hans; Plinke, Wulff: Elemente der Marketingentscheidung, 1978, S. 29 ff. (insbesondere S. 31).

70 Grundlagen der Absatztheorie

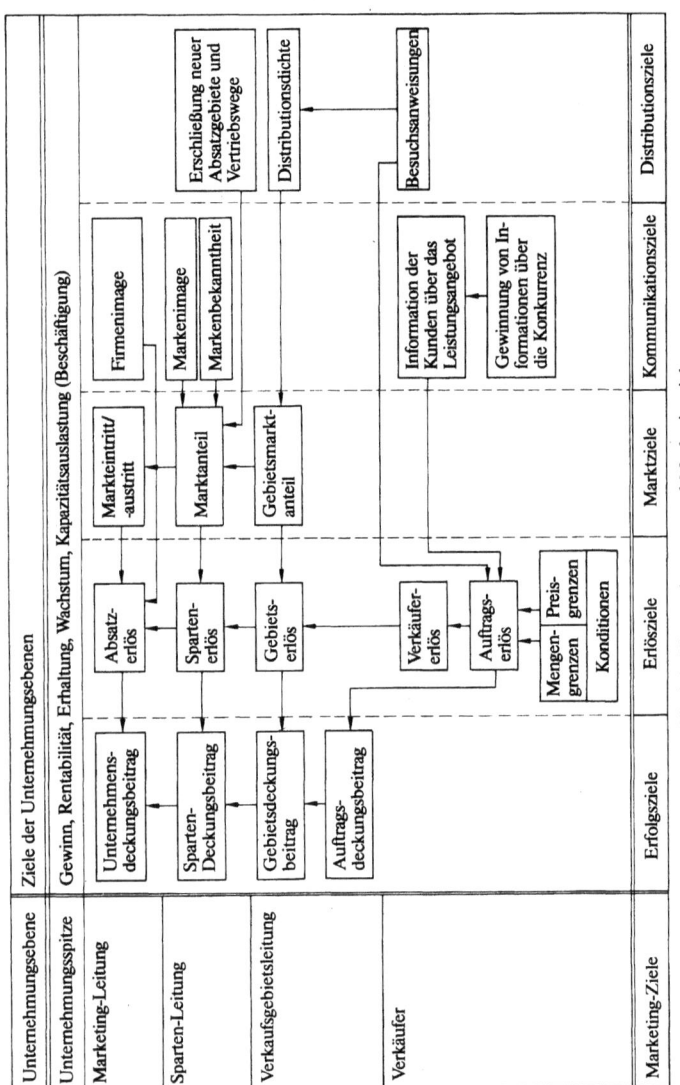

Abb. 3.1. Unternehmungs- und Marketingziele

6. Befriedigung eines Anspruchsniveaus bei mehrdimensionalen Zielsystemen

Empirische Untersuchungen lassen den Schluß zu, daß für die Gesamtunternehmung der Gewinn nicht die einzige Zielvariable ist und unter Umständen noch nicht einmal diejenige mit der höchsten Priorität. Besonders *March* und *Simon* bezweifeln den grundlegenden Ansatz, daß die Unternehmer generell eine Strategie der Erfolgsoptimierung verfolgen[1]. Unter Bezugnahme auf empirische Untersuchungen sehen sie vielmehr – vor allem in komplexen Entscheidungssituationen – das Streben nach einem *befriedigenden Ergebnis* als typisches Zielverhalten an.

Was der Unternehmer als befriedigendes Ergebnis betrachtet, hängt von seinem Anspruchsniveau ab. Unter *Anspruchsniveau* sind z. B. bestimmte Gewinn- oder Einkommensgrößen, ein Marktanteil von a %, eine Kapazitätsausnutzung von b %, die Unternehmensgröße i. S. eines bestimmten Umsatzes oder einer bestimmten Beschäftigtenzahl zu verstehen, bei deren Erreichen der Unternehmer zufrieden ist und trotz gegebener Möglichkeiten keine Steigerung mehr anstrebt. Damit wird unterstellt, daß es in bezug auf die genannten Zielgrößen *Sättigungsgrenzen* gibt. Es wird allerdings angenommen, daß sich das Anspruchsniveau mit dem Grad seiner Erfüllung verändern kann, und zwar sowohl nach oben als auch nach unten. Eine schrittweise Erhöhung des Anspruchsniveaus ohne Begrenzungsrahmen würde in letzter Konsequenz einer Maximierung der Zielvariablen entsprechen.

Die *Satisfizierungshypothese* trifft in erster Linie auf den Prozeß der Suche nach Handlungsalternativen zu. Die Suche wird abgebrochen, sobald mindestens eine im Hinblick auf alle Zielvariablen befriedigende Handlungsweise gefunden worden ist. Nach der Satisfizierungshypothese sind grundsätzlich alle Alternativen, die dem Anspruchsniveau genügen – unabhängig vom Umfang der Überschreitung des Anspruchsniveaus – als *gleichwertig* zu betrachten. Dies folgt logisch aus der Postulierung eines zufriedenstellenden Niveaus für die Zielvariablen.

Der *Entscheidungsprozeß* beginnt mit der Suche und zielorientierten Bewertung von Alternativen. Dazu gehört insbesondere die Sammlung von Informationen über die künftigen Datenkonstellationen und Handlungsalternativen. Die Erfahrungen des Entscheidenden liefern erste Anhaltspunkte, in welcher Höhe die Ansprüche wahrscheinlich realisiert werden können. Die Aktionsmöglichkeiten werden daraufhin geprüft, ob sie das autonom festgelegte Anspruchsniveau erreichen oder nicht.

---

[1] March, James G.; Simon, Herbert A.: Organization, 6. Aufl., 1965, S. 142 ff.; Sauermann, Heinz; Selten, Reinhard: Anspruchsanpassungstheorie der Unternehmung, in: Zeitschrift für die gesamte Staatswissenschaft, Bd. 118, 1962, S. 577–597.

Bei nur einer Zielvariablen wählt man – insbesondere unter Risikoaspekten diejenige Alternative, die das Zielanspruchsniveau am stärksten überschreitet. Bei mehreren Zielgrößen ist eine Alternative auszuwählen, bei der die Zielerfüllung in bezug auf alle Zielgrößen das gesetzte Anspruchsniveau mindestens erreicht. Liegt der Zielerfüllungsgrad bei einer Alternative in bezug auf alle Zielgrößen am höchsten, so wird diese vermutlich ausgewählt werden (und zwar nicht logisch zwingend, sondern als Erfahrungsaussage etwa wiederum unter Risikoaspekten). In allen anderen Fällen ist die Gewichtung der unterschiedlichen Zielgrößen in Verbindung mit dem erwarteten Zielerfüllungsgrad maßgebend. Nach der Durchführungsphase werden die tatsächlichen Konsequenzen des Handlungsprogramms beobachtet und dem *Anspruchsniveau* gegenübergestellt. Im Zeitablauf lernt der Entscheidende aus den Analysen der Abweichungsursachen. Seine verbesserten Kenntnisse können zu einer Korrektur des laufenden Aktionsprogramms sowie zur Revision der Prognosen führen. Gleichzeitig kann die Neufestsetzung seines Anspruchsniveaus, d. h. eine Anspruchsanpassung an gewandelte Zielvorstellungen und Umweltbedingungen, erfolgen. Der Prozeß (*ein kybernetischer Prozeß*) wird dann mit den neuen Vorgabegrößen fortgeführt.

C. *Marktstrategien*

1. *Allgemeine Grundlagen*

Strategien der Markterschließung und -bearbeitung sind dann gefordert, wenn ein Unternehmen auf einem unvollkommenen Markt[1] auftritt und insbesondere, wenn das Unternehmen im Wettbewerb mit anderen Unternehmen operieren muß. Präferenzen der Nachfrager, mangelnde Transparenz des Marktes, Ungewißheit über die Aktivitäten bzw. Reaktionen der anderen Marktteilnehmer sowie über die allgemeine Entwicklung des Marktes, zahlreiche Restriktionen für das Markthandeln legen ein geordnetes, systematisches Vorgehen nahe.

Unter einer *Marktstrategie* verstehen wir ein vollständiges Aktionsprogramm der Unternehmung auf dem jeweils relevanten Markt[2].

Die Entwicklung einer solchen Strategie erfolgt üblicherweise in vier *Schritten:*

(1) Analyse der Ausgangsgrößen,
(2) Ableitung strategischer Markt- und Unternehmensziele,

---

[1] Vgl. § 1 B 5.
[2] Vgl. Bd. 1, S. 37 bzw. in diesem Band § 1 B 2.

(3) Festlegung der Grundausrichtung der Marktstrategie,
(4) Festlegung der absatzpolitischen Aktionsparameter.

Bei der Entwicklung der Strategie sind im Zusammenhang mit der Zielformulierung auch Ansatzpunkte für die Überprüfung der Ziel(nicht)erreichung zu operationalisieren, d. h. es müssen Meßvorschriften gefunden werden, die die sachgerechte Erhebung von Zielbeiträgen und die Aufhellung ihrer Entstehung gewährleisten. Die Überprüfung der Zielerreichung bildet die Grundlage für ein *Controlling*, welches im Sinne einer Führungs- und Führungsunterstützungsfunktion die Aufgabe hat, das gesamte Entscheiden und Handeln in der Unternehmung durch eine entsprechende Aufbereitung von Führungsinformationen ergebnisorientiert auszurichten[1].

Die Ableitung strategischer Markt- und Unternehmensziele wurde im wesentlichen bereits im vorausgehenden Kapitel (§ 3 B) behandelt. Mit der Festlegung der absatzpolitischen Aktionsparameter befaßt sich § 4. Im folgenden wird daher auf die Strategieformulierung und die Festlegung der Grundausrichtung für die Marktstrategie eingegangen.

2. *Die Analyse der Ausgangsgrößen für die Strategieformulierung*

Die zu berücksichtigenden Ausgangsgrößen lassen sich grob in zwei wesentliche Gruppen unterteilen: die Analyse des wirtschaftlichen und des relevanten nicht-wirtschaftlichen Umfeldes der Unternehmung und die Analyse der Unternehmung selbst.

a) *Die Analyse des Unternehmensumfeldes*

Für die *Analyse des Unternehmensumfeldes* lassen sich drei große Bereiche unterscheiden:

α) *Die Analyse der Kenngrößen des Marktes*

Zu den *Kenngrößen* des relevanten Marktes zählen das Marktpotential, das Marktvolumen, die Marktstruktur (Anbieter, Marktmittler, Nachfrager) und die Marktentwicklung. Unter dem *Marktpotential* des relevanten Marktes versteht man die maximal unter den gegebenen Bedingungen in einem Planungszeitraum realisierbare Absatzmenge einer Gutskategorie. Das Marktpotential bildet die obere Grenze für das *Marktvolumen*. Dieses läßt sich als der tatsächliche oder prognostizierte Absatz bzw. Umsatz einer Produktart definie-

---

[1] Vgl. Hahn, Dietger: Aufgaben und organisatorische Stellung des Produktionscontrollers, in: Steffen, Reiner; Wartmann, Rolf (Hrsg.): Kosten und Erlöse – Orientierungsgrößen der Unternehmenspolitik. Festschrift für Gert Laßmann zum 60. Geburtstag, 1990, S. 87f.

74 Grundlagen der Absatztheorie

ren, der insgesamt von den Marktteilnehmern getätigt wird (Branchenabsatz oder -umsatz). Der Grad der Ausschöpfung des Marktpotentials, d. h. das Verhältnis von Marktvolumen und Marktpotential, wird als Marktdurchdringung bezeichnet[1]. Die Marktentwicklung (Entwicklung von Marktpotential, -volumen und -durchdringung) kann mit Hilfe von mathematisch-statistischen Modellen prognostiziert werden[2].

β) Die Analyse des Verhaltens der Marktteilnehmer

Hier sind insbesondere die Verhaltensweisen der Nachfrager und der Mitanbieter sowie die das Verhalten bestimmenden sozioökonomischen und psychologischen Einflußgrößen von Interesse. Zur Beschreibung, Erklärung und Prognose des *Verhaltens privater Nachfrager* können in erster Linie die in § 2 B 3 genannten Theoreme des Käuferverhaltens herangezogen werden. Bezogen auf den Bereich der *industriellen Nachfrager* und der *Absatzmittler* liegen umfangreiche, gesonderte Befunde vor, die die Vielschichtigkeit des Verhaltens von Organisationen aufhellen[3]. Auf unvollkommenen Märkten kommt vor allem auch der Analyse des Verhaltens der Mitbewerber eine vorrangige Stellung zu. Um sie vornehmen zu können, sind zunächst die derzeitigen Mitanbieter hinsichtlich ihrer Relevanz für das eigene Marktverhalten zu untersuchen. In grober Annäherung kann derjenige Anbieter als *relevanter Mitanbieter* eingestuft werden, der ein Gut anbietet, welches von den Nachfragern einer bestimmten Gutsart als Substitutionsgut betrachtet wird[4]. Eine etwas differenziertere Betrachtung wird durch die Konzeption der „strategischen Gruppe"

---

[1] Vgl. hierzu z. B. Hammann, Peter; Erichson, Bernd: Marktforschung, 2. Aufl., 1990, S. 293 ff.; dieselben: Arbeitsbuch zur Marktforschung, 1981, S. 6.
[2] Siehe hierzu § 8 B. Die Beurteilung der Marktentwicklung kann u. a. auch durch die Erstellung von *Marktszenarien* unterstützt werden. Zur Anwendung der Szenario-Technik siehe u. a. Geschka, Horst; Reibnitz, Ute von: Die Szenario-Technik – Ein Instrument der Analyse und der strategischen Planung, in: Töpfer, Armin; Afheldt, Heik (Hrsg.): Praxis der strategischen Unternehmensplanung, 1983, S. 125–170.
[3] Siehe hierzu Backhaus, Klaus: Investitionsgütermarketing, 2. Aufl., 1990, S. 21 ff.; Engelhardt, Werner Hans; Günter, Bernd: Investitionsgütermarketing, 1981, S. 31 ff.; Hansen, Ursula: Absatz- und Beschaffungsmarketing des Einzelhandels, 2. Aufl., 1990, S. 70 ff.
[4] Vgl. hierzu das „Bedarfsmarktkonzept" zur Abgrenzung des relevanten Marktes in § 1 A 2. Im Sinne Erich Schneiders wäre das Verhalten derjenigen Mitanbieter im Wirtschaftsplan eines Anbieters zu berücksichtigen, mit deren Reaktionen auf das eigene Markthandeln gerechnet werden muß (konjukturales bzw. oligopolistisches Verhalten). Siehe Schneider, Erich: Einführung in die Wirtschaftstheorie. II. Teil: Wirtschaftspläne und wirtschaftliches Gleichgewicht in der Verkehrswirtschaft, 6. Aufl., 1960, S. 61 ff.

Die Analyse der Ausgangsgrößen für die Strategieformulierung 75

möglich[1]. Mitglieder einer strategischen Gruppe sind diejenigen Anbieter im relevanten Markt, die die gleiche oder eine sehr ähnliche Markt- bzw. Wettbewerbsstrategie verfolgen. Das *Beispiel* einer strategischen Gruppenkarte für die deutsche Werkzeugmaschinen-Industrie zeigt Abb. 3.2.

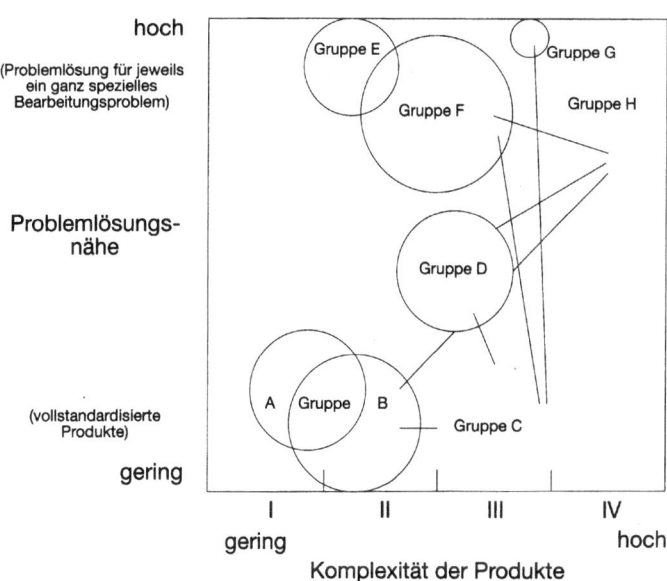

I = konventionelle Einzelmaschine
II = Einzelmaschine mit NC-Steuerung
III = komplexe Maschinen mit verschiedenen Bearbeitungsverfahren (Bearbeitungszentren) + komplexe starr verkettete Fertigungssysteme (Transferstraße)
IV = flexible verkettete Systeme

Abb. 3.2. Strategische Gruppenkarte der deutschen Werkzeugmaschinen-Industrie[2]

---

[1] Vgl. Porter, Michael E.: Wettbewerbsstrategie, 1983, S. 177. Zur methodischen Ausführung der Gruppenbildung ist die Bestimmung relevanter, charakteristischer wettbewerbsstrategischer Kriterien erforderlich. Die Gruppierung erfolgt unter dem Gesichtspunkt der Ähnlichkeit anhand von Verfahren der Numerischen Taxonomie. Siehe hierzu z. B. Opitz, Otto: Numerische Taxonomie, 1980, insb. S. 65 ff.
[2] Vgl. Zörgiebel, Wilhelm W.: Technloggie in der Wettbewerbsstrategie, 1983, S. 188.

Man kann vermuten, daß die Wettbewerbsintensität unter den Mitgliedern der Strategischen Gruppe eher hoch sein wird (insbesondere bei Preiswettbewerb[1]). Geringe Wettbewerbsintensität bei ähnlicher strategischer Grundanlage ließe auf (zumindest stillschweigende) Übereinkunft zur Wettbewerbsbeschränkung schließen. Genauere Anhaltspunkte über das Wettbewerbsverhalten der einzelnen Mitanbieter liefert eine eingehende *Konkurrenzanalyse*[2].

Von besonderem Interesse sind Informationen über

– die strategische Grundkonzeption,

– die Wettbewerbsvor- und -nachteile

der Mitbewerber. Komparative Wettbewerbsvorteile können u. a. in folgenden Bereichen gegeben sein:

– der Produktqualität;

– den Produkt- und Prozeßtechnologien;

– den Forschungs- und Entwicklungstätigkeiten;

– der Kosten- und Preissituation;

– der Vertriebsgestaltung;

– der Personalausstattung;

– der Finanzkraft;

– dem Image bei den Kunden.

Naturgemäß sind nur wenige der benötigten Informationen unmittelbar für die Analyse zugänglich[3], so daß mit Hilfe von Methoden der Marktforschung umfangreiche, meist sekundäre statistische Materialien ausgewertet werden müssen. Abb. 3.3 verdeutlicht die mögliche Vielfalt der *Informationsquellen*, die für die Konkurrenzanalyse genutzt werden können.

---

[1] Siehe § 1 B 3.
[2] Vgl. Porter, Michael E.: Wettbewerbsstrategie, 1983, S. 81 ff.
[3] Vgl. Simon, Hermann: Management Strategischer Wettbewerbsvorteile, in: Zeitschrift für Betriebswirtschaft, 58. Jg. (1988), S. 461–480.

Die Analyse der Ausgangsgrößen für die Strategieformulierung 77

	Primärquellen	Sekundärquellen
Interne Quellen	○ Marktforschung ○ Außendienst/Kundendienst ○ Geschäfts-/Vertriebsleitung ○ frühere Mitarbeiter von Konkurrenzfirmen ○ Einkauf ○ Forschung und Entwicklung ○ Personalabteilung ○ Finanz- und Rechnungswesen ○ Produktion etc.	○ Außendienstberichte ○ Branchenstudien ○ Konkurrenzdateien ○ Marktanalysen ○ Marktforschungsdaten etc.
Externe Quellen	○ Mitarbeiter von Konkurrenzfirmen ○ Banken ○ Handelspartner ○ Informationsdienste ○ Marktforschungsinstitute ○ Branchenverbände ○ Industrie- und Handelskammer ○ Werbeagenturen ○ Unternehmensberater ○ Kunden/Verwender etc.	○ Tagespresse (Firmenberichte, Inserate, Stellenanzeigen) ○ Fach- und Wirtschaftspresse ○ Konkurrenzpublikationen (Hauszeitschriften, Geschäftsberichte, Aktionärsbriefe, Gebrauchsanweisungen, Prospekte, Preislisten) ○ Hochschulen (Vorträge, Dissertationen) ○ Messe- und Ausstellungskataloge ○ Bank-/Börsenpublikationen ○ Veröffentlichungen von Kammern und Verbänden ○ Berichte wirtschaftswissenschaftlicher Institute ○ Bundesanzeiger ○ Handelsgerichtliche Eintragungen ○ Branchenhandbücher ○ Patentanmeldungen ○ Rundfunk, Fernsehen, Btx etc.

Abb. 3.3. Informationsquellen der Konkurrenzforschung[1]

---

[1] Vgl. Link, Ulrich: Strategische Konkurrenzanalyse im Konsumgütermarketing, 1988, insb. S. 146 ff.

78 Grundlagen der Absatztheorie

Im allgemeinen genügt es jedoch nicht, nur die gegenwärtigen Mitbewerber zu betrachten. Es sind auch Konzepte und Instrumente zur *Identifizierung potentieller neuer Wettbewerber* zu entwickeln. Sie können zum einen in benachbarten Märkten, aber auch auf den vor- und nachgelagerten Marktstufen (Lieferanten oder Weiterverarbeiter) angesiedelt sein, die ihre Geschäftstätigkeit ausdehnen bzw. verändern wollen.

γ) *Analyse der allgemeinen Unternehmensumwelt*

Die dritte Kategorie von Ausgangsgrößen, die es zu analysieren gilt, umfaßt solche, die der *allgemeinen Unternehmensumwelt* entstammen. Hierzu zählen

- die (wirtschafts-)politischen Leitlinien;
- die Entwicklung des privaten und öffentlichen Rechts im Hinblick auf ihre Einwirkung auf das Markthandeln von Unternehmen (Wettbewerbs-, Steuer-, Urheber- und Umweltrecht);
- die technologischen Veränderungen;
- die Entwicklung der personellen, materiellen und finanziellen Ressourcen;
- die Veränderungen der gesellschaftlichen Ziele und Werthaltungen (Wertewandel).

Der Analyse der technologischen Entwicklung kommt dabei eine besonders herausragende Stellung zu, da angesichts der sich ständig beschleunigenden Lebenszyklen von Technologien eine schnelle und flexible Wahrnehmung und Umsetzung von Signalen einer Änderung notwendig ist[1].

b) *Analyse der Unternehmung*

α) *Analyse der Unternehmenszwecksetzung*

Im Rahmen der Analyse der unternehmensbezogenen Ausgangsgrößen sind zunächst die bisherigen *Ziele* der Unternehmung bezüglich ihrer Relevanz und des Erreichungsgrades zu betrachten[2]. Für die Formulierung der strategischen Ziele der Unternehmung in der Zukunft bildet dies die Grundlage. Bei der Überprüfung der Ziele erfolgt eine Überprüfung der *Unternehmenszwecksetzung*. Sie setzt eine Abgrenzung des jeweils relevanten Marktes voraus und

---

[1] Zur Analyse von Technologietrends siehe u. a. Sommerlatte, Tom; Deschamps, Jean-Philippe: Der strategische Einsatz von Technologien – Konzepte und Methoden zur Einbeziehung von Technologien in die Strategieentwicklung des Unternehmens. In: Arthur D. Little International (Hrsg.): Management im Zeitalter der strategischen Führung, 1985, S. 47 ff.; Servatius, Hans-Gerd: Methodik des strategischen Technologie-Managements, 1985, S. 116 ff.
[2] Siehe im einzelnen § 3 B.

Die Analyse der Ausgangsgrößen für die Strategieformulierung 79

vermittelt eine Vorstellung von den künftigen Entwicklungsmöglichkeiten des Unternehmens im Markt. In Anlehnung an Abell werden dabei drei Kriteriendimensionen zur Sachzielbestimmung der Unternehmung zu Grunde gelegt[1]:
- die relevanten Nachfrager bzw. -gruppen,
- die Umsetzung bzw. Erfüllung der Produktfunktionen durch die Unternehmung für die Nachfrager sowie
- die eingesetzten Technologien.

Die jeweilige Unternehmenszwecksetzung ergibt sich als Produkt-Markt-Technologie-Kombination, wobei – entsprechend den oben genannten Kriterien – unterschiedliche Überlegungen für die *Sachzielbestimmung* angestellt werden können[2]:
- Welche Funktionserfüllungen von Produkten sind für welche Nachfragesektoren bei gegebener Technologie möglich?
- Welche Funktionserfüllungen von Produkten sollen für einen bestimmten Nachfragesektor durch den Einsatz welcher spezieller Technologien erreicht werden?
- Für welche Nachfragesektoren sind welche Technologien zur Erreichung einer bestimmten Funktionserfüllung von Produkten von Bedeutung?

β) Abgrenzung strategischer Geschäftseinheiten

Die Betrachtung spezifischer *Produkt-Markt-Kombinationen* bietet die ersten Ansatzpunkte zur Bildung sog. *Strategischer Geschäftseinheiten* (SGE). Hierbei handelt es sich um eine konzeptionelle und organisatorisch verankerte Produkt-Markt-Kombination vor dem Hintergrund der für die Unternehmung gegebenen ökonomischen und allgemeinen Umweltbedingungen. Sie bündeln die jeweiligen Erfolgspotentiale der Unternehmung unter einer primär auf den Markt, weniger die Produkte der Unternehmung bezogenen Perspektive. Zur Abgrenzung strategischer Geschäftseinheiten werden im wesentlichen *vier Kriterien* herangezogen[3]:
- Es existiert eine *klar abgrenzbare*, auf einen bestimmten Markt gerichtete *Gruppe von Produkten* (Leistungsbündel).
- Der Anbieter steht mit dieser Gruppe von Produkten im Wettbewerb mit einem *marktspezifischen Konkurrentenkreis*.
- Für die Geschäftseinheit können unabhängig vom Vorgehen in anderen Geschäftseinheiten *spezifische Strategien* geplant und realisiert werden (d. h. es existiert eine eigenständige strategische Führung).

---
[1] Siehe Abell, Derek F.: Defining the Business, 1980, insb. S. 27 ff.
[2] Vgl. Abell, Derek F.: Defining the Business, 1980, S. 29 ff.
[3] Vgl. Becker, Jochen: Marketing-Strategie, 3. Aufl., 1990, S. 332 ff.; Hinterhuber, Hans H.: Strategische Unternehmensführung, 3. Aufl., 1984, S. 210 ff.

80 Grundlagen der Absatztheorie

– Für die Geschäftseinheiten kann ein *spezifischer Abrechnungskreis* zur strategischen Führung und Steuerung eingerichtet werden.
Abb. 3.4 verdeutlicht den Zusammenhang.

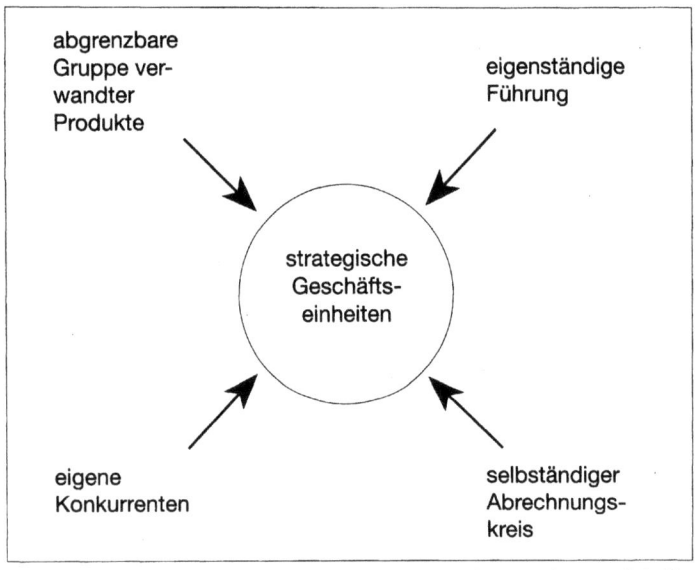

Abb. 3.4. Voraussetzungen für die Bildung strategischer Geschäftseinheiten (SGE)[1]

Vollständige Aktionsprogramme werden jeweils für strategische Geschäftseinheiten entwickelt, für die keineswegs nur eine langfristige, sondern durchaus auch eine kurz- oder mittelfristige Perspektive bestehen kann.

γ) *Stärken- und Schwächenanalyse*

Für die Unternehmung ist es von besonderem Interesse, für jede strategische Geschäftseinheit die jeweiligen *Stärken und Schwächen* zu ermitteln, aber auch die Stärken und Schwächen der Geschäftseinheitselemente untereinander. Zu ihrer Ermittlung können in erster Linie Kennzahlen des betrieblichen Rechnungswesens (Erfolg, Umsatz, Kosten, Eigen- und Gesamtkapitalrentabilität,

---

[1] Vgl. Becker, Manfred; Müller, Rainer: Erfahrungen mit PIMS aus der Sicht eines Anwenders, in: Strategische Planung, Bd. 2, 1986, S. 249.

Die Analyse der Ausgangsgrößen für die Strategieformulierung 81

Return on Investment als Produkt von Umsatzrentabilität und Kapitalumschlagshäufigkeit, Anlage- und Umlaufvermögen, Deckungsbeiträge in verschiedener Aufschlüsselung usw.) herangezogen werden. Daneben bedarf es jedoch der Erhebung qualitativer Kriterien, die
- das *Leistungspotential* (Qualität und Struktur der Ressourcen),
- die *Funktionsspezifika* und ihre Erfüllung,
- die *Verfügungsrechte* sowie
- die *Marktstellung* der Geschäftseinheit im Vergleich zu Wettbewerbern

zeigen. Eine Übersicht über mögliche Ansatzpunkte zeigt Abb. 3.5.

Funktions-erfüllung	Ressourcen		Vertragliche Abmachungen	Marktstellung
	Kapazitäten	Personal		
Produkt	Fertigungs-kapazität	Verkaufs-personal	Lizenzen	Image des Herstellers
Sortiment (Breite und Tiefe)	Planungs- und Entwicklungs-kapazität	Servicefach-leute und Berater	Gebietsschutz	
Preis	Transport-kapazität	Management im Vertriebs-bereich und auf Gesamt-unterneh-mensebene (Flexibilität, Innovations-bereitschaft, Risikodenken etc.)	Vertriebs-bindungen	Kundenkon-takte (Alter, Intensität)
Service	Wartungs-kapazität		Kooperations-verträge	Art und Zahl der Abnehmer (Vertriebs-dichte)
Liefermöglich-keiten (Menge, Zeit)	Lagerungs-kapazität			
Finanzierungs-leistungen	Finanzierungs-kapazität		Franchising-verträge	Regionale Verteilung
Verkaufs-förderung	Informations-kapazität			Marktmacht

Abb. 3.5. Ausgewählte Kriterien zur Ermittlung von Stark- oder Schwachstellen der Unternehmung[1]

Das Stärken- und Schwächenprofil der jeweiligen Geschäftseinheit kann dann wie in Abb. 3.6 (am Beispiel eines Pharmaunternehmens) entwickelt werden. Hierzu werden ausgewählten Mitgliedern der Zielgruppe der Unternehmung

---

[1] Vgl. Engelhardt, Werner Hans; Plinke, Wulff: Elemente der Marketingentscheidung, Lehrbrief FU Hagen, 1979, S. 37.

82 Grundlagen der Absatztheorie

(hier: Ärzten) relevante Aussagen zur Arbeit des Unternehmens und wichtiger Wettbewerber vorgelegt, die von den Zielpersonen danach zu überprüfen und zu beurteilen sind, ob und ggfs. inwieweit sie zutreffen.

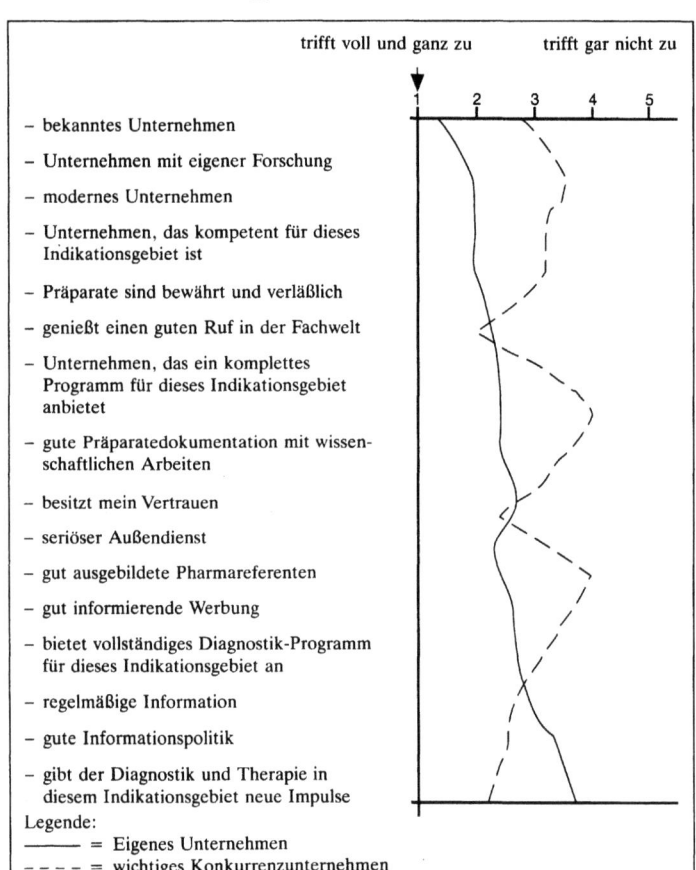

Abb. 3.6. Beispiel eines Profils zur Beurteilung der Stärken und Schwächen eines Pharmaunternehmens bei einem bestimmten Indikationsgebiet[1]

---

[1] Vgl. Kleinaltenkamp, Michael: Analysemethoden in der Strategischen Planung, TV-Lehrbrief, 1988, S. 25.

Die Analyse der Ausgangsgrößen für die Strategieformulierung

Das *Beispiel* zeigt eine Analyse aus Sicht der *Verwender* der Produkte, das um die innerbetrieblich ermittelten Stärken und Schwächen zu ergänzen ist. Zur Ermittlung von Stärken- und Schwächenprofilen kann auch die Analyse von Schlüsselgrößen des unternehmerischen Erfolges (sog. *Erfolgsfaktoren*) beitragen, die seit einigen Jahren auf überbetrieblicher Ebene im Rahmen des PIMS-Projektes durchgeführt wird[1]. Mit dieser Analyse soll insbesondere drei Fragen nachgegangen werden:
- Worauf läßt sich der Unternehmenserfolg bzw. die Unternehmensrentabilität zurückführen?
- Wie lassen sich die Erfolgsunterschiede einzelner Geschäftseinheiten im Vergleich zu anderen erklären?
- Welche Anforderungen bezüglich Erfolg und Rentabilität der Unternehmung bzw. der Geschäftseinheiten ergeben sich bei Strategieänderungen und welche sind auf Änderungen im Markt bzw. in der Unternehmensumwelt zurückzuführen?

Einen Auszug der von den am PIMS-Projekt beteiligten Unternehmen erhobenen Daten zeigt Abb. 3.7.

In den PIMS-Studien haben sich insbesondere der *Marktanteil* (als eigener Umsatz im Verhältnis zum Umsatz aller Anbieter) bzw. vor allem der *relative Marktanteil* (als eigener Umsatz im Verhältnis zum Umsatz des stärksten Mitbewerbers oder einer Gruppe relevanter Mitbewerber) als valide Erklärungsvariablen für den Unternehmenserfolg erwiesen. Die Gründe für die hohe positive Korrelation von Erfolg und Marktanteil lassen sich auf drei mögliche, nicht notwendigerweise gleichzeitig auftretende Effekte zurückführen[2]:
- das Auftreten von *Skalen-Effekten* (economies of scale); mit steigendem Marktanteil bei höheren Ausbringungsmengen ergeben sich für das Unternehmen sinkende Stückkosten.[3]

---

[1] Das PIMS (= Profit Impact of Market Strategies)-Projekt des Strategic Planning Institute, Cambridge/Mass., U.S.A., untersucht für eine Reihe von Branchen (mit ca. 450 Unternehmen und über 3000 Strategischen Geschäftseinheiten) anhand von multivariaten Regressionsansätzen die statistischen Beziehungen zwischen 37 strategischen Einflußvariablen (wie Marktanteile, Produktqualität, Marketing- und Forschungs- und Entwicklungsaufwand usw.) auf finanzwirtschaftliche Kenngrößen der Unternehmung wie Return on Investment (ROI) oder Cash Flow. Siehe Buzzell, Robert D.; Gale, Bernard T.: The PIMS Principles. Linking Strategy to Performance, 1987.
[2] Vgl. u. a. Neubauer, Franz F.: Das PIMS-Programm und Portfolio-Management, in: Hahn, Dietger; Taylor, Bernard (Hrsg.): Strategische Unternehmensplanung, 5. Aufl., 1990, S. 170ff.
[3] Siehe Band 1, § 14.

Grundlagen der Absatztheorie

Typische Geschäftsmerkmale	Struktur des Produktionsablaufes
☐ Langfristige Wachstumsrate des Marktes	☐ Kapitalintensität (Stand der Automation etc.)
☐ kurzfristige Wachstumsrate des Marktes	☐ Ausmaß der vertikalen Integration
☐ Verfügbarkeit und Nutzung von Verteilerfirmen	☐ Kapazitätsauslastung
☐ Steigerungsraten der Verkaufspreise	☐ Produktivität der Anlagegüter
☐ Steigerungsraten der Kosten	☐ Personalproduktivität
☐ Anzahl und Größe der belieferten Zwischenverkäufer	☐ Umfang der Lagerbestände
☐ Anzahl der Endverbraucher	**Variable Budgets**
☐ Bestellungshäufigkeit und Bestellungsumfang	☐ Forschungs- und Entwicklungsbudgets
	☐ Werbe- und Verkaufsförderungsbudgets
Wettbewerbsposition des Unternehmens	☐ Aufwand für den Außendienst des Betriebes
☐ Anteil am belieferten Markt	
☐ Marktanteil im Verhältnis zu den Anteilen der jeweils stärksten Konkurrenten	**Strategisch bedeutsame Maßnahmen**
	☐ Veränderung der obigen kontrollierbaren Elemente
☐ Produktqualität im Vergleich zur Konkurrenz	**Betriebsergebnisse**
☐ Preise im Vergleich zur Konkurrenz	☐ Rentabilitätsentwicklung
☐ Lohnkosten im Vergleich zur Konkurrenz	☐ Cash-flow-Entwicklung
☐ Marketinganstrengungen im Vergleich zu den stärksten Konkurrenten	☐ Umsatzwachstumsraten
☐ Rate der Einführung neuer Produkte	

Abb. 3.7. Von der PIMS-Datenbank erfaßte Firmenangaben (Auszug)[1]

– das Auftreten von Lern- oder *Erfahrungskurveneffekten*[2]; mit steigendem Marktanteil bei höheren Ausbringungsmengen realisiert die Unternehmung Kostensenkungen infolge von gesammelter Erfahrung (was z. B. zu einer Erhöhung der Fertigungsintensität infolge Routine oder technologischer Verbesserungen, einer Verringerung von Ausschuß, geringeren Inanspruchnahmen aus Gewährleistung u.s.w. führt). Empirische Untersuchungen haben ergeben, daß mit jeder Verdoppelung der kumulierten Produktionsmenge die auf

---

[1] Entnommen aus Neubauer, Franz-F.: Das PIMS-Programm und Portfolio-Management, in: Hahn, Dietger; Taylor, Bernard (Hrsg.): Strategische Unternehmensplanung, 5. Aufl., 1990, S. 165 ff.

[2] Vgl. hierzu Henderson, Bruce D.: Die Erfahrungskurve in der Unternehmensstrategie, 2. Aufl., 1984, S. 19 ff.; Kreikebaum, Hartmut: Strategische Unternehmensplanung, 1981, S. 64 f.; Gälweiler, Aloys: Unternehmensplanung – Grundlagen und Praxis, 1974, S. 241 ff. Siehe auch Bd. 1, § 15 E.

die Wertschöpfung bezogenen Stückkosten eines Produktes aufgrund der umsetzbaren Erfahrungen (inflationsbereinigt) um 20–30% sinken können. Abb. 3.8 zeigt diesen Zusammenhang graphisch. Mit Nachdruck muß darauf hingewiesen werden, daß Erfahrungskurveneffekte Ziel und nicht Datum für das Kostenmanagement in der Unternehmung sind.

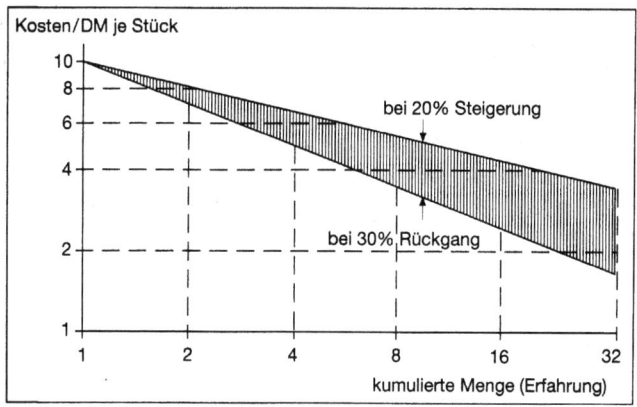

Abb. 3.8. 80% und 70%-Erfahrungskurve in logarithmischer Darstellung[1]

– das Auftreten von *Marktmacht;* ein expandierendes Unternehmen im Absatzmarkt gelangt zu Marktmacht im Beschaffungsmarkt und damit zu Größenvorteilen (Preis- und Kostenvorteilen), zu denen es seine Lieferanten veranlassen kann.
Die erzielbaren Kostenvorteile schaffen Vorteile im Wettbewerb mit den Mitanbietern, wenn sie insbesondere in niedrigeren Preisen[2] an den Nachfrager (zumindest teilweise) weitergegeben werden können.
Um die unterschiedlichen ökonomischen Situationen der verschiedenen strategischen Geschäftseinheiten zueinander in Vergleich bringen zu können bzw. besser vergleichbar zu machen, hat sich eine ursprünglich rein finanzwirtschaftlich angelegte, heute jedoch beträchtlich erweiterte Analyse bewährt: die

---

[1] Entnommen aus Gälweiler, Aloys: Unternehmensplanung – Grundlagen und Praxis, 1974, S. 343.
[2] Siehe § 1 B 3.

86 Grundlagen der Absatztheorie

Portfolio-Analyse[1]. Dabei wird die Gesamtheit der strategischen Geschäftseinheiten wie ein Wertpapier- oder Finanzportefeuille betrachtet, dessen Elemente sehr unterschiedliche Positionen bezüglich Ertragserwartungen und Risiko einnehmen. Die Übertragung der Gedanken auf den Bereich der Geschäftseinheiten oder der Sortimente eines Unternehmens[2] vernachlässigt dabei zunächst den finanzwirtschaftlichen Hintergrund zugunsten einer stärker marktorientierten, weniger quantitativ als qualitativ angelegten Erfassung wichtiger Kriterien. Dabei spielen vornehmlich solche Kriterien eine Rolle, die auch als „Schlüsselgrößen" des Erfolgs oder Erfolgsfaktoren einen besonderen Stellenwert erlangten (relativer Marktanteil, Wettbewerbsvorteile, Produktlebenszyklus, Marktposition usw.). Stellvertretend für die Fülle vorfindlicher Ansätze kann hier das älteste Portfolio angeführt werden, das von der Boston Consulting Group in den siebziger Jahren entwickelt wurde. Es stellt als „Schlüsselgrößen" das Marktwachstum (gemessen in v. H.-Sätzen des Zuwachses) dem relativen Marktanteil des Unternehmens gegenüber.[3] Die Geschäftseinheiten werden anhand dieser Kriterien in einer zweidimensionalen Darstellung positioniert. Abb. 3.9 zeigt ein Beispiel, wobei die Abszisse (gegenläufig) logarithmisch unterteilt ist.

Darin sind die Strategischen Geschäftseinheiten durch Kreise repräsentiert, deren Flächen den jeweiligen Umsatz bzw. Deckungsbeitrag angeben. Die Einteilung des Quadranten in vier Teil-Felder dient der groben Verdeutlichung zentraler Befunde. So lassen sich vier Geschäftseinheits-Bereiche oder -Gruppen abgrenzen, die durch unterschiedliche Kriterienausprägungen gekennzeichnet werden können:

---

[1] Vgl. hierzu Markowitz, Harry L.: Portfolio Selection, in: Journal of Finance, Vol. 7, 1952, S. 77–91; derselbe: Portfolio Selection – Efficient Diversification of Investments, 1957. Siehe auch Sharpe, William F.: Capital Asset Prices: A Theory of Market Equilibrium Under Conditions of Risk, in: Journal of Finance, Vol. 19, 1964, S. 425–442 oder Lintner, John: The Valuation of Risk Assets and the Selection of Risky Investments in Stock Portfolio and Capital Budgets, in: Review of Economics and Statistics, Vol. 47, 1965, S. 13–37. Im übrigen wird auf Band 3, § 7 C verwiesen.

[2] Die Übertragung geht auf die Praxis US-amerikanischer Unternehmensberatungsgesellschaften (wie Boston Consulting Group, McKinsey, Arthur D. Little u. a.) zurück. Siehe die Übersicht der Ansätze bei Albach, Horst: Strategische Unternehmensplanung bei erhöhter Unsicherheit, in: Zeitschrift für Betriebswirtschaft, 1978, S. 702–715.

[3] Siehe dazu u. a. Hedley, Barry: A Fundamental Approach to Strategy Development, in: Long Range Planning, Vol. 9, December 1976, S. 2–11; derselbe: Strategy and the „Business Portfolio", in: Long Range Planning, Vol. 10, February 1977, S. 9–15; Dunst, Karl-H.: Portfolio-Management. Konzeption für die Strategische Unternehmensplanung, 1979, S. 97 ff.; Kleinaltenkamp, Michael: Analysemethoden in der Strategischen Planung, TV-Lehrbrief, 1988, S. 50 ff.

Die Analyse der Ausgangsgrößen für die Strategieformulierung 87

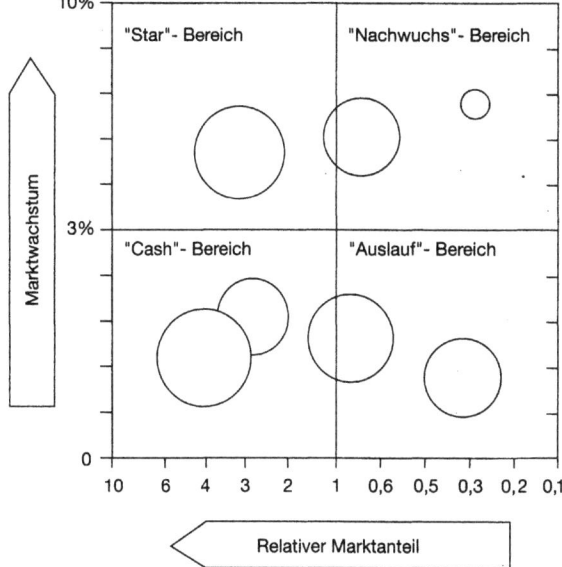

Abb. 3.9. Das Marktwachstum/relativer Marktanteil-Portfolio

– Bei den im „*Star-Bereich*" angesiedelten Geschäftseinheiten handelt es sich um solche Produkt-Markt-Kombinationen, die durch überdurchschnittlich hohes Marktwachstum und hohen relativen Marktanteil geprägt sind. Im Zuge des Wachstums werden zur Ausdehnung des relativen Marktanteils der Unternehmung zusätzliche Investitionen in Produktion und Vertrieb notwendig.
– Demgegenüber sind die im „*Cash-Bereich*" liegenden Geschäftseinheiten ebenfalls durch einen hohen relativen Marktanteil, jedoch nur durch geringes Marktwachstum gekennzeichnet. Umsatzausweitungen gehen dafür zu Lasten der Mitbewerber. Im Vergleich zu den Geschäftseinheiten des „Star-Bereichs" sind diejenigen des „Cash-Bereiches" Anbieter von Finanzmittelüberschüssen, da insbesondere Erfahrungskurveneffekte im Zuge der Ausweitung der langen Geschäftstätigkeit zu niedrigeren Kosten pro Mengeneinheit geführt haben, die die Unternehmung auch Preiswettbewerb bestehen lassen.

– Die Gruppe der Geschäftseinheiten im „*Nachwuchs-Bereich*" bezieht sich auf solche, die bei derzeit niedrigem relativen Marktanteil mit erheblichem Wachstum rechnen können. Meist handelt es sich um erst in jüngster Zeit erschlossene Felder eines Marktes, die am Beginn einer Wachstumsphase stehen. Die Erfahrung lehrt, daß Geschäftseinheiten mit dieser Charakteristik vor hohen Investitionen in Forschung und Entwicklung sowie Vertrieb und Kommunikation stehen. Meist lassen sich keine verläßlichen Abschätzungen der künftigen Markt- und Marktzutrittsentwicklungen geben, so daß bei solchen Entscheidungen in besonders hohem Maße Ungewißheit empfunden wird.

– Die Geschäftseinheiten des „*Auslauf-Bereiches*" zeigen – der Bezeichnung entsprechend – sowohl geringe Entwicklungsmöglichkeiten des Marktes als auch des erreichbaren relativen Marktanteils. Daher sollten die in der Geschäftseinheit gebundenen finanziellen (und anderen) Ressourcen wegen der fehlenden positiven Perspektive freigesetzt und anderweitig genutzt werden.

Für die analysierende Unternehmung (und ihre Helfer) stellen Portfolio-Ansätze hohe Anforderungen an die Datenverfügbarkeit und -verläßlichkeit. Eine deutliche Einschränkung in der Nutzbarkeit der oben gezeigten Analyse liegt in dem Umstand, daß sie auf den Fall des Marktwachstums vor dem Hintergrund des Marktanteilszieles begrenzt bleibt. Strategien in schrumpfenden (oder stagnierenden) Märkten bedürfen eines anderen Vorgehens. Ein einigermaßen vollständiges Bild erhält man meist erst anhand einer Vielfalt unterschiedlich angelegter Portfolio-Ansätze, die sich gegenseitig ergänzen (Marktattraktivität/Lebenszyklus-Portfolio; Marktattraktivität/Wettbewerbsposition-Portfolio; Zahl und Stärke der Wettbewerbsvorteile-Portfolio)[1]. Es kann jedoch dabei zu gegenläufigen oder widersprüchlichen Analysen kommen, so daß vor Übernahme der erarbeiteten Empfehlung eine sorgfältige Prüfung der Prämissen notwendig ist.

3. *Die Formulierung einer strategischen Grundkonzeption*

Ist die Analyse der Ausgangsgrößen abgeschlossen und liegen die strategischen Zielsetzungen fest, kann die Erarbeitung einer strategischen Grundkonzeption in Angriff genommen werden. Sie kann nur vor dem Hintergrund einer geeigneten Bestimmung der jeweiligen Zielgruppen der Strategie (relevante Mitanbieter, relevante Nachfrager) erfolgen[2]. Die strategische Grundkonzep-

---

[1] Siehe hierzu Hinterhuber, Hans H.: Strategische Unternehmensführung, 3. Aufl., 1984, S. 96 ff. oder von Oetinger, Bolko: Wandlungen in den Unternehmensstrategien der 80er Jahre, in: Koch, Helmut (Hrsg.): Unternehmensstrategie und Strategische Planung, Zeitschrift für betriebswirtschaftliche Forschung – Sonderheft 15, 1983, S. 42 ff.
[2] Siehe § 3 C zur Zielgruppenbestimmung der Nachfrager sowie § 1 B zur Bestimmung der relevanten Mitanbieter.

Die Formulierung einer strategischen Grundkonzeption 89

tion (der Strategieansatz) ist nicht zuletzt maßgeblich für die Kombination der einzusetzenden absatzpolitischen Instrumente[1] nach Intensität und Gewichtung.
In Anlehung an Becker lassen sich vier grundlegende Arten (Optionen) von Marketing-Strategien unterscheiden[2]:
– *Marktfeldstrategien,*
d. h. die Fixierung der Produkt-Markt-Kombination,
– *Marktstimulierungsstrategien,*
d. h. die Bestimmung der Art und Weise der Marktbeeinflussung,
– *Marktparzellierungsstrategien,*
d. h. die Festlegung von Art bzw. Grad der Differenzierung der Marktbearbeitung.
– *Marktarealstrategien,*
d. h. die Bestimmung des Markt- bzw. Absatzraumes.
Im Bereich der *Marktfeldstrategien* ergeben sich aus der Perspektive einer Unternehmung vier alternative Stoßrichtungen, die nacheinander verfolgt werden können (jedoch nicht verfolgt werden müssen)[3]. Sie bilden die Voraussetzung für die Festlegung der Marktstimulierungs-, -parzellierungs- und -areal-Strategien (Abb. 3.10).

Produkte	Märkte	
	gegenwärtig	neu
gegenwärtig	Marktdurchdringung	Marktentwicklung
neu	Produktentwicklung	Deversifikation

Abb. 3.10. Marktfeldstrategische Grundrichtungen der Unternehmung auf dem unvollkommenen Markt

Die Strategie der *Marktdurchdringung* (Penetrationsstrategie) ist auf die Ausschöpfung des vorhandenen Marktpotentials ausgerichtet. Dies kann zum einen durch eine Intensivierung der Verwendung bzw. des Verbrauchs des Produktes bei den bisherigen Kunden, zum anderen durch die Gewinnung neuer Kunden (bisherige Nichtnutzer oder Nutzer konkurrierender Produkte) erfolgen.
Bei der Strategie der *Marktentwicklung* liegt die Überlegung zugrunde, für die gegebenen Produkte des Sortiments neue Märkte zu finden bzw. zu entwickeln.

---
[1] Siehe hierzu § 4 A–H
[2] Vgl. Becker, Jochen: Marketing-Konzeption – Grundlagen des strategischen Marketing-Managements, 3. Aufl., 1990, S. 122 ff.
[3] Siehe hierzu Ansoff, H. Igor: Management-Strategie, 1966, S. 132 ff.

90 Grundlagen der Absatztheorie

Es bietet sich dabei an, zusätzliche Markträume (benachbarte, regionale bzw. überregionale Märkte) zu erschließen.

Beispiele:
Export von Gütern; Direktinvestitionen in ausgewählten internationalen Märkten; Lizenzvergabe an ausländische Unternehmen.

Daneben kann an die Erschließung von Zusatzmärkten durch Funktionsausweitung des Leistungsspektrums (z. B. Ausweitung des Kundendienstes) gedacht werden.
Die Überlegungen im Zusammenhang mit der *Produktentwicklungsstrategie* basieren auf der Innovationspolitik der Unternehmung. In unregelmäßiger Folge werden für die Kunden in den bereits bearbeiteten Märkten Innovationen (Marktneuheiten) oder imitatorische Innovationen (Betriebsneuheiten mit Ähnlichkeit zu Konkurrenzprodukten) entwickelt und eingeführt. Die Differenzierung des Produktangebotes gegenüber der Konkurrenz kann vielfältige Ansatzpunkte aufgreifen. Sie reichen bei Sachgütern von einer Differenzierung bestimmter Funktionselemente bis zur Differenzierung der Packungsgröße (Verkaufseinheit), der Kommunikations- oder der Vertriebsleistungen[1].
Die Konzeption der *Diversifizierungsstrategie* steht in enger Verbindung zur Sortimentspolitik der Unternehmung. Durch Erweiterungen (aber auch Einengungen) des Sortiments werden (neue) Aktivitätsfelder erschlossen (aufgegeben), die die Erfolgspotentiale der Unternehmung durch die Nutzung (Schaffung) von Beschaffungs-, Produktions- oder Absatzsynergien stärken sollen[2].
Unter dem Blickpunkt der Art und Weise der *Marktbeeinflussung* (Marktstimulierung) können verschiedene Anreize unterschieden werden, die im Wettbewerb um die (potentiellen) Kunden wirksam einsetzbar sind. Herrscht *Leistungswettbewerb* (d. h. sind die am Markt angebotenen Leistungsbündel heterogen), wirken primär präferenzbildende Instrumente (Produkt, Kommunikation, Distribution) im Hinblick auf die Beschaffungsentscheidungen der Nachfrager. Man spricht daher von einer *Präferenzstrategie*[3]. Sind andererseits die am Markt angebotenen Leistungsbündel homogen, kann bei unterschiedlichen Kostenstrukturen der Anbieter ein *Preiswettbewerb* entstehen, wenn die Kostenvorteile als Wettbewerbsvorteile zur Stimulierung der Gutsnachfrage eingesetzt werden. Die entsprechend handelnde Anbieter-Unternehmung versucht durch preispolitische Maßnahmen und große Angebotsmengen Markt-

---

[1] Siehe hierzu auch § 4 C 1 und § 4 C 4.
[2] Siehe hierzu § 4 C 3.
[3] In besonderem Maße prägt sich dies in Strategien für markierte, d. h. mit einer Marke versehene Produkte (sog. Markenartikel) aus. Siehe dazu § 4 C 2 sowie Becker, Jochen: Marketing-Konzeption – Grundlagen des Strategischen Marketing-Managements, 3. Aufl., 1990, S. 162 ff. bzw. S. 182 ff.

Die Formulierung einer strategischen Grundkonzeption

erfolge zu erzielen. Das strategische Konzept heißt „*Preis-Mengen-Strategie*". Es leuchtet unmittelbar ein, daß eine Strategie, wie die auf zahlreichen, differenzierungsfähigen Wettbewerbsvorteilen basierende Präferenzstrategie häufig weniger aggressiv in Richtung auf die Mitbewerber ausgerichtet sein wird als eine lediglich auf wenigen, dafür umso gewichtigeren Wettbewerbsvorteilen im Falle einer Preis-Mengen-Strategie. Die dabei oft auch höhere Markttransparenz für die Marktgegenseite verschärft die Wettbewerbssituation.

Die Konzeption der *Marktparzellierung* bezieht sich auf die Art und Weise der Marktabdeckung vor dem Hintergrund einer möglichen Differenzierung der Marktbearbeitung[1]. Danach kann man die in Abb. 3.11 gezeigten Fälle einer Marktparzellierung unterscheiden[2].

Anlage der Marktbearbeitung	Marktabdeckung	
	total	partiell
undifferenziert	undifferenziertes Marketing	konzentriertes Marketing
differenziert	differenziertes Marketing	selektiv-differenziertes Marketing

Abb. 3.11. Basisalternativen der Marktparzellierung

Konzentriertes, differenziertes und selektiv-differenziertes Marketing beruhen auf dem Prinzip der *Marktsegmentierung*, d. h. der Zerlegung des relevanten Gesamtmarktes in hinsichtlich der gewählten Einteilungskriterien möglichst homogene Teilmärkte. Ziel der Differenzierung ist eine stärker auf die individuellen Nachfragerbedürfnisse ausgerichtete Art der Befriedigung. Undifferenziertes Vorgehen verbindet sich meist mit der Vorstellung einer möglichst weitreichenden Marktdurchdringung.

Die Begründung für unterschiedliche Ansätze von *Marktarealstrategien* liegt in erster Linie in der Notwendigkeit einer Begrenzung der Marktabdeckung angesichts begrenzter finanzieller Mittel. Im allgemeinen beginnt die Marktbearbeitung von Unternehmen *konzentrisch* zum heimischen Markt über dessen geographische Grenzen hinaus zu wachsen. In diesem Sinne bearbeiten deutsche Unternehmen zunächst den sich auf das deutsche Staatsgebiet erstreckenden heimischen Markt, ehe sie zu einer europa- bzw. weltweiten

---

[1] Vgl. hierzu Gröne, Alois: Marktsegmentierung bei Investitionsgütern, 1977, S. 38 bzw. Freter, Hermann: Strategien, Methoden und Modelle der Marktsegmentierung bei der Markterfassung und Marktbearbeitung, in: Die Betriebswirtschaft, 1980, S. 457.
[2] Siehe auch Kotler, Philip; Bliemel, Friedhelm: Marketing-Management, 7. Aufl. 1992, S. 409 ff. (insb. S. 441 f.).

Marktbearbeitung übergehen. Bei der (europa- bzw. weltweiten) Ausdehnung besteht jedoch die Möglichkeit, entsprechend den Erfolgserwartungen und Risiken einzelne Teilmärkte zu *selektieren*. Diese müssen nicht dem heimischen Markt unmittelbar benachbart sein. Somit ergibt sich für die Unternehmung ein „*Markt-Portfolio*", dessen Bewirtschaftung analog zu dem des Geschäftseinheiten-Portfolio vorzunehmen wäre.

Die verschiedenen Strategiekonzepte bzw. -optionen lassen sich in einem Strategieprofil übersichtlich zusammenfassen, das die eigene Position im Verhältnis zur Konkurrenz zeigt (Abb. 3.12)[1].

Die Instrumentalentscheidungen beziehen sich jeweils auf das für die handelnde Unternehmung zugrundegelegte Muster.

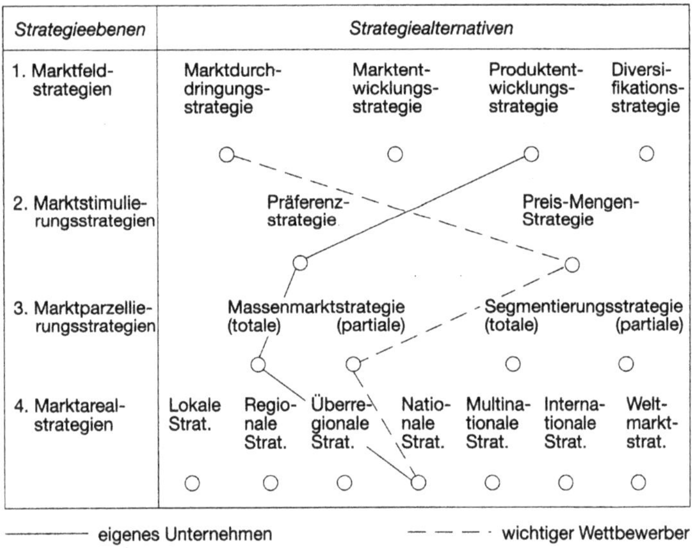

Strategieebenen	Strategiealternativen			
1. Marktfeldstrategien	Marktdurchdringungsstrategie	Marktentwicklungsstrategie	Produktentwicklungsstrategie	Diversifikationsstrategie
2. Marktstimulierungsstrategien	Präferenzstrategie		Preis-Mengen-Strategie	
3. Marktparzellierungsstrategien	Massenmarktstrategie (totale) (partiale)		Segmentierungsstrategie (totale) (partiale)	
4. Marktarealstrategien	Lokale Strat. / Regionale Strat. / Überregionale Strat. / Nationale Strat.		Multinationale Strat. / Internationale Strat. / Weltmarktstrat.	

——— eigenes Unternehmen   – – – – wichtiger Wettbewerber

Abb. 3.12. Hypothetisches Strategieprofil eines Unternehmens im Vergleich zum wichtigsten Mitbewerber

---

[1] Entnommen aus Becker, Jochen: Marketing-Konzeption: Strategische Grundlagen des Marketing-Managements, 3. Aufl., 1990, S. 294.

D. Marktsegmentierung

Wie einführend bereits erläutert, ist neben den strategisch ausgerichteten Elementen der Zielfindung und Planung die Marktaufteilung von grundlegender Bedeutung für die betriebliche Absatzpolitik. Versucht ein Anbieter, einen relevanten Markt (s. § 1 B 2) in Teilmärkte aufzuspalten, deren Nachfrager auf bestimmte absatzpolitische Instrumente ähnlicher reagieren als die heterogene Nachfragerschaft im Gesamtmarkt, so spricht man von *Marktsegmentierung*[1]. Die Erfahrung zeigt, daß nicht alle Nachfrager eines relevanten Marktes auf Maßnahmen der Produkt- und Preisdifferenzierung, der Sortimentsgestaltung und des Güterverbundes (Sachgüter/Dienstleistungen in Verbindung zu anderen Sachgütern/Dienstleistungen), der Werbung und der Vertriebswegegestaltung gleichförmig reagieren. Es liegt daher nahe, auf bestimmte Nachfragergruppen spezielle absatzpolitische Maßnahmen auszurichten und so Präferenzen für das eigene Güterangebot zu wecken. Dabei kann sich ein Anbieter auch nur auf einen Teil der Nachfrage (oder einige Nachfragergruppen) konzentrieren und die übrigen Nachfrager des relevanten Marktes vernachlässigen. Ziel ist die „Individualisierung" des Angebots, d. h. durch die absatzpolitischen Maßnahmen soll die Unvollkommenheit des relevanten Marktes vergrößert werden, so daß der Anbieter mit seinem spezifischen Angebot auf ein möglichst geringes, unmittelbar vergleichbares Konkurrenzangebot stößt. Der Anbieter strebt durch diese Spezialisierung seines Angebotes eine begrenzte Monopolstellung im Hinblick auf die ausgewählten Nachfragergruppen an. Die Stärke dieser Monopolisierung folgt insbesondere aus dem Grad der Abweichungen der eigenen absatzpolitischen Maßnahmen von denen der Konkurrenten. Damit wird der Grad der Unvollkommenheit eines Marktes und die Intensität der Nachfragerreaktionen auf die absatzpolitischen Maßnahmen einzelner Anbieter konstitutiv für die Abgrenzung und Beständigkeit eigenständiger Marktsegmente. Sofern der Zutritt zu diesen Marktsegmenten für andere Wettbewerber nicht ausgeschlossen ist, ergibt sich im Rahmen des Wettbewerbsprozesses ein Wandern von Marktteilnehmern zu und von einzelnen Marktsegmenten.

---

[1] Vgl. Kotler, Philip; Bliemel, Friedhelm: Marketing-Management, 7. Aufl., 1992, S. 409–450; Frank, Ronald E.; Massy, William F.; Wind, Yoram: Market Segmentation, 1972, S. 26–28; Groh, Gisbert: Marktsegmentierung, in: Handwörterbuch der Absatzwirtschaft, 1974, Sp. 1407–1420 sowie die dort angegebene weiterführende Literatur, etwa Claycamp, Henry J.; Massy, William F.: A Theory of Market Segmentation, in: Journal of Marketing Research, Vol. 32, 1968, S. 388–394.

94   Grundlagen der Absatztheorie

> **Beispiel**
> Ein Produzent von Hosen stellte vor mehreren Jahren mit Hilfe seiner Marktforschung fest, daß junge Leute zwischen 14 und 18 Jahren etwa ungebügelte und ausgewaschene Hosen mit weitem Beinschnitt aus derben Baumwollstoffen bevorzugen. Er bietet solche Hosen daraufhin in speziellen Hosenboutiquen an, setzt den Preis deutlich unterhalb dem für herkömmliche Burschenhosen an und spricht durch Farbbilder und Anzeigen in Sportmagazinen die ausgewählte Zielgruppe besonders an. Stark vereinfacht betrachtet könnten auf diese Weise Blue Jeans für eine bestimmte Nachfragergruppe eingeführt worden sein. Das Beispiel verdeutlicht zugleich, daß faktisch eine scharfe Abgrenzung einer Nachfragergruppe in einem möglichst eigenständigen Teilmarkt nur in Ausnahmefällen möglich sein dürfte. Blue Jeans haben sich später zu einer übergreifenden Mode entwickelt und werden heute von Jung und Alt getragen. Im Sinne der Marktsegmentierung wäre daher z. B. zu prüfen, ob man durch zusätzliche Absatzmaßnahmen die Nachfragergruppen Alt und Jung wieder trennen kann und ggf. einem unterschiedlichen Kaufverhalten durch Angebotsvarianten Rechnung tragen sollte.

Neben der bisher behandelten eigenständigen Marktsegmentierung eines Anbieters gibt es vor allem die Form der *Konkurrenznachahmung*. Erweisen sich Segmentierungsmaßnahmen von Mitanbietern als erfolgreich und wird das Nachfragepotential entsprechend groß eingeschätzt, so kann es vorteilhaft sein, in derartige Marktsegmente durch ähnliche Absatzmaßnahmen einzudringen. Hierbei ist mit Gegenmaßnahmen der bisherigen Anbieter zu rechnen, so daß auch in diesem Fall die Tendenz zur Individualisierung des Angebots zu erwarten ist. Der Ansatz der Marktsegmentierung gehört zu den wichtigsten Grundlagen einer systematischen Absatzpolitik. Die Entscheidung für eine Segmentierungskonzeption ist in wesentlichen Teilen strategischer Natur. Da absatzpolitische Maßnahmen eines Anbieters in der Regel Reaktionen der Mitanbieter auslösen und sich die Bedarfsstrukturen der Nachfrager im Laufe der Zeit zu verändern pflegen, sind Marktsegmente nicht als stabil zu betrachten. Meistens sind auch die spezifischen Verhaltensweisen der Nachfrager – auch bei einer gut ausgebauten Marktforschung – nicht hinreichend genau prognostizierbar. Daher sind die Nachfragerzielgruppen, bei denen relativ gleichförmige Reaktionen auf bestimmte Absatzmaßnahmen vermutet werden, zunächst autonom auszuwählen. Erst die realisierten Absatzmaßnahmen bestätigen oder widerlegen, ob die Vermutungen über ein spezifisches Nachfragerverhalten zutreffen. Bei negativen Erfahrungen wird man die gewählte Segmentierung (Nachfragergruppierung) ändern müssen oder aber die absatzpolitischen Maßnahmen an die neuen Erkenntnisse über das Nachfragerverhalten der Zielgruppe anzupassen haben. Insoweit stehen Segmentierung und

laufende Absatzpolitik im Wechselspiel zueinander und bedingen sich gegenseitig.
Für die Abgrenzung von Marktsegmenten kann zunächst auf die im Zusammenhang mit der Beschreibung des *relevanten Marktes* genannten Kriterien (vgl. §1 B 2) zurückgegriffen werden. Wesentlich ist die Gewinnung von Informationen über diese Kriterien z. B. aus Marktstatistiken und eigenen Datenerhebungen. Dies setzt die Erfaßbarkeit qualitativer Merkmale und die Meßbarkeit quantitativer Merkmale voraus. Hier liegt in der Praxis häufig ein schwer überwindbares Problem für den Aufbau einer Segmentierungskonzeption. Unabhängig von den Schwierigkeiten der Gewinnung verläßlicher Informationen sind für die Durchführung der Segmentierung insbesondere die folgenden Gesichtspunkte bedeutsam[1]:
- Die Auswahl der Zielgruppen im *Konsumentenmarkt* kann insbesondere nach dominierenden Käuferverhaltensmustern erfolgen (vgl. dazu §2 B 3).

Die entsprechenden Auswahlkriterien können eingeteilt werden in
= „direkt erfaßbare Merkmale" wie demographische Kriterien (Alter, Geschlecht, Familienstand, Volksgruppe), sozioökonomische Kriterien (Einkommensklasse, Berufsgruppe, soziale Schicht), Kaufverhalten (Abnahmemengen je Kauf, Kaufhäufigkeit, Markentreue) und in
= „indirekt abzuleitende Merkmale" wie Persönlichkeitsstruktur, Kaufmotive, Einstellungen zu Kaufobjekten, Produkt- und Anbieterpräferenzen[2].

Unter Verwendung derartiger Merkmale können Typologien von Käufern gebildet werden, denen bestimmte Kaufverhaltensmuster zuzurechnen sind.

Beispiel
Ein großer deutscher Verlag hat eine Typologie der Frauen zwischen 14 und 49 Jahren in der Bundesrepublik mittels aufwendiger statistischer Erhebungs- und Auswertungsverfahren erstellt[3]. Aufgrund der beschreibenden Merkmale, die Frauentypen wie etwa die „jugendlich-aktive Frau" oder den „desinteressierten Konsummuffel" charakterisieren, können Anhaltspunkte für das auf diese Gruppen besonders abzielende Marketing-Mix, d. h. die Kombination der absatzpolitischen Instrumente, ermittelt werden.

---

[1] Zur Segmentabgrenzung im Investitionsgüterbereich vgl. §4 I.
[2] In Anlehnung an Frank, Ronald E.; Massy, William F.; Wind, Yoram: Market Segmentation, 1972, S. 27, vertiefend S. 28–61; vgl. auch Engelhardt, Werner H.; Plinke, Wulff: Elemente der Marketingentscheidung, 1978, S. 58ff.
[3] Vgl. Gruner & Jahr (Hrsg.): BRIGITTE Kommunikations Analyse 4, 1990.

- Es ist zu beachten, daß mit zunehmender Intensivierung und Individualisierung der Segmentiermaßnahmen die *Zahl der in einem Marktsegment erfaßten Nachfrager* tendenziell abnimmt. Ausgehend von einer undifferenzierten Marktbearbeitung gelangt man durch zunehmende Aufgliederung letztlich zum *Elementarmarkt*. Zwischen diesen beiden Extremen ist eine sinnvolle Segmentgröße bzw. -zahl zu bestimmen[1]. Insbesondere dürfte es den absatzstrategischen Grundzielen der Marktsegmentierung entgegenlaufen, wenn auf diese Weise oligopolistische oder monopolistische Nachfragerstrukturen entstehen.

- Das in einem *Marktsegment* erfaßte Nachfragepotential muß *ökonomisch tragfähig* sein, d. h. die mit den spezifischen absatzpolitischen Maßnahmen verbundenen zusätzlichen Kosten sollten durch den Erwartungswert für zusätzliche Erlöse signifikant überschritten werden, so daß die absatzpolitisch orientierte Aufspaltung des relevanten Marktes zu einem Gewinnanstieg führt (vgl. zum Prinzip einer derartigen Segmenterfolgsrechnung das Beispiel der Preisdifferenzierung in § 6 B 3).

E. *Organisation des Absatzbereiches*

Im Hinblick auf den organisatorischen Aufbau und die Eingliederung des Absatzbereiches in die Organisationsstruktur des Unternehmens ist insbesondere zu entscheiden über

- die Abgrenzung des Absatzbereiches von anderen Funktionsbereichen,
- die Organisationsstruktur des Absatzbereiches,
- die rechtliche Gestaltung der Vertriebsabteilung (z. B. getrennte Produktions und Vertriebsgesellschaften).

Es ist zweckmäßig, dabei die Begriffe „Absatz", „Vertrieb" und „Verkauf" zu unterscheiden. Unter *„Absatz"* im engeren, funktionalen Sinn verstehen wir die Gesamtheit der Funktionen, die eine Unternehmung bei der Vermarktung ihrer Leistungen zu erfüllen hat[2].

Beispiele
Produktentwicklung, Werbung, Marktforschung, Vertrieb, Absatzfinanzierung, Kalkulation usw.

---

[1] Mit der Frage der optimalen Zahl von Marktsegmenten befaßt sich z. B. Krautter, Jochen: Zum Problem der optimalen Marktsegmentierung. In: Zeitschrift für Betriebswirtschaft, 1975, S. 109–128.
[2] Vgl. § 1 A sowie Gümbel, Rudolf: Absatz, in: Tietz, Bruno (Hrsg.): Handwörterbuch der Absatzwirtschaft, 1974, Sp. 2.

Demgegenüber kennzeichnet „Vertrieb" (Distribution) die Teilfunktion des Absatzes, die sich auf die Durchführung der Verkaufs- und der Logistikaufgaben der Unternehmung bezieht[1]. Neben der Vertriebslogistik besteht die Beschaffungslogistik als Teilfunktion der Beschaffung. Die Vertriebsfunktion kann gleichfalls in eine Reihe von Unterfunktionen aufgegliedert werden.

Beispiele
Auftragsabwicklung, Verkauf, Transport, Lagerhaltung usw.

Mit dem Begriff „Verkauf" werden schließlich die Unterfunktionen des Vertriebs belegt, die die unmittelbaren Beziehungen zum Käufer umfassen.

Beispiele
Beratung, Vertragsverhandlung, Außendienst, Reklamation, Service usw.

In diesem Zusammenhang ist es unerheblich, auf welcher Vertragsgrundlage der Anbieter dem Nachfrager die Verfügungsgewalt über das abgesetzte Gut verschafft. Der funktional interpretierte Begriff „Verkauf" bezieht sich somit nicht nur auf das Rechtsgeschäft des Kaufs bzw. Verkaufs, sondern auch auf andere Rechtsgeschäfte wie Vermietung (Leasing) oder Verpachtung. Soweit die Ausübung der Verkaufsfunktionen persönlichen Kontakt zum Kunden erfordert, spricht man auch von „persönlichem Verkauf" (personal selling)[2]. Alle kundenbezogenen Entscheidungen aus den verschiedenen Funktionsbereichen wirken sich auf die Einstellung der Kunden zur Unternehmung aus. Aus der Sicht des Absatzes ist daher eine *Koordination* aller Aktivitäten mit externer Wirkung anzustreben (integrierte Absatzorganisation), um von der Unternehmung und ihren Produkten ein einheitliches Bild (*Image*) entstehen zu lassen. Hierdurch können auch die natürlichen Konfliktzonen zwischen dem Absatzbereich und den übrigen Unternehmensbereichen (interner Aspekt) abgebaut werden.

Mitunter werden Teilfunktionen des Absatzbereiches ausgegliedert. Von einer *ausgegliederten Vertriebsabteilung* spricht man z. B. bei eigenen Verkaufsniederlassungen. Diese sind insbesondere im Export verbreitet. Probleme bei einem ausgegliederten Vertrieb ergeben sich hinsichtlich der Möglichkeiten der Koordination der betrieblichen Teilbereiche; andererseits entstehen durch die Ausgliederung überschaubar abgegrenzte Organisationseinheiten, durch die eine Motivation auf die Mitarbeiter ausgehen kann. Die Vertriebsfunktion kann auch rechtlich verselbständigt werden bei teilweiser Einschränkung der wirtschaftlichen Selbständigkeit. Mehrere Unternehmen können auch – wettbewerbsrechtliche Zulässigkeit vorausgesetzt – dahingehend übereinkommen,

---

[1] Vgl. Zentes, Joachim: Grundbegriffe des Marketing, 2. Aufl., 1988, S. 78.
[2] Vgl. § 4 D 3.

daß sie die Vertriebsfunktionen in ein Gemeinschaftsunternehmen ausgliedern.
Verbleiben die Vertriebsfunktionen eingegliedert, wählt man also eine *eingegliederte Vertriebsabteilung*, wird der Absatzbereich in der Regel nach *funktionalen Gesichtspunkten* oder nach *Produkten bzw. Produktgruppen (Sparten)* gegliedert (eindimensionale Linienorganisation). Verwendet man beide Gliederungskriterien (Funktions- und Objektprinzip) auf verschiedenen hierarchischen Stufen des Absatzbereichs, so entsteht eine *mehrgliedrige Absatzorganisation* (mehrdimensionale Linienorganisation)[1]. Werden beide Gliederungskriterien auf der gleichen Hierarchieebene angewendet, so spricht man von einer *Matrix-Organisation*. Bei dieser Organisationsform sind die funktional bestimmten Abteilungen Dienstleistungsanbieter für die Produktmanager, wobei die einzelnen Abteilungen bei bestimmten Überschneidungen ihrer Aufgaben und Kompetenzen gezwungen sind zu kooperieren.

In der betriebswirtschaftlichen Praxis sind diese Organisationsprinzipien meist nicht ganz einwandfrei zu identifizieren. Auf die konkrete Organisationsform des Absatzbereiches wirkt eine Vielzahl von Einflußgrößen ein, die eine Abweichung vom idealtypischen Gliederungsprinzip bedingt, z. B. Besonderheiten der Produkte, der Märkte, der Vertriebswege, der historischen Firmenentwicklung sowie die Interessen der beteiligten Entscheidungsträger. Den folgenden Abbildungen (3.13–3.15) liegen die drei Grundprinzipien der Organisation zugrunde[2]. Die dabei erwähnten Teilfunktionen stellen eine beispielhafte Auswahl für ein Unternehmen der Chemiebranche dar.

Die Wahl der Aufbauorganisation des Absatzbereiches ist jedoch nicht nur unter dem Gesichtspunkt einer reibungslosen *Koordination* der Teilfunktionen zu sehen. Weitere Gesichtspunkte wären u.a.[3]

- die Fähigkeit der Organisation zur Anpassung an Marktveränderungen (*Flexibilität*)
- die Möglichkeit zur Weckung und Freisetzung von kreativen Impulsen (*Kreativität*)
- die Kraft zur *Integration* von (neuen) Teilfunktionen.

Die Gestaltung der Organisationsstruktur des Absatzbereiches liefert zugleich Impulse für die Entwicklung von Alternativen der Ablauforganisation.

---

[1] Vgl. Meffert, Heribert: Marketing, 7. Aufl., 1986, S. 546ff.; Bidlingmaier, Johannes: Marketing, Band 1, 1973, S. 136ff.; Berekoven, Ludwig: Die Absatzorganisation, 1976, S. 45 ff.

[2] Zu weiteren Einzelheiten vgl. Neske, Fritz: Marketing Organisation, 1973; Corey, Raymond E.; Starr, Steven H.: Organisation Strategy, A Marketing Approach, 1971.

[3] Vgl. Meffert, Heribert: Marketing, 7. Aufl., 1986, S. 505 ff.

Organisation des Absatzbereiches 99

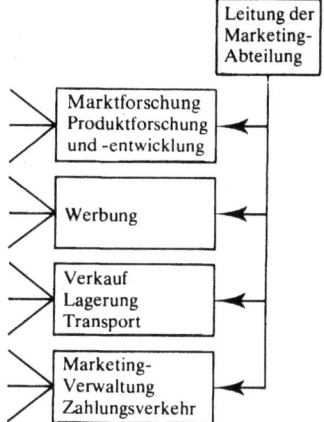

Abb. 3.13. Funktionale Absatzorganisation

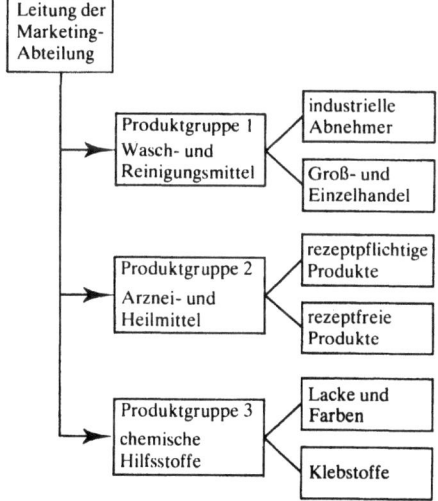

Abb. 3.14. Produktorientierte Absatzorganisation

Grundlagen der Absatztheorie

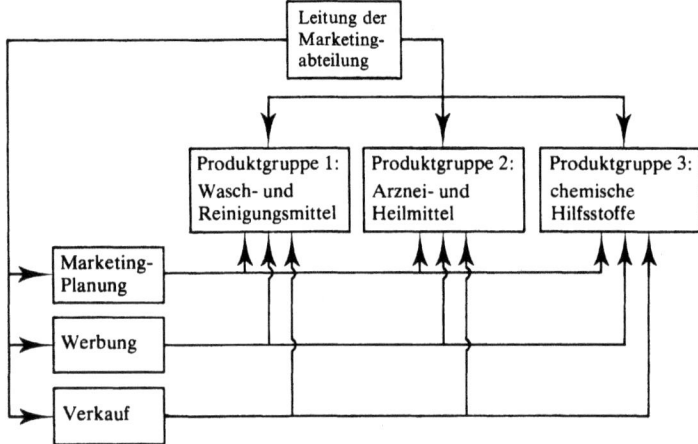

Abb. 3.15. Matrixorganisation

Die Aufbauorganisationsentscheidung ist eine langfristig wirkende Basisentscheidung von erheblicher Tragweite für die Absatzpolitik insgesamt. Unzulänglichkeiten in der Organisation führen nicht nur zu Imageschäden, sondern behindern die einzelnen absatzpolitischen Aktivitäten unmittelbar.

Literaturempfehlungen zu § 3

Neske, Fritz: Marketing-Organisation, 1973, S. 27–69 (zu § 3 E).
Engelhardt, Werner Hans; Plinke, Wulff: Elemente der Marketingentscheidung, 1978, S. 19–73 (zu § 3 A–C).
Hill, Wilhelm: Marketing, Band 1, 5. Aufl., 1982, S. 331–392 (zu § 3 E).
Gutenberg, Erich: Grundlagen der Betriebswirtschaftslehre, 2. Band: Der Absatz, 17. Aufl., 1984, S. 7–15 (zu § 3 A).
Hinterhuber, Hans H.: Strategische Unternehmensführung, 3. Aufl., 1984 (zu § 3 C).
Raffée, Hans; Wiedmann, Klaus-Peter: Strategisches Marketing, 1985, S. 3–33 (zu § 3 C).
Meffert, Heribert: Marketing, 7. Aufl., 1986, S. 505–518 (zu § 3 E).
Engelhardt, Werner Hans; Kleinaltenkamp, Michael: Strategische Planung. TV-Lehrbrief, Projektgruppe Technischer Vertrieb, 1988 (zu § 3 C).
Leitherer, Eugen: Betriebliche Marktlehre, 3. Aufl., 1989, S. 100–110 (zu § 3 A).
Becker, Jochen: Marketing-Strategie, 3. Aufl., 1990, S. 111–289 (zu § 3 C).
Porter, Michael E.: Wettbewerbsstrategie, 6. Aufl., 1990 (zu § 3 C).

Bänsch, Axel: Einführung in die Marketing-Lehre, 3. Aufl., 1991, S. 253–262 (zu § 3 E).
Kotler, Philip; Bliemel, Friedhelm: Marketing-Management, 7. Aufl., 1992, S. 95–116 (zu § 3 C).

Aufgaben zu § 3

3.1 Charakterisieren Sie kurz die Merkmale absatzpolitischer Grundentscheidungen.

3.2 Erläutern Sie die Bedeutung der Zielsetzung Gewinnmaximierung für die Unternehmenspolitik. Gehen Sie insbesondere auf die Aspekte der Operationalität und Begrenzungen ein. Unter welchen Bedingungen kann auf eine Gewinnerzielung ganz verzichtet werden?

3.3 Nennen Sie Beispiele für Nebenbedingungen, die die Gewinn- bzw. Erlösmaximierung begrenzen können.

3.4 Erläutern Sie das Anspruchs-Anpassungs-Theorem und führen Sie einen kritischen Vergleich mit dem Gewinnmaximierungstheorem durch.

3.5 Diskutieren Sie das Zielsystem in Abb. 3.1 unter dem Gesichtspunkt unterschiedlicher Aufbauorganisationsformen des Absatzbereichs einer Unternehmung!

3.6 Auf welche Bereiche bezieht sich die Analyse des Unternehmensumfelds?

3.7 Was versteht man unter einer „Strategischen Gruppe" und welches Vorgehen ist zu ihrer Identifizierung geeignet?

3.8 Auf welche Informationsquellen kann bei der Konkurrenzforschung zurückgegriffen werden? Vergleichen Sie sie am Beispiel eines
– Flugtouristikunternehmens und eines
– Unternehmens des Werkzeugmaschinenbaus
hinsichtlich ihrer strategischen Relevanz!

3.9 Inwiefern kann die Unternehmenszwecksetzung als Produkt-Markt-Technologie-Kombination interpretiert werden?

3.10 Wie lassen sich „Strategische Geschäftsfelder" abgrenzen?

3.11 Auf welche Weise können Stärken-Schwächen-Profile als Grundlage einer Marketing-Strategie erarbeitet werden?

3.12 Grenzen Sie Skalen- und Lernkurveneffekte ab und zeigen Sie ihre absatzpolitische Relevanz auf!

3.13 Erläutern Sie die Zwecksetzung von Portfolio-Ansätzen!

3.14 Erläutern Sie die Implikationen von
- Marktfeldstrategien
- Marktstimulierungsstrategien
- Marktparzellierungsstrategien
- Marktarealstrategien!

3.15 Charakterisieren Sie Ziel und Kriterien der Marktsegmentierung.

3.16 Welche Marktsegmentierungskriterien könnte ein Anbieter von
   (a) Rohstoffen
   (b) Fertigteilen
   (c) Anlagen bzw. Systemen
   im Investitionsgüterbereich verwenden? Welche Besonderheiten des Kaufprozesses hat der Anbieter dabei zu berücksichtigen?

3.17 Welche Vor- und Nachteile könnte man für verschiedene Organisationsformen der Absatzfunktionen anführen?

§ 4 Absatzpolitische Instrumentalentscheidungen

A. Einführung

In dem Bedingungsrahmen, der durch die absatzpolitischen Grundentscheidungen fixiert wird, ist über die instrumentellen Maßnahmen der Absatzpolitik zu entscheiden. In Anlehnung an *Gutenberg* kann man vier absatzpolitische Aktivitätsbereiche unterscheiden[1]:

- Produkt- und Sortimentspolitik,
- Preispolitik,
- Informationspolitik,
- Vertriebspolitik.

Jeder dieser Bereiche umfaßt mehrere Aktionsvariablen, durch deren Einsatz die strategischen Marktziele erreicht werden sollen. In der neueren Marketinglehre werden die absatzpolitischen Aktivitätsbereiche etwas anders gruppiert und zudem weiter gefaßt[2]. Hier unterscheidet man nach:

- *Leistung* (Leistungsbündel) mit ihren Komponenten
  - *Produkt*
    (d. h. Einzelprodukt bzw. Sortiment),
  - *Distributionsleistung*
    (d. h. Aufbau und Gestaltung von Absatzwegen sowie Durchführung des Gütervertriebs),
  - *Kommunikationsleistung*
    (d. h. Werbung, persönlicher Verkauf und Verkaufsförderung),
  - *Finanzierungsleistung,*
- *Preis*
  (als Entgelt für die Leistung),
- *Kontrahierungspolitik*
  (d. h. die Vertragsgestaltung im Hinblick auf Leistung und Preis).

Darin werden – im Gegensatz zu Gutenberg – bewußt Finanzierungs-, Informations- und Vertriebsleistungen als zum Leistungsbündel der Unternehmung gehörig betrachtet.

Im Falle eines *Dienstleistungsunternehmens* bildet eine Dienstleistung den Kern des Leistungsbündels, d. h. des Produktes bzw. Sortimentes. Im übrigen handelt es sich bei den zum Leistungsbündel zu zählenden Finanzierungs-,

---

[1] Vgl. Gutenberg, Erich: Grundlagen der Betriebswirtschaftslehre, 2. Band, Der Absatz, 17. Aufl. 1984, S. 42–45.
[2] Vgl. Engelhardt, Werner Hans; Plinke, Wulff: Elemente der Marketingentscheidung, 1978, S. 23 f.

Distributions-, Kommunikations- und Kontrahierungsleistungen ebenfalls um Dienstleistungen (Sekundärleistungen[1]), deren Erbringung zwar nicht unmittelbar dem Sachziel des Unternehmens entspringt, aber der Erreichung dieses Zieles gleichwohl dient. Die Unternehmung muß – um ihr Einkommens- wie ihr Versorgungsziel zu erreichen – die produzierten Sach- und Dienstleistungen (die *Primärleistungen*) vermarkten. Die Vermarktung erfordert die Erbringung einer Reihe von Diensten, die teils vor, teils bei, teils nach dem Abschluß des Kaufvertrages anzubieten sind und von den Käufern in Anspruch genommen werden. Für die anbietende Unternehmung ergeben sich auf diesem Wege zahlreiche Möglichkeiten zur Schaffung von *Präferenzen* bei den Käufern[2]. Abb. 4.1 veranschaulicht die ineinandergreifende Wirkungsweise der in Betracht zu ziehenden Aktionsvariablen, die grundsätzlich alle bei der Einleitung und Durchführung von Absatzprozessen in bestimmtem Umfang eingesetzt werden. Die Darstellung bezieht sich auf ein Sachleistungsunternehmen.

Der gleichzeitige Einsatz der verschiedenen Aktionsvariablen führt zu vielschichtigen Interdependenzwirkungen. Dadurch wird eine wirtschaftlich fundierte Entscheidung über das Aktivitätsniveau jeder einzelnen Aktionsvariablen sehr erschwert. Die konkrete Festlegung des Aktivitätsniveaus in einem der sechs Bereiche wird vielfach als *Mix* bezeichnet[3] (z. B. *Produktmix*: Werkzeugkasten mit verschiedenen Einzelgeräten). Die Kombination verschiedener Aktionsvariablen im Absatzbereich einer Unternehmung zu einem bestimmten Zeitpunkt, d. h. die Zusammenfassung von Leistungsmix, Preismix und Kontrahierungsmix, wird als *Marketing-Mix* bezeichnet. Neben dem Basismix für die relevanten Märkte sind segmentspezifische Kombinationen von Aktionsvariablen zu finden, die auf das Nachfragepotential und das Kaufverhalten der einzelnen Nachfragergruppen zugeschnitten sind.

---

[1] Siehe hierzu Hammann, Peter: Sekundärleistungspolitik als absatzpolitisches Instrument, in: Hammann, Peter; Kroeber-Riel, Werner; Meyer, Carl W (Hrsg.): Neuere Ansätze der Marketingtheorie – Festschrift zum 80. Geburtstag von Otto Richard Schnutenhaus, 1974, S. 135.
[2] Siehe hierzu u. a. § 4 C 1.
[3] Vgl. Kotler, Philip; Bliemel, Friedhelm: Marketing-Management, 7. Aufl., 1992, S. 38.

Einführung 105

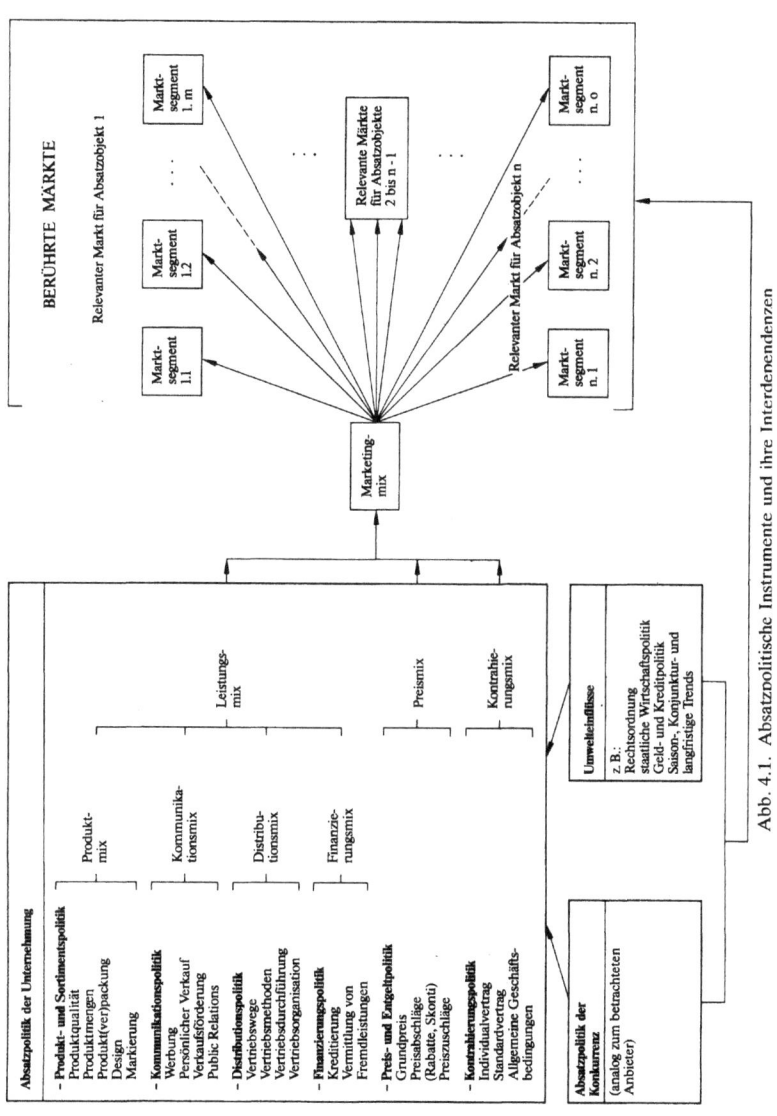

Abb. 4.1. Absatzpolitische Instrumente und ihre Interdependenzen

Grundlagen der Absatztheorie

> **Beispiel**
> Ist im Zusammenspiel von Produkt- und Kommunikationspolitik versucht worden, insbesondere die Qualität und die hervorragende Verarbeitung eines Produktes hervorzuheben, so kann eine Niedrigpreispolitik bei anspruchsvollen Nachfragern einen gegenläufigen Effekt auslösen, wenn diese den Preis auch als Qualitätsindikator ansehen[1].

Neben den Wirkungen des Marketing-Mix bei den Abnehmern sind die entsprechenden Maßnahmen der Konkurrenzanbieter und wesentliche gesamtwirtschaftliche Einflußfaktoren wie insbesondere die Strukturpolitik, die Geld- und Kreditpolitik der Zentralbank sowie die staatliche Konjunkturpolitik zu berücksichtigen.

Da eine derartig komplexe Problemstruktur erhebliche Darstellungs- und Erklärungsschwierigkeiten bereitet, sollen im folgenden aus Gründen der Vereinfachung zunächst die einzelnen absatzpolitischen Instrumente isoliert erläutert werden. Integrationsfragen beim Einsatz der Instrumente werden daran anschließend behandelt. Darüber hinaus soll die Analyse absatzpolitischer Probleme grundsätzlich auf Unternehmen mit industriellen Massengütern des *Konsumgütersektors* beschränkt werden. Einige Besonderheiten der Absatzpolitik im Investitionsgüter- und Dienstleistungsbereich werden am Ende dieses Paragraphen kurz charakterisiert.

Im Rahmen der mikroökonomischen Preistheorie wurden *idealtypische Verhaltensweisen* von Anbietern entwickelt[2], die wegen ihrer grundsätzlichen Bedeutung auch für die übrigen Absatzvariablen an dieser Stelle kurz erläutert werden sollen. Prinzipiell kann man zwei Gruppen von Verhaltensweisen unterscheiden. Vertritt ein Anbieter die Ansicht, sein Markterfolg bzw. sein Absatz sei nur von seinen eigenen Aktionen und dem Verhalten der Käufer abhängig, so wird das daraus resultierende Verhalten als *monopolistisch* oder *konkurrenzungebunden* bezeichnet. Geht er jedoch davon aus, daß sein Absatz sowohl durch die eigenen absatzpolitischen Aktivitäten und die Käuferreaktionen als auch durch Absatzmaßnahmen von Mitanbietern beeinflußt wird, so verhält er sich *konkurrenzgebunden*[3]. Im Rahmen der Konkurrenzbindung kann weiter in oligopolistisches und polypolistisches Verhalten unterschieden werden. Beim *oligopolistischen Verhalten* rechnet der betrachtete Anbieter bei eigenen Absatzmaßnahmen unmittelbar mit absatzpolitischen Reaktionen der Konkur-

---

[1] Vgl. dazu die empirische Untersuchung von Woodside, Arch G.; Davenport, William J. jr.: Effects of Price and Salesman Expertise on Customer Purchasing Behavior, in: Journal of Business, Vol. 49, 1976, Nr. 1, S. 51–59.
[2] Vgl. Ott, Alfred: Grundzüge der Preistheorie, Neudruck der 3. überarbeiteten Auflage, S. 32–69; Schneider, Erich: Einführung in die Wirtschaftstheorie, 11. Teil, 13. Aufl., 1972, S. 60–67.
[3] Vgl. hierzu auch § 3 C.

renten[1]. Demgegenüber ist ein Anbieter bei *polypolistischem Verhalten* der Ansicht, daß er zwar auf die Absatzpolitik der Mitanbieter Rücksicht nehmen muß, diese jedoch auf seine Absatzmaßnahmen nicht reagieren werden, sofern diese Maßnahmen einen bestimmten Begrenzungsrahmen nicht überschreiten. In diesem Rahmen bleibt für seine Absatzpolitik allein das Käuferverhalten maßgebend.

Einen Sonderfall des polypolistischen Verhaltens stellt die *Mengenanpassung* bzw. die *Preisanpassung* dar. Der Anbieter betrachtet alle Marktbedingungen, insbesondere aber den Preis eines fungiblen Gutes als Datum und variiert ausschließlich die Angebotsmenge. Diese Verhaltensweise des Anbieters ist theoretisch zwingend im zweiseitigen Polypol unter den Bedingungen des vollkommenen Marktes bei Annahme der Gewinnmaximierungsthese. Empirisch ist sie nachweisbar bei *Preisführerschaft* etwa auf Märkten mit einem Angebotsteiloligopol oder einem Angebotsteilmonopol sowie auf kartellmäßig geregelten Märkten (z. B. bei sogenannten Quotenkartellen).

Die dargestellte Typologie des Anbieterverhaltens lehnt sich sprachlich eng an das in § 1 behandelte Marktformenschema an. Eine generelle Zuordnung der Marktverhaltensweisen auf die korrespondierenden Marktformen ist allerdings *nicht* möglich, da das Anbieterverhalten auch von den Marktbedingungen (Grad der Unvollkommenheit, Marktzugang usw.) und der Zielsetzung des Anbieters mitbestimmt wird[2]. Welche Bedeutung diesen Verhaltensweisen in bezug auf die absatzpolitischen Aktionsvariablen „Angebotsmenge" und „Preis" in Abhängigkeit von unterschiedlichen Marktbedingungen und Zielsetzungen der Marktteilnehmer zukommt, wird ausführlich in den §§ 5-7 behandelt. Da die Theorie der Unternehmung gerade der Frage der *Präferenzbildung* von Nachfragern für die Leistungen bestimmter Anbieter nur in sehr beschränktem Umfang nachgegangen ist, können Analysen zu Fragen der Absatzpolitik unter Berücksichtigung der präferenzbildenden Instrumente (Produktgestaltung, Kommunikation, Distribution, Finanzierung und Kontrahierung) nicht mit einer Gründlichkeit vorgeführt werden, die derjenigen vergleichbar wäre, welche sich auf Angebotsmengen (bzw. Sortiment) und Preis beziehen. Eine kurze allgemeine Charakterisierung der präferenzbildenden Instrumente muß daher im folgenden genügen. Auf weitere empirisch nachweisbare Verhaltensformen wie z. B. Kampf- und Verhandlungsstrategien wird in diesem Band nicht näher eingegangen[3].

---

[1] Vgl. hierzu auch die verschiedenen Wettbewerbsformen in § 1 B 3.
[2] Vgl. Schneider, Erich: Einführung in die Wirtschaftstheorie, 11. Teil, 13. Aufl., 1972, S. 72–77.
[3] Vgl. dazu Krelle, Wilhelm: Preistheorie, 11. Teil, Theorie des Polypols, des bilateralen Monopols, Theorie mehrstufiger Märkte, gesamtwirtschaftliche Optimalitätsbedingungen, 2. Aufl., 1976, S. 604–632; Kotler, Philip; Bliemel, Friedhelm: Marketing-Management, 7. Aufl., 1992, S. 1007 ff. und die Ausführungen über Marktmacht in § 1 B 4.

108 Grundlagen der Absatztheorie

B. Preispolitik

Die Absatztheorie der Unternehmung konzentriert sich (ihrer Herkunft aus der mikroökonomischen Preistheorie entsprechend) in erster Linie auf das absatzpolitische Instrument „Preis". Es ist daher nur konsequent, wenn eine Theorie der Absatzpolitik Fragen der *Preispolitik,* d. h. der Entwicklung, Gestaltung, Abwägung und Durchsetzung von Preisalternativen, für die Produkte eines Anbieters zunächst aufgreift. Hierzu ist zu unterstellen, daß von bereits im Markt *eingeführten Gütern* ausgegangen wird, deren *Qualität unverändert* bleibt. Die Marktgegebenheiten ändern sich ebenfalls nicht, so daß die Unterstellung einer statischen Wirtschaft gerechtfertigt werden kann.

1. Nachfragefunktion und Preisabsatzfunktion

Die Grundlage preispolitischer Analysen bildet in der Theorie der Unternehmung die *Nachfragefunktion,* durch die der über alle Anbieter kumulierte mengenmäßige Absatz eines Gutes 1 (x_1) in einer gegebenen Planungsperiode bestimmt wird (vgl. die Entwicklung von aggregierten Nachfragefunktionen in § 2 B 1). Sie hat im Falle von n Güterarten und m absatzpolitischen Instrumenten folgende allgemeine Form:

(4.1) $\quad x_1 = f(p_1, p_2, ..., p_n \,;\, x_2, x_3, ..., x_n \,;\, \alpha_1, \alpha_2, ..., \alpha_m \,;\, s)$

mit

x_h: = nachgefragte Menge der Güterart h ($h = 1, 2, ..., n$),
p_h: = Preis pro Mengeneinheit der Güterart h ($h = 1, 2, ..., n$),
α_i: = andere Variablen, die den Absatz der Güterart i bestimmten (etwa Produkt-, Vertriebs- oder Kommunikationspolitik aller betrachteten Unternehmer ($i = 1, 2, ..., m$)),
s: = Störvariable, die die Ungewißheit bzw. die Wirkungen nicht explizit erfaßter Einflußgrößen zum Ausdruck bringt.

Eine (Nachfrage-)Funktion wird *stochastisch* genannt, wenn die zu erklärende Variable (x_1) u. a. von einer Zufallsvariablen s beeinflußt wird, die einer Wahrscheinlichkeitsverteilung unterliegt und gemeinsam mit den anderen unabhängigen Variablen den Wert der abhängigen Variablen (x_1) bestimmt. Für die weitere Analyse wird s zunächst vernachlässigt, d. h. es wird von einem deterministischen Beziehungszusammenhang ausgegangen. Zur isolierten Analyse der Preiseinflüsse wird zunächst unterstellt, daß die betrachteten Unternehmen den Einsatz der anderen absatzpolitischen Instrumente auf einem konstanten Niveau halten und alle sonstigen absatzrelevanten Marktgrößen außer den Preisen und Absatzmengen konstant bleiben. Damit wird der Absatz der Güterart 1 als allein abhängig vom zugehörigen Preis p_1 und den Preisen $p_2, ..., p_n$ sowie den Mengen der Güter betrachtet, die mit Gut 1 konkurrieren. Geht man im übrigen davon aus, daß auf der Angebotsseite des Marktes für die Güterarten 1, ..., n die Marktform des *Angebotsmonopols* herrscht, der auf der Nachfrageseite ein *Nachfragepolypol* für Güterart 1 (nicht notwendigerweise auch für die Güterarten 2, ..., n) gegenübersteht, so erhält die Nachfragefunktion, die dann aus der Sicht des Monopolisten auch als *Absatzfunktion* bezeichnet werden kann, folgende Form:

(4.2) $\quad x_1 = f(p_1, p_2, \ldots, p_n \, ; \, x_2, x_3, \ldots, x_n)$.

Im folgenden wird daher nicht zwischen Absatz- und Nachfragefunktion differenziert.

Ein Oligopol oder Monopol auf der Nachfrageseite könnte bewirken, daß sich der Anbieter keiner Nachfrage gegenübersieht, auf deren Gesamtheit er reagieren kann. Es wäre dann denkbar, daß er mit jedem einzelnen Nachfrager in Verhandlungen treten muß. Dadurch kann eine Preisbildung in Abhängigkeit von der Knappheit des angebotenen Gutes verhindert werden.

Nimmt man für den einfachsten Fall darüber hinaus an, daß auch die Preise und Mengen der anderen Güter konstant bleiben, so lautet die Nachfrage- bzw. Absatzfunktion:

(4.3) $\quad x_1 = x_1(p_1)$.

Die Absatzmenge des Gutes 1 wird damit als allein abhängig von dem Absatzpreis angesehen, den der monopolistische Anbieter festsetzen kann. Meist wird allerdings die Umkehrfunktion verwendet, die auch als *Preisabsatzfunktion* bezeichnet wird:

(4.4) $\quad p_1 = p_1(x_1)$.

Damit enthalten Preisabsatz- und Stückkostenfunktion formal die gleiche unabhängige Variable, was für die analytischen Betrachtungen in §§ 5–7 zweckmäßig ist. Jedoch darf dabei nicht übersehen werden, daß der *Preis* p die Aktionsvariable der Unternehmung ist und nicht die Nachfrage- oder Angebotsmenge x. In der mikroökonomischen Preistheorie existiert aber – soweit eine deterministische Wirtschaftsumwelt unterstellt wird – bei gegebener Preisabsatzfunktion zu einer bestimmten Preisalternative p stets nur jeweils genau eine und nur eine Nachfragemenge x, so daß es bei der Bestimmung des absatzpolitischen Optimums oft keinen Unterschied macht, ob nach dem optimalen Preis oder der optimalen Angebotsmenge (= Nachfragemenge) gesucht wird. Obwohl diese Situation in der Realität nicht anzutreffen ist, erlaubt ihre Analyse doch einen besonders anschaulichen Durchblick auf die Zusammenhänge zwischen den verschiedenen Partialtheorien der Unternehmung, namentlich zwischen Produktions- und Kostentheorie einerseits und Preistheorie (als Theorie der Preispolitik und pars pro toto für alle Instrumentalvariablen der Unternehmung) andererseits.

Ökonometrisch gesehen ergeben sich bei Vorliegen von Zeitreihen der Nachfrage x und des Angebotspreises p stets zwei Regressionsfunktionen, die den statistischen Zusammenhang zwischen x und p beschreiben. Die Nachfragefunktion

$$x = f(p)$$

beschreibt (bzw. erklärt) die Abhängigkeit der Nachfrage x vom Angebotspreis p, die Funktion

$$p = \varphi(x)$$

die Abhängigkeit des Angebotspreises p von der Nachfrage x (sofern ein solcher Sachverhalt real existiert). Diese beiden Funktionen sind bei empirischer Ermittlung grundsätzlich nicht durch Bildung der jeweiligen Umkehrfunktionen ineinander überführbar. Unter den hier gesetzten Prämissen der statischen Modelltheorie ist die Bildung von Umkehrfunktionen jedoch voll gerechtfertigt.
Aus der Sicht der einzelnen Unternehmung ist die Preisabsatzfunktion als *konjekturale* Funktion aufzufassen, d. h. sie gibt Erwartungen des Unternehmens über erzielbare Absatzmengen bei alternativen Preisen an. In der mikroökonomischen Theorie wird diese Beziehung aus dem Modell des privaten Haushalts abgeleitet (vgl. im § 2 die Ausführungen zur klassischen Haushaltstheorie). Die Nachfrage- bzw. Preisabsatzfunktion ist ein gedankliches Instrument zur komparativ-statischen Analyse *alternativer* Kombinationen von Angebotsmenge und -preis unter den angegebenen Prämissen. Die Funktion besagt somit nicht, wie sich die Absatzmengen bei allmählicher Erhöhung oder Herabsetzung der Angebotspreise in der Vergangenheit entwickelt haben oder während eines zukünftigen Zeitraumes entwickeln werden.

Ein Angebotsmonopolist erwartet auf Märkten mit polypolistischer Nachfragestruktur, daß bei relativ *niedrigen Preisen* eine große Zahl von Nachfragern nach dem betrachteten Gut auftritt und diese eine relativ große Menge kauft; umgekehrt erwartet er bei relativ *hohen Preisen,* daß nur eine geringe Zahl von Nachfragern nach dem betrachteten Gut auftritt und deren Nachfrage relativ niedriger ausfällt (bzw. eine konstante Nachfragerzahl relativ mehr oder weniger nachfragt).
Dieser Erwartungsstruktur entspricht eine Nachfrage- bzw. Preisabsatzfunktion mit fallender Tendenz im Sinne von Abb. 4.2, in der drei verschiedene denkbare Verläufe dargestellt werden.
Besteht kein Anlaß zu der Annahme, daß sich bei Über- oder Unterschreitung eines bestimmten Angebotspreises die Nachfrage in extremer Weise verändert, so kann man zur weiteren Vereinfachung der modellmäßigen Analyse von einer fallenden Geraden (a) ausgehen. Sie hat dann die Form:

(4.5) $p_1(x_1) = -g\,x_1 + u$

mit $u, g, x_1 \geq 0$.

Nachfragefunktion und Preisabsatzfunktion 111

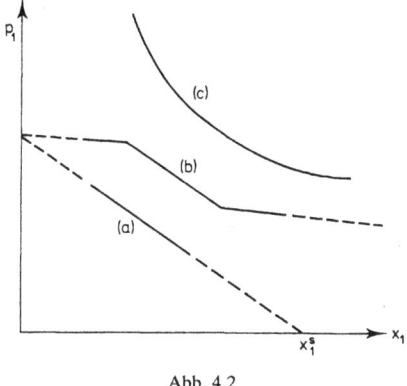

Abb. 4.2

Je geringer die Konstante g ist, um so flacher verläuft bei gegebenem u die Preisabsatzfunktion.
Im Schnittpunkt der Preisabsatzfunktion mit der Ordinate liegt der Prohibitivpreis, bei dem sämtliche potentiellen Nachfrager vom Kauf abgehalten werden und die Absatzmenge $x_1 = 0$ ist. Die Menge, die vermutlich beim Preis $p_1 = 0$ abgesetzt werden kann, wird *Sättigungsmenge* x_1^s genannt[1].

Die Annahme einer Geraden (a) impliziert, daß der absolute Mehrabsatz, der bei einem um eine Geldeinheit geringeren Preis zu erwarten ist, bei jedem Ausgangspreis gleich hoch ist. In der Realität dürfte der Absatzzuwachs bei einer Preissenkung von einem „hohen" Niveau aus relativ geringer sein als beim Ausgang von einem „mittleren" oder „niedrigen" Preisniveau. Dies wird in der Preisabsatzfunktion (c) ausgedrückt. Der Kurvenverlauf (b), der zwei Knicke aufweist, soll bestimmte Auswirkungen der Marktunvollkommenheit ausdrücken (vgl. dazu im einzelnen § 7). In realen Wirtschaftssituationen stehen einer Unternehmung aufgrund zahlreicher Restriktionen entweder nur wenige diskrete Preisalternativen (mit verteilter Nachfrage) oder nur ein Ausschnitt aus einer stetigen Preisabsatzfunktion zur Verfügung. In letzterem Fall kann sich der Handlungsspielraum in der Preispolitik z. B. auf den zwischen den zwei Unstetigkeitsstellen gelegenen Bereich der Preisabsatzfunktion (b) oder den durchgezogenen Teil der Funktion (a) beziehen.
Gegen einen linearen Verlauf der Preisabsatzfunktion zwischen Prohibitivpreis und Sättigungsmenge lassen sich auch auf Grund der sehr speziellen Prämissen

---

[1] Vgl. Gutenberg, Erich: Grundlagen der Betriebswirtschaftslehre, 2. Band, Der Absatz, 17. Aufl., 1984, S. 194.

112   Grundlagen der Absatztheorie

der Haushaltstheorie berechtigte Einwendungen erheben[1]. Dieses Konzept wird im folgenden trotzdem aus didaktischen Gründen beibehalten, um die grundlegenden betriebswirtschaftlichen Beziehungszusammenhänge zwischen Absatz- und Produktionsprozeß modellmäßig aufzeigen zu können. Den Einwendungen wird in Abb. 4.2 dadurch Rechnung getragen, daß die oberen und unteren Teilabschnitte der Preisabsatzfunktionen (*a*) und (*b*) gestrichelt dargestellt werden. In der Praxis wird man sich mit Mitteln der *Marktforschung* ohnehin nur ein ungefähres Bild über Nachfragerreaktionen infolge potentieller Veränderungen des Angebotspreises verschaffen können, wobei die Wirkungen der hier vernachlässigten Einflußgrößen zu beachten sind.

Abschließend sei auf Fälle *inversen Preis-Nachfrage-Verhaltens* von Käufern hingewiesen. Für bestimmte Güter kann – innerhalb bestimmter Preisintervalle – bei höheren Preisen eine relativ größere Nachfrage als bei niedrigeren Preisen beobachtet werden. Auf dieses Phänomen hat u. a. auch Veblen hingewiesen (*Veblen-Effekt*)[2]. Wird ein Gut hauptsächlich aus Prestigeüberlegungen gekauft, so folgt sein Nutzen nicht allein aus dem Ge- oder Verbrauch, sondern auch aus dem dafür bezahlten „auffälligen" Preis, was bei Referenzgruppen Achtung bzw. Anerkennung hervorrufen soll. Über den Gebrauchsnutzen hinaus stiftet das Gut einen hohen *Geltungsnutzen*[3]. Von einem *Snob-Effekt* spricht man u. a. dann, wenn Konsumenten ihre Nachfrage nach einem Gut deshalb einschränken, weil andere Wirtschaftssubjekte das gleiche Gut in größerem Umfang nachfragen. Es kann weiterhin zu einem derartigen Verlauf kommen, wenn – insbesondere mangels anderer Informationen – von einem hohen Preis auf ein höheres Qualitätsniveau geschlossen wird[4].

2. *Preiselastizität der Nachfrage und des Angebots*

Die Effizienz der einzelnen absatzpolitischen Instrumente kann mit Hilfe von Elastizitäten beurteilt werden. Eine Elastizität ist allgemein definiert als[5]:

$$\text{Elastizität} = \frac{\text{relative Veränderung der abhängigen Variablen}}{\text{relative Veränderung der unabhängigen Variablen}}.$$

---

[1] Zur Kritik der Preisabsatzfunktionen vgl. den zusammenfassenden Überblick bei Schneider, Dieter: Die Preis-Absatz-Funktion und das Dilemma der Preistheorie, in: Zeitschrift für die gesamte Staatswissenschaft, Bd. 122, 1966, S. 587–628.
[2] Vgl. Veblen, Thorstein: The Theory of the Leisure Class, 1899.
[3] Vgl. Leibenstein, Harvey: Bandwagon-, Snob- und Veblen-Effekte in der Theorie der Konsumentennachfrage, in: Streissler, Erich; Streissler, Monika (Hrsg.): Konsum und Nachfrage, 1966, S. 231ff.
[4] Vgl. die empirische Untersuchung von Woodside, Arch G.; Davenport, William J. jr.: Effects of Price and Salesman Expertise on Customer Purchasing Behavior, in: Journal of Business, Vol. 49, 1976, S. 57.
[5] Vgl. Band 1, § 7 A 4.

Dabei beziehen sich die (prozentualen) Veränderungen jeweils auf das Ausgangsniveau der beiden Variablen. Eine Absatzelastizität gibt dementsprechend an:

$$\text{Absatzelastizität} = \frac{\text{relative Veränderung der Absatzmenge}}{\text{relative Veränderung einer Aktionsvariablen des Absatzes}}.$$

Auf der Grundlage einer Nachfragefunktion kann z. B. die Elastizität der Nachfrage nach einem Gut in bezug auf Veränderungen des Preises dieses Gutes (d. h. die direkte *Preiselastizität der Nachfrage*) ermittelt werden:

(4.6) $$\eta_{x,\,p} = - \frac{\frac{\Delta x}{x^{(0)}}}{\frac{\Delta p}{p^{(0)}}} = - \frac{\Delta x}{\Delta p} \cdot \frac{p^{(0)}}{x^{(0)}}$$

mit
$p^{(0)}$: = Ausgangspreis,
$x^{(0)}$: = Ausgangsmenge,
Δp: = Preisvariation,
Δx: = induzierte Mengenvariation.

Im Fall der Grenzbetrachtung ergibt sich:

(4.7.1) $$\lim_{\Delta p \to 0} \frac{\Delta x}{\Delta p} = \frac{dx}{dp}$$

und

(4.7.2) $$\eta_{x,\,p} = - \frac{dx}{dp} \cdot \frac{p^{(0)}}{x^{(0)}},$$

mit
$\frac{dx}{dp}$: = Differentialquotient.

In der Literatur[1] zur mikroökonomischen Preistheorie wird bei der Preiselastizität der Nachfrage meistens ein Minuszeichen eingefügt, damit sich bei Nachfragefunktionen, die eine negative Steigung besitzen (also für hohe Preise eine niedrige Nachfrage und für niedrige Preise eine hohe Nachfrage aufweisen), für die Preiselastizität der Nachfrage $\eta_{x,\,p}$ ein positiver Wert ergibt. So kann man bei einer stärkeren Reaktion der Nachfrage auf Preisvariationen auch einen größeren positiven Wert erhalten und ohne weiteres von „größerer Elastizität" sprechen. In den §§ 5–7 wird die Preiselastizität ohne künstliches Minuszeichen verwendet, um die reale Aussage gegenüber den anderen

---

[1] Vgl. Ott, Alfred E.: Grundzüge der Preistheorie, Neudruck der 3. überarbeiteten Auflage, 1984, S. 135 f.

114 Grundlagen der Absatztheorie

Absatzvariablen, die in der Regel zu positiven Elastizitätskoeffizienten führen, erkennbar zu machen.

Die Höhe der direkten Preiselastizität der Nachfrage hängt insbesondere auch davon ab, wie groß die Preisvariation ist. Geringe Preisveränderungen liegen vielfach unter der *Fühlbarkeitsschwelle* des Nachfragers, so daß überhaupt keine Reaktion erfolgt. Bei größeren Veränderungen kann die Nachfrage aber dann sehr intensiv reagieren, was zu einer relativ großen Elastizität führt[1]. Jedoch läßt sich beobachten, daß in manchen Fällen auch eine *Folge geringer Preisveränderungen* keine nachhaltigen Nachfragerreaktionen zur Folge hat, solange die Fühlbarkeitsschwelle der Nachfrager noch nicht erreicht ist, d. h. die Nachfrage reagiert relativ unelastisch. Das gilt insbesondere dann, wenn sich die Preise der Substitutionsgüter etwa in gleicher Weise bewegen. Wird die Fühlbarkeitsschwelle jedoch schließlich erreicht oder überschritten, so erfolgt eine umso heftigere Reaktion der Nachfrage, das Verhaltensmuster ändert sich und die Elastizität der Nachfrage in bezug auf den Preis steigt sprunghaft an.

> **Beispiel**
> In den zurückliegenden Jahren sahen sich die Mineralölgesellschaften zeitweilig zu stetigen Benzinpreiserhöhungen gezwungen, die infolge unelastischer Nachfrage zunächst ohne größere Absatzeinbußen durchsetzbar waren. Mit Erreichung eines bestimmten Schwellenpreises waren die Nachfrager jedoch nicht mehr bereit, ihr bisheriges Kaufverhaltensmuster beizubehalten. Die Nachfrage ging deutlich zurück, die Erlöse sanken trotz gestiegener Preise. Als nun versucht wurde, verlorengegangenen Absatz durch schrittweise Preissenkungen zurückzugewinnen, zeigte sich unerwartet eine relativ unelastische Nachfrage, die nur zögernd das frühere Verhaltensmuster (geringe Elastizität bei geringen Preissteigerungen von einem niedrigen Grundpreis aus) wieder annahm.

Auf die Elastizitäten der übrigen Aktionsvariablen des Absatzes (z. B. *Werbeelastizität*) soll in anderem Zusammenhang eingegangen werden. Auch für eine wirtschaftliche Beurteilung alternativer Marketing-Mixes können Elastizitäten errechnet werden, sofern sich für jedes Marketing-Mix die zusätzlichen Kosten für den Instrumentaleinsatz gegenüber der Ausgangssituation ermitteln lassen (Mix-Elastizitäten). Dem relativen Kostenanstieg wird dabei die daraus erwartete relative Steigerung des Erlöses gegenübergestellt[2].

---

[1] Vgl. Krelle, Wilhelm: Preistheorie, 1. Teil, Monopol- und Oligopoltheorie, 2. Aufl., 1976, S. 10.
[2] Vgl. auch Kotler, Philip; Bliemel, Friedhelm: Marketing-Management, 7. Aufl., 1992, S. 98 und § 4 H 1.

Die *Preiselastizität* der Nachfrage für *monoton fallende Nachfragefunktionen* liegt im Intervall $0 \leq \eta \leq \infty$.
Ruft eine Preisänderung gar keine Nachfrageveränderung hervor, so ist die Elastizität null; verursacht z. B. eine sehr geringe Preissenkung eine Nachfrageerhöhung „über alle Grenzen", so ist der Wert der Elastizität ∞. Wenn die prozentuale Nachfragevariation genau gleich der sie verursachenden prozentualen Preisvariation ist, beträgt der Wert der Elastizität 1.
Von *starrer Nachfrage* wird gesprochen, wenn die Preiselastizität der Nachfrage zwischen 0 und 1 liegt (vollkommen starre Nachfrage: $\eta = 0$); als *elastische Nachfrage* wird eine Nachfrage bezeichnet, für welche η zwischen 1 und ∞ liegt (vollkommen elastische Nachfrage: $\eta = \infty$).

Beispiel
Gegeben sei folgende lineare und differenzierbare Nachfragefunktion

$$x = 50 - \frac{1}{2} p .$$

Gesucht sei die Preiselastizität der Nachfrage beim Ausgangspreis (bzw. im Punkte) $p^{(0)} = 80$ und der der Funktion entsprechenden mengenmäßigen Nachfrage von $x^{(0)} = 10$.
Es ist

$$\frac{dx}{dp} = -\frac{1}{2} \quad \text{und} \quad \frac{p^{(0)}}{x^{(0)}} = 8 ;$$

damit ergibt sich

$$\eta_{x^{(0)}, p^{(0)}} = -\left(-\frac{1}{2} \cdot 8\right) = 4 .$$

Das bedeutet: bei einem Ausgangspreis von 80 GE führt eine einprozentige Preisänderung zu einer Nachfrageänderung von 4 Prozent. Dies läßt sich leicht überprüfen, wenn man den um ein Prozent reduzierten oder auch erhöhten Preis in die Preisabsatzfunktion einsetzt und den Prozentsatz der resultierenden Mengenveränderung berechnet. Es liegt demnach eine elastische Nachfrage vor.

Die Preiselastizität der Nachfrage in einem Punkt (P) der Nachfragefunktion kann auch graphisch bestimmt werden. Sie wird durch das Verhältnis der Abschnitte ($\overline{BP}$ und $\overline{PA}$) gemessen, die der Punkt P auf der Tangente an die Nachfragefunktion (oder auf der linearen Nachfragefunktion selbst) zwischen den Achsen abteilt (vgl. Abb. 4.3):

$$\eta_{x, p} = \frac{\overline{BP}}{\overline{PA}} .$$

An Hand der graphischen Darstellung lassen sich die folgenden Schlüsse ableiten[1]:

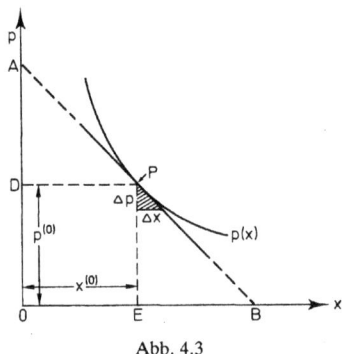

Abb. 4.3

- Auf dem Halbierungspunkt einer linearen Nachfragekurve zwischen den Achsen beträgt die Elastizität 1 (Abb. 4.4);
- An den Schnittpunkten der Nachfragekurve mit der Ordinate hat die Elastizität den Wert ∞; an den Schnittpunkten mit der Abszisse hat sie den Wert 0; zwischen diesen beiden Extremwerten durchläuft sie alle Zwischenwerte (Abb. 4.4);
- Bei Parallelverschiebung einer linearen Nachfragekurve befinden sich Punkte gleicher Elastizität auf Strahlen durch den Ursprung (Abb, 4.5);
- Alle Punkte mit gleichem Abszissenwert haben die gleiche Elastizität, wenn die linearen Nachfragekurven die Abszisse in einem Punkt schneiden (Abb. 4.6);
- Bei linearen Nachfragekurven, die sich auf der Ordinate schneiden, gilt: die Elastizitäten von Punkten mit gleichem Abszissenwert sind umso größer, je geringer die Steigung der Nachfragekurve ist (senkrechte Linie in Abb. 4.7); andererseits haben alle Punkte mit gleichem Ordinatenwert die gleiche Elastizität (horizontale Linie mit $\eta = 1$ in Abb. 4.7).

Von Bedeutung für die preistheoretische Analyse ist auch die *Kreuzpreiselastizität*. Sie drückt das Verhältnis zwischen der relativen Veränderung der

---

[1] Vgl. auch Schneider, Erich: Einführung in die Wirtschaftstheorie, 11. Teil, 13. Aufl., 1972, S. 33 f.; Jacob, Herbert: Preispolitik, 2. Aufl., 1971, S. 62 f.; Schmalen, Helmut: Preispolitik, 1982, S. 16 ff.

Preiselastizität der Nachfrage und des Angebots 117

mengenmäßigen Nachfrage nach einem Gut 1 und der sie auslösenden relativen Preisvariation bei einem anderen Gut 2 aus:

(4.8) $\quad \eta_{x_1, p_2} = \dfrac{\Delta x_1}{\Delta p_2} \cdot \dfrac{p_2^{(0)}}{x_1^{(0)}}$.

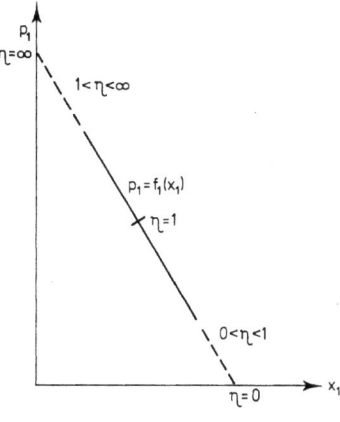

Abb. 4.4

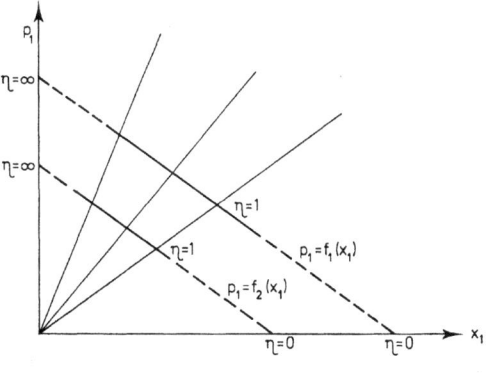

Abb. 4.5

118 Grundlagen der Absatztheorie

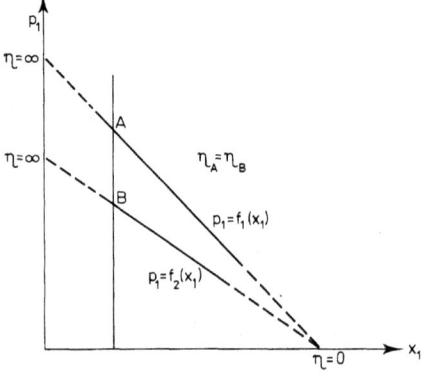

Abb. 4.6

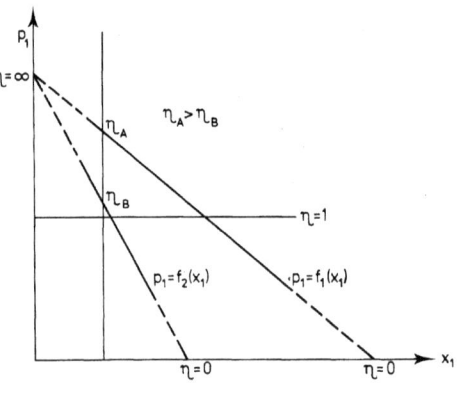

Abb. 4.7

Die Kreuzpreiselastizität wird im allgemeinen mit positivem Vorzeichen angegeben. Werden zwei Güter von den Nachfragern als Substitute betrachtet, so nimmt die Kreuzpreiselastizität einen positiven Wert an. Steigt z. B. der Preis des Gutes 2 um Δp_2, so wird dies die bisherigen Käufer veranlassen, Gut 2 durch Gut 1 zu substituieren. Die Nachfrage nach Gut 1 wird entsprechend steigen. Die Stärke dieses Effektes wird durch η_{x_1, p_2} angegeben. Man beachte, daß homogene, objektiv substituierbare Güter nicht unbedingt auch von den Nachfragern stets als solche betrachtet werden müssen (Beispiel: Substituierbarkeit von Biermarken; durch starke Markenpräferenz kann eine Substituierbarkeit u. U. nicht gegeben sein). Da hier von Präferenzen abgesehen wird, stellt sich das Problem jedoch nicht. Komplementäre Güter haben normalerweise eine negative Kreuzpreiselastizität, da sie in der Regel gemeinsam nachgefragt werden[1]. Die Kreuzpreiselastizität kann dazu dienen, die Abhängigkeiten, die zwischen den Nachfragemengen und den Preisen von verschiedenen Produkten eines Anbieters bestehen, zu untersuchen.

Beispiel
Verschiedene Kaffeesorten in unterschiedlichen Ausgangspreislagen; Trinkmilch und Trinkschokolade bei einer großen Molkereigesellschaft.

Wird dieses Konzept auf die Preisänderung Δp_1 für das Gut 1 eines Anbieters A und die resultierende Mengenänderung beim Gut 2 eines Anbieters B bezogen, so bezeichnet man diesen Spezialfall der Kreuzpreiselastizität als *Triffinschen Koeffizienten*[2]. Er ist vor allem von Bedeutung für substitutive Produkte, deren Hersteller in Konkurrenz zueinander stehen; je größer also der Triffinsche Koeffizient ist (im Extremfall ∞), um so stärker ist der Preiswettbewerb zwischen den betrachteten Unternehmen. Dieses Maß für die Konkurrenzintensität benutzt Triffin für die Entwicklung eines Marktformenschemas, in dem auf das Gliederungsprinzip „Zahl und Größe der Marktteilnehmer" verzichtet wird[3].

Analog zur Preiselastizität der Nachfrage kann die Elastizität der Angebotsmenge x eines Gutes in bezug auf den Preis dieses Gutes p (d. h. die direkte *Preiselastizität des Angebotes*)[4] formuliert werden.

---

[1] Vgl. Gutenberg, Erich: Grundlagen der Betriebswirtschaftslehre, 2. Band, Der Absatz, 17. Aufl., 1984, S. 195.
[2] Vgl. Triffin, Robert: Monopolistic Competition and General Equilibrium Theory, 1949, S. 97 ff.
[3] Zu Einzelheiten vgl. Gutenberg, Erich: Grundlagen der Betriebswirtschaftslehre, 2. Band, Der Absatz, 17. Aufl., 1984, S. 187–191.
[4] Vgl. Ott, Alfred E.: Grundzüge der Preistheorie, Neudruck der 3. überarbeiteten Auflage, 1982, S. 142 ff.

120 Grundlagen der Absatztheorie

$$\varepsilon_{x,\,p} = \frac{\text{relative Veränderung der angebotenen Menge}}{\text{relative Veränderung des Preises}}.$$

Unterstellt man für den Anbieter die Existenz einer Angebotsfunktion

(4.9) $x = f(p)$

mit

x: = Menge des Gutes, die der hier betrachtete Unternehmer anbieten will,
p: = Preis des Gutes,

so folgt für die Angebotselastizität

(4.10) $\varepsilon_{x,\,p} = \dfrac{\dfrac{\Delta x}{x^{(0)}}}{\dfrac{\Delta p}{p^{(0)}}}.$

Ist die Angebotselastizität gleich 1, so ist die relative Änderung des Angebotes gleich der relativen Änderung des Preises. Man beachte, daß im Regelfall Angebotsmenge *und* Angebotspreis *Aktionsvariablen* der Unternehmung sind. Hier wird der Preis p als (variabler) *Marktpreis* aufgefaßt, der für den Unternehmer ein *Datum* darstellt.
Die Angebotsfunktion, die hier zugrunde gelegt wird, ist in der Regel eine steigende Funktion, d. h. der Unternehmer bietet bei höheren Marktpreisen größere Mengen an als bei niedrigeren. Dann ist die Angebotselastizität eine positive Größe. Der Verlauf, der Angebotsfunktion – und damit die Angebotselastizität – wird bei gegebener Kapazität (kurzfristige Betrachtung) besonders vom Verlauf der Grenzkosten und bei langfristiger Betrachtung vom Verlauf der Durchschnittskostenfunktion[1] bestimmt.

3. *Erlös- und Grenzerlösfunktionen*

Die Preisabsatzfunktion ordnet alternativen Preisen bestimmte erwartete Absatzmengen zu. Multipliziert man für ein in einem Marktsegment isoliert abgesetztes Gut die alternativen Absatzmengen (x) mit den zugehörigen Preisen (p), so erhält man die *Erlösfunktion* (Umsatzfunktion):

(4.11) $E = p \cdot x$.

Für den Fall des Angebotsmonopolisten, der einem Nachfragepolypol gegenübersteht, lautet die Erlösfunktion unter Verwendung von Ausdruck (4.5) für die Preisabsatzfunktion:

(4.11.1) $E = (-gx + u) \cdot x = -gx^2 + ux$

---
[1] Vgl. Band 1, § 14 und 15.

Erlös- und Grenzerlösfunktionen 121

mit
$g:$ = Steigungsmaß der Preisabsatzfunktion,
$u:$ = Prohibitivpreis für die Preisabsatzfunktion,
$u, g, x \geq 0$.

Der Erlös des Anbieters wird hier als Funktion der *Absatzmenge* definiert. Würde man statt der Preisabsatzfunktion die Nachfragefunktion zugrunde legen, wäre der Erlös des Anbieters als Funktion des *Angebotspreises* definiert.
Der Verlauf der Erlösfunktion ist somit abhängig von der Form der Preisabsatzfunktion. Bei einer linear fallenden Preisabsatzfunktion ergibt sich eine quadratische Erlösfunktion $E(x)$ in Form einer Parabel (Abb. 4.8).

Beispiel
Die Gleichung der Preisabsatzfunktion laute: $p = -4x + 100$.
Für die zugehörige Erlösfunktion ergibt sich daraus:
$$E = -4x^2 + 100x .$$

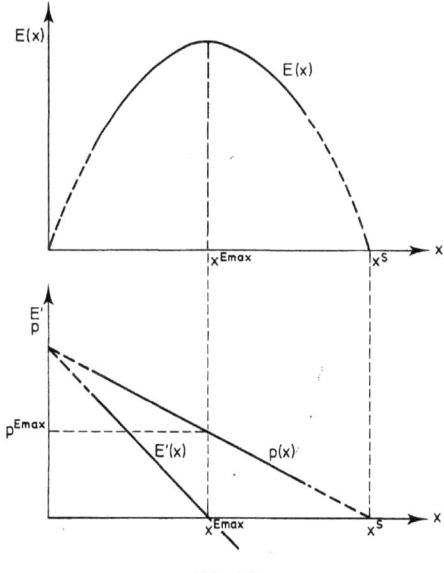

Abb. 4.8

122 Grundlagen der Absatztheorie

Der Erlöszuwachs bzw. die Erlösabnahme bei einer marginalen Erhöhung der *Absatzmenge* heißt *Grenzerlös*. Die zu den jeweiligen Absatzmengen gehörigen Grenzerlöse ergeben die *Grenzerlösfunktion*. Diese errechnet sich als 1. Ableitung der Erlösfunktion $E(x)$:

(4.12) $\quad \dfrac{dE(x)}{dx} = E'(x) = p'(x) \cdot x + p(x)$.

Für das obige Beispiel ergibt sich: $E'(x) = -8x + 100$.

Aus dem Ausdruck für diese Grenzerlösfunktion ist zu ersehen,
- daß sie steiler fällt als die zugehörige Preisabsatzfunktion;
- daß für jede Absatzmenge > 0 der Grenzerlös kleiner ist als der zugehörige Preis;
- daß die Grenzerlöskurve an demselben Ordinatenwert ansetzt wie die Preisabsatzfunktion;
- daß die Grenzerlöskurve die Abszissenachse für $p = 0$ bei $\dfrac{x^s}{2}$ schneidet;

es ergibt sich als Sättigungsmenge x^s für $p = 0$ aus (4.5)

(4.12.1) $\quad x^s = \dfrac{u}{g}$

und als erlösmaximale Absatzmenge für $E'(x) = 0$ aus (4.11.1) bzw. (4.12)

(4.12.2) $\quad x^{E_{max}} = \dfrac{u}{2g}$.

Offenbar ist

(4.12.3) $\quad \dfrac{x^s}{x^{E_{max}}} = \dfrac{2}{1}$

- daß $E'(x)$ im Punkt $x^{E_{max}}$ gleich 0 ist und damit die Erlöskurve ihr Maximum erreicht;
- daß (nach dem Strahlensatz) der zu $x^{E_{max}}$ gehörige Preis $p^{E_{max}}$ die lineare Preisabsatzfunktion im ersten Quadranten des Koordinatensystems halbiert (also der erlösmaximale Preis gleich dem halben Prohibitivpreis ist) und
- daß die Preiselastizität für die Menge $x^{E_{max}}$ gleich 1 ist.

Verfolgt eine Unternehmung als Angebotsmonopolist gegenüber einem Nachfragepolypol die Zielsetzung *Erlösmaximierung* ohne Berücksichtigung der übrigen Absatzvariablen und der Kosten, so ergeben sich folgende Konsequenzen:
- für jeden über $p^{E_{max}}$ liegenden Preis bringt eine absatzsteigernde Preissenkung positive, aber abnehmende Grenzerlöse, d. h. der Preis ist bis zu dem Punkt zu senken, an dem der zu erwartende marginale Erlöszuwachs, der Grenzerlös, gleich null ist;

– es ist bei dem Preis anzubieten, bei dem die Preiselastizität der Nachfrage gleich 1 ist.

Für den Fall, daß die Nachfrage vollkommen elastisch ist ($\eta = \infty$), also jede beliebige Menge (bis zur Kapazitätsgrenze[1]) zu einem konstanten Preis abgesetzt werden kann,
– verläuft die Erlösfunktion als Gerade aus dem Ursprung,
– verläuft die Preisabsatzfunktion als Parallele zur Abszisse,
– ist die Grenzerlösfunktion mit der Preisabsatzfunktion identisch.

Für ein Unternehmen, das *mehrere Produktarten anbietet,* ergibt sich die Gesamterlösfunktion als Addition der Erlösfunktionen für die n einzelnen Güterarten:

(4.13) $$E = \sum_{h=1}^{n} p_h(x_h) \cdot x_h \, .$$

Bei dieser Formulierung wird unterstellt, daß der Absatz des h-ten Gutes allein vom Angebotspreis, nicht jedoch von den Preisen anderer Güter und nicht von anderen Faktoren abhängt. Insbesondere darf kein Absatzverbund (Komplementarität, Substitutionalität) zwischen den Produkten des Unternehmens bestehen, wie er in der Praxis häufig zu beobachten ist.

4. Gewinnfunktionen

Eine Gewinnfunktion kann aus den Erlös- und Kostenfunktionen abgeleitet werden (vgl. Gleichung (4.1) in § 4. B. 1), wobei wir im Hinblick auf die Herleitung der Erlösfunktion $E(x)$ die Preisabsatzfunktion (und nicht die Nachfragefunktion) zugrunde legen. Damit ergibt sich als kontrollierbare Variable der Gewinnfunktion $G(x)$ die Absatzmenge bzw. die Produktionsmenge (nicht der Angebotspreis), was für die Darstellung der Zusammenhänge zwischen Produktions-, Kosten- und Absatztheorie hilfreich ist. Unter den engen Modellprämissen wird der Gewinn des Anbieters lediglich durch Produktions- bzw. Absatzmengen, Absatzpreise, Produktions- und Vertriebskosten bestimmt. Dabei wird ein Zukauf von Produkten von anderen Unternehmen ausgeschlossen und die Produktmenge als einzige Kosteneinflußgröße betrachtet. Die Angebotsmengen sind gleich den Produktionsmengen (keine Lagerhaltung) und wiederum ausschließlich vom Absatzpreis abhängig; die anderen absatzpolitischen Instrumente werden auf einem konstanten Einsatzniveau gehalten und Konkurrenzmaßnahmen nicht erwartet. Die Kostenfunktion ist nur innerhalb der Kapazitätsgrenzen definiert. Die Gewinnfunktion eines Einproduktunternehmens lautet:

---

[1] Zum Begriff der Kapazitätsgrenze vgl. Bd. 1, §13 E.

(4.14.1) $\quad G(x) = E(x) - K_v(x) - K_f$

mit $\quad 0 < x \leq x^{\max}$.

Das Maximum dieser Gewinnfunktion einer Einproduktunternehmung kann man im Falle ihrer Differenzierbarkeit folgendermaßen ermitteln.
die erste Ableitung ergibt:

(4.14.2) $\quad \dfrac{dG(x)}{dx} = G'(x) = E'(x) - K'_v(x)$.

Bei dem Wert x, bei dem die Funktion (4.14.2) den Wert null erreicht, liegt das Gewinnmaximum, wobei hier unterstellt wird, daß dieses innerhalb der Kapazitätsgrenze ($x \leq x^{\max}$) liegt:

(4.14.3) $\quad E'(x) - K'_v(x) = 0$.

Die allgemeine (notwendige) Bedingung für das Gewinnmaximum bei differenzierbaren Erlös- und Kostenfunktionen lautet somit: *Grenzerlös gleich Grenzkosten*. Die hinreichende Bedingung ist, daß die *zweite Ableitung* einen negativen Wert annimmt:

(4.15) $\quad E'(x) = K'_v(x)$ und

(4.16) $\quad G''(x) < 0$.

Eine Gewinnbetrachtung kann (bei Zurechnungsfähigkeit der Kostenarten) auch bezogen auf die Mengeneinheit bzw. das Stück eines Produktes vorgenommen werden. Sind $k(x)$ die gesamten Kosten pro Mengeneinheit und $p(x)$ der Preis pro Mengeneinheit, dann ist der Gewinn pro Mengeneinheit $g(x)$ wie folgt definiert:

(4.16.a) $\quad g(x) = p(x) - k(x)$, für $0 < x < x_{\max}$.

Die Bedingungen für ein Optimum lauten analog:

(4.16.b) $\quad \dfrac{dg(x)}{dx} = g'(x) = p'(x) - k'(x)$

bzw.

(4.16.c) $\quad p'(x) = k'(x) = 0$

sowie

(4.16.d) $\quad g''(x) < 0$.

In § 3C hatten wir Erfahrungskosteneffekte im Hinblick auf mögliche Wettbewerbsvorteile von Anbietern angesprochen. Die empirische Beobachtung lehrt, daß nicht nur kosten-, sondern auch preisbezogene Erfahrungseffekte beobachtet werden können.[1] Abb. 4.8.a zeigt beide Effekte.

---

[1] Vgl. hierzu Henderson, Bruce D.: Die Erfahrungskurve in der Unternehmensstrategie, 1974, S. 19.

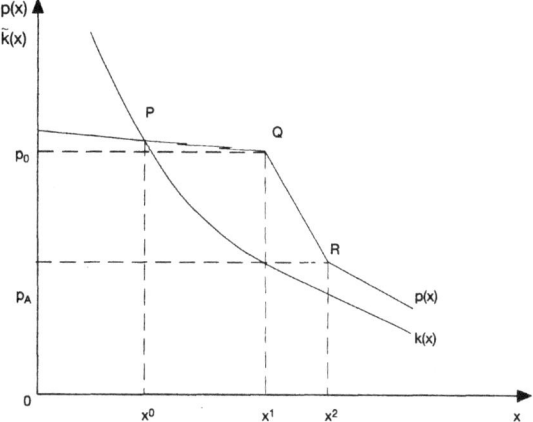

Abb. 4.8a. Erfahrungskosten- und Preiserfahrungseffekte

Bekanntlich fallen dabei die wertschöpfungsbezogenen Kosten pro Mengeneinheit $\tilde{k}(x)$ mit sich jeweils verdoppelnder Ausbringungsmenge exponentiell um 20–30%. Die Preisentwicklung zeigt dagegen ein etwas anderes Bild: Zunächst liegt der Preis bei entsprechender Ausbringungs- und Absatzentwicklung unter den Kosten. Ab dem Punkt P fällt der Preis deutlich langsamer als die Kosten, so daß die Unternehmung ab der Menge x^0 in der Gewinnzone agiert. An der Stelle x^1 erfolgt ein Preiseinbruch von der Höhe p_Q zur Höhe p_R (Punkt R), so daß es zu einer deutlichen Verringerung der Gewinne pro Mengeneinheit angesichts einer Verlangsamung der Kostensenkungstendenz kommt. Die Unternehmer wären daher gehalten, die Ausbringungsentwicklung im Falle möglicher Erfahrungseffekte so zu gestalten, daß ein Preis nahe bei p_Q bei einer Ausbringung marginal kleiner als x^1 realisiert wird, da dort der Gewinn pro Mengeneinheit das Maximum annimmt. Innerhalb der Gewinnzone für $x > x^0$ existiert ein „Preisschirm", der von der Erfahrungskosteneffekte aufweisenden Unternehmung genutzt werden kann.

5. Preisaufbau und Preisansatz

In der klassischen Preistheorie wird der Preis als eine einheitliche Größe der Gütermenge zugeordnet. Das gilt für die Preisabsatzfunktion ebenso wie für die Erlösfunktion. In der Realität setzen sich der Verkaufspreis bzw. der Stückerlös jedoch aus verschiedenen Preiselementen bzw. Erlösarten zusammen. Die Aufgliederung der Preisgröße folgt vor allem auch aus der Tatsache, daß

126 Grundlagen der Absatztheorie

Sachgüter in der Regel verbunden mit Dienstleistungen wie Kundenberatung, Antransport, Güterumschlag, Installation/Inbetriebsetzung (bei Gebrauchsgütern), Vorratshaltung, Kreditgewährung, Versicherung usw. am Markt angeboten und auch nachgefragt werden. Hinzu kommen vielfach weitere Sachgüter (wie z. B. Verpackungsmaterial und Installationsvorrichtungen).
Der wesentliche Preisbestandteil ist der *Grundpreis* für das Sachgut. Zusatzleistungen werden durch *Preiszuschläge* berücksichtigt, wenn der Anbieter sie erbringt. *Preisabschläge* (Rabatte, Boni o. ä.) kommen zum Ansatz, wenn vom Nachfrager oder einem Absatzmittler Teilleistungen erbracht werden. Bei Qualitätsvarianten eines Sachgutes wird häufig für eine *Standardqualität* ein Grundpreis gebildet, dem Aufpreise je Qualitätsstufe hinzugefügt werden. Andererseits werden in Abhängigkeit von der Abnahmemenge des einzelnen Nachfragers Rabatte gewährt. Damit gibt der Anbieter Kostenvorteile aus der Bildung größerer Produktions- und Versandlose[1] ganz oder zu einem bestimmten Teil an den Nachfrager weiter (z. B. bei geschlossener Abnahme bis 1000 Stück voller Preis, über 1000 bis 2000 Stück Gewährung von 1% Rabatt, über 2000 bis 5000 Stück 3% Rabatt usw.). Für Stahlerzeugnisse gilt z. B. eine Preisstruktur, die auf der folgenden Erlösartenstaffel beruht.

Beispiel einer preisbezogenen Erlösartenstaffel[2]
1. Positive Erlöskomponenten
    11 Grundpreise der Standardprodukte
    12 Aufpreise für Qualitätsvarianten
    13 Aufpreise für Abmessungsvarianten
    14 Aufpreise für Zusatzleistungen der Fertigung (Richten, Anstreichen usw.)
    15 Aufpreise für frachtfreie Anlieferung
    16 Aufpreise für die Absatzfinanzierung
    17 Aufpreise für sonstige Dienstleistungen (Service, Beratung usw.)
2. Erlösminderungen
    21 Preispolitische Rabatte (z. B. Angleichung an nachgewiesene Konkurrenzangebote)
    22 Funktionsbezogene Rabatte (z. B. Händlerrabatte für Leistungen des Großhandels, Exporteurs usw.)
    23 Mengenrabatte
    24 Nachlässe in Gewährleistungsfällen
3. Erlösberichtigungen für fehlerhafte Liefermengen und/oder Rechnungen.

Die jeweilige Summe der Positionen aus 1. bildet – unter Berücksichtigung der Liefermengen – den Bruttoerlös für einen ausgeführten Auftrag. Zieht man

---
[1] Vgl. Band 1, § 16.
[2] In Anlehnung an Kolb, Jürgen: Industrielle Erlösrechnung – Grundlagen und Anwendungen, dargestellt an Beispielen aus der Eisenhüttenindustrie, Diss. Bochum 1977, S. 42 ff.; vgl. auch Laßmann, Gert: Gestaltungsformen der Kosten- und Erlösrechnung im Hinblick auf Planungs- und Kontrollaufgaben, in: Die Wirtschaftsprüfung, 26. Jg., 1973, S. 9 ff.

vom jeweiligen Bruttoerlös die in Betracht kommenden Positionen gemäß 2. und 3. ab, erhält man den „Nettoerlös"; dies ist die Einnahme, deren Realisierung die Unternehmung aus einer Lieferung an einen Abnehmer erwartet. Man wird darüber hinaus produkt- oder produktgruppenweise die durchschnittlichen Nettoerlöse je Marktsegment ermitteln[1]. Die Absatzsegmentrechnung gestattet u. a. auch die Kontrolle der Effizienz von Absatzkanälen, des Erfolges von Auftragsgrößenklassen oder von Leistungsbündeln verschiedener Zusammensetzung. Die anbietende Unternehmung erhält durch Sortieren dieser Nettoerlöse nach verschiedenen Marktsegmenten Vergleichsgrößen, die – nach Abzug der *Vertriebseinzelkosten* – eine Klassifizierung der Teilmärkte nach ihrem Erlöspotential ermöglichen. Daraus können entsprechende Folgerungen für die zukünftige Absatzpolitik gezogen werden, indem einerseits relativ erlösstarke Marktsegmente weitergehend ausgeschöpft und andererseits erlösschwache Marktsegmente vernachlässigt oder durch zusätzliche absatzpolitische Maßnahmen nach Möglichkeit in ihrem Erlöspotential angereichert werden[2].

Beispiel
Ein Hersteller von Blockschokolade, der Großhändler in der gesamten BRD beliefert, stellt diesen einen einheitlichen Listenpreis von 400,– DM/100 kg frei Haus in Rechnung. Die variablen Transportkosten (nur diese Vertriebseinzelkosten sollen hier betrachtet werden) betragen pro Kilometer Entfernung zum Großhändler pauschal 1,– DM pro Tonne und Kilometer. Greift man zwei Teilmärkte mit etwa 100 bzw. 500 km Entfernung vom Hersteller heraus, so ergeben sich Vertriebseinzelkosten von 100,– bzw. 500,– DM pro Tonne und damit durchschnittliche Nettoerlöse von 3900,– bzw. 3500,– DM pro Tonne Blockschokolade. Die Belieferung nähergelegener Teilmärkte ist vorteilhafter. Inwieweit sich für das Unternehmen trotzdem eine Belieferung weiter entfernt liegender Kunden lohnt, kann nur mit Hilfe der Deckungsbeiträge unter Berücksichtigung der verfügbaren Produktionskapazität entschieden werden (vgl. dazu § 4 C 2 b).

In preispolitischer Hinsicht muß der Anbieter grundsätzlich entscheiden, ob er einen Globalpreis für die zusammengesetzte Leistung ansetzen oder aber für alle oder einige Teilleistungen Einzelpreise in Rechnung stellen will. Ein Gesamtpreis kommt dem Wunsch des Kunden entgegen, einfacher kalkulieren zu können, insbesondere bei standardisierten Dienstleistungen. Bei einem

---
[1] Zu den Möglichkeiten und Grenzen der Absatzsegmentrechnung vgl. u. a. Geist, Manfred: Selektive Absatzpolitik auf der Grundlage der Absatzsegmentrechnung, 2. Aufl., 1974 sowie Riebel, Paul: Einzelkosten- und Deckungsbeitragsrechnung, 5. Aufl., 1986.
[2] Vgl. Laßmann, Gert: Erlösrechnung und Erlösanalyse bei Großserien- und Sortenfertigung, in: ZfbF-Kontaktstudium, 31. Jg., 1979, S. 135 ff. und S. 153 ff.

relativ differenzierten Dienstleistungsangebot herrschen Einzelpreise für die verschiedenen Teilleistungen vor, die je nach dem nachgefragten „Leistungsbündel" zu kombinieren sind.

Die Unternehmung muß auch entscheiden, ob sie das Zustandekommen eines Angebotspreises dem Ablauf eines Verhandlungsprozesses überlassen oder stattdessen einen *Listenpreis* festlegen will, der neben dem Grundpreis auch die Preiszu- und -abschläge umfaßt. Wer mit einer großen Zahl von relativ kleinen Nachfragern nach standardisierten Leistungen Geschäftsbeziehungen anknüpfen und unterhalten muß, wird vermutlich ohne *Preislisten* nicht auskommen können. Wer jedoch stark individualisierte, fallweise erheblich differenzierte Leistungen erstellt und absetzt, wird *Individualpreise* für die einzelnen Leistungen vereinbaren müssen, die in schriftlichen Angeboten niederzulegen sind.

Fälle der *Preisdifferenzierung*, d. h. Fälle, in denen der Anbieter identische Leistungen einzelnen Käufergruppen zu *verschiedenen* Preisen anbietet, werden in § 5 B 2 bzw. § 6 D 1 behandelt. Da Lieferung bzw. Leistung und Zahlung zeitlich erheblich auseinanderklaffen können, stellt sich das Problem, ob die Unternehmung zu *Festpreisen* abschließen oder sich *Preisgleitklauseln* einräumen lassen soll bzw. kann. Festpreise beziehen sich dabei entweder auf den Tag des Vertragsabschlusses oder den Liefertermin (z. B. bei Rohstoffen). Mit Preisgleitklauseln wälzen Anbieter das Risiko von Preissteigerungen aus Vormärkten bei langfristigen Lieferverträgen (z. B. bei Energielieferverträgen) ganz oder teilweise auf die Nachfrager weiter. Daneben besteht gerade bei langfristig angelegten Geschäftsbeziehungen die Möglichkeit, *Rahmenaufträge* im Hinblick auf Mengen und Lieferzeitpunkte zu schließen, die keine Preisfestsetzungen vorsehen. Die Preise werden vielmehr bei jeder Lieferung erneut und gesondert ausgehandelt[1]. Ein anderes Problem der Preispolitik stellt die Wahl der *Entgeltform* dar. Da nicht-monetäre Entgelte seltener sind, gelten alle preispolitischen Ausführungen für Absatzprozesse, die sich auf monetäre Entgelte beziehen. Der Vereinfachung der Ausführungen dient auch die Beschränkung auf *einstufige Preisstrategien*, d. h. preispolitische Maßnahmen, die jeweils nur auf die Nachfrager der nächsten Marktstufe gerichtet sind. *Mehrstufige Strategien* (z. B. unter Einschluß von Mittelstufen in einem Markt) stoßen indessen auch auf wettbewerbspolitische und wettbewerbsrechtliche Bedenken. Das markanteste Beispiel, die vertikale Preisbindung (Preisbindung der zweiten Hand), d. h. die Verpflichtung von Händlern durch einen Hersteller, bestimmte Güter generell nur zu einem einheitlichen und festen Preis an Endverbraucher zu verkaufen, ist seit der Kartellgesetz-Novelle im Jahre 1974 untersagt (Ausnahmen: Pharmazeutika und Verlagserzeugnisse)[2]. Ein Grundproblem der praktischen Preispolitik in unvollkommenen Märkten ist die

---

[1] Vgl. hierzu Engelhardt, Werner Hans; Plinke, Wulff: Elemente der Marketingentscheidung, 1978, S. 201 ff.
[2] Vgl. §§ 15–17 GWB in der Fassung der Bekanntmachung vom 24. September 1980 (BGBl. I S. 1761).

Bestimmung der Preishöhe insbesondere für neue Produkte. Grundsätzlich muß sich die Preisbildung an Nachfrage, Konkurrenz und Kosten orientieren. Jede der drei Komponenten kann unter speziellen Marktbedingungen einen dominierenden Einfluß erlangen. Man spricht dann von einem *nachfrageorientierten*, einem *konkurrenzorientierten* oder einem *kostenorientierten* Preisansatz[1]. Bei konkurrenzorientierten Preisansätzen geht man vom Durchschnitt der Konkurrenzpreise aus oder orientiert sich am Preisführer (vgl. auch die Ausführungen zum Mengenanpasser in § 3 B 1). Bei kostenorientierter Preisbildung wird meist auf die produktbezogenen Kosten ein (branchenüblicher) Gewinnaufschlag berechnet. Dies gilt insbesondere im Anlagengeschäft des Investitionsgüterbereichs und bei besonderen öffentlichen Aufträgen. Inwieweit ein derartiger Preisansatz beim Nachfrager durchgesetzt werden kann, ist von der Marktmacht und der Verhandlungskunst der Verhandlungspartner abhängig. Für Aufträge der öffentlichen Hand gelten preisrechtliche Vorschriften (vgl. § 2 D).

Werden von einem Anbieter denselben Nachfragern mehrere Produktarten gleichzeitig angeboten, so sind die Preise nicht unabhängig voneinander anzusetzen. Für den Preisansatz eines neu aufzunehmenden Produktes spricht man hier von *Preiseinpassung* (Wahl der Preislage). Schließlich können auch Preise im Zeitablauf in der Regel nicht abrupt wesentlich verändert werden. Die *zeitliche Preisfortführung* im Sinne einer kontinuierlichen Vorgehensweise bei der Preisstellung kann als vorherrschende Verhaltensweise in der Praxis festgestellt werden. Derartige sachliche und zeitliche Interdependenzen können mit dem Instrument der Preisabsatzfunktion und statischen Modellansätzen nicht erfaßt werden.

6. Empirische Ermittlung von Preisabsatzfunktionen

Die Preisabsatzfunktion ist der geometrische Ort aller relevanten Preis-Mengen-Kombinationen eines Gutes aus der Sicht eines bestimmten Anbieters für einen festen Betrachtungszeitraum (§ 4 B 1). Diese Definition unterstellt, daß entweder

– *andere* auf die Absatzmenge wirkende, vom Anbieter beeinflußbare bzw. kontrollierbare *Variablen* (z. B. absatzpolitische Instrumente, Verhaltensvariablen der Konkurrenten und Nachfrager, Umweltbedingungen) *auf einem konstanten Niveau* gehalten werden oder daß
– derartige Einflüsse *nicht existieren* bzw. vernachlässigbar sind.

Damit unterscheidet sich das Konzept einer solchen Preisabsatzfunktion von dem einer *allgemeinen Nachfragefunktion,* die die Einflüsse *sämtlicher* Einfluß-

---

[1] Vgl. Kotler, Philip; Bliemel, Friedhelm: Marketing-Management, 7. Aufl., 1992, S. 695–702.

größen auf die Gutsnachfrage ausweist. Die für die Bildung der Preisabsatzfunktion zugrunde gelegte Nachfragefunktion ist somit ein *Spezialfall* der allgemeinen Nachfragefunktion, was erhebliche Auswirkungen auch auf ihre empirische Ermittlung hat.

Die Notwendigkeit, die Preisabsatzfunktion nicht als theoretisches Konstrukt zu behandeln, sondern vielmehr als in der Empirie *zu überprüfende Hypothese*, ergibt sich aus den preispolitischen Gestaltungsaufgaben der Unternehmung. Zur Ermittlung der Preisabsatzfunktion können *verschiedene Wege* beschritten werden. Hierbei ist danach zu differenzieren, ob der Anbieter *Monopolist* ist (bzw. heterogenem Wettbewerb mit nur geringen Substitutionsbeziehungen ausgesetzt ist) oder ob er als *Oligopolist* im Preiswettbewerb mit anderen Anbietern substituierbarer Güter steht. Ferner muß vorausgesetzt werden, daß die relevanten Preis-Mengen-Kombinationen sich nicht nur auf einige wenige diskrete Alternativen beschränken.

Die *Nachfragefunktion des Monopolisten,* die die Veränderungen der Absatzbzw. Nachfragemenge des einzigen Produkts explizit lediglich aufgrund von Veränderungen seines Angebotspreises beschreibt bzw. erklärt, läßt sich anhand von Zeitreihen der Nachfrage- bzw. Absatzmengen und der zugehörigen Preise pro Mengeneinheit gewinnen. Die Hypothese

(4.17) $x = f(p) + v$,

wobei v eine normalverteilte Restgröße (Zufallsvariable) mit Mittelwert 0 und bekannter Streuung ist, welche die Einflüsse anderer, nicht spezifizierter Variablen zusammenfaßt, kann gegen das Zeitreihendatenmaterial mit Hilfe von statistischen Methoden der *Korrelations- und Regressionsanalyse* getestet werden. Im allgemeinen wird eine lineare Form von (4.17) unterstellt:

(4.18) $x = u + gp + v$,

wobei in der Regel $g < 0$ gilt.

Durch Regressionsrechnung werden dann *Schätzwerte der unbekannten Lageparameter* u und g ermittelt. Über die *Stärke des Zusammenhangs* zwischen x und p gibt das *totale Bestimmtheitsmaß* r^2_{xp} (nach Bravais-Pearson) Aufschluß. Allgemein gilt:

(4.19) $0 \leq r^2_{xp} \leq 1$.

Je näher r^2_{xp} der Obergrenze von 1 kommt, desto stärker ist der Zusammenhang der untersuchten Variablen[1].

Die gefundene Regressionsbeziehung kann für Planungs- und Prognosezwecke dienen, wenn die Verhältnisse, die zu ihrer Feststellung dienten, sich im

---

[1] Siehe hierzu die allgemeine Literatur zur Ökonometrie, z. B. Schneeweiß, Hans: Ökonometrie, 1971; Johnston, J.: Econometric Methods, 2. Aufl., 1972. Zur Einführung siehe insbesondere Backhaus, Klaus; Erichson, Bernd; Plinke, Wulff; Weiber, Rolf: Multivariate Analysemethoden, 6. Aufl., 1990, S. 1–66.

Zeitablauf nicht nachhaltig geändert haben und sich auch nicht wesentlich ändern werden.

> **Beispiel**
> Ein Konsumgüterhersteller verfügt über 10 Monatsdaten seiner Absatzmengen (in Packungen) und der entsprechenden Verkaufspreise pro Packung (Tab. 4.1). Er möchte feststellen, ob und inwieweit ein Zusammenhang zwischen Absatzmenge und Verkaufspreis besteht. Legt man eine deterministische lineare Nachfragefunktionshypothese
>
> (4.20) $\qquad x = u + gp$
>
> zugrunde, dann erhält man bei Anwendung der Methode der kleinsten Quadrate[1]
>
> Tabelle 4.1. Zeitreihendaten
>
> | Monat i | Absatzmenge x_i (in 1000 Packungen) | Verkaufspreis p_i (pro Packung) |
> |---|---|---|
> | 1 | 457 | 6,88 |
> | 2 | 691 | 6,47 |
> | 3 | 799 | 6,22 |
> | 4 | 773 | 6,16 |
> | 5 | 711 | 6,11 |
> | 6 | 609 | 5,98 |
> | 7 | 589 | 6,11 |
> | 8 | 792 | 5,86 |
> | 9 | 800 | 5,91 |
> | 10 | 924 | 5,86 |
>
> folgendes Ergebnis:
>
> (4.21) $\qquad x = 2566{,}26 - 300{,}61\, p$

Die Berechnungsgleichungen für die Parameter u und g lauten:

(4.22) $\qquad g = \dfrac{n\Sigma x_i p_i - \Sigma x_i \Sigma p_i}{n\Sigma p_i^2 - (\Sigma p_i)^2}$

(4.23) $\qquad u = \bar{x} - g\bar{p}$

---
[1] Siehe hierzu auch Kap. 8 B 1 b.

132 Grundlagen der Absatztheorie

wobei $\bar{x}$ der Mittelwert der Absatzmengen und $\bar{p}$ der Mittelwert der Verkaufspreise ist. Man ermittelt die Berechnungswerte wie folgt:

Tabelle 4.2. Berechnungstabelle für die Regressionsparameter u und g

Monat i	x_i	p_i	$x_i p_i$	p_i^2
1	457	6,88	3 144,16	47,33
2	691	6,47	4 470,77	41,86
3	799	6,22	4 969,78	38,69
4	773	6,16	4 761,68	37,95
5	711	6,11	4 344,21	37,33
6	609	5,98	3 641,82	35,76
7	589	6,11	3 598,79	37,33
8	792	5,86	4 641,12	34,34
9	800	5,91	4 728,00	34,93
10	924	5,86	5 414,64	34,34
Σ	7145	61,56	43 714,97	379,86

$\bar{x} = 714,5$

$\bar{p} = 6,16$

$g = \dfrac{10 \cdot 43\,714{,}97 - 7145 \cdot 61{,}56}{10 \cdot 379{,}86 - 3789{,}63} = -300{,}61$

$u = 714{,}5 - (-300{,}61 \cdot 6{,}16) = 2566{,}26$

Man beachte, daß die Funktion (4.21) lediglich für die Wertebereiche von x und p aus Tab. 4.1 empirische Gültigkeit besitzt, d. h. $457 \leq x \leq 924$ und $5{,}86 \leq p \leq 6{,}88$. Eine Interpretation von $u \approx 2566$ als Sättigungsniveau der Nachfrage für $p = 0$ ist nicht (bzw. nicht ohne weiteres) zulässig. Die Nachfrage nach dem Konsumgut fällt bei Erhöhung des Preises um eine volle Geldeinheit um ca. 301 Packungen. Da offenbar die Nachfrage nicht durch das gegenwärtige Angebot ausgeschöpft wird, läge eine Erweiterung der Fertigungskapazität nahe, sofern der Preis bei Beachtung der Kosten etwa unter 5 GE pro Packung gesenkt werden könnte. Der Bravais-Pearson'sche Korrelationskoeffizient hat den Wert $r = -0{,}708$, d. h. durch die Streuung des Preises werden (wegen $r^2 = 0{,}5013$) 50,13 %, der Streuung der Absatzmengen erklärt. Der Rest der Schwankungen geht auf andere Variablen zurück, die im Modell (4.20) nicht spezifiziert wurden. Erwartungsgemäß sind Absatzmengen und Verkaufspreise *negativ korreliert*, d. h. sinkenden Preisen entsprechen steigende Absatzmengen und umgekehrt.

Die Berechnungsgleichung für den Korrelationskoeffizienten von Bravais-Pearson r lautet:

(4.24) $$r = \frac{\Sigma(x_i - \bar{x})(p_i - \bar{p})}{\sqrt{\Sigma(x_i - \bar{x})^2 \Sigma(p_i - \bar{p})^2}}$$

Man ermittelt die Berechnungswerte des Beispiels wie folgt:

Tabelle 4.3. Berechnungstabelle für das totale Bestimmtheitsmaß r^2

Monat i	$(x_i - \bar{x})$	$(x_i - \bar{x})^2$	$(p_i - \bar{p})$	$(p_i - \bar{p})^2$	$(x_i - \bar{x})(p_i - \bar{p})$
1	−257,5	66 306,25	0,72	0,5184	−185,40
2	−23,5	552,25	0,31	0,0961	−7,29
3	84,5	7 140,25	0,06	0,0036	5,07
4	58,5	3 422,25	0,00	0,0000	0,00
5	−3,5	12,25	−0,05	0,0025	0,18
6	−105,5	11 130,25	−0,18	0,0324	18,99
7	−125,5	15 750,25	−0,05	0,0025	6,28
8	77,5	6 006,25	−0,30	0,0900	−23,25
9	85,5	7 310,25	−0,25	0,0625	−21,38
10	209,5	43 890,25	−0,30	0,0900	−62,85
Σ	−	161 520,5	−	0,8980	−269,65

Man erhält:

$$r = \frac{-269{,}65}{\sqrt{145\,045{,}4}} = \frac{-269{,}65}{380{,}85} = -0{,}708$$

und

$$r^2 = 0{,}5013$$

Die aus der obigen Nachfragefunktion durch Bildung der Umkehrfunktion zu gewinnende *Preisabsatzfunktion* lautet dann:

(4.21.1) $$p = \frac{2566{,}26}{300{,}61} - \frac{1}{300{,}61} x = 8{,}54 - 0{,}003\, x$$

Da zur Ermittlung der Nachfragefunktion (4.21) Zeitreihendaten herangezogen wurden, eignet sich das Verfahren der Korrelations- und Regressionsrechnung zunächst nur im Falle von im Markt bereits seit einiger Zeit *eingeführten Produkten*. Im Falle *neuer* Produkte bedarf es eines anderen, meist experimen-

tell ausgerichteten Vorgehens zur Datenerhebung im Rahmen von Testmarktstudien[1].
Eine andere – nichtlineare – Form des Zusammenhangs zwischen Absatzmenge und Preis pro Mengeneinheit des Produkts wäre folgende:

(4.25) $\quad x = \gamma p^\beta$

wobei γ und β zu schätzende konstante Koeffizienten sind. Hier hängt die Wirkung von Preisänderungen vom Ausgangspreisniveau ab[2]. Im Gegensatz zu (4.20) entsprechen hier nicht absolute konstante Mengenänderungen den absoluten Preisänderungen, sondern gleich große relative Preisänderungen konstanten relativen Mengenänderungen. Die Funktion (4.25) kann ebenfalls unter Zuhilfenahme von Methoden der Regressionsanalyse ermittelt werden, wenn man logarithmiert, d. h.

(4.26) $\quad \log x = \log \gamma + \beta \log p$.

Die *Nachfragefunktion eines Oligopolisten* unterscheidet sich gegenüber der des Monopolisten in (4.17) nicht zuletzt dadurch, daß die Absatzmenge eines Produktes des Anbieters auch von (allen) Preisen seiner Mitanbieter abhängt. Zur Vereinfachung sei nur der Fall *zweier* Anbieter betrachtet. Hier kann z. B. folgender Zusammenhang für Anbieter 1 postuliert werden[3]:

(4.27) $\quad x_1 = u_1 + g_{11} p_1 + g_{12} p_2$

Analog würde für Anbieter 2 gelten:

(4.28) $\quad x_2 = u_2 + g_{21} p_1 + g_{22} p_2$

Im allgemeinen kennt ein Anbieter zwar die für ihn relevante Nachfragefunktion (4.27), nicht jedoch die seines Mitanbieters (4.28). In der Praxis wird zudem der Preis p_2 in (4.27) häufig als *Durchschnittspreis aller Konkurrenten* des

---

[1] Vgl. hierzu u. a. Brede, Helmut: Lassen sich Preis-Absatz-Funktionen für neuartige Erzeugnisse durch Befragung ableiten? in: Zeitschrift für betriebswirtschaftliche Forschung, N. F., 21. Jg., 1969, S. 809–827; Gabor, A.; Granger, C.W. J.: The Pricing of New Products, in: Taylor, Bernard; Wills, Gordon (Hrsg.), Pricing, Strategy, 1969, S. 132–151; Lange, Michael: Preisbildung bei neuen Produkten, 1972; Derselbe: Produkt- und Preistest, in: Management – Enzyklopädie, Ergänzungsband, 1973, S. 772–782; Pessemier, Edgar A.; Teach, R. D.: Pricing Experiments, Scaling Consumer Preferences and Predicting Purchase Behavior, in: Haas, Robert M. (Hrsg.): Science, Technology and Marketing (1966 Fall Conference Proceedings of the American Marketing Association), 1966, S. 541–557; Sabel, Hermann: Zur Preispolitik bei neuen Produkten, in: Koch, Helmut (Hrsg.), Zur Theorie des Absatzes – Festschrift für Erich Gutenberg, 1973, S. 414–446.
[2] Vgl. u. a. Böcker, Franz: Preistheorie und Preispolitik – Ein Überblick, in: Derselbe (Hrsg.): Preistheorie und Preisverhalten, 1982, S. 6 ff.
[3] Vgl. hierzu Gutenberg, Erich: Grundlagen der Betriebswirtschaftslehre, Band 2: Der Absatz, 17. Aufl., 1984, S. 255 ff.

jeweils betrachteten Anbieters interpretiert. Damit vereinfacht sich das Schätzproblem erheblich.

Die Bestimmung der Parameter u und g kann bei Vorliegen von entsprechenden Zeitreihendaten für x_1, x_2, p_1 und p_2 mit Methoden der Regressionsanalyse erfolgen. Statt einer linearen Beziehung kann auch eine *nichtlineare* (multiplikative) Verknüpfung der Einflußgrößen p_1 und p_2 vorgenommen werden (vgl. 4.25):

(4.29) $\qquad x_1 = \gamma_1 p_1 \beta_{11} p_2 \beta_{12}$

(4.30) $\qquad x_2 = \gamma_2 p_1 \beta_{21} p_2 \beta_{22}$

Die Parameter $\gamma.$ und $\beta..$ können wie oben im Falle von (4.26) geschätzt werden.

Eine andere Form zur Beschreibung des Zusammenhanges zwischen Absatzmengen und Preisen im Falle zweier Anbieter wäre anzunehmen, wenn das Verhältnis der Absatzmengen der Anbieter durch das Verhältnis der Angebotspreise bestimmt ist[1]:

(4.31) $\qquad \log \dfrac{x_1}{x_2} = u + g \cdot \dfrac{p_1}{p_2}$

Der Ansatz läßt sich auch auf mehr als zwei Anbieter erweitern, wenn man schrittweise jeweils *Produktpaare* analysiert. Eine Variante dieses Ansatzes wäre darin zu sehen, daß statt $\log(x_1/x_2)$ der Marktanteil $x_1/(x_1 + x_2)$ als abhängige Variable gesetzt wird. Eine weitere Möglichkeit bestünde noch darin, den (paarweisen) Marktanteil durch die *Differenz* der Produktpreise bestimmt zu sehen[2]:

(4.32) $\qquad \dfrac{x_1}{x_1 + x_2} = u + g\,(p_1 - p_2)$

Die Koeffizientenschätzung für u und g in (4.31) und (4.32) erfolgt wiederum mit Hilfe von Methoden der Regressionsanalyse. Der Parameter u in (4.31) bzw. (4.32) spiegelt – bei entsprechender empirischer Gültigkeit der Nachfragefunktion – offenbar das aus der Sicht der Nachfrager zwischen Produkt 1 und Produkt 2 bestehende *Nutzendifferential*. Man versucht, dieses unter bestimmten Voraussetzungen mit Hilfe von Methoden der Einstellungs- und Präferenz-

---

[1] Vgl. hierzu insbesondere Sowter, A. P.; Gabor, A.; Granger, C.W. J.: The Effect of Price on Choice: A Theoretical and Empirical Investigation, in: Applied Economics, Vol. 3, 1971, S. 167–181, aber auch Kaas, Klaus-Peter: Empirische Preisabsatzfunktionen bei Konsumgütern, 1977, S. 35 f. bzw. S. 78 ff.

[2] Vgl. Kornobis, Klaus: PAKOM – Preisabsatzfunktionen konkurrierender Marken – Ein Marketingmodell, A. C. Nielsen Co., o. J. Die Daten für das Modell werden aus Handelspanelerhebungen gewonnen.

136 Grundlagen der Absatztheorie

messung direkt zu gewinnen[1]. Auf diese Verfahren und weitere einstellungs- bzw. präferenzbezogene Ansätze[2] können wir an dieser Stelle nicht näher eingehen.

Für Investitionsgüter sind bislang keine speziellen Ansätze entwickelt worden (vgl. § 4 I).

7. Produktdifferenzierung und Preispolitik

Viele Unternehmungen verfügen über komparative Wettbewerbsvorteile, wenn sie ohne erhebliche Umstellungskosten für den Nachfrager (insbesondere qualitativ) differenzierte Leistungen anbieten können, die auf dessen spezifische Bedürfnisse ausgerichtet sind. Die anbietende Unternehmung erwartet, daß diese Differenzierung den preispolitischen Spielraum erweitert, da die Preiselastizität der Nachfrage sinkt. Ob und gegebenenfalls inwieweit die einzelne Unternehmung im Wettbewerb in dieser Hinsicht erfolgreich war, läßt sich nur im Rahmen einer Gesamtmarktbetrachtung zeigen.[3]

Die Teilqualitäten (Produkteigenschaften) der am Markt von den verschiedenen Anbietern angebotenen Leistungsbündel sind dazu aus der Sicht der Nachfrager (z. B. anhand eines Punktbewertungsverfahrens) zu bewerten. Die ermittelten Teilwerte werden zu einem Gesamtpunktwert aggregiert und dieser den von den Anbietern am Markt realisierten Preisen gegenübergestellt.[4] Das Ergebnis ist in Abb. 4.8.b gezeigt. Man erhält ein „Preis-Leistungs-" bzw. „Preis-Qualitäts-Diagramm", dessen Ergebnisse einer Regressionsanalyse

---

[1] Vgl. Kaas, Klaus-Peter: Empirische Preisabsatzfunktionen für Konsumgüter, 1977, S. 43 ff. Siehe auch derselbe: Ein Verfahren zur Messung von Produktpräferenzen durch Geldäquivalente, in: Topritzhofer, Edgar (Hrsg.): Marketing – Neue Ergebnisse aus Forschung und Praxis, 1978, S. 115–130.
[2] Siehe z. B. Brockhoff, Klaus; Schütt, Klaus-Peter: Preis-Absatz-Funktionen bei Idealpunkt-Präferenzen, in: Zeitschrift für Betriebswirtschaft, 51. Jg., 1981, Heft 3, S. 258–273 oder Kaas, Klaus-Peter: Idealpunkt-Präferenzen – Eine ideale Erklärung für steigende Preisabsatzfunktionen? In: Zeitschrift für Betriebswirtschaft, 52 Jg., 1982, Heft 5, S. 505–509.
[3] Vgl. Kijewski, Valerie; Yoon, Eunsang: Market-Based Pricing: Beyond Price-Performance Curves, in: Industrial Marketing Management, Vol. 19 (1990), S. 11 ff. Vgl. zur preisbezogenen Qualitätsbeurteilung von Produkten u. a. Simon, Hermann: Preismanagement, 1982, S. 344–360 sowie Diller, Hermann: Der Preis als Qualitätsindikator, in: Die Betriebswirtschaft, Band 37, April 1977 S. 219–234.
[4] Die Verfügbarkeit realisierter Konkurrenzpreise ist in der Praxis allgemein nur bei veröffentlichten Preisforderungen (z. B. in Preislisten, Prospekten, Anzeigen u. ä.) gegeben.

unterzogen werden können. Damit ergäbe sich eine „Preis-Leistungs-" bzw. „Preis-Qualitäts-Funktion" $p = p(q)$.[1]

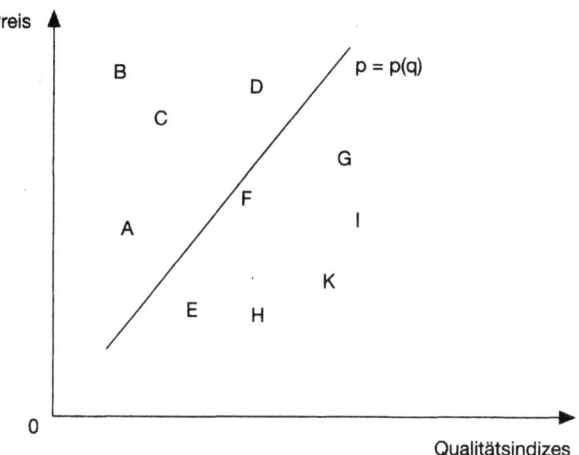

Abb. 4.8b. Preis-Leistungs-Funktion

Aus Nachfragersicht eignen sich die Angebote A bis D, die links von der Kurve liegen, weniger als die übrigen, da sie vergleichsweise geringe Qualität bei relativ hohen Preisen bieten. Im Wettbewerb müßten für diese Produkte daher Umpositionierungen erwogen werden (ebenso wie z. B. von I in Richtung auf K, da I ein ähnliches Qualitätsniveau wie K aufweist, jedoch zu höheren Preisen).

8. Wirkungen von Preisveränderungen auf den Marktanteil

Die Beurteilung des Markterfolges von Produkten orientiert sich nicht nur am erzielten Gewinn, sondern ebenso häufig am erzielten Marktanteil bzw. seiner Veränderung im Vergleich zu Marktanteilen von Produkten der Konkurrenten. Zur Diagnose des Markterfolges von Produkten ist in der Praxis eine Reihe von

---

[1] Daneben erhält man wie im Falle des Zusammenhangs von Nachfragemenge und Preis eine positive Funktion: die „Qualitäts-Preis-Funktion" $q = q(p)$.

138 Grundlagen der Absatztheorie

Instrumenten entwickelt worden.[1] Unter ihnen ist das TESI-Preismodell[2] ein besonders einfach einzusetzendes Hilfsmittel. Es handelt sich um ein Simulations- und Prognosemodell zur Unterstützung der Preispolitik (primär von Unternehmen der Markenartikelindustrie). Es untersucht die Wirkungen von Preisänderungen eines Produkts auf die Marktanteile der Produkte des jeweiligen Anbieters und seiner Wettbewerber. Das Modell knüpft an dem erstmals 1981 vorgestellten Testmarktsimulationsmodell von B. Erichson zur Abschätzung des mutmaßlichen Markterfolges neuer Produkte vor der Markteinführung[3] an.

Es wurde jedoch auch für die Überwachung und Steuerung eingeführter Produkte adaptiert. Mit dem Preismodell soll insbesondere die Ermittlung des optimalen Angebots- (bzw. Einführungs-) preises unterstützt werden. In den Nachfrage-Reaktionen der Konsumenten auf die eigenen Preisänderungen bzw. diejenigen der Konkurrenten (die durch im Test erhobene Kaufwahrscheinlichkeitsdaten der Testpersonen verfügbar sind) spiegelt sich die Attraktivität des betrachteten Produkts. Die Kaufwahrscheinlichkeitsdaten werden dazu benutzt, eine Preis-Marktanteilsfunktion zu schätzen, die den Marktanteil eines bestimmten Produkts in Abhängigkeit von den Angebotspreisen aller Anbieter im Markt zeigt.[4] Mit Hilfe der individuellen Kaufwahrscheinlichkeiten der Testpersonen kann der Marktanteil des interessierenden Produkts dadurch abgeleitet werden, daß die Kaufwahrscheinlichkeiten mit den erhobenen individuellen Kaufintensitäten multipliziert werden und dies über die Testpersonen aggregiert wird. Der Marktanteil eines Produkts in Abhängigkeit vom geforderten Preis hat den in Abb. 4.8.c gezeigten Verlauf.

---

[1] Siehe hierzu u. a. Murphy, James (Hrsg.): Brand Valuation-Establishing a True and Fair View, 1989 und die dort enthaltenen Beiträge, ferner Erichson, Bernd: TESI-Prediction and Diagnosis for New Products. Arbeitspapiere zum Marketing Nr. 20 (Hrsg. von Werner Hans Engelhardt und Peter Hammann), Bochum 1987; G & I Forschungsgemeinschaft für Marketing (Hrsg.): TESI-Preismodell, 1990; Schulz, Reinhard; Brandmeyer, Klaus: Ein Instrument zur Bestimmung und Steuerung von Markenwerten, in: Markenartikel Bd. 7, 1989, S. 364–370; Hammann, Peter; Erichson, Bernd: Marktforschung, 2. Auflage, 1990, S. 178 ff. und die dort gegebene Übersicht.
[2] Siehe G & I Forschungsgemeinschaft für Marketing (Hrsg.): TESI-Preismodell, 1990 sowie Erichson, Bernd; Bischoff, Alfred: TESI-Preismodell (unveröffentlichtes Manuskript), 1990.
[3] Siehe Erichson, Bernd: TESI – Ein Test- und Prognoseverfahren für neue Produkte, in: Marketing-ZFP, Heft 3, 1981, S. 201–207.
[4] Zugrunde liegt hier ein multivariables, multinominales Logit-Responsemodell. Die Angebotspreise der Wettbewerber sind die unabhängigen Variablen, der Marktanteil eines Modells die jeweils abhängige Variable.

Wirkungen von Preisveränderungen auf den Marktanteil 139

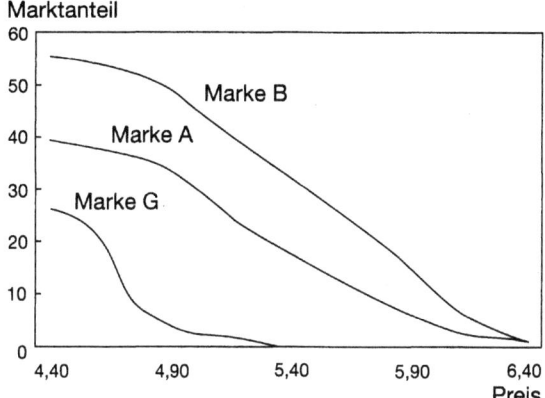

Abb. 4.8c. Preis-Marktanteilskurven des TESI-Preismodells

Ein mögliches Ergebnis der Preiswirkungsprognose auf den Marktanteil (bei unveränderten Konkurrenzpreisen) zeigt für das Produkt A die Abb. 4.8.d:

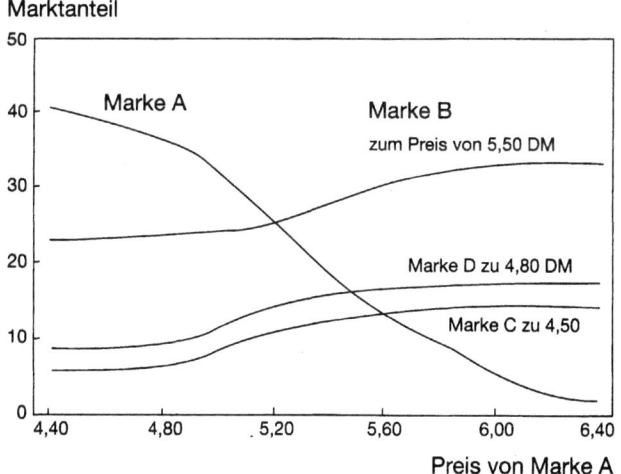

Abb. 4.8d. Marktanteilsreaktionen bei Simulation für Produkt A

140 Grundlagen der Absatztheorie

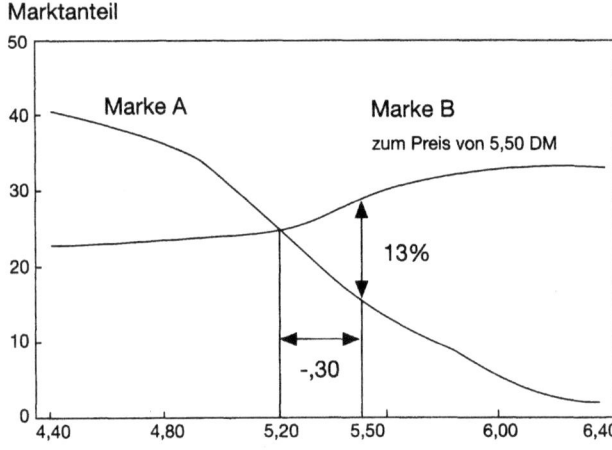

Abb. 4.8e. Wettbewerbsvorteil in %-Anteil und DM

Der Wettbewerbsvorteil des Produktes A im Vergleich zu beispielsweise Produkt B kann auf dieser Grundlage ebenfalls abgeleitet werden. Er ist offenbar um so höher, je höher der Preis des Produktes A im Vergleich zu dem von B ist, den die Nachfrager zu zahlen bereit sind. Angenommen, der Preis von A wird variiert und der Preis von B bei DM 5,50/ME konstant gehalten. Bei gleichem Preis für A und B (d. h. im Beispiel für DM 5,50) ergäbe sich für A ein um 13% geringerer Marktanteil gegenüber B (17% zu 30%). A und B würden einen gleichen Marktanteil (von ca. 24%) erzielen, wenn B seinen Preis bei DM 5,50 beließe, während A den Preis auf DM 5,20 (Preisdifferenz DM 0,30) senkt. Die Preisdifferenz von DM 0,30 ist ebenso wie die Marktanteilsdifferenz von 13% Ausdruck des relativen Wettbewerbsvorteils von A.[1]

C. Produkt- und Sortimentspolitik

Neben der Preispolitik können vor allem Maßnahmen zur Produktgestaltung und die Auswahl der anzubietenden Produktarten den Unternehmenserfolg maßgebend beeinflussen, da hierdurch insbesondere die qualitativen Bedürf-

---

[1] Die Preis- und Marktanteilsdifferenz wird auch als Indikator für die „Markenkraft" von A gegenüber B herangezogen.

niskomponenten der Nachfrager angesprochen werden. Unter dem Begriff *Produktpolitik* sollen hier die Maßnahmen zusammengefaßt werden, die sich primär auf ein einzelnes Produkt beziehen, während die *Sortimentspolitik* Entscheidungen über Art und Anzahl der verschiedenen Produkte, die ein Unternehmen gemeinsam auf einem Markt anbieten will, betrifft[1]. Im Hinblick auf Wandlungen der Bedürfnisstruktur, technischen Fortschritt und Konkurrenzaktivitäten muß dieser Teilbereich der Absatzpolitik in besonderem Maße eine dynamische Ausrichtung erhalten[2].

1. Produktqualität

Entscheidungen über die Produktqualität können sich sowohl auf solche Produkte beziehen, die ein Unternehmen neu im Markt einführen will, als auch auf solche, die bereits seit längerem angeboten werden. Unter „Qualität" eines Produktes wird im weiteren Sinne die Gesamtheit seiner Eigenschaften, im engeren Sinne auch das Verhältnis der Gesamtheit seiner Eigenschaften zu einem vorgegebenen Standard verstanden[3].

An jedem Gut läßt sich eine Vielzahl von Eigenschaften *(Teilqualitäten)* feststellen. Aus absatzbezogener Sicht sind für den Anbieter jedoch nur diejenigen Eigenschaften von Bedeutung, die für das Zustandekommen von Tauschprozessen maßgebend sind. Das sind einerseits diejenigen Eigenschaften, die das Absatzobjekt für die Verwendung beim Abnehmer geeignet machen (funktionale Eigenschaften). Insofern spricht man von funktionsbezogener *Gebrauchsqualität*. Andererseits sind es alle jene Eigenschaften, auf die der Erwerber aufgrund psychogener Regungen (z. B. Ästhetik, Prestige) Wert legt (nicht-funktionale Eigenschaften). Ihre Gesamtheit bestimmt die *Geltungsqualität*[4].

---

[1] Vgl. Busse von Colbe, Walther: Die Planung der Betriebsgröße, 1964, S. 271; Gutenberg, Erich: Grundlagen der Betriebswirtschaftslehre, 2. Band, Der Absatz, 17. Aufl., 1984, S. 528; Nieschlag, Robert; Dichtl, Erwin; Hörschgen, Hans: Marketing, 16. Aufl., 1991, S. 208f.
[2] Vgl. auch Abbott, Lawrence: Qualität und Wettbewerb, 1958.
[3] Vgl. hierzu z. B. Hammann, Peter: Konsumgütermarketing, 1979, S. 167.
[4] Der Begriff der Produktqualität wird teilweise in der Literatur wesentlich weiter gefaßt, so daß er zu einer Art Oberbegriff des absatzpolitischen Instrumentariums wird (vgl. dazu den Überblick bei Engelhardt, Werner H.: Qualitätspolitik, in: Handwörterbuch der Absatzwirtschaft, 1974, Sp. 1799–1816; Sabel, Hermann: Produktpolitik, in: Handwörterbuch der Absatzwirtschaft, 1974, Sp. 1770–1783). Vgl. auch Brockhoff, Klaus: Produktpolitik, 2. Aufl., 1988, S. 27 f.

Beispiel
Bei einer Armbanduhr kann es im Bereich der Gebrauchsqualität etwa auf folgende Eigenschaften ankommen, deren konkrete Ausprägung noch festgelegt werden müßte: Genauigkeit, Stoßfestigkeit, Wasserdichte. Aus dem Bereich der Geltungsqualität sind für den Nachfrager u. U. folgende Teilqualitäten von Bedeutung: Schmuckwert von Form und Material (Stahl, Edelmetallegierungen), Farbe, Gestaltung des Zifferblattes, Sichtbarkeit des Herstellernamens.

Bei Entscheidungen über die Produktqualität sind oft auch unterschiedliche Kombinationen von Sachgütern und Dienstleistungen ausschlaggebend. Gerade die angebotenen Dienstleistungen schaffen für den Anbieter gegenüber Mitbewerbern ein erhebliches *akquisitorisches Potential* (Gutenberg). Bei notwendig werdenden Preiserhöhungen werden hier aufgrund von Präferenzen nicht alle Nachfrager sofort zur Konkurrenz abwandern (vgl. § 7 A-B)[1].

Beispiel
Mit dem Kauf oder der Miete von EDV-Anlagen ist meist die Möglichkeit verbunden, Beratungs- und Servicedienste unterschiedlichen Umfangs in Anspruch zu nehmen.

Aus der Sicht des Nachfragers kann sich – vor allem bei Konsumgütern – aufgrund einer unterschiedlichen Relevanzbeurteilung von Eigenschaften eine andere Qualitätsvorstellung ergeben, als sie der Anbieter bei rein funktionaler Betrachtung haben wird.
Sind Teilqualitäten, die für den Verwender wichtig sind, variierbar, und treten Nachfrager mit unterschiedlichen Bedarfsstrukturen auf, so kann die Unternehmung auf einzelne Marktsegmente zugeschnittene Qualitätsvarianten anbieten (vgl. § 3 A 3). Eine derartige *Produktdifferenzierung* ist – wie jede absatzpolitische Maßnahme – wirtschaftlich nur dann vorteilhaft, wenn die zusätzlichen Kosten geringer sind als der Erlöszuwachs, der sich auf diese Weise erzielen läßt. Die absatzrelevanten Produkteigenschaften können in einem Qualitätsprofil dargestellt werden[2]. Hierzu müssen die relevanten Teileigenschaften bestimmt und für die Messung operationalisiert werden, d. h. es muß für jede Teilqualität ein zweckgerechtes Meßverfahren festgelegt werden. Dabei können kardinale, ordinale und nominale Meßskalen zur Anwendung kommen[3].

---

[1] Vgl. Gutenberg, Erich: Grundlagen der Betriebswirtschaftslehre, 2. Band, Der Absatz, 17. Aufl., 1984, IIB3.
[2] Vgl. Klatt, Sigurd: Die ökonomische Bedeutung der Qualität von Verkehrsleistungen, 1965, S. 81 ff.
[3] Vgl. Band 1, § 4 C 3a; Tietz, Bruno: Die Grundlagen des Marketing, 1. Band, Die Marketing-Methoden, 2. Auflage, 1975, S. 164ff.

Physische Teilqualitäten können i. d. R. in den üblichen Längen-, Flächen- oder Dichtemaßen ausgedrückt werden (Kardinalmaße). Bei Teilqualitäten, deren Ausprägung intersubjektiv nicht eindeutig zu erfassen ist (insbesondere bei Teilqualitäten im Bereich der Geltungsfunktionen), kann durch die Anwendung bestimmter Befragungstechniken festgestellt werden, zu welcher Beurteilung bestimmte Konsumenten bzw. Verwender in der Mehrzahl der Fälle neigen[1]. Dabei lassen sich zumeist nur Ordinalskalen (Rating-Skalen) verwenden. Rating- Skalen werden i. d. R. dort verwendet, wo Nachfrager Werturteile über bestimmte Eigenschaften (oder Bündel von Eigenschaften) abgeben sollen. Das Verfahren ähnelt dabei dem der „Benotung" von Leistungen, wobei Werturteile z. B. von „sehr gut" (1) bis „sehr schlecht" (7) reichen können. Die befragten Personen geben ihre subjektive Einstellung an, wobei das vorgegebene Zahlenintervall die Einordnung erleichtern soll. Eine dritte Gruppe von Teilqualitäten kann nur nominal erfaßt werden: entweder ist die Teilqualität vorhanden oder sie fehlt. Den beiden Möglichkeiten können die Werte 1 bzw. 0 zugeordnet werden. Will man andererseits nicht nur (globale) Werturteile, sondern auch Informationen von den Nachfragern darüber erhalten, welche Eigenschaften in welchem Ausmaß an Produkten wahrgenommen werden, so kann man Messungen über ein sog. *Semantisches Differential* vornehmen[2]. Es besteht aus einer Menge von polaren Eigenschaftsaussagen (z. B. altmodisch – modern), die abgestuft werden können. Die befragten Personen geben jeweils ihre subjektive Einstufung des Produkts im Rahmen der einzelnen Eigenschaftsaussage an. Das Semantische Differential erlaubt nach Aggregation der Meßergebnisse die Herleitung von Eigenschaftsprofilen (Polaritätsprofilen), die besonders dort aufschlußreich sind, wo die Profile der Produkte eines Anbieters den Profilen konkurrierender Produkte oder dem Profil eines Idealproduktes gegenübergestellt werden.

Das *Ausmaß* der vorhandenen und wahrgenommenen Eigenschaften (d. h. die Merkmalsausprägung) eines Produktes von den Nachfragern ist zu schätzen. Die Ergebnisse kann man durch Mittelwert- oder Medianwertbildung aggregieren und dann auch graphisch veranschaulichen. Hierzu werden in einem rechtwinkligen Koordinatensystem auf der Abszisse die Eigenschaften und auf parallel verlaufenden Ordinaten mit den spezifischen Meßskalen die Eigen-

---

[1] Zu Befragungstechniken vgl. Wettschureck, Gert: Indikatoren und Skalen in der demoskopischen Marktforschung, in: Behrens, Karl Ch. (Hrsg.): Handbuch der Marktforschung, 1974, S. 285–324. Zur *Messung von Einstellungen* siehe u. a. Trommsdorff, Volker: Die Messung von Produktimages für das Marketing, 1975 oder Hammann, Peter; Erichson, Bernd: Marktforschung, 2. Aufl., 1990, S. 255 ff. Zur *Produktpositionierung* siehe auch Brockhoff, Klaus: Produktpolitik, 2. Aufl., 1988, S. 109 ff.

[2] Vgl. hierzu Osgood, Charles E.; Suci, George J.; Tannenbaum, Percy H.: The Measurement of Meaning, 1957, insbesondere S. 76 ff.; Trommsdorff, Volker: Die Messung von Produktimages für das Marketing, 1975, S. 27 ff. sowie Hammann, Peter; Erichson, Bernd: Marktforschung 2. Aufl., 1990, S. 269 ff.

144 Grundlagen der Absatztheorie

schaftsausprägungen abgetragen. Der Polygonzug durch die für ein Betrachtungsobjekt ermittelten Ausprägungswerte liefert das zugehörige *Qualitätsprofil* (Abb. 4.9). Trotz der unterschiedlichen Dimensionen bei den einzelnen Eigenschaften kann man durch eine derartige Gegenüberstellung eine Analyse der *Qualitätsdistanzen* vornehmen. Je geringer die Distanzen zwischen verschiedenen Gütern sind, um so ähnlicher sind sie. Bei einer Distanz von null bei allen Eigenschaften handelt es sich hinsichtlich der betrachteten Eigenschaften um gleiche Güter. Von der Unternehmung als bedeutsam erkannte Distanzen können eine Änderung der Produktpolitik bewirken, deren Ergebnisse wiederum mit Hilfe des Qualitätsprofils dargestellt und auf dieser Grundlage nach Möglichkeit bezüglich ihrer Erlös- und Kostenwirkung zu bewerten sind.

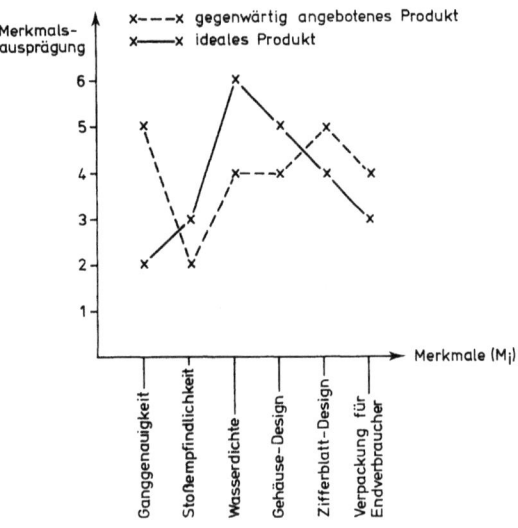

Abb. 4.9. Qualitätsprofil für eine Armbanduhr gemäß Tabelle 4.4

Sollen die Ausprägungen der Teilqualitäten eines Produktes zu einer *Maßgröße für die im Hinblick auf einen bestimmten Verwendungszweck zu ermittelnde Gesamtqualität* zusammengefaßt werden, so muß zunächst die unterschiedliche Dimensionierung der Teilqualitäten überwunden werden. Dies kann durch eine *Punktbewertung* geschehen (Tab. 4.4). Hierbei erhält die zweckspezifisch optimale Ausprägung jeder Eigenschaft die höchsterreichbare Punktzahl; die tatsächlichen Ausprägungen der Beobachtungsobjekte müssen relativ zu diesem Optimum eingeordnet werden. Auf diese Weise gelingt es, sowohl Über-

als auch Unterdimensionierungen einzelner Teilqualitäten zu erfassen. Bei der Punktvergabe kann außerdem berücksichtigt werden, daß der Nutzenbeitrag einzelner kardinal gemessener Teilqualitäten nicht linear zur Erhöhung einer Qualitätsausprägung steigt oder sinkt. Wird z.B. bei einer Autobatterie die Speicherkapazität verdoppelt, so kann dies aus der Sicht des Verwenders Anlaß zu einer proportionalen, einer unter- oder auch einer überproportionalen Änderung der Punkteinstufung geben.
Bei ordinal erfaßten Teilqualitäten ist eine derartige Umrechnung nicht erforderlich, da die notwendigen Abstufungen unmittelbar in den Ermittlungsergebnissen enthalten sind. Bei nominaler Skalierung kann nur die maximale Punktzahl oder diePunktzahl 0 vergeben werden.

Tabelle 4.4. Zuordnung von Ordinalwerten zu objektiv meßbaren Produktmerkmalen

Merkmale	Ordinalwerte		1	2	3	4	5	6
1 Ganggenauigkeit		sec/Tag	≤ 300	≤ 180	≤ 60	≤ 30	≤ 10	≤ 1
2 Stoßempfindlichkeit (in m Fallhöhe)		m	0,5	1	2	4	6	10
3 Wasserdichte (in m Tiefe)		m	10	20	30	40	50	80

Soll ein allgemeiner Qualitätsindex durch Zusammenfassung aller vergebenen Punkte gebildet werden, so ist zunächst eine *Gewichtung der Teilqualitäten*[1] entsprechend ihrer subjektiv geschätzten Bedeutung im Kaufprozeß erforderlich. Hierzu ist von dem Qualitätsbewerter je Teilqualität ein Gewichtungsfaktor zwischen 0 und 1 subjektiv zu vergeben, wobei deren Summe, gerechnet über alle Teilqualitäten, den Wert 1 ergeben muß. Die entsprechend der Ausprägung ermittelten Punkte je Teilqualität werden nun mit den zugehörigen Gewichtungsfaktoren multipliziert und über alle Teilqualitäten zum Index der Gesamtqualität addiert. Das Punktbewertungsverfahren läßt sich wie folgt formalisieren: Sei P_{ij} der Punktwert eines Meßobjekts j für die Eigenschaft i und α_i der Gewichtungsfaktor dieser Eigenschaft, wobei

(4.33) $\quad 0 \leq P_{ij} \leq M \ (i = 1, \ldots, m; j = 1, \ldots, n),$

(4.34) $\quad \sum_{i=1}^{m} \alpha_i = 1$

---

[1] Zum Verfahren der Gewichtung vgl. Reichardt, Helmut: Statistische Methodenlehre für Wirtschaftswissenschaftler, 6. Aufl., 1976, S. 78 f.

146   Grundlagen der Absatztheorie

und M ein beliebig hoher Wert als Skalenobergrenze ist, dann ergibt sich als gewichteter Qualitätsindex Q_j für das Meßobjekt j:

$$(4.35) \qquad Q_j = \sum_{i=1}^{m} P_{ij}\alpha_i \ (j = 1, \ldots, n)$$

Die Aussagekraft eines derartigen Ausdrucks für die Gesamtqualität ist unverhältnismäßig viel geringer als die eines Qualitätsprofils oder einer sonstigen multidimensionalen Qualitätsmessung (etwa in einem Vektor mit den entsprechenden Meßwerten). Andererseits lassen sich die Meßobjekte *untereinander* vergleichen, was eine Einzelbetrachtung von Eigenschaftsdefiziten bzw. -überschüssen wirkungsvoll ergänzt[1].
Sollen die durch derartige *Scoring-Verfahren* erfaßten Aussagen generalisierbar sein, so müssen zwischen den beteiligten Anbietern und/oder Nachfragern Konventionen über Meßverfahren, Qualitätsmerkmale und Merkmalsgewichte ausgehandelt werden. In der Praxis spielen in diesem Sinne Normen eine entsprechende Rolle, wie sie etwa vom Deutschen Normenausschuß als DIN-Norm und vom Europäischen Komitee für Normung als Euronorm (EN) vergeben werden[2]. Auch öffentliche Gütezeichenverbände, die insbesondere für landwirtschaftliche Rohprodukte und Baumaterialien Gütezeichen vergeben, sind in diesem Zusammenhang zu erwähnen. In die gleiche Richtung zielt u. a. auch die Schaffung von *Marken* durch viele Anbieter. Trotz aller Schwierigkeiten werden Scoring-Verfahren in der Praxis für die Bewertung der Produktqualität und ihre Gestaltung häufig verwendet[3].
Qualitätspolitik als unternehmerische Gestaltungsaufgabe kann als die Gesamtheit aller Maßnahmen verstanden werden, die die Erhaltung bzw. Veränderung der Qualität von Gütern betreffen[4]. Die Notwendigkeit zu qualitätspolitischen Maßnahmen ergibt sich aufgrund von
– Maßnahmen konkurrierender Anbieter,
– Veränderungen in der Produktionsfaktorversorgung,
– Veränderungen in den Fertigungstechnologien,
– Veränderungen der Nachfragerbedürfnisse bzw. -ansprüche,
– Veränderungen der Anforderungen des sozioökonomischen Umfelds (z. B. Recht der Produkthaftung, Umweltschutzgesetzgebung).

---

[1] Zu den Zusammenhängen zwischen Punktbewertungsverfahren und Einstellungsmeßverfahren vgl. Edwards, Allen L.: Techniques of Attitude Scale Construction, 1957, insbesondere S. 149 ff. sowie Hammann, Peter; Erichson, Bernd: Marktforschung, 2. Aufl., 1990, S. 262 ff.
[2] Vgl. dazu den Überblick von Hinterhuber, Hans H.: Normung, Typung und Standardisierung, in: Handwörterbuch der Betriebswirtschaft, 4. Aufl., 1975, Sp. 2776–2782.
[3] Vgl. O'Meara, John T.: Selecting Profitable Products, in: Harvard Business Review, Vol. 39, 1961, Nr. 1, S. 83–89.
[4] Vgl. Hammann, Peter: Konsumgütermarketing, 1979, S. 168; Engelhardt, Werner H.: Qualitätspolitik, in: Handwörterbuch der Absatzwirtschaft, 1974, Sp. 1799 ff.

Qualitätspolitische Aktionen werden gerade dort auf eine nachhaltige Veränderung der Produkteigenschaften ausgerichtet sein, wo insbesondere die Nachfrager Defizite im Vergleich zu Konkurrenzprodukten wahrnehmen. Eine Veränderung der Qualität von Produkten kann durch eine Veränderung in der Qualität von Produktionsfaktoren begründet sein. Auch kann eine Rücknahme von Eigenschaften, denen die Nachfrager nur geringe Bedeutung beimessen, zu einer Qualitätsänderung führen[1]. Die Erhaltung der Qualität von Produkten muß vor allem dann ein Anliegen sein, wenn die Unternehmung deutliche und von den Nachfragern anerkannte Vorsprünge gegenüber ihren Mitbewerbern aufweist und sich die Absatzerfolge gerade darauf stützen.

Die Qualität einzelner Produkte muß dabei stets in ein ganzheitliches qualitätspolitisches Konzept eingebettet sein. In diesem Sinne spricht man von *"Total Quality Management"* (TQM). Seine Realisierung setzt eine durch die Unternehmensleitung in allen Bereichen der Unternehmung (und dort auf allen Ebenen) durchsetzbare Qualitätsorientierung voraus. Sie erfaßt auch die Verwaltung und die internen Dienstleistungsbereiche, Forschung und Entwicklung ebenso wie das Rechnungswesen. War zunächst nur die Qualität von produzierten Sachgütern im Blickpunkt von Anbietern und Nachfragern, so erweitert sich die Perspektive um die Vielfalt der Dienste gegenüber dem Kunden und um das gesamte Leistungspotential. Hierzu ist es erforderlich, daß nicht nur auf Kundenwünsche mit Qualität und entsprechenden Zusagen reagiert wird, sondern daß die Unternehmung auch intern einheitlich von denselben Maßstäben und Anforderungen geprägt ist. Ressortspezifisch bzw. abteilungsspezifisch differierende Maßstäbe sind nicht zulässig, da sie den einheitlichen Auftritt der Unternehmung nach innen wie nach außen behindern.[2]

Als *Elemente* eines Total Quality Management finden sich z.B. folgende Grundsätze[3]:
– Qualitätsbewußtsein auf allen Ebenen (bis zur Nullfehler-Strategie als verbindliche Vorgabe);
– Integrierte Qualitätssicherung (in Beschaffungs-, Entwicklungs-, Produktions- und Vertriebsprozessen);
– Planung der Qualität (beginnend bei der Produktkonzeption und -konstruktion; vielfache Zusammenarbeit mit Lieferanten und Abnehmern);

---

[1] Zur Problematik der geplanten *Obsoleszenz* (geplante Veralterung von Produkten zur Abkürzung der wirtschaftlichen und technischen Nutzungsdauer) vgl. Raffée, Hans; Wiedmann, Klaus: Die Obsoleszenzkontroverse – Versuch einer Klärung. In: Zeitschrift für betriebswirtschaftliche Forschung. 32. Jahrg., 1980, S. 149–172.
[2] Siehe u.a. Engelhardt, Werner Hans; Schütz, Peter: Total Quality Management, in: Wirtschaftswissenschaftliches Studium, Bd. 20, 1991, Heft 8, S. 394–399.
[3] Grundsätze dieser Art finden z.B. bei der Robert Bosch GmbH (Stuttgart) Anwendung.

148 Grundlagen der Absatztheorie

- Kostensenkung ohne Qualitätseinbußen;
- Erlössteigerung durch Qualitätsgarantien;
- Leistungsfähigkeit des Kundendienstes;
- Umfassendes Beschwerdemanagement;
- Fortschrittliche, zuverlässige, preiswürdige Produkte.

Total Quality Management verliert somit eine ausschließliche Angebotsorientierung zugunsten einer an den Kundenbedürfnissen ausgerichteten Gesamtsicht.

Das Ineinandergreifen der verschiedenen Qualitäts-Funktionen läßt sich am „Qualitätskreis" gemäß DIN-ISO 9004 (Abb. 4.10) verdeutlichen.

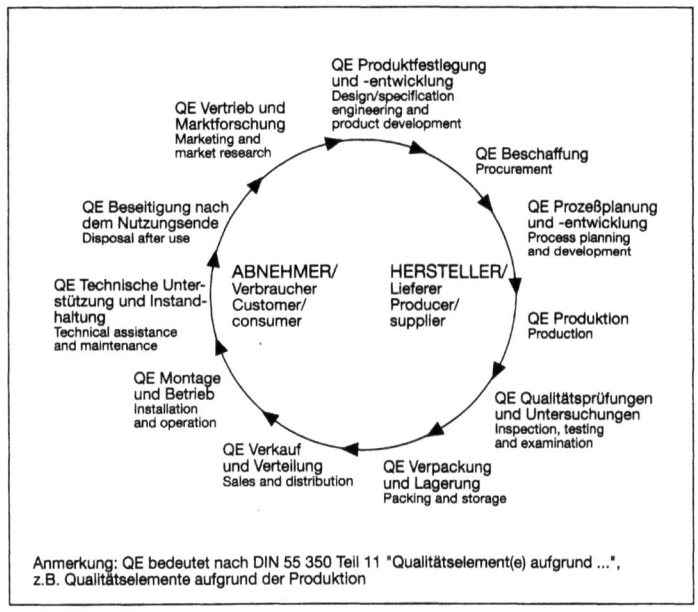

Abb. 4.10. Der Qualitätskreis[1]

Gegenstand der Produktpolitik sind auch Fragen des *Design*, d. h. der äußeren Gestalt eines Sachgutes (z.B. das Design von Automobilkarosserien). Konflikte können sich im Hinblick auf die Abstimmung von funktionalen Eigenschaften und solchen der äußeren Gestalt des Gutes ergeben. So wichtig ästhetische

---

[1] Quelle: DIN-ISO 9004.

Aspekte für die Nachfrager eines Gutes sein können, so wenig wird man sie im Hinblick auf die Nutzungssicherheit überbetonen dürfen. Ein auffälliges Design bewirkt eine rasche Identifizierung und damit entsprechende Aufmerksamkeitswirkungen[1].
Eng mit Überlegungen zur Gestaltung des Äußeren eines Produkts sind auch Probleme der *Verpackung* verknüpft. Die Verpackung erfüllt eine Reihe von *Funktionen*, die stets ineinandergreifen[2]. Sie hat zunächst die Aufgabe, Schutz für das Produkt bei Transport und Lagerung zu gewähren. Sodann werden durch die Verpackung *Informationen* über Produkt, Hersteller usw. weitergegeben. Sie erfüllt damit zugleich eine *Akquisitionsfunktion*. Ferner erfüllt die Verpackung die Aufgabe, die *Warenpräsentation* im Handel zu erleichtern (z. B. Raumausnutzung und Stapelfähigkeit im Regal). Schließlich können von der Verpackung auch *Verwendungshilfen* ausgehen (z. B. Zahncremebehälter mit Dosierspender). Gerade im Hinblick auf die Erleichterungen bei der Verwendung ergeben sich direkte Bezüge zum Bereich der funktionalen Produktgestaltung. Auf die Problematik der *Mogelpackungen* und der Irreführung durch Verpackung kann hier nur am Rande hingewiesen werden. Auf ökologische Aspekte der Verpackung wird im Abschnitt 4.C5 eingegangen.

Mit dem Stichwort „Verpackung" wird der Begriff „*Packung*" leicht verwechselt. Darunter versteht man die Verkaufseinheit eines Produktes, die sich aus einer oder mehreren Mengeneinheiten des Produkts zusammensetzen kann. Auch hier liegt ein produktpolitischer Entscheidungstatbestand vor.

Beispiele:
Zigarettenpackungen; Dosenbierpacks; Schuberausgaben von klassischer Literatur; „Familienflaschen" bei Erfrischungsgetränken; Geschenkpackungen bei Toilettenartikeln; sack- oder steigenweise verkaufte Früchte bzw. Kartoffeln; Pralinenpackungen.

Die Packungsgröße ist insbesondere unter *Kostengesichtspunkten* von Bedeutung, da die Kosten pro abgesetzte Mengeneinheit der Produkte mit steigender Packungsgröße sinken[3]. Daneben sind die Abhängigkeit der Verbrauchsintensität von der Packungsgröße und die Möglichkeiten zur Preisdifferenzierung über die Packungsgrößen (mit unterschiedlichen Auswirkungen auf das ökonomische Risiko des Verwenders) von Bedeutung.

---

[1] Vgl. hierzu Nieschlag, Robert; Dichtl, Erwin; Hörschgen, Hans: Marketing, 16. Aufl., 1991, S. 180 ff.
[2] Vgl. Engelhardt, Werner H.; Plinke, Wulff: Elemente der Marketingentscheidung, 1978, S. 97 ff.
[3] Vgl. hierzu Engelhardt, Werner Hans; Plinke, Wulff: Elemente der Marketingentscheidung, 1978, S. 96 f.

2. Markierung

Unter Markierung versteht man die besondere Gestaltung eines Produktnamens, eines Produkt- bzw. Firmenzeichens, der äußeren Gestaltung eines Produktes und/oder der Verpackung[1]. Zweck der Markierung ist es, neben einer Differenzierung insbesondere homogener Güter gegenüber Konkurrenzprodukten, die Identifizierung eines früher erworbenen Produktes für den Käufer zu erleichtern und damit den Wiederholungskauf zu fördern sowie – z. B. bei Firmenmarken – Verbundeffekte zu realisieren (*Imageübertragungsfunktion*; s. § 3 B 3 c).

> **Beispiele**
> Lose verkauftes Salz und „Alpenstern-Salz", Kochwaschmittel ohne Herkunftsbezeichnung und „Der Weiße Blitz" (hier wird in beiden Fällen nur durch die Markierung und Packungsgestaltung ein an sich homogenes Massenkonsumgut individualisiert); das VW-Symbol, der Mercedes-Stern.

Im Konsumgüterbereich, der weitgehend durch intensive Konkurrenz- und vielfältige Substitutionsmöglichkeiten gekennzeichnet ist, wurde unmarkierte bzw. anonyme Ware in vielen Bereichen fast vollständig verdrängt[2]. Allerdings ist in neuerer Zeit eine Tendenz zu sog. „weißer" Ware zu beobachten, bei welcher bewußt auf Markierung von Produkten verzichtet wird („no names"). An die Stelle der Produktmarken einzelner Hersteller oder Händler treten dabei *Gattungsmarken*.

Für den Markenführer ergeben sich in bezug auf die Markierung folgende Überlegungen:

- Ein Produkt kann markiert oder unmarkiert der nächsten Produktions- oder Handelsstufe angeboten werden. Im zweiten Fall hätte der Abnehmer die Möglichkeit, eine Markierung vorzunehmen.
- Bei Vorliegen eines Sortiments können alle Produkte unter einer Firmenmarke verkauft werden und/oder Markenfamilien für bestimmte Produktgruppen gebildet werden und/oder jedes einzelne Produkt unter einer eigenen Marke angeboten werden.
- Der Hersteller kann eine Multimarkenstrategie betreiben, bei der das gleiche oder ein geringfügig differenziertes Produkt unter verschiedenen Marken angeboten wird, um verschiedene Marktsegmente anzusprechen (s. § 3 A 3). Dies gilt insbesondere für die Schaffung von *Zweitmarken*, hinter denen sich meist ein Fall der Produktdifferenzierung durch Markierung verbirgt. Anlaß ist die Überlegung, unterschiedliche Marktsegmente mit differenzierten

---

[1] Vgl. Kotler, Philip; Bliemel, Friedhelm: Marketing-Management, 7. Aufl., 1992, S. 641.
[2] Vgl. Nolte, Hartmut: Die Markentreue im Konsumgüterbereich, 1976, S. 1.

Markenartikeln in verschiedenen Preislagen ansprechen zu können. Dabei wird oft zugleich die Herkunftsinformation variiert (Einschaltung von Vertriebsgesellschaften oder Tochterunternehmen), um Imageeinbußen vorzubeugen.
- Mehrere Glieder einer Produktions- und Vertriebskette können ihre Marke nebeneinander bis zum Endprodukt beibehalten.

Bei der Markierung entstehen für den Hersteller Kosten u. a. für die Entwicklung der Markenkonzeption, die spezielle Gestaltung des Produktes, die individuelle Verpackung und den Rechtsschutz, der nach dem *Warenzeichengesetz* nach erfolgter Eintragung und gegen Gebühr durch das Patentamt gewährt wird[1]. Dem steht ein durch die Individualisierung erhöhter preispolitischer Spielraum sowie eine *Qualitätsverdeutlichungs- und -garantiefunktion* gegenüber (Schaffung und Nutzung von Käuferpräferenzen). Eine Schutzmarke kann zudem die identische Imitation spezifischer Produktmerkmale unterbinden[2].

Markierung wird nicht nur von Herstellern, sondern auch von Händlern durchgeführt. Man spricht dann von *Handelsmarken*. Ist für den Hersteller vornehmlich die Differenzierungsfunktion der Markierung von Bedeutung, so steht die Präferenzbildungsfunktion für die Einkaufsstätte für den Händler an erster Stelle seiner Ziele. Da Markenartikel von den Konsumenten zunächst mit bestimmten Herstellern in Verbindung gebracht werden und spezifische Handelsleistungen demgegenüber in den Hintergrund treten, liegt mit dem Instrument der Markierung ein Hilfsmittel zur Profilierung des Handels (namentlich der großen Einzelhandelsorganisationen) vor[3]. Das Instrument der Markierung ist nicht nur auf den Konsumgüterbereich beschränkt, sondern findet sich auch im *Investitionsgütersektor*. Zentrales Problem ist hier die Identifizierung (ggf. auch über mehrere Verarbeitungsstufen hinweg)[4].

Beispiele
Markierung von Maschinen und Anlagen, Lastkraftwagen und Hebezeugen, Kunststoff-Fasern und Beleuchtungseinrichtungen, Mineralölerzeugnissen und Spezialpapieren.

---

[1] Vgl. §§ 1, 7, 9, 15 und 25 Warenzeichengesetz i.d.F. vom 2. 1. 1968, BGBl III 423–1.
[2] Vgl. Kotler, Philip; Bliemel, Friedhelm: Marketing-Management, 7. Aufl., 1992, S. 645.
[3] Vgl. hierzu Hansen, Ursula: Absatz- und Beschaffungsmarketing des Einzelhandels, 2. Aufl., 1990, S. 242 ff.
[4] Vgl. Engelhardt, Werner Hans; Günter, Bernd: Investitionsgütermarketing, 1982, insbesondere S. 218 ff.

3. Sortimentspolitik

Unter dem *Sortiment* eines Unternehmens versteht man aus Anbietersicht die Gesamtheit aller selbst hergestellten oder herstellbaren und fremdbezogenen oder fremdbeziehbaren Sach- und Dienstleistungen, die der Anbieter zu einem bestimmten Zeitpunkt seinen Abnehmern anbietet[1]. Die Gestaltung des Sortiments zählt zu den langfristig ausgerichteten, fundamentalen Entscheidungen eines Unternehmens.
Bei industriellen Mehrproduktunternehmen ist das Sortiment (im Gegensatz zu Handelsbetrieben) durch die absatzstrategischen Grundentscheidungen in der Regel weitgehend vorgeprägt und kann daher kurzfristig im Rahmen der Absatzpolitik nicht wesentlich geändert werden[2].

Beispiel
Ein Unternehmen, das bisher nur Profilstähle herstellte, kann nicht ohne längerfristig bindende Investitionen Stahlrohre produzieren; wohl aber können im Rahmen technologisch vorgegebener Restriktionen unterschiedliche Varianten des Produkts „Profilstahl" durch Veränderung von Profilart (z. B. T-Form, U- Form, Doppel-T) und Stahlqualität erzeugt werden. Demgegenüber sind im Handel die Einrichtungen bzw. Investitionen (z. B. Lager, Transportsysteme, Verkaufskapazitäten) in der Regel nicht so stark produkt(gruppen)gebunden.

Einige wesentliche Entscheidungstatbestände im Bereich der längerfristigen Sortimentspolitik können durch folgende Fragestellungen umrissen werden:
- Welche *Produkte* bzw. Produktvarianten sollen produziert und angeboten werden (*Sortimentserweiterung, Beibehaltung* des Sortiments, *Sortimentsverkleinerung*)?
- Welche Produkte sollen selbst produziert (*Eigenherstellung*) und welche sollen als *Handelsware* geführt werden (*Fremdbezug*)?

Bei dieser Entscheidung ist meist der Gesichtspunkt der Vervollständigung eines branchenüblichen Sortiments maßgebend[3]. In diesem Sinne ergibt sich auch die Aufspaltung eines Sortiments in ein *Kern-* und ein *Randsortiment*. Grundlage solcher und ähnlicher Entscheidungen der Sortimentspolitik sind

---

[1] Vgl. Engelhardt, Werner Hans; Plinke, Wulff: Elemente der Marketingentscheidung, 1978, S. 115 ff., insbesondere S. 117. Siehe auch Hammann, Peter: Konsumgütermarketing, 1979, S. 76 oder Gümbel, Rudolf: Sortimentspolitik, in Handwörterbuch der Absatzwirtschaft, 1974, Sp. 1884–1897, insbesondere Sp. 1885–1891.
[2] Vgl. Gutenberg, Erich: Grundlagen der Betriebswirtschaftslehre, 2. Band, Der Absatz, 17. Aufl., 1984, S. 536 und 542; Gümbel, Rudolf: Sortimentspolitik, in: Handwörterbuch der Absatzwirtschaft, 1974, Sp. 1884–1897.
[3] Vgl. auch: Nieschlag, Robert; Dichtl, Erwin; Hörschgen, Hans: Marketing, 16. Aufl., 1991, S. 211ff.

Verbundeffekte auf der Angebots- und/oder Nachfrageseite[1]. Sieht man von technologischem Zwang (z. B. Kuppelproduktion) als Ursache für Verbundeffekte auf der Anbieterseite ab, so können u. a. folgende Überlegungen sortimentspolitische Entscheidungen beeinflussen:
- Verbrauchsfaktoren können gemeinsam beschafft werden, wodurch die Bezugskosten sinken und Preisnachlässe erreicht werden können (*Beschaffungsverbund*);
- betriebliche Potentialfaktoren (z. B. Fertigungsanlagen und Vertriebseinrichtungen) können gemeinsam genutzt werden, so daß eine höhere *Kapazitätsauslastung* erreicht werden kann (*Fertigungsverbund*);
- Forschungsergebnisse sind für verschiedene Produktarten verwertbar (*Forschungsverbund*);
- bei phasenverschobenen Nachfrageschwankungen zwischen Produkten des Sortiment kann eine *Senkung des Umsatzrisikos* eintreten;
- die Möglichkeiten der Mischpreiskalkulation können zu einem *kalkulatorischen Ausgleich* zwischen Sortimentsteilen und damit zu größeren *preispolitischen Spielräumen* führen (vgl. § 1 B 5).

Die Nachfrager akzeptieren ein möglicherweise auf solchen Gründen beruhendes gemeinsames Angebot von mehreren bzw. vielen Produkten insbesondere dann, wenn sich für sie Beschaffungs- und/oder Verwendungsvorteile durch den gleichzeitigen Einkauf ergeben (Nachfrageverbund), wie etwa:
- Die *beschaffungsfixen Kosten* werden *reduziert,* wenn nur bei einem und nicht bei mehreren Anbietern gekauft wird;
- durch das Angebot von substitutiven Gütern kann der Nachfrager eine Auswahlentscheidung treffen, ohne den Anbieter wechseln zu müssen (*Auswahlverbund*).

In Abhängigkeit von seiner Machtposition kann der Anbieter im Hinblick auf Vorteile für den Nachfrager höhere Preise oder auch kürzere Zahlungsziele durchsetzen, als dies beim Angebot nur eines Produktes möglich wäre.

Die *Entscheidungsalternativen* der Sortimentspolitik können – wie in Abb. 4.11 dargestellt – noch differenziert werden[2].

---

[1] Vgl. Busse von Colbe, Walther: Die Planung der Betriebsgröße, 1964, S. 270–272, S. 275 ff.; Engelhardt, Werner H.: Erscheinungsformen und absatzpolitische Probleme von Angebots- und Nachfrageverbunden, in: Zeitschrift für betriebswirtschaftliche Forschung, 28. Jg., 1976, S. 77–90.
[2] Vgl. dazu Engelhardt, Werner Hans; Plinke, Wulff: Elemente der Marketingentscheidung, 1978, S. 125.

154 Grundlagen der Absatztheorie

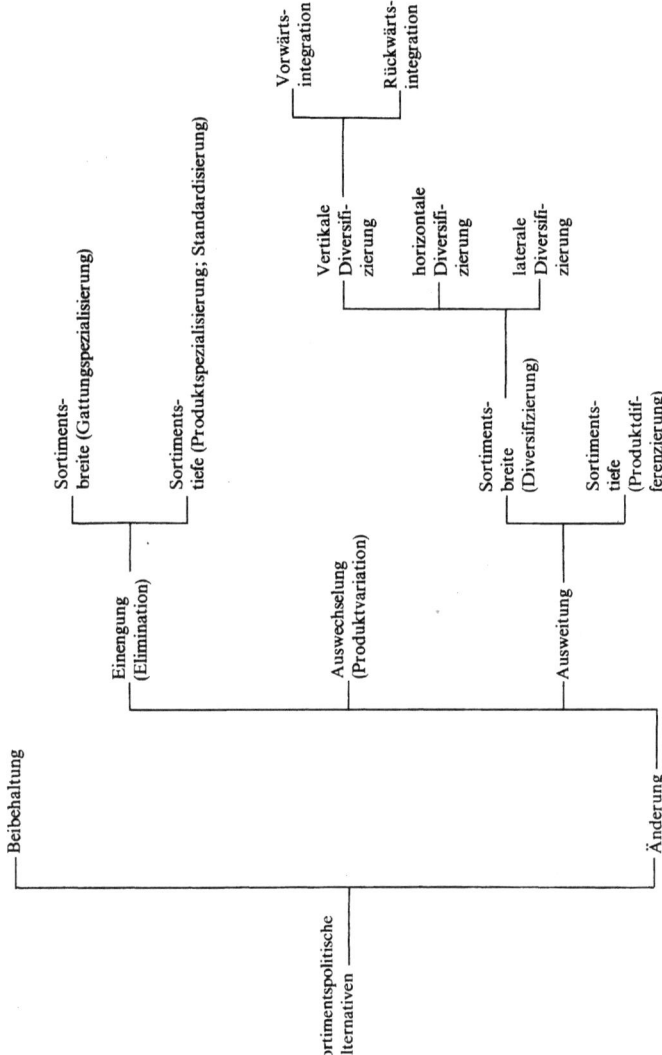

Abb. 4.11. Entscheidungsalternativen der Sortimentspolitik

Jede *Einengung* des Sortiments bedeutet eine Spezialisierung des Unternehmens auf eine geringere Zahl von Produktgattungen oder Produktarten innerhalb einzelner Gattungen. Produktspezialisierung kann auch die Folge einer *Standardisierung* sein.

Beispiele
Aufgabe der Produktion von Mänteln in einem Unternehmen der Damenoberbekleidungsindustrie; Ausmusterung von schwergängigen Speiseeissorten in einem Unternehmen der Tiefkühlkostindustrie; Standardisierung von Kfz.-Teilen.

Die *Ausweitung* des Sortiments in die *Tiefe* bedeutet eine Vervielfachung vorhandener Produkte innerhalb einzelner Produktgruppen (Beispiel: Aufnahme neuer Fruchtsaftsorten in einem Unternehmen der Getränkeindustrie). Hier liegt *Produktdifferenzierung* vor. Die Ausweitung eines Sortiments in die Breite kann sich in verschiedenen Formen vollziehen. Von *horizontaler Diversifizierung* spricht man, wenn zu den bisher im Sortiment geführten Produkten „verwandte" Güter hinzutreten. Die Verwandtschaft kann u. a. in gleichen Ausgangsstoffen liegen oder auch darin, daß die Produkte den gleichen Produktions- bzw. Absatzprozeß durchlaufen.

Beispiele
Ein Unternehmen, das Schallplatten mit Pop-Musik herstellt, kann die Produktion (bzw. auch nur den Vertrieb) von Schallplatten mit klassischer Musik aufnehmen. Ein Mineralsprudelhersteller beginnt mit der Produktion von Limonaden. Ein Modehaus nimmt (aufgrund von vorhandenen Nachfrageverbunden) Accessoires und Modeschmuck in das Sortiment auf. Ein Friseur bietet seinen Kunden Dienstleistungen im Bereich der Hand- und Fußpflege an.

Nimmt ein Unternehmen Leistungen in sein Sortiment auf, die bisher von Unternehmen auf vor- oder nachgelagerten Marktstufen (also von Lieferanten oder Abnehmern) erbracht wurden, so liegt *vertikale Diversifizierung* vor (Vorwärts- bzw. Rückwärtsintegration). Die Gründe liegen in erster Linie in Sicherungsüberlegungen. Durch Rückwärtsintegration kann der Zugang zu einem Beschaffungsmarkt offengehalten werden (Beschaffungssicherungsstrategie), durch Vorwärtsintegration der Zugang zu den Absatzmärkten (Absatzsicherungsstrategie).

156 Grundlagen der Absatztheorie

> **Beispiele**
> Ein Unternehmen der Automobilindustrie nimmt die Fertigung von bisher fremdbezogenen Teilen (Rückwärtsintegration) auf. Ein Unternehmen der Möbelbranche erwirbt ein filialisiertes Großhandelsunternehmen, um einen Teil des Vertriebs über den Handel künftig in eigener Regie abwickeln zu können (Vorwärtsintegration).

Von *lateraler Diversifizierung* spricht man, wenn ein Unternehmen sich Sortimente bzw. Sortimentsteile angliedert, die branchenfremd sind, d. h. mit der bisherigen Geschäftstätigkeit in keiner Beziehung stehen. Dies kann sich z. B. durch Fusion von Unternehmen, durch Beteiligungen oder durch Kooperationen ergeben. Die entstehenden organisatorischen Komplexe bezeichnet man als *Mischkonzerne*. Meist sind Überlegungen der *Risikostreuung* für Formen der lateralen Diversifizierung ausschlaggebend, um damit langfristig das Überleben der Unternehmen (einschließlich der Arbeitsplätze) zu sichern. Aber auch steuerliche Gründe können zu lateraler Diversifizierung führen.

> **Beispiele**
> Eine Bank erwirbt eine Mehrheitsbeteiligung an einer Brauerei. Ein Mineralölunternehmen übernimmt eine Restaurantkette.

Diversifizierung bildet eine Form des *Unternehmenswachstums*[1]. Eine Unternehmung wächst nicht nur durch Umsatzsteigerungen in den bisherigen Märkten (d. h. durch Teilhabe an wachsenden Marktvolumina oder verstärkter Marktdurchdringung), sondern auch durch den Eintritt in neue Märkte bzw. durch die Aufnahme von neuen Produkten in das Sortiment.

Unter *Produktvariation* versteht man die Auswechselung von Produkten in einem Sortiment.

> **Beispiele**
> Typenwechsel im Automobilmarkt; Ersatz eines Kosmetikproduktes durch eine qualitativ verbesserte oder veränderte Variante (Relaunch).

Im Falle der Produktvariation bleibt das Sortiment hinsichtlich Breite und Tiefe unverändert, es tritt jedoch eine qualitative Änderung ein. Produktvariationen werden zu bestimmten Anlässen (Messen, Ausstellungen) durchgeführt. Sie ergeben sich jedoch auch, wenn produktpolitisch neue Impulse gesetzt werden müssen, um die Produktnachfrage zu erhalten oder auszuweiten.

---

[1] Siehe hierzu auch § 3C 2.

4. Neuproduktentscheidungen

Die Bedeutung, die der Produktpolitik für das Unternehmenswachstum beigemessen wird, resultiert zu einem wesentlichen Teil aus dem Erfolg, den Unternehmen mit der Einführung neuer Produkte erzielen können. Dabei kann es sich um eine *Betriebsneuheit* oder um eine *Marktneuheit* handeln. Unter einer Marktneuheit (Innovation) versteht man ein neues Produkt, welches eine Lücke des relevanten Marktes schließt. Eine *Marktlücke* (d. h. ein nicht ausgeschöpfter Teilmarkt) liegt dort vor, wo im relevanten Markt zur Befriedigung der Nachfragerbedürfnisse keine bzw. subjektiv nicht geeignete Güter existieren. Als Betriebsneuheiten (Imitationen) bezeichnet man andererseits solche Produkte, welche bei ihrer Einführung bereits auf äquivalente Konkurrenzprodukte treffen (also lediglich für die einführende Unternehmung neu sind). Sie schließen damit nicht Marktlücken, sondern bestenfalls *Marktnischen* (d. h. solche Teile eines relevanten Marktes, in welchen das vorhandene Güterangebot die vorhandenen Nachfragerbedürfnisse nur teilweise zu befriedigen vermag)[1]. Marktneue Produkte sind mit besonders hohen Risiken verbunden[2]. In manchen Wirtschaftszweigen können nur unter 10% der Neuproduktideen bis zum Markterfolg geführt werden. Ein Schwerpunkt der Neuproduktpolitik liegt daher in vielen Betrieben bei innovatorischen Imitationen. Hierbei werden nur einige – vielfach sogar nur unwesentliche – Eigenschaften marktgängiger Produkte (z. B. das Design, die Verpackung) verändert.

In der Literatur werden folgende Phasen der Neuproduktplanung unterschieden[3]:

– *Ideensuche*
Um eine genügende Anzahl (guter) Ideen für neue Produkte zu erhalten, ist es erforderlich, Entscheidungen über die formale Organisation der Ideensuche zu treffen. Es ist z. B. festzulegen, welche Quellen für Neuproduktideen verwendet werden sollen. Hier sind von Bedeutung: Bereiche der eigenen Unternehmung (technische Forschungs- und Entwicklungsabteilung, Marktforschung, Kundenservice, Projektgruppen), externe Marktforschungsinstitute (z. B. gezielte Einstellungsforschung im Rahmen von Marktpositionie-

---

[1] Vgl. hierzu u. a. Spiegel, Bernt: Die Struktur der Meinungsverteilung im sozialen Feld, 1961, S. 102 ff.; Hammann, Peter: Konsumgütermarketing, 1979, S. 39 ff. bzw. S. 47 ff.
[2] Vgl. Kotler, Philip; Bliemel, Friedhelm: Marketing-Management, 7. Aufl., 1992, S. 528.
[3] Vgl. Kotler, Philip; Bliemel, Friedhelm: Marketing-Management, 7. Aufl., 1992, S. 494–538.

rungsstudien zur Aufdeckung von Marktlücken bzw. -nischen[1]), Kunden (Produktwünsche, Änderungsvorschläge und Beschwerden), Wissenschaft (neue Erkenntnisse), Vertreter und Reisende (Kundenproblem- und Marktkenntnisse). Will die Unternehmung ein organisiertes Verfahren zur Erzeugung von Produktideen anwenden, so kommen verschiedene Kreativitätstechniken wie etwa das Brainstorming oder systematisch-logische Verfahren wie etwa die morphologische Methode in Betracht[2].

– *Vorauswahl*
Da nicht alle vorliegenden Ideen etwa aus Kostengründen einer vollständigen Überprüfung unterworfen werden können, wird eine Vorauswahl getroffen, die selbst wieder einen Entscheidungstatbestand darstellt[3]. Einerseits sollte das gewählte Vorauswahlverfahren möglichst wenige Ideen ausscheiden, die vielleicht später bei der Konkurrenz mit Erfolg realisiert werden; andererseits dürfen die Auswahlkriterien nicht so weit sein, daß zu viele potentielle Versager weiter verfolgt werden. Zu prüfen sind hier neben den prinzipiellen Absatzchancen etwa die Erfüllbarkeit von Umsatz- und Wachstumszielen, Vereinbarkeit mit dem bisherigen Image des Unternehmens, die Einhaltung von Kapital-, Know-how- und Fertigungsrestriktionen. Zur Evaluierung verfolgenswerter Produktideen haben sich in der Praxis insbesondere *Produktbewertungsmodelle* (Scoring-Modelle) bewährt.

Beispiel
Sei P_{ij} der kardinal gemessene Punkt- oder Zielwert eines Projekts j ($j = 1, \ldots, n$) im Hinblick auf Beurteilungskriterium i ($i = 1, \ldots, m$) und α_i der Gewichtungsfaktor des Kriteriums i, dann ergibt sich (unter der Annahme der Unabhängigkeit der Kriterien voneinander) der Gesamtpunkt- bzw. Nutzwert Q_j eines Projektes j durch Addition der gewichteten Einzelpunktwerte, d. h.

(4.36) $$Q_j = \sum_{i=1}^{m} P_{ij}\alpha_i \; (j = 1, \ldots, n).$$

---

[1] Vgl. hierzu insbesondere Trommsdorff, Volker: Die Messung von Produktimages für das Marketing, 1975, S. 48 ff.; Hammann, Peter; Erichson, Bernd: Marktforschung, 2. Aufl., 1990, S. 274; Brockhoff, Klaus: Produktpolitik, 1981, S. 11 ff. bzw. S. 69 ff.
[2] Zu verschiedenen Methoden wie etwa der morphologischen Methode und zum Brainstorming vgl. Kirsch. Werner u. a.: Betriebswirtschaftliche Logistik, 1973, S. 581 ff.; Rohrbach, Bernd: Techniken des Lösens von Innovationsproblemen, 1971, S. 73–88.
[3] Vgl. Nieschlag, Robert; Dichtl, Erwin; Hörschgen, Hans: Marketing, 16. Aufl., 1991, S. 194 ff.; Kotler, Philip; Bliemel, Friedhelm: Marketing-Management, 7. Aufl., 1992, S, 499–503.

Üblicherweise fordert man

(4.37) $\quad 0 \leqq P_{ij} \leqq M \ (i = 1, \ldots, m; j = 1, \ldots, n),$

wobei M ein beliebig hoher kardinaler Wert als Skalenobergrenze ist, und

(4.38) $\quad \sum\limits_{i=1}^{m} \alpha_i = 1,$

d. h. die Gewichte werden normiert.

Eine Schwierigkeit kann sich dort ergeben, wo die Kriterien nicht unabhängig voneinander sind und/oder zu ihrer Messung Skalen unterschiedlichen Niveaus herangezogen werden müssen. Hier wäre eine nichtlineare (z. B. multiplikative) Verknüpfung der Einzelpunktwerte zum Gesamtpunktwert notwendig[1]. In jedem Fall kann man nach Durchführung des Verfahrens anhand der Gesamtpunktwerte eine *Projektrangliste* erstellen. Es werden diejenigen Projekte in die nächste Phase der Neuproduktpolitik übernommen, die gemäß vorgegebenem *kritischen* Wert $Q^* \geqq 0$ aussichtsreich erscheinen. Sofern sich für die einzelnen Projekte auch die finanziellen Anforderungen F_j bereits durch grobe Schätzungen konkretisieren lassen, kann man auch Nutzen und Kosten der Projekte in einer Rangkennzahl ϱ_j zusammenfassen und die Rangstufung entsprechend vornehmen[2]:

(4.39) $\quad \varrho_j = \dfrac{Q_j}{F_j} \cdot 100 \ (j = 1, \ldots, n).$

Da meist ein Gesamtbudget F für alle Entwicklungsprojekte vorgegeben ist, tritt als weitere Restriktion hinzu:

(4.40) $\quad \sum\limits_{j=1}^{n} F_j v_j \leqq F$

wobei v_j eine Auswahlvariable ist, die folgende Werte annehmen kann

(4.41) $\quad v_j = \begin{cases} 1, \text{ wenn Projekt } j \text{ realisiert wird} \\ 0, \text{ sonst} \end{cases} \ (j = 1, \ldots, n),$

und F_j die veranschlagten Entwicklungskosten des Projekts j bezeichnet. Damit läßt sich für das Entscheidungsproblem auch die *Zielfunktion* angeben:

---

[1] Vgl. hierzu u. a. Brockhoff, Klaus: Produktpolitik, 1981, S. 79 ff.; Strebel, Heinz: Forschungsplanung mit Scoring-Modellen, 1975, S. 81 ff. Siehe auch § 4 C 2.

[2] Vgl. Hammann, Peter: Entscheidungsanalyse im Marketing, 1975, S. 589 ff. sowie Sabel, Hermann: Entscheidungsmodelle zur Auswahl von Produktideen, in: von Kortzfleisch, Gert (Hrsg.): Betriebswirtschaftslehre in der zweiten industriellen Evolution – Festschrift für Theodor Beste, 1970, S. 55–79.

160 Grundlagen der Absatztheorie

(4.42) $$Z = \sum_{j=1}^{n} Q_j v_j = \max!$$

wobei Q_j wie in Gleichung (4.36) definiert ist und die Restriktionen (4.37), (4.38) und (4.40) zu beachten sind. Es ergibt sich ein nichtlineares Programmierungsproblem, das mit einschlägigen Methoden gelöst werden könnte[1]. Für praktische Zwecke genügt es jedoch, mit Hilfe der Rangkennzahl ϱ_j die Projekte zu stufen und mit der Auswahl so lange fortzufahren, bis das Gesamtbudget F erschöpft ist.

- *Wirtschaftlichkeitsanalyse*
  Für die ausgewählten Projekte sind Erwartungsgrößen Ein- und Auszahlungen gegenüberzustellen[2]. Dabei ist insbesondere auch über den Einsatz alternativer Prognoseverfahren und die Intensität der Informationsbeschaffung zu entscheiden. Wirtschaftlichkeitsanalysen für neue Produkte müssen angesichts der Länge des Innovationsprozesses oftmals mehrfach wiederholt werden. Ihren Kern bilden Methoden der Investitionsrechnung, wie sie in Band 3 eingehend behandelt werden.

- *Produktentwicklung*
  Anschließend wird die Produktentwicklung auf der Grundlage von Zeichnungen und Modellen eingeleitet. Diese Phase verursacht in der Regel den weitaus größten Aufwand. Erstes Ergebnis ist oft ein Prototyp. Dieser bzw. die ersten Exemplare müssen gründlichen Gebrauchs- bzw. Verbrauchstests unterzogen werden, wobei auch Gesichtspunkte des Geltungsnutzens zu beachten sind[3]. In diesem Zusammenhang ist auch über die Verpackung und evtl. eine Markierung zu entscheiden[4].

- *Testmarktuntersuchung*
  Um die Unsicherheit noch weiter zu reduzieren, kann in der letzten Phase vor der Einführung des Produktes eine Testmarktuntersuchung durchgeführt werden, aufgrund deren Ergebnis dann endgültig über die Einführung

---

[1] Vgl. hierzu u. a. Neumann, Klaus: Operations Research Verfahren, Band 1: Lineare Optimierung, Spieltheorie, Nichtlineare Optimierung, Ganzzahlige Optimierung, 1975, S. 333 ff.

[2] Vgl. Sabel, Hermann: Wirtschaftlichkeitsanalysen von Produkten, in: Zeitschrift für betriebswirtschaftliche Forschung, 28. Jg., 1976, Kontaktstudium, S. 135 ff.; Kotler, Philip; Bliemel, Friedhelm: Marketing-Management, 7. Aufl., 1992, S. 511–516.

[3] Vgl. u. a. Bauer, Erich: Produkttests in der Marketing-Forschung, 1981.

[4] Vgl. Siegwart, Hans: Produktentwicklung in der Industriellen Unternehmung, 1974; Kotler, Philip; Bliemel, Friedhelm: Marketing-Management, 7. Aufl., 1992, S. 517–519.

entschieden wird[1]. Ein Testmarkt sollte bei einer geplanten nationalen Einführung eine Region sein, in der das Nachfrageverhalten als repräsentativ für das Verhalten der Nachfrager auf dem Gesamtmarkt angesehen wird. Die Vorgehensweise bei der Markteinführung sowie der Marketing-Mix werden auf dem Testmarkt erprobt.

– *Einführung*
Nach der Auswertung der Testmarktergebnisse muß die Entscheidung über die endgültige Festlegung der gesamten Absatzpolitik für die Markteinführung erfolgen[2]. Ein wichtiges Entscheidungsproblem stellt hier auch die Wahl des Einführungszeitpunktes dar[3]. Wurde ein bisher angebotenes Produkt in für den Konsumenten wichtigen Eigenschaften verbessert, so kann eine verfrühte Einführung der neuen Produktversion zu Verlusten führen; den meist geringen Anfangsgewinnen, die das neue Produkt erzielen kann (Kosten der Markteinführung), stehen möglicherweise Gewinne gegenüber, die mit dem alten Produkt noch realisierbar gewesen wären. Eine verfrühte Einführung von unausgereiften Produkten kann zu hohen Verlusten und Imageschäden für die Gesamtunternehmung führen. Kundenreklamationen verursachen im Fall von Gewährleistungsansprüchen vor allem bei Gebrauchsgütern vielfach hohe Ersatz- oder Nachbearbeitungsaufwendungen.

5. Umweltökonomische Probleme der Produkt- und Sortimentspolitik

Auf allen Tätigkeitsfeldern der Unternehmung sind im letzten Jahrzehnt zunehmend ökologische Restriktionen wirksam geworden. Sie reflektieren die in der Öffentlichkeit intensiv geführte Diskussion um die Begrenzung des Zugangs zu öffentlichen Gütern in Form von Einleitungen in Boden, Luft und Gewässer für private Haushalte und Unternehmen. Der Erlaß von Gesetzen und Verordnungen hat den Willen des Gesetzgebers zur Umsetzung von Vorgaben deutlich gemacht, die das Verhalten von Wirtschaftsobjekten reglementieren sollen. Zu diesen Regelungswerken zählen u.a.

---

[1] Vgl. Huppert, Egon: Kontrollierter Markttest, in: Wirtschaftswissenschaftliches Studium, 5. Jg., 1976, S. 387 ff.; Rehorn, Jörg: Marktests, 1977; Irninger, J.: Pretesting und Testmarkt, 1972; Höfner, Klaus: Der Markttest für Konsumgüter in Deutschland, 1966; Erichson, Bernd: TESI – Ein Test- und Prognoseverfahren für neue Produkte, in: MARKETING – ZFP, 3. Jg., Heft 3, 1981, S. 201–207; Kotler Philip; Bliemel, Friedhelm: Marketing-Management, 7. Aufl., 1992, S. 519–527.

[2] Vgl. ebenda, S. 494–503.

[3] Vgl. dazu Hanssmann, Friedrich: The Planning of a Market-Oriented Development Project – An Operations Research Approach, in: Industrielle Organisation, 35. Jg., No. 3, 1966, S. 99–108.

162 Grundlagen der Absatztheorie

- das Gesetz über Naturschutz und Landschaftspflege (Bundesnaturschutzgesetz; i.d.F. vom 12. März 1988);
- das Gesetz zur Erhaltung des Waldes und zur Förderung der Forstwirtschaft (Bundeswaldgesetz; i.d.F. vom 27. Juli 1984)
- das Gesetz zur Ordnung des Wasserhaushalts (Wasserhaushaltsgesetz; i.d.F. vom 23. September 1986)
- das Gesetz über Abgaben für das Einleiten von Abwasser in Gewässer (Abwasserabgabengesetz; i.d.F. vom 5. März 1987;
- das Gesetz über die Umweltverträglichkeit von Wasch- und Reinigungsmitteln (Wasch- und Reinigungsmittelgesetz; i.d.F. vom 5. März 1987);
- das Gesetz über die Vermeidung und Entsorgung von Abfällen (Abfallgesetz; i.d.F. vom 27. August 1986);
- das Gesetz zum Schutz vor schädlichen Umwelteinwirkungen durch Luftverunreinigungen, Geräusche, Erschütterungen und ähnliche Vorgänge (Bundes-Immissionsschutzgesetz; i.d.F. vom 26. November 1986);
- das Gesetz zur Verminderung von Luftverunreinigungen durch Bleiverbindungen in Ottokraftstoffen für Kraftfahrzeugmotoren (Benzinbleigesetz; i.d.F. vom 26. November 1986);
- das Gesetz zum Schutz vor gefährlichen Stoffen (Chemikaliengesetz; i.d.F. vom 15. September 1986);
- die Verordnung über gefährliche Stoffe (Gefahrenstoffverordnung; i.d.F. vom 26. August (1980);
- die Technische Anleitung Abfall (i.d.F. 28. März 1991);
- die Verordnung über die Vermeidung von Verpackungsabfällen (Verpakkungsverordnung; i.d.F. vom 12. Juni 1991).

Auf Landesebene sind zahlreiche gesonderte Regelwerke entstanden, die auf die örtlichen Bedingungen abgestellt sind. Die Vielfalt dieser Vorschriften verdeutlicht, daß aus der Sicht der Unternehmen insbesondere zwei Tätigkeitsfelder in besonderem Maße betroffen sind: die Fertigung und die Produktentwicklung.

Aus betriebswirtschaftlicher Sicht geht es in der Fertigung um die Begrenzung bzw. Vermeidung des Entstehens von *Produktionsabfällen* aller Art und deren mögliche Einleitung in die Umwelt. Abfälle sind gem § 1 AbfG. „bewegliche Sachen, deren sich der Besitzer entledigen will oder deren geordnete Beseitigung zur Wahrnehmung des Wohles der Allgemeinheit, insbesondere des Schutzes der Umwelt geboten ist". Aus einzelwirtschaftlicher Sicht ergibt sich zur Einordnung eines Stoffes als Abfall die Notwendigkeit einer Bewertung im Hinblick auf eine mögliche (Weiter-)Nutzung. Wird diese verneint, liegt Abfall vor[1]. Abfälle sind mit jeglicher Art von Fertigung (aber auch mit dem Konsum) untrennbar verbunden. Zu der Gruppe der Produktionsabfälle zählen[2]:

---
[1] Siehe Band 1, § 5C.
[2] Vgl. u.a. Hammann, Peter: Betriebswirtschaftliche Aspekte des Abfallproblems, in: Die Betriebswirtschaft, Bd. 48, 1988, S. 466.

- die im Produktionsprozeß zurückbleibenden bzw. zunächst unbrauchbar gewordenen Roh-, Werk-, Hilfs- und Betriebsstoffe sowie Energieträger und deren Derivate oder Kombinationen;
- die mit Beendigung des Produktionsprozesses gegebenen Produktabfälle, Prüfabfälle, Ausschuß, sowie unbrauchbar gewordene Lagerware, Packstoffe und Verpackungen;
- die als Sonderabfälle einzustufenden Gase, Flüssigkeiten und Feststoffe.

Die Bewältigung der Vielfalt möglicher Produktionsabfälle hat in der Vergangenheit ihre Lösung in der Beseitigung bzw. Entsorgung gefunden, die von spezialisierten Dienstleistungsunternehmen (Entsorgungsunternehmen) vorgenommen wurden. Eine ähnliche Situation liegt im Bereich der *Siedlungsabfälle* vor, die in drei Gruppen eingeteilt werden:
- Hausmüll und hausmüllähnliche Abfälle aus Gewerbebetrieben sowie Behörden;
- Sperrmüll;
- Straßenkehricht.

Von besonderem Interesse ist dabei die der Konsumtion entstammende Fraktion des Hausmülls, die in folgende Untergruppen zerfällt:
- Altglas,
- Altpapier,
- Metalle,
- Kunststoffe,
- Textilien,
- Vegetabilien (Küchen- und Gartenabfälle),
- Sonderabfälle (insbesondere Chemikalien, Farb- und Lackreste).

Im Siedlungsabfall wie im Produktionsabfall kommt den Verpackungsabfällen ein besonderes Gewicht zu. Im Produktionsabfall sind es in erster Linie Um- und Transportverpackungen, im Hausmüll Sekundärverpackungen, die das Abfallaufkommen haben anwachsen lassen.

Zur Reduzierung des Abfallaufkommens werden in der Produktion seit langem – ausgehend von einer systematischen Durchdringung der Produktionsprozesse – Schwachstellen untersucht, deren Beseitigung die ökonomische Effizienz der Produktion heben sollen. Die dortige Entstehung von Abfall ist Ausdruck zu geringer Wirtschaftlichkeit der Produktion, die sich in erhöhten Kosten niederschlägt. Diese können durch die konsequente Suche nach Fehlern und Fehlerquellen reduziert werden[1]. Insoweit korrespondieren ökologische und ökonomische Ziele.

Die Aufgabe einer Reduzierung der Siedlungsabfälle nötigt zum einen zu einer Beeinflussung des Verbraucherverhaltens, zum anderen jedoch auch zu einem veränderten Ansatz in der Produktentwicklung und -vermarktung. Die Gründe

---

[1] Vgl. hierzu die Unternehmung zur Abfallvermeidung in einem Kaltwalzwerk bei Müller, Hermann: Industrielle Abfallbewältigung, Bochumer Beiträge zur Unternehmensführung und Unternehmensforschung, Bd. 38, 1990, S. 166ff.

164 Grundlagen der Absatztheorie

für die Erhöhung des Abfallaufkommens im Bereich des Hausmülls sind im wesentlichen zwei:
- Zum einen ist der Anteil sogenannter *Convenience*-Produkte, die dem Verwender vor allem den Vorteil der Bequemlichkeit bei der Beschaffung, Nutzung und Entsorgung bieten, erheblich gestiegen. Die Beispiele reichen von der bequemen Transportverpackung bei Nahrungsmitteln (welche zudem die Präsentation der Ware erleichtert und zum hygienischen Umgang beiträgt) bis zur batteriebetriebenen Fernbedienung in der Unterhaltungselektronik, vom Waschautomaten bis zum Mikrowellenherd. Das Angebot zur Befriedigung des Bedürfnisses nach Bequemlichkeit ist heute umfassend.
- Zum anderen entfallen Voraussetzungen zur *Weiter-, Wieder- oder Andersverwendung* solcher Konsumgüter oder ihrer Bestandteile, die nach Ablauf der ökonomischen Nutzungsdauer nicht untergehen. Die zunehmende Verwendungsspezialisierung der Güter läßt eine Nutzungserweiterung nicht mehr zu; die technische Lebensdauer nähert sich der ökonomischen Nutzungsdauer.

Um die daraus sich ergebenden Belastungen der Umwelt zu begrenzen, bietet es sich an, bereits in der Produktentwicklung auf eine weitgehende Wiederverwendbarkeit von Güterbestandteilen und -rückständen zu achten.

Mit Rücknahme dieser Gegenstände kann eine Kette von Aktivitäten in Gang gesetzt werden, die mit der erneuten Nutzung der Stoffe in derselben oder einer anderen Fertigungsstufe endet. Der Vorgang wird allgemein als *Recycling* bezeichnet[1]. Die Stufen des Prozesses sind:
(1) Sammlung,
(2) Lagerung,
(3) Trennung (Dekomposition bzw. Demontage),
(4) Aufbereitung,
(5) Wiedereinsatz.

Wie weit dieses Prinzip inzwischen verfolgt worden ist, zeigt das *Beispiel* der *Automobilindustrie* (Abb. 4.12).

---

[1] Siehe hierzu Kleinaltenkamp, Michael: Recycling-Strategien – Wege zur wirtschaftlichen Verwertung von Rückständen aus absatz- und beschaffungswirtschaftlicher Sicht, 1985, S. 17ff. bzw. S. 68ff.

Umweltökonomische Probleme der Produkt- und Sortimentspolitik 165

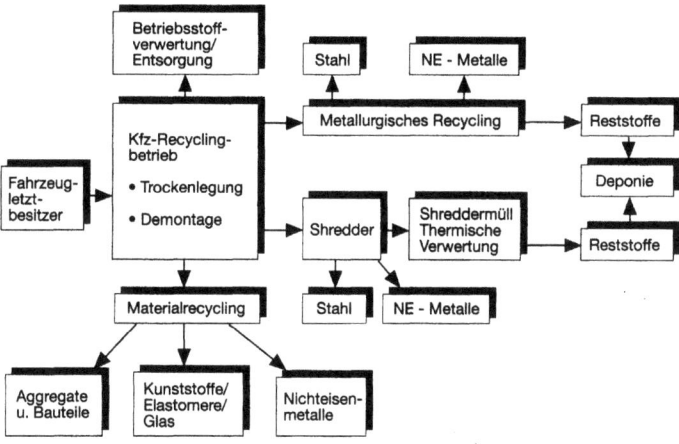

Abb. 4.12 Zukünftiges Altauto-Verwertungskonzept[1]

Der Fahrzeugletztbesitzer liefert sein außer Nutzung gestelltes Kraftfahrzeug einem spezialisierten Recyclingbetrieb an, der die Trockenlegung und Demontage des Objektes vornimmt.
Die Abb. 4.13 und Abb. 4.14 liefern einen Überblick über den derzeitigen Stand der Wiedereinsatzmöglichkeiten bei metallischen und nicht-metallischen Werkstoffen, die im Zuge des metallurgischen und Materialrecycling[2] sowie als Ergebnis der Schredder-Prozesse anfallen[3].

---

[1] Entnommen aus Schmidt, Joachim: Wie oft ist das Material recyclierbar – am Beispiel des Automobils?, in: Collins, Hans-Jürgen (Hrsg.): Aufbereitung fester Siedlungsabfälle vor der Deponierung, Zentrum für Abfallforschung, Braunschweig, Heft 6, 1991, S. 161.
[2] Beim metallurgischen Recycling handelt es sich um ein von den Firmen Voest-Alpine Strabeban und Mercedes-Benz AG entwickeltes Verfahren, bei dem die Restautos zu Paketen gepreßt und in einem Stahlkonverter eingeschmolzen werden, wodurch hochwertiger Stahl zurückgewonnen werden soll.
[3] Zur Situation der Umweltorientierung in der Automobilindustrie siehe u.a. Mercedes Benz AG (Hrsg.), Umweltschutz beim Nutzfahrzeug, 3. Aufl., 1991.

166 Grundlagen der Absatztheorie

● **Stahl- und Eisenwerkstoffe:**
  Einsatz bei der Stahlproduktion
● **Nichteisenmetalle**
  Gewinnung von Sekundärrohstoffen in Umschmelzhütten; Schrottpreis Al ca. 3.000 DM/t, andere NE-Metalle ca. 2.500 DM/t
● **Batterien:**
  Anfall: ca. 10 Mio. Altbatterien in der BRD pro Jahr
  – Bleiplatten: Umschmelzen zu Sekundärblei
  – Batteriesäure: Aufbereitung zu Natriumsulfat und Beizsäure
  – PP-Gehäuse: Umschmelzen zu Sekundärprodukten (Radhausinnenauskleidung)
● **Katalysatoren:**
  – Stahlummantelung: Einsatz bei der Stahlproduktion
  – Keramikkörper: Keramikpulver als Rohstoff
  – Platin und Rhodium: wertvolle Sekundärrohstoffe, Gewinnung durch pyrometallurgische und naßchemische Verfahren

---

Abb. 4.13. Recycling metallischer Werkstoffe aus der Altautoverwertung[1]

Werkstoff	Recyclierbarkeit
Textilien, Holzfaserstoffe	Wiederverwertung von Produktionsabfällen ist Stand der Technik
Glas	noch Probleme mit Verbundglasscheiben und Verklebungen
Thermoplaste	Thermoplaste grundsätzlich über Schmelze verwertbar, Wiederverwertung von Produktionsabfällen ist Stand der Technik
Polyurethane (PUR)	z.Z. laufen Recyclingversuche, PUR-Produktionsabfälle werden zu Matten verarbeitet
Polyvinyl-Chloride	Ersatz durch Thermoplaste ist angestrebt (wegen der Chlor-Problematik)
Elastomere	stoffliche Verwertung nur zu minderwertigen Produkten möglich (begrenzter Markt), Möglichkeit der Rohstoffgewinnung durch Pyrolyse (Öl, Ruß)
Duroplaste	keine originäre stoffliche Verwertung möglich; Recyclingversuche bei Teileherstellern (Wiedergewinnung von Fasern durch Partikelrecycling)

Abb. 4.14 Recyclierbarkeit der im Automobil verwendeten nichtmetallischen Werkstoffe[1]

Im Bereich der *Verpackungsabfälle* ergeben sich Reduktionsmöglichkeiten hinsichtlich des Aufkommens durch die Rücknahmeselbstverpflichtung der Konsumgüterindustrie und des Handels im Zusammenhang mit der Errichtung des Dualen Systems Deutschland (DSD). Damit können Präsentations-, Um- und Transportverpackungen in erheblichem Umfang einem Recycling der Stoffe zugeführt werden. Der Anfall von Verpackungsabfällen wird sich langfristig jedoch nur durch eine Veränderung des Convenience-Aspekts bei den Gütern begrenzen lassen. Folgende Maßnahmen bieten sich an:
- Vereinheitlichung von Verpackungstypen;
- Vereinheitlichung von Packstoffen;
- Übergang zu rezyklierbaren Verpackungen (d.h. Verzicht auf sogenannte integrierte Packstoffe; Reduzierung von Beschichtungen, Aufdrucken, Laminierungen und Kunststoffanteilen);
- Erhöhung der Haltbarkeit von Aufbewahrungsverpackungen;
- Verzicht auf überflüssige Dämmstoffe;
- Entwicklung von Mehrzweckverpackungen.

Eine Verpackungswertanalyse kann hierzu erste Anhaltspunkte und Erkenntnisse liefern.

Im Zusammenhang mit der Entwicklung umweltverträglicher Produkte und Produktelemente stellen sich der Unternehmung vielfältige Aufgaben, die vom Markt her aufgegriffen und bewältigt werden müssen. Nicht zuletzt die Schaffung von Akzeptanz bei den Nachfragern bereitet Schwierigkeiten, da die mit den Veränderungen einhergehenden erheblichen zusätzlichen Kosten beim Produzenten sich in erhöhten Preisen beim Nachfrager niederschlagen. Die Akzeptanz des veränderten Gutes resultiert zunächst aus der Prüfung seiner Eignung zur Befriedigung eines bestimmten Bedürfnisses. Sie ist jedoch nicht unabhängig von der Beurteilung des Preis-Leistungs-Verhältnisses.

Die Lösung des Absatzproblems geht für viele Unternehmen mit einer Neuorientierung ihrer Geschäftstätigkeit einher, wenn für die gleichen Kundengruppen ein ausgeweitetes Funktionsspektrum bei veränderter technologischer

---

[1] Entnommen aus Schmidt, Joachim: Wie oft ist das Material recyclierbar – am Beispiel des Automobils?, in: Collins, Hans-Jürgen (Hrsg.): Aufbereitung fester Siedlungsabfälle vor der Deponierung, Zentrum für Abfallforschung, Braunschweig, Heft 6, 1991, S. 163.

Basis abgedeckt werden muß[1]. Für viele Unternehmen ergibt sich dadurch eine Veränderung ihrer Sortimente. Nicht nur ersetzen umweltfreundliche Produkte umweltschädliche, sondern es treten auch Recycling-Stoffe hinzu, die andere absatzwirtschaftliche Strategien als die bisher abgesetzten Güter erfordern.

6. Produzentenhaftung als Restriktion der Produktpolitik

Unter der Produzentenhaftung versteht man allgemein die Haftung, die ein Produzent für Folgeschäden übernehmen muß, die einem Käufer, Verwender oder einer sonstigen Person dadurch entsteht, daß ein für die Verkehrskreise zwar freigegebenes, aber fehlerhaftes Produkt genutzt wird. Die Bedeutung dieses Haftungstatbestandes ist nicht zuletzt durch die Rechtsprechung in den U.S.A., aber auch durch den Erlaß der EG-Richtlinie vom 25. Juli 1985 zur verschuldensunabhängigen Haftung des Herstellers für Produkt-Folgeschäden unterstrichen worden[2]. Seit dem 1. Januar 1990 ist in Deutschland das Produkthaftungsgesetz (als Anpassungsgesetz) in Kraft. Es ergänzt und vertieft das nach wie vor gültige Vertrags- und Deliktsrecht (insbes. § 823 BGB). Entsprechend diesen Rechtsnormen bezieht sich die Haftung nicht nur auf den sachlichen Kern des Leistungsbündels (das Produkt i.e.S.), sondern vielmehr auf alle anderen darin enthaltenen Leistungen des Herstellers, für deren sachgerechte Erbringung er zu sorgen hat. Er haftet daher, wenn und soweit er einen Fehler oder eine Gefährdung aus dem oder durch das Leistungsbündel zu vertreten hat.

Bereits § 823 I BGB gibt die Möglichkeit zur Herleitung von Schadensersatzansprüchen aus Rechtsverletzungen: „Wer vorsätzlich oder fahrlässig das Leben, den Körper, die Gesundheit, die Freiheit, das Eigentum oder ein sonstiges Recht eines anderen widerrechtlich verletzt, ist dem anderen zum Ersatze des daraus entstandenen Schadens verpflichtet." Die hiernach geltende Produzentenhaftung nach dem Verschuldensprinzip ist durch das Produkthaftungsgesetz durch eine verschuldensunabhängige Haftung ergänzt worden. Gemäß § 2 ProdHaftG ist als „Produkt" jede bewegliche Sache anzusehen, auch wenn sie ein Teil einer anderen Sache bildet. Eine Gegenüberstellung der Regelungen gemäß § 823 BGB und den Vorschriften des Produkthaftungsgesetzes zeigt Abb. 4.15.

---

[1] Vgl. hierzu § 3 C 1 b.
[2] Vgl. Wischermann, Barbara: Produzentenhaftung und Risikobewältigung – Eine ökonomische Analyse, 1991, S. 2.

§ 823 BGB	ProdHaftG	Bemerkungen
Produkt Alle Produkte (unabhängig von ihrer Art und ihrem Verwendungszweck).	Jede bewegliche Sache, auch wenn sie Teil einer anderen Sache ist, sowie Elektrizität. Es fallen nicht darunter – landwirtschaftliche Naturprodukte und Jagderzeugnisse, die noch keiner ersten Verarbeitung unterzogen wurden, – Industrieabfälle, – Dienstleistungen, – Produkte, die vor Inkrafttreten des Gesetzes in den Verkehr gebracht wurden.	Enger Anwendungsbereich des ProdHaftG
Ersatzpflichtig Hersteller eines Endproduktes, Teilproduktes oder Grundstoffes.	Hersteller eines Endproduktes, Teilproduktes oder Grundstoffes.	
Quasihersteller i. allg. nicht.	Quasihersteller haftet wie Hersteller.	ProdHaftG strenger
Händler i. allg. nicht.	Händler haftet wie Hersteller, wenn – Hersteller nicht bekannt ist und der Händler seinen Lieferanten nicht innerhalb einer angemessenen Frist benennt, – das Produkt aus einem Nicht-EG-Land eingeführt wurde und sich der Importeur nicht feststellen läßt.	ProdHaftG strenger
Importeur i. allg. nicht; jedoch verschärfte Anforderungen beim Import aus Ländern mit geringerem Sicherheitsstandard.	EG-Importeur haftet wie Hersteller.	ProdHaftG strenger
Mitarbeiter, denen dem Hersteller obliegende Verkehrspflichten übertragen wurden.		

Abb. 4.15. Gegenüberstellung der Regelungen gemäß § 823 BGB und ProdHaftG[1]

---

[1] Entnommen aus Wischermann, Barbara: Produzentenhaftung und Risikobewältigung – Eine ökonomische Analyse, 1991, S. 287–291.

170 Grundlagen der Absatztheorie

§ 823 BGB	ProdHaftG	Bemerkungen
Anspruchsberechtigter Jeder, der durch das fehlerhafte Produkt an Leben, Körper, Gesundheit, Freiheit, Eigentum oder einem sonstigen Recht verletzt worden ist.	Bei Personenschäden: Jeder, der durch Tod, Verletzung des Körpers oder der Gesundheit einen Schaden erlitten hat (Verletzter selbst bzw. Personen, denen er Unterhalt schuldet). Bei Sachschäden: Jeder, der einen Sachschaden an einem Konsumgut erlitten hat.	ProdHaftG enger
Fehler Ein Produkt ist fehlerhaft, wenn seine Verwendung Benutzer u./od. Dritte unangemessen gefährdet. Maßstab für die Sicherheitsanforderungen: – bestimmungsgemäßer Gebrauch durch einen durchschnittlichen Benutzer – Stand der Technik	Ein Produkt hat einen Fehler, wenn es nicht die Sicherheit bietet, die unter Berücksichtigung aller Umstände, insbesondere – seiner Darbietung, – des Gebrauchs, mit dem billigerweise gerechnet werden kann, – des Zeitpunkts, in dem es in den Verkehr gebracht wurde, berechtigterweise erwartet werden kann. Ein Produkt hat nicht allein deshalb einen Fehler, weil später ein verbessertes Produkt in den Verkehr gebracht wurde.	Inhaltlich weitestgehend identisch
Entlastungsmöglichkeit – Der Beklagte hat das Produkt nicht für den Verkehr freigegeben. – Der Fehler ist nicht im Verantwortungsbereich des Beklagten entstanden.	Die Ersatzpflicht ist ausgeschlossen, wenn – der Hersteller das Produkt nicht in den Verkehr gebracht hat, – nach den Umständen davon auszugehen ist, daß das Produkt den Fehler, der den Schaden verursacht hat, noch nicht hatte, als der Hersteller es in den Verkehr brachte,	ProdHaftG strenger: Keine Entlastung für Fehler vorgelagerter Marktstufen

Abb. 4.15 (Fortsetzung). Gegenüberstellung der Regelungen gemäß § 823 BGB und ProdHaftG

§ 823 BGB	ProdHaftG	Bemerkungen
Fortsetzung Entlastung	– der Hersteller das Produkt weder für den Verkauf oder eine andere Form des Vertriebs mit wirtschaftlichem Zweck hergestellt noch im Rahmen seiner beruflichen Tätigkeit hergestellt oder vertrieben hat,	Besonderheit des ProdHaftG, welches die Privatsphäre explizit ausklammert
– Für den Produktfehler waren zwingende Rechtsvorschriften ursächlich.	– der Fehler darauf beruht, daß das Produkt in dem Zeitpunkt, in dem der Hersteller es in den Verkehr brachte, zwingenden Rechtsvorschriften entsprochen hat,	
– Es handelt sich um einen Entwicklungsfehler, den der Hersteller nicht zu vertreten hat.	– der Fehler nach dem Stand der Wissenschaft und Technik in dem Zeitpunkt, in dem der Hersteller das Produkt in den Verkehr brachte, nicht erkannt werden konnte.	
– Der Teilehersteller hat den Fehler nicht zu vertreten, da es Auftragsfertigung war (Konstruktionsfehler des Auftraggebers). Der Fehler ist nicht im Verantwortungsbereich des Teileherstellers, sondern erst beim Weiterverarbeiter entstanden.	Ferner ist der Hersteller eines Teilproduktes oder Grundstoffs nicht ersatzpflichtig, wenn der Fehler durch die Konstruktion des Produkts, in welches das Zulieferprodukt eingearbeitet wurde, oder durch die Anleitung des Herstellers des Produkts verursacht worden ist.	
– Es handelt sich um einen Ausreißer (technisches oder menschliches Versagen, das der Hersteller nicht ausschließen kann).	–	ProdHaftG strenger

Abb. 4.15 (Fortsetzung). Gegenüberstellung der Regelungen gemäß § 823 BGB und ProdHaftG

§ 823 BGB	ProdHaftG	Bemerkungen
Beweislast Geschädigter trägt die Beweislast für Schaden, Produktfehler und ursächlichen Zusammenhang. I.d.R. hat er ebenfalls zu beweisen, daß der Fehler aus dem Verantwortungsbereich des Beklagten stammt.	Geschädigter trägt die Beweislast für Schaden, Produktfehler und ursächlichen Zusammenhang. Der Hersteller hat nachzuweisen, daß der Fehler nicht aus seinem Verantwortungsbereich stammt.	Verschärfung in der Rechtsprechung zu § 823
Hersteller hat zu beweisen – daß er keine Pflichtverletzung begangen hat bzw. – daß ihn kein Verschulden trifft.	–	ProdHaftG als verschuldensabhängige Haftungsnorm
Ersetzbare Schäden Materielle und immaterielle Personenschäden	Materielle Personenschäden; Gesamthaftung 160 Mio. DM.	ProdHaftG enger
Sachschäden	Sachschäden nur bei Schäden an Konsumgütern und oberhalb von 1125 DM Selbstbeteiligung.	ProdHaftG enger
Reine Vermögensschäden bei Vorliegen eines entsprechenden Schutzgesetzes.	–	ProdHaftG enger
Mitverschulden des Geschädigten verringert die Höhe des zu ersetzenden Schadens.	Mitverschulden des Geschädigten verringert die Höhe des zu ersetzenden Schadens.	
Haftungsbeschränkung oder -freizeichnung Gegenüber Vertragspartnern u.U. möglich durch – Individualvereinbarungen, die nicht gegen Gesetz, Treu und Glauben und die guten Sitten verstoßen, – AGB (jedoch sehr begrenzt).	Nicht zulässig.	ProdHaftG strenger

Abb. 4.15 (Fortsetzung). Gegenüberstellung der Regelungen gemäß § 823 BGB und ProdHaftG

§ 823 BGB	ProdHaftG	Bemerkungen
Verjährung 3 Jahre nach Erlangen der Kenntnis von Schaden und Ersatzpflichtigem. 30 Jahre nach Inverkehrbringen des schadenverursachenden Produkts.	3 Jahre nachdem der Ersatzberechtigte Kenntnis erlangt hat oder hätte erlangen müssen von Schaden, Fehler und Ersatzpflichtigem. 10 Jahre nach Inverkehrbringen des schadenverursachenden Produkts.	ProdHaftG beschränkter

Abb. 4.15 (Fortsetzung). Gegenüberstellung der Regelungen gemäß § 823 BGB und ProdHaftG

Ob und inwieweit ein Hersteller für Produktfehler-Folgeschäden haftet (d.h. zum Schadensersatz verpflichtet ist), bestimmt sich nach den Organisations- und Kontrollpflichten, die ihm bezüglich Leistungsprozeß und Leistungsergebnis im einzelnen obliegen. Somit bleibt bei der Teilelieferung die Haftung für ein montiertes Teil beim Teilehersteller. Der verarbeitende Betrieb haftet ggfs. nur für die fehlerhafte Einbringung des Teils in das Produkt. Er muß jedoch – im Rahmen der ihm obliegenden Kontrollpflichten – die gelieferten Teile einer Qualitätsprüfung unterziehen, die mit an Sicherheit grenzender Wahrscheinlichkeit die Unbedenklichkeit der Weiterverarbeitung ausweist. Die Regelungen des Produkthaftungsgesetzes erstrecken sich lediglich auf diejenigen Leistungen, die nach Inkrafttreten des Gesetzes in den Verkehr gebracht werden. Händler haften für die von ihnen bei den jeweiligen Herstellern bezogenen Produkte nicht. Eine Haftung besteht jedoch für die Teile des Leistungsbündels, die von seiten des Händlers eingebracht werden (insbesondere Leistungen im Rahmen des technischen Kundendienstes wie Aufstellung, Montage, Justierung oder Wartung von Gebrauchsgütern). Auch die Nichtbeachtung von Verfallsdaten (z.B. bei Lebensmitteln und Pharmazeutika) durch Händler kann für diese eine Haftung begründen. Der Händler muß auch darauf achten, daß die von seinen Mitarbeitern im Verkaufsgespräch zugesicherten Eigenschaften eines Gutes nachweisbar sind. Das Verschweigen erkennbarer Produktfehler oder das Versäumnis von Warnungen können ein Mitverschulden begründen.

Für den Hersteller eines Gutes bedeutet die ausgeweitete Produzentenhaftung eine verstärkte Verpflichtung zur Qualitätsüberprüfung und zu Funktions- und Nutzungstests verschiedener Art.

Der Hersteller ist auch gehalten, diejenigen Leistungen zu kontrollieren, die von dritter Seite zu einem Leistungsbündel hinzugefügt werden. Vertragliche Bindungen (z.B. zwischen Herstellern und Fachhändlern) und die

Einräumung und Nutzung von Kontrollrechten bieten die dafür notwendige Grundlage[1].

Neben den Nutzungsverpflichtungen hat der Hersteller die Pflicht, für eine Modellkonstruktion und Produktion „nach dem Stand von Wissenschaft und Technik"[2] zu sorgen. Ist Mißbrauch der Produkte nicht auszuschließen, müssen potentielle Verwender instruiert, informiert und gewarnt werden. Schließlich muß der Hersteller (ggfs. in Verbindung mit Händlern und Kundendienstorganisationen) der Verpflichtung zur Produktbeobachtung[3] genügen. Treten Gefährdungsmomente bei der Produktnutzung auf, kann dies ein Anlaß für Warn- oder Rückrufaktionen sein.

D. Informationspolitik

1. Grundlagen der Informationspolitik

In gleicher Weise, wie eine Unternehmung Informationen über den Markt einholen und verarbeiten muß, versucht sie, durch eigene gezielte Informationen Einfluß auf den Markt zu nehmen.

Informationen über das Unternehmen und seine Absatzobjekte können vom Anbieter selbst verbreitet werden – etwa durch Prospekte, Verkaufsgespräche, Medienwerbung oder auch durch die Produktgestaltung –, aber auch durch externe Personen und Institutionen weitergegeben werden – etwa durch Kunden, Testinstitute, Konkurrenten. Bei eigener aktiver Informationspolitik versucht der Anbieter als Sender über bestimmte Kanäle (z. B. Massenmedien) eine bestimmte Zielgruppe anzusprechen. Adressaten können neben (potentiellen) Käufern Lieferanten, Kapitalgeber, Konkurrenten und Institutionen der öffentlichen Hand sein.

Absatzorientierte Informationspolitik soll dazu beitragen,

– die Informationsempfänger über die eigene Unternehmung und das Güterangebot zu unterrichten,

---

[1] Siehe zu den straf-, delikts- und vertragsrechtlichen Grundlagen der Produkthaftung insbesondere: Schmidt-Salzer, Joachim: Produkthaftung, 2. neubearbeitete und wesentlich erweiterte Auflage in vier Bänden: Bd. I: Strafrecht, 1988; Bd. II: Freizeichnungsklauseln, 1985; Bd. III: Deliktsrecht/Vertragsrecht – 1. Teil: Deliktsrecht, 1990; Bd. IV: Produkthaftpflichtversicherung – 1. Teil, 1990.
[2] Siehe hierzu u.a. Pieper, Helmut: Die Regeln der Technik im Zivilprozeß, in: Der Betriebsberater, 42 Jg., 1987, S. 273–282.
[3] Siehe hierzu vor allem Sack, Rolf: Produkthaftung und Produktbeobachtungspflicht, in: Der Betriebsberater, 40. Jg., 1985, S. 813–819.

- Bedürfnisse aufzuzeigen oder zu wecken,
- Einstellungen und Präferenzen zu beeinflussen.

Ziel der absatzorientierten Informationspolitik ist letztlich, (potentielle) Nachfrager zum Kauf zu veranlassen. Auch wenn rechtliche Restriktionen nicht verletzt werden[1], können dabei einseitige und fehlerhafte Informationen zu erheblichen Imageverlusten führen und die Unternehmung in wirtschaftliche Schwierigkeiten bringen. Die Wirkung der Informationspolitik kann unterschiedlich zum Ausdruck kommen, z. B. im Bekanntheitsgrad eines Produktes, in der Erstkauf- und Wiederholungskaufrate und in Befragungsergebnissen zum Image eines Produktes oder einer Unternehmung.

Die Unternehmung kann Informationspolitik durch Formen

- *persönlicher Kommunikation*
  (d. h. persönlichen Verkauf) bzw.
- *nicht-persönlicher Kommunikation*
  (d. h. Werbung)

betreiben. Daneben gibt es spezielle Kombinationsformen von persönlicher und nicht-persönlicher Kommunikation mit bestimmter Zielsetzung (Maßnahmen der *Verkaufsförderung* oder der *Öffentlichkeitsarbeit* – Public Relations).

Sind zwischen Sender und Empfänger einer Information (persönliche oder technische) Medien eingeschaltet, so handelt es sich um Fälle der *indirekten*, anderenfalls der *direkten* Kommunikation. Im Bereich des Investitionsgüterabsatzes überwiegen die Formen der (direkten) persönlichen Kommunikation, im Bereich des Konsumgüterabsatzes die Formen der (indirekten, meist zugleich mehrstufigen) nicht-persönlichen Kommunikation.

2. Werbung

Werbung läßt sich als „eine absichtliche und zwangsfreie Form der Beeinflussung" oder als „beeinflussende Kommunikation" bezeichnen[2].
Werbung bedient sich heute meist der Massenmedien (Rundfunk, Fernsehen, Zeitungen und Zeitschriften). In diesem Sinne spricht man von *Medienwerbung*. Bei der Medienwerbung werden z. B. Zeitungsannoncen, Fernsehspots und Postwurfsendungen benutzt, um vorhandene und potentielle Kunden

---

[1] Vgl. §§ 3, 4, 14–16 Gesetz gegen den unlauteren Wettbewerb i.d.F. vom 2. 3. 1974, BGBl III 43-1.
[2] Vgl. Behrens, Karl Christian: Begrifflich-systematische Grundlagen der Werbung – Erscheinungsformen der Werbung, in: Behrens, KarlCh. (Hrsg.): Handbuch der Werbung, 2. Aufl.,1975, S. 4; Kroeber-Riel, Werner: Werbung als beeinflussende Kommunikation, in: Kroeber-Riel, Werner (Hrsg.): Konsumentenverhalten und Marketing, 1973, S. 137–162.

176 Grundlagen der Absatztheorie

anzusprechen. Es handelt sich dabei um eine öffentliche Form der Kommunikation[1], die durch häufige Wiederholbarkeit und Variation eine große Zielgruppe erreicht. Durch den mangelnden persönlichen Kontakt mit der Zielgruppe ist das Beeinflussungspotential jedoch geringer als etwa beim *persönlichen Verkauf*. Werbung bewirkt im Falle homogener Konsumgüter, die zudem wenig erklärungsbedürftig sind, eine *Produktdifferenzierung*[2] gegenüber Konkurrenten mit der Folge der Schaffung von Präferenzen. In der verhaltensorientierten Absatztheorie spricht man auch von *emotionaler Konditionierung durch Werbung*[3].

Aus betriebswirtschaftlicher Sicht ergeben sich im Bereich der Werbung eine Reihe von *Entscheidungstatbeständen*. Hierzu zählen Entscheidungen über
- Werbeobjekt,
- Werbeziel,
- Werbesubjekt,
- Werbemittel,
- Werbeträger,
- Werbebotschaft,
- Werbebudget,
- Zeitliche Verteilung der Werbung.

Eine Analyse dieser Entscheidungen kann nur teilweise simultan erfolgen, vielmehr überwiegt eine *sukzessive* Abfolge und Abstimmung von Teilplänen. Abb. 4.16 gibt hierzu einen schematischen Überblick.

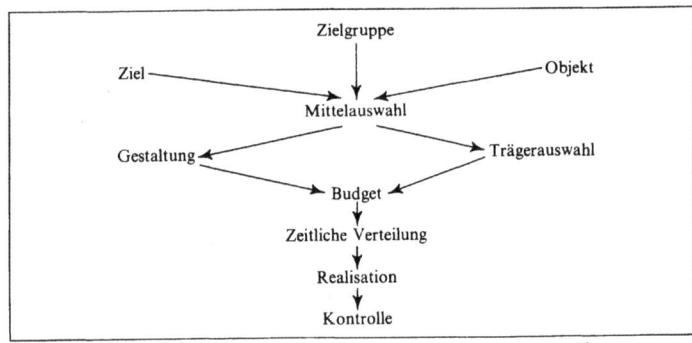

Abb. 4.16. Ablaufschema einer Werbestrategie

---

[1] Vgl. hierzu sowie zum folgenden Kotler, Philip; Bliemel, Friedhelm: Marketing-Management, 7. Aufl., 1992, S. 827 ff.
[2] Vgl. hierzu § 3 B 3 c.
[3] Vgl. hierzu u. a. Kroeber-Riel, Werner: Konsumentenverhalten, 4. Aufl., 1990, S. 115 ff. u. S. 125 ff.

Mit jeder Werbeaktivität verbinden sich zwei fundamentale *Wirkungshypothesen:*

- Die Wirkung schlägt *nicht sofort* durch
  (Hypothese der *verzögerten* Wirkung).
- Die Wirkung schlägt *nicht voll* durch
  (Hypothese der verteilten Wirkung).

Beide Wirkungsweisen überdecken sich, insbesondere wenn Zielpersonen mehrmals von Werbung berührt werden.

Bei jeder Art von Werbung (wie auch bei allen anderen Formen von Kommunikation) sind *objektive oder subjektive Verzerrungen* (Verfälschungen) unvermeidlich.

Beispiele
(Un-)Absichtliche Irreführung
Mißverständnisse
(Un-)Bewußte Über- oder Untertreibungen

Zusammenschlüsse der Nachfrager (Verbraucher-Organisationen) decken in zunehmendem Maße Irreführungen der Konsumenten durch einseitige Tendenzinformationen von Anbietern auf[1]. Das Gesetz gegen unlauteren Wettbewerb schützt Verbraucher und Konkurrenten vor bestimmten Formen des Mißbrauchs der Werbung[2].

a) Werbeobjekt, Werbeziel und Werbesubjekt

Die Werbung muß an der Zielgruppe bzw. dem Marktsegment, das mit der Werbebotschaft angesprochen werden soll, orientiert werden. Man nennt diese Zielgruppe auch *Werbesubjekte. Werbebotschaften* können *unmittelbar* an die Werbesubjekte gerichtet sein. Sie können aber auch über andere Werbesubjek-

---

[1] Zur Problematik der Irreführung in der Werbung vgl. insbesondere Raffée, Hans; Gosslar, Helmut; Hiss, Wolfgang; Kandler, Cornelia; Welzel, Herbert: Irreführende Werbung, 1976.
[2] Vgl. dazu §§ 3, 4, 14–16 des Gesetzes gegen unlauteren Wettbewerb i.d.F. vom 2. 3. 1974, BGBl III 43-1. Siehe auch Kaiser, Andreas: Beschränkungen der Werbung, in: Derselbe (Hrsg.): Werbung – Theorie und Praxis werblicher Beeinflussung, 1980, S. 41–51.

te mittelbar weitergeleitet werden (z. B. Werbung beim Einzelhandel durch den Hersteller gelangt indirekt an den Letztverbraucher). In diesem Zusammenhang sei z. B. der Zwei-Stufen-Ansatz (Fall der mehrstufigen Kommunikation) von *Lazarsfeld*[1] erwähnt: Die Werbebotschaft wird zunächst von den sogenannten Erstkommunikanten (Induktoren) aufgenommen, die sie wiederum durch Kontaktbotschaft oder Konsumdemonstration weiterleiten. Für die Wirksamkeit von Werbemaßnahmen ist es entscheidend, die richtigen Induktoren (z. B. *Meinungsführer*) zu gewinnen, die die gesamte Zielgruppe anzusprechen vermögen. Werbemaßnahmen etwa für neue Produkte können sich in diesem Fall auf die Meinungsführer konzentrieren. Meinungsführer sind Individuen, die aufgrund ihrer Fachkompetenz von anderen Individuen als in besonderem Maße glaubwürdige Informanten betrachtet werden. Ihr Einfluß gründet sich u. a. auf die besondere Fähigkeit zur persönlichen Kommunikation[2].

Werbeobjekte sind die Gegenstände, auf die durch Werbebotschaften in besonderer Weise aufmerksam gemacht werden soll (Produkte, Branchen, einzelne Unternehmen usw.). Werbebotschaften können sich auch gegen bestimmte Produkte oder Unternehmungen (z. B. gegen Substitutionsprodukte, Konkurrenzunternehmen) richten. Allerdings gibt es in der BRD im Wettbewerbsrecht Vorschriften, die einer *vergleichenden Werbung* enge Grenzen setzen[3].

Neben Werbesubjekt und Werbeobjekt muß für Entscheidungen über Werbemaßnahmen das *Werbeziel* als Plan- und Maßgröße der Werbewirkung festgelegt werden. Werbeziele können z. B. sein[4]:
- Erhöhung des Bekanntheitsgrades eines Produktes,
- Anregung zum Probekauf,
- Rückgewinnung abgewanderter Käufer,
- Ausgleich saisonaler Absatzschwankungen,
- Induzierung eines erhöhten Verbrauches pro Nachfrager,
- Verdrängung von Mitanbietern.

In diesen Werbezielen spiegeln sich im wesentlichen die primär interessierenden *Kaufwirkungen* der Werbung. Da sich in der Kaufwirkung der Werbung auch

---

[1] Vgl. Katz, Elihu; Lazarsfeld, Paul F.: Personal Influence, 1955.
[2] Siehe zur Bedeutung der Meinungsführer für die Absatzpolitik u. a. Kroeber-Riel, Werner: Konsumentenverhalten, 3. Aufl., 1984, S. 548 ff. Zur Messung von Meinungsführung eignen sich u. a. die Methoden der *Soziometrie*. Vgl. hierzu Moreno, J. L.: Die Grundlagen der Soziometrie, 3. Aufl., 1974.
[3] So wird die vergleichende Werbung durch den Betroffenen i. d. R. als Geschäftsschädigung qualifiziert, gegen die rechtlich eingeschritten werden kann. Vgl. Zentes, Joachim: Vergleichende Werbung, in: Kaiser, Andreas (Hrsg.): Werbung – Theorie und Praxis werblicher Beeinflussung, 1980, S. 52–64.
[4] Vgl. auch Nieschlag, Robert; Dichtl, Erwin; Hörschgen, Hans: Marketing, 16. Aufl., 1991, S. 505.

die Wirkungen der anderen absatzpolitischen Instrumente niederschlagen, ist eine eindeutige, verursachungsgerechte Zurechnung der Werbewirkung bei diesen Zielen (nicht zuletzt auch angesichts der verzögerten und verteilten Wirkung von Werbung) nicht möglich. Daher müssen Werbe- bzw. Kommunikationsziele gefunden werden, die einerseits

– *akzeptabel*
für die Entscheidungsträger, andererseits
– *operational* (d. h. meßbar)
sind.

Allerdings muß man sich vor Augen halten, daß die kausale Beziehung zwischen Kommunikationswirkung und Kaufwirkung nicht eindeutig ist. Dadurch wird die Messung und Kontrolle der Kaufwirkung von Werbung erschwert.

Wie alle Absatzziele müssen auch die Werbeziele für die einzelnen hierarchischen Stufen der Aufbauorganisation des Absatzbereiches aufgespalten und operationalisiert werden[1].

b) Werbeinhalt, Werbemittel und Werbeträger

Über den Werbeinhalt soll – unter Einschaltung von Werbemitteln und Werbeträgern – ein mittelbarer oder unmittelbarer Kontakt zwischen Werbesubjekten und Werbeobjekten geschaffen werden. Der Inhalt von Werbebotschaften kann sehr unterschiedlich sein. Er orientiert sich an der Erklärungsbedürftigkeit der Werbeobjekte und den speziellen Werbezielen. Die wichtigsten Informationsarten sind:

– *Existenzinformationen,*
– *Nutzungsinformationen,*
– *Eigenschaftsinformationen,*
– *Entgelt- bzw. Wertinformationen.*

Die Werbebotschaft ist stets eine Kombination dieser und anderer Informationsarten, wobei jeweils eine Akzentuierung entsprechend der Informationsabsicht der Unternehmung bzw. dem Informationsbedarf der Nachfrager vorgenommen werden kann.

Beispiel
„Jetzt gibt es den neuen Allzweckreiniger X – Für alle Flächen, die glänzen sollen – Mit dem frischen Duft der Zitrone – Nur DM 3,98".

Das *Werbemittel* ist das formale Medium, welches die Verbindung zwischen Sender und Empfänger zur Übertragung der Werbebotschaft schafft. Aus der Fülle der Werbemittel seien beispielhaft genannt:

---
[1] Vgl. hierzu Abb. 3.1.

- Plakat,
- Anzeige,
- Prospekt,
- Werbefilm,
- Werbesendung,
- Fernsehspot,
- Leuchtreklame.

Die Werbemittel erfordern die Nutzung spezifischer Werbeträger, welche entsprechend ihrer Effizienz auszuwählen sind (*Mediaselektion*)[1]. Die wichtigsten Werbeträger sind:

- Zeitschriften,
- Zeitungen,
- Fernsehen,
- Rundfunk,
- Film,
- Plakatsäule (Plakatwand),
- Produktverpackung.

Bei der Auswahl der Werbeträger hat man vor allem folgende Einflußgrößen zu berücksichtigen[2]:

- zeitliche Verfügbarkeit,
- räumliche Reichweite,
- quantitative (globale) Reichweite,
- qualitative (gruppenspezifische) Reichweite,
- Nutzungspreis.

In der Praxis der Anzeigenwerbung ist insbesondere der Nutzungspreis zur Ansprache von je 1000 Personen relevant (Tausender-Preis). Er bestimmt sich wie folgt:

$$\text{Tausender-Preis} = \frac{\text{Preis je Anzeigenseite} \cdot 1000}{\text{Vertriebsauflage}}.$$

Die Vertriebsauflage dient als Indikator der Zahl der Leser pro Nummer der entsprechenden Zeitung oder Zeitschrift. Der Tausender-Preis muß ggfs. noch zielgruppen- bzw. auflagenspezifisch korrigiert werden.

c) *Bestimmung und Verteilung des Werbebudgets*

Von den meisten Unternehmen wird heute pro Planungsperiode ein Finanzbudget festgelegt, das den Gesamtrahmen der geplanten Ausgaben für die Informationspolitik bestimmt. Für die Ermittlung des gesamten Budgets –

---

[1] Vgl. hierzu insbesondere Freter, Hermann: Mediaselektion, 1974.
[2] Vgl. Behrens, Karl-Christian: Absatzwerbung, 1963, S. 96.

ebenso wie für seine Verteilung auf die einzelnen Medien, auf Maßnahmen der Verkaufsförderung und des persönlichen Verkaufs – würde nach dem marginalanalytischen Denkansatz gelten: Die Maßnahmen der Informationspolitik sind so weit auszudehnen, daß gerade noch positive Grenzerfolge entstehen bzw. der Grenzerfolg nicht unter 0 absinkt. In der Praxis schließen jedoch bislang erhebliche Probleme bei der Beschaffung der benötigten Informationen über die Grenzerlöse – z. B. die ökonomische *Werbewirkung* – exakte Grenzwertanalysen aus[1]. Es gelingt in der Regel nicht, zusätzliche Erlöse hinreichend genau bestimmten Werbeaktivitäten zuzuordnen. Auch die Zurechnung der Ausgaben auf einzelne Maßnahmen ist problematisch, da man meistens nicht abschätzen kann, in welcher Weise und wie lange diese Maßnahmen den Absatz beeinflussen. Angesichts dieser Schwierigkeiten richten viele Unternehmen ihre Werbebudgets global an den Umsatzerlösen aus, indem sie einen bestimmten Prozentsatz der Erlöse für die Informationspolitik veranschlagen. Eine proportionale Beziehung zwischen Werbeeinsatz und Erlös erscheint jedoch nicht zweckgerecht, wenn man durch den Werbeeinsatz die Umsatzerlöse antizyklisch beeinflussen will. So wäre bei rückläufigen Umsatzerlösen ein verstärkter Einsatz an Werbemitteln empfehlenswert.

Man orientiert sich bei der Festlegung der Höhe des Werbebudgets auch an Branchendurchschnitten und eigenen Erfahrungssätzen aus der Vergangenheit. Auf diese Weise soll vor allem eine globale Begrenzung des Werbeaufwandes erreicht werden. Zusätzliche Anhaltspunkte zu diesem theoretisch unbefriedigenden Verfahren können jedoch die folgenden Kriterien geben: Wirtschaftliche Gesamtsituation der Unternehmung, Finanzierungsspielraum in der Planungsperiode, geschätzte Werbeausgaben der wichtigsten Konkurrenten, Grad der Marktsättigung, gesamtwirtschaftliche Entwicklungstendenzen[2].

Ein weiterer Ausgangspunkt für die Budgetermittlung ist das *synthetische Verfahren*. Dabei ergibt sich der Voranschlag als Summe der Kosten der einzelnen zielbezogenen Teilaktivitäten im Bereich der Werbung[3].

Grundlage für Entscheidungen über die *Verteilung des Werbebudgets* auf Werbeträger sind in der Praxis in Anbetracht der Probleme, die ökonomische Werbewirkung festzustellen, z. B. folgende Hilfskriterien[4]:

---

[1] Vgl. Andritzky, K.; Merkle, E. : Neuere Ansätze zur Messung des Werbeerfolges unter besonderer Berücksichtigung verhaltenswissenschaftlicher Aspekte, in: Zeitschrift für Betriebswirtschaft, 46. Jg., 1976, S. 571 f.
[2] Vgl. auch Nieschlag, Robert; Dichtl, Erwin; Hörschgen, Hans: Marketing, 16. Aufl., 1991, S. 508 ff.
[3] Vgl. Hammann, Peter: Werbebudgetplanung, in: Kaiser, Andreas (Hrsg.) Werbung – Theorie und Praxis werblicher Beeinflussung, 1980, S. 137–155, insbesondere S. 139.
[4] Vgl. Jaspert, Friedhelm: Werbeerfolgskontrolle und -prognose, in: Handwörterbuch der Absatzwirtschaft, 1974, Sp. 2224–2235.

182 Grundlagen der Absatztheorie

- die Kontakthäufigkeit und
- Einstellungen[1].

Die *Kontakthäufigkeit* bezieht sich auf die Frage, wie oft ein Individuum vermutlich mit dem Werbeträger in Berührung kommt, z. B. wie oft eine Zeitung zur Hand genommen und gelesen wird, von wieviel Mitgliedern der Zielgruppe ein bestimmtes Radio- oder Fernsehprogramm zu einer bestimmten Zeit gehört bzw. gesehen wird[2]. Insbesondere für die Pressemedien (Zeitungen, Zeitschriften), aber auch für Rundfunk und Fernsehen sind auf der Basis dieses Kriteriums *Media-Selektionsprogramme*[3] entwickelt worden, die auf quantitativer Basis die Auswahlentscheidung für Werbeträger unterstützen sollen. Gesucht werden diejenigen Werbeträger, die bei gegebenem Werbebudget und gegebenen Kosten für die Nutzung der einzelnen Werbeträgereinheiten eine größtmögliche Werbewirkung für die jeweiligen Werbeobjekte versprechen. Folgende Informationen werden dabei u. a. verwendet:

- Zusammensetzung der Leserschaft, Zuhörerschaft, Zuschauerschaft entsprechend den Kriterien der Marktsegmentierung nach z. B. Alter, Geschlecht, Einkommen, Konsumgewohnheiten;
- Nutzungswahrscheinlichkeiten für die verschiedensten Teilgruppen der Umworbenen für jeden betrachteten Werbeträger. Dabei gibt die *Nutzungswahrscheinlichkeit* an, wie hoch die Wahrscheinlichkeit ist, daß ein Individuum der betrachteten Teilgruppe mit dem Werbeträger in Kontakt kommt;
- Annahmen bzw. Schätzungen der Entscheidungsträger über die Anzahl von Kontakten, mit der der größte Werbeerfolg erzielt wird[4].

Ein bestimmter Mitteleinsatz für einen Werbeträger sollte jedoch nicht allein von der Anzahl der Kontakte abhängig gemacht werden, sondern vor allem davon, ob durch die Kontakte und ihre Häufigkeit die beabsichtigte ökonomische Werbewirkung – der Kauf – hinreichend induziert wird. In diesem Zusammenhang sind die qualitative Gestaltung der Werbebotschaft und das Image des Werbeträgers bedeutsam[5].

---

[1] Vgl. Andritzky, K.; Merkle, E.: Neuere Ansätze zur Messung des Werbeerfolgs unter besonderer Berücksichtigung verhaltenswissenschaftlicher Aspekte, in: Zeitschrift für Betriebswirtschaft, 46. Jg., 1976, S. 574 und 576.
[2] Vgl. Gutenberg, Erich: Grundlagen der Betriebswirtschaftslehre, 2. Band, Der Absatz, 17. Aufl., 1984, S. 404 f.
[3] Vgl. Freter, Hermann W.: Mediaselektion, 1974, S. 129–156. Siehe auch Schweiger, Günter: Grundfragen der Streuplanung, in: Kaiser, Andreas (Hrsg.), Werbung – Theorie und Praxis werblicher Beeinflussung, 1980, S. 156–170, sowie Hansen, Ursula; Wiggert, Helmut; Niestrath, Ulrich; von Riegen, Peter: Die Aufteilung eines Werbebudgets mittels linearer Programmierung, ebenda, S. 171–182.
[4] Vgl. Zacharias, Gerhard: Modelle der Mediaselektion, in: Handwörterbuch der Absatzwirtschaft, 1974, Sp. 1461–1476.
[5] Vgl. Gutenberg, Erich: Grundlagen der Betriebswirtschaftslehre, 2. Band, Der Absatz, 17. Aufl., 1984, S. 428 ff.

Ein anderes Kriterium zur Bestimmung der Werbewirkung ist die *Einstellung*[1] der *Konsumenten* beispielsweise gegenüber einem Produkt. Unter einer Einstellung kann man eine in unterschiedlichem Maße positive oder negative Haltung eines Konsumenten gegenüber einem Produkt verstehen. So ist z. B. die *Kaufbereitschaft* ein Indikator für die Einstellung von Konsumenten zu einem Produkt. Zusammen mit anderen Variablen (vgl. das Howard/Sheth-Modell in § 2) bestimmen Einstellungen die *Kaufwahrscheinlichkeit*. Dabei wird von anderen Variablen abstrahiert und ein funktionaler Zusammenhang zwischen Kaufbereitschaft und Kaufwahrscheinlichkeit unterstellt. Durch Einstellungsmessungen mittels Befragungen wird versucht festzustellen, ob sich die Kaufbereitschaft bei Versuchspersonen durch eine bestimmte Werbemaßnahme verändert. Auf der Grundlage derartiger Ergebnisse können Entscheidungen über die Werbeträgerauswahl fundierter getroffen werden[2].

3. Persönlicher Verkauf

Der persönliche Verkauf wird insbesondere im Falle *erklärungsbedürftiger Produkte* genutzt, um den Nachfragern den relativen Produktnutzen und die Verwendungsmöglichkeiten aufzeigen zu können. Daneben ergibt sich die Notwendigkeit persönlicher Kommunikation dort, wo die *Vertragsbedingungen* zwischen Anbietern und Nachfragern ausgehandelt werden müssen. In beiden Fällen besteht die Möglichkeit der *Rückkoppelung* für beide Partner. Dies erlaubt es, Mißverständnisse, Unklarheiten und Informationslücken zu beseitigen. Insofern kann man auch davon sprechen, daß das persönliche Verkaufsgespräch für beide Gesprächspartner ein Instrument der Informationsgewinnung ist. Die *Funktion* des persönlichen Verkaufs kann fallweise von hierarchisch sehr unterschiedlich eingestuften Personen wahrgenommen werden :

- Mitglieder der Geschäftsleitung,
- Verkaufspersonal (in Ladengeschäften oder Auslieferungslägern),
- Mitglieder des Außendienstes (Reisende).

Daneben sind auch rechtlich selbständige Mitarbeiter im Vertrieb Funktionsträger des persönlichen Verkaufs wie Handelsvertreter oder Verkaufsagenten.

Die Aufgaben des *Außendienstes* erstrecken sich dabei in erster Linie auf

- das Gewinnen neuer Kunden,
- das Halten bisheriger Kunden.

---

[1] Vgl. auch Trommsdorff, Volker: Werbung, psychologische Grundlagen, in: Handwörterbuch der Absatzwirtschaft, 1974, Sp. 2275.
[2] Vgl. Andritzky, K.; Merkle, E.: Neuere Ansätze zur Messung des Werbeerfolgs unter besonderer Berücksichtigung verhaltenswissenschaftlicher Aspekte, in: Zeitschrift für Betriebswirtschaft, 46. Jg., 1976, S. 577, und die dort angegebene Literatur sowie das dort angeführte Beispiel.

184   Grundlagen der Absatztheorie

Hieraus lassen sich eine Reihe von *Entscheidungstatbeständen*[1] ableiten:
- Festlegung der Besuchsvorgaben (Besuchsfrequenz und Besuchsdauer),
- Bildung von (möglichst gleichgewichtigen) Außendienstgebieten,
- Bestimmung der Mitarbeiterzahl für den Außendienst,
- Auswahl und Schulung der Außendienstmitarbeiter,
- Planung der Reiserouten,
- Aufteilung der Tätigkeitszeit auf die Gewinnungs- und Haltungsaufgaben,
- Festlegung der Vergütungsform und der Vergütungshöhe.

Zwischen diesen Entscheidungsproblemen bestehen zahlreiche Interdependenzen.

4. Verkaufsförderung

Unter Verkaufsförderung (Sales Promotion) werden solche Maßnahmen der Informationspolitik (i. d. R. im Konsumgüterbereich) verstanden, die

- überwiegend kurzfristig angelegt sind,
- punktuell eingesetzt werden,
- flankierenden Charakter tragen.

Es handelt sich dabei teils um Formen persönlicher Kommunikation, teils jedoch auch um Formen nicht-persönlicher Kommunikation[2].

Maßnahmen der Verkaufsförderung können auf drei verschiedene Zielgruppen gerichtet sein[3]. So findet sich

- Verkaufsförderung gegenüber den *Konsumenten*
  (Beispiele: Warenproben; Preisausschreiben; Sonderangebotsaktionen; Demonstrationsveranstaltungen; Einsatz von Propagandisten),
- Verkaufsförderung gegenüber den Händlern (Beispiele: Warenplacierung; Bereitstellung von Schautafeln; Händlerwettbewerbe; Werbehilfen; Händlerschulung);

---

[1] Vgl. hierzu u. a. Meffert, Heribert: Marketing, 7. Aufl., 1986, S. 481 ff. oder Hammann, Peter: Entscheidungsanalyse im Marketing, 1975, S. 355 ff. sowie Böcker, Franz: Die Evaluierung der Leistungen von Außendienstmitarbeitern – Eine Fallstudie, in: Zeitschrift für Betriebswirtschaft, 45. Jg., 1975, S. 187–198.

[2] Engelhardt/Plinke verstehen unter Verkaufsförderung alle diejenigen kommunikationspolitischen Maßnahmen, die weder Werbung noch persönlichen Verkauf darstellen. Vgl. Engelhardt, Werner Hans; Plinke, Wulff: Elemente der Marketingentscheidung, 1978, S. 153 bzw. S. 189. Vgl. auch Hänel, G.: Verbraucher-Promotions, 1974, S. 4 ff.

[3] Siehe hierzu u. a. Meffert, Heribert: Marketing, 7. Aufl., 1986, S. 490 ff.; Christofolini, Peter M.; Thies, Gerhard: Verkaufsförderung, 1979, S. 59 ff.

– Verkaufsförderung gegenüber dem *eigenen Verkaufspersonal* (Beispiele: Verkäuferwettbewerbe; Verkäuferschulung; Bereitstellung von Verkaufshandbüchern; Erfahrungsaustausch).

Die Heterogenität der Beispiele läßt erkennen, daß sehr verschiedene Zielsetzungen und Anlässe für den Einsatz der jeweiligen Instrumente ausschlaggebend sein können. Charakteristisch ist ferner, daß (z. B. bei der Einführung eines neuen Produkts) i. d. R. mehrere der Instrumente aus den drei Bereichen *gleichzeitig* zum Einsatz kommen, was eine sorgfältige Abstimmung insbesondere im Hinblick auf die Mitarbeit des Handels erforderlich macht.

5. *Öffentlichkeitsarbeit*

Unter diesem Begriff werden alle diejenigen informationspolitischen Maßnahmen zusammengefaßt, die sich auf die Gestaltung der *Beziehungen einer Unternehmung zur Öffentlichkeit* beziehen[1]. Aktivitäten dieser Art richten sich damit nicht nur an Kunden und Lieferanten, sondern auch an Kapitalgeber, Arbeitnehmer, politische, kulturelle und soziale Institutionen aller Art sowie den Staat. Auch hier handelt es sich um Maßnahmen, die teils persönliche, teils nicht-persönliche Kommunikation einschließen. Durch Öffentlichkeitsarbeit wird insbesondere das *Unternehmensimage* (Corporate Image) nachhaltig beeinflußt. Hierdurch entstehen Ausstrahlungseffekte, die der Absatzpolitik der Unternehmung zugute kommen[2].

Beispiele
Pressekonferenzen; Interviews und Vorträge der Geschäftsleitung; Betriebsbesichtigungen; Tage der offenen Tür.

E. *Vertriebspolitik*

Der Bereich der Vertriebspolitik umfaßt zwei große Problembereiche:
– die Wahl des Vertriebsweges,
– die technische Vertriebsdurchführung (physical distribution).

Beide Bereiche bedingen sich gegenseitig. Durch den Vertriebsweg wird der Rahmen für die Vertriebsdurchführung vorgezeichnet.

---

[1] Vgl. Hundhausen, Carl: Public Relations, 1969, S. 130f.
[2] Siehe hierzu und zu weiteren Funktionen der Public Relations insbesondere Zankl, H. L.: Public Relations, 1975, S. 33 ff.

186 Grundlagen der Absatztheorie

1. Vertriebswegeentscheidungen

Unter einem Absatz- bzw. Vertriebsweg soll hier eine Folge von Stufen bzw. Gliedern einer Handelskette verstanden werden, die ein Produkt von seiner Herstellung bis zum Letztverbraucher bzw. Verwender durchläuft. In einem ersten Schritt kann unterschieden werden zwischen *direktem Vertrieb* – der Hersteller liefert direkt an den Letztverwender – und *indirektem Vertrieb,* der durch die Einbeziehung mindestens einer Handelsstufe gekennzeichnet ist. Abb. 4.17 zeigt aus der Vielzahl möglicher Gestaltungsformen sechs verschiedene Vertriebswege, über die ein Produzent alternativ (*eingleisiger Vertrieb*) oder auch additiv (*mehrgleisiger Vertrieb*) entscheiden kann.

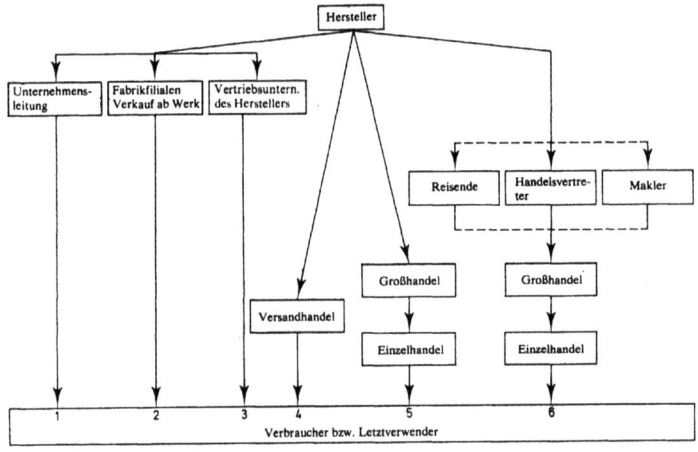

Abb. 4.17. Beispiele für unterschiedliche Vertriebswege

Die Anzahl der denkbaren und realisierten Vertriebswege läßt sich wegen ihrer Vielfalt mit der obigen Darstellung nur andeuten[1]. Darüber hinaus muß entschieden werden, ob es z. B. sinnvoll sein kann, nicht sämtliche Großhändler zu beliefern, sondern vielmehr eine Selektion etwa nach Regionen, Betriebsgröße, Fachkunde, Kooperationsbereitschaft oder Kundenkreis im Sinne der Marktsegmentierung vorzunehmen.

Man kann tendenziell davon ausgehen, daß z. B. hochwertige und komplexe Investitionsgüter – als eine Extremposition – hauptsächlich im Direktvertrieb

---

[1] Vgl. auch Schenk, Hans Otto: Vertriebssysteme, in: Handwörterbuch der Absatzwirtschaft, 1974, Sp. 2116–2130.

abgesetzt werden. Dies wird meist durch die weitgehende Ausrichtung des Produktes an den Kundenwünschen, die Vielfalt von Zusatzleistungen, die individuelle Gestaltung des Kaufvertrages und die geringe Anzahl von Kunden bedingt. Wegen der notwendigen Zusammenarbeit mit dem Nachfrager bei ersten Probeläufen oder bei der Mitarbeiterschulung ist ein besonders enger Kontakt mit diesem erforderlich; dies wird durch den Direktvertrieb gewährleistet.

Beispiele
Automatisierte Großanlagen in der chemischen Industrie; Kraftwerke; Bewässerungsanlagen; Großrohrleitungen; Pumpstationen.

Handelt es sich demgegenüber um genormte und standardisierte Güter des Investitionsgütersektors oder Massenkonsumgüter mit hoher Kaufhäufigkeit und einer sehr hohen Anzahl von (weitgestreuten) Nachfragern, so wird sich der Hersteller in der Regel für die Einschaltung des Handels, d. h. für den indirekten Vertrieb entscheiden.

Beispiel
Die meisten abgepackten Lebensmittel werden über den indirekten Vertrieb abgesetzt. So wird etwa Flaschenbier von der Brauerei an Verleger (Getränkegroßhändler), große Lebensmittelgeschäfte, Verbrauchermärkte und auch an Gaststätten (Einzelhändler) geliefert.

Für viele Produkte, wie etwa Ersatzteile im Investitionsgüterbereich und Haushaltsgeräte im Konsumgüterbereich, läßt sich eine generelle Zuordnung von Vertriebswegen nicht vornehmen. Hier ist die Entscheidung von der individuellen Vorteilhaftigkeitsanalyse der Unternehmen abhängig. Eine weitere Entscheidungsalternative bildet für einen Hersteller die Kooperation mit anderen Herstellern. Beim *Anschlußabsatz* etwa wird der gesamte Vertrieb dem Kooperationspartner überlassen; der betreffende Hersteller liefert im Extremfall seine gesamte Produktion an den Partner ab. Damit begibt er sich allerdings vollständig seiner absatzpolitischen Aktionsparameter gegenüber dem Verwender. Eine andere der zahlreichen Kooperationsformen[1] stellt der *Gemeinschaftsabsatz* dar, bei dem mehrere Hersteller gemeinsam Verkaufssyndikate, Vertriebsgemeinschaften/-gesellschaften oder andere gemeinsame Institutionen betreiben, die dann den ausgelagerten Vertrieb übernehmen. Da der Gemeinschaftsabsatz leicht zu einer Wettbewerbsbeschränkung führen kann,

---

[1] Vgl. Bundesminister für Wirtschaft (Hrsg.): Kooperationsfibel – Zwischenbetriebliche Zusammenarbeit: Chancen für den Mittelstand, 1976.

ist er in der BRD nur unter den Bedingungen erlaubt, die das Gesetz gegen Wettbewerbsbeschränkungen für Rationalisierungskartelle vorschreibt[1].
Von erheblicher absatzpolitischer Bedeutung ist auch die vertragliche *Gestaltung* der Beziehungen zwischen den einzelnen Gliedern einer Absatzkette, die von der Marktmacht der Partner geprägt ist. Hier gibt es eine Vielzahl von Gestaltungsformen, aus der nur einige Aspekte genannt werden können. Bei der *Sortimentsabnahmeverpflichtung* hat sich der Händler bereiterklärt, nicht nur einige Artikel des Herstellers abzunehmen, die für ihn wegen einer hohen Handelsspanne besonders attraktiv sind. Er ist vielmehr per Vertrag verpflichtet, ständig das gesamte Sortiment des Herstellers zum Verkauf bereitzuhalten.

> **Beispiel**
> Eine Drogerie kann entweder das gesamte Sortiment einer Kosmetikfirma übernehmen oder sie muß auf die Produkte dieses Herstellers verzichten.

Beim *Franchising* überläßt der Franchisegeber dem Franchisenehmer gegen Entgelt und die Gewährung von Kontrollrechten den Vertrieb bestimmter Waren zu genau festgelegten Vertragsbedingungen. Damit hat der Produzent die Möglichkeit, Qualität und Quantität der Vertriebsleistung weitgehend zu kontrollieren, ohne sie selbst zu erbringen[2]. Die Vertragsbedingungen sind geprägt durch die Marktmacht der Vertragspartner. Trotz restriktiver Vertragsbedingungen und weitreichender Einflußnahme seitens des Franchisegebers kann die Position des Franchisenehmers sehr lukrativ sein (Beispiel: Coca-Cola). Vielfach übernimmt der Franchisegeber Teilfunktionen der Produktion, der Werbung, der Finanzierung, des Rechnungswesens oder der Beratung, woraus sich für den Franchisenehmer Rationalisierungseffekte oder Know-how-Vorteile ergeben.

Formalisierte und quantitative Entscheidungstechniken, die die vielfältigen Erscheinungsformen und Entscheidungsaspekte bei Vertriebswegeentscheidungen berücksichtigen, liegen noch nicht vor[3]. In der Praxis haben sich *Punktbewertungsmodelle* bewährt, die insbesondere die Vielfalt der relevanten Entscheidungskriterien zu berücksichtigen vermögen. Hierbei wird die Ausprägung der einzelnen Kriterien an den verschiedenen Alternativen durch einen Punktwert auf einer Punkteskala (z. B. Zehnerskala) gemessen. Die Kriterien können durch Gewichtungsfaktoren in ihrer Bedeutung relativiert werden. Die

---

[1] Vgl. § 5, Abs. 3 Gesetz gegen Wettbewerbsbeschränkungen vom 4.4. 1974 (BGBl I, S. 869).
[2] Vgl. Engelhardt, Werner Hans; Plinke, Wulff: Elemente der Marketingentscheidung, 1978, S. 170 ff. sowie Schenk, Hans-Otto; Wölk, A.: Vertriebssysteme zwischen Industrie und Handel, 1972, S. 45 f.
[3] Vgl. Böcker, Franz: Der Distributionsweg einer Unternehmung – Eine Marketing-Entscheidung, 1972; Hammann, Peter: Entscheidungsanalyse im Marketing, 1975, S. 212 ff.

Summe der gewichteten Punktwerte ergibt dann den Gesamtwert (vgl. § 4 C 4).
Die wichtigsten *Bestimmungsgrößen* der Vertriebswegeentscheidung können
nach kosten-, erlös- und finanzbezogenen Gesichtspunkten gegliedert werden[1].
Kostenaspekte betreffen u. a. die Kosten für eigene oder in Kooperation
betriebene Vertriebseinrichtungen (z. B. Fabrikläden, Vertriebs-GmbH),
Kosten für Transport- und Lagereinrichtungen sowie Provisionen für Handelsvertreter.
Erlösaspekte beziehen sich unter anderem nicht nur auf die preispolitischen
Möglichkeiten gegenüber derjeweils nächsten Stufe, sondern auch aufden
Umfang der preispolitischen Einflußnahme aufweitere Handelsstufen; hier ist
insbesondere bei Markenartikelherstellern die Frage von Bedeutung, ob sie auf
einem bestimmten Vertriebsweg ihre eigene Marketingkonzeption bis zum
Verbraucher/Letztverwender durchsetzen können (*vertikales Marketing*)[2]. Ein
Weg zur Beeinflussung der Preispolitik über mehrere Stufen hinweg kann z. B.
die *unverbindliche Preisempfehlung* sein, die der Hersteller auf seinen Produkten anbringt. Erlösaspekte sind auch in Form von Mindererlösen (etwa
Handelsrabatte bei Einschaltung des Handels) zu berücksichtigen, d. h. der
Händler erhält die Produkte des Herstellers mit einem bestimmten Abschlag
vom geplanten Endverkaufspreis.
Finanzbezogene Aspekte betreffen u. a. die Kapitalbindung durch Investitionen
im eigenen Vertriebsapparat bei direktem Vertrieb; bei indirektem Vertrieb
entstehen z. B. Kapitalbindungen durch die Gewährung von Kundenkrediten
an den Handel.

2. Technische Vertriebsdurchführung

Im Bereich der technischen Vertriebsdurchführung (physical distribution)
müssen u. a. Entscheidungen getroffen werden über die günstigsten Standorte
für Fabrikläger und andere *Umschlageinrichtungen*, die zweckmäßigsten *Transportmittel*, die kostengünstigsten *Verkehrs-/Transportrouten*[3] sowie die vorteilhafteste Lagerung[4].
Für dieses Teilgebiet der Vertriebspolitik sind z.T. leistungsfähige *quantitative
Modelle* entwickelt worden, die eine weitgehend kostenoptimale Lösung der

---

[1] Vgl. Engelhardt, Werner Hans; Plinke, Wulff: Elemente der Marketingentscheidung, 1978, S. 164 ff.
[2] Vgl. Engelhardt, Werner H.: Mehrstufige Absatzstrategien, in: Zeitschrift für betriebswirtschaftliche Forschung, 28. Jg., 1976, Kontaktstudium, S. 175–182.
[3] Werner, Helmut: Betriebswirtschaftliche Aspekte der Integration von Verkehrsdienstleistungen, in: Zeitschrift für betriebswirtschaftliche Forschung, 44. Jg., 1992, Kontaktstudium, S. 67–77.
[4] Vgl. Band 1, § 16.

Grundlagen der Absatztheorie

betreffenden Probleme gewährleisten[1]. Da aber alle Teilaufgaben voneinander abhängen, ist das Gesamtoptimum eines logistischen Systems, wenn überhaupt, nur über Simulationsmodelle näherungsweise zu ermitteln. Planungsverfahren dieser Art sind bisher in einigen Unternehmen entwickelt und mit Erfolg angewendet worden. Die Entwicklungskosten solcher Verfahren sind jedoch sehr hoch. Sie erfordern gewöhnlich den Einsatz von EDV-Anlagen. Die Darstellung dieser Verfahren würde über den Rahmen dieser Einführung hinausgehen[2].

Beispiel
Ein Tabakwarenhändler unterhält in der BRD einen Frischdienst, um seine Abnehmer ständig mit frischer Ware beliefern zu können. Es werden nicht nur Einkaufsorganisationen von Einzelhändlern, sondern auch sehr viele Einzelhändler selbst – so z. B. Tabakwarengeschäfte – versorgt. Da die Bestellmengen und Bestellzeitpunkte der Abnehmer ständig wechseln, kann ein fester Tourenplan nicht entwickelt werden. Viele Kunden haben auch bestimmte Wünsche, etwa bezüglich der Uhrzeit der Belieferung; Straßenverhältnisse und das Wetter bestimmen u. a. die Fahrtzeiten. Mittels eines heuristisch fundierten Simulationsmodells werden entsprechend den vorliegenden Bestellungen und unter Berücksichtigung des vorhandenen Fuhrparks und der angegebenen Restriktionen Tourenpläne erstellt.

Die technische Vertriebsdurchführung als Teil der Unternehmenslogistik (Abb. 4.18) ist in jüngster Zeit Gegenstand umfassender Rationalisierung, aber auch Anlaß für strategische Positionsveränderungen von Unternehmungen im Verhältnis zu ihren industriellen Nachfragern gewesen. Das Interesse marktmächtiger Nachfrager an einer Auslagerung von Fertigungsstufen, das Voranschreiten rechnerintegrierter Fertigung (insbesondere in Montageunternehmen) und die Reduzierung kapitalkostenintensiver Läger haben zu der Neuordnung der physischen Distribution der Lieferanten geführt. Sie soll in vielen Fällen so gestaltet werden, daß möglichst wenig Funktionen seitens des Nachfragers erfüllt werden müssen, bevor der zugelieferte Produktionsfaktor (Material, Teile und Werkzeuge) in die Fertigung zur Weiterverarbeitung gelangt. Die Anlieferung hat so zu erfolgen, daß die Beschaffungsgüter

– in der benötigten Menge und Qualität,
– am Ort des Verbrauchs,
– zum Zeitpunkt ihrer Verwendung

---

[1] Einen anschaulichen Überblick bietet Zimmermann, Hans-Jürgen: Einführung in die Grundlagen des Operations Research, 1972. Einen Einblick in praktische Fragen gibt auch: Industriemagazin 1975, Sonderheft Fracht '75. Vgl. ferner Hammann, Peter: Entscheidungsanalyse im Marketing, 1975, S. 203 ff.
[2] Zur Simulation vgl. die Ausführungen in § 2 B 3.

Technische Vertriebsdurchführung 191

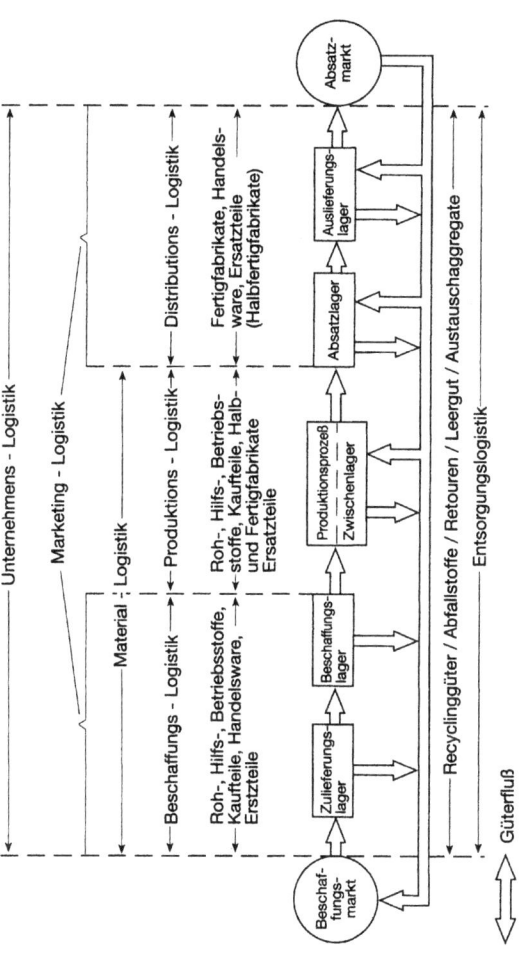

Abb. 4.18. Funktionelle Abgrenzung von Logistiksystemen nach den Phasen des Güterflusses am Beispiel eines Industrieunternehmens[1]

---
[1] Entnommen aus Pfohl, Hans-Christian: Logistik-Systeme – Betriebswirtschaftliche Grundlagen, 4. Aufl.. 1990, S. 16.

192　Grundlagen der Absatztheorie

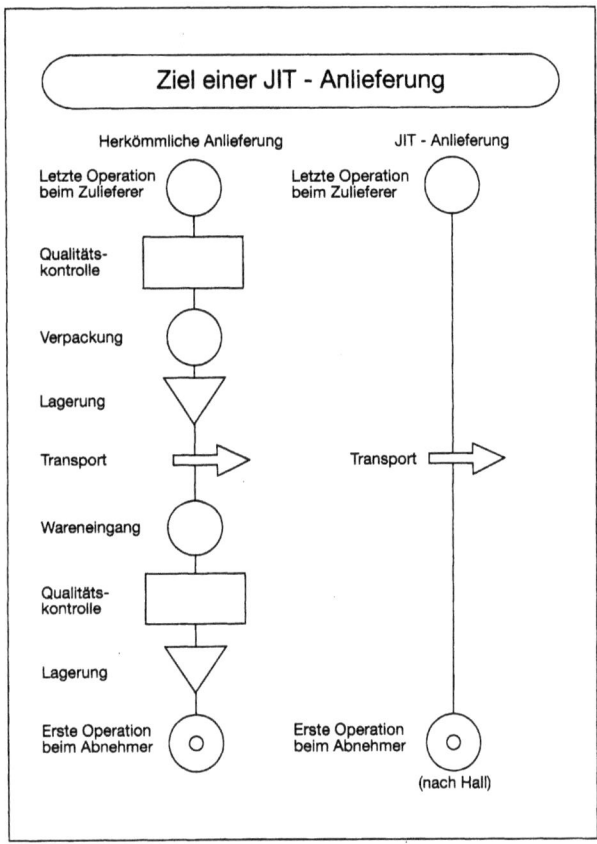

Abb. 4.19 Ziel einer JIT-Anlieferung[1]

verfügbar sind. Man spricht daher von *Just-in-Time-Belieferung* (JIT) für eine logistische Fertigung beim Abnehmer. Abb. 4.19 verdeutlicht dieses Prinzip. Die Realisierung derartiger Vertriebs- bzw. Beschaffungsaufgaben zwingt die kooperierenden Unternehmen zur Errichtung *flexibler Abrufsysteme,* die auf

---

[1] Entnommen aus Wildemann, Horst: Das Just-in-Time-Konzept – Produktion und Zulieferung auf Abruf, 1988, S. 145.

Bedarfsschwankungen reagieren können. Gestützt auf *Rahmenvereinbarungen*, in denen das Beschaffungsvolumen und der Zeitraum der Verwendung, nicht

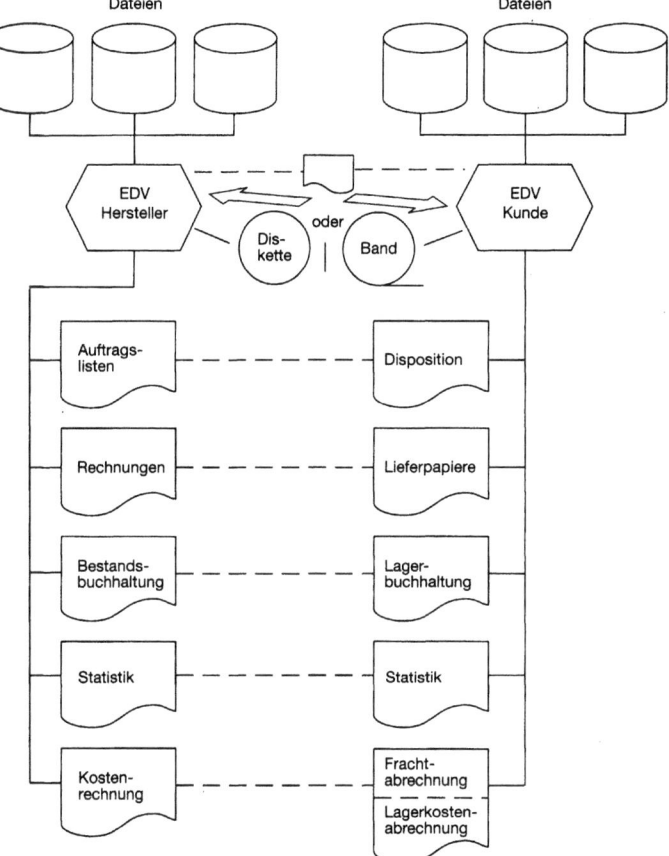

Abb. 4.20 Datenverbund durch Verknüpfung logistischer Systeme verschiedener Unternehmen[1]

---

[1] Entnommen mit Veränderungen aus Ellermeier, Christian: Voraussetzungen des Logistik-Controlling. EDV-Konzeption, in: Türks, Manfred (Hrsg.): Logistik-Controlling, 1983, S. 48.

194 Grundlagen der Absatztheorie

jedoch der genaue Abrufzeitpunkt festgehalten sind, erfolgt eine Abstimmung der Produktions-, Liefer- und Bezugskapazitäten der beteiligten Unternehmen. Sie eröffnet erhebliche *Rationalisierungspotentiale* entlang der „logistischen Kette". Die Kooperation der beteiligten Unternehmen erfordert einen *Datenverbund*, auf den sich die Dispositionssysteme der Partner stützen müssen (Abb. 4.20).

Für die liefernde Unternehmung stellt sich aus strategischer Sicht die Frage, ob und inwieweit sie die Dienstleistungen im Rahmen integrierter logistischer Systeme übernehmen kann und will. Die Übernahme von Funktionen des Nachfragers durch den Anbieter erweitert nicht nur das Leistungsspektrum (in Richtung auf ein Systemgeschäft) und damit die Chancen für die Schaffung von Wettbewerbsvorteilen, sie führt auch zu zusätzlichen Kosten. Diese gilt es durch Rationalisierung zu senken, zumal steigende Preise (und damit auch steigende Erlöse) nicht ohne weiteres erwartet werden können.

Die Voraussetzungen, die ein industrieller Nachfrager bei einer Just-in-Time-Belieferung erfüllt sehen möchte, sind im wesentlichen folgende[1]:

- Beschränkung der Zulieferzahl;
- Vordisposition mit Hilfe von Rahmenaufträgen;
- Verbrauchsgesteuerter Abruf;
- Vernetzung von Information und Kommunikation mit den Lieferanten;
- genaueste Erfüllung der Vorgaben hinsichtlich Lieferzeit und Wareneingang;
- Ausnahmslose Einhaltung der Ansprüche bezüglich Menge und Qualität;
- Erstellung von Sammelrechnungen.

Ein qualifizierter Lieferant muß sich auf die Forderungen einstellen können, wenn er das langfristige Überleben im jeweiligen Markt mit hoher Wahrscheinlichkeit anstrebt.

Dabei darf jedoch nicht übersehen werden, daß die Erfüllung der Forderungen des Abnehmers zu einer weitgehenden Transparenz der wirtschaftlichen Lage des Lieferanten führen kann. Die Offenlegung von Kostendaten, des Qualitätsüberwachungs- und -steuerungssystems sowie der Grundlagen der Leistungsfähigkeit engen den Aktionsspielraum des Lieferanten zugunsten des Abnehmers ein. Konzentriert sich der Abnehmer dabei zudem nur auf einen oder einige wenige Lieferanten, erlangt der Abnehmer unter diesen Bedingungen eine auch wettbewerbsrechtlich bedenkliche Marktmacht.

---

[1] Vgl. Wildemann, Horst: Das Just-in-Time-Konzept – Produktion und Zulieferung auf Abruf, 1988, S. 140.

F. Kundendienstpolitik

Zu den wichtigsten präferenzbildenden Instrumenten der Absatzpolitik zählt die Kundendienstpolitik[1]. Eine Unternehmung erbringt für ihre Abnehmer (Kunden-) Dienstleistungen zu unterschiedlichen Zeitpunkten während des Absatzprozesses. So sind bestimmte Dienstleistungen
- *vor* dem Kauf (z. B. Beratungsleistungen),
- *beim* Kauf (z. B. Montageleistungen),
- *nach* dem Kauf (z. B. Reparatur- und Wartungsleistungen)

zu erbringen. Solche Dienstleistungen können als *obligatorisch* betrachtet werden, wenn sie branchenüblich sind oder der Kunde einen Anspruch auf ihre Bereitstellung und Erbringung hat (z. B. Gewährleistungen). Daneben gibt es jedoch auch *fakultative* Dienstleistungen (z. B. Frei-Haus-Lieferung ab einer bestimmten Kaufsumme). Mit der Bereitstellung und Erbringung solcher Kundendienstleistungen verfolgt die anbietende Unternehmung[2]

- *allgemeine Wettbewerbsziele*
  (z. B. Differenzierung gegenüber Konkurrenten, Präferenzschaffung bei den Nachfragern, Imageverbesserung).
- *Absatzziele*
  (z. B. Ausnutzung von Nachfrageverbunden, Beeinflussung des Wiederholkauf verhaltens, Erzeugung von Kundentreue, Erhaltung der Wettbewerbsfähigkeit, Steigerung des Absatzerfolges).
- *Produktziele*
  (z. B. Erhöhung der Lebensdauer, Werterhaltung, Nutzungserweiterung bzw. -sicherung).

Mit der Bereitstellung und Erbringung von technischen Dienstleistungen stellt sich eine Reihe von Entscheidungsproblemen, aus deren unterschiedlicher

---

[1] Vgl. hierzu Meffert, Heribert (Hrsg.): Kundendienst-Management, 1982 und die darin enthaltenen Beiträge. Siehe ferner Bennewitz, H.-J.: Die Eigenständigkeit des absatzpolitischen Instruments „Kundendienst" und seine Bedeutung im modernen Marketing-Denken. Diss., 1969; Konrad, E.: Kundendienstpolitik als Marketing-Instrument von Konsumgüterherstellern, 1974; Rau, B.: Der technische Kundendienst als absatzpolitisches Entscheidungsproblem – eine theoretische und empirische Untersuchung, Diss., 1975.

[2] Vgl. hierzu Meffert, Heribert: Der Kundendienst als Marketinginstrument – Einführung in die Problembreite des Kundendienst-Managements, in: Meffert, Heribert (Hrsg.), Kundendienst-Management, 1982, S. 9 ff.; Simon, Leonard S.: Measuring the Market-Impact of Technical Services, in: Journal of Marketing Research, Vol. 2, 1965, S. 32 ff.

Lösung sich absatzwirtschaftliche Konsequenzen ergeben[1]. Hierzu rechnen insbesondere:

- *die Trägerentscheidung,*
  d. h. die Unternehmung kann die Leistungen ganz oder teilweise selbst erbringen, die Erbringung aber auch ganz oder teilweise anderen (selbständigen) Unternehmen überlassen (z. B. Autoreparaturwerkstätten);

- *die Entscheidung über die Zeitdimension,*
  d. h. über den Erstreckungszeitraum des Angebotes (Beispiel: Reparaturleistungen nur innerhalb der Gewährleistungsfrist bzw. sowohl innerhalb als auch außerhalb der Gewährleistungsfrist);

- *die Entscheidung über die Angebotsmenge*[2],
  d. h. den Umfang des Dienstleistungsbündels (Beispiel: Umfassende vorbeugende Wartung einer Anlage oder reduzierte Wartung im Wege des Komponentenaustausches);

- *die Entscheidung über die Gestaltung der Leistung,*
  hier kann die anbietende Unternehmung z. B. wählen zwischen den Gestaltungsformen der Standardisierung bzw. Individualisierung der Dienstleistungen.

- *die Entscheidung über das Entgelt*[3],
  d. h. die Frage, ob die Dienstleistungen gegen gesondert in Rechnung gestelltes Entgelt erbracht werden oder nicht. Reparaturen innerhalb der Gewährleistungspflicht werden in diesem Sinne unentgeltlich durchgeführt, außerhalb der Gewährleistungsfrist jedoch nur gegen gesondertes Entgelt. Hier kann es aber vorkommen, daß Entgelte die Reparaturleistungen nicht oder nur teilweise decken. Es muß dann versucht werden, im Wege des kalkulatorischen bzw. preispolitischen Ausgleichs einen Träger für die entstandenen, aber nicht direkt überwälzbaren Kosten zu finden;

---

[1] Vgl. Meffert, Heribert: Der Kundendienst als Marketinginstrument – Einführung in die Problembreite des Kundendienst-Managements, in: derselbe (Hrsg.): Kundendienst-Management, 1982, S. 14 ff. sowie Hammann, Peter: Das Optimierungsproblem im Kundendienst – Aussagewert und Stand der Diskussion, in: Meffert, Heribert (Hrsg.): Kundendienst-Management, 1982, S. 150 ff.

[2] Siehe dazu Schönrock, Arnold: Die Gestaltung des Leistungsmix im marktorientierten Kundendienst, in: Meffert, Heribert (Hrsg.): Kundendienst-Management, 1982, S. 84 ff.

[3] Vgl. Wegwart, Jürgen: Preis- und Kontrahierungspolitik im Kundendienst unter besonderer Berücksichtigung von Wartungs- und Call-Service, in: Meffert, Heribert (Hrsg.): Kundendienst-Management, 1982, S. 116 ff.

– *die Entscheidung über die Kontrahierungsdimension*[1],
d. h. über die Vertragsgestaltung (z. B. Wartungsdienst auf der Grundlage von Einzel- oder Rahmenverträgen) bzw. die Bereitschaft zum Vertrag (z. B. Reparaturleistungen nur bei nachgewiesenem Herstellerverschulden; Kulanzregelungen; Reparaturen nur bei Regulärkauf, nicht jedoch bei Diskontkauf).

Mit jeder dieser Entscheidungen sind sowohl Kosten- als auch Erlöswirkungen verbunden, die gegeneinander abgewogen werden müssen. Allgemein kann man feststellen, daß die Erlöswirkungen und die Kostenwirkungen um so höher sein werden, je mehr der Anbieter zur Übernahme der Trägerfunktion bereit ist, je größer der Angebotszeitraum bemessen und die Angebotsmenge ausgedehnt werden, je individualisierter die Leistungen sind und je flexibler der Anbieter sich im Hinblick auf den Vertragsabschluß verhält. Da technische Dienstleistungen – soweit sie obligatorisch sind – nur im Verbund mit bestimmten Sachleistungen angeboten und abgesetzt werden, ergibt sich nur selten die Möglichkeit der Erzielung direkt zurechenbarer Erlöse. Vielmehr müssen Sach- und Dienstleistungen dann als ein Erlösträger verstanden werden, dem mehrere Kostenträger gegenüberstehen. Ein entsprechend vermehrtes bzw. intensiviertes Angebot technischer Dienstleistungen zeigt dann positive Wirkungen im Hinblick auf das Entgelt bzw. die Erlöse des Leistungsbündels (Bündelpreis). Sind technische Dienstleistungen hingegen fakultativ und somit direkte Erlös- und Kostenträger, ergeben sich vor allem bei organisatorischer Verselbständigung[2] der Dienstleistungsfunktion (z. B. in einer Sparte „Technischer Kundendienst") unmittelbar zurechenbare Erlös- und Kostenwirkungen.

G. Absatzfinanzierung

Zu den wichtigsten Dienstleistungen, die ein Anbieter für Nachfrager – in der Regel in der Phase vor Abschluß des Kaufvertrages – erbringen muß, gehören solche, die die *Kaufkraft* des Nachfragers *herstellen* bzw. *verbessern* sollen. Sie gewinnen ihre Bedeutung u. a. auch im Wirtschaftsverkehr mit ausländischen Nachfragern (insbesondere aus Staatshandels- oder Entwicklungsländern). Hier ist die Schaffung von Kaufkraft eine notwendige Voraussetzung für die Anbahnung von Geschäftsbeziehungen. Die Maßnahmen sind entsprechend

---

[1] Vgl. Wegwart, Jürgen: Preis- und Kontrahierungspolitik im Kundendienst unter besonderer Berücksichtigung von Wartungs- und Call-Service, in: Meffert, Heribert (Hrsg.): Kundendienst-Management, 1982, S. 116 ff.

[2] Vgl. Fußbahn, Karl-Heinz: Organisation und Steuerung des technischen Kundendienstes – Profit- oder Cost-Center? in: Meffert, Heribert (Hrsg.): Kundendienst-Management, 1982, S. 125 ff.

198 Grundlagen der Absatztheorie

den verschiedenen Gruppen von Nachfragern zu differenzieren[1]. So unterscheidet man

- Finanzierungshilfen für in- und ausländische *Weiterverwender,*
- Finanzierungshilfen für den *Handel* (zur Erleichterung bzw.Verbesserung bei der Wahrnehmung der Distributionsaufgaben für den Hersteller),
- Finanzierungshilfen (u. a. auch des Handels) für *Konsumenten* (Teil- bzw. Abzahlungsgeschäfte; Einrichtung von Monatskonten; Ausgabe von Kreditkarten).

In allen drei Fällen steht neben der Zielsetzung der *Absatzausweitung* auch der Aspekt der Absatzsicherung im Vordergrund.

Die anbietende Unternehmung betreibt Absatzfinanzierung durch

- *Gewährung* bzw.
- *Vermittlung*

von Krediten.

Gewährt sie die Kredite selbst, so erbringt sie Eigenleistungen, die ggfs. eine Refinanzierung erforderlich machen.

Beispiel
Gewährung von Buch- und Wechselkrediten.

Vermittelt die Unternehmung hingegen Kaufkraft, so verschafft sie dem Nachfrager *fremde* Finanzierungsleistungen (z. B. von Banken), die als solche auch in das Leistungsangebot eingehen können.

Beispiel
Finanzierungsvorschlag des Anbieters bei Verhandlungen über den Bau von Industrieanlagen in einem Entwicklungsland.

Die reine Vermittlung ergibt sich vor allem dann, wenn

- der Anbieter zur Erbringung eigener Finanzierungsleistungen aufgrund von Art und Umfang *nicht in der Lage* ist,
- der Anbieter zur Erbringung von Eigenleistungen *aus Risikogründen nicht bereit* ist,
- der Anbieter *Refinanzierungsrisiken* nicht eingehen möchte.

---

[1] Vgl. z. B. Engelhardt, Werner Hans; Plinke, Wulff: Elemente der Marketingentscheidung, 1978, S. 133 ff.; Ahlert, Dieter: Absatzförderung durch Absatzkredite an Abnehmer, 1972; Wissenbach, Heinz: Finanzierungskonzepte zur Absatzsteigerung, 1972; Meffert, Heribert: Marketing, 7. Aufl., 1986, S. 346 ff.

Einen Sonderfall der Absatzfinanzierung bildet das *Leasing*[1]. Dabei bietet der Anbieter dem Nachfrager die Möglichkeit, das Gut nicht zu kaufen (mit der Folge des Eigentumerwerbs), sondern lediglich anzumieten bzw. zu pachten. Dies kann für den Nachfrager dann von besonderem Interesse sein, wenn entweder Kaufkraft nicht in entsprechendem Umfang langfristig gebunden werden soll (z. B. bei raschem technischen Fortschritt) oder langfristig ohnehin Kaufkraft nicht verfügbar sein wird.

Beispiele
Anmietung von Maschinen oder Rechenanlagen.

Das Leasing-Angebot schließt eine Finanzierungsleistung des Anbieters ein. Insoweit ergibt sich eine gewisse Ähnlichkeit zu den Formen des Teilzahlungsgeschäftes bzw. des Ratenkaufs. Absatzpolitisch ist Leasing – trotz der erheblichen *Liquiditätsbelastung* – für den Anbieter wegen der Möglichkeit interessant, *neue Kundengruppen* zu erschließen, die ohne die Übernahme von Finanzierungsleistungen durch den Anbieter als Nachfrager nicht in Frage kommen würden. Von der Erbringung bzw. Vermittlung von Finanzierungsleistungen gehen *sowohl Kosten- als auch Erlöswirkungen* aus. Im Falle der Erbringung von Finanzierungsleistungen entstehen dem anbietenden Unternehmung Finanzierungskosten, die sie in den Verkaufspreisen einzukalkulieren hat, um sie nach Möglichkeit auf die Nachfrager zu überwälzen.

Beispiel
Abzahlungskäufe führen für den Anbieter zu höheren Kosten als Barkäufe, da er die Zwischenfinanzierung aufgrund des eingeräumten Zahlungsziels übernimmt und dabei Kosten für die entstehende Kapitalbindung anfallen.

Durch die Überwälzung ergeben sich andererseits *Mehrerlöse*, die den *Mehrkosten* gegenüberstehen. Sie lassen sich insbesondere dort unmittelbar feststellen, wo die Erbringung von Finanzierungsleistungen das Ergebnis von Vertragsverhandlungen ist und nicht der Anwendung allgemeiner Geschäftsbedingungen entspringt, die ein gewisses Mindestmaß an Finanzierungsleistungen gewohnheitsmäßig vorsehen können.

Beispiel
Das Kaufvertragsformular eines Anbieters enthält folgende Bestimmung: „Zahlbar innerhalb 30 Tagen ohne Abzug. Bei Barzahlung 3 % Skonto".

---

[1] Vgl. hierzu Hagenmüller, Karl-Friedrich (Hrsg.): Leasing-Handbuch, 5. Aufl., 1988; Backhaus, Klaus: Investitionsgüter-Marketing, 2. Aufl., 1990, S. 115 ff.; Engelhardt, Werner Hans; Günter, Bernd: Investitionsgüter-Marketing, 1981, S. 176 ff.

Mit diesem Hinweis macht der Anbieter deutlich, daß er Zahlungsziel bis zu einem Monat ohne Aufpreis einräumt, d. h. Finanzierungsleistungen erbringt, deren (durchschnittliche) Kosten er i. d. R. im Verkaufspreis des Leistungsbündels berücksichtigt hat. Wünscht der Käufer ein längeres Zahlungsziel (und damit weitere Finanzierungsleistungen), so bedarf es hierüber einer gesonderten Vereinbarung mit dem Anbieter, die auch zu Preiserhöhungen führen wird. Nimmt der Nachfrager andererseits das eingeräumte Zahlungsziel nicht in Anspruch, zahlt er vielmehr sofort bar, so kann er verlangen, daß der Rechnungsbetrag um die einkalkulierten (durchschnittlichen) Kosten der nicht beanspruchten Finanzierungsleistung, d. h. um Skonto, gekürzt wird. Den *Erlösminderungen* stehen somit *Kostenminderungen* gegenüber. Diese Parallelität von Mehr- bzw. Minderkosten und -erlösen existiert jedoch nur dort, wo der Anbieter Finanzierungskosten ganz oder zum Teil überwälzen kann.

Vermittelt die Unternehmung ihren Nachfragern hingegen Finanzierungsleistungen Dritter, so erwachsen häufig nicht ohne weiteres den einzelnen Aufträgen direkt zurechenbare zusätzliche Verwaltungskosten.

Beispiel
Kosten, die durch Mitglieder der Geschäftsleitung infolge von Verhandlungen mit Banken über die Bereitstellung von Krediten für Nachfrager verursacht werden.

Ihnen stehen zudem nicht immer Mehrerlöse gegenüber. Dies gilt vor allem dort, wo die Kreditvermittlung Vorleistungscharakter bei der Auftragsvergabe besitzt.

H. *Integration der absatzpolitischen Instrumente*

1. *Marketing-Mix-Strategien*

Der Absatzerfolg einer Unternehmung wird vom Einsatz der Aktionsvariablen, die in den vorangehenden Abschnitten näher erläutert worden sind, in wesentlichem Maße beeinflußt. Grundsätzlich setzt jeder Anbieter ständig Aktionsinstrumente aus allen Absatzinstrumenten in bestimmtem Umfang ein (*Marketing-Mix*). Insbesondere die Merkmalkomplexe Qualität, Preis, Information und Vertrieb können als Dimensionen, die jeden Absatzvorgang näher kennzeichnen, betrachtet werden. Absatzpolitisch ist daher in jeder Planungsperiode zu entscheiden, ob der bisherige Instrumentaleinsatz beibehalten oder verändert werden soll. Die Einsatzintensität schon verwendeter Aktionsvariablen kann vermindert oder erhöht werden, weitere Aktionsvariablen aus dem Bereich der verschiedenen Absatzinstrumente können neu eingeführt werden. Die Kombination absatzpolitischer Instrumente impliziert eine *Verbundwirkung* im Hinblick auf die Absatzmenge des jeweiligen Produktes. Sie wird durch die *Marktreaktionsfunktion*[1] zum Ausdruck gebracht. Mathematisch hat sie folgende allgemeine Form[2]:

(4.43) $\quad x = f(r_1, \ldots, r_m)$

wobei x die Absatzmenge und r_i ($i = 1, \ldots, m$) das Aktivitätsniveau des i-ten absatzpolitischen Instrumentes ist. Ökonometrischen Analysen liegt meist eine Funktion zugrunde, die die Einflüsse der im Einzelfall relevanten Instrumente auf den Absatz nicht additiv, sondern *multiplikativ* verknüpft[3]:

(4.44) $\quad x = \gamma r_1^{\beta_1} r_2^{\beta_2} \ldots r_m^{\beta_m}$

wobei γ und β_i ($i = 1, \ldots, m$) zu schätzende Parameter sind[4]. Die Koeffizienten β_i sind ein Ausdruck des spezifischen Einflusses des einzelnen Instrumentes i auf die Absatzmenge. Durch die multiplikative Verknüpfung wird die Komplementarität bzw. Unabdingbarkeit der Instrumente (x ist Null, wenn nur für ein Instrument $r = 0$ wird) ebenso zum Ausdruck gebracht wie ihre Interdependenz. Funktion (4.44) läßt sich durch Logarithmieren wiederum linearisieren, so daß lineare Regressionsmethoden zur Schätzung des Zusammenhangs verwendet werden können.
Der Ausdruck (4.43) bzw. (4.44) müßte in ein Gesamtmodell der Unternehmung bzw. des Absatzbereichs integriert werden, um ein Optimum des Marketing-Mix z. B. im Hinblick auf ein bestimmtes Erfolgskriterium zu ermitteln[5].
Die intensiven Verbundwirkungen zwischen fast allen Absatzvariablen verhindern jedoch weitgehend die Ermittlung von absatzbezogenen Grenzgewinnen bzw. Grenzverlusten aus der Variation einzelner Aktionsvariablen, wie es etwa modellhaft bei der in § 6 B 2 dargestellten Preisabsatzfunktion unterstellt wird. So kann z. B. die Absatzwirkung einer bestimmten Werbemaßnahme in der Praxis kaum abgeschätzt werden, weil dadurch häufig das Produkt- und das Firmenimage verändert werden und sich gleichzeitig Absatzmaßnahmen der Konkurrenten und Änderungen der Umweltbedingungen auf den eigenen Absatz auswirken. Außerdem können sich die Werbeimpulse auf mehrere Perioden mit unterschiedlicher Effizienz verteilen. Solange die hier zugrunde liegenden ursächlichen Beziehungszusammenhänge nicht hinreichend erforscht sind, können auch Prognosen als Planungsgrundlage des Marketing-Mix nur schwer aufgestellt werden.

---

[1] Vgl. Meffert, Heribert: Marketing, 7. Aufl., 1986, S. 122.
[2] Vgl. Steffenhagen, Hartwig: Marktreaktionsmodelle. Theorie und Messung der Wirkung absatzpolitischer Instrumente, 1978, S. 9 ff.
[3] Vgl. Kotler, Philip: Marketing Decision Models – A Model Building Approach, 1971, S. 64ff., insbesondere S. 68 f.
[4] Vgl. hierzu die Ausführungen zur empirischen Ermittlung von Preisabsatzfunktionen in § 4 B 6.
[5] Siehe hierzu z. B. Hammann, Peter: Entscheidungsanalyse im Marketing, 1975, S. 676 ff.

Grundlagen der Absatztheorie

Allgemeingültige Prinzipien für die Bildung optimaler *Marketing-Mix-Strategien*[1] konnten bisher nicht formuliert werden. Die Unternehmen untersuchen daher in der Regel *bestimmte alternative Veränderungen* verschiedener Aktionsvariablen (unter Berücksichtigung von erwarteten Konkurrenzreaktionen) im Hinblick auf ihre Absatzwirkungen. Für konkrete Mixalternativen sind die Absatzmengen und/oder Erlöse global abzuschätzen. In diesem Zusammenhang können u. a. Marketing-Mix-Elastizitäten als Vergleichskennzahlen mit herangezogen werden. Dabei wäre für jede Marketing-Mix-Alternative die relative Erlösveränderung zur relativen Veränderung der Vertriebseinzelkosten infolge von zusätzlichen Absatzmaßnahmen ins Verhältnis zu setzen.

Beispiel
Bei Marketing-Mix-Alternative 1 wird eine Erlössteigerung in einem Marktsegment gegenüber der Vorperiode von 5% bei einer Vertriebskostensteigerung von 4% erwartet; bei Marketing-Mix-Alternative 2 wird eine Erlössteigerung von 3% und eine Vertriebskostensteigerung von 2% erwartet. Es stehen sich Elastizitäten von 5/4 und 3/2 bzw. 1,25 und 1,5 gegenüber. Strategie 2 verspricht eine relativ höhere Wirksamkeit. Zur endgültigen Beurteilung wird man darüber hinaus die absoluten Größen der Erlöse, Kosten, Erfolge sowie weitere Kriterien wie Absatzmengen, Marktanteilsentwicklung heranzuziehen haben. Außer einer Vertriebskostendifferenz sind gegebenenfalls auch Änderungen der Herstellkosten – etwa bei Variation der Produktqualität – mit einzubeziehen.

Im Hinblick auf die Gestaltung der Instrumentalkombination besitzen die einzelnen Anbieter im Wettbewerb die in Abb. 4.21 aufgezeigten Möglichkeiten.

		Ausgestaltung der Instrumente	
		Anpassung	Differenzierung
Ausgestaltung des Instrumentenbündels	Anpassung	I vollständige Anpassung	II partielle Anpassung
	Differenzierung	III partielle Differenzierung	IV vollständige Differenzierung

Abb. 4.21. Marketing-Mix-Alternativen

---

[1] Vgl. Topritzhofer, Edgar: Marketing-Mix, in: Handwörterbuch der Absatzwirtschaft, 1974, Sp. 1247–1264.

Im Falle einer *vollständigen Anpassung*, d. h. der strukturellen und substantiellen Angleichung der Absatzpolitik an die Maßnahmen von Konkurrenten, sucht der Anbieter Wettbewerb weitgehend auszuweichen. Verhalten sich *alle* Anbieter entsprechend diesem Muster, so nähert sich die Marktverfassung derjenigen des vollkommenen Marktes, die Form des Wettbewerbs derjenigen des *homogenen Wettbewerbs*. Daneben besteht die Möglichkeit, sich hinsichtlich der Zusammensetzung des Instrumentenbündels zwar anzupassen, über die individuelle Ausgestaltung jedoch zu Differenzierungen gegenüber Mitbewerbern zu gelangen *(partielle Anpassung)*. Ein Anbieter kann wie seine Konkurrenten Fernsehwerbung einsetzen, aber über eine abweichende Werbebotschaft sich abzuheben versuchen. Die Form der Differenzierung gegenüber Mitanbietern über unterschiedliche Instrumente (bei weitgehender Angleichung der Ausgestaltung der gemeinsam verwendeten Instrumente) läuft im wesentlichen auf eine Vermehrung der angebotenen Leistungen hinaus *(partielle Differenzierung)*. So kann ein Anbieter im Gegensatz zu seinen Konkurrenten Frei-Haus-Lieferung anbieten, während er sich preis-, informations- und vertriebspolitisch im übrigen angleicht. Erfolgt die Differenzierung nur über den Preis, so findet *Preiswettbewerb* statt. Bei Differenzierung in einzelnen oder mehreren Leistungsbereichen liegt *Leistungswettbewerb* vor. Im Falle einer kombinierten Differenzierung von Leistungsarten und Preis sprechen wir von *heterogenem Wettbewerb* (vgl. § 1 B 3). Eine *vollständige Differenzierung* (auch im Sinne eines völlig innovativen Instrumentaleinsatzes) ist nur selten möglich. Neuartige Instrumente können leicht von den Mitanbietern imitiert werden, so daß erzielte Vorsprünge nur kurze Zeit anhalten. Der Fall der partiellen Anpassung dürfte somit am häufigsten, neben dem der partiellen Differenzierung, anzutreffen sein. Allgemein nimmt die Unvollkommenheit des Marktes um so mehr zu, je individueller die Absatzpolitik der Anbieter gestaltet wird. Am Beispiel der Preispolitik wird dies in § 6 näher erläutert.

2. *Verbundwirkungen und Restriktionen*

Bei der Marketing-Mix-Planung ist vor allem auf die bereits erwähnten *Verbundwirkungen* zu achten. Einerseits kann eine bestimmte Maßnahme positive Wirkungen in einem anderen Instrumentalbereich auslösen, andererseits können bestimmte Absatzmaßnahmen negative Wirkungen auf den übrigen Instrumentaleinsatz ausüben.

Beispiele
Die äußere Form (Styling) und Farbe von Haushaltsgeräten übt eine Werbewirkung aus, so daß auch andere Erzeugnisse des gleichen Anbieters verstärkt nachgefragt werden. Eine Produktverbesserung kommt wegen Mängeln im Distributionsbereich nicht beim Nachfrager an. Eine Verbesserung der Auswahl der Werbeträger wird durch eine schlecht konzipierte Werbebotschaft kompensiert.

---

204 Grundlagen der Absatztheorie

Einzelne Aktionsvariablen (insbesondere innerhalb einer Instrumentalkategorie) können sich auch *substitutional* zueinander verhalten. Man kann dann die gleiche Absatz- oder Erlösveränderung durch verschiedene Maßnahmen bzw. Maßnahmenkombinationen erreichen.

Beispiel
Steigerung der Produktqualität bei einem Auto bei gleichbleibendem Dienstleistungsangebot (z. B. in Form von Wartungsmaßnahmen) oder Beibehaltung der Produktqualität und Steigerung des Dienstleistungsangebots.

Neben den Verbundwirkungen sind bei der Marketing-Mix-Planung die Veränderungen im Nachfragerverhalten und bei den Umweltbedingungen bedeutsam. Auf der Nachfragerseite ist vor allem auf die Einstellung der Verbraucher und die Erwartungshaltung der Abnehmer im Produktions- und Handelsbereich zu achten.

Für den Anbieter ergeben sich gewisse *Restriktionen* bei der kurzfristigen Disposition über die Absatzvariablen vor allem aus der Finanzlage sowie aus den langfristigen Entscheidungen über Branche, Produktart und belieferte Nachfragergruppen.

Beispiele
Auf Grund angespannter Liquidität kann eine weitere Ausdehnung der Zahlungsziele nicht zugelassen werden; für eine Werbekampagne sind zusätzliche Finanzmittel erforderlich, die z. Z. nicht aufgebracht werden können. Stahl kann nicht über den Ladeneinzelhandel abgesetzt werden; Reißverschlüsse o. ä. Kurzwaren können mit wirtschaftlichem Erfolg kaum im Direktabsatz vom Produzenten an den Verbraucher auf Grund schriftlicher Bestellungen über Postversand vertrieben werden.

Die Beispiele verdeutlichen, daß die theoretisch beliebig große Zahl von Kombinationen der Aktionsvariablen des Absatzes in der Praxis meistens auf eine überschaubare Größenordnung von alternativen Marketing-Mixes, die in einer aktuellen Planungssituation in Erwägung zu ziehen sind, zurückgeführt werden kann. Darüber hinaus können einmal zum Einsatz gebrachte Instrumente zwar in ihrem Einsatzniveau zurückgenommen, aber nur selten abrupt bzw. völlig aufgegeben werden (Beispiele: Rücknahme von Garantiezusagen; Verweigerung von Kundendienstleistungen). Die wirtschaftlichen Gegebenheiten der Einzelunternehmung, die Konkurrenzsituation, die sonstigen Umweltbedingungen und die Verhaltensweisen der relevanten Nachfrager sowie die notwendige zeitliche Kontinuität im Anbieterverhalten engen den Spielraum der Absatzpolitik teilweise erheblich ein.

3. Produktlebenszyklus als Planungsgrundlage

Als ein Hilfsmittel zur Planung von Marketing-Mix-Entscheidungen kann der *Produktlebenszyklus* angesehen werden. Der Produktlebenszyklus ist ein Beschreibungsmodell der zeitlichen Entwicklung des Absatzerfolges eines Produktes (gemessen in Absatzmengen, Erlösen und/oder Gewinnen). Empirisch kann eine Produktlebenskurve nur im nachhinein festgestellt werden. Man benötigt dazu die Zeitreihe der Kenngröße (z. B. der Absatzmenge). Charakteristisch für die Entwicklung des Absatzes eines neuen Produktes nach der Markteinführung ist das zunächst nur zögernde Wachstum, das bei erfolgreicher Aufnahme dann rasch zunimmt, ehe es sich wieder verlangsamt und zurückentwickelt. Einen derartigen Absatzverlauf als Funktion der Zeit kann man z. B. durch folgenden Ausdruck beschreiben[1]:

(4.45) $\quad x(t) = \alpha t e^{-\lambda t}$

wobei x die Absatzmenge, t die Zeitvariable und α sowie λ zu schätzende Parameter sind. Auch hier können lineare Regressionsmethoden zur Parameterschätzung angewendet werden, wenn man (4.45) durch Logarithmierenlinearisiert. Da der Zusammenhang vollständig erst nach Ablauf des Produktlebens bestimmt werden kann, kommt dem Lebenszyklusmodell nur ein beschränkter prognostischer, gleichwohl aber diagnostischer Wert zu. Bei dem klassischen Konzept des Produktlebenszyklus geht man davon aus, daß das Produkt *mehrere Phasen* durchläuft, die man üblicherweise als *Einführungs-, Wachstums-, Reife-* bzw. *Sättigungs-* und *Degenerationsphase* (Rückgangsphase) bezeichnet. Der in Abb. 4.22 dargestellte Verlauf wird von vielen Autoren als typisch betrachtet[2].

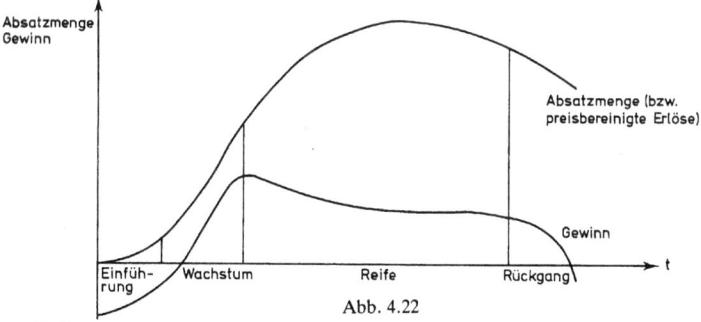

Abb. 4.22

---
[1] Siehe Brockhoff, Klaus: Unternehmenswachstum und Sortimentsänderungen, 1966, S. 111.
[2] Vgl. Scheuing, Eberhard: Das Marketing neuer Produkte, 1972, S. 195–216; Sabel, Hermann: Produktpolitik, 1971, S. 31–39; Brockhoff, Klaus: Produktlebenszyklen, in: Handwörterbuch der Absatzwirtschaft, 1974, Sp. 1763–1770.

Beispiel

1. *Einführungsphase:*
   - Ein Produkt wird ohne Varianten in einer Grundform angeboten;
   - das Kundendienstnetz ist im Aufbau;
   - die Neueinführung macht erhebliche Werbeanstrengungen (Existenz- und Verwendungsinformationen) notwendig;
   - die Distributionsorgane sträuben sich gegen die Aufnahme neuer Produkte, so daß kein dichtes Vertriebsnetz gegeben ist;
   - die Preispolitik kann entweder als Hochpreispolitik mit dem Ziel der Realisierung von Pioniergewinnen oder als Niedrigpreispolitik zur raschen Marktdurchdringung konzipiert werden.

   Das Schwergewicht der absatzpolitischen Bemühungen liegt bei der Produkt- und Werbepolitik.

2. *Wachstumsphase:*
   - Das Produkt wird von der Konkurrenz imitiert;
   - das Produkt wird verbessert, aber noch nicht in Varianten angeboten;
   - der Kundendienst gewinnt an Bedeutung;
   - die Absatzmittler nehmen das Produkt in starkem Maße in ihr Sortiment auf;
   - es bestehen Lieferschwierigkeiten;
   - es kommt zu Preissenkungen;
   - die Werbeausgaben sinken relativ zum Umsatz.

   Der Schwerpunkt der Absatzbemühungen liegt bei der Mengenpolitik und zum Teil bei der Vertriebspolitik (physical distribution); die Preispolitik gewinnt an Bedeutung.

3. *Reife und Sättigung:*
   - Der Wettbewerb verstärkt sich erheblich; es entsteht ein Kampf um Marktanteile;
   - das Produkt wird in differenzierter Form angeboten;
   - Beginn der Diversifikation;
   - die Konditionenpolitik wird für den Absatz bedeutsam;
   - die Preise werden differenziert und tendieren zu sinken.

   Charakteristisch für diese Phase ist die Heterogenisierung des Marktes mit einer zielgruppenspezifischen Absatzpolitik; die Produktdifferenzierung sowie der Kampf um Marktanteile dominieren.

4. *Degenerationsphase:*
   - Keine Produktänderungen;
   - Reduzierung des Werbeetats;
   - die Preise tendieren eher zum Anstieg, da die verringerte Zahl von Anbietern bei beharrlichen Nachfragern eine relativ geringe Preiselastizität unterstellt;
   - Sortimentskürzungen führen zum allmählichen Ausscheiden des Produkts.

   Charakteristisch für die letzte Phase ist ein sparsamer Einsatz des absatzpolitischen Instrumentariums.

Man kann nun auch auf der Grundlage der bisher vorliegenden Zeitreihe und unter Zuhilfenahme eines Modells von der Art der Funktion (4.43) zu analysieren versuchen, in welcher Phase des Lebenszyklus sich ein Produkt mutmaßlich befindet.

Im Zusammenhang mit empirischen Ermittlungen solcher Produktlebenskurven wurde auch untersucht, ob die verschiedenen absatzpolitischen Instrumente in den einzelnen Phasen in typischer Kombination und Ausrichtung aufgetreten sind[1].

Sollen Produktlebenskurven für Prognosen bzw. Diagnosen der Nachfrageentwicklung und die Planung des Marketing-Mix zur Beeinflussung des Absatzes herangezogen werden, so ist zunächst eine *Produkt- und Marktabgrenzung* vorzunehmen. Man kann ein einzelnes Produkt bzw. eine Produktgruppe einer Unternehmung (Marke) oder die Entwicklung einer ganzen Branche (Produktkategorie) betrachten. Unternehmens- und Branchenbetrachtung fallen nur bei monopolistischer Angebotsstruktur zusammen. In allen anderen Fällen ist zwischen der Gesamtabsatzentwicklung aller Anbieter (= Nachfrageverlauf) und der Absatzentwicklung der Einzelunternehmung zu unterscheiden. Für die Marketing-Mix-Planung des einzelnen Anbieters ist neben der Prognose des zukünftigen *Gesamtnachfrageverlaufs* die Entwicklung des *eigenen Marktanteils* vorauszuschätzen. Da die Produktlebenskurve selbst von der Art und Intensität absatzpolitischer Maßnahmen der Anbieter mitgeprägt wird, ist sie für die kurz- und mittelfristige Absatzprognose nur sehr begrenzt aussagefähig. Die zeitliche Entwicklung der einzelnen Phasen des Produktlebenszyklus ist ebensowenig allgemein festgelegt wie die Länge des Zyklus insgesamt. Vor allem bei kurzfristigen Entwicklungsschwankungen des Absatzes ist schwer abzuschätzen, ob es sich um zufällige Vorgänge oder eine modellkonforme Tendenzwende handelt. Im allgemeinen wird sich daher ein Anbieter in jedem Zeitpunkt mit der Feststellung begnügen müssen, daß die Produktnachfrage bzw. der eigene Absatz stagniert, tendenziell ansteigt oder sinkt. Für die Ausrichtung der Absatzpolitik ist deshalb auf eine Situationsanalyse und die Abschätzung der Nachfragetendenz bis zum Planungshorizont zurückzugreifen. Dabei kann es für eine einzelne Unternehmung vorteilhaft sein, sich bei ihrem Instrumentaleinsatz mit der erwarteten Tendenz der Nachfrageentwicklung nicht konform zu verhalten, sondern Differenzierungsstrategien zu betreiben.

---

[1] Vgl. hierzu auch Bidlingmaier, Johannes: Marketing 2, 1973, S. 257–270.

Zusammenfassend kann daher festgestellt werden, daß Produktlebenszyklen keine ökonomischen Gesetzmäßigkeiten im strengen Sinne ausdrücken, auf deren Grundlage zuverlässige Prognosen für die Absatzplanung abgeleitet werden können. Vielmehr handelt es sich um eine Art von Erfahrungskurven mit begrenzter Aussagekraft für spezielle Unternehmenssituationen.

I. Absatzpolitische Besonderheiten im Investitionsgüterbereich

Unter Investitionsgütern werden solche Güter verstanden, die in Produktionsprozessen eingesetzt werden[1]. Das sind Rohstoffe, Halbfabrikate und Fertigprodukte wie Teile, Aggregate und komplexe Anlagensysteme sowie Dienstleistungen und Rechte. Wegen der Vielfalt der Gutskategorien im Investitionsgüterbereich und der dort vorliegenden absatzwirtschaftlichen Besonderheiten soll hier nur auf einige Aspekte der Absatzpolitik für Investitionsgüter eingegangen werden[2].

Grundsätzlich besteht im Investitionsgüterbereich ebenso wie im Konsumgüterbereich das Erfordernis, eine umfassende Marketing-Strategie zu entwickeln, die die in § 3 B 1 angeführten Marketinginstrumente integriert. Unterschiede sind oft nur gradueller Art und ergeben sich in erster Linie aus der Art der einzelnen Güterkategorien (etwa komplexe Problemlösungen im Anlagensektor), den Marktpartnern (in der Regel Einkaufsgremien, denen Verkaufsgremien gegenübergestellt werden) sowie den in § 2 genannten Besonderheiten des Beschaffungsprozesses auf der Einkäuferseite (häufig formalisierter, langandauernder Kaufprozeß).

Die Übereinstimmung vieler Teile der Marketing-Strategien im Investitionsgüter- und Konsumgüterbereich wird u. a. daran erkennbar, daß manche Güter sowohl Verwendung als Konsum- oder Investitionsgut finden können.

---

[1] Vgl. S. 2.
[2] Zum Marketing von Investitionsgütern vgl. Kirsch, Werner; Schneider, Jürgen: Investitionsgütermarketing, in: Handwörterbuch der Absatzwirtschaft, 1974, Sp. 938–952. Pfeiffer, Werner; Bischof, Peter: Investitionsgüterabsatz, in: Handwörterbuch der Absatzwirtschaft, 1974, Sp. 918–938 und die dort angegebene Literatur; Engelhardt, Werner Hans; Günter, Bernd: Investitionsgütermarketing, 1981; Backhaus, Klaus: Investitionsgütermarketing, 2. Aufl., 1990.

Absatzpolitische Besonderheiten im Investitionsgüterbereich 209

> **Beispiel**
> Der Absatz eines Autos an einen privaten Haushalt fällt in den Bereich des Konsumgütermarketings. Wird das gleiche Auto an einen Produktionsbetrieb geliefert, gilt es gemäß der obigen Definition als Investitionsgut. Kauft z. B. ein Arzt einen Pkw für berufliche Fahrten, so ähnelt der Kaufvorgang sehr dem im Konsumgütersektor. Erwirbt aber z. B. die Bundespost im Rahmen ihres Fuhrparks Personenkraftwagen, so liegt auf der Hand, daß Kaufentscheidung und -prozeß wesentlich anders ablaufen.

Wie im Konsumgüterbereich wird auch im Investitionsgüterbereich der Markt in der Regel in Segmente aufgespalten. Die Auswahl der Zielgruppen im Investitionsgütermarkt kann insbesondere erfolgen nach

- den wesentlichen Produktfunktionen beim Verwender (z. B. Computereinsatz für industrielle Prozeßsteuerung oder für Verwaltungsaufgaben);
- Kauffrequenz (z. B. einmalig gekaufte Produkte, mehrfach gekaufte Produkte);
- Abnehmerländer (z. B. Ostblockstaaten, Opec-Länder usw.);
- Unternehmensgröße (z. B. Großabnehmer, Kleinabnehmer);
- Kaufmotiven (z. B. Neukauf, Erweiterungskauf, Ersatzkauf).

Im Bereich der *Produktpolitik* ist es für den Anbieter von größter Bedeutung, dem Nachfrager eine *umfassende Problemlösung* anzubieten, die (besonders bei komplexen Anlagen) sowohl eine technisch-konstruktive Einpassung der neuen Anlage in den Bestand der übrigen Anlagen gestattet als auch eine organisatorische Anpassung erlaubt. Dies setzt ein umfangreiches firmenspezifisches Informationsangebot voraus, weshalb bei komplexen Investitionsgütern der direkte Vertrieb vorherrscht.

> **Beispiele**
> Die Produktionskapazität eines Montagesystems einer Automobilfabrik muß auf die vorgelagerten Produktionsstufen (z. B. Gießerei für Motorenblöcke) abgestimmt sein, damit es nicht zu Störungen im Produktionsfluß bzw. unnötiger Zwischenlagerung oder zu Leerkapazitäten kommt. Darüber hinaus sind die organisatorischen und personalpolitischen Probleme zu berücksichtigen, die bei derart umfangreichen Investitionen zu erwarten sind: Z. B. hat der Verkauf einer EDV-Anlage für den Käufer oft eine Umstrukturierung der innerbetrieblichen Organisation zur Folge.

Der Einsatz von *Preis- und Konditionenpolitik* ist im Bereich der Investitionsgüter sehr stark von der Art des betrachteten Gutes und der Wettbewerbssituation abhängig. Bei homogenen Rohstoffen, geringwertigen und standardisierten Gütern (z. B. Schrauben) besteht aufgrund größerer Preiselastizität der Nachfrage und zu erwartender Konkurrenzreaktionen kein großer Aktionsspielraum der Preispolitik. Bei komplexen Gütern, die immer nachfragerbezogene Problemlösungen darstellen, ist der Preis meist das Ergebnis von Verhandlungen. Bei der langen zeitlichen Erstreckung des Kaufprozesses werden hier zum Teil besondere Preissetzungsklauseln (z. B. *Preisgleitklauseln*) sowie *Finanzierungskonditionen* ausgehandelt. Letztere sind im Großanlagengeschäft, insbesondere im Export, ein wesentlicher Verhandlungsgegenstand. Ist der preispolitische Spielraum für den Anbieter gering, so bieten sonstige Konditionen etwa bezüglich Liefertermin, Gewährleistung, Service und Haftung zusätzlichen absatzpolitischen Aktionsspielraum. Schwerpunkt der *Werbung* ist die Herausstellung der *Problemlösungskapazität* des Anbieters, ergänzt durch Produktwerbung[1] (etwa mittels sogenannter *Referenzanlagen*). Aufgrund der im Investitionsgütersektor häufig anzutreffenden Individualität der Produkte sowie des Erfordernisses, Investitionsgüter in bestehende Produktionseinrichtungen optimal zu integrieren, kommt dem *persönlichen Verkauf*[2] im Rahmen der Informationspolitik besondere Bedeutung zu.

Hervorzuheben ist schließlich noch die zunehmende Bedeutung der *Dienstleistungen* im Investitionsgüter-Marketing. Häufig wird mit differenziertem, zusätzlichem Dienstleistungsangebot der Standardisierungstendenz bei der Sachleistungsproduktion entgegengewirkt, um Präferenzen zu schaffen bzw. zu erhalten. Zum Teil werden Dienstleistungen auch isoliert angeboten (reine Software oder Beratungsdienste).

J. Absatzpolitische Besonderheiten im Dienstleistungsbereich

Aus der Sicht des Nachfragers impliziert die Verfügbarmachung eines Gutes durch den Anbieter über den Markt stets die Inanspruchnahme einer komplexen Dienstleistung, die als aufeinander abgestimmtes, die Probleme des Nachfragers abdeckendes Leistungsbündel zu verstehen ist. Nicht zuletzt ist die Einräumung der Verfügungsrechte (Eigentum, Besitz, Nutzungsrecht) auf der Grundlage des Vertrages zwischen den Tauschpartnern eine unabdingbare Dienstleistung. Wie in § 4 A bereits erwähnt, kann das in Anspruch genommene Leistungsbündel jeweils als Kern- oder Primärleistung entweder eine Sach- oder eine spezifische Dienstleistung aufweisen. Im allgemeinen werden solche Unternehmen als Dienstleistungsunternehmen bezeichnet, die Leistungsbündel am Markt anbieten und absetzen, deren Kernleistung eine spezifische Dienstleistung ist.

---

[1] Vgl. Pfeiffer, Werner; Bischof, Peter: Investitionsgüterabsatz, in: Handwörterbuch der Absatzwirtschaft, 1974, Sp. 918–938, hier Sp. 934.
[2] Vgl. hierzu auch 4 D 3.

> **Beispiele**
> Beratungsunternehmen (mit Beratungsdienstleistungen); Speditionsunternehmen (mit Transportdienstleistungen); Kreditinstitute (mit u.a. Liquiditätsdienstleistungen); Handelsunternehmen (mit Mittler- bzw. Verkaufsdienstleistungen).

Die Gestaltung absatzpolitischer Strategien für ein Dienstleistungsunternehmen unterscheidet sich grundsätzlich nicht von derjenigen für Unternehmen, die Sachgüter als Kern des komplexen (Dienst-)Leistungsbündels gegenüber privaten Haushalten oder industriellen Verwendern vermarkten.

Auch für Dienstleistungsbetriebe gelten daher die allgemeinen Darlegungen zur betrieblichen Absatzpolitik. Aber es ergeben sich einige Besonderheiten bzw. Akzentverschiebungen[1]. Zunächst ergibt sich die Besonderheit, daß der Nachfrager bereits bei der Entstehung einer Dienstleistung in erheblich stärkerem Maße in das Produktionsgeschehen eingebunden ist als dies bei der Sachproduktion der Fall sein wird. Der Nachfrager muß in den Vollzug entweder

– sich selbst

oder

– ein Verfügungssubjekt bzw. -objekt als sog. *externen Faktor* (Maleri) einbringen. Verfügungssubjekte sind z. B. Familienangehörige, Freunde, Verwandte oder Schutzbefohlene. Verfügungsobjekte sind z. B. Sachen, Tiere oder Rechte. Der externe Faktor übernimmt die Rolle eines beigestellten Produktionsfaktors[2].

Bei der Vermarktung muß auf diesen Umstand besonders Bezug genommen werden, wenn es gilt, die Qualität der Dienstleistung anhand von Elementen des Leistungsprozesses, des Dienstepotentials und des Ergebnisses zu verdeutlichen. Die Besonderheiten der Vermarktung von Dienstleistungen beziehen sich angesichts der Immaterialität von Diensten in erster Linie auf die Bereitstellung des Dienstepotentials, dessen Gestaltung im wesentlichen das ausmacht, was mit dem Begriff *„Produktgestaltung"* gekennzeichnet wird. Hier knüpfen auch die Überlegungen zu einer *Markierung* von Dienstleistungen an.

> **Beispiel**
> „Tour of Ireland" als Markenzeichen eines Pauschalreiseangebotes des staatlichen Fremdenverkehrsamtes der Republik Irland in Verbindung mit der irischen Luftverkehrsgesellschaft Aer Lingus.

---

[1] Vgl. Scheuch, Fritz: Dienstleistungsmarketing, 1982, S. 16 ff.; Maleri, Rudolf: Grundzüge der Dienstleistungsproduktion, 1973, S. 33 ff.
[2] Vgl. auch die juristische Differenzierung verschiedener Vertragstypen wie Werk-, Werklieferungs-, Dienst-, Kauf- und Gebrauchsüberlassungsvertrag.

Grundlagen der Absatztheorie

Dies erweist sich auch dann als zweckmäßig, wenn die Dienstleistungen nicht oder nur eingeschränkt *standardisiert* werden können.
Der Umstand, daß Dienste zu den *besonders erklärungsbedürftigen* Gütern zählen, schafft eine Vielfalt von Ansatzpunkten für die *Informationspolitik*. Insbesondere die Formen (direkter) *persönlicher Kommunikation* zwischen den dienstleistenden bzw. dienstempfangenden Personen (bzw. Vertretern der anbietenden und nachfragenden Organisationen) spielen hier eine wichtige Rolle. Dies wird noch verstärkt, wenn eine dienstempfangende Person (als externer Faktor) an der Erbringung der Leistung unmittelbar beteiligt ist.

> **Beispiel**
> Beteiligung an einer therapeutischen Maßnahme; Teilnahme an einer Lehrveranstaltung.

Im Bereich der *Distributionspolitik* ergeben sich Besonderheiten durch die Existenz spezieller *Dienstleistungsmittler*. Ein „Vertrieb" im Sinne der Distribution von Sachgütern findet sich bei Dienstleistungen nicht. Die Distribution erstreckt sich vielmehr oft nur auf den indirekten Vertrieb des Kontraktes, d.h. des Anrechts auf die Inanspruchnahme bestimmter Dienstleistungen.

> **Beispiele**
> Verkauf von Flug- und Fahrscheinen für Beförderungsdienstleistungen durch Reisebüros; Verkauf von Eintrittskarten für Theater-, Konzert- oder Sportveranstalter durch sog. Vorverkaufsstellen; Verkauf von Teilnahmescheinen für Lottodienstleister durch Lotto- und Totoannahmestellen.

Die Dienstleistungsmittler sind als derivative Dienstleistungsbetriebe für originäre Dienstleistungsbetriebe tätig, die häufig die Distributionsaufgaben an selbständige Vertriebsorgane übertragen.

Charakteristisch für die *Preispolitik* von Dienstleistungsunternehmen ist die Tendenz zum *Bündelpreis* für ein komplexes Dienstleistungsbündel.

> **Beispiele**
> Pauschalreisen; Honorare für Ärzte, Anwälte, Berater.

Angesichts der Schwierigkeiten, Dienstleistungen für den Empfänger zu verdeutlichen, können Einzelentgelte für Teilleistungen des Dienstleistungsbündels dem Nachfrager kaum plausibel gemacht werden. Allerdings ergeben sich auch in der Kosten- und Erlösrechnung des Dienstleistungsbetriebes Zurechnungsprobleme angesichts der Schwierigkeit der Trägerabgrenzung.

Literaturempfehlungen zu § 4

Brockhoff, Klaus: Produktlebenszyklus, in: Handwörterbuch der Absatzwirtschaft, 1974, Sp. 1763-1770 (zu § 4 H).

Gümbel, Rudolf: Sortimentspolitik, in: Handwörterbuch der Absatzwirtschaft, 1974, Sp. 1884-1897 (zu § 4 C 3).

Meffert, Heribert: Interpretation und Aussagewert des Produktlebenszyklus-Konzeptes, in: Hammann, Peter: Kroeber-Riel, Werner, Meyer, Carl W.: Neuere Ansätze der Marketingtheorie, 1974, S. 85-134 (zu § 4 H).

Meyer, Carl W.: Vertrieb, in: Handwörterbuch der Absatzwirtschaft, 1974, Sp. 2103-2116 (zu § 4 E 1).

Pfeiffer, Werner; Bischof, Peter: Investitionsgüterabsatz, in: Handwörterbuch der Absatzwirtschaft, 1974, Sp. 918-938 (zu § 4 I).

Schweiger, Günter: Mediaselektion – Daten und Modelle, 1975, S. 19-36 (zu § 4 D 2a).

Haedrich, Günter: Werbung als Marketinginstrument, 1976, S. 33-50 (zu § 4 D 1).

Tietz, Bruno; Zentes, Joachim: Die Werbung der Unternehmung, 1980, S. 283-330 (zu § 4 D 2).

Kroeber-Riel, Werner; Meyer-Hentschel, Gundolf: Werbung – Steuerung des Konsumentenverhaltens, 1982, S. 59-189 (zu § 4 D 2).

Engelhardt, Werner Hans; Günter, Bernd: Investitionsgütermarketing, 1981, S. 283-330 (zu § 4 D 2).

Scheuch, Fritz: Dienstleistungsmarketing, 1982, S. 63-96, S. 161-186 (zu § 4 J).

Simon, Hermann: Preis-Management, 1982, S. 43-182 (zu § 4 B).

Ott, Alfred E.: Grundzüge der Preistheorie, Neudruck der 3. überarbeiteten Aufl., 1984, S. 134-146 (zu § 4 B 2).

Gutenberg, Erich: Grundlagen der Betriebswirtschaftslehre, 2. Band, 17. Aufl., 1984, S. 7-15 (zu § 4 B 1); S. 181-212 (zu § 4 B 2); S. 508-551 (zu § 4 B 3); S. 355-398, S. 167-179 (zu § 4 B 4); S. 104-130, S. 141-167 (zu § 4 B 5).

Kleinaltenkamp, Michael, Recycling-Strategien: Wege zur wissenschaftlichen Verwertung von Rückständen aus absatz- und beschaffungswirtschaftlicher Sicht, 1984 (zu § 4 C 5).

Diller, Hermann: Preispolitik, 1985, S. 20-85 (zu § 4 B).

Müller-Hagedorn, Lothar: Das Konsumentenverhalten: Grundlagen für die Marktforschung, 1986 (zu § 4 A).

Meffert, Heribert: Marketing, 7. Aufl., 1986, S. 260-285 (zu § 4 B), S. 361-410 (zu § 4 C), S. 411-414 (zu § 4F), S. 421-439 (zu § 4 E), S. 443-496 (zu § 4 D).

Wildemann, Horst: Strategische Investitionsplanung: Methoden zur Bewertung neuer Produktionstechnologien, 1987, S. 1-63 (zu § 4 C).

Brockhoff, Klaus: Produktpolitik, 2. Aufl., 1988, S. 1-16 (zu § 4 C), S. 98-135 (zu § 4 C 4).

Kroeber-Riel, Werner: Strategie und Technik der Werbung, 3. Aufl., 1992 (zu § 4 D 2).

Backhaus, Klaus: Investitionsgütermarketing, 2. Aufl., 1990 (zu § 4 I).

Hansen, Ursula: Absatz- und Beschaffungsmarketing des Einzelhandels, 2. Aufl., 1990, S. 34-36 (zu § 4 E), S. 202-241 (zu § 4 C), S. 311-363 (zu § 4 B), S. 364-386 (zu § 4 G), S. 387-432 (zu § 4 D 2).

Kroeber-Riel, Werner: Konsumentenverhalten, 4. AUfl., 1990, S. 218-321 (zu § 4 D).

Pfohl, Hans-Christian: Logistiksysteme – Betriebswirtschaftliche Grundlagen, 4. Aufl., 1990 (zu § 4 E).

Wischermann, Barbara: Produzentenhaftung und Risikobewältigung: eine ökonomische Analyse, 1990, S. 17–46, S. 75–129 (zu § 4 C 6).
Müller, Hermann: Industrielle Abfallbewältigung – Entscheidungsprobleme aus betriebswirtschaftlicher Sicht, 1991 (zu § 4 C 5).
Ahlert, Dieter: Distributionspolitik, 2. Aufl., 1991 (zu § 4 E).
Steffenhagen, Hartwig: Marketing – Eine Einführung, 2. Aufl., 1991 (zu § 4 A).
Kotler, Philip; Bliemel, Friedhelm: Marketing-Management, 7. Aufl., 1992, S. 621–660 (zu § 4 C), S. 661–688 (zu § 4 J), S. 689–738 (zu § 4 B), S. 739–778 (zu § 4 E), S. 827–868 (zu § 4 D), S. 869–916 (zu § 4 D 2).

Aufgaben zu § 4

4.1 Zeigen Sie den Aufbau einer absatzpolitischen Strategie unter Verwendung von Abb. 4.1 am Beispiel eines Waschmittelherstellers!

4.2 Welche Gründe können ein Unternehmen veranlassen, sich als Mengenanpasser zu verhalten?
 – Preisführerschaft des Unternehmens ( )
 – Staatliche Festpreise ( )
 – Preiskartell ( )
 – Homogene Konkurrenz auf dem Absatzmarkt ( )
 – Preisführerschaft eines anderen Unternehmens ( )
 – Homogene Konkurrenz auf dem Faktormarkt ( )
 – Hohe Steuerbelastung ( )

4.3 Stellen Sie einen Bezug zwischen dem Marktformenschema auf S. 8 und den auf S. 78 f. genannten Anbieterverhaltensweisen her.

4.4 Grenzen Sie die Begriffe Markt, relevanter Markt, Marktsegment voneinander ab.

4.5 Erläutern Sie die Aussagen der Preisabsatzfunktion; stellen Sie die Prämissen einer linearen Preisabsatzfunktion für ein einzelnes Gut zusammen, und unterziehen Sie diese einer kritischen Analyse.

4.6 Welche Aussagen lassen sich aus Nachfrageelastizitäten ableiten? Bilden Sie Beispiele für Preis- und Werbeelastizitäten und interpretieren Sie das sich ergebende Vorzeichen.
Beweisen Sie geometrisch (Strahlensatz), daß die Preiselastizität der Nachfrage in Punkt P in Abb. 4.3 durch das Verhältnis der Abschnitte $\overline{BP}$ und $\overline{PA}$ auf der Tangente an die Nachfragekurve gemessen wird.

4.7 Leiten Sie grafisch und analytisch aus der Preisabsatzfunktion $p = 10 - x$ die Erlös-, Grenzerlös- und die Gewinnfunktion ab, wenn die Gesamtkostenfunktion $K(x) = 5 + 4x$ lautet.

4.8 Im Modell einer Einproduktunternehmung werden folgende Preisabsatzfunktion und Kostenfunktion unterstellt:

$p(x) = 8 - 0{,}5\ x$,
$K(x) = 10 + 0{,}25\ x_2$.

Leiten Sie Angebotsmenge und Angebotspreise bei folgenden Zielsetzungen ab:

(a) Gewinnmaximierung.
(b) Erlösmaximierung bei Einhaltung eines bestimmten Mindestgewinns.
(c) Absatzmaximierung bei Einhaltung eines bestimmten Mindestgewinns.

Der unter (b) und (c) geforderte Mindestgewinn soll

1) 10 GE,
2) 5 GE,
3) 20% der Erlöse

betragen.

4.9 Ein Waschmittelunternehmen bietet die Waschmittel Blitzsauber und Superweiß an. Die Marktforschungsabteilung des Unternehmens wird beauftragt, die Konsequenzen zu ermitteln, die eine Preisänderung bei dem Waschmittel Blitzsauber gegenüber Superweiß vermutlich haben wird. Die Marktforschungsabteilung kommt zu folgenden Ergebnissen:

Preisänderung Blitzsauber (I)	daraus resultierende Mengenänderung Superweiß (II)	Kreuzpreiselastizität (III)
0	0	
+ 1%	+ 5%	
+ 2%	+ 7%	
+ 10%	+ 50%	
0	0	
− 1%	− 5%	
− 10%	− 25%	
− 20%	− 45%	

(a) Ermitteln Sie die Kreuzpreiselastizität des Gutes II (Superweiß) in bezug auf Gut I (Blitzsauber)!
(b) Welchen Schluß können Sie aus dem Vorzeichen der Kreuzpreiselastizität ziehen?

4.10 Zeigen Sie analytisch, daß der erlösmaximale Preis im Falle einer linearen Preisabsatzfunktion gleich dem halben Prohibitivpreis ist!

216 Grundlagen der Absatztheorie

4.11 Welche Funktion erfüllen Preisgleitklauseln für einen Anbieter insbesondere auf internationalen Märkten?

4.12 Diskutieren Sie die spezifischen Probleme der Preiseinpassung und der zeitlichen Preisfortsetzung!

4.13 Auf welche Weise kann ein Monopolist die Preisabsatzfunktion für ein einzelnes Gut ermitteln?
Inwiefern ergeben sich Unterschiede der Ermittlung, wenn der Anbieter Oligopolist ist, sich aber monopolistisch verhält?

4.14 Welche Bedeutung kommt der Produkt- und Sortimentspolitik für eine Unternehmung zu?

4.15 Gegeben sind die folgenden Erlös- und Kostenkurven :

Geben Sie für die folgenden Zielsetzungen eines Betriebes die optimalen Produktionsmengen an :

(a) Maximierung des Erlöses.
(b) Maximierung des Erlöses unter Einhaltung eines Mindestgewinns G^{min}
(c) Maximierung des Gewinns.
(d) Maximierung des Gewinns unter Einhaltung eines Mindesterlöses E^{min}

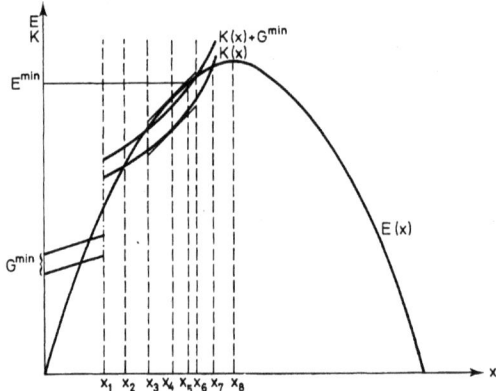

Abb. 4.23

4.16 Wählen Sie zwei Produkte aus, deren Eigenschaften Ihnen hinreichend bekannt sind (z. B. Auto) und die Ihrer Meinung nach der gleichen Preisklasse (z. B. Auto für etwa 10 000 DM) zuzuordnen sind.

Versuchen Sie aus Ihrer Sicht die Qualitätsprofile für diese beiden Produkte zu ermitteln, und bilden Sie nach einem von Ihnen zu wählenden Verfahren je eine Gesamtqualitätskennzahl. Begründen Sie Ihr Vorgehen.

4.17 Worin sehen Sie die absatzpolitische Bedeutung der Gestaltung der
 – Packung bzw. der
 – Verpackung eines Produkts?
 Diskutieren Sie auch die umweltökonomischen Aspekte der Verpackung.

4.18 Worin liegt die besondere Problematik von Zweitmarken?

4.19 Welche Anlässe zu Maßnahmen im Rahmen der Qualitätspolitik kann es im einzelnen geben?
 Welche Entscheidungsprobleme kann man im Bereich der Qualitätspolitik abgrenzen?
 Worin sehen Sie Ansatzpunkte für die Berücksichtigung umweltökonomischer Überlegungen im Zusammenhang mit der Qualitätspolitik?

4.20 Welche Überlegungen könnte ein Anbieter von Schreibwaren bei seinen Entscheidungen über die Sortimentspolitik anstellen?

4.21 Diskutieren Sie die verschiedenen Entscheidungsalternativen der Sortimentspolitik unter Verwendung von Abb. 4.10 für einen Hersteller von
 – Kosmetikprodukten
 – Maschinen und maschinellen Anlagen!

4.22 Welche Überlegungen führen für einen Kfz-Produzenten zu Formen der vertikalen Diversifizierung?

4.23 Versuchen Sie eine Abgrenzung von horizontaler und lateraler Diversifizierung unter Berücksichtigung der Gründe, die zu diesen Formen führen!

4.24 Welche Funktion erfüllt ein Punktbewertungsverfahren bei der Evaluierung neuer Produkte? Diskutieren Sie auch das Modell (4.36)–(4.38)!

4.25 Worin liegen die Grundtatbestände der Produzentenhaftung? Welche Ansatzpunkte gibt es in der Produktpolitik zur Reduzierung des Haftungsrisikos?

4.26 Welche Entscheidungstatbestände lassen sich im Rahmen der Medienwerbung abgrenzen? Berücksichtigen Sie dabei Abb. 4.11!

4.27 Worin liegt die spezifische Problematik der Messung und Kontrolle des Werbeerfolges?

4.28 Grenzen Sie anhand von Beispielen die Funktionen von Werbeträger und Werbemittel ab!

4.29 Erarbeiten Sie Vorschläge für die Festlegung eines Werbebudgets und seine Aufteilung auf verschiedene Werbeträger.

218 Grundlagen der Absatztheorie

4.30 Worin sehen Sie die besondere absatzpolitische Bedeutung des persönlichen Verkaufs für einen Maschinenhersteller? Welche Aufgaben haben Reisende im Rahmen des persönlichen Verkaufs?

4.31 Erörtern Sie die verschiedenen Einsatzbereiche der Verkaufsförderung am Beispiel der Einführung eines neuen Geschirrspülmittels!

4.32 Welche Ziele verfolgt ein Unternehmen mit Öffentlichkeitsarbeit? Welche Mittel können dabei zum Einsatz kommen?

4.33 Welche Entscheidungsbereiche kann man im Rahmen der Kundendienstpolitik abgrenzen? Welche absatzpolitische Bedeutung kommt dem technischen Kundendienst im besonderen zu?

4.34 Warum und unter welchen Voraussetzungen setzt eine Unternehmung das Instrument der Absatzfinanzierung gegenüber
 – privaten Haushalten
 – Nachfragern nach Investitionsgütern in Entwicklungsländern ein?

4.35 Zeigen Sie die Unterschiede zwischen Zielverkauf, Kreditvermittlung und Leasing als absatzpolitische Instrumente auf! Arbeiten Sie auch die unterschiedlichen Auswirkungen dieser Finanzierungsinstrumente bezüglich Erlösen und Kosten heraus!

4.36 Welche Aufgaben stellen sich bei der Vorbereitung der Vertriebswegeentscheidung?
Welche Gründe sprechen für direkten, welche für indirekten Vertrieb?

4.37 Welche Teilaufgaben sind im Rahmen der Vertriebsdurchführung zu bewältigen? Wie können sie aufeinander abgestimmt werden?

4.38 Was versteht man unter „lagerloser Fertigung" bzw. unter „Just-in-time-Belieferung"? Wie kann sich ein Anbieter auf entsprechende Nachfrageforderungen einstellen?

4.39 Was ist unter einem Marketing-Mix zu verstehen, und auf welche Weise kann er bestimmt werden?

4.40 (a) Welche Phasen des Produktlebenszyklus werden unterschieden und durch welche Charakteristika sind sie gekennzeichnet?
(b) Welche kritischen Argumente lassen sich gegen die Verwendung dieses Konzeptes zur Planung und Prognose anführen?

4.41 Diskutieren Sie folgende Nachfragefunktion:

$$x = 2200 - 40\,p$$

bzw. folgende erweiterte Nachfragefunktion

$$x = 2200 - 40\,p + 10\,W$$

wobei W die Werbeausgaben sind!

4.42 Was spricht für eine additive bzw. eine multiplikative Verknüpfung der Wirkungen der absatzpolitischen Instrumente in einer Nachfragefunktion?

4.43 Welche Funktionen erfüllen Dienstleistungsbetriebe in einer arbeitsteiligen Wirtschaft?
Worin liegen die Besonderheiten der Vermarktung von Dienstleistungen im Vergleich zu Sachleistungen?

2. Kapitel. Produktions- und Absatzplanung

§ 5 Integrierte Produktions- und Absatzplanung des Polypolisten auf einem vollkommenen Markt

A. Ausgangsbedingungen

Absatzpolitische Entscheidungen eines Unternehmens sind stets eingebettet in einen *Entscheidungszusammenhang*, der auch die Entscheidungen in den betrieblichen Funktionsbereichen Beschaffung, Produktion und Finanzen einschließt. Sie können daher nur aus didaktischen Gründen einzeln analysiert werden. Um die vielfältigen Interdependenzen jeweils modellmäßig aufzeigen zu können, werden hier die engen *Zusammenhänge zwischen Produktions- und Absatzentscheidungen* beispielhaft aufgegriffen und für unterschiedliche Marktbedingungen gesondert untersucht. Der Entscheidungszusammenhang zwischen Produktions- und Absatzentscheidungen macht die Anwendung *integrierter* Produktions- und Absatzplanung erforderlich. Nur durch integrierte Planung können Lösungen für Entscheidungsprobleme der Produktions- und Absatzbereiche mit dem Ziel der Gewinnmaximierung unmittelbar gefunden werden. Neben den Erlösen und deren Bestimmungsgrößen werden dafür auch die Kosten und die betrieblichen Kostenabhängigkeiten benötigt. Im folgenden wird daher auf die in Band 1 entwickelten Produktions- und Kostenmodelle zurückgegriffen.

Aus der Fülle möglicher Marktkonstellationen kann im Rahmen eines einführenden Buches bestenfalls ein Ausschnitt gezeigt werden. Zu diesem Zweck wird auf die in Kap. 1, § 1 Abschnitte B3 und B5 vorgenommene Einteilung in Marktformen der Angebotsseite bzw. vollkommene und unvollkommene Märkte zurückgegriffen. Die *Nachfrageseite* wird als polypsonistisch strukturiert angenommen: viele kleine Nachfrager ohne Marktmacht stehen einem, wenigen oder vielen Anbietern gegenüber. Aus dieser Sicht wird zunächst in § 5 die integrierte Produktions- und Absatzplanung eines (Ein- oder Mehrprodukt-) Polypolisten auf dem vollkommenen Markt behandelt. Daran schließt sich in § 6 die Darstellung der integrierten Produktions- und Absatzplanung des

(Ein- und Mehrprodukt-) Monopolisten auf dem vollkommenen und unvollkommenen Markt an. In § 7 folgt schließlich der dritte ausgewählte Problembereich – die integrierte Produktions- und Absatzplanung der Polypolisten und des Oligopolisten auf dem unvollkommenen Markt.
Für die Bedingungen des Angebots-Polypols und -Monopols läßt sich die *Simultanplanung* von Absatz und Produktion modellmäßig in übersichtlicher Form darstellen. Die Behandlung integrierter Modelle wird in diesem Buch daher auf diese beiden Fälle beschränkt. Die grundsätzlichen Überlegungen gelten jedoch auch für die entsprechenden Planungsprobleme bei unvollkommenen Märkten und bei gleichzeitigem Einsatz verschiedener Absatzinstrumente. Die große Zahl unabhängiger Variablen führt dabei zu wesentlich differenzierten Modellansätzen, die in der Praxis gewöhnlich nur mit Methoden der *Sukzessivplanung* gelöst werden können (vgl. § 8). Den folgenden Modellen liegen einige allgemeine Bedingungen zugrunde:

– Der Polypolist kennt alle für die Planung erforderlichen Daten oder schätzt sie jeweils auf eine einzige Größe *(einwertige Erwartungen)*[1].
– Alternative Produktions- und Absatzmengen mit ihren Kosten und Erlösen stehen in einer Planungsperiode unabhängig von den Produktions- und Absatzverhältnissen früherer oder späterer Perioden zur Auswahl *(statische Beziehungszusammenhänge)*.
– Produktions- und Absatzmengen stimmen in der Planungsperiode *überein* (d. h. es finden keine Zukäufe von fremdgefertigten Produkten und keine Lagerzu- oder -abgänge von eigengefertigten Produkten statt).
– Die *Kapazitäten* der *Potentialfaktoren* und Betriebe werden als in der Planungsperiode *unveränderlich* angesehen.
– Für Produktion und Absatz gibt es *keine Beschränkungen* durch begrenzte finanzielle Mittel oder begrenzte Verbrauchsfaktormengen.

Ein Polypolist kann sich auf einem vollkommenen Markt nur als *Mengenanpasser* verhalten. Dabei setzt er – wie in § 3 B 1 näher erläutert – den Absatzpreis in der Planungsperiode *nicht* als Aktionsvariable ein, sondern verkauft seine Produkte zu dem *vorgegebenen Marktpreis*. Die übrigen absatzpolitischen Instrumente werden nicht eingesetzt oder auf einem bestimmten Aktivitätsniveau gehalten. Variationen von Werbemaßnahmen, Sekundärleistungen und ähnlichen absatzfördernden Maßnahmen sind mit den Prämissen des vollkommenen Marktes nicht zu vereinbaren (vgl. § 1 B 5). Der Polypolist betreibt somit im Grunde keine Absatzpolitik im engeren Sinne, da er nicht über Instrumente zur Beeinflussung des Absatzmarktes gemäß den Zielen seiner Unternehmung verfügt. Damit ist *allein die Absatzmenge als unabhängige Variable* zu behandeln. Die Preisabsatzfunktion verläuft hier parallel zur x-Achse (Mengenachse).

---

[1] Vgl. Band 1, § 3 E.

Das Verhalten des Mengenanpassers tritt auch unter anderen Marktbedingungen auf, so z. B. wenn der von allen Anbietern anerkannte *Preisführer* eines Marktes den Preis fixiert, und die übrigen Anbieter diesen als Datum bei ihrer Produktions- und Absatzplanung betrachten. Die folgenden Überlegungen gelten daher insoweit über das Polypol auf einem vollkommenen Markt hinaus.

B. Integrierte Produktions- und Absatzplanung im Einproduktunternehmen

1. Gewinnmaximale Produktions- und Absatzplanung bei differenzierbaren Kostenfunktionen

a) Lineare Kostenfunktionen

Die Voraussetzungen für eine lineare Kostenfunktion im Einproduktunternehmen sind in Band 1 ausführlich behandelt worden[1]. Die Erlösfunktion $E = p^0 \cdot x$ verläuft in diesem Fall linear steigend durch den Koordinatenursprung, da die Nachfragemenge x unabhängig vom einheitlichen, vorgegebenen Marktpreis p^0 variiert. Somit hängt der Erfolg dieses Polypolisten nur von der Nachfragemenge x ab. Sie ist gleich der Angebotsmenge für den Fall $0 \leq x \leq x^{max}$, wobei x^{max} die Kapazitätsgrenze angibt.

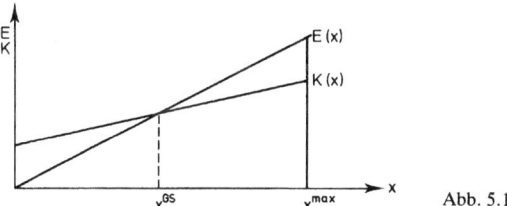

Abb. 5.1

Der Gewinn $G(x)$ vor Abzug der Ertragsteuern ergibt sich nach folgendem Ausdruck:

(5.1) $G(x) = E(x) - K(x).$
(5.1.1) $G(x) = p^0 \cdot x - K_v(x) - K_f,$

Wird die Kapazitätsgrenze durch den Potentialfaktor j bestimmt, der den engsten Leistungsquerschnitt (Minimumsektor) besitzt und höchstens

---
[1] Vgl. Band 1, §12D1 und §13 A.

b_j^{min} Zeiteinheiten zur Verfügung stellt, so ergibt sich x^{max} auch aus der Beziehung

$$x^{max} = \frac{b_j^{min}}{\bar{b}_j},$$

wobei $\bar{b}_j$ die zeitliche Inanspruchnahme des Potentialfaktors j durch eine Erzeugniseinheit darstellt. In dem Modell wird ausschließlich zeitliche Anpassung der Produktion an variable Absatzmengen unterstellt[1]. Wie aus Abbildung 5.1 unmittelbar hervorgeht, bildet x^{max} die gewinnmaximale Absatz- und Produktionsmenge, da ein Schnittpunkt zwischen Erlös- und Kostenfunktion existiert, für den gilt $x^{GS} \le x^{max}$. Dies setzt neben einer genügend großen Betriebskapazität voraus, daß die Steigung der Erlösfunktion größer ist als die der Kostenfunktion, d. h. es muß gelten:

$E' > K'$ bzw. $p^0 > k_v$

(der Marktpreis übersteigt die variablen stückbezogenen Kosten).

Im Fall der Abbildung 5.2 ist zwar die Bedingung $E' > K'$ erfüllt, jedoch gibt es keinen Schnittpunkt im Bereich $0 \le x \le x^{max}$. Dann fallen im Bereich $0 \le x \le x^{max}$ Verluste an. Die Menge x^{GS} wird in der betriebswirtschaftlichen Literatur ‚*Gewinnschwelle*' oder ‚*Break-Even-Point*' genannt (vgl. dazu im einzelnen § 5 B 5).

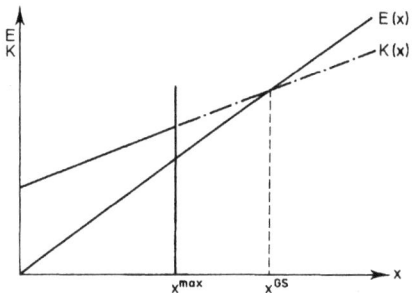

Abb. 5.2

b) Nichtlineare Kostenfunktionen

Wird nicht zeitliche, sondern *intensitätsmäßige* Anpassung der Produktion unterstellt, so ist eine nichtlineare Kostenfunktion (Polynom 3. Grades) zu

---

[1] Vgl. Band 1, § 14 B

erwarten[1]. Daraus folgt – auch bei linearer Erlösfunktion – eine nichtlineare Gewinnfunktion.
Gesucht ist in Abb. 5.3 der Wert für x, bei dem $G(x)$ maximal ist. Im Fall einer Kapazitätsbeschränkung als einziger Nebenbedingung und monoton steigender Kosten- und Erlösfunktionen kann so vorgegangen werden, daß man das gewinnmaximale x unter Vernachlässigung der Kapazitätsbeschränkung ermittelt und dann prüft, ob die so ermittelte Absatzmenge die Kapazitätsbeschränkung verletzt. Ist das nicht der Fall, bleibt die Lösung bestehen; andernfalls wird so viel wie technisch möglich produziert (z. B. $x^{(1)} = x^{max} < x^{Gmax}$ in Abb. 5.3a; produziert wird die Menge x^{max}). Wir setzen die Ableitung der Gewinnfunktion gleich Null und erhalten:

(5.2) $G'(x) = p^0 - K'_v(x) = 0.$
(5.2.1) $p^0 = K'_v(x) = K'(x).$

Allerdings muß noch überprüft werden, ob für den x-Wert, bei dem die erste Ableitung der Gewinnfunktion gleich 0 ist, die hinreichende Bedingung erfüllt ist, also gilt: $G''(x) < 0$. Falls auch diese Bedingung erfüllt ist, hat man die gewinnmaximale Menge ermittelt. Schneiden sich Kosten- und Erlösfunktion nicht, gilt also $E(x) - K(x) < 0$ für $0 \leq x \leq x^{max}$, so wird durch die obigen Bedingungen das Verlustminimum bestimmt, sofern dies nicht bei $x = 0$ angenommen wird (vgl. Abb. 5.3c). Ist hingegen $G''(x) > 0$ für $G'(x) = 0$, dann wird mit diesem x-Wert oder mit x^{max} das Verlustmaximum erzielt, unabhängig davon, ob sich Kosten- und Erlösfunktion schneiden oder nicht (vgl. Abb. 5.3a und 5.3c). Weist in Abbildung 5.3c $E(x)$ die gleiche Steigung auf wie $K(x)$ in ihrem Wendepunkt, so ist an dieser Stelle $G'(x) = 0$, $G''(x) = 0$, und $G'''(x) < 0$; die Gewinnfunktion hat einen Sattelpunkt. Der geringste Verlust ergibt sich hier für $x = 0$.

Im Falle eines nichtlinearen Gesamtkostenverlaufs gemäß Abbildung 5.3a ist $x^{Gmax} < x^{max}$. Somit bildet x^{Gmax} die gewinnmaximale Produktions- und Absatzmenge. Im Fall $x^{Gmax} > x^{max}$ liegt das Optimum bei x^{max}. Die dem ersten Schnittpunkt der Gesamtkostenkurve mit der Erlöskurve entsprechende Menge x^{GS} stellt wieder die „Gewinnschwelle" dar. Sie ist als ein *kritischer Wert* z. B. bei der ersten Aufnahme der Produktion zu betrachten (wirtschaftlich notwendige Mindestabsatzmenge). Im zweiten Schnittpunkt der Gesamtkostenkurve mit der Erlöskurve wird die Gewinngrenze x^{GG} erreicht; bei allen $x > x^{GG}$ entstehen Verluste.

Je nach der Höhe des Marktpreises lassen sich bei dem Ziel der Gewinnmaximierung bzw. Verlustminimierung insbesondere fünf verschiedene Angebotssituationen unterscheiden, die in Abbildung 5.3b verdeutlicht sind.

---

[1] Vgl. Band 1, § 14 A.

226 Produktions- und Absatzplanung

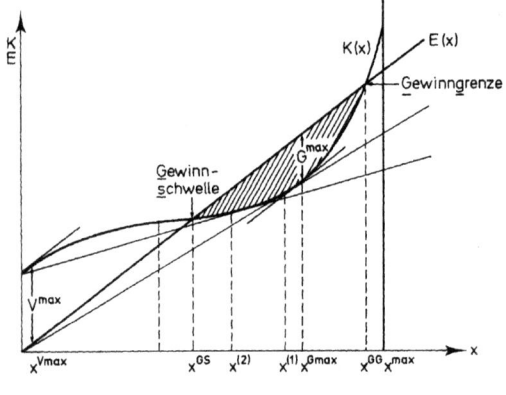

Abb. 5.3a

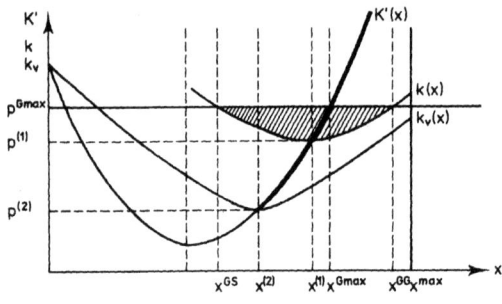

Abb. 5.3b

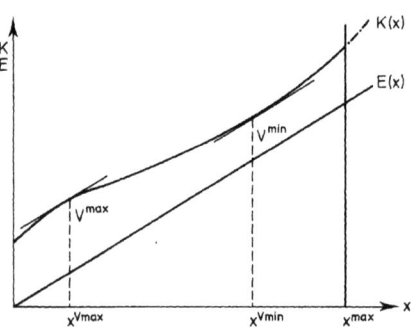

Abb. 5.3c

1. Der *Preis ist höher als die Stückkosten* $k(x)$ in ihrem Minimum: Der Anbieter erzielt einen Gewinn und bietet zum Preis (p^{Gmax}) die Menge x^{Gmax} an.
2. Der *Preis ist gleich den minimalen Stückkosten* ($p^{(1)}$): Der Anbieter arbeitet ohne Gewinn und ohne Verlust und bietet die Menge $x^{(1)}$ an, die kleiner ist als x^{Gmax} im Fall (1).
3. Der *Preis ist niedriger als die minimalen Stückkosten* $k(x)$, aber höher als die variablen Stückkosten $k_v(x)$ in ihrem Minimum: Der Anbieter erleidet einen Verlust; ein Teil seiner fixen Kosten wird jedoch noch gedeckt, solange der Preis höher als die minimalen variablen Stückkosten ist, d. h. $p^{(2)} < p < p^{(1)}$ gilt. Die Angebotsmenge wird weiter eingeschränkt: $x^{(2)} < x < x^{(1)}$.
4. Der *Preis ist gleich den minimalen variablen Stückkosten* ($p^{(2)}$): Der Anbieter erleidet einen Verlust in Höhe der fixen Kosten; er bietet entweder die Menge $x^{(2)}$ an oder tritt überhaupt nicht als Anbieter auf.
5. Der *Preis ist niedriger als die minimalen variablen Stückkosten*: Der Anbieter würde einen Verlust erleiden, der die fixen Kosten überstiege; unter dem Gesichtspunkt kurzfristiger Erfolgserzielung lohnt es sich nicht, am Markt als Anbieter aufzutreten, da über die Fixkosten hinaus – die als nicht abbaufähig betrachtet werden – auch die variablen Kosten nicht mehr voll gedeckt werden können. Allerdings kann es unter finanziellen Gesichtspunkten (Aufrechterhaltung des finanziellen Gleichgewichts) und auch unter langfristigen Gesichtspunkten (z. B. zur Erhaltung eines Marktanteils) durchaus zweckmäßig sein, Güter vorübergehend (in einzelnen Planungsperioden) zu Preisen abzusetzen, die die variablen Stückkosten nicht voll abdecken. Der Anbieter erwartet hierbei über einen bestimmten Zeitraum hinweg einen *kalkulatorischen Ausgleich* (vgl. § 1 B 4).

Unter dem Aspekt kurzfristiger Erfolgserzielung ist der stark ausgezogene Teil der $K'(x)$-Kurve für den Bereich $x^{(2)} \leq x \leq x^{max}$ die *individuelle Angebotskurve* des Unternehmens: zwischen p^{Gmax} und $p^{(2)}$ erzielt das Unternehmen jeweils den höchsten Gewinn oder niedrigsten Verlust, wenn es die Menge anbietet, die dem Schnittpunkt der Preisgeraden mit der Grenzkostenkurve entspricht.

Die Situation eines Betriebes, in der die Grenzkosten gleich dem Marktpreis sind, wird als *betriebsindividuelles Gleichgewicht* bezeichnet; denn ceteris paribus hat der Betrieb kein Interesse, diese für ihn gewinnoptimale Situation durch Veränderung seiner Angebotsmenge zu ändern. Eine Veränderung der Grenzkosten wird den Anbieter veranlassen, seine Angebotsmenge zu modifizieren; eine Veränderung der Fixkostenstruktur läßt kurzfristig die gewinnmaximale Menge dagegen unberührt. Zu beachten ist jedoch, daß diese Aussagen nur im Hinblick auf das Ziel der kurzfristigen Gewinnmaximierung Gültigkeit besitzen. Dominiert ein anderes Zielkriterium, so kann die individuelle Angebotskurve anders verlaufen.

2. Gewinnmaximale Produktions- und Absatzplanung bei stückweise differenzierbaren Kostenfunktionen

Bei rein quantitativer sowie kombinierter zeitlicher, intensitätsmäßiger und quantitativer Anpassung der Produktion an veränderliche Absatzmengen entstehen Kostenfunktionen, die nur stückweise differenzierbar sind[1]. Ein Beispiel zeigt die Abbildung 5.4. Bei Heranziehung verschiedener Produktionsprozesse zur Herstellung eines Erzeugnisses können Knickstellen entstehen[2].

In diesen Fällen kann man die optimale Angebotsmenge mit Hilfe der einfachen Differentialrechnung nicht unmittelbar bestimmen. Vielmehr sind zunächst für die einzelnen Abschnitte der Kostenfunktion und die zugehörigen Teile der Erlösfunktion *lokale Gewinnmaxima* zu berechnen. Aus diesen ist sodann das *absolute Gewinnmaximum* herauszusuchen.

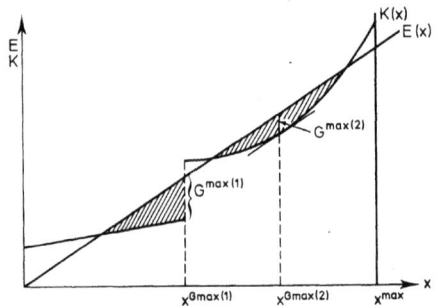

Abb. 5.4

Zum Beispiel liegt das lokale Gewinnmaximum $G^{max(1)}$ in der Abbildung 5.4 bei der vollen Ausnutzung der Fertigungsanlage mit der kleineren Kapazität ($x^{G max(1)}$), während das lokale Gewinnmaximum $G^{max(2)}$ bei etwa 50%iger Auslastung der Kapazität der zweiten Fertigungsanlage erreicht wird ($x^{G max(2)}$). Außerdem gilt in diesem Beispiel:

$$G^{max(1)} > G^{max(2)}.$$

Für eine Entscheidung über eine Erweiterung oder Einschränkung der Kapazität durch Kauf oder Verkauf von Produktionsanlagen sind Investitionskalküle erforderlich, da z. B. bei einer Erweiterung der Kapazität eine höhere Kapitalbindung entstehen dürfte. Dadurch kann sich – trotz eines höheren absoluten Gewinnbetrages – die Relation Gewinn zu eingesetztem Kapital verschlechtern (vgl. im einzelnen dazu Band 3).

---

[1] Vgl. Band 1, § 14 A-E.
[2] Vgl. Band 1, § 13 D.

3. Erlösmaximale Produktions- und Absatzplanung unter Einhaltung eines Mindestgewinns

Unter Beibehaltung der genannten Ausgangsbedingungen soll an die Stelle der Gewinnmaximierung das Ziel der Erlösmaximierung unter Einhaltung eines Mindestgewinnes treten. Zielfunktion und Nebenbedingungen lassen sich wie folgt formulieren:

(5.3) $\qquad E(x) = p^0 \cdot x = \text{max!}$

unter den Nebenbedingungen

(5.3.1) $\qquad 0 \leq x \leq x^{\max}$

und

(5.3.2) $\qquad E(x) - K(x) > G^{\min}.$

Die zu maximierende Funktion ist linear. Ihr relatives Maximum wird daher durch eine der beiden Nebenbedingungen bestimmt.

Bei linearen Kostenfunktionen wird die Unternehmung immer nur $x^{\max}$ anbieten, falls für $x^{\max}$ die Nebenbedingung $E(x) - K(x) \geq G^{\min}$ erfüllt ist. Die Kapazität wird bei der Erlösmaximierung unter Einhaltung eines Mindestgewinns ebenso voll ausgelastet wie bei der Gewinnmaximierung (vgl. § 5 B 1 a).

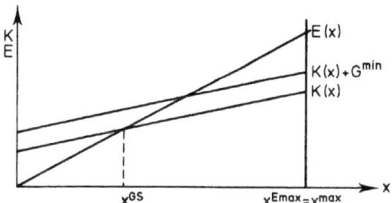

Abb. 5.5

Bei nichtlinearen Kostenfunktionen des in Band 1 abgeleiteten Typs[1] liegt die erlösmaximale Angebotsmenge $x^{E\max}$ entweder bei der Kapazitätsgrenze, d. h.

$\qquad x^{E\max} = x^{\max}$

oder, falls für diese Produktmenge der Mindestgewinn nicht mehr erreicht wird, bei der maximalen Menge, für die gilt:

$\qquad E(x) = K(x) + G^{\min}.$

Das trifft auch dann zu, wenn $G^{\min}$ eine Funktion der Absatzmenge ist.

---

[1] Vgl. Band 1, § 13 E 4 und § 14 A.

Sofern keine der gemäß (5.3.1) zulässigen Absatzmengen die Gleichung erfüllt, ist die Problemstellung nicht lösbar.

4. Preisgrenzbetrachtungen

Preise, die im Hinblick auf eine bestimmte Zielsetzung und die im Absatz-, Produktions-, Beschaffungs- und Finanzbereich geltenden Bedingungen nicht über- bzw. unterschritten werden dürfen, werden als *Preisgrenzen* bezeichnet. Im Falle des Mengenanpassers ist die Ermittlung von Preisgrenzen dann zweckmäßig, wenn damit zu rechnen ist, daß die Marktpreise in naher Zukunft diese kritischen Werte über- oder unterschreiten. Nachstehend werden gewinnorientierte und liquiditätsorientierte Preisgrenzen im Absatzbereich behandelt; daneben gibt es auch Preisgrenzen im Beschaffungsbereich.

a) Gewinnorientierte Preisuntergrenze

Unter der *kurzfristigen* gewinnorientierten Preisuntergrenze versteht man jenen Absatzpreis eines Gutes, bei dessen Unterschreiten es vorteilhafter ist, die Produktion dieses Gutes so lange einzustellen, bis der Marktpreis diese Marke wieder überschreitet.

Beispiel[1]
Pro Monat sollen $K_f = 12\,000$ DM fixe Kosten anfallen; die proportionalen Kosten mögen $k_v = 60$ DM pro Erzeugniseinheit betragen. Die Kapazitätsgrenze soll bei $x^{max} = 600$ Stück pro Periode liegen. Es werden konjunkturbedingt rückläufige Preise erwartet. Die Frage nach der Preisuntergrenze lautet dann: Bei welchem Preis ist es unter dem Gesichtspunkt der Gewinnmaximierung bzw. Verlustminimierung vorteilhafter, Produktion und Absatz vorübergehend einzustellen?

Abbildung 5.6 zeigt die proportionalen Stückkosten $k_v(x)$ und die gesamten Stückkosten $k(x)$. Die gesuchte Preisuntergrenze ist gleich den proportionalen Stückkosten (Grenzkosten), also 60 DM. Jeder über 60 DM liegende Preis macht die Produktion an der Kapazitätsgrenze lohnend, denn es wird ein Beitrag zur Deckung der in jedem Fall auftretenden fixen Kosten erwirtschaftet. In Abbildung 5.3 b stellt $p^{(2)}$ die Preisuntergrenze dar. Kann dagegen bei einer vorübergehenden Produktionseinstellung ein Teil der Fixkosten, z. B. Gehälter und Löhne, eingespart werden, verschiebt sich

---
[1] Übernommen von Busse von Colbe, Walther; Eisenführ, Franz: Ermittlung von Preisuntergrenzen, in: Handwörterbuch des Rechnungswesens, 1970, Sp. 1423–1430.

die Preisuntergrenze nach oben. Dann lohnt sich die Herstellung nur, wenn über die proportionalen Kosten hinaus auch die abbaufähigen Fixkosten K_f^* (sie mögen 3000 DM betragen) durch Erlöse gedeckt werden.
Für den Grenzpreis p^* gilt dann:

(5.4) $$\begin{aligned}(p^* - k_v(x)) \cdot x^{max} &= K_f^* \\ p^* &= k_v(x) + \frac{K_f^*}{x^{max}} \\ &= 60 + \frac{3000}{600} \\ &= 65 \text{ DM}.\end{aligned}$$

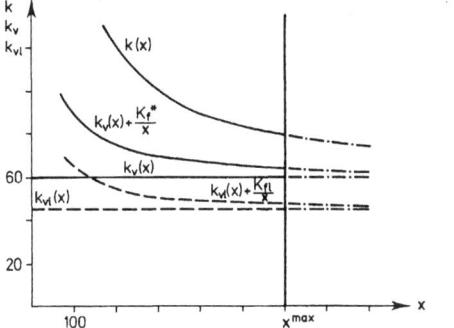

Abb. 5.6

Jeder über 65 DM liegende Preis macht die Produktion an der Kapazitätsgrenze lohnend, denn neben den gesamten abbaufähigen wird auch ein Teil der nicht abbaufähigen fixen Kosten gedeckt.

Liegen dagegen die Kosten bei Stillegung, Stillstand und Wiederingangsetzung der Betriebe über den fixen Kosten bei Weiterbetrieb, so sinkt die Preisuntergrenze dementsprechend unter die oben gefundenen Werte hinaus weiter ab.

Derartig berechnete gewinnorientierte Preisuntergrenzen gelten nur für Einproduktunternehmen bzw. Mehrproduktunternehmen ohne Engpaßkapazitäten. Sie berücksichtigen außerdem nicht die sich wandelnde Fertigungsstruktur in einem Unternehmen und Engpässe im Leistungserstellungsprozeß. Damit wird deutlich, daß die berechneten Preisuntergrenzen nur im Hinblick auf die oben genannte Fragestellung und für einen bestimmten betrieblichen Bedin-

232 Produktions- und Absatzplanung

gungsrahmen Gültigkeit besitzen[1]. Die Überlegungen müssen modifiziert werden, wenn Herstell- und Absatzmenge einer Periode nicht übereinstimmen, also Lagerhaltung zugelassen ist.

b) Liquiditätsorientierte Preisuntergrenze

Unter dem Gesichtspunkt der Aufrechterhaltung der Liquidität ist der Grenzpreis in der Weise zu bestimmen, daß die aus Erlösen entstehenden Einzahlungen mindestens die in der gleichen Periode zu Auszahlungen führenden Kostenelemente decken.

Beispiel
Vereinfachend soll angenommen werden, daß im Beispiel unter a) die Erlöse insgesamt in der Betrachtungsperiode zu Einzahlungen führen. Von den proportionalen Stückkosten sollen 45,— DM im Planungszeitraum liquiditätswirksam sein und von den Fixkosten 2000 DM (etwa für Gehaltszahlungen).

Bezeichnet man die liquiditätswirksamen Grenzkosten mit $k_{vl}(x)$ und die liquiditätswirksamen Fixkosten mit K_{fl}, so gilt für die gesuchte Preisgrenze p_l:

$$(p_l - k_{vl}(x)) \cdot x^{max} = K_{fl}$$

(5.5) $$p_l = k_{vl}(x) + \frac{K_{fl}}{x^{max}}$$

$$= 45 + \frac{2000}{600}$$

$$= 48{,}33 \text{ DM}.$$

Die Unternehmung würde in Zahlungsschwierigkeiten geraten, wenn der Grenzpreis p_l von 48,33 DM unterschritten würde.

Eine derartige Preisgrenze läßt sich jedoch nur für den Fall der Einproduktunternehmung eindeutig feststellen. In der Mehrproduktunternehmung können die liquiditätswirksamen Fixkosten in der Regel nicht den einzelnen Produkten zugeordnet werden. Je nach der Schlüsselung auf die verschiedenen Produkte gibt es unterschiedliche Preisuntergrenzen.

Für die Ermittlung liquiditätsorientierter Preisuntergrenzen wird außerdem unterstellt, daß aus Finanzierungsmaßnahmen (Aufnahme und Rückzahlung von Krediten) sowie von Investitionen und Desinvestitionen keine Wirkungen

---

[1] Zu den Mängeln bzw. notwendigen Modifikationen der Bestimmung gewinnorientierter Preisuntergrenzen, wie sie beispielhaft demonstriert wurde, s. im einzelnen: Engelhardt, Werner H.: Preisuntergrenzen, in: Handwörterbuch der Betriebswirtschaft. 4. Aufl., 1975, Sp. 3050 f.

auf die Liquidität ausgehen. In der Praxis treten allerdings auf längere Sicht meistens solche Auswirkungen auf. Dann kann das Ziel der *Aufrechterhaltung des finanziellen Gleichgewichts* (vgl. § 3 B 3) einer Unternehmung nur mit Hilfe einer umfassenderen Finanzplanung sichergestellt werden.

5. Break-Even-Analyse

Als *Break-Even-Point oder Gewinnschwelle* wird – wie in § 5 B 1 a bereits erläutert – der (erste) Schnittpunkt zwischen Gesamtkosten- und Gesamterlösfunktion bezeichnet (vgl. Abb. 5.1 und 5.3 a). Er kennzeichnet die Absatz- und Produktionsmenge, bei der der Preis die Kosten je Mengeneinheit gerade deckt und daher weder Gewinn noch Verlust entsteht. Insoweit handelt es sich ebenfalls um eine Preisuntergrenze: Will die Unternehmung keine Verluste erleiden, so darf im Falle des polypolistischen Anbieters auf einem vollkommenen Markt der Marktpreis diese Kostengrenze nicht unterschreiten. Derartige Grenzbetrachtungen sind der Ansatzpunkt der *Break-Even-Analyse*[1]: Ausgehend von einer bestimmten Planungssituation wird z. B. untersucht, bei welcher zukünftigen Veränderung von bestimmten Elementen der Fixkosten und/oder der variablen Kosten und/oder des Preises Gewinnmaximum und Gewinnschwelle gerade übereinstimmen würden.

Beispiele
Der Unternehmer möchte im Zusammenhang mit schwebenden Verhandlungen der Tarifpartner über eine Lohn- und Gehaltserhöhung wissen, bis zu welcher Personalkostensteigerung er sein bisheriges Marktangebot äußerstenfalls aufrecht erhalten kann, wenn mit einer gleichzeitigen Anhebung des Marktpreises nicht zu rechnen ist und er keinen Verlust erleiden will (oder einen bestimmten Mindestgewinn aufrecht erhalten will). In entsprechender Weise wäre es für einen Anbieter bei einer sich abzeichnenden Verringerung des Marktpreises in kommenden Perioden bedeutsam zu ermitteln, bis zu welchem Umfang der Preissenkung er sein Angebot verlustfrei (oder mit einem bestimmten Mindestgewinn) aufrecht erhalten kann.

Aus den Beispielen wird erkennbar, daß hierbei die Prämisse der vollkommenen Voraussicht aufgehoben wird. Vergleicht man im Fall der Ungewißheit die geltenden Werte für K_f, K_v und p^0 mit den entsprechenden Größen für die Break-Even-Situation, dann wird das Urteil darüber erleichtert, ob so weitge-

---

[1] Vgl. z. B. Chmielewicz, Klaus: Gewinnschwellenanalyse (Break-Even-Analyse), in: Wirtschaftswissenschaftliches Studium, 3. Jg., 1974, S. 49–54 ; Kleinebeckel, Herbert: Break-Even-Analysen, in: Zeitschrift für betriebswirtschaftliche Forschung, 28. Jg., 1976, Kontaktstudium, S. 51 f.

hende Veränderungen der Betriebs- und/oder Marktbedingungen zu erwarten sind und welche betrieblichen Anpassungsmaßnahmen ergriffen werden können.

Beispiel
Ergibt sich vor Lohnverhandlungen, daß im eigenen Unternehmen bereits bei 2 % Tarifanhebung die Gewinnschwelle erreicht würde und in Nachbarbranchen Tarifabschlüsse bei 6 % zustande gekommen sind, so sind unverzüglich Anpassungsmaßnahmen einzuleiten wie etwa Rationalisierung des Betriebes oder Übergang auf neue Produkte. Ist dagegen statt 2 % eine Größenordnung von 15 % ermittelt worden oder kann gleichzeitig mit einer Anhebung des Marktpreises gerechnet werden, so sind aus der Break-Even-Analyse andere Folgerungen für die Unternehmenspolitik zu ziehen.

Die Break-Even-Analyse kann auch bei anderen Anbieterstrukturen und Marktbedingungen eingesetzt werden, z. B. zur Ermittlung kostendeckender Preise für alternative Absatzmengen bei der Einführung eines neuen Produktes auf einem unvollkommenen Markt. Weiterhin dient sie *zeitablaufbezogenen Analysen*[1] im Falle von stoßweise anfallenden Kosten: Bis zu welchem Zeitpunkt werden in einer bestimmten Zeitspanne entstandene Kosten – wie z. B. Bereitschaftskosten und Produktionskosten vor Beginn der Marktsaison – von den Erlösen abgedeckt sein? Auf diese Form der Break-Even-Analyse soll im folgenden nicht eingegangen werden. Das prinzipielle Vorgehen entspricht jedoch auch dort der im folgenden dargestellten Kalkülform.

Die Break-Even-Analyse setzt grundsätzlich voraus, daß sich nur *ein* Kosten- oder Erlöselement verändert und alle übrigen konstant bleiben (ceteris paribus-Bedingung). Nur unter dieser Voraussetzung lassen sich eindeutige Aussagen ableiten. In der Realität ist jedoch häufig mit der *gleichzeitigen* Veränderung verschiedener Elemente zu rechnen (z. B. Preissteigerung und Lohnkostensteigerung im gleichen Bezugszeitraum). Dann können alternative Break-Even-Analysen durchgeführt werden, bei denen jeweils ein Element variabel und die übrigen als Parameter behandelt werden.

Mit Hilfe der Gewinngleichung

(5.1.2) $\quad G(x) = p^0 \cdot x - k_v \cdot x - K_f$

läßt sich bei linearen Kosten- und Erlösfunktionen die für einen bestimmten Gewinn $G^{(0)}$ notwendige Absatzmenge x für $p^0 - k_v > 0$ in der Weise bestimmen, daß man die Gewinngleichung nach x auflöst:

---

[1] Vgl. Kleinebeckel, Herbert: Break-Even-Analyse für Planung und Plan-Ist-Berichterstattung, in: Zeitschrift für betriebswirtschaftliche Forschung, 28. Jg., 1976, Kontaktstudium, S. 117–124.

(5.1.3) $$x = \frac{G^{(0)} + K_f}{p^0 - k_v},$$

wobei $p^0 - k_v = c$ den positiven *Deckungsbeitrag je Produkteinheit* darstellt. Für einen Gewinn von 0 (Gewinnschwelle) – dieser Fall wird zumeist in der Literatur betrachtet – vereinfacht sich die Formel zur Bestimmung der mindestens erforderlichen Produktions- und Absatzmenge:

(5.1.4) $$x = \frac{K_f}{c}.$$

Graphisch läßt sich die Mindestabsatzmenge x^{GS} für einen Gewinn von 0 (Break-Even-Menge) ermitteln, indem man den Schnittpunkt zwischen der Kosten- und Erlösfunktion bildet und die zugehörige Menge auf der Abszisse abliest (vgl. Abb. 5.3 a). Eine andere Möglichkeit zur Bestimmung der Break-Even-Menge ist die Bildung des Schnittpunktes der Deckungsbeitragskurve $D = c \cdot x$ mit der Fixkostenkurve $K_f = \text{const.}$

Im folgenden sollen drei Fälle der Break-Even-Analyse anhand eines Beispiels kurz dargestellt werden. Es soll hierbei alternativ von folgenden Veränderungen ausgegangen werden:

– Marktpreissenkung,
– Anstieg der fixen Kosten,
– Anstieg der variablen Stückkosten.

Beispiel
Pro Monat betragen die fixen Kosten $K_f = 25\,000$ DM, die variablen Stückkosten $k_v = 60$ DM und der Marktpreis 110 DM pro Stück. Die maximale Produktions- und Absatzmenge liegt bei $x^{max} = 625$ ME je Monat. Da sowohl Kosten- als auch Erlösfunktion linear verlaufen, liegt die gewinnmaximale Produktions- und Absatzmenge bei $x^{max} = x^{Gmax} = 625$ ME (vgl. Abb. 5.7). Für die nächsten Monate wird mit einem *Preiseinbruch* gerechnet. Somit stellt sich für die Unternehmung die Frage: Bis zu welcher Preissenkung Δp^0 kann die Menge x^{max} gewinnmaximale Angebotsmenge unter der Nebenbedingung $G(x) = 0$ sein? Zur Beantwortung dieser Frage wird die Formel $x = \frac{K_f}{p^0 - k_v}$ nach p^0 aufgelöst und die obigen Werte für K_f, k_v und $x = x^{max}$ werden eingesetzt:

(5.6) $$p^{GS} = \frac{K_f}{x^{max}} + k_v$$

$$= \frac{25\,000}{625} + 60$$

$$= 100 \text{ DM}.$$

Somit bietet die Unternehmung bis zu einer Preissenkung Δp^0 von 10 DM (110 − 100) die Menge $x = x^{max} = 625$ ME an, wenn sie keine Verluste erleiden will (vgl. Abb. 5.7; $E^*(x)$ ist die Erlösfunktion mit dem Preis $p^{GS} = 100$). Rechnet die Unternehmung hingegen für die nächsten Planungsperioden mit einem *Anstieg der Fixkosten*, dann ergibt sich der höchstmögliche Anstieg von K_f unter Beachtung der Nebenbedingung $G(x) = 0$ wie folgt:

(5.7) $\quad K_f^{GS} = x(p^0 - k_v)$
$\quad\quad\quad\quad = 31\,250$ DM.

Die Unternehmung wird unter den genannten Voraussetzungen so lange $x = x^{max} = 625$ anbieten, bis der Anstieg der Fixkosten 6250 DM (31 250−25 000) überschreitet (vgl. Abb. 5.7; $[K(x) + \Delta K_f]$ stellt die Kostenfunktion mit dem gestiegenen Fixkostenanteil dar).

Zum Schluß sei noch der Fall betrachtet, daß die Unternehmung mit einem *Anstieg der variablen Stückkosten* k_v rechnet. Will die Unternehmung wieder keine Verluste erleiden, dann wird sie bis zur Erhöhung der variablen Stückkosten Δk_v um 10 DM $x = 625$ ME anbieten (vgl. Abb. 5.7; $K^*(x)$ ist in dieser Abbildung die Kostenfunktion mit den variablen Stückkosten $k_v^* = 70$).

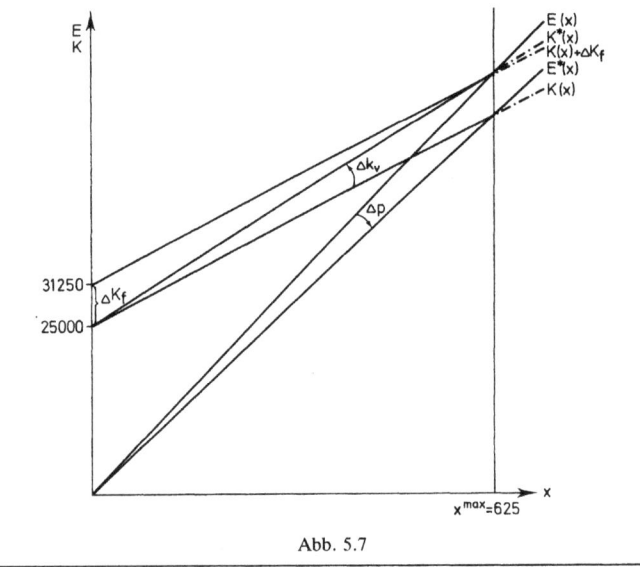

Abb. 5.7

C. Integrierte Produktions- und Absatzplanung in Mehrproduktunternehmen

Im folgenden wird der Fall der Mehrproduktunternehmung untersucht, die *in allen Märkten gleichzeitig Polypolist* ist, wobei von Absatzverbunden (Angebots- oder Nachfrageverbunden) abgesehen wird. Damit reduziert sich die Modellanalyse auf die Betrachtung zweier wichtiger Fälle: Produktions- und Absatzplanung bei *unverbundener und verbundener Produktion*.

1. Produktions- und Absatzplanung bei unverbundener Produktion

Sofern in einem Betrieb verschiedene Erzeugnisse *isoliert* voneinander auf verschiedenen Produktionsanlagen hergestellt werden, gelten für die Ermittlung der gewinn- bzw. erlösmaximalen Produktmenge jeder einzelnen Produktart die unter § 5 B dargestellten Modellansätze. Die kurzfristige Produktions- und Absatzplanung kann für jedes Produkt isoliert durchgeführt werden. Dies gilt auch für solche Betriebe, in denen die verschiedenen Produktarten zwar ganz oder zum Teil dieselben Betriebsmittel beanspruchen, die Kapazitäten der Anlagen jedoch bei jedem in Betracht kommenden Produktionsprogramm nicht voll ausgenutzt werden (also *keine Engpaßkapazitäten* bestehen).

2. Produktions- und Absatzplanung bei verbundener Produktion

a) Einführung

Werden n verschiedene Erzeugnisse auf denselben Produktionsanlagen hergestellt und ist die Nachfrage so groß, daß einzelne Kapazitäten voll ausgenutzt werden können, so ist die Produktions- und Angebotsmenge des Gutes 1 nicht mehr unabhängig von der Produktions- und Angebotsmenge der Güter 2, 3 . . . , n. Zukaufsmöglichkeiten und Verminderungen von Lagerbeständen sind ausgeschlossen (vgl. § 5A). Gewöhnlich beanspruchen die verschiedenen Güterarten die Kapazitäten (b_j) der einzelnen Produktionsmittel $j = 1, 2 . . . , m$ in unterschiedlichem Ausmaß. Die Herstellzeiten $\bar{b}_{jh}$ der Erzeugnisse h auf den Produktionsanlagen j sind z. B. unterschiedlich, weil mehr oder weniger Werkverrichtungen zur Erzeugung einer Produkteinheit zu vollziehen sind (Walzen verschieden dicker Bleche) oder die Reaktionsdauer je Erzeugnisart verschieden ist (chemische Prozesse). Je nach der Zusammensetzung des Programms kann eine andere Produktionsanlage zum Engpaß werden. Unter diesen Bedingungen sind für die Produktions- und Absatzplanung einerseits die konstanten Deckungsbeiträge je Produkteinheit c_h (Preis abzüglich variabler

238 Produktions- und Absatzplanung

Stückkosten) und andererseits das Ausmaß der zeitlichen oder mitunter der räumlichen Inanspruchnahme jeder Anlage durch die Einheit jeder Produktart ($\overline{b}_{jh}$) zu berücksichtigen. Dieses Problem kann mit Hilfe eines mathematischen Programmierungsverfahrens gelöst werden. Dabei wird für den grundlegenden Modellansatz vorausgesetzt, daß für jede Produktart mengenunabhängige Deckungsbeiträge ermittelt werden können. Diese Bedingung ist bei verbundener Nachfrage, fallenden Preisabsatzfunktionen, Kuppelproduktion und/oder nichtlinearen Kostenfunktionen nicht erfüllt.

b) Gewinnmaximale Produktions- und Absatzplanung bei einem Engpaß

Das Planungsmodell für einen im voraus bekannten Engpaßfaktor läßt sich wie folgt formulieren:

Zu maximieren ist der gesamte Deckungsbeitrag

(5.8) $\qquad D = \sum_{h=1}^{n} c_h \cdot x_h = \max!$

unter den Nebenbedingungen der Produktion

(5.8.1) $\qquad \sum_{h=1}^{n} \overline{b}_{eh} \cdot x_h \leq b_e$

und

(5.8.2) $\qquad x_h \geq 0 \; (h = 1, ..., n),$

wobei

D: = den Gesamtdeckungsbeitrag (Bruttogewinn),
$\underline{b}_e$: = die Engpaßkapazität und
$\overline{b}_{eh}$: = die zeitliche Inanspruchnahme des Potentialfaktors (e) durch eine Einheit des Produktes h

angeben.

Nur Güter mit positivem Deckungsbeitrag sind zu berücksichtigen. Die fixen Kosten des gesamten Betriebes können vernachlässigt werden, wenn sie bei jedem in Betracht kommenden Produktionsprogramm in gleicher Höhe anfallen. Produktspezifische Fixkosten müßten gegebenenfalls beachtet werden.
Bei einem vom Markt her unbeschränkten Absatz für alle Produkte sind die maximalen Absatzmengen alternativ für jede Produktart gegeben durch[1]:

(5.9) $\qquad x_h^{\max} = \dfrac{b_e}{\overline{b}_{eh}} \; .$

---

[1] Für die Einproduktunternehmung s. § 5 B 1.

Produktions- und Absatzplanung bei verbundener Produktion 239

Die lineare Zielfunktion erreicht ihr Maximum bei voller Ausnutzung der Engpaßkapazität b_e. Es gilt $x_h = \alpha_h x_h^{max}$, wobei α_h die anteilige Beanspruchung der Kapazität b_e für die Produktion von h angibt. Setzt man den Ausdruck für x_h unter Berücksichtigung von (5.9) in die Zielfunktion ein, so ergibt sich der maximale Gesamtdeckungsbeitrag wie folgt:

(5.10) $$D = \sum_{h=1}^{n} c_h \cdot \frac{b_e}{\overline{b}_{eh}} \cdot \alpha_h = \text{max!}$$

unter den Nebenbedingungen

(5.10.1) $\quad 0 \leq \alpha_h \leq 1$ (Skalierungsbedingung)

und

(5.10.2) $\quad \sum_{h=1}^{n} \alpha_h = 1$ (Normierungsbedingung).

Da b_e eine Konstante ist, wird der Deckungsbeitrag D um so höher, je größer die Summe

$$\sum_{h=1}^{n} \frac{c_h}{\overline{b}_{eh}} \cdot \alpha_h$$

ist. Der Quotient $\frac{c_h}{\overline{b}_{eh}}$, also der Deckungsbeitrag pro beanspruchter Engpaßeinheit, b_h ist für jedes Produkt bei den zugrundeliegenden Prämissen gegeben (*spezifischer Deckungsbeitrag*)[1]. Der Gewinn wird maximiert, wenn die Gewichtungsfaktoren α_h so gewählt werden, daß die vorstehende Summe ein Maximum erreicht. Daraus folgt, daß das Unternehmen nur eine *einzige* Güterart, und zwar diejenige Güterart herstellt, für die gilt:

(5.11) $$\frac{c_{h^*}}{\overline{b}_{eh^*}} = \max_h \left\{ \frac{c_h}{\overline{b}_{eh}} \right\}.$$

Ist der Absatz für die einzelnen Produkte beschränkt – dies könnte nur auf einem unvollkommenen Markt mit begrenzten Absatzmöglichkeiten und konstantem Preis der Fall sein, etwa bei Preisführerschaft durch einen mächtigen Konkurrenten – so würden die Produkte in der Reihenfolge fallender Werte für diesen Quotienten, beginnend mit dem höchsten Wert, in das Absatzprogramm aufgenommen[2], sofern die sonstigen Prämissen von oben unverändert gültig sind. Dann sind mehrere α_h von Null verschieden.

---

[1] Riebel, Paul: Einzelkosten- und Deckungsbeitragsrechnung, 5. Aufl., 1986, S. 186f.
[2] Vgl. Kilger, Wolfgang: Optimale Produktions- und Absatzplanung, 1973, S. 84 f. Eine analoge Vorgehensweise findet man auch bei der Zusammenstellung eines Investitionsprogramms (vgl. Band 3).

c) Gewinnmaximale Produktions- und Absatzplanung bei mehreren Engpässen

Laufen mehrere Produktarten über dieselben Fertigungsanlagen mit unterschiedlicher zeitlicher Inanspruchnahme pro Erzeugniseinheit, so kann je nach der Zusammensetzung des Produktionsprogramms jeweils eine andere Anlage zur Engpaßkapazität werden. Meist werden sogar zugleich mehrere Fertigungsanlagen zum Engpaß. In diesem Fall ist eine Berechnung von spezifischen Deckungsbeiträgen im Sinne von § 5 C 2 b nicht mehr möglich. Der Planungsansatz gleicht in der Zielfunktion dem bei nur einem Engpaß; die obige Nebenbedingung (5.8.1) wird auf alle Fertigungsanlagen (potentiellen Engpässe) ausgedehnt. Wiederum ist der gesamte Deckungsbeitrag zu maximieren:

$$(5.8) \qquad D = \sum_{h=1}^{n} c_h \cdot x_h = \text{max!}$$

unter den Nebenbedingungen der Produktion

$$(5.8.3) \qquad \sum_{h=1}^{n} \bar{b}_{jh} \cdot x_h \leq b_j \ (j = 1, 2, ..., m)$$

und
$$(5.8.4) \qquad x_h \geq 0 \quad (h = 1, 2, ..., n).$$

$\bar{b}_{jh}$ ist die zeitliche Inanspruchnahme des Potentialfaktors j durch eine Mengeneinheit des Produktes h.

Da man vor Beginn der Planung nicht weiß, welche Anlagen zu Engpässen werden, können die *spezifischen Deckungsbeiträge* der Produkte nicht isoliert ermittelt werden. Vielmehr kann ein gewinnmaximales Produktions- und Absatzprogramm nur durch ein simultanes Planungsverfahren wie die Lineare Programmierung (LP) bestimmt werden, wobei sich der Simplex-Algorithmus[1] bei der vorliegenden Problemstruktur bewährt hat.

---

[1] Der Simplex-Algorithmus wurde unabhängig voneinander von Leonid V. Kantorovič (1937 bzw. 1939) sowie von George B. Dantzig (1948 bzw. 1949) entwickelt. Vgl. hierzu Kantorovič, Leonid V.: O peremeščenii mass, in: Doklady Akademija Nauk SSSR, 1937, No. 7–8 (engl. Übersetzung: On the Translocation of Masses, in : Management Science, Vol. V, No. 1, Oktober 1958, S. 1–4); derselbe: Matematičeskich metody v organizatsii i planirovanii proizvodstva, Izd. GLU, Moskva 1939 (engl. Übersetzung: Mathematical Methods of Organizing and Planning Production (mit einem Vorwort von A. Marchenko), in: Management Science Vol. VI, No. 4, Juli 1960, S. 366–442); Dantzig, George B.: Programming in a Linear Structure, in: Comptroller, United States Air Force, Washington D. C., Februar 1948; derselbe: Programming of Independent Activities, 11, Mathematical Model, in: Econometrica Vol. 17, No. 3–4, Juli/Oktober 1949, S. 200–211; derselbe: Lineare Programmierung und Erweiterungen, deutsche Bearbeitung von Arno Jaeger, 1966. Eine gute Einführung in dieses und verwandte Rechenverfahren geben: Zimmermann, Hans Jürgen; Zielinski, Johannes: Lineare Programmierung – Ein programmiertes Lehrbuch für Studierende des Faches Operations Research, 1971, LE 195–292.

Produktions- und Absatzplanung bei verbundener Produktion   241

Beispiel
Ein Polypolist verfüge über drei verschiedene Fertigungsanlagen I, II und III von bestimmten technischen Kapazitäten, mit denen er 2 Produktarten herstellen kann. Die Gesamtkostenfunktion $K = K(x)$ ist linear, daher sind die variablen Stückkosten für $0 < x \leq x^{max}$ konstant. Entsprechend der Absatzsituation eines Mengenanpassers sind auch die Absatzpreise beider Güter konstant, so daß unabhängig von der abgesetzten Menge konstante Deckungsbeiträge je Produkteinheit anfallen. Da die fixen Kosten unabhängig vom Produktions- und Absatzprogramm anfallen, können sie hier vernachlässigt werden. Die Aufgabe besteht nun darin, für eine bestimmte Planperiode ein Produktions- und Absatzprogramm zu ermitteln, bei dessen Realisation ein maximaler Gesamtdeckungsbeitrag D zu erwarten ist. Wegen $G = D - K_f$ und $K_f =$ const. ist das Programm mit dem maximalen Gesamtdeckungsbeitrag zugleich auch das gewinnmaximale (bzw. verlustminimale) Programm.

Tabelle 5.1[1] enthält die Maschinenstunden $\overline{b}_{jh}$, die zur Produktion jeweils einer Einheit der beiden Produkte benötigt werden, die insgesamt verfügbaren Maschinenstunden der einzelnen Anlagen b_j *(technische Kapazitäten)*, die variablen Stückkosten k_{vh}, die Marktpreise p_h^0 und die Deckungsbeiträge c_h. Der *Gesamtdeckungsbeitrag D* ergibt sich aus:

(5.12) $\qquad D = (p^0{}_1 - k_{v1}) \cdot x_1 + (p^0{}_2 - k_{v2}) \cdot x_2.$

Er ist zu maximieren unter folgenden Nebenbedingungen:

(5.12.1) $\qquad \begin{array}{l} \overline{b}_{11} \cdot x_1 + \overline{b}_{12} \cdot x_2 \leq b_1, \\ \overline{b}_{21} \cdot x_1 + \overline{b}_{22} \cdot x_2 \leq b_2, \\ \overline{b}_{31} \cdot x_1 + \overline{b}_{32} \cdot x_2 \leq b_3, \end{array}$

(5.12.2) $\qquad x_2 \geq 0\ (h = 1,2).$

Tabelle 5.1

	Produktart 1	Produktart 2	Maximal verfügbare Masch.-Std. b_j
Masch.-Std. Anlage I ($\overline{b}_{1h}$)	3 Std.	5 Std.	$b_1 = 450$
Masch.-Std. Anlage II ($\overline{b}_{2h}$)	0 Std.	1 Std.	$b_2 = 60$
Masch.-Std. Anlage III ($\overline{b}_{3h}$)	5 Std.	4 Std.	$b_3 = 600$
Variable Stückkosten (k_{vh})	7 DM	12 DM	–
Preise (p_h^0)	11 DM	22 DM	–
Deckungsbeiträge (c_h)	4 DM	10 DM	

---

[1] Die Zahlen sind einem Beispiel von Angermann entnommen. Vgl. Angermann, Adolf: Linear Programming, in: Handwörterbuch der Sozialwissenschaften, 1959, S. 611 ff.

Aus diesen Angaben läßt sich folgender Modellansatz formulieren:

Zu maximieren ist die Zielfunktion:

$$D = 4x_1 + 10x_2 = \max!$$

unter den Nebenbedingungen

$$3x_1 + 5x_2 \leq 450,$$
$$0x_1 + 1x_2 \leq 60,$$
$$5x_1 + 4x_2 \leq 600,$$

und der Nichtnegativitätsbedingung

$$x_1 \leq 0, x_2 \leq 0.$$

(1) Geometrische Lösung
In einem Koordinatensystem (s. Abb. 5.8) werden im ersten Quadranten, der durch die Nichtnegativitätsbedingung vorgeschrieben ist, auf der Abszisse die Mengeneinheiten x_1 des Produktes 1 und auf der Ordinate die Mengeneinheiten x_2 des Erzeugnisses 2 abgetragen. Die Nebenbedingungen, die durch die Kapazitäten der drei Anlagen gegeben sind und die oben in Form mathematischer Ungleichungen geschrieben wurden, lassen sich auch graphisch darstellen.

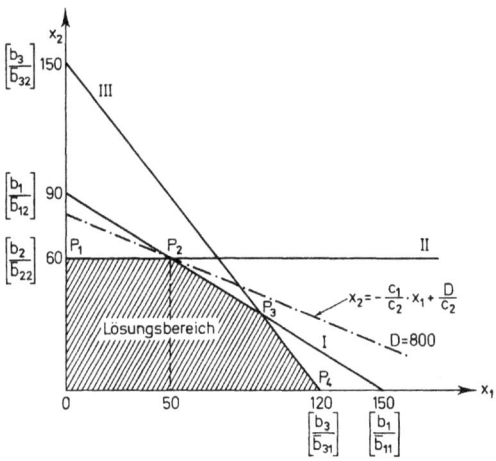

Abb. 5.8

Wenn mit Anlage I nur Produkt 1 hergestellt würde, dann könnten bei voller Ausnutzung der Kapazität

$$\frac{450}{3} = 150$$

Einheiten von Produktart 1 produziert werden; d. h. für $x_2 = 0$ wird $x_1 = 150$. Wird die gesamte Kapazität der Anlage I zur Produktion von Produktart 2 verwandt, so können

$$\frac{450}{5} = 90$$

Einheiten bearbeitet werden ; für $x_1 = 0$ wird also $x_2 = 90$. Tragen wir die Werte $x_1 = 150$ und $x_2 = 90$ auf ihren Achsen ab und verbinden sie, dann erhalten wir in der Kapazitätsgeraden I der Anlage I die graphische Darstellung der Nebenbedingung $3 x_1 + 5 x_2 = 450$. Die Punkte auf dieser Geraden geben alle möglichen Mengenkombinationen von x_1 und x_2 an, die bei voller Auslastung der Maschine I produziert werden können. Löst man diese Gleichung nach x_2 auf, so erhält man:

$$x_2 = -\frac{3}{5} x_1 + 90.$$

Wird jedoch die Kapazität von I nicht maximal ausgenutzt, gilt also das Zeichen (<), dann ergeben sich Mengenkombinationen von Gut 1 und Gut 2, die unterhalb der Geraden I liegen. Entsprechende Überlegungen führen zur graphischen Darstellung der Kapazitätslinie für Anlage III.
Da Anlage II nur bei der Produktion des Erzeugnisses 2 mitwirkt, können durch Einsatz der vollen Kapazität

$$\frac{60}{1} = 60$$

Einheiten hergestellt werden. Die Nebenbedingung $x_2 = 60$ ist geometrisch eine Parallele zur x_1-Achse im Abstand 60; sie sei mit II bezeichnet.
Der Bereich zulässiger Lösungen, die alle Kapazitätsbeschränkungen der drei Maschinen gleichzeitig erfüllen, wird angegeben durch das schraffierte Fünfeck $OP_1 P_2 P_3 P_4$. Nur Mengenkombinationen, die auf den Seiten oder innerhalb dieses Fünfecks liegen, können – wenn alle Anlagen am Produktionsprozeß beteiligt sind – realisiert werden.
Z.B. würden für eine Mengenkombination $x_1 = 20$ und $x_2 = 70$ zwar die Kapazitäten der Anlagen I und III, nicht jedoch der Anlage II ausreichen.
Geometrisch läßt sich die gewinnoptimale Kombination auf folgende Weise ermitteln: Da die Zielfunktion voraussetzungsgemäß linear ist, kann sie für einen festen Wert der abhängigen Variablen D als Gerade in das Koordinaten-

244 Produktions- und Absatzplanung

system eingezeichnet werden. Bringen wir die Zielfunktion $D = 4x_1 + 10x_2$ in die Normalform der Geraden, dann können wir schreiben

$$x_2 = -\frac{2}{5} x_1 + \frac{D}{10}$$

und erhalten eine Gerade, deren Steigung durch das Verhältnis der Deckungsbeiträge $\left(-\frac{2}{5}\right)$ der beiden Produkte bestimmt wird und deren Abschnitt auf der x_2-Achse durch den Quotienten $\frac{D}{10}$ festgelegt ist. Durch Variation des Gesamtdeckungsbeitrages D erhält man eine Schar paralleler Geraden mit der Steigung $-\frac{2}{5}$. Jede Gerade repräsentiert für einen bestimmten Betrag von D alle Mengenkombinationen von Gut 1 und 2, durch deren Verkauf eben dieser Deckungsbeitrag realisiert wird. Würde man nun in obige Gleichung verschiedene Beträge für D einsetzen und die sich ergebenden Geraden:

$$x_2 = -\frac{2}{5} x_1 + 40, \quad \text{für } D = 400,$$

$$x_2 = -\frac{2}{5} x_1 + 60, \quad \text{für } D = 600,$$

$$x_2 = -\frac{2}{5} x_1 + 80, \quad \text{für } D = 800$$

in das Koordinatensystem eintragen, dann erhielte man mit steigendem D sich parallel nach rechts verschiebende Gewinngeraden, d. h. mit zunehmendem D vergrößert sich auch der Abstand der Gewinngeraden vom Nullpunkt (Ursprung) des Koordinatensystems. Die gewinnoptimale Kombination von x_1 und x_2 liegt in dem Punkt, in dem die Gewinnlinie mit dem größten Abstand vom Nullpunkt den Bereich zulässiger Lösungen (schraffiertes Fünfeck) gerade noch berührt. In unserem Beispiel ist es der Punkt P_2 mit der optimalen Mengenkombination $x_1 = 50$ und $x_2 = 60$. Setzen wir diese Werte in die Zielfunktion ein, dann erhalten wir $D = 4 \cdot 50 + 10 \cdot 60$ und damit den maximalen Gesamtdeckungsbeitrag von 800 DM.

(2) Numerische Lösung nach dem Simplex-Algorithmus
Das graphische Lösungsverfahren ist nur anwendbar, wenn zwei Variable – hier also zwei Produktarten – auftreten. Bei drei Variablen müßte man eine dreidimensionale Darstellung wählen, mit der man die Lösung noch andeuten kann. Bei mehr als drei Produktarten versagt das graphische Lösungsverfahren ganz.
Es existiert jedoch eine Reihe von numerischen Lösungsverfahren, von denen die Simplex-Methode (nach Dantzig) wohl die bekannteste ist. Ihr zentraler Teil ist der Simplex-Algorithmus, der sich auf ein System von m linearen

Gleichungsrestriktionen in n nichtnegativen Variablen bezieht. Dabei wird vorausgesetzt, daß das Gleichungssystem keine überflüssige (redundante) Gleichung enthält. Unter einer zulässigen Basislösung eines derartigen Gleichungssystems versteht man eine solche Lösung mit nichtnegativen Werten der Variablen, die sich durch Nullsetzung von $n-m$ Variablen (Nichtbasisvariablen) ausrechnen läßt (siehe die erste zulässige Basislösung im folgenden Beispiel).

Beim Simplex-Algorithmus wird davon ausgegangen, daß eine zulässige Basislösung vorliegt. Wie man eine erste zulässige Basislösung findet, wenn diese nicht „augenfällig" vorliegt, beschreibt der erste Teil der Simplex-Methode nach Dantzig[1]. Es wird getestet, ob diese Basislösung bereits die optimale Lösung darstellt. Falls das nicht zutrifft, wird eine weitere Basislösung ermittelt und an dieser der Test auf Optimalität wiederholt. Dieser Algorithmus führt (abgesehen von einem Sonderfall) nach endlich vielen Iterationen zu einer optimalen Basislösung. Im Sonderfall der Entartung sind noch Zusatzregeln erforderlich [2]. Es kann mehrere optimale Lösungen geben. Dann gibt es aber auch eine optimale Basislösung. Der iterative Lösungsprozeß läßt sich graphisch wie folgt veranschaulichen:

(1) Es wird eine „Ecke" des Bereiches der zulässigen Lösungen gesucht (Punkte 0, $P_1 \ldots, P_4$ in Abb. 5.8).
(2) Es wird getestet, ob in der gefundenen „Ecke" die optimale Lösung liegt; falls nicht, wird im nächsten Schritt eine benachbarte „Ecke" untersucht.

Beispiel
Der Simplex-Algorithmus sei an dem gleichen Beispielfall dargestellt; auf Beweise soll hier verzichtet werden[3].
Zunächst werden die Nebenbedingungen aus der Form der Ungleichungen durch Einführung sogenannter *Schlupfvariablen* x^3, x^4, x^6 in Gleichungen umgewandelt. Ökonomisch stellen in unserem Beispiel die Schlupfvariablen die nicht genutzte Kapazität der einzelnen Anlagen dar. Es ergibt sich als Gleichungssystem:

(5.12.3)
$$3x_1 + 5x_2 + x_3 = 450,$$
$$x_2 + x_4 = 60,$$
$$5x_1 + 4x_2 + x_5 = 600$$

---

[1] Vgl. Dantzig, George B.: Lineare Programmierung und Erweiterungen, deutsche Bearbeitung von Arno Jaeger, 1966, S. 118–129.
[2] Dantzig, George B.: Lineare Programmierung und Erweiterungen, deutsche Bearbeitung von Arno Jaeger, 1966, Kapitel 10.
[3] S. hierzu Henn, Rudolf; Künzi, Hans Paul: Einführung in die Unternehmensforschung, 11. Band, 1968, S. 8–11.

Da weder die Zahl der Einheiten von Produkt 1 und Produkt 2 noch die ungenutzten Kapazitäten negativ sein können, muß die Nichtnegativitätsbedingung auf die Schlupfvariablen erweitert werden:

(5.12.4) $\quad x_h \geq 0 \quad (h = 1, 2, \ldots, 5)$.

Mit Hilfe dieser Beziehungen ist der Gesamtdeckungsbeitrag D zu maximieren. Unter Hinzufügung der für D nicht relevanten ungenutzten Kapazitäten folgt:

(5.12.5) $\quad D = 4x_1 + 10x_2 + 0x_3 + 0x_4 + 0x_5 = \max!$

Die Beziehungen (5.12.3) und (5.12.4) definieren die Menge der möglichen Lösungen der Aufgabe. Das Gleichungssystem (5.12.3) mit 3 Gleichungen und 5 Unbekannten hat eine zweifach unendliche Lösungsschar. Eine eindeutige Lösung erhält man nur bei spezieller Wahl von 2 der 5 Unbekannten. Die einfachste Möglichkeit ist hier die Wahl $x_1 = x_2 = 0$. Dann läßt sich sofort die erste zulässige Basislösung aus (5.12.3) ablesen.

Es ergibt sich:

$$x_3 = 450, \quad x_4 = 60, \quad x_5 = 600.$$

Das heißt aber gerade, da ja x_1 und x_2 – also die herzustellenden Mengen von Produkt 1 und 2 – mit dem Wert Null angesetzt wurden, daß die ungenutzte Kapazität der Anlage I 450 Stunden, der Anlage II 60 Stunden und der Anlage III 600 Stunden beträgt, wie es bei Nichtproduktion der Fall ist. Sämtliche verfügbaren Kapazitäten sind noch frei.

Diese Berechnung der Lösungen für x_3, x_4 und x_5 kommt im ersten Schritt des Simplex-Algorithmus zum Ausdruck. Dazu wird das erste *Simplextableau* in Form einer Matrix geschrieben. Diese enthält neben den Beschränkungsgleichungen die Zielfunktion als Zielgleichung in der letzten Zeile.

1. Tableau

Basisvariablen	x_1	x_2	x_3	x_4	x_5	
x_3	3	5	1	0	0	450
x_4	0	1	0	1	0	60
x_5	5	4	0	0	1	600
$c_h - z_h$	4	10	0	0	0	D

(Spalten x_1, x_2: Koeffizienten 0, 0)

Als *Basisvariablen* werden diejenigen Variablen bezeichnet, die nicht von vornherein gleich Null gesetzt worden sind, sondern deren Wert sich durch Auflösung des Gleichungssystems errechnet; in diesem Fall also x_3, x_4 und x_5.

Das Tableau enthält im Inneren die Koeffizienten $\bar{b}_{jh}$ der erweiterten Nebenbedingungen in jeder Zeile in der Reihenfolge $x_1, x_2, \ldots, x_5$. Die beiden Nullen oberhalb der Kopfzeile geben an, welche der Variablen den Wert Null erhalten (Nichtbasisvariable). Die übrigen Variablen (Basisvariable) werden in der linken Randspalte genannt. Jede Zeile des Tableaus ist als Gleichung zu lesen.
Die rechte Randspalte gibt also die Werte der Basisvariablen an. In unserem Falle ist der Gesamtdeckungsbeitrag $4x_1 + 10x_2 + 0x_3 + 0x_4 + 0x_5 = D$ als letzte Zeile des Ausgangstableaus für den Simplex-Algorithmus vermerkt. Die mit ihren Deckungsbeiträgen *bewerteten*, durch eine zusätzliche Einheit von Produktart h *verdrängten* Mengen der Basisvariablen werden als *Opportunitätskosten* z_h bezeichnet. Da im 1. Tableau aber die Basisvariablen sämtlich Schlupfvariablen mit einem Deckungsbeitrag von Null sind, ergibt sich hier $z_h = 0$ ($h = 1, \ldots, 5$).
Für $x_1 = 0$ und $x_2 = 0$ folgt also $D = 0$. Jede Erhöhung der Produktion von Gut 1 um eine Einheit erhöht D um 4 DM, jede Vergrößerung der Produktionsmenge von Gut 2 um eine Einheit verbessert D sogar um 10 DM. Also liegt es nahe, im zweiten Lösungsschritt x_2 einen positiven Wert zu geben[1]. Da die Funktion $D(x_1, x_2, \ldots, x_5)$ linear ist, sollte von Produkt 2 soviel hergestellt werden, wie die Kapazitäten zulassen. Danach ist zu fragen, welche der Basisvariablen x_3, x_4 oder x_5 durch x_2 ersetzt werden soll. Man prüft daher zeilenweise, wieviel von Gut 2 hergestellt werden kann, wenn x_1 weiterhin gleich Null ist.

Für $x_1 = x_3 = 0$: $\dfrac{b_1}{\bar{b}_{12}} = \dfrac{450}{5} = 90$,

für $x_1 = x_4 = 0$: $\dfrac{b_2}{\bar{b}_{22}} = \dfrac{60}{1} = 60$, $\Leftarrow$

für $x_1 = x_5 = 0$: $\dfrac{b_3}{\bar{b}_{32}} = \dfrac{600}{4} = 150$.

Die Maschine II hat im Hinblick auf Gut 2 die kleinste Kapazität. Die Beschränkung der Produktion durch b_2 wird wirksam. Da Maschine II voll ausgenutzt ist, wird x_4 gleich 0 und ist damit nicht mehr Basisvariable. Wir bezeichnen x_4 als *Ausgangsvariable*. Die Ausgangsvariable wird hier bestimmt durch:

$$\min_j \left\{ \dfrac{b_j}{\bar{b}_{j2}} \right\}.$$

Wir können also eine verbesserte Lösung des Problems erhalten, wenn wir die Variablen x_1 und x_4 gleich 0 setzen und das ursprüngliche Gleichungssystem nach den übrigen Variablen x_2, x_3 und x_5 auflösen (neue Basisvariablen).

---

[1] Die Auswahlprozedur für die neu aufzunehmende Variable wird ausführlich beim Übergang auf das 3. Tableau dargestellt.

248   Produktions- und Absatzplanung

Das zweite Tableau erhält man aus dem ersten durch folgende Umformungen, durch die in der zweiten Spalte für x_2 die Ziffern 0–1 – 0–0 erscheinen müssen (im 1. Tableau besteht in der vierten Spalte für x_4 diese Folge): Subtrahiere die mit 5 multiplizierte 2. Zeile von der ersten, die mit 4 multiplizierte 2. Zeile von der dritten und die mit 10 multiplizierte 2. Zeile von der vierten Zeile (Zielzeile). Das ergibt:

2. Tableau

	x_1	x_2	x_3	x_4	x_5	
x_3	3	0	1	−5	0	150
x_2	0	1	0	1	0	60
x_5	5	0	0	−4	1	360
$c_h - z_h$	4	0	0	−10	0	D−600

Die 2. *Basislösung* (Produktions- und Absatzprogramm) heißt danach zeilenweise gelesen:

$x_3 = 150$ (Leerstunden der Anlage I),
$x_2 = 60$ (Einheiten des Gutes 2),
$x_5 = 360$ (Leerstunden der Anlage III)

mit

$D = 600$.

Der Deckungsbeitrag D läßt sich unter Verwendung der vorgegebenen Stückdeckungsbeiträge $c_1 = 4$ und $c_2 = 10$ auch wie folgt ermitteln:

$$D = 4 \cdot 0 + 10 \cdot 60 + 150 \cdot 0 + 0 \cdot 0 + 360 \cdot 0 = 600.$$

Die Zielzeile ist wie folgt zu lesen:

$$4 \cdot x_1 + 0 \cdot x_2 + 0 \cdot x_3 - 10 \cdot x_4 + 0 \cdot x_5 = D - 600.$$

Wegen $x_1 = x_4 = 0$ ergibt sich:

also $0 = D - 600$,
    $D = 600$.

Diese Lösung entspricht P_1 in Abbildung 5.8. Zum gleichen Ergebnis kommt man, wenn man die Zielgleichung umformt und wie folgt schreibt:

$$D - 4 \cdot x_1 - 0 \cdot x_2 - 0 \cdot x_3 + 10 \cdot x_4 - 0 \cdot x_5 = 600.$$

Hier würde sich also bei allen Elementen der Zielzeile das Vorzeichen umkehren, ohne daß sich am Gesamtdeckungsbeitrag etwas ändert[1].
Es ist zu prüfen, ob die 2. Basislösung optimal ist oder ob ein gewinngünstigeres Programm zu finden ist. Das Gleichungssystem des 2. Tableaus gibt – ähnlich wie das 1. Tableau – die Variablen x_3, x_2, x_5 als lineare Funktion der Nichtbasisvariablen x_1 und x_4 an. Bezeichnen wir die Koeffizienten im 2. Tableau mit $\overline{b}_{jh}^*$, so gibt $\overline{b}_{jh}^*$ an, um wieviel Einheiten die „Produktion" der Basisvariablen aus Zeile j gesenkt werden müßte, um das in der 2. Lösung gefundene Programm durch „Produktion" einer Einheit der Nichtbasisvariablen x_h zu erweitern. Wir sprechen hier der Einfachheit halber auch dann von „Produkt"-Variablen x_h, wenn Leerstunden erhöht („produziert") werden ($h = 3, 4, 5$). Bewerten wir diese verdrängten Mengen mit ihren Deckungsbeiträgen, so erhalten wir als Summe die *Opportunitätskosten* der zusätzlichen Erzeugung von einer Einheit des bisher nicht produzierten Erzeugnisses h. Die Opportunitätskosten z_1 betragen für eine Einheit von Gut 1:

$$z_1 = c_3 \cdot \overline{b}_{11}^* + c_2 \cdot \overline{b}_{21}^* + c_5 \cdot \overline{b}_{31}^*$$
$$= 0 \cdot 3 + 10 \cdot 0 + 0 \cdot 5 = 0.$$

Gleichzeitig erbringt jedoch die verdrängende Einheit der Produktart 1 einen Stückdeckungsbeitrag von $c_1 = 4$. Insgesamt entsteht somit bei dieser Umgestaltung des Produktions- und Absatzprogramms ein Grenzgewinn *(Grenzdeckungsbeitrag)* von $c_1 - z_1 = 4$. Bei Durchführung derselben Überlegung für x_4 ergeben sich Opportunitätskosten von:

$$z_4 = c_3 \cdot \overline{b}_{14}^* + c_2 \cdot \overline{b}_{24}^* + c_5 \cdot \overline{b}_{34}^*$$
$$= 0 \cdot (-5) + 10 \cdot 1 + 0 \cdot (-4) = 10.$$

Da bei x_4 der Stückdeckungsbeitrag $c_4 = 0$ ist, ergibt sich als Differenz von Stückdeckungsbeitrag und Opportunitätskosten ein Grenzgewinn von -10. Hieraus ist abzuleiten, daß eine Erhöhung der Leerzeit auf der Anlage II – d. h. x_4 wird Basisvariable – aufgrund der damit verbundenen Gewinnsenkung um 10 DM je hinzutretende Leerstunde der Anlage II nicht in Betracht kommt. Hingegen ist es vorteilhaft, die Produktart 1 in das Produktions- und Absatzprogramm aufzunehmen, wächst doch der Gesamtgewinn (Gesamtdeckungsbeitrag) mit jeder hinzutretenden Einheit von Gut 1 um 4 DM. Zusammenfassend läßt sich aus diesem Optimalitätstest der 2. Basislösung ableiten, daß $D = 600$ noch nicht der maximal erreichbare Gesamtdeckungsbeitrag ist. Es muß zur nächsten „Ecklösung" übergegangen werden. Die Nichtbasisvariable x_1, die den höchsten Grenzgewinn *(Auswahlkriterium für die Eingangsvariable)* aufweist, muß eine der Basisvariablen (x_2, x_3, x_5) ablösen, die

---

[1] Vgl. u. a. Jaeger, Arno; Wenke, Klaus: Lineare Wirtschaftsalgebra, Band 1, 1969, S. 65; Meyer, Manfred; Hansen, Klaus; Rohde, Martin: Mathematische Planungsverfahren I, 1973, S. 38; Henn, Rudolf; Künzi, Hans Paul: Einführung in die Unternehmensforschung, II. Band, 1968, S. 11–14.

250 Produktions- und Absatzplanung

somit Ausgangsvariable wird. Das Kriterium des Grenzgewinns wird auch als „Steepest Unit Ascent"-Kriterium bezeichnet. Vielfach findet auch das „Greatest Change"-Kriterium Anwendung, das sich an der Gesamterhöhung des Gewinns orientiert. Es läßt sich nicht generell angeben, welches Kriterium schneller zum Optimum führt[1]. Die Ausgangsvariable ist nach dem zuerst auftretenden Engpaß zu ermitteln

$$\min_j \left\{ \frac{b_j^*}{\overline{b}_{j1}^*} \right\},$$

wobei b_j^* die Werte der rechten Randspalte und $\overline{b}_{j1}^*$ die Werte in der 1. Spalte im Inneren des 2. Tableaus angeben.

Es gilt:

für $x_4 = x_3 = 0$: $\dfrac{b_1^*}{\overline{b}_{11}^*} = \dfrac{150}{3} = 50$,

für $x_4 = x_2 = 0$: $\dfrac{b_2^*}{\overline{b}_{21}^*} = \dfrac{60}{0}$ unzulässig,

für $x_4 = x_5 = 0$: $\dfrac{b_3^*}{\overline{b}_{31}^*} = \dfrac{360}{5} = 72$.

Wenn wir die Produktion von Gut 2 in Höhe von 60 ME aufrechterhalten, so ist die freie Kapazität der Anlage I 150 Stunden, was bei einer Beanspruchung von je 3 Stunden für eine Einheit des Gutes 1 eine Produktion von 50 ME ermöglicht. Die freie Kapazität der Anlage III ist zwar größer, sie kann aber in vollem Umfang nicht genutzt werden, da der Engpaß eben bei Anlage I liegt. Mithin wird Anlage I voll ausgenutzt, d. h. x_3 wird 0 und damit Nichtbasisvariable. Die Rechenschritte verlaufen analog den beim zweiten Tableau ausgeführten:

3. Tableau

	x_1	x_2	x_3	x_4	x_5	
x_1	1	0	1/3	−5/3	0	50
x_2	0	1	0	1	0	60
x_5	0	0	−5/3	13/3	1	110
$c_h - z_h$	0	0	−4/3	−10/3		D−800

---

[1] Vgl. Müller-Merbach, Heiner: Operations Research, 3. Aufl., 1973, S. 113–115.

Produktions- und Absatzplanung bei verbundener Produktion 251

Die 3. *Basislösung* (Produktions- und Absatzprogramm) lautet mithin:

$x_1 = 50$ (Einheiten des Gutes 1),
$x_2 = 60$ (Einheiten des Gutes 2),
$x_5 = 110$ (Leerstunden der Anlage III),
$D = 800$.

Der Gesamtdeckungsbeitrag ergibt sich aus D − 800 = 0. Die Lösung entspricht dem Punkt P_2 *in Abb. 5.8. Der Optimalitätstest* erfolgt wie nach der 2. Basislösung. Damit soll festgestellt werden, ob die jetzt gefundene Basislösung bereits optimal ist oder ob es noch eine gewinngünstigere Lösung gibt. Die Opportunitätskosten für eine Einheit x_3 (Leerstunden der Anlage I) betragen:

$$z_3 = c_1 \cdot \overline{b}_{13}^{**} + c_2 \cdot \overline{b}_{23}^{**} + c_5 \cdot \overline{b}_{33}^{**}$$

$$= 4 \cdot \left(\frac{1}{3}\right) + 10 \cdot (0) + 0 \cdot \left(-\frac{5}{3}\right) = \frac{4}{3} \; .$$

Der Stückdeckungsbeitrag c_3 ist 0, der Grenzgewinn bei Erhöhung der Leerzeit der Anlage I um eine Einheit wäre $c_3 - z_3 = -\frac{4}{3}$, d. h. x_3 wird nicht Basisvariable.

Die Opportunitätskosten für eine Leerstunde der Anlage II betragen

$$z_4 = c_1 \cdot \overline{b}_{14}^{**} + c_2 \cdot \overline{b}_{24}^{**} + c_5 \cdot \overline{b}_{34}^{**}$$

$$= 4 \cdot \left(-\frac{5}{3}\right) + 10 \cdot (1) + 0 \cdot \left(\frac{13}{3}\right) = -\frac{20}{3} + \frac{30}{3} = \frac{10}{3} \; .$$

Auch die Erhöhung der Leerstunden von Anlage II vermindert den Gewinn $\left(c_4 - z_4 = -\frac{10}{3}\right)$, da der Stückdeckungsbeitrag einer Leerstunde der Anlage II gleich 0 ist ($c_4 = 0$).

Mithin ist die 3. Basislösung zugleich die optimale Lösung. Sie stimmt mit der geometrischen Lösung (Abb. 5.8) überein. Der Punkt P_2 liegt im Schnittpunkt

252　Produktions- und Absatzplanung

der Restriktionsgeraden I und II, d. h. die Anlagen I und II sind voll ausgenutzt und somit x_3 und x_4 gleich Null[1].

Allgemein kann man in der Zielgleichung erkennen, ob die Optimallösung erreicht worden ist: Sobald keine positiven Elemente (Grenzgewinne) mehr in der Zielzeile enthalten sind, sondern nur noch negative Elemente oder Nullen, ist die optimale Lösung der Maximierungsaufgabe gefunden.

Beim Sonderfall *mehrerer Optimallösungen* treten in der Zielzeile für Nichtbasisvariable Nullen auf, so daß diese Variablen als Basisvariablen verwendet werden könnten, ohne zugleich den Zielwert zu verändern[2]. In diesem Falle kann also die Maximallösung mit unterschiedlichen Produktions- und Absatzprogrammen realisiert werden. Geometrisch ergibt sich im Zweiproduktfall, daß das Maximum der Zielfunktion nicht nur in einem Eckpunkt des Lösungsbereiches wie bei eindeutigen Lösungen liegt, sondern alle Punkte auf einem Abschnitt einer Restriktionsgeraden Optimallösungen darstellen; die Zielfunktion hat die gleiche Steigung wie die betreffende Restriktion. Der Lösungsweg zum obigen Beispiel soll in seinen drei Schritten noch einmal in übersichtlicher Tableau-Form (vgl. Tabelle 5.2) aufgezeigt werden. In der ersten Spalte stehen die Nichtbasisvariablen, die mit dem Wert Null in das Gleichungssystem eingehen. Die zweite Spalte zeigt die Basisvariablen, wobei die mit einem nach links weisenden Pfeil gekennzeichneten Variablen beim nächsten Schritt zu einer Nichtbasisvariablen werden (Ausgangsvariable) und durch die Variable mit einem nach rechts weisenden Pfeil ersetzt werden (Eingangsvariable). Die Beschränkungsgleichungen und die Zielgleichung vor bzw. nach Umformungen im Rahmen des Simplex-Algorithmus werden in der dritten Spalte dargestellt. In der vierten Spalte wird noch einmal die Bestimmung der neuen Ausgangsvariablen mit Hilfe der Ermittlung der niedrigsten Obergrenze für die Eingangsvariable gezeigt.

Abschließend sollen die einzelnen Zahlenwerte (Koeffizienten) des Endtableaus (3. Tableau) interpretiert werden. Die Beschränkungsgleichungen können umgeformt werden in:

---

[1] Für die Durchrechnung eines weiteren Beispiels nach der Simplexmethode s. Eisenführ, Franz: Lineare Programmierung für Anfänger, in : Betriebswirtschafts-Magazin, 1964, Nr. 10 und 11, S. 3–10. Vgl. auch Henn, Rudolf; Künzi, Hans Paul: Einführung in die Unternehmensforschung, II. Band, 1968, S. 11–14; Künzi, Hans Paul; Krelle, Wilhelm: Einführung in die mathematische Optimierung, 1969, S. 57–60; Hax, Herbert: Lineare Planungsrechnung und Simplex-Methode als Instrument betriebswirtschaftlicher Planung, in: Zeitschrift für handelswissenschaftliche Forschung, 12. Jg., 1960, S. 584 f.; Zimmermann, Hans Jürgen; Zielinski, Johannes: Lineare Programmierung, Ein programmiertes Lehrbuch für Studierende des Faches Operations Research, 1971, LE 195–292; Jaeger, Arno; Wenke, Klaus: Lineare Wirtschaftsalgebra, Band 1, 1969, S. 73f.

[2] Vgl. Künzi, Hans Paul; Krelle, Wilhelm: Einführung in die mathematische Optimierung, 1969, S. 64 f.

Produktions- und Absatzplanung bei verbundener Produktion

$$1x_1 + \frac{1}{3} x_3^0 - \frac{5}{3} x_4^0 = 50,$$

$$1x_2 + 1 x_4^0 = 60,$$

$$-\frac{5}{3} x_3^0 + \frac{13}{3} x_4^0 + 1x_5 = 110.$$

Wegen $x_3^0 = x_4^0 = 0$ lautet die Lösung $x_1 = 50$, $x_2 = 60$, $x_5 = 110$.

Tabelle 5.2

Nichtbasis-variablen	Basis-variablen	Umformungen der Beschränkungs-gleichungen und der Zielgleichung						Ermittlung der niedrig-sten Obergrenze für die Eingangsvariable
(1)	(2)	(3)						(4)
1. Tableau		$\begin{array}{c}0\\x_1\end{array}$	$\begin{array}{c}0\\x_2\end{array}$	x_3	x_4	x_5		
$x_1 = 0$	x_3	+3	+5	+1	0	0	450	450:5 = 90
$x_2 = 0$	←x_4	0	+1	0	+1	0	60	60:1 = 60
	x_5	+5	+4	0	0	+1	600	600:4 = 150
	$c_h - z_h$	+4	+10	0	0	0	D	
2. Tableau		$\begin{array}{c}0\\x_1\end{array}$	x_2	x_3	$\begin{array}{c}0\\x_4\end{array}$	x_5		
$x_1 = 0$	←x_3	+3	0	+1	−5	0	150	150:3 = 50
$x_4 = 0$	→x_2	0	+1	0	+1	0	60	60:0 unzulässig
	x_5	+5	0	0	−4	+1	360	360:5 = 72
	$c_h - z_h$	+4	0	0	−10	0	$D-600$	
3. Tableau		x_1	x_2	$\begin{array}{c}0\\x_3\end{array}$	$\begin{array}{c}0\\x_4\end{array}$	x_5		
$x_3 = 0$	→x_1	+1	0	$+\frac{1}{3}$	$-\frac{5}{3}$	0	50	
$x_4 = 0$	x_2	0	+1	0	+1	0	60	
	x_5	0	0	$-\frac{5}{3}$	$+\frac{13}{3}$	+1	110	
	$c_h - z_h$	0	0	$-\frac{4}{3}$	$-\frac{10}{3}$	0	$D-800$	

Nunmehr soll untersucht werden, welche Auswirkungen eine Erhöhung des Schlupfes x_3 (Leerkapazität von Maschine I) von bisher $x_3^0 = 0$ auf $x_3^0 = 1$ in bezug auf die produzierten Mengen x_1 und x_2 sowie die Leerzeit x_5 hätte. Da weiterhin $x_4^0 = 0$ gilt, kann die x_4-Spalte gestrichen werden, und man erhält dann:

$$x_1 + \frac{1}{3} x_3 = 50.$$
$$x_2 = 60.$$
$$-\frac{5}{3} x_3 + x_5 = 110.$$

Aus den Gleichungen liest man sofort ab, daß bei einem Schlupf $x_3 = 1$ von Gut 1 gerade $\frac{1}{3}$ (ME) weniger produziert wird, x_2 sich nicht verändert und sich die Leerzeit x_5 um $\frac{5}{3}$ (ZE) erhöht, d. h. es wird für $x_3 = 1$:

$$x_1 = 50 - \frac{1}{3} \cdot 1,$$
$$x_2 = 60,$$
$$x_5 = 110 + \frac{5}{3} \cdot 1.$$

Analog läßt sich ermitteln, daß eine alternative Erhöhung des Schlupfes x_4 (Leerkapazität von Anlage II) um eine Einheit ($x_4 = 1$) zu einer Erhöhung von x_1 um $\frac{5}{3}$ (ME) und zugleich zu einer Verminderung von x_2 um 1 (ME) führt. Gleichzeitig baut sich die Leerzeit x_5 um $\frac{13}{3}$ (ZE) ab:

$$x_1 = 50 + \frac{5}{3} \cdot 1,$$
$$x_2 = 60 - 1 \cdot 1,$$
$$x_5 = 110 - \frac{13}{3} \cdot 1.$$

Damit ist die sachliche Bedeutung der inneren Tableaukoeffizienten klargestellt worden.

Nunmehr sollen die wertmäßigen Wirkungen obiger Mengenänderungen aufgezeigt werden. Dazu müssen die jeweils verdrängten bzw. hinzugekommenen Mengen von Gut 1 bzw. Gut 2 mit ihren Deckungsbeiträgen multipliziert werden. (Eine Veränderung von x_5 hat wegen $c_5 = 0$ keine wertmäßigen

Auswirkungen.) Diese Bewertung führt für $x_3 = 1$ zu den Opportunitätskosten z_3

$$\frac{1}{3} \cdot c_1 - \frac{5}{3} \cdot c_2 = z_3 = \frac{4}{3}$$

bzw. für $x_4 = 1$ zu den Opportunitätskosten z_4

$$-\frac{5}{3} \cdot c_1 + 1 \cdot c_2 + \frac{13}{3} \cdot c_2 = z_4 = \frac{10}{3}.$$

Wegen $c_3 = c_4 = 0$ ergeben sich für x_3 bzw. x_4 ‚Grenzgewinne' von

$$c_3 - z_3 = -\frac{4}{3} \text{ und}$$

$$c_4 - z_4 = -\frac{10}{3}.$$

Dies sind aber gerade die Koeffizienten der Nichtbasisvariablen in der Zielgleichung des Endtableaus. Diese Koeffizienten geben somit den Zielbeitrag von x_3 und x_4 an: Eine zusätzliche Leerzeit (Schlupf) von $x_3 = 1$ bzw. $x_4 = 1$, die sich auch als Verminderung der verfügbaren Kapazität b_1 bzw. b_2 um eine Einheit deuten läßt, *vermindert D* um $\frac{4}{3}$ bzw. $\frac{10}{3}$.

Besonders interessant ist diese Aussage deshalb, weil sie sich (zumindest für kleine Änderungen Δb_1 bzw. Δb_2) auf den Fall einer Kapazitätsausweitung der Anlagen I bzw. II übertragen läßt. Bezeichnet man $z_3 - c_3 = -(c_3 - z_3)$ als den *Schattenpreis* einer Maschinenstunde der Anlage I, so ergibt sich für diesen bei einer angenommenen Kapazitätserhöhung der Anlage I von $b_1 = 450$ auf 451 ein Wert von $\frac{4}{3}$.

Dieser gibt für die zugehörige Schlupfvariable den *Grenzzuwachs des Deckungsbeitrags* ΔD aus der Kapazitätserweiterung um eine Einheit an[1]. Eine Kapazitätserhöhung $\Delta b_1 = 1$ ermöglicht (umgekehrt zum Fall der Schlupfausweitung) eine Mehrproduktion an Gut 1 von $\frac{1}{3}$, was zu einem Zielbeitrag von $+\frac{4}{3}$ führt; $\Delta b_2 = 1$ ermöglicht eine Mehrproduktion von Gut 2 um 1, bedeutet aber zugleich eine Minderung von x_1 um $\frac{5}{3}$, was insgesamt zu einem Zielbei-

---

[1] Vgl. z. B. Hentze, Joachim: Die Schattenpreise als Entscheidungshilfe für optimale Erweiterungen der Fertigungskapazitäten, in: Zeitschrift für Betriebswirtschaft, 40. Jg., 1970, S. 269–272.

trag von $1 \cdot 10 - \frac{5}{3} \cdot 4 = \frac{10}{3}$ führt[1]. Hierbei wird zunächst vorausgesetzt, daß keine Kosten der Kapazitätserweiterung anfallen. Eine Kapazitätserweiterung führt in Wirklichkeit wegen der begrenzten Teilbarkeit der Potentialfaktoren zu einer Vergrößerung der Produktionsmöglichkeiten, die über eine Produkteinheit hinausgeht und zusätzliche Fixkosten verursacht. Insoweit liefern die Schattenpreise nur erste Hinweise, welche Fertigungsanlagen kapazitätsmäßig ausgebaut werden sollten. Eine endgültige Aussage über die Vorteilhaftigkeit kann nur über einen Investitionskalkül gefunden werden (vgl. Band 3). Für die Bestimmung eines gewinnoptimalen Produktions- und Absatzprogramms wäre dann ein neuer LP-Ansatz mit den entsprechend veränderten Nebenbedingungen durchzurechnen.

d) Erlösmaximale Produktions- und Absatzplanung unter Einhaltung eines Mindestgewinns

Konkurrieren in einem Mehrproduktunternehmen die Erzeugnisse um die knappen Kapazitäten und ist die unternehmenspolitische Zielsetzung durch die Erlösmaximierung unter Einhaltung eines Mindestgewinnes gekennzeichnet, so kommen wir zu folgendem Modell:

(5.13) $\qquad E = \sum_{h=1}^{n} p_h^0 \cdot x_h = \max!$

unter den Nebenbedingungen:

(5.13.1) $\qquad \sum_{h=1}^{n} \overline{b}_{jh} \cdot x_h \leq b_j \quad (j = 1, 2, \ldots, m),$

(5.13.2) $\qquad \sum_{h=1}^{n} (p_h^0 - k_{vh}) \cdot x_h \geq D^{\min}$

und

(5.13.3) $\qquad x_h \geq 0 \quad (h = 1, 2, \ldots, n).$

---

[1] Zum Nachweis, daß diese Aussagen nicht für beliebige Vergrößerungen eines b_j gelten, vgl. Meyer, Manfred; Hansen, Klaus; Rohde, Martin: Mathematische Planungsverfahren I, 1973, S. 47–50.

Produktions- und Absatzplanung bei verbundener Produktion 257

Beispiel
Betrachten wir dazu wieder das Zahlenbeispiel aus § 5 C2c. Die Zielfunktion lautet nunmehr

$$E = 11x_1 + 22x_2 = \max!$$

unter den Nebenbedingungen (Kapazitätsrestriktionen)

$$3x_1 + 5x_2 \leq 450$$
$$1x_2 \leq 60$$
$$5x_1 + 4x_2 \leq 600$$

und der weiteren Nebenbedingung (Gewinnrestriktion) von z. B.:

$$4x_1 + 10x_2 \geq 500.$$

Der Mindestdeckungsbeitrag D^{min} soll die fixen Kosten von 400 decken und einen ausschüttbaren Gewinn von mindestens 100 ergeben. In der graphischen Darstellung ist die Mindestbedingung als weitere Restriktionsgerade einzutragen, die die Menge der zulässigen Lösungen zum 0-Punkt hin einschränkt. Ferner ist die neue Zielfunktion einzutragen (s. Abb. 5.9). In unserem speziellen Beispiel berührt die optimale Zielgerade den Lösungsbereich an derselben Ecke wie die Gewinnfunktion. Das ist jedoch Zufall: Die Erlösfunktion brauchte nur etwas steiler zu verlaufen, dann wäre nicht mehr P_2, sondern P_3 der optimale Lösungspunkt. Gewinn- und erlösmaximales Produktions- und Absatzprogramm wären dann unterschiedlich.

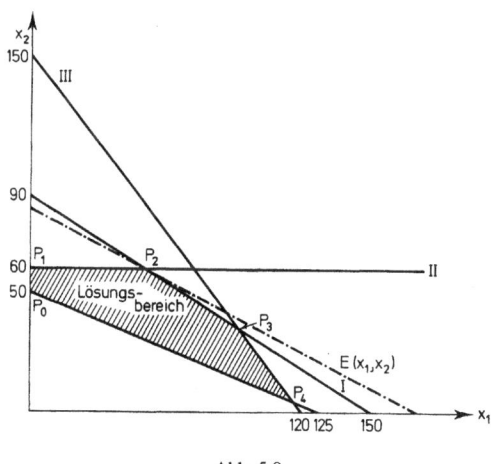

Abb. 5.9

258 Produktions- und Absatzplanung

Für die algebraische Lösung kann auch der Simplex-Algorithmus verwendet werden. Da der Nullpunkt nun aber nicht mehr zum Lösungsbereich gehört und damit keine zulässige Ausgangslösung darstellt, muß zunächst eine erste zulässige Basislösung bestimmt werden, auf welche dann der Simplex-Algorithmus angesetzt wird[1].

3. Preisgrenzbetrachtungen

In diesem Abschnitt soll wie schon bei der Planung des Produktions- und Absatzprogramms im Einproduktunternehmen (§ 5 B 4) der Fall betrachtet werden, daß die Unternehmung für die Produkte alternative Preise erwartet. Mit den anschließenden Preisgrenzbetrachtungen sollen für die Mehrproduktunternehmung unter der Zielsetzung der Gewinnmaximierung Preisgrenzen für alternative Produktions- und Absatzprogramme ermittelt und damit eine Antwort auf die Frage gegeben werden, bei welchen Preisen die Absatz- und Produktionsmengen welcher Produkte verändert werden bzw. welche Produkte aus dem Programm ausscheiden müssen.

a) Stabilität der Optimallösung

Zunächst soll das folgende Preisgrenzproblem behandelt werden: Wie weit können die Produktpreise p_h^0 und damit die Stückdeckungsbeiträge c_h steigen bzw. sinken, ohne daß das optimale Produktionsprogramm bei Gewinnmaximierung (aber unterschiedlichen absoluten Gewinngrößen) verändert werden muß? Preisveränderungen führen zu anderen Deckungsbeiträgen der Produkte. Aus der Zielgleichung im Zweiproduktfall erhält man die Geradengleichung:

$$x_1 = -\frac{c_1}{c_2} x_1 + \frac{D}{c_2}.$$

Die Steigung der Zielgeraden wird betragsmäßig durch das absolute Deckungsbeitragsverhältnis $\left|\dfrac{c_1}{c_2}\right|$ angegeben. Damit führt jede Deckungsbeitragsänderung c_2 des einen Produktes bei konstantem Deckungsbeitrag des zweiten zu einer anderen Steigung der Zielgeraden. Das gilt auch für eine Deckungsbei-

---

[1] Zur Ermittlung einer zulässigen Ausgangslösung (hier etwa P_0 oder P_j) mittels M-Methode s. Künzi, Hans Paul; Krelle, Wilhelm: Einführung in die mathematische Optimierung, 1969, S. 61 ff.; Angermann, Adolf: Entscheidungsmodelle, 1963, S. 211 ff.; zur Simplex-Methode mit künstlichen Variablen s. Dantzig, George B.: Lineare Programmierung und Erweiterungen, deutsche Bearbeitung von Arno Jaeger, 1966, S. 118–129; Jaeger, Arno; Wenke, Klaus: Lineare Wirtschaftsalgebra, Band 1, 1969, S. 74–78.

tragserhöhung des ersten und eine gleichzeitige Deckungsbeitragsermäßigung des zweiten Gutes. Dagegen führt eine Deckungsbeitragserhöhung (-ermäßigung) beider Produkte dann nicht zu einer anderen Steigung, wenn das Deckungsbeitragsverhältnis konstant bleibt. Die gesuchten Deckungsbeitragsgrenzen sind erreicht, wenn die Steigung der Zielgeraden sich so verändert hat, daß eine andere Ecke des Lösungsbereiches das Optimum bildet bzw. die Zielgerade genau die gleiche Steigung wie eine – für das bisherige Optimum maßgebende – Nebenbedingung hat. Dies läßt sich im zweidimensionalen Fall graphisch leicht veranschaulichen.

Beispiel
In Abbildung 5.10 wird eine veränderte Restriktion II gegenüber Abbildung 5.8 eingeführt:

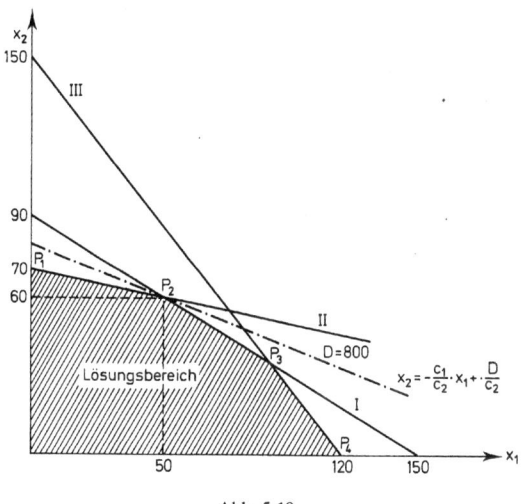

Abb. 5.10

Mit den Restriktionsgeraden

I: $x_2 = -\dfrac{3}{5} x_1 + 90$,

II: $x_2 = -\dfrac{1}{5} x_1 + 70 \quad (1\, x_1 + 5\, x_2 \leq 350)$,

III: $x_2 = -\dfrac{5}{4} x_1 + 150$

und der Zielgeraden

$$Z: \quad x_2 = -\frac{2}{5} x_1 + 80 \quad (c_1 = 4, c_2 = 10, D = 800)$$

gibt in Abbildung 5.10 ebenfalls P_2 die Optimallösung an:

$$x_1 = 50, x_2 = 60, D = 800.$$

P_2 ist hier genau dann alleiniger Optimalpunkt, wenn die Zielgerade steiler verläuft als $\overline{P_1P_2}$ (Restriktionsgerade II) und flacher als $\overline{P_2P_3}$ (Gerade I). Die Steigerung der Zielgeraden muß also *betragmäßig* zwischen $\frac{1}{5}$ (absolute Steigung II) und $\frac{3}{5}$ (absolute Steigung I) liegen. Im vorliegenden Beispiel ist diese Bedingung erfüllt, betragsmäßig gilt nämlich $\frac{4}{10} = \frac{c_1}{c_2} = \frac{2}{5}$ [1].

Aus der Bedingung $\frac{1}{5} < \frac{c_1}{c_2} < \frac{3}{5}$ läßt sich nun ablesen, bei welchem Verhältnis der Deckungsbeiträge P_2 nicht mehr alleiniger Optimalpunkt bleibt. Dies ist offensichtlich für $c_1 : c_2 = 1 : 5$ bzw. $c_1 : c_2 = 3 : 5$ der Fall, wo jeweils alle Punkte auf den Begrenzungsabschnitten $\overline{P_1P_2}$ bzw. $\overline{P_2P_3}$ optimal sind. Sinkt das Deckungsbeitragsverhältnis unter $\frac{1}{5}$ ab, so wird P_1 alleiniger Optimalpunkt, steigt $\frac{c_1}{c_2}$ über $\frac{3}{5}$ an, so wird P_3, für $\frac{c_1}{c_2} > \frac{5}{4}$ schließlich P_4 alleiniger Optimalpunkt. Nehmen wir an, daß sich jeweils nur einer der Preise ändert, so können wir aus den jeweiligen Deckungsbeitragsverhältnissen folgende Optimalitätsbedingungen ablesen:

($c_1 = 4$): optimal ist der Punkt $\quad P_1$ für $\quad c_2 \geq 20$,

($c_1 = $ const.) $\qquad\qquad\qquad\quad P_2$ für $6\frac{2}{3} \leq c_2 \leq 20$,

$\qquad\qquad\qquad\qquad\qquad\quad P_3$ für $3\frac{1}{5} \leq c_2 \leq 6\frac{2}{3}$,

$\qquad\qquad\qquad\qquad\qquad\quad P_4$ für $\quad c_2 \leq 3\frac{1}{5}$;

---

[1] Es ist $\left|-\frac{c_1}{c_2}\right| = \frac{c_1}{c_2}$. Zur Vereinfachung wird im folgenden das Vorzeichen vernachlässigt und nur noch absolute Steigungsmaß $\frac{c_1}{c_2}$ betrachtet.

Preisgrenzbetrachtungen 261

($c_2 = 10$): optimal ist der Punkt P_1 für $c_1 \geq 2$,
(c_2 = const.) P_2 für $2 \leq c_1 \leq 6$,
P_3 für $6 \leq c_1 \leq 12\frac{1}{2}$,
P_4 für $c_1 \leq 12\frac{1}{2}$,

Damit wissen wir, daß sich das optimale Produktions- und Absatzprogramm jedenfalls dann nicht ändert, wenn (bei $c_1 = 4$) c_2 zwischen $6\frac{2}{3}$ und 20 bzw. (bei $c_2 = 10$) c_1 zwischen 2 und 6 liegt. Infolge der konstanten Grenzkosten lassen sich für diese Grenzwerte von c_h die zugehörigen Preisgrenzen für Produkt 1 und 2 ermitteln (z. B. Produkt 1 9 DM und 13 DM).

b) Preisgrenzen für Aufnahme und Ausscheiden von Produkten

Die Preisgrenzen für die Aufnahme eines Produktes in das Produktionsprogramm und für das Ausscheiden ergeben sich in einem Einproduktbetrieb ohne Engpaß aus dessen variablen Stückkosten (vgl. § 5 B 4 a). In einem Mehrproduktbetrieb mit mehreren möglichen Engpässen sind die Preisuntergrenzen eines Produktes außerdem abhängig von den Preisen und variablen Kosten der übrigen Produkte und der Inanspruchnahme der Engpaßkapazitäten durch die herzustellenden Güter. Ein Produkt scheidet unter den zugrundeliegenden Prämissen aus dem Programm aus, wenn es an Deckungsbeiträgen anderer Produkte mehr verdrängt, als es durch den eigenen Deckungsbeitrag erbringt.

Beispiel
Im bisherigen Zahlenbeispiel wird nach demjenigen Preis p_1^0 gefragt, bei dem Gut 1 bei unveränderten Werten für p_2^0 und k_{v1} bzw. k_{v2} aus dem optimalen Programm ausscheidet und somit der Punkt P_1 das optimale Programm darstellt (vgl. Abb. 5.10). Aus den bisherigen Überlegungen ist bekannt, daß dieser Fall für $\frac{c_1}{c_2} < \frac{1}{5}$ eintritt. Da zunächst weiterhin $c_2 = 10$ gelten soll, erhält man als Deckungsbeitragsuntergrenze $c_1^u = 2$. Die gesuchte Preisuntergrenze für das Produkt 1 ergibt sich zu

$$p_1^u = c_1^u + k_{v1}$$
$$= 2 + 7 = 9 \text{ DM}.$$

Analoge Überlegungen für Gut 2 führen ceteris paribus zu $c_2^u = 3\frac{1}{5}$ und

262   Produktions- und Absatzplanung

damit zu der Preisuntergrenze

$$p_2^u = c_2^u + k_{v2}$$
$$= 3,2 + 12 = 15,2 \text{ DM}.$$

Die Preisuntergrenze für z. B. Produkt 1 ist in diesem Fall eine Funktion von k_{v1} und k_{v2}. Für konstante variable Kosten läßt sich die Preisuntergrenze für das Ausscheiden von Produkt 1 aus dem Produktionsprogramm z. B. in Abhängigkeit von alternativen Preishöhen des zweiten Produktes für den Bereich nicht negativer Deckungsbeiträge graphisch wie folgt darstellen (Abb. 5.11):

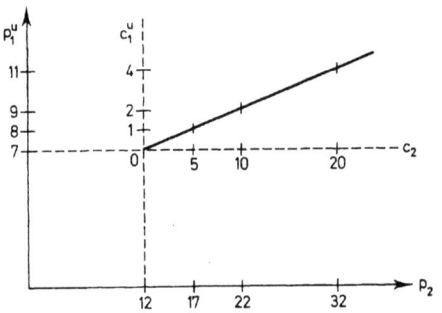

Abb. 5.11

Die Abbildung 5.11 zeigt z. B., daß bei einem Preis für das Produkt 2 von 22 DM der Preis von Produkt 1 nicht unter 9 DM liegen darf, wenn Gut 1 nicht aus dem Produktionsprogramm (gemäß Punkt P_2 in Abb. 5.10) ausscheiden soll. Wäre hingegen z. B. $p_2^0 = 20$ DM, so fiele die Preisuntergrenze von 9 DM auf 8,6 DM. Für $p_2^0 > 22$ DM stiege sie hingegen über 9 DM hinaus. Die Preisuntergrenze für Gut 1 als Funktion von p_2

$$p_1^u = f(p_2)$$

ergibt sich aus der kritischen Steigung der Deckungsbeitragsgeraden von $\frac{c_1}{c_2} = \frac{1}{5}$; bei dieser Steigung hat die Deckungsbeitragsgerade die gleiche Steigung wie die Restriktion II, d. h. für $\frac{c_1}{c_2} < \frac{1}{5}$ scheidet Gut 1 aus dem Produktionsprogramm aus. Läßt man nun c_2 alternative Werte annehmen, so muß c_1 bestimmte Mindestwerte erreichen, damit weiterhin $\frac{c_1}{c_2} = \frac{1}{5}$ erfüllt ist, d.h. Gut 1 nicht aus dem Produktionsprogramm ausscheidet. Aus dieser Bedingung ergibt sich dann die Deckungsbeitragsuntergrenze c_1^u als Funktion von c_2:

$$c_1^u = \frac{1}{5} c_2.$$

Bei konstanten variablen Stückkosten k_{v1} und k_{v2} erhält man aus der Deckungsbeitragsuntergrenze c_1^u die Preisuntergrenze p_1^u wie folgt:

$$p_1^u - k_{v1} = \frac{1}{5} (p_2 - k_{v2}),$$

$$p_1^u = \frac{1}{5} (p_2 - k_{v2}) + k_{v1}.$$

Im Vergleich zu der in § 5 B 5 ermittelten Preisuntergrenze für den Einproduktbetrieb ermöglicht hier nicht jeder Preis, der die variablen Stückkosten übersteigt, eine lohnende Produktion. Vielmehr muß im Mehrproduktbetrieb bei Kapazitätsengpässen – wie aus dem Zahlenbeispiel klar ersichtlich – der Preis eines Produktes h über k_{vh} hinaus zusätzlich noch mindestens die Opportunitätskosten z_h abdecken. Diese betragen in unserem Beispiel der Abbildung 5.10 für Produkt 1 im Punkt P_1 ($x_2 = 70$ und $c_2 = 10$) gerade $z_1 = \frac{1}{5} \cdot 10 = 2$, denn eine Mengeneinheit von Produkt 1 verdrängt $\frac{1}{5}$ ME von Produkt 2 mit einem Deckungsbeitrag von $c_2 = 10$ (DM/ME):

Variable Kosten für Gut 1 (k_{v1})	7 DM
Opportunitätskosten (z_1)	2 DM
Preisuntergrenze (p_1^u)	9 DM.

Will die Unternehmung eine Entscheidung über Annahme oder Ablehnung eines Zusatzauftrages für das Produkt h treffen, so muß sie sich also an der Preisgrenze $p_h^u = k_{vh} + z_h$ orientieren. Dabei ist zu beachten, daß die Opportunitätskosten z_h für jedes mögliche Programm – im Beispiel der Abbildung 5.10 die in den Punkten P_1, P_2, P_3, P_4 angegebenen Programme – unterschiedlich hoch sind. Im Punkt P_2 ist $x_1 = 50$, $x_2 = 60$. Ein Zusatzauftrag über z. B. $\Delta x_1 = 10$ zum Preis $p_{1z}^0 = 15$ DM lohnt nur, wenn für die Zusatzmenge $p_{1z} > p_1^u = k_{v1} + z_1$ gilt.

Hier ist $z_1 = \frac{3}{5} \cdot 10 = 6$, denn $\Delta x_1 = 1$ verdrängt $\frac{3}{5}$ Mengeneinheiten von Gut 2 mit $c_2 = 10$ (vgl. Restriktion I und Abb. 5.12). Mithin ist

$$p_1^u = 7 + 6 = 13 \text{ im Punkt } P_2.$$

264 Produktions- und Absatzplanung

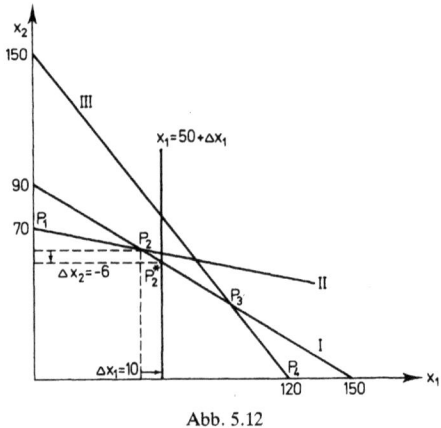

Abb. 5.12

Der Gesamtdeckungsbeitrag verändert sich dann wie folgt:

Bisheriges Optimalprogramm	800 DM
Verdrängte Produktion von Gut 2 $\frac{3}{5} \cdot 10 \cdot 10$	− 60 DM
	740 DM
Zusatzauftrag $(10 \cdot (15-7))$	80 DM
	820 DM

Voraussetzung für diese Überlegungen ist allerdings, daß die Unternehmung für den anonymen Markt produziert und ihr Produktions- und Absatzprogramm jederzeit umstellen kann. Bei kundenorientierter Auftragsproduktion müßten bei Kapazitätsengpässen bestimmte Aufträge zurückgestellt werden, was ggf. zu Konventionalstrafen oder künftig zur Abwanderung von Kunden führt. Preisdifferenzierungen für Zusatzaufträge sind zudem nur auf unvollkommenen Märkten möglich (vgl. § 6 B 3).

c) Arithmetische Ermittlung von Preisgrenzen

Beispiel
Der Simplex-Algorithmus führt für das in Abbildung 5.10 geometrisch dargestellte Problem

$$D = 4 x_1 + 10 x_2 = \max!$$
$$3 x_1 + 5 x_2 \leq 450$$

$$1x_1 + 5x_2 \leq 350$$
$$5x_1 + 4x_2 \leq 600$$
$$x_1, x_2 \geq 0$$

zu folgenden Tableaus:

Tabelle 5.3

	Basis-variablen	x_1	x_2	x_3	x_4	x_5		
1. Tableau	x_3	3	5	1	0	0	450	$450 : 5 = 90$
$x_1 = 0$	x_4	1	5	0	1	0	350	$350 : 5 = 70$
$x_2 = 0$	x_5	5	4	0	0	1	600	$600 : 4 = 150$
	$c_h - z_h$	4	10	0	0	0	D	
2. Tableau	x_3	2	0	1	-1	0	100	$100 : 2 = 50$
$x_1 = 0$	x_2	$\frac{1}{5}$	1	0	$\frac{1}{5}$	0	70	$70 \cdot 5 = 350$
$x_4 = 0$	x_5	$\frac{21}{5}$	0	0	$-\frac{4}{5}$	1	320	$\frac{320 \cdot 5}{21} \approx 76$
	$c_h - z_h$	2	0	0	-2	0	$D - 700$	
3. Tableau	x_1	1	0	$\frac{1}{2}$	$-\frac{1}{2}$	0	50	
$x_4 = 0$	x_2	0	1	$-\frac{1}{10}$	$+\frac{3}{10}$	0	60	
$x_4 = 0$	x_5	0	0	$-\frac{21}{10}$	$+\frac{13}{10}$	1	110	
	$c_h - z_h$	0	0	-1	-1	0	$D - 800$	

Für den Test auf Optimalität sind die Koeffizienten $c_h - z_h^*$ der Zielzeile des 3. Tableaus zu prüfen. Für alle h gilt $c_h - z_h^* \leq 0$; damit gibt das 3. Tableau als Endtableau die Optimallösung an. Die Stabilität der Optimallösung ($x_1 = 50$; $x_2 = 60$) läßt sich arithmetisch dadurch prüfen, daß man den Deckungsbeitrag c_1 ($c_2 = $ const.) bestimmt, bei dem zuerst eine der Nichtbasisvariablen den Zielkoeffizienten Null annimmt[1]. Diese Variable kann dann in die Basis aufgenommen werden. Die Zielkoeffizienten $c_h - z_h^*$ der Nichtbasisvariablen x_3 bzw. x_4 mit $c_3 = c_4 = c_5 = 0$ und $c_2 = 10$ werden aus dem 3. Tableau heraus wie folgt berechnet:

---

[1] Vgl. Hax, Herbert: Preisuntergrenzen im Ein- und Mehrproduktbetrieb, in: Zeitschrift für handelswissenschaftliche Forschung, 13. Jg., 1961, S. 434–449.

$$c_3 - z_3^* = 0 - \left(\frac{1}{2} c_1 - \frac{1}{10} \cdot 10 - \frac{21}{10} \cdot 0\right),$$

$$c_4 - z_4^* = 0 - \left(-\frac{1}{2} c_1 + \frac{3}{10} \cdot 10 + \frac{13}{10} \cdot 0\right).$$

Durch Nullsetzen und Auflösen nach c_1 erhält man aus der ersten Bedingung $c_1^u = 2$ und aus der zweiten $c_1^o = 6$. Sinkt c_1 unter 2, so wird der Koeffizient $c_3 - z_3$ positiv und x_3 Basisvariable. Steigt c_1 über 6, so wird $c_4 - z_4$ positiv, und x_4 wird Basisvariable. Damit haben wir (ceteris paribus) den gesuchten Bereich $2 \leq c_1 \leq 6$ bestimmt, für den das vorliegende Programm $x_2 = 60$, $x_1 = 50$ optimal ist. Mit $k_{v1} = 7$ ergeben sich damit Preisgrenzen $p_1^u = 9$ bzw. $p_1^o = 13$ (vgl. §5 C 3 a).

Analoge Berechnungen für c_2 führen ceteris paribus zu Deckungsbeitragsgrenzen von $c_2^o = 20$ bzw. $c_2^u = 6\frac{2}{3}$. Mit $k_{v2} = 12$ ermittelt man die Preisgrenzen $p_2^u = 18\frac{2}{3}$ und $p_2^o = 32$.

Diejenigen Deckungsbeiträge (Preise), bei denen ein Produkt ganz aus dem optimalen Programm ausscheidet ($x_1 = 0$ bzw. $x_2 = 0$), werden in Abbildung 5.10 durch die Punkte P_1 und P_4 gekennzeichnet. Die oben anhand des Endtableaus ermittelten Deckungsbeitragsgrenzen gelten aber nur für den Übergang von der ‚optimalen Ecke' P_2 zur nächstgelegenen. Daher bewirkt $c_1 < 2$ ($c_2 = 10$) bzw. $c_2 > 20$ ($c_1 = 4$) ein Ausscheiden von Gut 1 aus dem optimalen Programm (Übergang von P_2 nach P_1). Dagegen führt $c_1 > 6$ ($c_2 = 10$) bzw. $c_2 < 6\frac{2}{3}$ ($c_1 = 4$) zunächst nur zum nächsten Eckpunkt P_3, wo aber x_2 noch im optimalen Programm enthalten ist. In diesem Falle müßte man zuerst das zu P_3 gehörige Tableau berechnen, um dann durch nochmalige Grenzrechnung zum nächsten Eckpunkt P_4 zu gelangen, bis sich schließlich ein Programm mit $x_2 = 0$ ergibt. Mit Hilfe geometrischer Betrachtungen ließen sich für P_4 die Optimalitätsbedingungen

$$c_1 \geq 12\frac{1}{2} \ (c_2 = 10) \text{ bzw. } c_2 \leq 3\frac{1}{5} \ (c_1 = 4)$$

ermitteln (vgl. §5 C 3 a).

Literaturempfehlungen zu § 5

Hax, Herbert: Lineare Planungsrechnung und Simplex-Methode als Instrumente betrieblicher Planung, in: Zeitschrift für handelswissenschaftliche Forschung, 12. Jg., 1960, S. 578–605 (zu § 5 C 2).

Hax, Herbert: Preisuntergrenzen im Ein- und Mehrproduktbetrieb, in: Zeitschrift für handelswissenschaftliche Forschung, 13. Jg., 1961, S. 424–449 (zu § 5 C 3).

Eisenführ, Franz: Lineare Programmierung für Anfänger, in: Betriebswirtschafts-Magazin, 1964, Nr. 10 und 11, S. 3–10 (zu § 5 C 2).

Dantzig, George B.: Lineare Programmierung und Erweiterungen, deutsche Bearbeitung von Arno Jaeger, 1966, S. 110–138, 262–274 (zu § 5 C 2).

Langen, Heinz: Dynamische Preisuntergrenzen, in: Zeitschrift für betriebswirtschaftliche Forschung, 18. Jg., 1966, S. 649–659 (zu § 5 B 4).

Henn, Rudolf; Künzi, Hans-Paul: Einführung in die Unternehmensforschung, II. Band, 1968, S. 11–14 (zu § 5 C 2).

Jaeger, Arno; Wenke, Klaus: Lineare Wirtschaftsalgebra, Band 1, 1969, S. 41–78 (zu § 5 C 2).

Künzi, Hans-Paul; Krelle, Wilhelm: Einführung in die mathematische Optimierung, 1969, S. 41–60 (zu § 5 C 2).

Hentze, Joachim: Die Schattenpreise als Entscheidungshilfe für optimale Erweiterungen der Fertigungskapazitäten, in: Zeitschrift für Betriebswirtschaft, 40. Jg., 1970, S. 269–272 (zu § 5 C 2).

Jacob, Herbert: Preispolitik, 2. Aufl., 1971, S. 149–159 (zu § 5 B 1 und 2).

Zimmermann, Hans-Jürgen; Zielinski, Johannes: Lineare Programmierung, Ein programmiertes Lehrbuch für Studierende des Faches Operations Research, 1971, LE 195–292 (zu § 5 C 2).

Schneider, Erich: Einführung in die Wirtschaftstheorie, II. Teil, 15. Aufl., 1979, S. 116–128 (zu § 5 B 1 und 2).

Kilger, Wolfgang: Optimale Produktions- und Absatzplanung, 1973, S. 76–126 (zu § 5 C 1 und 2).

Chmielewicz, Klaus: Gewinnschwellenanalyse (Break-Even-Analyse), in: Wirtschaftswissenschaftliches Studium, 3. Jg., 1974, S. 49–54, 93–94 (zu § 5 B 5).

Engelhardt, Werner H.: Preisuntergrenzen, in: Handwörterbuch der Betriebswirtschaft, 4. Aufl., 1975, Sp. 3049–3058 (zu § 5 B 4).

Kleinebeckel, Herbert: Break-Even-Analysen, in: Zeitschrift für betriebswirtschaftliche Forschung, 28. Jg., 1976, Kontaktstudium, S. 51–58 und S. 117–124 (zu § 5 B 5).

Engeleiter, Hans-Joachim: Preisuntergrenzen in Beschaffung und Absatz, in: Kosiol, Erich; Chmielewicz, Klaus; Schweitzer, Marcell (Hrsg.): Handwörterbuch des Rechnungswesens, 2. Aufl., 1981, Sp. 1368–1374 (zu § 5 B 4).

Gutenberg, Erich: Grundlagen der Betriebswirtschaftslehre, 2. Band, Der Absatz, 17. Aufl., 1984, S. 221–238 (zu § 5 B 1 und 2).

Aufgaben zu § 5

5.1 Ein Unternehmen habe folgende Kostenfunktion

$$K = 50 + 2x^2.$$

Der Preis für das von der Unternehmung angebotene Gut beträgt 40,– DM. Der Preis ist unabhängig von der abgesetzten Menge fix.

(a) Welche Menge soll das Unternehmen anbieten, wenn es seinen Gewinn maximieren will? Bestimmen Sie die Absatzmenge graphisch und analytisch! Wie hoch ist der Gewinn?
(b) Wie ist zu entscheiden, wenn das Unternehmen nur Kapazitäten in Höhe von $x^{max} = 8$ ME zur Verfügung hat?
(c) Welche Menge soll das Unternehmen anbieten, wenn es seinen Erlös maximieren will, aber mindestens einen Gewinn von 20 DM erzielen möchte?

5.2 Ein Unternehmen sieht den Marktpreis für sein anzubietendes Produkt als gegeben in Höhe von $p^{(0)} = 50$ DM an. Seine Gesamtkosten glaubt es hinreichend genau durch die Funktion $K = 100 + 2x$ abbilden zu können. Die Kapazitätsgrenze liegt bei $x^{max} = 100$ ME.

(a) Welche Menge soll das Unternehmen anbieten, wenn es seinen Gewinn maximieren will?
(b) Wie ist zu entscheiden, wenn bei gleicher Kostenstruktur die Kapazitätsgrenze bei $x^{max} = 150$ ME liegt?
(c) Welche Menge soll das Unternehmen anbieten, wenn es seinen Erlös unter Einbehaltung eines Mindestgewinnes von 3000,– DM maximieren will?

5.3 Ein Unternehmer verkauft seine Produkte zum Preis von $p^{(0)} = 8$ DM/Stück. Die Kostenfunktion lautet

$$K(x) = 10 + 2x \quad \text{für } 0 \leq x \leq 10,$$
$$K(x) = 10 + \frac{3}{10}x^2 \quad \text{für } 10 < x \leq 30.$$

Ermitteln Sie graphisch

(a) die Menge x^{Gmax}, bei der der Gewinn maximiert wird;
(b) die Menge x^{Emax}, bei der der Erlös maximiert wird;
(c) die Menge x_x^{Gmax}, bei der der Gewinn unter der Bedingung, daß der Unternehmer mindestens 12 Stück herstellen und verkaufen möchte, maximiert wird;

(d) die Menge x_E^{Gmax}, bei der der Gewinn unter der Bedingung, daß der Unternehmer mindestens 120 DM Erlöse erzielen will, maximiert wird.

5.4 Ein Bochumer Einzelhändler bietet in einer Verkaufsabteilung Seife an. Für den kommenden Monat rechnet der Händler mit sinkenden Absatzpreisen für diesen Artikel, da Billigangebote der preisführenden Supermärkte zu erwarten sind. Auf der Kostenseite erwartet er im kommenden Monat sowohl eine Erhöhung der Fixkosten der Verkaufsabteilung aufgrund steigender Gehälter als auch der variablen Kosten, verursacht insbesondere durch steigende Einstandspreise für Seife. Im vergangenen Monat sah sich der Einzelhändler folgender Kosten- und Erlösfunktion gegenüber

$$E(x) = 1{,}20 \cdot x,$$
$$K(x) = 1500 + 0{,}6 \cdot x.$$

Aufgrund beschränkter Lagerkapazität und begrenztem Verkaufsraum kann der Händler monatlich nicht mehr als 3000 Stück Seife anbieten.

(a) Wieviel Stück Seife hat der Händler unter der Zielsetzung der Gewinnmaximierung im vergangenen Monat angeboten und welchen Gewinn hat er dabei erzielt?

(b) Bis zu welchem Rückgang der Absatzpreise für Seife wird er ceteris paribus die unter (a) errechnete gewinnmaximale Menge weiterhin anbieten, wenn er aus dem Seifengeschäft keinen Verlust erleiden will?

(c) Wird der Händler auch im kommenden Monat Seife anbieten, wenn alternativ mit einer Gehaltssteigerung in Höhe von 15 % der Fixkosten oder mit einer Steigerung der Einstandspreise in Höhe von 10 % der variablen Stückkosten zu rechnen ist und er mindestens einen Gewinn von 150 DM erzielen will?

5.5 Die Abhängigkeit der Kosten K in einer bestimmten Periode von der in der gleichen Periode erzeugten und abgesetzten Menge x eines Produktes sei durch folgende Funktion dargestellt

$$K(x) = 10 + 2x + \frac{1}{4}x^2.$$

Der Unternehmer verhalte sich als Mengenpasser.

(a) Welche Menge wird der Unternehmer erzeugen und anbieten, wenn der erwartete Marktpreis $p^{(0)} = 10$ ist und Maximierung des Periodengewinns angestrebt wird?

(b) Wie hoch ist die Angebotsmenge beim Preis $p^{(0)} = 10$, wenn der Unternehmer den höchsten Absatz realisieren will, der ohne Verlust möglich ist?

(c) Wie hoch ist der niedrigste Preis, bei dem der Unternehmer noch anbietet, wenn er für eine oder mehrere Perioden auf die Deckung der fixen Kosten verzichtet?

5.6 (a) In dem in § 5 C 2c dargestellten Zahlenbeispiel sollen wenigstens 25 ME von Produkt 1 hergestellt werden. Tragen Sie diese Beschränkung in die graphische Darstellung ein und geben Sie das gewinnmaximale Produktionsprogramm an.

(b) In welchem Ausmaß müßten sich für das in § 5 C 2c dargestellte Zahlenbeispiel die Preise oder Kosten wenigstens ändern, so daß sich das Produktionsprogramm zugunsten von Produkt 1 verschiebt? Wie lautet dann das gewinnmaximale Produktionsprogramm?

5.7 Ein Zweiproduktunternehmen verfolge die beiden Zielsetzungen.

(a) Gewinnmaximierung
(b) Aufrechterhaltung des finanziellen Gleichgewichts.

Die zweite Zielsetzung werde kontrolliert durch eine Liquiditätskennziffer der Form

$$L = \frac{\text{kurzfristig verfügbare Zahlungsmittel}}{\text{kurzfristig fällige Verbindlichkeiten}}.$$

Unter der Annahme, daß 2 Güter mit den Preisen $p_1^{(0)} = 10$, $P_2^{(0)} = 16$ und den konstanten Grenzkosten $k_{v1} = 6$ und $k_{v2} = 10$ auf dem Absatzmarkt abgesetzt werden können und sichere Erwartungen hinsichtlich der nächsten Planungsperiode vorliegen, maximiere das betrachtete Unternehmen seinen Gewinn unter der Nebenbedingung, daß die Liquiditätskennziffer $L \geq 1$ ist.

Das Unternehmen weiß, daß durchschnittlich 80% der Verkaufserlöse von Gut 1 und 50% der Verkaufserlöse von Gut 2 sofort bei Lieferung bar eingehen werden. Mit dem Eingang der restlichen Einzahlungen ist erst in der darauffolgenden Planungsperiode zu rechnen. Liquide Mittel und Forderungen aus früheren Perioden sind nicht mehr vorhanden. Alle variablen Stückkosten sind kurzfristig (innerhalb der Planungsperiode) zahlbar.

Weiterhin gelten folgende Produktionsbeschränkungen

$$x_1 \geq 100$$
$$x_1 \leq 600$$
$$x_2 \geq 200$$
$$x_2 \leq 500$$
$$x_1 + x_2 \leq 750.$$

Welche Mengen der Güter 1 und 2 müßten produziert werden, um den Gewinn für die betrachtete Planungsperiode zu maximieren? Lösen Sie die Aufgabe graphisch!

5.8 Ein Betrieb stellt zwei Produkte (1 und 2) her. Die wöchentlichen Ausbringungen x_1 bzw. x_2 sind u. a. dadurch beschränkt, daß beide Erzeugnisse zwei gemeinsame Aggregate mit beschränkter Kapazität durchlaufen. Das Aggregat 1 mit einer Wochenkapazität von 90 Std. wird von jeder Mengeneinheit des Gutes 1 0,6 Std., von jeder Mengeneinheit des Gutes 2 1 Std. beansprucht. Das Aggregat 2 mit einer Wochenkapazität von 80 Std. wird von Gut 1 1 Std., von Gut 2 0,5 Std. pro Mengeneinheit belegt.

Darüber hinaus bestehen aus Absatz- und Lagergründen folgende Beschränkungen: Von Gut 1 sollen mindestens 20, aber höchstens 75 Mengeneinheiten pro Woche gefertigt werden. Von Gut 2 sind mindestens 30, aber nicht mehr als 70 Mengeneinheiten herzustellen.

(a) Stellen Sie den Sachverhalt in einem Diagramm dar, aus dem alle zulässigen Mengenkombinationen von Produkt 1 und 2 ersichtlich sind.
(b) Gut 1 wird zu einem Preis von $p_1^{(0)} = 240$ DM pro Mengeneinheit, Gut 2 zu einem Preis von $p_2^{(0)} = 80$ DM verkauft. Die variablen Kosten betragen pro Mengeneinheit 160 DM bei Gut 1, 40 DM bei Gut 2. Welches ist die optimale Ausbringungskombination, wenn
– der Erlös maximiert werden soll,
– der Deckungsbeitrag maximiert werden soll,
– der Erlös unter der Nebenbedingung eines Mindestdeckungsbeitrags von 4000 DM pro Woche maximiert werden soll.

Lösen Sie diese Aufgaben mit graphischen Mitteln!

5.9 Ein Betrieb kann auf den zur Verfügung stehenden Anlagen 3 Produkte in den Mengen x_1, x_2, x_3 herstellen, wobei die Produkte alle Anlagen durchlaufen. Bekannt sind die jeweiligen (konstanten) Stückdeckungsbeiträge ($c_1 = 2$ DM; $c_2 = 4$ DM; $c_3 = 5$ DM) und die zeitliche Inanspruchnahme der Aggregate durch die Produkte. Da alle Anlagen ein maximales Zeitpotential besitzen, stellt der Produktionsleiter folgende Ungleichungen (Kapazitätsbeschränkungen) auf:

Anlage I: $\quad x_1 + 2,5\ x_2 + 4x_3 \leq 1000,$
Anlage II: $\quad 2\ x_1 + 5\ x_2 + 8x_3 \leq 1200,$
Anlage III: $\quad 0,5x_1 + 1,25x_2 + 2x_3 \leq 850.$

(a) Welche Anlage (j) bildet hier den Engpaß?
(b) Lösen Sie die folgenden Probleme auf möglichst einfache Art!

(b$_1$) Welches Produktions- und Absatzprogramm bringt den höchsten Gesamtdeckungsbeitrag bei einem vom Markt her unbeschränkten Absatz für alle x_h?

(b$_2$) Wie ändert sich die Entscheidung, wenn
von Gut 1 maximal 400,
von Gut 2 maximal 200,
von Gut 3 maximal 500
Einheiten abgesetzt werden können?

5.10 In Band 1, Aufgabe 13.14 stand ein Unternehmer vor der Frage, mit welchem von zwei möglichen Produktionsprozessen (bzw. mit welcher Prozeßkombination) er die Spielzeugente „Anni" kostenminimal produzieren sollte.

Hierbei kennzeichne x_i die mit Prozeß i ($i = 1,2$) hergestellte Menge. (Lösen Sie ggf. die Aufgabe 13.14 aus Band 1)

Es gelten weiterhin die in Aufgabe 13.14 genannten Produktionsbedingungen. Der Unternehmer glaubt, daß er die Spielzeugente am Markt in unbegrenzter Menge zum Preis von 0,95 DM je Stück absetzen kann.

Bestimmen Sie das gewinnmaximale Produktions- und Absatzprogramm
– graphisch im (x_1, x_2)-Diagramm,
– analytisch mit Hilfe des Simplex-Verfahrens (unter Vernachlässigung der anhand der Graphik als überflüssig erkannten Restriktion(en)).

5.11 In einem Unternehmen, das zwei verschiedene Fenstertypen (P_1 und P_2) produziert, müssen im Produktionsprozeß die drei Produktionsanlagen S_1, S_2, S_3 von den zwei Produktarten passiert werden. Bei der Bearbeitung eines Produktes sind folgende Bedingungen zu beachten: An der Anlage S_1 beträgt die Produktionsdauer pro Stück von P_1 0,4 Stunden, die vom Produkt P_2 pro Stück 0,2 Stunden. An der Anlage S_2 werden 0,3 Stunden pro Stück von P_1 und 0,3 Stunden pro Stück von P_2 benötigt. An der Anlage S_3 rechnet man mit 0,2 Stunden pro Stück von P_1 und 0,6 Stunden pro Stück von P_2. Die maximale Produktionszeit der Anlagen S_1, S_2 und S_3 beträgt 100, 90, 120 Stunden pro Woche. Das Unternehmen verhält sich als Mengenanpasser. Die Verkaufspreise betragen 270,– DM pro Stück des Fenstertyps 1 und 450,– DM pro Stück des Fenstertyps 2. Außerdem meint der Leiter des Rechnungswesens dieses Unternehmens, daß die Kosten pro Woche sich durch die Beziehung

$$K(x_1, x_2) = 190x_1 + 330x_2 + 2400$$

mit x_h: = Produktionsmenge des Fenstertyps P_h ($h = 1,2$) wiedergeben lassen. Die Unternehmensleitung will den Gewinn maximieren.

(a) Formulieren und lösen Sie das Problem graphisch und analytisch!

(b) Ermitteln Sie graphisch und analytisch, wie sich die Lösung ändert, wenn der Preis des Fenstertyps 1 auf 230 DM absinkt. Welche besondere Bedeutung hat dieser Preis für das Produktionsprogramm?

(c) Lohnt es sich, einen Zusatzauftrag von 50 Fenstern des Typs 1 zum Preis von 320 DM/Stück zu akzeptieren und dafür die Produktion des anderen Fenstertyps einzuschränken?

5.12 Der Produktionsleiter Samuel Simplex des 2-Produkt-Betriebes „One & One KG" will das Produktions- und Absatzprogramm mit dem maximalen Gesamtdeckungsbeitrag (D) simultan ermitteln. Er ermittelt die Kapazitäten (b_j) der Produktionsanlagen I und II sowie die Deckungsbeiträge (c_h) der beiden Produkte und trägt diese Werte zusammen mit dem Koeffizienten der zeitlichen Inspruchnahme der Anlage j durch eine Einheit der Produktart $h(\bar{b}_{jh})$ in folgendes Ausgangstableau ein

x_1	x_2	x_3	x_4	b_j	
1	2	1	0	60	(Anlage I)
1	0,5	0	1	30	(Anlage II)
20	50	0	0	D	

(a) Erläutern Sie die durch das Ausgangstableau gekennzeichnete Produktions- und Absatzsituation.

(b) Berechnen Sie das Endtableau mit Hilfe des Simplex-Algorithmus. Wie hat sich die Produktions- und Absatzsituation verändert?

(c) Erläutern Sie die betriebswirtschaftliche Bedeutung der Koeffizienten des Endtableaus.

(d) Bis zu welchem Betrag darf c_1 ansteigen, ohne daß sich an der Optimalität der gefundenen Lösung etwas ändert? Wie ändert sich die Lösung, wenn c_1 auf 40 steigt?

(e) Welchen Stückdeckungsbeitrag müßte die One & One KG für Produkt 1 mindestens erzielen, damit die alleinige Produktion von Produktart 1 optimal ist? Wie ändert sich die Lösung, wenn c_1 auf 200 steigt?

§ 6 Integrierte Produktions- und Absatzplanung des Monopolisten auf dem vollkommenen und unvollkommenen Markt

A. Ausgangsbedingungen

Im Gegensatz zum Polypolisten, der als Mengenanpasser dem Grunde nach keine Absatzpolitik im engeren Sinne betreibt, stehen einem Monopolisten (wie auch einem Oligopolisten) Instrumente zur Beeinflussung des Marktgeschehens entsprechend den Zielen der Unternehmung zur Verfügung. Von diesen werden wir insbesondere das Instrument „Preis" in seinen Gestaltungs- und Wirkungsmöglichkeiten eingehend untersuchen.
Im theoretischen *Grundmodell* des Angebotsmonopols/Nachfragepolypols auf dem vollkommenen Markt steht der Hersteller bzw. Anbieter einer bestimmten Güterart einer Vielzahl von Nachfragern gegenüber, die sein Angebot zu fixierten Bedingungen annehmen oder ablehnen können. In der *klassischen Preistheorie* werden primär die Preise als Aktionsparameter und die Absatzmengen als Erwartungsparameter des Anbieters betrachtet. In der folgenden Modellanalyse wird daher zunächst unterstellt, daß die übrigen Absatzinstrumente nicht variiert werden. Das Ziel der Gewinnmaximierung kann unter den angenommenen Marktverhältnissen – wie in § 4 A näher erläutert – nur durch monopolistische Verhaltensweise auf dem Absatzmarkt erreicht werden. *Cournot*[1] hat für diesen Fall als erster eine inzwischen klassisch gewordene modelltheoretische Lösung entwickelt. Die Monopolanalyse trifft im übrigen grundsätzlich auch für Unternehmen zu, die zwar Konkurrenten besitzen, aber als Preisführer anerkannt sind und sich daher auf bestimmte proportionale Preisänderungen der Konkurrenten als Folge eigener Preisvariationen verlassen können[2]. Weiterhin können Präferenzen und/oder mangelnde Transparenz dazu führen, daß sich einzelne Anbieter innerhalb eines begrenzten Preisrahmens monopolistisch verhalten können. Hierauf soll in § 7 eingegangen werden.
Die Tatsache, daß der Monopolist über hinreichende Marktmacht verfügt, um seine Tauschbedingungen durchsetzen zu können, darf nicht zu der Vermutung verleiten, er bedürfe zur Erreichung seiner Unternehmensziele in keinem Fall weiterer Instrumente zur Schaffung von Nachfrager-Präferenzen für seine Produkte. Das Instrument „Preis" genüge somit. Auf dem unvollkommenen

---

[1] Vgl. Cournot, Augustin: Untersuchungen über die mathematischen Grundlagen der Theorie des Reichtums. Aus dem Französischen übersetzt von Walter Waffenschmidt, 1924, S. 47 ff. (original: Recherches sur les principes mathématiques de la théorie des richesses, 1838).
[2] Vgl. Krelle, Wilhelm: Preistheorie, 1. Teil, Monopol- und Oligopoltheorie, 2. Aufl., 1976, S. 25.

Markt muß auch der Monopolist Informationspolitik, Vertriebspolitik und Produktpolitik neben anderem betreiben, um sich als leistungsfähiger Anbieter seinen Nachfragern gegenüber darstellen zu können.
Dies trifft um so mehr zu, je mehr sich ein monopolistischer Anbieter einer gesättigten (ggf. auch sehr preiselastischen) Nachfrage gegenübersieht.

Die Modelle integrierter Produktions- und Absatzplanung der Einproduktunternehmung auf dem vollkommenen Markt sind auch für die Mehrproduktunternehmung bei *Parallelproduktion* und bei *verbundener Produktion*[1] anwendbar, solange die für die verschiedenen Produktarten gemeinsam benötigten Faktoren nicht knapp sind, da über die verschiedenen Produkte in diesem Fall unabhängig voneinander disponiert werden kann. Dabei dürfen jedoch *keine Absatzverbunde* bestehen. Die Theorie des Angebotsmonopols hat somit eine größere Bedeutung, als die Bezeichnung vermuten läßt. Im einzelnen liegen dem Ansatz von Cournot zur Gewinnmaximierung des Angebotsmonopolisten auf dem vollkommenen Markt und den darauf aufbauenden Modellen die gleichen Prämissen zugrunde wie den Modellen für den Polypolisten als Mengenanpasser (vgl. § 5 A):

- Der Monopolist kennt alle für die Planung erforderlichen Daten oder schätzt sie jeweils auf eine einzige Größe *(einwertige Erwartungen)*.
- Alternative Produktions- und Absatzmengen mit ihren Kosten und Erlösen stehen in einer Planungsperiode unabhängig von den Produktions- und Absatzverhältnissen in früheren oder späteren Perioden zur Auswahl *(statische Beziehungszusammenhänge)*.
- Produktions- und Absatzmengen stimmen in der Planungsperiode überein (d. h. es finden keine Zukäufe fremderstellter Produkte und keine Lagerzu- oder -abgänge selbsterstellter Produkte statt).
- Die *Kapazitäten* der Potentialfaktoren und Betriebe werden als in der Planungsperiode *unveränderlich* angesehen.
- Für Produktion und Absatz gibt es *keine Beschränkungen durch begrenzte finanzielle Mittel* oder begrenzte *Verbrauchsfaktormengen*.

Hinzu treten folgende Prämissen:

- Der Monopolist setzt als variierbares Absatzinstrument *nur den Preis ein*, die übrigen Aktionsvariablen beläßt er entweder auf einem bestimmten konstanten Niveau oder setzt sie überhaupt nicht ein (vgl. § 6 B 5).
- Der monopolistische Anbieter erwartet, daß alternative Preis-Absatzmengen-Kombinationen in der Planungsperiode auf einer *linear fallenden Preisabsatzfunktion* liegen (vgl. § 4 B 1).

---

[1] Vgl. Band 1, § 11 A.

B. Integrierte Produktions- und Absatzplanung des Einproduktmonopolisten auf dem vollkommenen Markt

1. Gewinnmaximale Produktions- und Absatzplanung bei differenzierbaren Kostenfunktionen

Mit Hilfe der Gesamtkostenfunktion und der Erlösfunktion (bzw. der Gewinnfunktion) können bei den gegebenen Ausgangsbedingungen der gewinnmaximale Preis und die zugehörige Produktions- und Absatzmenge im Einproduktunternehmen eindeutig bestimmt werden. Dies zeigt Abbildung 6.1 für den Fall einer nichtlinearen Kostenfunktion. Die gleichen Aussagen lassen sich aus der Grenzkosten-Grenzerlös-Darstellung (Abb. 6.2) ableiten.

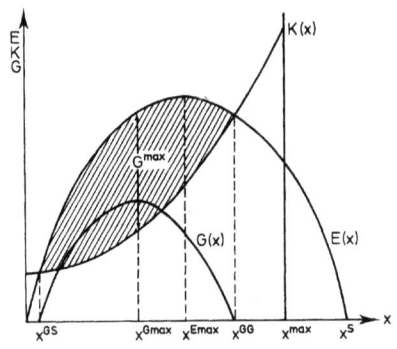

Abb. 6.1

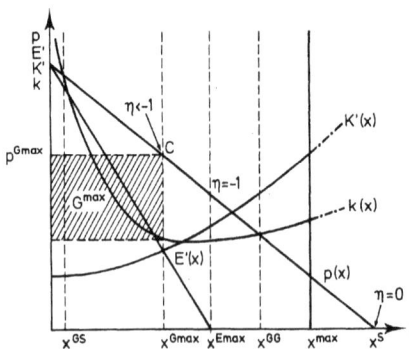

Abb. 6.2

Die *gewinnmaximale Angebotsmenge* x^{Gmax} ist diejenige, für die die Gesamterlös und die Gesamtkostenfunktion den größten Abstand voneinander haben (Abb. 6.1). Das ist dort der Fall, wo Erlös- und Kostenfunktion dieselbe Steigung aufweisen. Bei dieser Menge erreicht die Gewinnfunktion ihr Maximum (Abb. 6.1), *Grenzerlös- und Grenzkostenfunktion* schneiden sich (Abb. 6.2). Bis zu dieser Menge steigt die Erlöskurve stärker als die Kostenkurve; für größere Mengen ist es umgekehrt. Kosten- und Erlöskurve weisen im Normalfall zwei Schnittpunkte auf (bei den Mengen x^{GS} und x^{GG}); x^{GS} kennzeichnet die Gewinnschwelle und x^{GG} die Gewinngrenze (vgl. dazu auch § 5 B 1). Die Höhe der fixen Kosten beeinflußt die Höhe der gewinnmaximalen Menge nicht. Analytisch betrachtet erreicht die Gewinnfunktion das Maximum dort, wo ihre erste Ableitung Null wird und die zweite Ableitung negativ ist:

(6.1) $G(x) = E(x) - K(x),$
(6.2) $G'(x) = E'(x) - K'(x) = 0 \Leftrightarrow E'(x) = K'(x),$
(6.3) $G''(x) = E''(x) - K''(x) < 0.$

Setzt man in die Gewinngleichung G (x) den Ausdruck für die linear fallende Nachfragefunktion

$$x = \frac{1}{g}(u - p)$$

bzw. Preisabsatzfunktion

$$p = -gx + u$$

ein und bildet die 1. und 2. Ableitung, so läßt sich kontrollieren, ob beide Bedingungen für das Gewinnmaximum erfüllt sind.

(6.1.1) $G(x) = (-gx + u) x - K_v(x) - K_f,$
(6.2.1) $G'(x) = -2gx + u - K'_v(x),$
(6.3.1) $G''(x) = -2g \qquad - K''_v(x).$

Errichtet man in Abbildung 6.2 in x^{Gmax} die Senkrechte, so schneidet diese im Punkt C die Preisabsatzfunktion (*Cournotscher Punkt*) und gibt somit den gewinnmaximalen Preis p^{Gmax} an.
Der Preis p^{Gmax} liegt immer im Bereich einer Preiselastizität der Nachfrage, die kleiner als –1 ist, denn die Grenzerlösfunktion nimmt bei $\eta = -1$ den Wert 0 an. Es ist hier also η betragsmäßig größer als 1[1]. Damit liegt die gewinnmaximale Preis-Mengen-Kombination bei einer Absatzmenge, die kleiner als die des Erlösmaximums x^{Emax} ist.
Nimmt man an, daß die Kostenfunktion *linear* verläuft (d. h. $K'(x) =$ const.), so ändert sich an der Bestimmung der gewinnmaximalen Angebotsmenge und des gewinnmaximalen Preises nichts. Sollte die Kapazitätsgrenze x^{max} so niedrig liegen, daß Grenzkosten- und Grenzerlöskurve sich nicht schneiden, so führt

---
[1] Vgl. die Definition in § 4 B 2.

die volle Ausnutzung der Kapazität zum höchstmöglichen Gewinn. Der zur Menge $x^{\max}$ gehörige Preis auf der Preisabsatzfunktion gibt die gewinnmaximale Preis-Mengen-Kombination an. Für diese gilt:

$$E'(x^{\max}) > K'(x^{\max}).$$

2. Gewinnmaximale Produktions- und Absatzplanung bei stückweise differenzierbaren Kostenfunktionen

Kostenfunktionen *mit Sprungstellen* ergeben sich z. B. dadurch, daß größere Produktions- und Absatzmengen nur durch den Einsatz weiterer Maschinen hergestellt werden können. Hierbei kann der Unternehmer grundsätzlich weitere gleichartige (*quantitative Anpassung*) oder qualitativ unterschiedliche Maschinen (*selektive Anpassung*)[1] einsetzen. In Abbildung 6.3 wird der Fall selektiver Anpassung veranschaulicht. Es ergeben sich lokale Gewinnmaxima $G^{\max(i)}$ entweder an den Sprungstellen der Kostenfunktion, an der Stelle $x^{\max}$ oder an den Stellen der Kostenfunktion, für die $K'(x) = E'(x)$ gilt. Aus den lokalen Gewinnmaxima ist das absolut größte herauszusuchen:

(6.4) $G^{\max} = \max\limits_{i} \{G^{\max(i)}\}.$

Für die Gesamterlösfunktion $E_1(x)$ ergibt sich das Gewinnmaximum $G_1^{\max(1)}$ für die Absatzmenge $x_1^{G\max(1)}$.

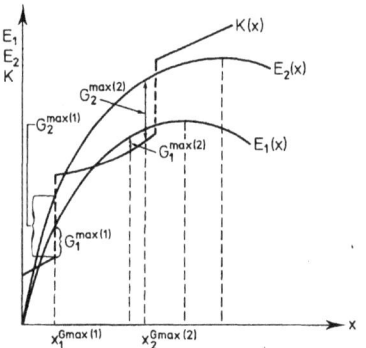

Abb. 6.3

---

[1] Vgl. Band 1, § 14 D.

Verschiebt sich die Preisabsatzfunktion nach rechts, so ändert sich zunächst an der Optimalität von $x_1^{Gmax(1)}$ nichts. Gründe für die Verschiebung der Preisabsatzfunktion liegen möglicherweise in Einkommensteigerungen, verbunden mit Präferenzverschiebungen bei den Nachfragern infolge des (vermehrten) Einsatzes anderer absatzpolitischer Instrumente neben dem Preis. Bei einer bestimmten Lage der Preisabsatzfunktion jedoch ist es günstiger, den Preis zu ändern und eine weitere Fertigungsanlage einzusetzen, und zwar wenn in Abbildung 6.3

$$G_2^{max(2)} > G_2^{max(1)}$$

wird. Dann ist $x_2^{Gmax(2)}$ die gewinnmaximale Produktions- und Absatzmenge. Entsprechendes gilt, wenn – unter Aufhebung der Voraussetzung gegebener Potentialfaktor-Kapazität – die zweite Anlage erst beschafft werden muß, die Kapazität also zunächst nur $x_1^{Gmax(1)}$ beträgt. Dann muß jedoch die Absatzlage mehrerer Perioden bedacht werden, da beide Anlagen voraussichtlich längerfristig nutzbar sind; denn bei einer baldigen Rückverschiebung der Preisabsatzfunktion würde sich wegen der nichtabbaufähigen fixen Kosten der zweiten Anlage ihre Beschaffung und Nutzung für eine kurze Zeit nicht lohnen. Noch stärker an die Wirklichkeit angenähert dürfte die Annahme von nur stückweise differenzierbaren Kosten- und Erlösfunktionen sein. In §7 wird auf den Fall einer abschnittsweise differenzierbaren Erlösfunktion eingegangen. Das Prinzip der Bestimmung der gewinnoptimalen Preis-Mengen-Kombination bleibt gleich: Aus den lokalen Optima entsprechend der Optimalitätsbedingung (Gleichheit von Grenzerlösen und Grenzkosten, d.h. $E' = K'$) und an den relevanten Sprungstellen der Kosten- und Erlösfunktionen bzw. bei x^{max} wird die Preis- Mengen-Kombination mit dem höchsten Gesamtgewinn ausgewählt.

3. Erlösmaximale Produktions- und Absatzplanung unter Einhaltung eines Mindestgewinnes

Strebt ein Unternehmen statt der Maximierung des Gewinns die Maximierung der Erlöse unter Einhaltung eines Mindestgewinnes an, so kann ein entsprechendes Modell wie folgt formuliert werden:

Maximiere unter Berücksichtigung von (6.1)–(6.3)

(6.5) $\quad E(x) = p(x) \cdot x$

unter den Nebenbedingungen

(6.5.1) $\quad x \leq x^{max}$,

(6.5.2) $\quad E(x) - K(x) \geq G^{min}$.

G^{min} kann ein von x (bzw. p) unabhängiger Betrag sein oder aber mit x (bzw. p) variieren, indem G^{min} z.B. als Prozentsatz vom Erlös festgelegt wird.

Ist die zu maximierende Funktion nicht linear, so liegt das gesuchte „bedingte Maximum" entweder im Maximum der Erlösfunktion, d.h. an der Stelle $x^{E\max}$, oder bei jener geringeren Menge $x^{(0)}$ (vgl. Abb. 6.7), bei der die Funktion $K(x) + G^{\min}$ die Erlösfunktion $E(x)$ schneidet.

Zunächst ist für das Erlösmaximum zu untersuchen, ob bei der zugehörigen Angebotsmenge $x^{E\max}$ der Mindestgewinn erreicht oder überschritten ist. Falls für diese Angebotsmenge der Mindestgewinn unterschritten wird, bestimmt die zweite Nebenbedingung:

$$E(x) = G^{\min} + K(x)$$

den Angebotspreis p und die Absatzmenge $x^{(0)}$. Graphisch werden der gesuchte Preis p und die ihm entsprechende Absatzmenge entweder durch das Maximum der Erlösfunktion bei $x^{E\max}$ oder durch den zweiten Schnittpunkt der $E(x)$-Funktion mit der $[K(x) + G^{\min}]$-Funktion (bei $x^{(0)}$) bzw. den Berührungspunkt der beiden Funktionen bestimmt (s. Abb. 6.4).

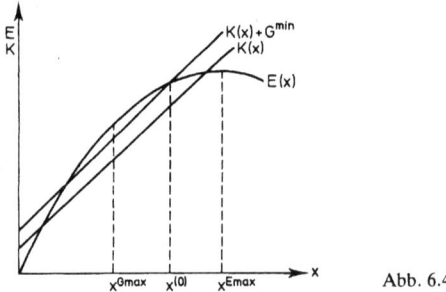

Abb. 6.4

4. Preispolitik auf der Grundlage von Durchschnittskosten

Da die Unternehmen den Verlauf ihrer Preisabsatzfunktion in der zu planenden Periode nicht genau kennen, wird häufig der Preis für die Planabsatzmenge in der Weise gebildet, daß die Stückkosten $k(x)$ ermittelt werden und ein gewisser Prozentsatz als Gewinn $G^{\min\%}$ hinzugeschlagen wird. Liegt der geforderte Preis unter oder über dem Preis, der der Preisabsatzfunktion entspricht, so könnte das Unternehmen im ersten Fall mehr absetzen als geplant. Betrachten wir den ersten Fall näher, so kommen wir zu folgender dynamischen *Verlaufsanalyse* (vgl. Abb. 6.5):

Preispolitik auf der Grundlage von Durchschnittskosten 281

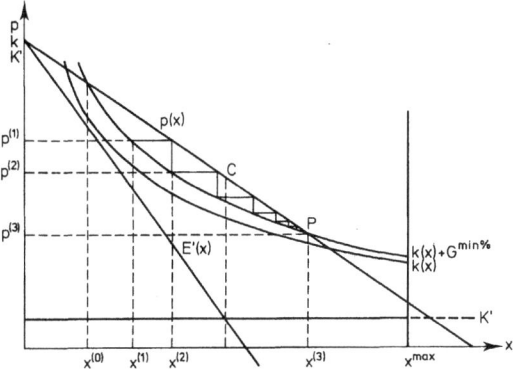

Abb. 6.5

Ein Monopolist habe aufgrund seiner Absatzerwartungen die Menge $x^{(1)}$ produziert. Er möchte diese Menge zum Preise $p^{(1)}$ absetzen, der aus den Stückkosten und dem prozentualen Gewinnzuschlag errechnet wird. Wie die Nachfrage zeigt, hätte er zu diesem Preis in der Periode T die Menge $x^{(2)}$ absetzen können. In der folgenden Periode $T + 1$ wird er daher seine Produktion um die Differenzmenge $x^{(2)} - x^{(1)}$ ausweiten. Hierdurch sinken seine Stückkosten. Der Angebotspreis beträgt nunmehr $p^{(2)}$. Bei diesem Preis und unveränderter Gültigkeit der Nachfragefunktion kann jedoch eine noch größere Menge abgesetzt werden. Die betriebliche Anpassung an diese Nachfragemenge führt wieder zu einer Stückkosten- und Preissenkung. Dieser Prozeß wiederholt sich so lange, bis der Angebotspreis mit dem Nachfragepreis übereinstimmt. Dies ist bei der Menge $x^{(3)}$ und dem Preis $p^{(3)}$ der Fall[1]. Die Angebotsmenge ist also größer, aber Preis und Gewinn sind kleiner als im Cournotschen Punkt C.

Die Entwicklung zum Gleichgewichtspunkt P hin wäre bei unveränderter Nachfragefunktion ähnlich verlaufen, wenn wir statt von der Menge $x^{(1)}$ von der Menge x^{max} ausgegangen wären. Der Gleichgewichtspunkt P wird lediglich dann nicht erreicht, wenn eine unter $x^{(0)}$ liegende Menge hergestellt worden wäre. Zu dem dieser Menge entsprechenden Preis hätte weniger abgesetzt werden können. Die Stückkosten wären gestiegen, die Preisforderung hätte erhöht werden müssen usw. In einer solchen Situation würde sich das Unternehmen selbst aus dem Markt hinausmanövrieren, wenn es unnachgiebig an dieser Art der Preisbestimmung festhielte.

---

[1] Vgl. dazu auch Jacob, Herbert: Preispolitik, 2. Aufl., 1971, S. 114 f.

Ein Monopolist, der seine Preisforderungen allein an seinen Kosten ausrichtet, maximiert damit automatisch seinen Absatz unter der Nebenbedingung, daß eine bestimmte Gewinnmarge eingehalten wird[1].

5. Preisgrenzbetrachtungen

Ähnlich wie für den Polypolisten (vgl. § 5 B 4) lassen sich somit auch für den Monopolisten Absatzpreise bestimmen, bei deren Unterschreiten die Einstellung der Produktion unter dem Gesichtspunkt der Maximierung des Periodenerfolgs vorteilhafter ist als deren Fortführung. Die gewinnmaximalen Angebotspreise des Monopolisten für *alternative Lagen* der Preisabsatzfunktion liegen auf der Verbindungslinie CC' der jeweiligen Cournotschen Punkte, die analytisch die Form

$$p = \frac{dK}{dx} + \left[\frac{dp}{dx}\right]x$$

hat *(monopolistische Angebotskurve* oder *Cournotsche Kurve).*
Verschiebt sich die Preisabsatzfunktion aus ihrer Ursprungslage $\overline{A_1B_1}$ parallel nach links, so lohnt sich unter Erfolgsgesichtspunkten ein Angebot am Markt, solange der jeweilige Cournot-Preis über den zugehörigen variablen Stückkosten liegt; denn bei diesem Preis wird noch ein Beitrag zur Deckung der fixen Kosten erzielt. Der Monopolist bietet nicht mehr an, sobald die Preisabsatzfunktion eine Lage links von $\overline{A_3B_3}$ erreicht, weil dann der Cournot-Preis unter den zugehörigen variablen Stückkosten liegt (vgl. Abb. 6.6.).
Ist hingegen bei Einstellung der Produktion K_f^* der Teil der fixen Kosten, der abbaufähig ist, so kommt es bereits bei einer Lage der Preisabsatzfunktion zwischen $\overline{A_1B_1}$ und $\overline{A_3B_3}$ zum Marktrückzug (vgl. Abb. 6.6). Bei der Festlegung der gewinnorientierten Preisuntergrenze mit und ohne Berücksichtigung von einsparbaren Fixkosten bei Stillegung ist jeweils die Lage der Preisabsatzfunktion die Grenzlage, bei der die Preisabsatzfunktion zur Tangente an der k_v-Kurve bzw. an der $\left[k_v + \dfrac{K_f^*}{x}\right]$-Kurve wird ($\overline{A_3B_3}$ bzw. $\overline{A_2B_2}$). Ein Angebot erfolgt nur, solange zwischen jeweiligem Cournot-Preis und zugehörigen variablen Stückkosten eine positive Differenz besteht, die bei Multiplikation mit der entsprechenden Absatzmenge über den abbaufähigen fixen Kosten liegt. Ist diese Bedingung nicht mehr erfüllt (links von $\overline{A_2B_2}$), so ist unter dem Gesichtspunkt des Periodenerfolgs die Einstellung der Produktion günstiger. Eine weiterführende Analyse müßte zusätzlich die Kosten der Stillegung, des Stillstandes und der Wiederingangsetzung einbeziehen.

---

[1] Vgl. Jacob, Herbert: Preispolitik, 2. Aufl. 1971, S. 115.

Produktions- und Absatzplanung bei technologisch verbundener Produktion 283

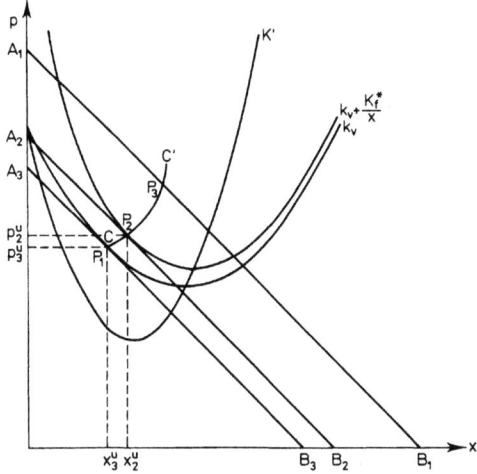

Abb. 6.6

Unter dem Gesichtspunkt der Liquidität ist der Grenzpreis in der Weise zu bestimmen, daß die aus den Erlösen resultierenden Einzahlungen mindestens die in der gleichen Planungsperiode zu Auszahlungen führenden Kostenelemente decken (vgl. § 5 B 4 b).

Die Aussagegrenzen der gewinn- bzw. liquiditätsorientierten Preisuntergrenzen, wie sie in § 5 B 4 für den Polypolisten aufgezeigt wurden, gelten analog für den Monopolisten.

C. Integrierte Produktions- und Absatzplanung in monopolistischen Mehrproduktunternehmen auf dem vollkommenen Markt

1. Produktions- und Absatzplanung bei technologisch verbundener Produktion (Kuppelproduktion)

a) Konstante Produktmengen-Relationen

Kuppelproduktion ist ein Fall der verbundenen Produktion, bei dem auf Grund der technischen Eigenarten des Produktionsprozesses zwangsläufig verschiedene Produktarten (Kuppelprodukte) in einem festen oder beschränkt variierbaren Mengenverhältnis anfallen[1]. Für den Produzenten stellt sich damit die Frage, was mit den technologisch bedingten Kuppelproduktmengen geschehen soll. Besteht für diese Produkte ein eigener Markt, so kann der Produzent versuchen, die anfallenden Mengen dort ganz oder teilweise abzusetzen. Existiert kein eigener Markt und scheidet eine Wieder- bzw. Weiterverarbeitung im Unternehmen aus, so müssen die anfallenden Mengen beseitigt bzw. vernichtet werden[2]. Wir gehen im folgenden davon aus, daß die Kuppelprodukte selbständig vermarktungsfähig sind.

Beispiele
Bei der Destillation von Rohöl fallen verschiedene Mischkomponenten für Benzin, leichte und schwere Heizöle sowie ein Rückstand an. Bei der Verkokung von Kohle werden Koks und Gas erzeugt. In allen Fällen sind die Kuppelprodukte zumindest teilweise selbständig vermarktungsfähig.

Wir betrachten den Fall des Zweiproduktmonopolisten, d. h. der Produzent ist Monopolist in *beiden* Märkten. Und nehmen an, daß folgende Nachfragefunktionen gegeben seien:

$$x_1 = u_1 - g_1 p_1$$
$$x_2 = u_2 - g_2 p_2$$

Wir nehmen ferner an, daß nur jeweils so viel von beiden Produkten produziert wird wie abgesetzt werden kann.

Zunächst seien konstante Produktmengen-Relationen unterstellt. Das feste Produktmengen-Verhältnis zwischen beiden Güterarten 1 und 2 sei dann:

$$x_2 = \vartheta \, x_1$$

mit $\vartheta > 0$. Damit gilt:

$$u_2 - g_2 p_2 = \vartheta (u_1 - g_1 p_1) = \vartheta u_1 - \vartheta g_1 p_1$$

Formt man dies um, so ergibt sich:

$$p_1 = \frac{1}{\vartheta g_1} (\vartheta u_1 - u_2 + g_2 p_2)$$

bzw.

$$p_2 = \frac{1}{g_2} [u_2 - \vartheta (u_1 - g_1 p_1)].$$

---

[1] Vgl. Band 1, § 11 A 3.
[2] Zu Problemen des Recycling bzw. der Schadstoffimmission vgl. z. B. Engelhardt, Werner Hans; Günter, Bernd: Investitionsgütermarketing, 1981, S. 224 ff.; Keller, Egon: Abfallwirtschaft und Recycling, Probleme und Praxis, 1977; Staudt, Erich; Schultheiß, B.: Recycling, in: Wirtschaftswissenschaftliches Studium (WiSt), Band 2, Heft 10, 1973, S. 491–493.

Der Preis von Produkt 1 ist damit eine wachsende Funktion des Preises für das mit ihm verbundene Kuppelprodukt 2 und umgekehrt. Der Preis von Produkt 1 (bzw. 2) ist jedoch u.a. auch abhängig von der Produktmengenrelation. Je höher sie ist (d.h. je mehr Mengeneinheiten von Produkt 2 im Verbund mit Produkt 1 anfallen), um so niedriger muß (ceteris paribus) der Angebotspreis von Produkt 1 ausfallen. Hier ergibt sich somit eine gewisse Gegenläufigkeit von inner- und außerbetrieblichen Wirkungen des Produktionsverbundes im Hinblick auf die Angebotspreise der Kuppelprodukte.

Die Kostenfunktion beider Produkte läßt sich bei Kuppelproduktion als Funktion nur des Produktes 1 ausdrücken. Die Gewinngleichung lautet dann unter der Annahme, daß die Nachfrage nach den beiden Gütern unabhängig voneinander ist:

(6.6) $\qquad G(x_1) = E_1(x_1) + E_2(x_2(x_1)) - K(x_1).$

Dabei bedeuten:

$E_1(x_1)$:= Gesamterlös auf dem Markt des Gutes 1,
$E_2(x_2(x_1))$:= Gesamterlös auf dem Markt des Gutes 2, ausgedrückt in Abhängigkeit von x_1,
$K(x_1)$:= Gesamtkostenfunktion.

Für differenzierbare Erlös- und Kostenfunktionen erhält man das Gewinnmaximum, indem man die Gewinnfunktion nach x_1 differenziert und gleich Null setzt. Das Gewinnmaximum ist dann durch folgende Beziehung gekennzeichnet:

(6.7) $\qquad \dfrac{dE_1}{dx_1} + \dfrac{dE_2}{dx_2} \cdot \dfrac{dx_2}{dx_1} = \dfrac{dK}{dx_1}.$

Der Grenzerlös auf dem Markt des Gutes 1 und der Grenzerlös auf dem Markt des Gutes 2 müssen zusammen den auf die Produktion des Gutes 1 bezogenen Grenzkosten gleich sein. Die Grenzerlöse für die beiden Güterarten sind in der Regel nicht gleich.

Der Grenzerlös für eine Güterart kann sogar negativ werden, wenn soviel abgesetzt werden soll, wie produziert wird[1], was wir zur Vereinfachung hier unterstellt haben. In diesem Falle ist es für den Monopolisten vorteilhafter, von der Produktmenge des Gutes mit negativem Grenzerlös soviel zeitweilig zu lagern oder zu vernichten, daß der negative Grenzerlös verschwindet (Überschußmenge). Der Gesamtgewinn wird dadurch erhöht, sofern nicht relativ höhere Einlagerungs- oder Vernichtungskosten entstehen. Die gewinnmaximale Menge kann in diesem Fall allein durch den Grenzerlös auf dem Markt des knappen Gutes bestimmt werden. Wird zum Beispiel Gut 2 in Überschußmengen produziert, und die Überschußmengen können ohne Kosten eliminiert werden, dann gilt:

---
[1] Vgl. Jacob, Herbert: Preispolitik, 2. Aufl., 1971, S. 132f.

286 Produktions- und Absatzplanung

$$\frac{dE_1}{dx_1} = \frac{dx_1}{dx_1}.$$

Entstehen jedoch variable Kosten für Vernichtung der Überschußmengen, so ist zwischen hergestellten Mengen x_1 und x_2 und verkauften Mengen y_1 und y_2 zu unterscheiden. Die ersten beeinflussen die Kosten, die letzteren die Erlöse. Für n Kuppelprodukte ergibt sich folgender Modellansatz, der grundsätzlich mit Hilfe der nichtlinearen Programmierung gelöst werden kann:

Zielfunktion:

(6.8) $\qquad G = \sum\limits_{h=1}^{n} p_h(y_h) \cdot y_h - \left[K(x_h) + \sum\limits_{h=1}^{n} k_h^v \cdot (x_h - y_h) \right] = \max!$

Die Größen k_h^v sind hier die – als konstant angenommenen – Kosten je Einheit für die Vernichtung eines Kuppelproduktes. Der Index k gibt dasjenige Kuppelprodukt an, auf das die Funktion der Produktionskosten bezogen wird.

Nebenbedingungen:

(6.8.1) $\qquad \overline{b}_{jk} \cdot x_h \leq b_j \ (j = 1, 2, \ldots, m)$
  (Kapazitätsrestriktionen),

(6.8.2) $\qquad x_h = \vartheta_h \cdot x_k$ (Mengenverhältnisse; $h = 1, \ldots n; k = 1, \ldots, r; h \neq k$),

(6.8.3) $\qquad x_h \geq y_h$ (Absatzrestriktionen),

(6.8.4) $\qquad x_h, y_h \geq 0$ (Nichtnegativitätsbedingungen).

b) Variable Produktmengen-Relationen

Bei einer Kuppelproduktion mit variablen Produktmengen-Relationen kann man im Gegensatz zur starren Kuppelproduktion im Falle von 2 Kuppelprodukten x_2 nicht als eine Funktion von x_1 setzen. Die Gesamtgewinnfunktion lautet dann:

(6.9) $\qquad G(x_1, x_2) = p_1(x_1) \cdot x_1 + p_2(x_2) \cdot x_2 - K(x_1, x_2),$

wobei für die Relationen der in Betrieb und Markt realisierbaren Produktmengen der beiden Güter gilt:

(6.9.1) $\qquad m \leq \dfrac{x_1}{x_1} \leq n \ (m, n = \text{const.}).$

Die für den Monopolisten gewinnmaximalen Produktions- und Absatzmengen werden analytisch durch die Werte von x_1 und x_2 bestimmt, für die die ersten partiellen Ableitungen nach x_1 und x_2 verschwinden:

(6.10) $\quad G'_{x_1} = p_1(x_1) + x_1 \cdot \dfrac{\partial p_1}{\partial x_1} - \dfrac{\partial K(x_1, x_2)}{\partial x_1} = 0,$

(6.11) $\quad G'_{x_2} = p_2(x_2) + x_2 \cdot \dfrac{\partial p_2}{\partial x_2} - \dfrac{\partial K(x_1, x_2)}{\partial x_2} = 0.$

Daraus folgt, daß für die gewinnmaximalen Produktions- und Absatzmengen der Grenzerlös jedes Kuppelproduktes gleich seinen partiellen Grenzkosten ist. Für das Gewinnmaximum muß ferner gelten:

$$G''_{x_1 x_1} > 0, \; G''_{x_1 x_2} > (G''_{x_1 x_2})^2$$

und

$$G''_{x_1 x_1} < 0, \; G''_{x_1 x_2} < 0$$

Man muß nun 2 Fälle unterscheiden[1]:

– Sind die gewinnmaximalen Absatzmengenrelationen bei gegebener Anlagenausstattung realisierbar, ist das Problem gelöst.
– Liegen die gewinnmaximalen Absatzmengenrelationen außerhalb des Bereiches realisierbarer Produktmengenrelationen, so geht man von derjenigen Mengenrelation aus, die dem oben ermittelten Optimum am nächsten kommt, und bestimmt wie bei starrer Kuppelproduktion die gewinnmaximale Absatzmenge.

2. Produktions- und Absatzplanung bei wirtschaftlich verbundener Produktion

a) Planung bei einem Produktionsengpaß

Im folgenden wird von einer Produktionsstruktur ausgegangen, bei der unter Benutzung derselben Anlage (e) verschiedene Produktarten in einer Planungsperiode hergestellt werden, wobei ihr Mengenverhältnis im Gegensatz zu § 6 C 1a aber innerhalb der gegebenen Kapazitäten frei wählbar ist. Der Anbieter sei Monopolist in allen Produktmärkten. Die Absatzpreise sind eine Funktion der Absatzmenge, wobei der Einfachheit halber weiterhin linear fallende Preisabsatzfunktionen zugrunde gelegt werden. Ist nun stets dieselbe Anlage (e) der Produktionsengpaß, so läßt sich unter der Zielsetzung der Gewinnmaximierung folgendes Planungsmodell für zwei Produktarten 1 und 2 formulieren. Die Nachfragefunktionen seien[2]:

$$x_i = \dfrac{1}{g_i}(u_i - p_i) \qquad (i = 1, 2)$$

---

[1] Vgl. Jacob, Herbert: Preispolitik, 2. Aufl., 1971, S. 134.
[2] Vgl. § 6 B 1.

bzw. die ihnen entsprechenden Preisabsatzfunktionen:

$$p_i = u_i - g_i x_i \quad (i = 1,2)$$

Dann ergibt sich:

Zielfunktion:

(6.12) $\quad G(x_1, x_2) = (u_1 - g_1 x_1) x_1 + (u_2 - g_2 x_2) x_2$
$\quad\quad\quad - [k_{v1} \cdot x_1 + k_{v2} \cdot x_2 + K_f] = \max!$

Nebenbedingung:

(6.12.1) $\quad \overline{b}_{e1} \cdot x_1 + \overline{b}_{e2} \cdot x_2 \leq b_e.$

Die gewinnmaximalen Produktions- und Absatzmengen lassen sich wie folgt bestimmen. Man bildet die partiellen Ableitungen der Gewinnfunktion und setzt sie gleich Null:

(6.13) $\quad \dfrac{\partial G}{\partial x_1} = u_1 - 2g_1 x_1 - k_{v1} = 0,$

(6.14) $\quad \dfrac{\partial G}{\partial x_2} = u_2 - 2g_2 x_2 - k_{v2} = 0.$

Man erhält aus (6.13) bzw. (6.14) jeweils den Wert für x_i:

$$x_i = \dfrac{1}{2g_i} (u_i - k_{vi}) \quad (i = 1,2)$$

Genügen die so ermittelten Werte für x_1 und x_2 der Nebenbedingung, so ist die Lösung gefunden (die hinreichenden Bedingungen sind automatisch erfüllt). Andernfalls wandelt man die Nebenbedingung in eine Gleichung um und kann eine Mengenvariable durch die andere ausdrücken:

$$x_2 = \dfrac{b_e}{\overline{b}_{e2}} - \dfrac{\overline{b}_{e1}}{\overline{b}_{e2}} \cdot x_1.$$

Setzt man diesen Wert für x_2 in die Zielfunktion ein, differenziert diese nach x_1 und setzt die Ableitung gleich Null, so erhält man den optimalen Wert für x_1, womit zugleich auch x_2 bestimmt ist.
Wird die Nebenbedingung wirksam (Vollauslastung der Engpaßanlage), so gilt für die Mengen von Gut 1 und Gut 2:

$$E'_1(x_1) > K'_1(x_1),$$
$$E'_2(x_2) > K'_2(x_2),$$

Die Grenzgewinne sind also positiv. Könnte man durch Verschiebung von Nutzungseinheiten der knappen Kapazität von einer Produktart auf die andere den Gesamtgewinn erhöhen, so wäre das Gewinnmaximum noch nicht erreicht. Bei Prüfung dieser Frage muß beachtet werden, daß die beiden Güterarten je

Produkteinheit die Kapazität unterschiedlich lang beanspruchen. Im Optimum muß daher das Verhältnis von Grenzgewinn und Beanspruchung der Engpaßkapazität für beide Produktarten gleich sein:

$$\frac{G_1'(x_1)}{\overline{b}_{e1}} = \frac{G_2'(x_2)}{\overline{b}_{e2}}.$$

b) Planung bei mehreren Produktionsengpässen

Für den Fall, daß je nach der Zusammensetzung des Produktions- und Absatzprogramms verschiedene Anlagen zu Produktionsengpässen werden, läßt sich für zwei Produktarten folgender Modellansatz aufstellen, wobei wir wieder die Nachfrage- und Preisabsatzfunktionen des Falles (a) unterstellen:

Zielfunktion:

$$(6.15) \quad G(x_1, x_2) = \sum_{h=1}^{2} u_h x_h - \sum_{h=1}^{2} g_h x_2^h - \left[\sum_{h=1}^{2} k_{vh} \cdot x_h + K_f\right] = \max!$$

Nebenbedingungen:

$$(6.15.1) \quad \sum_{h=1}^{2} \overline{b}_{jh} \cdot x_h \leq b_j \quad (j = 1, 2, \ldots, m)$$

mit

$$(6.15.2) \quad x_h \geq 0.$$

Die Zielfunktion ist quadratisch. Graphisch hat sie für einen festen Wert von G die Form einer Ellipse.
Vernachlässigt man die Nebenbedingungen, so ist das Maximum der Gewinnfunktion immer dann erreicht, wenn die Ellipse auf einen Punkt (ihren Mittelpunkt) zusammengeschrumpft ist. Berücksichtigt man jedoch Nebenbedingungen, so kann man das Gewinnmaximum im Zweiproduktfall wie folgt *graphisch* bestimmen (Abb. 6.7).

Die in der x_1-x_2-Ebene eingezeichneten Geraden

$$x_2 = \frac{b_1}{\overline{b}_{12}} - \frac{\overline{b}_{11}}{\overline{b}_{12}} \cdot x_1 \quad (\text{für } j = 1),$$

$$x_2 = \frac{b_2}{\overline{b}_{22}} - \frac{\overline{b}_{21}}{\overline{b}_{22}} \cdot x_1 \quad (\text{für } j = 2)$$

sind die Kapazitätslinien. Der zulässige Lösungsbereich ist begrenzt durch das Viereck OABC. Liegt nun der Ellipsenmittelpunkt innerhalb des Lösungsbereiches (z. B. P_1), so sind die Koordinaten dieses Mittelpunktes die

290   Produktions- und Absatzplanung

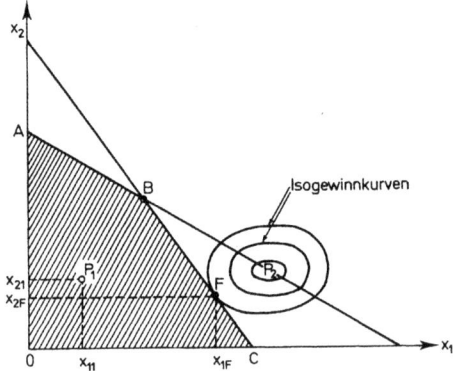

Abb. 6.7

gewinnmaximalen Produktions- und Absatzmengen. Liegen die Koordinaten des Ellipsenmittelpunktes dagegen außerhalb des zulässigen Lösungsbereiches (z.B. P_2), so ist die gewinnmaximale Produktions- und Absatzmengenkombination nur zu verwirklichen, wenn mindestens von einem Produkt weniger produziert wird. Der gewinnmaximale Punkt P_2 wird als Gipfel eines Gewinngebirges angenommen. Bei der Entfernung von diesem Punkt bilden sich Isogewinnkurven. Die Ellipse um P_2 ist so lange „aufzublähen", bis sie den Lösungsbereich in F tangiert. Die Koordinaten (x_{2F}, x_{1F}) dieses Punktes stellen dann die Produktions- und Absatzmengenkombination dar, die den gewinnoptimalen Preisen p_1 und p_2 entsprechen. Diese gewinnt man durch Einsetzen der x-Werte in die Preisabsatzfunktion.

Für die algebraische Lösung bei mehr als zwei Produktarten und linearen Nebenbedingungen existieren für eine quadratische Zielfunktion (z.B. Gewinnmaximierung bei geradlinig fallender Preisabsatzfunktion und linearen Grenzkosten) brauchbare Algorithmen[1]. Das optimale Produktionsprogramm braucht dann aber – wie schon aus Abbildung 6.7 zu ersehen ist – nicht in einem „Eckpunkt" des durch (6.15.1) und (6.15.2) definierten zulässigen Lösungsbereiches zu liegen wie im Beispiel zu der linearen Programmierung (s. § 5 C 2).

---

[1] Vgl. dazu: Künzi, Hans-Paul; Krelle, Wilhelm: Nichtlineare Programmierung, 2. Aufl., 1979, S. 67 ff.; Collatz, Lothar; Wetterling, Wolfgang: optimierungsaufgaben, 1966, S. 110120; Henn, Rudolf; K.ünzi, Hans-Paul: Einführung in die Unternehmensforschung, 11. Teil, 1968, S. 40–55.

D. Integrierte Produktions- und Absatzplanung des Monopolisten auf dem unvollkommenen Markt

1. Gewinnmaximale Produktions- und Absatzplanung bei Preisdifferenzierung

a) Vorbemerkungen

Preisdifferenzierung als Mittel der Absatzpolitik liegt bekanntlich vor, wenn ein Anbieter im gleichen Planungszeitraum das gleiche Gut unterschiedlichen Käufern zu verschiedenen Preisen anbietet. Bietet der Monopolist auf einem unvollkommenen Markt an, so muß er u. a. damit rechnen, daß
- die Nachfrager auf seine preispolitischen Aktionen unterschiedlich reagieren (d.h. eine unterschiedliche Elastizität bezüglich des Preises erkennen lassen)
- die Nachfrager infolge fehlender oder zu geringer Information das Angebot nicht oder zu wenig nutzen
- die über den Markt verfügbaren Informationen mit Ungewißheit behaftet sind.

Diese Umstände machen es erforderlich, die Ansätze zur integrierten Produktions- und Absatzplanung des Monopolisten entsprechend zu erweitern (vgl. § 4 B 7).

Der Grundgedanke kann am Fall des Monopolanbieters auf mehreren Teilmärkten am besten verdeutlicht werden. Die Aussagen zur Preisdifferenzierung gelten grundsätzlich auch für den Oligopolisten und den Polypolisten auf unvollkommenen Märkten, soweit die Preisabsatzfunktionen „monopolistische Bereiche" enthalten. Der Anbieter kann entweder mehrere voneinander getrennte Teilmärkte vorfinden (etwa räumlich auseinanderliegende Märkte) oder durch eigene Aktivitäten eine Marktsegmentierung herbeiführen, wie in § 3 C näher erläutert worden ist.

b) Beispiel einer Preisdifferenzierung

An einem Zahlenbeispiel soll nun gezeigt werden, wie durch Preisdifferenzierung der Gewinn erhöht werden kann. Der Monopolist kann zwei regional voneinander getrennte Teilmärkte beliefern (räumliche Preisdifferenzierung). Die Segmentierungs- bzw. Differenzierungskosten können daher als Null angenommen werden. Die Nachfrage x nach seinem Gut in Abhängigkeit vom Preis p schätzt er auf den beiden Märkten wie folgt:

Markt 1: $p_1 = 15 - 3\,x_1$,
Markt 2: $p_2 = 9 - 0{,}9\,x_2$.

Produktions- und Absatzplanung

Die Grenzkosten $K'(x) = k_v$ mögen zwei Geldeinheiten betragen. Die fixen Kosten seien K_f. Der Bruttogewinn (Gesamtdeckungsbeitrag je Periode) D ergibt sich aus D_1 und D_2:

$$D_1 = E_1(x_1) - h_v \cdot x_1,$$
$$D_2 = E_2(x_2) - h_v \cdot x_2,$$
$$D = D_1 + D_2.$$

Der Gesamtgewinn G aus dem Absatz der Mengen x_1 und x_2 beträgt $G = D - K_f$. Die den gewinnoptimalen Angebotspreisen p_1 und p_2 entsprechenden Absatzmengen x_1 und x_2 auf den beiden Märkten ergeben sich bei Preisdifferenzierung wie folgt:

Auf dem Markt 1: $D_1 = (15 - 3x_1) \cdot x_1 - 2x_1,$

$$\frac{dD_1}{dx_1} = 15 - 6x_1 - 2 = 0,$$

$$x_1^{G\max} = \frac{13}{6} \approx 2{,}17 \text{ und}$$

$$p_1^{G\max} = 15 - \frac{39}{6} = 8{,}5.$$

An der Stelle $x_1^{G\max} = \frac{13}{6}$ gilt $K_1'(x_1) = E_1'(x_1)$:

$$K_1'(x_1) = K'(x) \, k_v = 2 = \text{const.}$$
$$E_1(x_1) = 15 x_1 - 3 x_1^2,$$
$$E_1'(x_1) = \frac{dE_1(x_1)}{dx_1} = 15 - 6x_1$$

Setzt man $x_1 = x_1^{G\max} = \frac{13}{6}$ ein, so ergibt sich:

$$E'(x_1^{G\max}) = 15 - 6\left(\frac{13}{6}\right) = 2$$

Auf dem Markt 2: $D_2 = (9 - 0{,}9 x_2) \cdot x_2 - 2 x_2,$

$$\frac{dD_2}{dx_2} = 9 - 1{,}8 x_2 - 2 = 0,$$

$$x_2^{G\max} = \frac{7}{1{,}8} \approx 3{,}89 \text{ und}$$

$$p_2^{G\max} = 9 - 0{,}9 \cdot \frac{7}{1{,}8} = 5{,}5.$$

Gewinnmaximale Produktions- und Absatzplanung   293

An der Stelle $x_2^{Gmax} = \dfrac{7}{1,8}$ gilt $K'_2(x_2) = E'_2(x_2)$:

$K'_2(x_2) = K_v = 2 = $ const.;
$E_2(x_2) = (9 - 0,9\ x_2)x_2 = 9\ x_2 - 0,9\ x_2^2$
$E'_2(x_2) = \dfrac{dE_2(x_2)}{dx_2} = 9 - 1,8\ x_2$

Setzt man $x_2 = x_2^{Gmax} = \dfrac{7}{1,8}$ ein, so ergibt sich

$$E'_2(x_2^{Gmax}) = 9 - 1,8 \cdot \left(\dfrac{7}{1,8}\right) = 2$$

Für die gewinnmaximalen Preis-Mengen-Kombinationen gilt also, daß die Grenzerlöse E'_1 und E'_2 einander gleich sind und mit den Grenzkosten K' übereinstimmen, d.h. es ist $E'_1(x_1) = E'_2(x_2) = K'(x)$.
Diese Ergebnisse lassen sich auch aus Abbildung 6.8 ablesen.

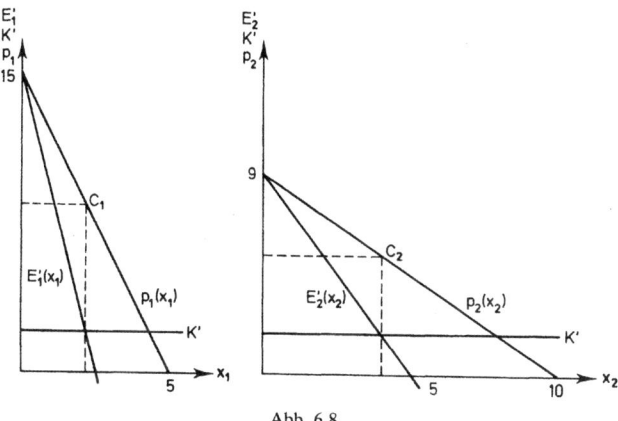

Abb. 6.8

Der Gesamtgewinn beträgt:

$G = E_1 + E_2 - k_v \cdot (x_1 + x_2) - K_f$,
$G = p_1 x_1 + p_2 x_2 - k_v \cdot (x_1 + x_2) - K_f$
$\quad = 8,5 \cdot 2,17 + 5,5 \cdot 3,89 - 2\ (2,17 + 3,89) - K_f$
$\quad = 27,72 - K_f$.

Die gesamte Absatzmenge auf beiden Märkten ist $x = x_1 + x_2 = 2.17 + 3.89 = 6{,}06$ ME.

Wenn der Unternehmer auf Preisdifferenzierung jedoch verzichtet, ergibt sich der gewinnmaximale Angebotspreis auf dem aus den Teilmärkten gebildeten Gesamtmarkt wie folgt:
Die beiden Nachfragekurven werden *horizontal addiert*, d.h. für jeden Preis p werden die jeweiligen Teilmarktmengen x_1 (p) und x_2 (p) addiert, woraus sich eine *geknickte Preisabsatzfunktion* des Gesamtmarktes ergibt. Daraus wird die Grenzerlöskurve E'_{ges} abgeleitet, die eine *Sprungstelle* aufweist (Abb. 6.9). Aus der Zeichnung läßt sich ein gewinnmaximaler Angebotspreis von ca. 6,2 mit einer diesem Preis entsprechenden Absatzmenge von 6,06 und damit ein maximaler Gewinn von nur 25,4 – K_f ermitteln.

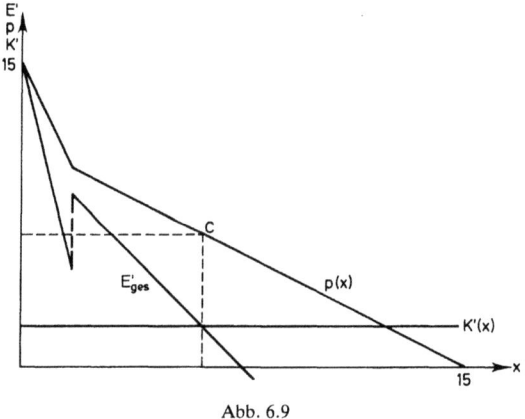

Abb. 6.9

Analytisch läßt sich die horizontale Addition wie folgt formulieren:

$$x = x_1\,(p_1) + x_2\,(p_2).$$

Für das Beispiel ergibt sich aus den ursprünglichen Funktionen:

$$x_1 = 5 - \frac{3}{9}\,p_1 \quad (0 \leq p_1 \leq 15).$$

$$x_2 = 10 - \frac{10}{9}\,p_2 \quad (0 \leq p_2 \leq 9).$$

Bei einheitlicher Preissetzung ist $p_1 = p_2 = p$.

Mithin ist

$$x = 15 - \frac{13}{9}\,p \quad (0 \leq p \leq 9).$$

Durch Umformung erhält man hieraus $p = \frac{135}{13} - \frac{9}{13} x$.

Die durch Addition der Nachfragefunktionen und Auflösung nach dem einheitlichen Preis p gewonnene Preisabsatzfunktion für den Gesamtmarkt lautet:

$$p = \begin{cases} 15 - 3x & \text{für } 0 \leq x \leq 2 \\ \frac{135}{13} - \frac{9}{13} x & \text{für } 2 \leq x \leq 15 \end{cases}$$

Wenn die Grenzerlösfunktion des Gesamtmarktes die Grenzkostenfunktion zweimal schneidet, muß an beiden Stellen der zugehörige Gewinn ermittelt werden. Der Unternehmer bietet von diesen Angebotsmengen diejenige an, die insgesamt den höheren Gewinn erbringt. Im Beispiel ergeben sich rechnerisch der gewinnmaximale Angebotspreis und die zugehörige Absatzmenge wie folgt:

– Für $0 \leq x \leq 2$:

$$D = (15 - 3x) \cdot x - 2x = \max!$$

$$\frac{dD}{dx} = 15 - 6x - 2 = 0,$$

demnach wäre aber $x = 2{,}17$,

d. h. die Grenzlöserfunktion schneidet die Grenzkostenfunktion in diesem Bereich nicht (s. Abb. 6.5).

– Für $2 \leq x \leq 15$:

$$D = \frac{135}{13} - \frac{9}{13} x \cdot x - 2x = \max!$$

$$\frac{dD}{dx} = \frac{135}{13} - \frac{18}{13} x - 2 = 0.$$

Daraus folgt: $x_{G^{max}} = 6{,}06$
$p_{G^{max}} = 6{,}19$
$D^{max} = 25{,}39$

Also ist $p_{G^{max}} = 6{,}19$ der gewinnmaximale Angebotspreis, dem eine Absatzmenge von $x_{G^{max}} = 6{,}06$ entspricht. Die Gleichheit der Gesamtangebotsmenge – unabhängig davon, ob Preisdifferenzierung betrieben wird oder nicht – ist nur in diesem Zahlenbeispiel gewährleistet und keineswegs allgemein gültig[1].

---

[1] Vgl. dazu im einzelnen § 6 D 1c und Abb. 6.9.

c) *Allgemeiner Ansatz der Preisdifferenzierung des Monopolisten*

Allgemein lassen sich die Bedingungen der Preisdifferenzierung folgendermaßen formulieren:

Existieren zwei völlig voneinander getrennte Teilmärkte mit unterschiedlicher Preisabsatzfunktion, so gilt unter Berücksichtigung von (6.1)–(6.3):

(6.16) $\quad G = E_1(x_1) + E_2(x_2) - K(x_1 + x_2) = \max!,$

wobei

(6.16.1) $\quad x = x_1 + x_2$

und

(6.16.2) $\quad E_1(x_1) = p_1(x_1) \cdot x_1$

sowie

(6.16.3) $\quad E_2(x_2) = p_2(x_2) \cdot x_2$

ist. Durch *partielle Differentiation* erhält man:

(6.17) $\quad \dfrac{\partial G}{\partial x_1} = \dfrac{\partial E_1(x_1)}{\partial x_1} - \dfrac{\partial K(x_1 + x_2)}{\partial x_1} = 0,$

(6.18) $\quad \dfrac{\partial G}{\partial x_2} = \dfrac{\partial E_2(x_2)}{\partial x_2} - \dfrac{\partial K(x_1 + x_2)}{\partial x_2} = 0.$

Daraus folgt wegen $\dfrac{\partial K(x_1 + x_2)}{\partial x_1} = \dfrac{\partial K(x_1 + x_2)}{\partial x_2} = \dfrac{\partial K(x_1 + x_2)}{\partial x}$:

(6.19) $\quad \dfrac{\partial E_1(x_1)}{\partial x_1} = \dfrac{\partial E_2(x_2)}{\partial x_2} = \dfrac{\partial K(x_1 + x_2)}{\partial x},$

kurz $\quad E_1'(x_1) = E_2'(x_2) = K'(x).$

Diese Bedingung für das gewinnmaximale Produktions- und Absatzprogramm läßt sich mit Hilfe der Ausdrücke für die Preiselastizitäten der Nachfrage (vgl. § 4 B 2) unter Benutzung der *Amoroso-Robinson-Relation*[1]

$$\frac{dE_1}{dx_1} = p_1 \cdot \left(1 + \frac{1}{\eta_1}\right),$$

---

[1] Vgl. Schneider, Erich: Einführung in die Wirtschaftstheorie, II. Teil, 15. Aufl., 1979, S. 89f. und S. 136f.

wie folgt formulieren:
$$\frac{dE_2}{dx_2} = p_2 \cdot \left(1 + \frac{1}{\eta_2}\right),$$

(6.20) $$\frac{p_1}{p_2} = \frac{1 + \dfrac{1}{\eta_2}}{1 + \dfrac{1}{\eta_1}}.$$

In diesen Ausdrücken erscheint ein Minuszeichen, wenn die Preiselastizität künstlich mit dem Faktor (-1) multipliziert definiert wird.
Die letzte Gleichung besagt: wenn der Anbieter für beide Märkte den gleichen Preis setzt und dabei unterschiedliche Preiselastizitäten der Nachfrage feststellt, so führt die *Preisdifferenzierung* zu einem höheren Gewinn als die einheitliche Preissetzung auf beiden Märkten. Bei einheitlicher Preissetzung ist die obige Bedingung für das Gewinnmaximum nur erfüllt, wenn die Preiselastizitäten übereinstimmen.

Im obigen Beispiel ergibt sich für den Preis $p^{Gmax} = 5{,}5$ auf den Teilmärkten

$$x_2^{Gmax} = \frac{35}{9} \quad \text{und} \quad x_1^{Gmax} = 5 - \frac{3}{9} \cdot \frac{11}{2} = \frac{19}{6}.$$

Damit ist

$$\eta\,[x_2^{Gmax}, p^{Gmax}] = -\frac{1}{0{,}9} \cdot \frac{\frac{11}{2}}{\frac{35}{9}} = -\frac{11}{7},$$

$$\eta\,[x_1^{Gmax}, p^{Gmax}] = -\frac{1}{3} \cdot \frac{\frac{11}{2}}{\frac{19}{6}} = -\frac{11}{19}.$$

Preisdifferenzierung lohnt sich somit für den Monopolisten, wie bereits oben nachgewiesen wurde.

Können Absatzmärkte nicht vollkommen isoliert werden, dann dürfen die Preisdifferenzen einen bestimmten Schwellenwert nicht überschreiten, da andernfalls die Erwerber des Gutes mit dem relativ niedrigen Preis dieses auf dem Markt mit dem höheren Preis veräußern könnten.

Bei einer *räumlichen* Preisdifferenzierung darf die Preisdifferenz die durchschnittlichen Transportkosten je Stück (k_T) nicht übersteigen. Hiervon hatten wir im Beispiel abgesehen.

298 Produktions- und Absatzplanung

Neben der Zielfunktion

$$G = E_1(x_1) + E_2(x_2) - K(x_1 + x_2) = \max!$$

gilt die Nebenbedingung

$$|p_1 - p_2| \leq k_T.$$

Abschließend soll die Wirkung der *Preisdifferenzierung* auf die *Absatzmenge des Monopolisten* näher untersucht werden. Aufgrund des Beispiels könnte man annehmen, daß durch die Preisdifferenzierung nur eine Umverteilung der Gesamtabsatzmenge auf den beiden Teilmärkten gegenüber der Verteilung bei einheitlicher Preissetzung bewirkt wird. Diese Gleichheit der Gesamtabsatzmenge bei einheitlicher bzw. unterschiedlicher Preissetzung ergibt sich aber nur aufgrund der in dem Beispiel enthaltenen Annahmen über den Verlauf der Grenzkostenkurve und der Preisabsatzfunktion (Linearität). Welche Wirkung die Preisdifferenzierung bei nichtlinearen Preisabsatzfunktionen auf die Gesamtabsatzmenge hat, soll hier nicht näher erläutert werden, da bisher auch nur lineare Preisabsatzfunktionen vorausgesetzt wurden. Der Einfluß des Verlaufs der Grenzkostenkurve auf die Gesamtabsatzmenge soll mit Hilfe von Abbildung 6.10 erläutert werden[1].

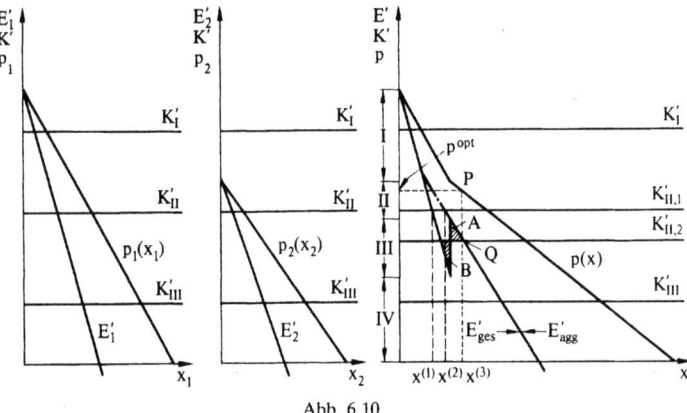

Abb. 6.10

Im Unterschied zu den Abbildungen 6.8 und 6.9 wurden in dieser Abbildung alternative Grenzkostenkurven und die aus E'_1 und E'_2 durch Horizontaladdition

---

[1] Zur Wirkung der Preisdifferenzierung auf die Gesamtabsatzmenge bei nichtlinearen Preisabsatzfunktionen und unterschiedlichen Grenzkosten siehe im einzelnen: Robinson, Joan: The Economics of Imperfect Competition, 13. Aufl., 1964, S. 188–202.

gebildete Grenzerlösfunktion E'_{agg} eingezeichnet. Während man mit Hilfe der Grenzerlöskurve für den Gesamtmarkt E'_{ges} die gesamte Absatzmenge bei einheitlicher Preissetzung ablesen kann, liefert uns E'_{agg} die Gesamtabsatzmenge bei Preisdifferenzierung.
In den Preisbereichen I und IV haben E'_{ges} und E'_{agg} den gleichen Verlauf, d.h. die Gesamtabsatzmenge mit und ohne Preisdifferenzierung ist die gleiche. Verläuft etwa die Grenzkostenkurve im Bereich I gemäß K'_1, so ist Preisdifferenzierung nicht sinnvoll. Im Preisbereich II verläuft die aggregierte Grenzerlösfunktion E'_{agg} oberhalb der Grenzerlösfunktion des Gesamtmarktes E'_{ges}, d.h. ohne Preisdifferenzierung würde der Monopolist eine geringere Menge absetzen als bei unterschiedlicher Preissetzung. Beispielsweise beim Grenzkostenverlauf $K'_{II,1}$ würde der Anbieter bei einheitlicher Preissetzung als Gesamtmenge $x^{(1)}$ auf dem Markt absetzen und bei Preisdifferenzierung die Menge $x^{(2)}$. Im Preisbereich III verläuft die aggregierte Grenzerlösfunktion E'_{agg} ebenfalls oberhalb der Grenzerlösfunktion E'_{ges} des Gesamtmarktes. Auch hier würde der Monopolist durch Preisdifferenzierung eine höhere Menge absetzen können. Welchen Preis er aber im Hinblick auf das Ziel der Gewinnmaximierung setzen sollte und welche Absatzmenge er dabei realisiert, ergibt sich erst durch Vergleich der beiden schraffierten Dreiecke A und B in Abb. 6.9c. Ist die Fläche des Dreiecks A, welches über der Grenzkostenfunktion $K'_{II,1}$ liegt, größer als die Fläche des Dreiecks B, welches unter der Grenzkostenfunktion $K'_{II,2}$ liegt, so wäre der am weitesten rechts liegende Schnittpunkt Q von Grenzerlös- und Grenzkostenkurve der Punkt der gewinnmaximalen Preis-Mengen-Kombination.

2. Gewinnmaximale Produktions- und Absatzplanung unter Einsatz weiterer absatzpolitischer Instrumente

Ein Monopolist kann zur Beeinflussung von Absatzmenge und Gewinn die preispolitischen Maßnahmen mit dem Einsatz weiterer Absatzinstrumente verbinden. Im Zusammenhang mit der preisdifferenzierenden Marktsegmentierung wurde bereits auf die Produktdifferenzierung hingewiesen. Daneben könnten Vertriebs- und Werbemaßnahmen, Serviceleistungen sowie Maßnahmen der Absatzfinanzierung durchgeführt werden. Allerdings sind mit dem Einsatz präferenzschaffender absatzpolitischer Instrumente Kosten verbunden. Daher sind in diesem Fall die *Kosten- und Erlöswirkungen* derartiger Maßnahmen simultan zu betrachten. Im folgenden sollen diese Zusammenhänge unter der vereinfachenden Annahme näher erläutert werden, daß neben preispolitischen Maßnahmen nur Werbung betrieben wird. Neben der Wahl des Werbeziels, des Werbeobjekts, der Werbemittel und weiterer Aktionsparameter der Werbung ist in diesem Fall auch das *Werbebudget* zu bestimmen. Wir wollen annehmen, daß sich das Problem der gewinnoptimalen Kombination der absatzpolitischen Instrumente auf die Aktionsparameter Preis und Werbeausgaben reduzieren läßt. Die Frage lautet dann: Bei welcher Preis-Werbeausgaben-Kombination wird das Gewinnmaximum erzielt?

Die *Nachfragefunktion* des Werbung treibenden Monopolisten hat die Form

$$x = x(p, W),$$

wobei die folgende Nachfragefunktion $x\,(p, W)$ zugrundeliegt:

$$x = \frac{1}{g}\,p + \frac{u}{g} + W_i^\lambda = -\beta p + \gamma + W_i^\lambda$$

mit $0 \leq \lambda < 1,$

und W die Werbeausgaben sind. Durch Werbemaßnahmen soll ein Produkt besser bekannt gemacht, bestimmte Eigenschaften sollen besonders hervorgehoben und neue Käuferschichten interessiert werden. Es wird angenommen, daß zusätzliche Werbeausgaben nicht unbegrenzt zu einer Nachfragesteigerung führen, sondern ab einem bestimmten Aktivitätsniveau eine Sättigung eintritt, d.h. der Nachfragezuwachs durch zusätzliche Werbeausgaben bei einem bestimmten Preis gegen Null tendiert. Um den Anschluß an die Ausführungen in den vorangegangenen Kapiteln herstellen zu können, wollen wir annehmen, daß die zur Nachfragefunktion $x\,(p, W)$ gehörige *Preisabsatzfunktion*

$$p\,(x, W) = x^{-1}\,(p, W)$$

existiert. Weiterhin wird vereinfachend unterstellt, daß die Werbung unmittelbar in der Periode ihres Einsatzes die Nachfrage beeinflußt und die Preisabsatzfunktion $p\,(x,W)$ je nach dem für die Werbung aufgewendeten Betrag $W_i (i = 1, ..., r)$ in der in Abbildung 6.10 angegebenen Weise verläuft. Von in der Realität stets zu beobachtenden Verteilungs- bzw. Verzögerungswirkungen wird somit abgesehen[1]. Für die Schar möglicher Preisabsatzfunktionen aufgrund alternativer Werbeaufwendungen W_i gilt der Ausdruck[2]:

$$p_i = -gx + u + W_i^a.$$

In dem Preis-Mengen-Diagramm der Abbildung 6.8 gibt die Preisabsatzfunktion $p_1\,(x, W_1)$ die Absatzmöglichkeiten wieder, die bei wirksamen Werbeausgaben (W_1) von null Geldeinheiten bestehen. Würden die Ausgaben für die ausgewählten Werbemittel erhöht, so würde stattdessen die Preisabsatzfunktion $p_2\,(x, W_2)$ gelten usw. In der Abbildung 6.10 soll die Preisabsatzfunktion $p_3\,(x, W_3)$ der Sättigung durch Werbemaßnahmen entsprechen. Die Parallelverschiebung der Nachfrage- bzw. Preisabsatzfunktion bedeutet, daß z.B. die Menge $x^{(0)}$ aufgrund von Werbemaßnahmen zu einem höheren Preis abgesetzt oder zum Preis $p^{(0)}$ eine zusätzliche Menge auf dem Markt untergebracht werden kann oder aber eine Kombination beider Effekte erreichbar ist. Die

---
[1] Vgl. § 3 B 4
[2] Vgl. § 4 B 1

Gewinnmaximale Produktions- und Absatzplanung 301

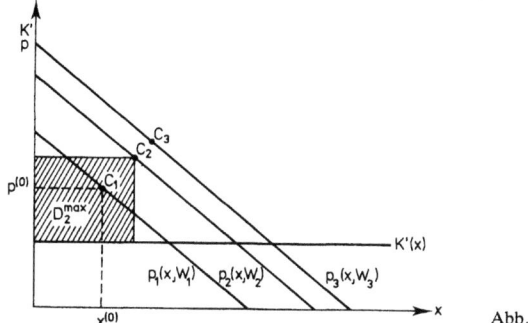

Abb. 6.11

alternativen Werbeausgaben W_i führen auch zu zusätzlichen Werbekosten, so daß die Kostenfunktion neben den variablen Produktionskosten noch sprungfixe Werbekosten umfaßt.

Für jede Preisabsatzfunktion kann nun in der üblichen Weise unter Berücksichtigung der Grenzkostenkurve $K'(x)$ der zugehörige Cournotsche Punkt bestimmt werden. Damit kann zunächst die Frage beantwortet werden, welche Preise bei verschiedenen fest vorgegebenen Werbeausgaben den maximalen Gewinn erbringen. Die zugehörige gewinnoptimale Absatzmenge ergibt sich aus dem festgelegten Preis, den vorgegebenen Werbeausgaben W_i und der zugehörigen Preisabsatzfunktion.

Es läßt sich somit den jeweiligen Werbeausgaben W_i unter der Voraussetzung, daß der zu diesem Werbeeinsatz gehörende gewinnmaximale Preis gefordert wird, ein bestimmter Gewinn zuordnen. Die Bruttogewinngrößen vor Abzug der Werbe- und Fixkosten sind der Abbildung 6.11 zu entnehmen. Für $p_2(x, W_2)$ z.B. wird der zugehörige maximale Bruttogewinn durch die Fläche des schraffierten Rechtecks dargestellt. Subtrahiert man hiervon die fixen Kosten und die Werbekosten, so erhält man den gesuchten Nettogewinn.

Offen ist dagegen noch die Frage nach den optimalen Werbeausgaben. Hierzu wählt man das höchste Nettogewinnmaximum aus den relativen Nettogewinnmaxima bei alternativen Werbeausgaben aus[1]. Diesem höchsten Nettogewinn entsprechen bestimmte optimale Werbeausgaben.

Analytisch läßt sich das optimale Werbebudget wie folgt bestimmen[2]. Hierzu gehen wir nunmehr direkt von der *Nachfragefunktion* $x(p, W)$ aus.

---

[1] Vgl. Jacob, Herbert: Preispolitik, 2. Aufl., 1971, S. 74 f.
[2] Vgl. Seitz, Tycho: Zur ökonomischen Theorie der Werbung, 1971, S. 70–78; Krelle, Wilhelm: Preistheorie, Bd. 1. Tübingen 1976, S. 67–75.

302 Produktions- und Absatzplanung

Ausgangspunkt der Überlegungen ist die Gewinngleichung

(6.21) $\quad G(p, W_i) = p \cdot x(p, W_i) - K[x(p, W_i)] - W_i$

Um die notwendigen Bedingungen für das Gewinnmaximum zu erhalten, setzt man die partiellen Ableitungen der Gewinnfunktion nach p und W_i gleich Null, also:

(6.22) $\quad \dfrac{\partial G}{\partial p} = x + \dfrac{\partial x}{\partial p} \cdot p - \dfrac{\partial K}{\partial x} \cdot \dfrac{\partial x}{\partial p} = 0$

und

(6.23) $\quad \dfrac{\partial G}{\partial W_i} = p \cdot \dfrac{\partial x}{\partial W_i} - \dfrac{\partial K}{\partial x} \cdot \dfrac{\partial x}{\partial W_i} - 1 = 0.$

Ferner müssen für das Gewinnmaximum folgende hinreichenden Bedingungen erfüllt sein:

$G''_{pp} < 0$, $G''_{WW} < 0$ und $G''_{pp} \cdot G''_{WW} > (G''_{pW})^2$

Wie man leicht zeigen kann, sind die für ein Gewinnmaximum hinreichenden Bedingungen erfüllt.
Durch diese beiden Gleichungen sind die gewinnmaximalen Werte von W_i und p bestimmt. Die zugehörige gewinnmaximale Absatzmenge erhält man aus der Nachfragefunktion, indem man die gewinnmaximalen Werte $W_i^{G\max}$ und $p^{G\max}$ darin einsetzt.

Beispiel
Die Nachfragefunktion für das einzige Produkt eines Monopolisten in Abhängigkeit von Preis und Werbeausgaben sei

$$x = 10\,000 - 100\,p + 5\,W^{\frac{1}{2}}.$$

Der Betrieb arbeite mit variablen Kosten von 10 Geldeinheiten pro Mengeneinheit des Gutes. Der Monopolist sucht diejenige Kombination von Angebotspreis und Werbeausgaben, die seinen Gewinn im Planungszeitraum maximiert. Von Markt- oder Produktionsbeschränkungen sei zur Vereinfachung abgesehen.

Die Gewinnfunktion lautet:
$G = E(p, W) - K(p, W) - W = \max!$

Eingesetzt ergibt sich:

$G = p\,(10\,000 - 100\,p + 5\,W^{\frac{1}{2}}) - 10(10\,000 - 100\,p + 5\,W^{\frac{1}{2}}) - W$

$ = 11\,000\,p - 100\,p^2 + 5\,pW^{\frac{1}{2}} - 100\,000 - 50\,W^{\frac{1}{2}} - W.$

Durch partielle Differentiation ergibt sich:
$$\frac{\partial G}{\partial p} = 11\,000 - 200\,p + 5\,W^{\frac{1}{2}} = 0$$
und
$$\frac{\partial G}{\partial W} = \frac{5}{2}\,p \cdot W^{\frac{1}{2}} - 25\,W^{\frac{1}{2}} - 1 = 0$$

Aus diesen beiden Gleichungen kann man nach Umformen $p^{Gmax} = 58$ und $W^{Gmax} = 14\,400$ ermitteln. Die diesen optimalen Werten entsprechende Absatzmenge ist $x^{Gmax} = 4800$, der erzielbare Gesamtgewinn beträgt $G^{max} = 216\,000$.

Die *marginalanalytischen Ansätze* konnten bisher nicht in die Praxis umgesetzt werden, da Informationen über die durch Werbemaßnahmen induzierten Grenzerlöse im allgemeinen nicht beschafft werden können. Auch im nachhinein gelingen *Werbeerfolgskontrollen* nur in Ausnahmefällen. Verbunderscheinungen zu anderen absatzpolitischen Maßnahmen und der ständige Wandel der Marktbedingungen führen dazu, daß gleiche Werbemaßnahmen zu verschiedenen Zeitpunkten und in den verschiedenen Marktsegmenten zu ganz unterschiedlichen Absatz- und Erlöswirkungen führen können. Vielfach kann nur nach dem Kostenminimierungsprinzip eine Auswahl zwischen Werbeaktivitäten, die in ihrer Wirkung für äquivalent erachtet werden, getroffen werden.

In der Praxis sind gewöhnlich absatzpolitische Instrumente $j = 1, ..., z$ mit Aktivitätsniveaus v_j zu einem in sich abgestimmten, die bestmögliche Realisierung der Unternehmensziele bewirkenden Ganzen zusammenzufügen. In marginaltheoretischer Sicht sollte die letzte im Zusammenhang mit einer Absatzvariablen eingesetzte Geldeinheit ebenso viel Mehrerlös und damit Gewinnzuwachs erbringen wie bei ihrer Verwendung für eine andere Instrumentalvariable:

(6.24) $$\frac{\partial G\,(v_1, ..., v_z)}{\partial v_1} = ... = \frac{\partial G\,(v_1, ..., v_z)}{\partial v_j} = ... = \frac{\partial G\,(v_1, ..., v_z)}{\partial v_z}$$

Partielle Grenzerfolge der Instrumentvariablen können jedoch nicht ermittelt werden. Je nach der Ausgangskombination der Instrumentalvariablen des Absatzes sind andere partielle Grenzerfolge zu erwarten, da zwischen den Absatzinstrumenten Interdependenzen bestehen.

Aus diesen Gründen kann in der Praxis der marginalanalytische Ansatz zur exakten Bestimmung einer gewinnmaximalen Kombination der absatzpolitischen Instrumentalvariablen nicht verwandt werden. Hingegen ist aber die Denkweise, die der marginalanalytischen Lösung zugrundeliegt, auch für die praktische Festlegung der Aktivitätsniveaus der Instrumentalvariablen von großer Bedeutung. In der Praxis wird man zwar nicht versuchen, jeder für den Einsatz absatzwirtschaftlicher Instrumente auszugebenden Mark deren Gewinn zuzurechnen, sondern erheblich höhere Beträge als Bezugseinheit wählen, aber der Denkansatz bleibt der gleiche. Auch wird man diesen größeren Teilbeträgen nicht exakte Gewinnbeiträge zuordnen können. Dennoch wird der Unternehmer sicherlich eine Vorstellung über die Größenordnung der jeweiligen Gewinnbeiträge haben und diese für die Planung des Einsatzes der absatzpolitischen Instrumente verwenden.

Da aufgrund der bestehenden Verbunde zwischen den einzelnen Absatzvariablen eine *Simultanplanung* bisher nicht möglich ist, versucht man, mit Hilfe der *Sukzessivplanung* eine unter Gewinnaspekten befriedigende Lösung zu erreichen. Dabei wird man zunächst den optimalen Einsatz jedes Absatzinstrumentes unabhängig von den anderen festlegen und im Anschluß daran versuchen, durch schrittweise Abstimmung der Einzeloptima untereinander – zur Berücksichtigung der Verbunde – den Gesamtgewinn zu verbessern (vgl. § 8 C und § 3 B 8).

3. Weiterführende Modellansätze unter Berücksichtigung der Ungewißheit

In den vorangegangenen Abschnitten (vgl. § 5 B 3 und 4, § 5 C 3, § 6 B 5) wurde verdeutlicht, wie mit Hilfe von Preisgrenzbetrachtungen und Break-Even-Analysen alternative denkbare *Datenkonstellationen* bei der Planung des Produktions- und Absatzprogramms berücksichtigt werden können. Diese beiden Ansätze stellen jedoch noch kein geschlossenes Planungssystem für das Produktions- und Absatzprogramm unter Berücksichtigung *mehrwertiger Erwartungen* der Unternehmung dar, sondern zeigen lediglich Grenzen – im Sinne einer *Sensitivitätsanalyse* – für das unternehmerische Aktionsfeld auf. Im folgenden sollen daher einige Möglichkeiten der Weiterentwicklung monopolistischer Modellansätze im Hinblick auf die Berücksichtigung mehrwertiger Erwartungen (*Ungewißheit*) skizziert werden.

Nimmt man zunächst an, daß der Preis die einzige Aktionsvariable einer monopolistischen Einproduktunternehmung sei, d. h. andere Aktionsvariablen keinen Einfluß auf den Absatz haben, so rechnet die Unternehmung hier bei

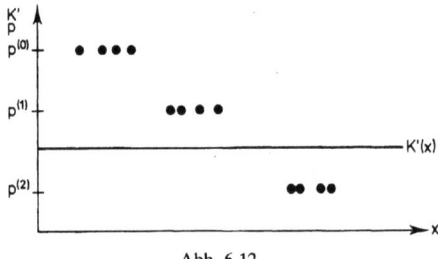

Abb. 6.12

Weiterführende Modellansätze unter Berücksichtigung der Ungewißheit 305

einer bestimmten Preissetzung mit *mehreren alternativ möglichen Absatzmengen*. Im (p,x)-Koordinatensystem findet die mehrwertige Erwartung der Unternehmung in bezug auf die Absatzmenge ihren Ausdruck darin, daß jedem p-Wert nicht mehr genau ein x-Wert zugeordnet werden kann, sondern mehrere x-Werte in Betracht zu ziehen sind – wenn auch gewöhnlich nicht mit der gleichen Wahrscheinlichkeit (s. Abb. 6.12).
Es gelte aber weiterhin, daß die Unternehmung jeder Produktionsmenge bestimmte Kosten zurechnen kann. Dann läßt sich für jede von der Unternehmung für möglich gehaltene Absatzsituation bei einer bestimmten Preissetzung der zugehörige Gewinn errechnen. Diese Planungssituation läßt sich in der folgenden Matrix darstellen[1].

D_j \ p_e	D_1	. . . . .	D_n
p_1	G_{11}	.	G_{1n}
.	.	.	.
.	.	.	.
p_m	G_{m1}	. . . . .	G_{mn}

In der linken Randspalte sind die Preisalternativen und in der Kopfzeile die für möglich erachteten Absatzbedingungen angegeben. Die Matrixfelder enthalten die für die jeweilige Preissetzung und Absatzsituation erwarteten Gewinne. Entscheidend für die Beantwortung der Frage, welcher Preis gefordert werden sollte, ist zum einen, welche Wahrscheinlichkeiten[2] den Datenkonstellationen $D_1 \ldots D_n$ zugeordnet werden, und zum anderen, welche Risikoneigung der Unternehmer entfaltet. Unter Berücksichtigung von Wahrscheinlichkeiten kann das Produktions- und Absatzprogramm bei Risikoneutralität nach der maximalen Gewinnerwartung festgelegt werden[3]. Dieses einfache Planungsmodell – nur eine Aktionsvariable der Unternehmung – läßt sich dadurch realitätsnäher gestalten, daß auch andere Aktionsvariablen wie etwa die Werbung mit in den Planungsansatz einbezogen werden. Das Planungsmodell enthält dann die Aktionsvariablen Preis und Werbung und den *Erwartungswert*

---
[1] Vgl. Band 1, § 3 C.
[2] Vgl. Band 1, § 3 E.
[3] Zu dem Erwartungswert des Gewinns als Entscheidungskriterium und weiteren Entscheidungsregeln mit expliziter Berücksichtigung der Risikoneigung des Unternehmers siehe z. B. Krelle, Wilhelm: Unsicherheit und Risiko in der Preisbildung, in: Zeitschrift für die gesamte Staatswissenschaft, 113. Band, 1957, S. 654–677; Schneeweiß, Hans: Entscheidungskriterien bei Risiko, 1967, S. 46–84; Schneider, Dieter: Investition und Finanzierung, 6. Aufl., 1990, S. 125–150; Bamberg, Günther; Coenenberg, Adolf, G.: Betriebswirtschaftliche Entscheidungslehre, 6. Aufl., 1991, S. 88–94; Mag, Wolfgang: Grundzüge der Entscheidungstheorie, 1990, S. 79–133.

des Gewinnes als Entscheidungskriterium[1]. Man ordnet den einzelnen Preisalternativen p_e ($e = 1, ..., m$) diskrete alternative Werbeausgaben W_i ($i = 1, ..., r$) zu. Die Käuferreaktionen auf eine Preis-Werbe-Kombination werden in der Absatzmenge x_j ($j = 1, ..., n$) des Produktes sichtbar. Hierbei treten bestimmte Absatzmengen x_j als Konsequenzen einer Preis-Werbe-Kombination mit der *Wahrscheinlichkeit* w ($x_j \mid p_e, W_i$) auf, d.h. die Absatzmengen sind von den Preis-Werbeausgaben-Kombinationen abhängig. Die gesamte Entscheidungssituation für die Unternehmung läßt sich durch den folgenden *Entscheidungsbaum*[2] wiedergeben (Abb. 6.13). Eingezeichnete Absatzmengen x_j, die für bestimmte Preis-Werbe-Kombinationen nicht auftreten, erhalten hier die Wahrscheinlichkeit Null. Verwendet man den Erwartungswert des Gewinns als Entscheidungskriterium, so ergibt sich bei bekannten Kosten:

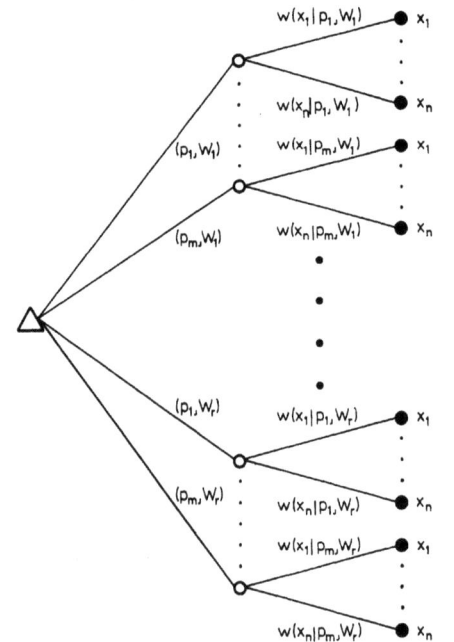

Abb. 6.13

---
[1] Vgl. Hammann, Peter: Entscheidungsanalyse im Marketing, 1975, S. 688–691.
[2] Zum Begriff des Entscheidungsbaums s. Band 1, § 3 E.

(6.25) $\quad \text{EW}(G_{ei}) = \sum_{j=1}^{n} (p_e - k_v) \cdot x_j \cdot w(x_j \mid p_e, W_i) - W_i - K_f$

für jede Kombination (p_e, W_i). Beim Ziel der Gewinnmaximierung wird jene Kombination von p_e und W_i ausgewählt, für die gilt:

(6.26) $\quad \text{EW}(G_{ei})^{\max} = \max_{e,\,i} \{\text{EW}(G_{ei})\}.$

Der gezeigte Ansatz erlaubt es grundsätzlich, eine größere Zahl von Kombinationen absatzpolitischer Instrumente und auch Konkurrenzbeziehungen – falls man eine andere Marktkonstellation als den Monopolfall unterstellt – einzubeziehen. Durch die Darstellung des komplexen Entscheidungsproblems in Form eines Entscheidungsbaums wird die Transparenz für die Unternehmensleitung erhöht. Andererseits sind die Informationsanforderungen auch dieses Planungsansatzes sehr hoch und daher in der Praxis nicht leicht zu erfüllen. Besonders die Prognose der Absatzmenge und die Bestimmung der Wahrscheinlichkeiten dürften erhebliche Schwierigkeiten bereiten.

Literaturempfehlungen zu § 6

Krelle, Wilhelm: Unsicherheit und Risiko in der Preisbildung, in: Zeitschrift für die gesamte Staatswissenschaft, 113. Band, 1957, S. 632–677 (zu § 6 D).
Robinson, Joan: The Economics of Imperfect Competition, 13. Aufl., 1964, S. 188–202 (zu § 6 B 3).
Schneeweiß, Hans: Entscheidungskriterien bei Risiko, 1967, S. 46–61 (zu § 6 D).
Henn, Rudolf; Künzi, Hans-Paul: Einführung in die Unternehmensforschung, II. Teil, 1968, S. 40–43 (zu § 6 C 2).
Jacob, Herbert: Preispolitik, 2. Aufl., 1971, S. 57–78 (zu § 6 B 1 und 2), S. 113–116 (zu § 6 B 6), S. 120–134 (zu § 6 C).
Schneider, Erich: Einführung in die Wirtschaftstheorie, II. Teil, 15. Aufl., 1979, S. 160–169 (zu § 6 C).
Hammann, Peter: Entscheidungsanalyse im Marketing, 1975, S. 687–691 (zu § 6 D).
Gutenberg, Erich: Grundlagen der Betriebswirtschaftslehre, 2. Band, Der Absatz, 17. Aufl., 1984, S. 193–205 (zu § 6 A und B 1), S. 209–214 (zu § 6 C 2).
Simon, Hermann: Preismanagement, 1982, S. 89–145 (zu § 6 B und C).
Ott, Alfred E.: Grundzüge der Preistheorie, Neudruck der 3. überarbeiteten Auflage, 1984, S. 179–187 (zu § 6 B 1), S. 189–191 (zu § 6 B 3).
Mag, Wolfgang: Grundzüge der Entscheidungstheorie, 1990, S. 79–133 (zu § 6D).
Bamberg, Günter; Coenenberg, Adolf G.: Betriebswirtschaftliche Entscheidungslehre, 6. Aufl., 1991, S. 88–94 (zu § 6 D).

Aufgaben zu § 6

6.1 In folgendem Diagramm sind die aus der Nachfragefunktion $x\,(p)$ hergeleitete Preisabsatzfunktion $p\,(x)$, die Grenzkostenfunktion $K'\,(x)$ und die Durchschnittskostenfunktion $k\,(x)$ für ein Gut in Abhängigkeit von der produzierten und angebotenen Menge x gezeichnet.

Zeichnen Sie für folgende Fälle die optimalen Angebotspreise und -mengen ein:
(a) der Gewinn soll maximiert werden;
(b) der Gewinn soll unter der Nebenbedingung maximiert werden, daß der Preis gleich den Durchschnittskosten zuzüglich eines Aufschlags von 25 % ist;
(c) der Erlös soll maximiert werden.

Zeigen Sie in allen drei Fällen algebraisch die Richtigkeit Ihrer graphischen Lösung.

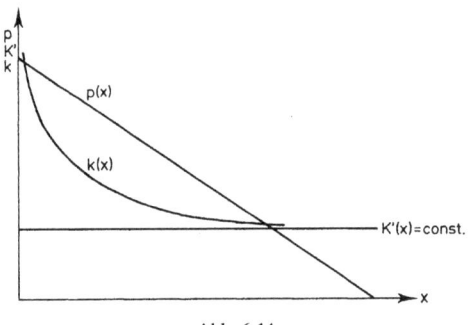

Abb. 6.14

(d) Die Absatzchancen sollen sich im Laufe der Perioden verschlechtern (dargestellt durch parallel nach links verschobene Preisabsatzfunktionen). Bei welcher der folgenden Möglichkeiten der Preissetzung

(1) $p\,(x) = (1 + a) \cdot k\,(x)$, wobei $0 \leq a \leq 1$

und

(2) $E' = K'$

würde der Monopolist früher aus dem Markt ausscheiden? Begründen Sie Ihre Antwort! Bestimmen Sie graphisch unter Berücksichtigung der beiden möglichen Preissetzungen die jeweiligen Absatzmengen und Angebotspreise in den verschiedenen Perioden!

6.2 Die Preisabsatzfunktion eines Monopolisten hat die Form

$p = 20 - 2x$.

Seine Kostenfunktion lautet:

$\cdot K = 15 + 4x$.

Zeigen Sie graphisch mit Hilfe der Gesamtkosten- und Erlösfunktion, welchen Einfluß Veränderungen

(a) der fixen Kosten,
(b) der variablen Kosten

auf die Lage des Cournotschen Punktes und auf den Gewinn haben!

6.3 Gegeben sei die Preisabsatzfunktion

$p = 10 - x$

und die Kostenfunktion

$K = 5 + 4x$.

(a) Ermitteln Sie graphisch die gewinnmaximale und die erlösmaximale Menge
   – im Gesamtkosten/Gesamterlös-Diagramm,
   – im Grenzkosten/Grenzerlös-Diagramm.

(b) Kennzeichnen Sie im Grenzkosten/Grenzerlös-Diagramm für die gewinnmaximale Ausbringungsmenge

   – die Gesamtkosten-Fläche,
   – die Fläche der gesamten fixen Kosten,
   – die Fläche der gesamten variablen Kosten,
   – die Fläche des Erlöses,
   – die Fläche des Gewinns,

   indem Sie die Eckpunkte der einzelnen Flächen mit Buchstaben benennen!

6.4 Ein Tankstellenpächter versucht, den Einfluß seines Preises für nicht markiertes Normalbenzin auf die abgesetzte Menge festzustellen. Indem er verschiedene Preise für je 3 Wochen konstant hält, beobachtet er folgende wöchentliche Absatzmengen (diese seien bereits trend- und saisonbereinigt):

Produktions- und Absatzplanung

Preis in Pfg. pro Liter	Absatz in Liter pro Woche		
52	13 200,	13 800,	14 100
51	16 600,	16 700,	17 200
50	19 500,	19 900,	20 400
49	22 300,	23 000,	23 500
48	25 000,	25 600,	26 500
47	26 500,	26 600,	27 000
46	27 900,	28 500,	29 200
45	29 700,	30 700,	31 500
44	32 000,	33 200,	33 900
43	37 100,	37 900,	38 500
42	43 000,	44 200,	45 800

In der Tankstelle fallen pro Woche DM 200 fixe Kosten an. Das Benzin wird für DM 0,37 pro Liter eingekauft. Die Pacht beträgt 10 % des Erlöses. Übersteigt die wöchentliche Absatzmenge 15 000 Liter, so muß ein Tankwart eingestellt werden; übersteigt sie 30 000 Liter, ist ein weiterer Tankwart erforderlich usw. Jeder Tankwart verdient einschließlich der Sozialabgaben DM 1200 im Monat.

(a) Konstruieren Sie eine Preisabsatzkurve, die daraus resultierende Erlöskurve sowie die Gesamtkostenkurve des Betriebs!
(b) Zu welchem Preis würden Sie dem Pächter raten?

6.5 Die erwartete Preisabsatzfunktion eines Einproduktunternehmens werde für einen bestimmten Zeitraum wie folgt geschätzt:

$$p = 12 - x + 0{,}02\, x^2, \text{ wobei } 0 \leq x \leq 20.$$

Die Kostenfunktion habe im angegebenen Kapazitätsbereich die Gestalt

$$K(x) = 10 + 3x,$$

wobei x in 1000 Stück, K in 1000 DM gemessen sei. Bestimmen Sie den optimalen Preis und die erwartete Absatzmenge, wenn

(a) Gewinnmaximierung,
(b) Gewinnmaximierung unter Einhaltung eines Mindesterlöses von 40 000 DM,
(c) Erlösmaximierung bei Deckung der vollen Kosten,
(d) Erlösmaximierung bei Einhaltung eines Mindestgewinns von 2000 DM,
(e) Erlösmaximierung bei Einhaltung eines Mindestgewinnaufschlags von 10 % auf die Kosten,
(f) Absatzmaximierung bei Einhaltung eines Mindestgewinnaufschlags von 20 % auf die Kosten

angestrebt wird!

6.6 Die Nachfragefunktion einer Käufergruppe lautet

$$x = 104 - 4p,$$

wobei x die Absatzmenge und p den von den Nachfragern gezahlten Preis angeben. Dem monopolistischen Anbieter dieses Gutes entstehen Produktionskosten (in Geldeinheiten) gemäß der folgenden Funktion:

$$K(x) = 20 + 0{,}25\, x^2.$$

(a) Wie hoch muß der Anbieter seinen Preis setzen, wenn er seinen Gewinn maximieren will und davon ausgegangen wird, daß er das Verhalten der Nachfrager richtig beurteilt?
Wie hoch ist der Gewinn?

(b) Es sei zusätzlich angenommen, daß für den Transport jeder Mengeneinheit des Produkts vom Produzenten zum Absatzort 2 Geldeinheiten anfallen und der Produzent diese Transportkosten zahlt. Muß der Anbieter seine Angebotspolitik gegenüber (a) bei Gewinnmaximierung ändern?

(c) Wie ändert sich die Gewinnsituation, wenn der Anbieter mit Ab-Werk-Preisen arbeitet, d.h. die Abnehmer die Transportkosten zahlen müssen? Welchen Ab-Werk-Preis soll er verlangen, wenn er nach maximalem Gewinn strebt?

(d) Welcher Betrag der Stücktransportkosten wird im Fall (b) und welcher Betrag wird im Fall (c) auf die Nachfrager überwälzt?

6.7 Preisdifferenzierung liegt vor, wenn
- ein Mengenanpasser innerhalb eines einheitlichen Plans das gleiche Gut Nachfragern oder Nachfragergruppen zu verschiedenen Preisen anbietet; ( )
- ein Anbieter im Rahmen seines Wirtschaftsplans in der Periode, auf die sich die Planung bezieht, das gleiche Gut verschiedenen Käufern zu verschiedenen Preisen anbietet; ( )
- eine ökonomische Isolierung von Käufergruppen vom Anbieter durchbrochen wird; ( )
- ein Anbieter einem Nachfrager das gleiche Gut zu unterschiedlichen Preisen anbietet; ( )
- ein Anbieter seinen Nachfragern das gleiche Gut 1966 zum Preis von $p_1 = 10$ und 1967 zum Preis von $p_2 = 10{,}8$ anbietet. ( )

6.8 Die Nachfrager nach einem bestimmten Gut können in zwei Teilmärkte geteilt werden, denen der Anbieter unterschiedliche Preisabsatzfunktionen zuordnet:

Gruppe 1: $p_1 = 1000 - 10 x_1$
Gruppe 2: $p_2 = 2000 - 10 x_2$.

Dabei bedeuten x_i die vermutete Nachfragemenge der i-ten Gruppe und p_i den Preis, zu dem dieser Gruppe das Erzeugnis angeboten wird ($x_i \geq 0$, $p_i \geq 0$).

(a) Der Anbieter überlegt, ob es sich lohnt, für jede Gruppe einen anderen Preis zu setzen, oder ob er einen einheitlichen Preis fordern soll. Er verfolgt das Ziel, den Gesamterlös des Produkts zu maximieren. Welchen Preis (bzw. welche Preise) würden Sie empfehlen?

(b) Wie wirkt sich die unter (a) zu treffende Entscheidung – Preisdifferenzierung oder nicht – auf die insgesamt abgesetzte Menge aus?

(c) Angenommen, der Anbieter setzt einen einheitlichen Preis für beide Gruppen fest, der den bei Verzicht auf Preisdifferenzierung höchsten erzielbaren Erlös garantiert. Welche Erlöselastizitäten in bezug auf den Preis herrschen dann bei den Nachfragergruppen? Welche Bedeutung haben diese Elastizitäten?

6.9 Der Blumenvasenfabrikant R. Rose will in Irland und Schottland Vasen absetzen. Er geht von folgenden monatsbezogenen Preisabsatzfunktionen aus:

Schottland: $p_I = 120 - 0{,}2 x_I$,

Irland: $p_{II} = 80 - 0{,}2 x_{II}$.

Für die Produktion der Vasen ergibt sich bis zur Kapazitätsgrenze folgende Kostenbeziehung:

$k(x) = 4000 + 40x$, wobei $0 \leq x \leq 500$.

(a) Zeichnen Sie die Preisabsatzfunktionen, die Grenzerlösfunktionen und die Grenzkostenfunktion für die Teilmärkte und den Gesamtmarkt!

(b) Falls die Märkte voneinander isolierbar sind, sollte R. Rose auf beiden Märkten unter der Zielsetzung Gewinnmaximierung unterschiedliche Preise setzen? Begründen Sie Ihre Antwort!

(c) Bestimmen Sie graphisch und analytisch die gewinnmaximalen Absatzmengen auf den Teilmärkten, die zugehörigen Preise und den Gesamtgewinn, wenn R. Rose Preisdifferenzierung betreibt! Ermitteln Sie weiterhin die gewinnmaximale Absatzmenge, den zugehörigen Preis und den Gewinn, wenn er einen einheitlichen Preis für beide Märkte setzt!

6.10 Der Bekleidungsfabrikant J. Schürze will Regenmäntel in England und Deutschland absetzen. Schürze geht von folgenden monatsbezogenen Preisabsatzfunktionen aus:

England: $p_I = -0{,}25 x_I + 400$,

Deutschland: $p_{II} = -0{,}25 x_{II} + 200$.

Für die Produktion der Regenmäntel hat Schürze folgende Kostenbeziehung ermittelt:

$K(x) = 60000 + 150\,x$, wobei $0 \leq x \leq 3000$.

(a) Zeichnen Sie die Preisabsatzfunktionen, die Grenzerlösfunktionen und die Grenzkostenfunktion für die Teilmärkte und den Gesamtmarkt!
(b) Ermitteln Sie graphisch und algebraisch bei einheitlicher Preissetzung auf beiden Teilmärkten die gewinnmaximale Gesamtabsatzmenge, den zugehörigen Preis sowie den maximalen Gewinn!
(c) Ermitteln Sie graphisch und analytisch die gewinnmaximalen Absatzmengen, die zugehörigen Preise und die Gewinne auf den Teilmärkten sowie den Gesamtgewinn und die Gesamtabsatzmenge, wenn Schürze Preisdifferenzierung betreibt!
(d) Geben Sie das Intervall für die Höhe der variablen Stückkosten k_v an, für das sich die Gesamtabsatzmenge bei Preisdifferenzierung gegenüber der Gesamtabsatzmenge bei einheitlicher Preissetzung vergrößert.

6.11 Peter Prall hat in Deutschland und Italien mit der Herstellung der „Puffi"-Sicherheits-Luftkissen großen Erfolg gehabt. Um auch den englischen Markt beliefern zu können, hat er eine zusätzliche Luftkissenfabrik in der Nähe Birminghams errichtet. Die Gesamtkostenfunktion in DM dieses Werkes lautet:

$K = 2000 + 30\,x$ für $0 \leq x \leq 180$.

Das Institut EUROSEARCH hat für Großbritannien folgende Preisabsatzfunktion ermittelt:

$p = 100 - 0{,}5\,x$.

Sie gilt für den Fall, daß Prall nur die Preispolitik als absatzpolitisches Instrument anwendet. In Abhängigkeit vom Werbeetat W (DM) würde sich die Preisabsatzfunktion wie folgt verändern:

$p = 100 + W^{\frac{1}{2}} - 0{,}5\,x$.

Die Gesamtkosten erhöhen sich hierdurch entsprechend um W. Prall überlegt, ob und mit wieviel DM er für das in Großbritannien noch relativ unbekannte Produkt werben soll, wenn er seinen Gewinn maximieren will.
(a) Zeichnen Sie die Preisabsatz-, Grenzerlös- sowie Grenzkostenfunktion, wenn Prall keine Werbung betreibt! Errechnen Sie hierfür den gewinnmaximalen Preis sowie die zugehörige Absatzmenge und bestimmen Sie daraus den maximalen Nettogewinn!

(b) Kann Prall seinen Nettogewinn steigern, wenn er für den Absatz des Luftkissens Werbemittel einsetzt? Wieviel DM muß sein Werbeetat umfassen, wenn der erzielte Nettogewinn maximal sein soll?

(c) Erläutern Sie den Begriff „Grenzgewinn in bezug auf den Werbeeinsatz" und geben Sie hierfür den mathematischen Ausdruck an! Bestimmen Sie weiterhin den Grenzgewinn in bezug auf den Werbeeinsatz für die Punkte ($p^{Gmax(1)}$, $x^{Gmax(1)}$) auf der Preisabsatzfunktion ohne Werbungsaufwand und ($p^{Gmax(2)}$, $x^{Gmax(2)}$) auf der Preisabsatzfunktion mit dem optimalen Werbeaufwand!

(d) Bei der aus der obengenannten Preisabsatzfunktion ermittelten Erlösfunktion wird unterstellt, daß die Erlöse des Unternehmens allein von dem Angebotspreis und der Höhe der Werbekosten abhängen. Nennen und erläutern Sie andere Aktionsparameter des Unternehmens, die Einfluß auf die Erlöse haben!

6.12 Ex-Feldwebel Kuno Ritter stellt in seiner Garage handgefertigte Bleisoldaten her und vertreibt sie in seinem Veteranenverband. Für den nächsten Monat erwartet er folgende Preisabsatzfunktion:

$$p(x) = -1x + u, \text{ wobei } 0 < u \le 10,$$

und folgende Kostenfunktion:

$$K(x) = \frac{1}{4}x^3 - 2x^2 + 8x + K_f, \text{ wobei } 0 \le K_f \le 20.$$

Da Kuno Ritter sich nicht sicher über die Höhe des zu erwartenden Prohibitivpreises u und der anfallenden Fixkosten K_f ist, will er mit Hilfe von Preisgrenzbetrachtungen herausfinden, bei welchen Bedingungen für u und K_f es für ihn unter Liquiditäts- bzw. Erfolgsgesichtspunkten gerade noch lohnend ist, die Bleisoldatenfertigung im kommenden Monat aufrechtzuerhalten.

(a) Bis zu welcher Lage der Preisabsatzfunktion bzw. bis zu welchem Prohibitivpreis sollte er unter Erfolgsgesichtspunkten seine Produktion aufrechterhalten, wenn die Fixkosten 2 Geldeinheiten betragen? Welchen Preis sollte er unter diesen Voraussetzungen setzen und welche Menge anbieten? (Graphische und algebraische Lösung)

(b) Da Kuno Ritter jederzeit in der Lage sein will, aus den Einnahmen des Bleisoldatenverkaufs die zu deren Fertigung und Vertrieb notwendigen Ausgaben zu decken, überlegt er, bei welcher Lage der Preisabsatzfunktion und bei welcher Preisuntergrenze p_1 er unter Liquiditätsaspekten im kommenden Monat seine Werkstatt schließen sollte. Er nimmt an, daß 60% seiner variablen Kosten unmittelbar zu Ausgaben führen, von den Fixkosten 2 Geldeinheiten liquiditätswirksam sind und alle Erlöse des nächsten Monats sofort zu Einzahlungen führen. (Graphische Lösung)

(c) Prüfen Sie den Fall, daß im kommenden Monat die liquiditätswirksamen Fixkosten 8 Geldeinheiten betragen und weiterhin 60% der variablen Stückkosten ausgabewirksam sind. Welchen Preis p_f^* müßte er mindestens setzen, wenn er die Liquidität sichern wollte? Geben Sie die Funktion an, auf der alle gewinnmaximalen Preise für alternative *parallelverschobene* Preisabsatzfunktionen liegen (CC'-Kurve). Welchen Preis p^{Gmax} müßte er hingegen setzen, wenn er seinen Gewinn maximieren und gleichzeitig die Liquidität sichern will? (Graphische und algebraische Lösung)

6.13 Im Betrieb eines Monopolisten werden zwei Kuppelproduktarten in starrem Mengenverhältnis $x_1 : x_2 = 1 : 5$ hergestellt. Die Beziehungen zwischen gesetztem Verkaufspreis und erwartetem Absatz pro Periode lassen sich durch die Preisabsatzfunktionen

$$p_1(x_1) = 10 - 0,1\, x_1,\ 0 < x_1 \leq 100$$
$$p_2(x_2) = 5 - 0,02\, x_2,\ 0 \leq x_2 \leq 250$$

angeben.
Die Kostenfunktion lautet

$$K(x) = 100 + 2\, x \text{ für } 0 \leq x \leq 150,$$

wobei x das „Produktbündel", bestehend aus 1 Mengeneinheit des Gutes 1 und 5 Mengeneinheiten des Gutes 2, bedeutet. Beide Produktarten sind hinsichtlich der Nachfrage unabhängig voneinander.
Zu welchen Preisen sollen die Produkte angeboten werden, wenn der Monopolist seinen Gewinn maximieren will?
Welche Mengen beider Produktarten sollen produziert und welche Mengen sollen angeboten werden, um den Gewinn zu maximieren?

6.14 Ein monopolistischer Anbieter stellt zwei Erzeugnisarten 1 und 2 in verbundener Produktion in festem Mengenverhältnis $x_1 = 2\, x_2$ her. Die beiden Erzeugnisse sind in der Nachfrage voneinander unabhängig. Für jedes Erzeugnis existiere eine Preisabsatzfunktion

$$p_1 = 21 - 2\, x_1$$

und

$$p_2 = 40 - 5\, x_2.$$

Die Kostenfunktion lautet

$$K(x_1) = 2\, x_1 + 40.$$

Ermitteln Sie die gewinnmaximalen Preise sowie die zugehörigen Produktions- und Verkaufsprogramme, wenn die Unternehmung mit den vorhandenen Anlagen

a) von Gut 2 höchstens 4 ME
b) von Gut 1 höchstens 6 ME

c) von Gut 1 höchstens 4 ME herstellen kann!

Ändert sich das Ergebnis, wenn Kosten der Lagerung oder Vernichtung in Höhe von 100 GE berücksichtigt werden müßten?

§ 7 Integrierte Produktions- und Absatzplanung des Polypolisten und des Oligopolisten auf einem unvollkommenen Markt

A. Einführung und Ausgangsbedingungen

Wie in § 1 B 3 erläutert, konkurrieren im Fall des Angebotsoligopols wenige Anbieter auf einem Markt, im Fall des Polypols sehr viele. In § 5 wurde die integrierte Produktions- und Absatzplanung des polypolistischen Anbieters unter den Bedingungen des vollkommenen Marktes betrachtet. In diesem Abschnitt soll zunächst auf die Planung der Produktion und des Absatzes eines Polypolisten auf unvollkommenen Märkten eingegangen werden. Damit erfolgt – wie bereits im Falle des Monopolisten (vgl. § 6 D) – ein weiterer Schritt in Richtung auf realitätsnähere Ausgangsbedingungen für Absatzanalysen, da die meisten Märkte unvollkommen sind. Für die anschließend behandelte Produktions- und Absatzplanung des Oligopolisten auf unvollkommenen Märkten ergeben sich – insbesondere bei hohen Unvollkommenheitsgraden – einige Parallelen zum Polypolisten. Daher werden die beiden Angebotsstrukturen gemeinsam behandelt. Auf das Angebotsoligopol auf einem vollkommenen Markt wird in diesem Buch nicht eingegangen. Bisher liegen für diesen Fall nur preistheoretische Lösungsansätze – insbesondere für zwei Anbieter (Dyopol) – unter extrem realitätsfernen Prämissen vor[1], die zur modellmäßigen Ableitung von Gleichgewichtspreisen auf einem Markt führen. Dies ist jedoch nicht der Gegenstand einer betriebswirtschaftlichen Absatztheorie, die primär als Basis der Absatzpolitik des einzelnen Anbieters konzipiert ist.

Wie in den §§ 1-4 erläutert, liegt die Ursache für die Unvollkommenheit von Märkten vor allem in divergierenden Bedarfsstrukturen und Verhaltensweisen der Nachfrager, die durch absatzpolitische Maßnahmen der Anbieter beeinflußt werden können. In der Realität läßt sich beobachten, daß zum einen mit steigendem Differenzierungsgrad beim Einsatz der absatzpolitischen Instrumente die Markttransparenz abnimmt und zum anderen die Präferenzen der verschiedenen Nachfragergruppen für bestimmte Anbieter steigen. Je mehr es den Unternehmen aufgrund ihrer marktbezogenen Informations-, Produkt-, Sortiments-, Vertriebs- und Preispolitik gelingt, sich von ihren (unmittelbaren und mittelbaren) Konkurrenten zu unterscheiden, um so größer wird innerhalb der einzelnen Marktsegmente ihr Spielraum für eine Absatzpolitik, bei der nur geringe Konkurrenzeinflüsse zu erwarten sind. Im äußersten Fall erringt der

---

[1] Vgl. dazu im einzelnen die Darstellung bei Gutenberg, Erich: Grundlagen der Betriebswirtschaftslehre, Band 2, Der Absatz, 17. Aufl., 1984, S. 276 ff., und die dort angegebene Literatur, sowie Seitz, Tycho: Preisführerschaft im Oligopol, 1965, S. 92 ff.

einzelne Anbieter in gewissen Grenzen eine Monopolstellung, einen *monopolistischen Handlungsbereich*[1]. Er ist damit in der Lage, seine absatzpolitischen Entscheidungen in gewissen Grenzen unabhängig von seinen Mitanbietern zu fällen. Diese Unabhängigkeit verdankt der Anbieter dem Umstand, daß die Nachfrager aufgrund ihrer Präferenzen für die Produkte des Anbieters bei Preiserhöhungen nur teilweise zu anderen Anbietern überwechseln. Sie verhalten sich überwiegend anbieter- bzw. produkttreu. Offenbar nimmt mit zunehmender Präferenzstärke die Preiselastizität der Nachfrage ab. Die Monopolstellung in einem Marktsegment wird jedoch insofern begrenzt, als bei absatzpolitischen Maßnahmen von einer bestimmten Intensitätsstufe an fühlbare Reaktionen der Mitanbieter und/oder der Nachfrager erfolgen.

Beispiel
Aufgrund einer wesentlichen Veränderung der Produktqualität bei gleichzeitiger Preissenkung, verbunden mit intensiven Werbemaßnahmen, werden durch den Abbau der bisherigen Präferenzen so viele Nachfrager von bestimmten Konkurrenten abgezogen, daß diese zur Entwicklung einer Gegenstrategie veranlaßt werden. Diese Gegenstrategie kann z. B. in einer Nachahmung des neuen Produktes sowie in zusätzlichen produktverbundenen Dienstleistungen und Werbeaktivitäten bestehen. Dadurch kann der Kundenabwanderung entgegengewirkt, vielleicht sogar die alte Marktaufteilung wieder zurückgewonnen werden.

Das reale Marktgeschehen besteht in einer endlosen Kette der beispielhaft beschriebenen Prozesse. Ihre Bestimmungsfaktoren sind das Käuferverhalten (vgl. § 2) und die absatzpolitischen Aktivitäten der Anbieter (vgl. § 3 bzw. 4). Grundsätzlich läßt sich nur im konkreten Fall für den einzelnen Anbieter feststellen, welche den Absatzprozeß bestimmenden Kriterien für die Konstitution von monopolistischen Handlungsbereichen in den einzelnen Marktsegmenten maßgebend sind. Außerdem ist nur so abzuschätzen, wie groß für die verschiedenen absatzpolitischen Instrumente der Spielraum ist, in dem das Absatzvolumen bzw. Erlösniveau der Unternehmung verändert werden kann, ohne daß es zu Reaktionen der Mitanbieter und/oder der Nachfrager kommt, die die Unternehmensstrategie gefährden. Ob und in welcher Richtung absatzpolitische Maßnahmen den Periodenerfolg verändern, wird durch die Differenz zwischen zusätzlichen Erlösen und den erhöhten Kosten für den Einsatz der absatzpolitischen Instrumente bestimmt.

Die Informationsbeschaffung über das Konkurrenz- und Nachfragerverhalten stellt in der Praxis die betriebliche Marktforschung vielfach vor schwer lösbare Probleme. Daher können Entscheidungen über absatzpolitische Maßnahmen

---

[1] Vgl. Gutenberg, Erich: Grundlagen der Betriebswirtschaftslehre, 2. Band, Der Absatz, 17. Aufl., 1984, S. 243.

meist nur unter Hinnahme *großer Ungewißheit* getroffen werden. Die in den folgenden Abschnitten enthaltene modellanalytische Erfassung dieses Problembereiches beschränkt sich vorwiegend auf *preispolitische Aspekte.* Für die Behandlung der integrierten Produktions- und Absatzplanung werden dabei *abschnittweise differenzierbare, linear fallende Preisabsatzfunktionen* unterstellt. Auf diese Weise lassen sich die ökonomischen Grundzusammenhänge in Form eines einfachen simultanen Planungsansatzes veranschaulichen, der den Ansätzen für den Polypolisten und den Monopolisten auf vollkommenen Märkten entspricht. Damit wird zunächst nur ein schmaler Ausschnitt einer praxisbezogenen Produktions- und Absatzplanung erfaßt. Einige ergänzende Aspekte zur Berücksichtigung weiterer Absatzinstrumente und des Ungewißheitsphänomens sollen zu den in § 8 behandelten Problemen praktischer Absatzplanung überleiten.

B. *Integrierte Produktions- und Absatzplanung bei polypolistischer Konkurrenz auf unvollkommenen Märkten*

Für die Produktions- und Absatzplanung des Angebotspolypolisten auf einem unvollkommenen Markt soll unterstellt werden[1],

– daß der *Absatz* grundsätzlich nicht nur von den *eigenen Aktionsparametern* (hier dem eigenen Absatzpreis) abhängt, sondern auch von den *Aktionsparametern* (hier nur noch von den Preisen) *anderer Anbieter;*
– daß aber aufgrund des geringen Markteinflusses des einzelnen Anbieters eine *Änderung des eigenen Aktionsparameters nicht zu einer Veränderung der Aktionsparameter der anderen Anbieter* führt;
– daß der Polypolist die *Aktionsparameter seiner Konkurrenten* als Daten ansieht; denn wegen des geringen Marktanteils je Anbieter wären Variationen der absatzpolitischen Aktionsparameter der Konkurrenten für ihn nicht spürbar.

Im folgenden wird zunächst angenommen, daß der Polypolist für die betrachtete Planungsperiode über alle Aktionsparameter mit Ausnahme des Preises bereits entschieden hat. Im übrigen gelten die in § 5 A aufgeführten Modellprämissen auch für die folgenden Analysen weiter.

---

[1] Vgl. Schneider, Erich: Einführung in die Wirtschaftstheorie, II. Teil, 13. Aufl., 1972, S. 63 f. Schneider charakterisiert in dieser Weise die „polypolistische Verhaltensweise", die unter den angegebenen Marktbedingungen mit der Zielsetzung der Gewinnmaximierung harmoniert.

1. Gewinnmaximale Produktions- und Absatzplanung im monopolistischen Handlungsbereich

Durch den Einsatz der Absatzinstrumente, die der Preispolitik vorgelagert sind, werden bestimmte Nachfragerkreise an das Unternehmen gebunden. Das Ergebnis dieser absatzpolitischen Maßnahmen bezeichnet *Gutenberg* anschaulich als das *Akquisitorische Potential* des Anbieters. Damit eröffnet sich ein begrenzter Spielraum für eine monopolistische Preispolitik[1].
Ein Polypolist kann innerhalb seines monopolistischen Handlungsspielraumes den Preis verändern, ohne daß sein Nachfragevolumen erheblich beeinflußt wird. Im Anschluß an Gutenberg wird dieses Preisintervall als der *monopolistische Abschnitt* der polypolistischen Preisabsatzfunktion bezeichnet. In Abb. 7.1 a wird dieser durch den oberen und den unteren Grenzpreis ($p^{(1)}$ und $p^{(2)}$) begrenzt. Preisänderungen im Bereich zwischen $p^{(1)}$ und $p^{(2)}$ führen höchstens zu Absatzmengenänderungen im Umfang von $x^{(2)} - x^{(1)}$.

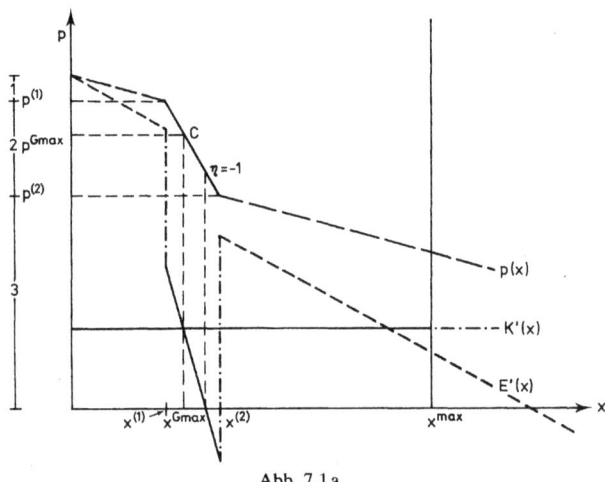

Abb. 7.1a

---

[1] Der Begriff des Akquisitorischen Potentials und die später verwendeten Begriffe des oberen und unteren Grenzpreises wurden von Gutenberg in die Diskussion eingeführt. Vgl. Gutenberg, Erich: Grundlagen der Betriebswirtschaftslehre. Band 2. Der Absatz., 17. Aufl., 1984, S. 243 ff.

Erhöht der Anbieter seinen Preis über den oberen Grenzpreis $p^{(1)}$ hinaus, so verliert er wesentlich mehr an Absatz als bei einer Preiserhöhung innerhalb des monopolistischen Bereiches. Diese Absatzverluste resultieren einerseits daraus, daß Kunden ihre Nachfrage auf diesem Markt einschränken oder unterlassen, andererseits aus Abwanderungen zu Konkurrenzanbietern. Senkt der Anbieter seine Preise unter den Grenzpreis $p^{(2)}$, so gewinnt er für sich in relativ großem Umfang neue Kunden. In diesem Fall bietet das Unternehmen seine Erzeugnisse z. B. in einer Preisklasse an, in der die anderen Unternehmen Produkte von geringerer Qualität verkaufen bzw. dieses Gut überhaupt nicht anbieten. Das Unternehmen mobilisiert damit nicht nur latente Nachfrage, sondern es zieht auch Käufer von den Konkurrenzunternehmen ab.

Die genaue Lage von $p^{(1)}$ und $p^{(2)}$ sowie der Verlauf der *Preisabsatzfunktion außerhalb des monopolistischen Bereiches* sind selbst unter relativ engen Modellprämissen schwer abzuschätzen. Dies kommt in Abb. 7.1 a und 7.1 b dadurch zum Ausdruck, daß dort die Preisabsatzfunktion und die Gesamt- bzw. Grenzerlösfunktion außerhalb des monopolistischen Bereichs gestrichelt gezeichnet sind. Die modellmäßige Bestimmung der gewinnoptimalen Preis-Absatzmengen-Kombination wird daher auf den monopolistischen Abschnitt der Preisabsatzfunktion beschränkt.

Verschiedene Typen der doppelt geknickten Preisabsatzfunktion können nach den *Preiselastizitäten im monopolistischen Abschnitt* unterschieden werden[1]:

- Für $x^{(1)} \leq x \leq x^{(2)}$ gilt $\eta > -1$: Das *Maximum* der zugehörigen *Erlösfunktion* liegt bei der Absatzmenge $x^{(1)}$, die dem *oberen Grenzpreis* des monopolistischen Bereiches zugeordnet ist.

- Für $x^{(1)} \leq x \leq x^{(2)}$ gilt $\eta > -1,$
  $\eta = -1,$
  $\eta < -1$
  : Das *Maximum* der zugehörigen *Erlösfunktion* liegt *innerhalb des monopolistischen Bereiches* zwischen den Absatzmengen $x^{(1)}$ und $x^{(2)}$ (Abb. 7.1b).

- Für $x^{(1)} \leq x \leq x^{(2)}$ gilt $\eta < -1$: Das *Maximum* der zugehörigen *Erlösfunktion* liegt bei der Absatzmenge $x^{(2)}$, die dem *unteren Grenzpreis* des monopolistischen Bereiches zugeordnet ist.

Wenn die Unternehmung ihre Preise nur innerhalb oder an den Grenzen des monopolistischen Bereichs setzen will, liegt das *Gewinnmaximum* entweder an der Stelle der Preisabsatzfunktion, für die $E'(x) = K'(x)$ gilt, oder beim oberen

---

[1] Vgl. Gutenberg, Erich: Grundlagen der Betriebswirtschaftslehre, 2. Band, Der Absatz, 17. Aufl., 1984, S. 256–260.

Grenzpreis $p^{(1)}$, wenn für alle x-Werte im monopolistischen Bereich $E'(x) < K'(x)$ gilt, bzw. beim unteren Grenzpreis $p^{(2)}$, wenn für alle x-Werte im monopolistischen Bereich $E'(x) > K'(x)$ gilt[1].

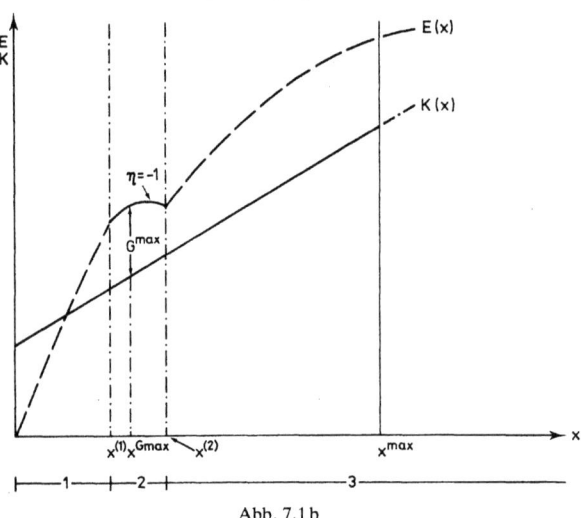

Abb. 7.1 b

2. Gewinnmaximale Produktions- und Absatzplanung bei Einsatz weiterer absatzpolitischer Instrumente

Gestalt und Lage des autonomen Bereichs der Preisabsatzfunktion werden insbesondere durch die Nachfragestruktur und den Einsatz der nicht-preispolitischen Absatzinstrumente bestimmt. Da eine simultane Planung aller für ein Unternehmen in Frage kommenden Absatzvariablen nicht durchführbar ist (vgl. § 8 C 4), sei im folgenden am *Vergleich von Werbung und technischem Kundendienst* (Service) gezeigt, wie modellmäßig das *gewinngünstigste Absatzinstrument* und dessen *Einsatzintensität* aus einer begrenzten Anzahl von

---

[1] Im Hinblick auf die empirische Bestimmung von nachfrageorientierten Preisunter- und -obergrenzen vgl. z. B. Hammann, Peter; Lohrberg, Werner; Schuchard-Ficher, Christiane: Ein adaptiver Ansatz zur empirischen Ermittlung von Preisobergrenzen für Konsumgüter, in: Die Unternehmung – Schweizerische Zeitschrift für Betriebswirtschaft, 35. Jahrg., Nr. 2, 1981, S. 73–87 und die dort angegebene Literatur. Siehe auch Kaas, Klaus-Peter: Empirische Preisabsatzfunktionen bei Konsumgütern, 1977, S. 27–41.

Alternativen ausgewählt wird. Der gleichzeitige Einsatz verschiedener nichtpreispolitischer Absatzinstrumente soll hierbei außer Betracht bleiben, weil in diesem Fall die Kosten- und Erlöswirkungen der Instrumente nicht mehr ohne weiteres isolierbar sind.

Für *zusätzliche Werbeaktivitäten* sei unterstellt, daß der preispolitische Handlungsspielraum der Unternehmung und damit auch die Erlöse in anderer Weise beeinflußt werden als durch zusätzliche Serviceleistungen. Steigende Werbeaufwendungen sollen den monopolistischen Teil der Preisabsatzfunktion in der Weise verändern, daß er sich bei gleichzeitiger Rechtsverschiebung im Uhrzeigersinn dreht (im Sonderfall nur Parallelverschiebung), d. h. bei einem hohen Ausgangspreis läßt sich durch Einsatz dieses Instruments eine größere Wirkung auf die Absatzmenge erzielen als bei einem niedrigen Ausgangspreis. Bei niedrigem Preis – so wird hier angenommen – fragen bereits zu viele Kunden das angebotene Gut nach, daß durch zusätzliche Werbeanstrengungen nur noch relativ wenige potentielle Nachfrager zum Kauf angeregt werden können. Hingegen fragt bei einem hohen Preis eine relativ geringere Nachfragerzahl das Gut nach, d. h. die Werbung wirkt auf einen größeren Kreis von potentiellen Nachfragern (vgl. Abb. 7.2 a).

Steigende Aufwendungen für Serviceleistungen sollen dagegen derart auf den monopolistischen Bereich der Preisabsatzfunktion wirken, daß sich dieser bei gleichzeitiger Rechtsverschiebung entgegen dem Uhrzeigersinn dreht. Kunden, die das Gut auch zu einem hohen Preis kaufen, fragen dieses Produkt vielfach aus Prestigegründen nach, so daß der Hochpreis das wesentliche Motiv für ihren Kauf ist. Das Kaufverhalten dieser Nachfrager ist daher kaum durch zusätzliche Serviceleistungen zu beeinflussen. Wird für das angebotene Produkt ein relativ niedriger Ausgangspreis gefordert, so mag eine größere Anzahl potentieller Kunden das Gut erwerben wollen. Bei dieser Käuferschicht, die das Gut nicht als Prestigeobjekt betrachtet, soll der zusätzliche Einsatz von Serviceleistungen eine große Wirkung auf die Absatzmenge ausüben (vgl. Abb. 7.2 b).

Durch den Einsatz von Werbemaßnahmen und Serviceleistungen können auch andere Wirkungen eintreten, als sie hier angenommen wurden. Will man aber die Produktions- und Absatzplanung des Polypolisten unter Berücksichtigung nicht-preispolitischer Instrumente mit Hilfe der Preisabsatzfunktion darstellen, muß man Annahmen bezüglich der Wirkungen dieser Absatzinstrumente auf die Preisabsatzfunktion treffen.

Beispiel
Der Anbieter erwartet bei gleichbleibendem Einsatz seines absatzwirtschaftlichen Instrumentariums im kommenden Jahr eine Erlösstagnation. Aufgrund absehbarer tariflicher Lohnerhöhungen rechnet er damit, seine variablen Kosten nicht mehr decken zu können. In den Abb. 7.2 a und 7.2 b stellt $V^{min(0)}$ den Mindestverlust dar, den der Anbieter erlitte, würde er seine bisherige Absatzpolitik beibehalten. Die Unternehmung hat aber die

Möglichkeit, die beiden zur Auswahl stehenden Instrumente in mehreren Intensitätsstufen einzusetzen, wobei ein Ausbau der Serviceleistungen mit steigenden variablen Stückkosten und erhöhte Werbeanstrengungen mit steigenden Fixkosten verbunden sind. Eine derartige Annahme über die Instrumentalkosten ist plausibel, wenn der Service in einer zusätzlichen technischen Beratung nach dem Kauf besteht und für die Werbung eine einmalige Großkampagne ins Auge gefaßt wird.

Unter kurzfristigen Erfolgsaspekten muß die Unternehmung entscheiden, welches Instrument sie mit welcher Intensität einsetzen will. Dazu ist für jedes Instrument und jede Einsatzstufe der gewinnmaximale Preis, die zugehörige Absatzmenge und der sich daraus ergebende Gewinn zu ermitteln. Aus den relativen Gewinnmaxima wählt die Unternehmung den absolut höchsten Gewinn aus, wodurch (gleichzeitig) die gewinngünstigste Preis-Mengen-Kombination sowie der Instrumentaleinsatz hinsichtlich des Instrumentes und der Einsatzintensität festliegen. Hierzu muß die Entwicklung der Kosten und der Absatzmöglichkeiten bei steigenden Einsatzintensitäten der Absatzinstrumente prognostiziert werden. Abb. 7.2 a und 7.2 b veranschaulichen die Kosten- und Absatzentwicklung, wenn die Unternehmung für die Absatzinstrumente je zwei Intensitätsstufen ins Auge faßt.

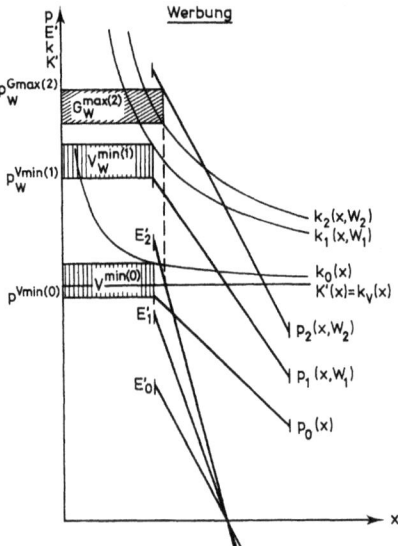

Abb. 7.2 a

Gewinnmaximale Produktions- und Absatzplanung 325

Die graphische Ermittlung der gewinnoptimalen Preis-Mengen-Kombination und des zugehörigen Gewinns bei einer vorgegebenen Intensitätsstufe des Instrumentaleinsatzes wurde bereits in § 6 B 5 dargestellt, so daß an dieser Stelle nicht näher darauf einzugehen ist. Allerdings ergibt sich für den polypolistischen Anbieter auf einem unvollkommenen Markt insofern eine *Besonderheit*, als möglicherweise kein Schnittpunkt zwischen der Grenzerlös- und der Grenzkostenkurve existiert. Dies ist z. B. bei der Werbung für die Einsatzintensität W_1 gegeben. Die Ermittlung der gewinnmaximalen Preis-Mengen-Kombination in einem solchen Fall wurde im vorangehenden Abschnitt skizziert. Aus den Abb. 7.2 a und 7.2 b wird deutlich, daß der Gewinn $G_S^{max(2)}$ von allen relativen Gewinnmaxima am höchsten ist, so daß die Unternehmung im kommenden Jahr die Serviceleistungen ausweiten wird, und zwar auf die Intensität S_2.

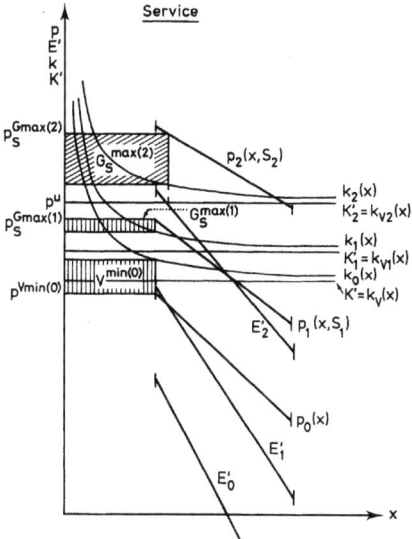

Abb. 7.2 b

Bei den bisherigen Überlegungen wurde davon ausgegangen, daß die Unternehmung prognostizieren konnte, welche Mengen und welche Preise sich bei einer bestimmten Einsatzintensität eines Absatzinstrumentes am Markt realisieren lassen. In der Praxis treten hierbei erhebliche *Prognoseprobleme* auf. Für die Unternehmung wäre es daher wichtig zu wissen, bis zu welcher *Grenzlage* der monopolistische Bereich der Preisabsatzfunktion sich nach rechts oben verschieben muß, damit die Deckung der variablen Stückkosten (einschließlich der variablen Instrumental-Stückkosten) bei bestimmter Einsatzintensität der Instrumente gewährleistet ist. Erreicht die Preisabsatzfunktion diese Grenzlage nicht, so ist unter dem Aspekt der kurzfristigen Gewinnmaximierung bzw. Verlustminimierung ein Rückzug vom Markt günstiger. Die Kenntnis der Grenzlage erlaubt der Unternehmung eine fundiertere Beurteilung ihrer Marktchancen. Zur Bestimmung der Grenzlage wird auf § 6 B 7 verwiesen. In unserem Beispiel müßte die Unternehmung bei der Intensität S_2 für Serviceleistungen mindestens den Preis p^u erzielen, damit die variablen Stückkosten k_{v2} gedeckt werden.

C. Integrierte Produktions- und Absatzplanung bei oligopolistischer Konkurrenz auf unvollkommenen Märkten

1. Gewinnmaximale Produktions- und Absatzplanung des einzelnen Anbieters

a) Doppelt geknickte Preisabsatzfunktion

Die für den Polypolisten auf dem unvollkommenen Markt beschriebene Situation eines monopolistischen Handlungsbereiches für die Absatzpolitik auf seiner Nachfrage- bzw. Preisabsatzfunktion gilt für den Oligopolisten auf dem unvollkommenen Markt in besonderem Maße.

Im folgenden sei zunächst nur der Preis als veränderbare Aktionsvariable der Anbieter betrachtet. Für jeden Anbieter bestehe ein Intervall preispolitischer Autonomie (monopolistischer oder autonomer Bereich der Preisabsatzfunktion), in dem Preisveränderungen lediglich Nachfragerreaktionen zur Folge haben. Bei einem Verlassen dieses Intervalls ($\overline{p^{(1)}\ p^{(2)}}$ in Abb. 7.3) muß der oligopolistische Anbieter im Gegensatz zum Polypolisten jedoch damit rechnen, daß er nicht nur spürbare Nachfragebewegungen zwischen sich und den Konkurrenten auslöst, sondern daß seine Mitanbieter ihrerseits preispolitische Maßnahmen ergreifen.

Die beschriebene Absatzsituation läßt sich nach *Gutenberg* ebenfalls durch eine *doppelt geknickte Preisabsatzfunktion* veranschaulichen[1]. Die Formulierung von Annahmen über den Verlauf der oberen und unteren Äste gestaltet sich allerdings noch schwieriger als beim Polypol, weil jetzt Ausmaß und Richtung von Konkurrenz- *und* Käuferreaktionen maßgebend sind. Einige denkbare Fälle zeigt die Abb. 7.3.

---

[1] Vgl. Gutenberg, Erich: Grundlagen der Betriebswirtschaftslehre, Band 2, Der Absatz, 17. Aufl., 1984, S. 290 ff.

Für den *Verlauf des unteren Astes* sind verschiedene Erklärungsansätze plausibel. In der Situation (*a*) können gleichgerichtete Konkurrenzreaktionen angenommen werden, so daß dieser Teil der Preisabsatzfunktion steiler verläuft als im Falle ausschließlicher Nachfragerreaktionen. Die Konkurrenten ergreifen jedoch nur wirkungsschwache Maßnahmen; sie können daher nicht verhindern, daß der betrachtete Anbieter einen erheblichen Nachfragezuwachs verzeichnet. Die für den Fall (*b*) angenommenen Konkurrenzreaktionen bewirken hingegen einen Nachfragezuwachs, wie er ähnlich für betragsmäßig gleiche Preisänderungen im monopolistischen Bereich vermutet wird. Im Fall (*c*) ist die Absatzsituation durch einschneidende preispolitische Reaktionen der Konkurrenten gekennzeichnet, so daß sich für den betrachteten Anbieter nur ein verhältnismäßig geringer Nachfragezuwachs einstellt. Es handelt sich hier um einen typischen Fall der Marktanteilsverteidigung ohne Rücksicht auf die Höhe des Preises (z. B. aufgrund eines kalkulatorischen Ausgleichs aus anderen Sparten oder Subventionen). Bei der Interpretation des *oberen Astes* der Preisabsatzfunktion sind parallele Überlegungen im Hinblick auf die Reaktion der Konkurrenten auf eigene Preiserhöhungen und einen daraus resultierenden Nachfrageverlust anzustellen.

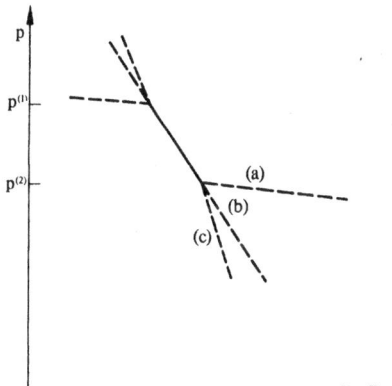

Abb. 7.3

Welche der angegebenen Möglichkeiten sich beim *Verlassen des Intervalls preispolitischer Autonomie* tatsächlich einstellt, ist *ungewiß*. Daher liegt es für den oligopolistischen Anbieter nahe, seine preispolitischen Aktivitäten auf den monopolistischen Teil der Preisabsatzfunktion zu beschränken und die anschließenden Äste aufgrund ihrer Unbestimmtheit als nicht hinreichend genau erklärt zu betrachten. In diesem Falle bestimmt der Oligopolist seine gewinnmaximale Preis-Mengen-Kombination nach dem gleichen Verfahren, wie es für den Polypolisten auf unvollkommenem Markt dargestellt wurde (vgl. § 7 B 1). Auch für Einsatzänderungen im absatzpolitischen Instrumentarium und für Preisgrenzbetrachtungen gilt im Grundsatz das dort Gesagte (vgl. § 7 B 2).

b) Einfach geknickte Preisabsatzfunktion

Als ein Sonderfall der doppelt geknickten Preisabsatzfunktion können die aus der amerikanischen Literatur bekannten einfach geknickten Preisabsatzfunktionen angesehen werden, bei denen nur *zwei Äste* zu unterscheiden sind, deren Verlauf innerhalb begrenzter Abschnitte mit *genügender Wahrscheinlichkeit* abzuschätzen ist. Ein Ast repräsentiert dabei den preispolitisch autonomen Handlungsbereich für den betrachteten Anbieter; im Bereich des anderen Astes hingegen muß mit Konkurrenzreaktionen gerechnet werden. Die unterschiedlichen Annahmen über die Reaktionen der Konkurrenten prägen sich in den verschiedenen Steigungen der Äste aus. *Der herrschende Preis $p^{(0)}$ liegt dabei genau im Knickpunkt.*
Die sogenannte *Kinky Demand Curve*[1] geht davon aus, daß Preissenkungen eines Anbieters unter den bestehenden Preis $p^{(0)}$ die Konkurrenten veranlassen, ihre Preise ebenfalls zu senken, während sie bei Preiserhöhungen nicht reagieren. Dieses Konkurrenzverhalten kann sich einstellen, wenn sich bei Preiserhöhungen des betrachteten Anbieters die Absatzmöglichkeiten der Konkurrenten verbessern, während sie sich bei Preissenkungen verschlechtern. Die Ausnutzung der verbesserten Absatzmöglichkeiten setzt allerdings voraus, daß die *Konkurrenten* über *freie Kapazitäten* verfügen. Trifft die genannte Reaktionshypothese zu, so verläuft die Preisabsatzfunktion im Preisbereich oberhalb des herrschenden Preises $p^{(0)}$ flacher als unterhalb; die Grenzerlösfunktion hat eine Sprungstelle (vgl. Abb. 7.4).
Zur Bestimmung des gewinnmaximalen Produktions- und Absatzprogramms wird auf § 6 B 1 verwiesen. Verläuft allerdings die Grenzkostenkurve durch die Unstetigkeitsstelle der Grenzerlöskurve, so besteht für eine bestimmte Variationsbreite der Grenzkosten (vgl. in Abb. 7.4 den Ordinatenabschnitt $\overline{K'_1 K'_2}$) für den Anbieter keine Veranlassung, von seinem bestehenden Preis $p^{(0)}$ nach oben oder unten abzuweichen. Dies könnte eine Erklärung für die

---

[1] Vgl. Sweezy, Paul M.: Demand under Conditions of Oligopoly, in: The Journal of Political Economy, Vol. XLVII, 1939, S. 568–573; Hall, Robert L.; Hitch, Charles J.: Price Theory and Business Behaviour, in: Oxford Economic Papers, No. 2, 1939, S. 12–45; neu erschienen in: Wilson, T.; Andrews, P. W. S. (Hrsg.): Oxford Studies in the Price Mechanism, 1951 , S. 107–138; Stigler, George J.: The Kinky Oligopoly Demand Curve and Rigid Prices, in: The Journal of Political Economy, Vol. LV, 1947, S. 432–449. Deutsche Übersetzung der Aufsätze von Sweezy und Stigler in: Ott, Alfred Eugen (Hrsg.): Preistheorie, 1965, S. 320–353.

Gewinnmaximale Produktions- und Absatzplanung 329

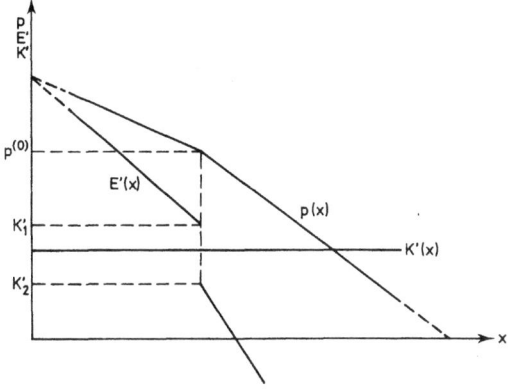

Abb. 7.4

empirisch feststellbare *Starrheit der Preisverhältnisse* auf unvollkommenen oligopolistischen Märkten bilden. Dagegen gibt der Ansatz keine Hinweise, wie die ursprüngliche Preis-Mengen-Kombination zustande kommt[1].
Falls die *Kapazitäten* der konkurrierenden Oligopolisten (nahezu) *voll ausgelastet* sind, werden sie der Preissenkung eines Anbieters nicht folgen, hingegen bei einer Preiserhöhung ihren Preis gleichfalls heraufsetzen[2]. Der einzelne Anbieter sieht sich damit der in der Abb. 7.5 dargestellten Preisabsatzfunktion $p_1(x)$ gegenüber (*Reflexkurve von Efroymson*).
Abb. 7.5 verdeutlicht, daß der herrschende Preis $p^{(0)}$ nicht zum Gewinnmaximum der Planperiode (Periode 1) führt; dieses ist vielmehr bei der zu $p^{G\max(1)}$ gehörenden Preis-Mengen-Kombination erreicht. Die Bedingung $E'_1(x) = K'(x)$ ist zwar auch für die Absatzsituation $(p^{(1)}, x^{(1)})$ erfüllt. Jedoch ist der hierbei erwirtschaftete Gewinn niedriger als in der Absatzsituation $(p^{G\max(1)}, x^{G\max(1)})$. Dies zeigt sich, wenn man die Gewinnänderung bei einer Absatzausdehnung von $x^{G\max(1)}$ auf $x^{(1)}$ betrachtet: die Fläche A der negativen Grenzgewinne ist weit größer als die Fläche B der positiven Grenzgewinne.
Fordert der Anbieter in der Periode 1 einen Preis von $p^{G\max(1)}$, so verschiebt sich damit seine Preisabsatzfunktion, die jetzt bei dem neuen Preis $p^{G\max(1)}$ einen Knick aufweist. Aus dieser für die nächste Planperiode (Periode 2) gültigen neuen Funktion $p_2(x)$ ermittelt sich dann ein gewinnmaximaler Preis $p^{G\max(2)}$

---

[1] Vgl. Ott, Alfred E.: Grundzüge der Preistheorie, Neudruck der 3. überarbeiteten Auflage, 1984, S. 229.
[2] Vgl. Efroymson, Clarence W.: A Note on Kinked Demand Curves, in: The American Economic Review, Vol. XXXIII, 1943, S. 102 ff.; ders.: The Kinked Oligopoly Curve Reconsidered, in: The Quarterly Journal of Economics, Vol. LXIX, 1955, S. 212 f.

330 Produktions- und Absatzplanung

und so weiter. Die gewinnmaximalen Absatzmengen und Preise sind also bei dieser Lösung im Zeitablauf höchst instabil, so daß man nicht von *einer Gleichgewichtslösung* sprechen kann[1]. Wettbewerbspolitisch ist bei gegebenen Bedingungen das Fehlen einer derartigen Gleichgewichtslösung nur zu begrüßen. Gäbe es sie, hätten die Oligopolisten keinerlei Anlaß, die bestehenden Marktverhältnisse in irgendeiner Weise zu ändern[2]. Der Prozeß ständiger Preis-Mengen-Variationen findet erst dann sein Ende, wenn die Erwartungen des Anbieters über die Reaktion seiner Konkurrenten sich derart ändern, daß statt der Reflexkurve wieder die Kinky Demand Curve Gültigkeit erlangt. Dies kann geschehen, wenn durch einen Goodwill-Verlust aufgrund der ständigen Preisänderungen die Nachfrage so stark zurückgeht, daß die vordem ausgelasteten Kapazitäten teilweise leerstehen.

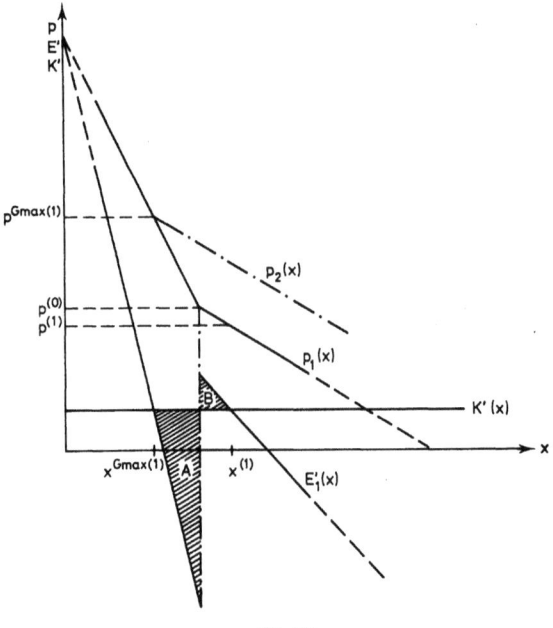

Abb. 7.5

---

[1] Vgl. Efroymson, Clarence W.: A Note on Kinked Demand Curves, in: The American Economic Review, Vol. XXXIII, 1943, S. 107.
[2] Vgl. im übrigen § 1 B 3.

Allerdings ist es fraglich, ob es überhaupt zu dem Preisbewegungsprozeß kommt. Vorsichtiges, vor nachhaltigen Preisänderungen zurückscheuendes Verhalten des Anbieters kann dazu beitragen, von vornherein an dem gegebenen Preis $p^{(0)}$ festzuhalten und statt eines rigorosen Preiswettbewerbs vielmehr Leistungswettbewerb zu entfalten (durch qualitative und/oder quantitative Differenzierung des Leistungsangebotes).

2. Gemeinsame Gewinnmaximierung aller Anbieter

a) Formen der Zusammenarbeit

Angesichts des relativ großen Marktrisikos durch die intensiven Konkurrenzbeziehungen in oligopolistischen Märkten – Unbestimmtheit der Preisbildung[1] und Gefahr des Verdrängungswettbewerbs durch Intensivierung der Absatzaktivitäten einzelner Oligopolisten – sind Kooperationsstrategien, sofern sie befristet sind, für alle Anbieter vorteilhafter. Kooperation ist eine mögliche Strategie, um einer Leistungsschwäche oder der Bedrohung der Leistungsfähigkeit der beteiligten Unternehmen entgegenzuwirken.
Man unterscheidet drei Grundtypen der Kooperation[2]:

– *horizontale Kooperation*
  zwischen Unternehmen derselben Wirtschaftsstufe (Beispiel: Kooperation kleiner Einzelhandelsunternehmen)

– *vertikale Kooperation*
  zwischen Unternehmen verschiedener Wirtschaftsstufen (Beispiel: Vertriebskooperation zwischen Produzenten und Facheinzelhändlern oder eines Teileherstellers mit einem Montageunternehmen)

– *konglomerate Kooperation*
  zwischen Unternehmen verschiedener Branchen (Beispiel: Kooperation von Unternehmen auf den Gebieten der Forschung und Entwicklung, der Rationalisierung oder der gemeinsamen Nutzung von Anlagen).

Kooperation kann sich auf einzelne Unternehmungsfunktionen erstrecken, sie ist jedoch auch bezüglich mehrerer oder aller Funktionen denkbar.
Jede Form von Kooperation bewirkt eine Beschränkung des Leistungs- und/oder Preiswettbewerbs. Im Falle der horizontalen Kooperation ist das unmittelbar einsichtig (Beispiel: Preiskartell). Vertikale Kooperation entzieht die beteiligten Unternehmen in ihren jeweiligen Märkten ganz oder teilweise dem dort herrschenden Wettbewerb, der sich auf *weniger Wettbewerber* konzentriert (und unter diesen dann oft um so heftiger geführt wird).

---

[1] Vgl. Seitz, Tycho: Preisführerschaft im Oligopol, 1965, S. 28 f.
[2] Vgl. Benisch, Werner: Kooperationserleichterungen und Wettbewerb, in: Cox, Helmut; Jens, Uwe; Markert, Kurt (Hrsg.): Handbuch des Wettbewerbs, 1981, S. 400–419.

Konglomerate Kooperation verbindet Unternehmen, die regelmäßig nicht in unmittelbarer wettbewerblicher Beziehung stehen. Auch hier ist der Effekt des Rückzugs aus dem Wettbewerb wie im Falle vertikaler Kooperation erkennbar. Daneben steht jedoch vor allem die Überlegung der Kooperanden im Vordergrund, sich Wettbewerbsvorteile bzw. -vorsprünge gegenüber ihren jeweiligen Mitbewerbern im Sinne der Entfaltung von heterogenem Wettbewerb zu verschaffen. Im folgenden betrachten wir ausschließlich Fälle der *horizontalen Kooperation,* die sich auf den Funktionsbereich Absatz beziehen. In der Realität finden sich vielfältige Formen *offener und stillschweigender Abstimmung* der Absatzaktivitäten zwischen verschiedenen Anbietern. Das Wettbewerbsrecht bietet hierfür in der BRD einen relativ engen Spielraum. So untersagt § 1 GWB[1] grundsätzlich Verträge zwischen Unternehmen oder Vereinigungen von Unternehmen, deren Intention die Beschränkung des Wettbewerbs am Markt ist *(Kartellverträge).* Allerdings wird das generelle Verbot von Kartellverträgen in den folgenden Paragraphen wieder gelockert, und es werden Voraussetzungen aufgeführt, unter denen Kartellverträge rechtswirksam sind. Zulässige Kartelle sind beispielsweise Exportkartelle ohne Inlandspreisbindung, Sonderkartelle und Strukturkrisenkartelle[2]. Die Ausnahmen vom Wettbewerb für die Unternehmungen, die sich zu diesen Kartellen zusammengeschlossen haben, werden vom Gesetzgeber mit gesamtwirtschaftlichen Argumenten und Überlegungen zum Gemeinwohl begründet. So können z. B. strukturbedingte Branchenkrisen häufig nur durch Kooperation bzw. den Zusammenschluß der Oligopolisten gelöst werden. In der BRD lag hier z. B. die wesentliche Ursache für die Gründung der Ruhrkohle AG.

Für das Zustandekommen eines Kartells ist eine schriftliche Übereinkunft nicht erforderlich. Es genügt eine mündliche Verabredung über Maßnahmen, die darauf abzielen, den Wettbewerb zu beschränken („Frühstückskartelle"[3]).

Abgestimmtes Verhalten ist in der Bundesrepublik ebenfalls verboten und kann mit Bußgeldern belegt werden. Da dieses Vergehen gegen den § 25 (1) GWB jedoch nur in den seltensten Fällen nachweisbar ist[4] und einseitige Absatzaktivitäten bei etwa gleichstarken Anbietern meistens nur vorübergehende Vorteile versprechen, bevorzugen oligopolistische Anbieter diese Form der Zusammenarbeit am Markt. Indiz hierfür mag sein, daß das Bundeskartellamt

---

[1] Gesetz gegen Wettbewerbsbeschränkungen (GWB) in der Fassung vom 24.9.1980, BGBl. I, S. 1761.
[2] Vgl. §§ 6, 8, 4 GWB in der Fassung vom 24. 9. 1980, BGBl. I, S. 1761.
[3] Vgl. Krelle, Wilhelm: Preistheorie, I. Teil, Monopol- und Oligopoltheorie, 2. Aufl., 1976, S. 3.
[4] Vgl. hierzu den Bericht des Bundeskartellamtes über seine Tätigkeit im Jahre 1973 sowie über die Lage und Entwicklung auf seinem Aufgabengebiet, Bundestagsdrucksache VII/986, S. 187, sowie den Bericht des Bundeskartellamtes über seine Tätigkeit im Jahre 1974 sowie über die Lage und Entwicklung auf seinem Aufgabengebiet, Bundestagsdrucksache VII/2250, S. 209.

Gemeinsame Gewinnmaximierung aller Anbieter 333

vom September 1973 bis Juni 1974 wegen des Verdachts eines Verstoßes gegen § 1 GWB 182 Bußgeldverfahren einleitete; im gleichen Zeitraum eröffnete es jedoch kein einziges Verfahren wegen eines möglichen Verstoßes gegen § 25 (1) GWB. In den zurückliegenden Jahren wurde vom Bundeskartellamt mehrfach gegen Unternehmen wegen des Verdachts des Verstoßes gegen § 25 (1) GWB ermittelt. Gegen drei Hersteller von Tempergußfittings (Rohrverbindungsstücken aus Temperguß) wurden im Jahre 1977 Geldbußen verhängt, da sie nach den Ermittlungen des Bundeskartellamtes in den Jahren 1974–1976 in der Rabattpolitik ein aufeinander abgestimmtes Verhalten praktiziert hatten[1]. Desgleichen erging ein Bußgeldbescheid im Jahre 1980 an die Axel Springer Verlag AG und die Heinrich Bauer Verlag KG wegen abgestimmten Verhaltens in der Preis- und Handelsspannenpolitik bei Programmzeitschriften[2]. Eine weitverbreitete Strategie ist die *stillschweigende Anerkennung eines Marktführers*. Alle Anbieter folgen den Absatzaktivitäten des Marktführers, indem sie dessen Preisvariationen innerhalb einer angemessenen Frist in ähnlicher Höhe übernehmen[3]. Beispielhaft sei hierzu auf den US-Stahlmarkt am Ende der 50er Jahre verwiesen, auf dem die US Steel Corporation die Rolle des Marktführers innehatte.

Kommt es zu *Preiskämpfen* mit dem Ziel eines *Verdrängungswettbewerbs,* so wird das Preisniveau eines Marktes meist bis weit unter das durchschnittliche Kostenniveau herabgedrückt. Selbst bei Monopolisierung des Marktes ist später ein „Hochschleusen" des Preisniveaus kaum mehr erreichbar. Kampfstrategien sind daher in der Praxis die Ausnahme. Vielmehr steht die Strategie der Zusammenarbeit im Vordergrund. Im folgenden Abschnitt sollen deshalb wesentliche *betriebswirtschaftliche Probleme der Kooperation am Fall des Dyopols* modellmäßig und unabhängig von der rechtlichen Zulässigkeit des Verhaltens erläutert werden, wobei der *Preis als einzige varriierbare Aktionsvariable* unterstellt wird.

b) Gemeinsame gewinnmaximale Produktions- und Absatzplanung

Grundsätzlich ist hierbei zu prüfen, ob der Erfolg bei einer gemeinsamen Produktions- und Absatzpolitik höher ist als die Summe der Erfolge bei isoliertem Handeln. Für den Fall einer gemeinsamen Produktions- und

---

[1] Vgl. Presseinformation des Bundeskartellamtes Nr. 13/77 vom 21. Februar 1977, Bußgeldbescheid vom 3. Februar 1977 – B 1-291 700 – A – 29/76 („Tempergußfittings") sowie Wirtschaft und Wettbewerb – Entscheidungssammlung 9/1977, S. 593–596.

[2] Vgl. Urteil des Kammergerichtes vom 7. November 1980 – Kat. 6/79 („Programmzeitschriften") und Wirtschaft und Wettbewerb – Entscheidungssammlung 5/1981, S. 351–358.

[3] Vgl. im einzelnen Laßmann, Gert: Probleme der Preisbildung auf dem amerikanischen Stahlmarkt, in: Zeitschrift für handelswissenschaftliche Forschung, 11. Jg., 1959, S. 57–69, insbesondere S. 67–69.

334   Produktions- und Absatzplanung

Absatzpolitik ist insbesondere zu entscheiden, welche Mengen die einzelnen Oligopolisten herstellen, zu welchen Preisen sie anbieten und wie der gemeinsam erwirtschaftete Erfolg unter den Anbietern aufgeteilt wird.

Beispiel
Auf einem Markt konkurrieren die Unternehmen A und B mit einem Gut, für das eine normal verlaufende Nachfragefunktion angenommen wird, die für jeden der beiden Anbieter gleichermaßen relevant ist. Auszugehen ist von dem am Markt für beide geltenden Preis p_0 und den abgesetzten Mengen x_A und x_B. Dabei ist zu beachten, daß die Güter zwar technisch weitgehend identisch sind, sich jedoch absatzwirtschaftlich aufgrund einer Markierung voneinander unterscheiden. Die technische Identität ermöglicht allerdings, im Fall der Zusammenarbeit die Produktion zwischen A und B anders aufzuteilen als bisher.

Die Aufteilung der Produktion ist vorteilhaft, wenn ein Unternehmen niedrigere variable Herstellkosten als das andere hat und die Kapazitäten bisher nicht voll ausgelastet sind. Zudem kann bei einer Zusammenarbeit meistens ein Teil der fixen Kosten abgebaut werden, auch wenn die Unternehmen weiterhin selbständig bleiben wollen[1]. Als Beispiel für eine solche Kooperation sei hier die Zusammenarbeit der Firmen William Prym Werke AG und Manufacture Belge d'Aiguilles Beka genannt. Hierbei übernahm Beka die gesamte Produktion von Nadeln für Haushaltsnähmaschinen, die vorher von beiden Unternehmen gefertigt wurden. Prym bezog dafür die Nadeln zu einem Vorzugspreis von Beka. Weitere Beispiele für Spezialisierungskartelle gemäß § 5 a GWB sind die Vereinbarungen zweier Hüttenbetriebe im Hinblick auf Produktionsprogrammaufteilung und Gemeinschaftsabsatz[2], zweier Bohr- und Sägemaschinenhersteller zum Zweck der Produktionsaufteilung sowie gemeinsamer Entwicklung und Vertriebspolitik[3], zweier Hersteller von Auspuffanlagen im Hinblick auf gemeinsame Entwicklung und Produktionsaufteilung[4], zweier Produzenten von motorischen Gleitlagern und Buchsen zur Produktionsaufteilung[5], zweier Brauereien mit dem Ziel des gegenseitigen Alleinvertriebs von Pils- bzw.

---

[1] Vgl. hierzu den Bericht des Bundeskartellamtes über seine Tätigkeit im Jahre 1974 sowie über die Lage und Entwicklung auf seinem Aufgabengebiet, in: Bundestagsdrucksache VI I/2250, S. 120.
[2] Vgl. Bekanntmachung des BKartA Nr. 142/82 vom 22. 11. 1982 (BAnz. Nr. 223 vom 1. 12. 1982).
[3] Vgl. Bekanntmachung des BKartA Nr. 154/82 vom 22. 12. 1982 (BAnz. Nr. 2 vom 5. 1. 1983).
[4] Vgl. Bekanntmachung des BKartA Nr. 1/81 vom 5. 1. 1981 (BAnz. Nr. 8 vom 14. 1. 1981).
[5] Vgl. Bekanntmachung des BKartA Nr. 18/77 vom 25. 2. 1977 (BAnz. Nr. 46 vom 8. 3. 1977).

Altbiersorten der beiden Partner[1] sowie von vier Molkereigenossenschaften im Hinblick auf eine Randsortenspezialisierung[2]. Es wird somit nicht der Fall der Fusion untersucht, der zum Monopol führt. Die Ausgangssituation läßt sich graphisch wie folgt darstellen (Abb. 7.6):

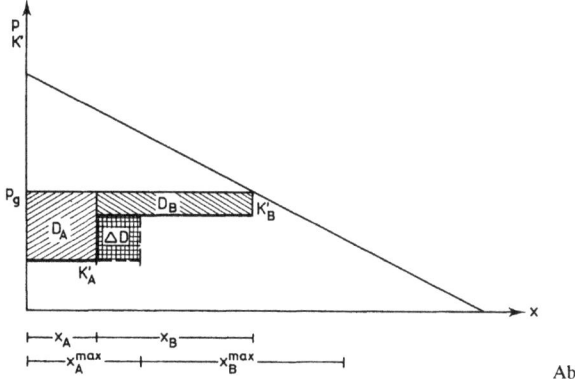

Abb. 7.6

x_A^{max} und x_B^{max} sind die aufgrund der begrenzten Fertigungskapazitäten der Unternehmen A und B jeweils höchstmöglichen Produktionsmengen. Wie aus Abb. 7.6 ersichtlich ist, arbeitet das Unternehmen B mit höheren *Grenzkosten* (= variablen Stückkosten) als die Unternehmung A. Der Gesamtabsatz x_g setzt sich zusammen aus x_A Mengeneinheiten aus der Produktion des Unternehmens A und x_B Mengeneinheiten aus der Produktion von B. Demzufolge entstehen folgende Periodendeckungsbeiträge:

$$D_A = (p_g - k_{vA}) \cdot x_A,$$
$$D_B = (p_g - k_{vB}) \cdot x_B.$$

Es sei zunächst angenommen, daß bei Durchführung der Kooperation die *Fixkosten* beider Unternehmen unabhängig von der tatsächlichen Produktions- und Absatzmenge und deren Verteilung auf die Fertigungsanlagen in voller Höhe anfallen. Unter dem Gesichtspunkt der kurzfristigen Gewinnmaximierung sollten bei Beachtung der verschieden hohen variablen Stückkosten vorrangig die Produktionsanlagen des Unternehmens A belegt werden. Nur wenn dort die Kapazität nicht ausreicht, wird zusätzlich auf die Produktionsanlagen des mit höheren variablen Stückkosten produzierenden Unternehmens

---

[1] Vgl. Bekanntmachung des BKartA Nr. 34/79 vom 16. 3. 1979 (BAnz. Nr. 66 vom 4. 4. 1979).

[2] Vgl. Tätigkeitsbericht des BKartA für die Jahre 1979/1980 – Bundestagsdrucksache 9/565, S. 82 f. sowie BAnz. Nr. 151 vom 16. 8. 1980.

B zurückgegriffen. Aus dieser Vorgehensweise resultiert eine Grenzkostenfunktion, die aus zwei parallel zur Abszisse verlaufenden Abschnitten K'_A und K'_B besteht (Abb. 7.6).

Bei der Unternehmens-Kooperation kann zunächst an der bisherigen Preis-Mengen-Kombination festgehalten werden. Die Unternehmen vereinbaren dabei, den Angebotspreis p_g, die Absatzmenge x_g sowie die Marktaufteilung beizubehalten. Hierbei wäre es jedoch lohnend, einen Teil der bisher von B wahrgenommenen Produktion nach A zu verlagern, und zwar bis zur Vollauslastung der Produktionskapazität von A, sofern $x_g > x_A^{max}$.

Wie sich aus Abb. 7.6 erkennen läßt, ist der gemeinsam erwirtschaftete Deckungsbeitrag D_g um ΔD um größer als die Summe der in der Ausgangssituation erzielten Deckungsbeiträge. Jedoch entsteht das Problem der *Verteilung des zusätzlichen Deckungsbeitrages* auf A und B. Theoretisch läßt sich kein Aufteilungsmodus ableiten, da die Gewinnerhöhung aus dem beiderseitigen Entschluß zur Zusammenarbeit resultiert und keine Aufteilung nach individuellen Leistungsbeiträgen möglich ist. Daher muß auf dem *Verhandlungswege* eine pragmatische Lösung gefunden werden. Dabei könnte das Verhältnis der in der Ausgangssituation erzielten Deckungsbeiträge oder auch das Verhältnis der ursprünglichen Unternehmensgewinne die Basis für die Aufteilung von ΔD bilden.

Die Kooperationsstrategie eröffnet aber auch die Möglichkeit, diejenige Preis-Mengen-Kombination anzustreben, die ein gewinnmaximierender Monopolist realisieren würde. Hierbei wird sich im Regelfall die Preis-Mengen-Kombination gegenüber der Ausgangssituation ändern. Im *Fertigungsbereich* sollten vorrangig die Produktionsanlagen des Unternehmens A ausgelastet werden. Nur wenn dort die Kapazität nicht ausreicht, wird auf die Anlagen von B zurückgegriffen. Im *Absatzbereich* müssen allerdings die Nachfragepräferenzen für die beiden Marken beachtet werden. Folglich ist zu überlegen, welcher Anteil der Gesamtproduktion mit A und welcher mit B zu markieren ist. Als Grundlage der Entscheidung können hierbei die Preisabsatzfunktionen von A und B dienen. Außerdem ist eine Vereinbarung über die Aufteilung des zusätzlich erwirtschafteten Deckungsbeitrages auszuhandeln. Das Gewinnoptimum selber ist nach dem Cournot-Kriterium zu bestimmen. Im Beispiel steigt der Preis von p_g auf $p_g^{(1)}$ (vgl. Abb. 7.7).

Falls von den *fixen Kosten* des Unternehmens B zumindest ein Teil *einsparbar* ist, wenn der *Produktionsbereich* dieses Unternehmens völlig *stillgelegt* wird, müßte zusätzlich geprüft werden, ob eine derartige Beschränkung der Produktions- und Absatzmenge den Gesamtgewinn weiter erhöht, weil die einsparbaren Fixkosten den infolge der Einschränkung entgehenden Deckungsbeitrag übersteigen (vgl. Abb. 7.7). Eine ausschließliche Fertigung auf den Anlagen von B mit der Möglichkeit, einen Teil der fixen Kosten der Unternehmung A einzusparen, sei hingegen nicht weiter analysiert, da hier angenommen wird, daß sich eine noch günstigere Gewinnsituation dabei nicht einstellt.

Gemeinsame Gewinnmaximierung aller Anbieter 337

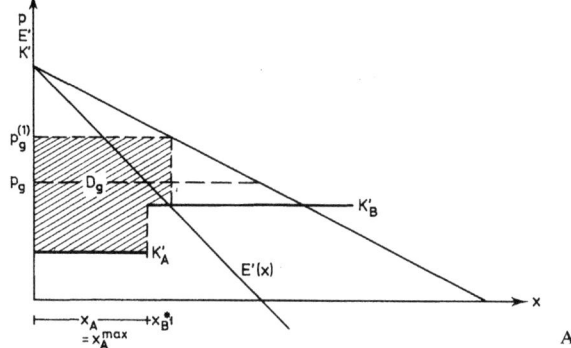

Abb. 7.7

Ein Motiv für den Eintritt des Anbieters A in eine horizontale Kooperation mit Anbieter B könnte z. B. darin liegen, daß A über die günstigere Kostenstruktur, B jedoch über das bessere Markenimage bei sonst gleichen Bedingungen verfügt. Die Kooperation führt dann zu einem *Ausgleich der Stärken und Schwächen beider Anbieter* mit der Folge einer Erhöhung des Gesamtdeckungsbeitrages (vgl. auch Abb. 7.7).

Andernfalls wäre aus der Sicht des Unternehmens A zu prüfen, ob es bei Gültigkeit der Nachfragefunktion $x(p)$ und seiner Grenzkostensituation langfristig günstiger ist, die fehlende Fertigungskapazität durch eigene Investitionen zu schaffen (notfalls fremdfinanziert) und dann B unter Wettbewerbsdruck (insbesondere Preisdruck) zu setzen. Die im Beispiel gezeigte Kooperation verbessert zwar die Lage beider Anbieter bei gegebenen Kapazitäten, doch besagt das noch nichts über die Situation bei Änderung der Kapazitäten. Dazu bedarf es einer Investitionsrechnung (vgl. hierzu Band 3).

Zusammenfassend ist anzumerken, daß die Kooperation den in einem Oligopol anbietenden Unternehmen Chancen zur Gewinnsteigerung eröffnet. Dies dürfte die in der Realität zu beobachtende Tendenz zur Zusammenarbeit erklären. Allerdings wird bei dieser Entwicklung der *Wettbewerb weiter eingeschränkt*.

D. Weiterführende Modellansätze unter Berücksichtigung der Ungewißheit

Wie für den monopolistischen Anbieter soll auch für den Oligopolisten eine Weiterentwicklung der Modellansätze zur Planung des Produktions- und Absatzprogramms im Hinblick auf die Berücksichtigung mehrwertiger Erwartungen (Ungewißheit) skizziert werden. Das für den Monopolfall dargestellte Planungsmodell eines Anbieters (vgl. § 6 D) muß nun wegen der vorliegenden oligopolistischen Marktstruktur um Einflüsse von Konkurrenzreaktionen auf eigene Absatzmaßnahmen erweitert werden.

Das Planungsmodell enthält dann den Preis und die Werbeausgaben als eigene und konkurrenzbezogene Aktionsvariablen sowie den *Erwartungswert des Gewinns als Entscheidungskriterium*[1]. Man ordnet den einzelnen eigenen Preisalternativen p_e ($e = 1, \ldots, m$) diskrete alternative eigene Werbeausgaben W_i ($i = 1, \ldots, r$) zu. Diesen eigenen Preis-Werbe-Kombinationen werden Preis-Werbe-Kombinationen der Konkurrenten (p_k, W_s) mit $k = 1, \ldots, l$ und $s = 1, \ldots, g$ gegenübergestellt. Die Käuferreaktionen auf eine Kombination der eigenen Preis-Werbe-Alternativen und der Mitanbieter werden in der Absatzmenge x_j ($j = 1, \ldots, n$) des Produktes sichtbar. Hierbei treten bestimmte Absatzmengen x_j als Konsequenzen einer Kombination aus eigenen Preis-Werbe-Alternativen und Preis-Werbe-Alternativen der Konkurrenz mit der Wahrscheinlichkeit $w(x_j \mid p_e, W_i; p_k, W_s)$ auf. Die gesamte Entscheidungssituation für den oligopolistischen Anbieter läßt sich durch einen *Entscheidungsbaum*[2] wiedergeben (siehe Abb. 7.8).

Nimmt man den Erwartungswert des Gewinns als Entscheidungskriterium, so ergibt sich bei bekannten Kosten für jede Kombination (p_e, W_i) ein Erwartungswert

$$EW(G_{ei}) = \sum_{k=1}^{l} \sum_{s=1}^{g} \sum_{j=1}^{n} (p_e - k_v) \cdot x_j \cdot w(x_j \mid p_e, W_i; p_k, W_s) - W_i - K_f,$$

insgesamt ergeben sich also $m \cdot r$ Erwartungswerte.

Bei der Zielsetzung Gewinnmaximierung wird jene Kombination p_e und W_i ausgewählt, für die gilt:

$$EW(G_{ei})^{\max} \doteq \max_{e, i} \{EW(G_{ei})\}.$$

Für diesen Planungsansatz gelten die gleichen kritischen Einwendungen, wie sie für das entsprechende monopolistische Planungsmodell vorgetragen wurden (vgl. § 6 D).

---

[1] Vgl. dazu Hammann, Peter: Quantitativ-analytische Ansätze zu einer optimalen Kombination des absatzpolitischen Instrumentariums, in: Der Markt, 1971, S. 74 f.
[2] Vgl. Band 1 § 3 E 2.

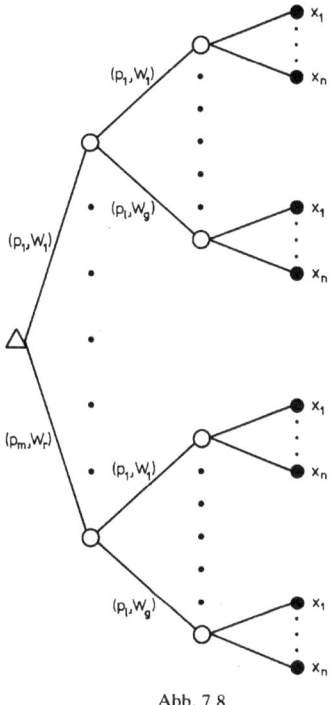

Abb. 7.8

Literaturempfehlungen zu § 7

Jacob, Herbert: Preispolitik, 2. Aufl., 1971, S. 160–169 (zu § 7 B 1).
Hammann, Peter: Entscheidungsanalyse im Marketing, 1975, S. 687–691 (zu § 7 D).
Krelle, Wilhelm: Preistheorie, I. Teil, Monopol- und Oligopoltheorie, 2. Aufl., 1976, S. 307–313 (zu § 7 C 1).
Jacob, Herbert: Preispolitik, in: Jacob, Herbert (Hrsg.): Allgemeine Betriebswirtschaftslehre in programmierter Form, 4. Aufl., 1981, S. 390–397 (zu § 7 B 1) und S. 434–437 (zu § 7 C 2).
Simon, Hermann: Preismanagement, 1982, S. 146–179 (zu § 7 B und C).
Ott, Alfred E.: Grundzüge der Preistheorie, Neudruck der 3. überarbeiteten Auflage, 1984, S. 176–178 (zu § 7 B 1) und S. 228–229 (zu § 7 C 1 b).
Gutenberg, Erich: Grundlagen der Betriebswirtschaftslehre, 2. Band, Der Absatz, 17. Aufl., 1984, S. 238–272 (zu § 7 B 1), S. 272–321 (zu § 7 C 1 a) und S. 330–333 (zu § 7 C 2).

340   Produktions- und Absatzplanung

Aufgaben zu § 7

7.1 Die Kaffeerösterei A verkauft seit mehreren Jahren durchschnittlich im Monat zwischen 5,6 t und 11,2 t Bohnenkaffee. Die Unternehmung rechnet damit, daß bei 1000 DM/t Preissenkung (-erhöhung) ungefähr 0,8 t an Absatzmenge hinzugewonnen werden (verloren gehen) und daß die Konkurrenten innerhalb des obigen Mengenbereiches nicht reagieren. Im vergangenen Monat verkaufte die Unternehmung den Kaffee pro Tonne zu 8000 DM. Für den kommenden Monat rechnet sie mit variablen Stückkosten von

k_{v1} = 6000 DM pro Tonne für 0 t < x < 8 t,
k_{v2} = 8000 DM pro Tonne für 8 t ≤ x ≤ 15 t,

und Fixkosten von

K_{f1} = 10 000 000 DM,
K_{f2} = 13 000 000 DM.

(a) Bei einem Preis von 8000 DM beträgt die Preiselastizität der Nachfrage $\eta = -\frac{5}{6}$. Wieviel Tonnen Bohnenkaffee konnte die Unternehmung im vergangenen Monat absetzen?

(b) Bestimmen Sie graphisch und analytisch, welchen Absatzpreis A setzen soll, wenn A den Deckungsbeitrag pro Monat maximieren will! Welche Monatsmenge muß er dann anbieten?

(c) Ändert A seine Entscheidung, wenn er den höchsten Gewinn pro Monat anstrebt?

(d) Aufgrund eines plötzlichen Kälteeinbruchs in Brasilien könnte sich der Einstandspreis des Kaffees wesentlich erhöhen, wodurch sich die variablen Stückkosten verdoppeln würden. Bestimmen Sie dann die gewinnmaximale Preis-Mengen-Kombination!

7.2 Ein mittelständisches Bekleidungsunternehmen verkauft in einer Abteilung modische Herrenanzüge an den Endverbraucher. Die Absatzmöglichkeiten des kommenden Monats sollen durch die Nachfragefunktion

$x(p) = 400 - 0,4 p$

angegeben werden. Das Unternehmen hat diese Anzüge in der Vergangenheit immer nur in Mengen zwischen 200 und 300 Stück pro Monat verkauft. Es hält nur Absatzprognosen in diesem Mengenbereich für hinreichend zuverlässig und will daher im kommenden Monat nicht unter 200 und nicht über 300 Anzüge verkaufen. Die monatlichen Kosten der betreffenden Abteilung gibt die Kostenfunktion

$K(x) = 500 x + 40 000$ an.

(a) Bestimmen Sie graphisch und analytisch die Produktions- und Absatzmenge, den Absatzpreis und den (Perioden-)Gewinn, wenn das Unternehmen den Preis setzt, der seinen (Perioden-)Gewinn maximiert!

(b) Nehmen Sie an, im kommenden Monat sei mit Preissteigerungen beim Einkauf der Anzüge zu rechnen, die die variablen Stückkosten des Unternehmens um 10 % erhöhen würden. Welche Konsequenzen hätte dies für die Angebotspolitik der Unternehmung?

(c) Die Unternehmung kann in einer überregionalen Zeitung inserieren, um dadurch ihre Absatzmöglichkeiten zu verbessern. Durch die Werbeaktion werden die Fixkosten der Periode um W = 2500 DM erhöht; jedoch ändert sich auch die Nachfragefunktion:

$$x(p, W) = 400 - 0{,}4\, p + 0{,}4\, W^\lambda, \text{ wobei } \lambda = \frac{1}{2},$$
$$K(x) = 550\, x + 40\,000 + W.$$

Alternativ könnte die Unternehmung ihre Beratung beim Kauf verbessern, wodurch die variablen Stückkosten um $\Delta k_v = 10$ DM erhöht werden. Die Nachfragefunktion hat dann den Verlauf:

$$x(p, s) = \frac{1000 - p}{2{,}5 - \alpha \Delta k_v}, \text{ wobei } \alpha = \frac{3}{20},$$
$$K(x) = (550 + s)\, x + 40\,000\,000.$$

Bestimmen Sie analytisch die gewinngünstigste Instrumental-Mengen-Kombination für die kommende Periode, wenn die Unternehmung nach wie vor nur im Mengenintervall $200 \leq x \leq 300$ operieren will.

(d) Die Unternehmung ist unsicher bezüglich der Wirkung der Absatzinstrumente auf die Nachfragefunktion; daher möchte sie die Grenzlage der Nachfragefunktion wissen, d. h. den Wert für α oder λ, bei dem die variablen Stückkosten unter Berücksichtigung der in (c) als gewinnoptimal bestimmten Strategie gerade gedeckt werden. Bestimmen Sie die kritischen Werte für α und λ!

7.3 Auf dem Zuckermarkt konkurrieren die Dyopolisten A und B. Die von ihnen als Markenartikel vertriebenen Produkte (Feinkornraffinade) sind in physikalischer und chemischer Hinsicht homogen, so daß die Fertigung beliebig auf die Raffineriekapazitäten der beiden Betriebe aufgeteilt werden könnte. Für A liegt die Produktionskapazität je Periode bei 3000 kg, für B bei 6000 kg.
Die für die Planperiode geltende Gesamtnachfragefunktion für Feinkornraffinade lautet:

$$x(p) = 12\,000 - 1000\, p;$$

hierbei wird x in kg angegeben, p in DM je kg. In der Ausgangssituation liegt der Marktpreis für beide Anbieter bei 6 DM je kg; die Unternehmung A produziert und verkauft zu diesem Preis 2000 kg, B hingegen 4000 kg. A fertigt mit variablen Stückkosten von $k_{vA} = 3$ DM je kg, B mit $k_{vB} = 4$ DM je kg.

(a) Stellen Sie die Gesamtnachfrage- und Grenzkostenfunktionen graphisch so dar, daß K'_B bei der Kapazitätsgrenze des A beginnt!

(b) Erläutern Sie, ob und warum es sich bei der beschriebenen Situation um einen vollkommenen oder um einen unvollkommenen Markt handelt!

(c) Diskutieren Sie die Möglichkeiten des Anbieters A, seinen Konkurrenten B aus dem Markt zu verdrängen! Gehen Sie dabei insbesondere auf mögliche Folgen der Verdrängungsstrategie für die Unternehmung A ein!

(d) Bestimmen Sie die Perioden-Deckungsbeiträge der Unternehmen A und B in der Ausgangssituation!

(e) Die Dyopolisten entschließen sich zur Kooperation; dabei wollen Sie den Preis von 6 DM je kg und die Absatzaufteilung vorerst beibehalten. Ermitteln Sie die gewinngünstigste Aufteilung der Produktion auf die beiden Raffinerien und die hierdurch entstehende Änderung des Perioden-Deckungsbeitrages!

(f) In einem weiteren Kooperationsschritt vereinbaren die Dyopolisten, sich gemeinsam wie ein Monopolist zu verhalten. Bestimmen Sie graphisch und analytisch die zugehörige gewinnmaximale Preis-Mengen-Kombination!

(g) Welche Schwierigkeiten lassen sich bei der Kooperation voraussehen (Marktaufteilung, Gewinnaufteilung)? Diskutieren Sie Lösungsmöglichkeiten!

(h) Die Perioden-Fixkosten im Produktionsbereich des Unternehmens A betragen 3000 DM, im Produktionsbereich des Unternehmens B 2000 DM. Im Falle einer Produktionsstillegung sind die jeweiligen Fixkosten voll abbaufähig. Im Verwaltungs- und Vertriebsbereich der beiden Unternehmen fallen pro Periode insgesamt 10 000 DM fixe Kosten an, die nicht abbaufähig sind. Sehen Sie eine Möglichkeit, unter Verwendung dieser Informationen eine weitere Verbesserung des gemeinsamen Perioden-Deckungsbeitrages zu erzielen, wenn sich die Anbieter weiterhin als Verbundmonopol verhalten?

(i) Die Dyopolisten wollen in der nächsten Periode den gemeinsamen Absatz unter Einhaltung eines Mindest-Periodengewinns von 4500 DM maximieren. Ermitteln Sie analytisch die entsprechende Preis-Mengen-Kombination! Kontrollieren Sie Ihr Ergebnis anhand einer Zeichnung!

Aufgaben 343

(j) Erörtern Sie das Für und Wider von Unternehmenskooperationen in einzel- und gesamtwirtschaftlicher Sicht! Beziehen Sie dabei auch die einschlägigen rechtlichen Normen in Ihre Überlegungen mit ein!

7.4 Der Mineralölkonzern A will im kommenden Jahr entweder den Preis $p_A^{(1)} = 0{,}80$ DM oder $p_A^{(2)} = 0{,}90$ DM für einen Liter (L) Normalbenzin fordern. Weiterhin plant das Unternehmen, einen von zwei möglichen Werbefeldzügen durchzuführen; hierdurch erhöhen sich die Fixkosten der Unternehmung um $W_A^{(1)} = 100\,000$ DM bzw. $W_A^{(2)} = 120\,000$ DM. Der Konkurrent B, der sich für einen der beiden Preise $p_B^{(1)} = 0{,}83$ DM oder $p_B^{(2)} = 0{,}87$ DM entscheiden muß, kann ebenfalls eine von zwei möglichen Werbeaktionen durchführen. Durch die Werbemaßnahmen erhöhen sich die Fixkosten bei B um $W_B^{(1)} = 150\,000$ DM bzw. $W_B^{(2)} = 200\,000$ DM. Die Kundennachfrage des A ist abhängig vom Einsatz des absatzpolitischen Instrumentariums beider Anbieter. Die folgende Tabelle enthält die realisierbaren Preis-Werbe-Kombinationen des A; weiterhin werden die Preis-Werbe-Kombinationen des A aufgeführt, mit denen B auf eine bestimmte Absatzmittelkombination des A reagieren kann. Die Tabelle gibt an, mit welchen Absatzmengen A in den jeweiligen Situationen rechnen kann. Zusätzlich sind aufgeführt:

– die Wahrscheinlichkeiten für bestimmte absatzpolitische Aktionen des Konkurrenten;
– die bedingten Wahrscheinlichkeiten für bestimmte Absatzmengen des A als Konsequenz der eigenen und fremden Absatzanstrengungen.

Die variablen Produktionskosten des Mineralölkonzerns A betragen 0,50 DM pro Liter und die Fixkosten 2 Millionen DM pro Planungsperiode.

	1	2	3	4	5	6	7	8	9	10
Preis A [DM]	0,80	0,80	0,80	0,80	0,80	0,80	0,90	0,90	0,80	0,80
Werbung A [DM in TSD]	100	100	120	120	120	120	100	100	100	100
Preis B [DM]	0,83	0,83	0,83	0,83	0,87	0,87	0,87	0,87	0,83	0,83
Werbung B [DM in TSD]	150	150	150	200	150	150	150	200	200	200
$w(p_s, W_s)$	0,4	0,4	0,3	0,3	0,4	0,4	0,5	0,5	0,6	0,6
a_A [L in TSD]	12000	10000	14000	13000	15000	16000	10000	8000	9000	10000
$w(x_A \mid p_s, W_s)$	0,2	0,8	1,0	1,0	0,6	0,4	1,0	1,0	0,7	0,3

(a) Stellen Sie die Entscheidungssituation, vor der A steht, graphisch als Entscheidungsbaum dar!
(b) Wieviel Strategien stehen dem A zur Verfügung?

(c) Welche Strategie sollte A wählen, wenn er den Erwartungswert des Gewinns maximieren will?

(d) Zeigen Sie anhand einer Entscheidungsmatrix mit frei von Ihnen gewählten Werten, warum die Zielsetzung „Maximiere den Erwartungswert" risikoneutrales Verhalten des Entscheidenden voraussetzt!

7.5 Der Einproduktunternehmer U fordert für sein Erzeugnis in der Periode T_0 einen Preis $p^{(0)} = 4000$ DM. U sieht sich einer einfach geknickten Preisabsatzfunktion gegenüber: Bei einer Senkung des Angebotspreises unter $p^{(0)}$ rechnet er nicht mit preispolitischen Reaktionen der Konkurrenten, während die Mitanbieter Preiserhöhungen nachvollziehen würden. Die für die kommende Periode T_1 erwartete Preisabsatzfunktion läßt sich daher wie folgt beschreiben:

$$p(x) = 8000 - x \quad \text{für } 1000 \leq x \leq 4000;$$
$$p(x) = 6000 - 0{,}5\,x \quad \text{für } 4000 \leq x \leq 10\,000.$$

Wird der in der Periode T geforderte Preis gegenüber dem Preis in $T - 1$ geändert, so ist damit zu rechnen, daß sich die Preisabsatzfunktion bis zum Ende von T derart verschoben hat, daß sie beim Preis $p^{(T)}$ einen Knick aufweist. Allerdings bleiben die Steigungen der Äste hiervon unberührt. Diese neue Funktion bildet dann die Absatzmöglichkeiten für die Periode $T + 1$ ab usw. U arbeitet mit variablen Stückkosten von 2000 DM; die Perioden-Fixkosten betragen 2 Mio DM.

(a) Bestimmen Sie graphisch und analytisch die gewinnmaximalen Preis-Absatzmengen-Kombinationen in den Planperioden 1, 2 und 3!

(b) Nehmen Sie unter absatzpolitischen Aspekten kritisch Stellung zu den ständigen Preis-Mengen-Variationen!

(c) Am Ende der Periode 3 erkennt U, daß für die sich anschließende Periode 4 ein empfindlicher Nachfragerückgang zu erwarten ist. Dies wird eine Änderung des Konkurrenzverhaltens zur Folge haben: Die Mitanbieter werden künftig bei Preissenkungen folgen, Preiserhöhungen hingegen unbeachtet lassen. Damit vertauschen sich für die Planperiode 4 die Steigungen des oberen und unteren Astes der geknickten Preisabsatzfunktion. Stellen Sie graphisch und analytisch die gewinnmaximale Preis-Mengen-Kombination in T_4 fest! Welchen Einfluß hat die Wandlung der Preisabsatzfunktion bei gleichbleibender Kostensituation auf die gewinnmaximale Preis-Mengen-Kombination in der kommenden Periode T_5?

(d) Welche Folgen hätte eine zusätzliche Erhöhung der variablen und/oder fixen Kosten?

7.6 Bestimmen Sie in Abb. 7.7 graphisch die Änderung des Gesamtdeckungsbeitrages bei Einstellung der Fertigung des Unternehmens B!

§ 8 Grundlagen und Methoden praktischer Absatzplanung

A. Einführung

Die Ausgangsbedingungen der Planung sind in existierenden Unternehmen wesentlich komplexer als in einfachen Modellen darstellbar. Die in der Praxis vorherrschende Planung von Absatz und Produktion vollzieht sich nur in Ausnahmefällen simultan. In der Regel ist sie in eine *größere Zahl von primär unabhängigen Einzelschritten* aufgegliedert. Besondere *Schwierigkeiten* bereitet die *Informationsbeschaffung* über die *zukünftigen Absatzmöglichkeiten* der verschiedenen Absatzobjekte, insbesondere im Hinblick auf das Nachfragerverhalten und das Konkurrentenverhalten sowie auf wirtschaftspolitische Maßnahmen des Staates. Neben dem originären Bedarfswandel ist ständig mit Änderungen der Bedarfsstruktur infolge eigener oder fremder absatzrelevanter Aktivitäten zu rechnen. Informationen über die zukünftigen Absatzchancen im Rahmen alternativer Bedingungskonstellationen können – über einen fest gebuchten Auftragsbestand und langfristige Lieferverträge hinaus – im wesentlichen nur aus Prognosen gewonnen werden. Daher soll im folgenden Abschnitt B ein einführender Überblick über die wichtigsten Prognosemethoden gegeben werden. Im Abschnitt C wird sodann auf die Probleme der Erstellung von Absatzplänen näher eingegangen.

B. Prognoseverfahren

1. Überblick

Unter *Prognosen* sollen Voraussagen verstanden werden, die durch Einsatz von systematischen Methoden und Heuristiken gewonnen worden sind. Der Prognoseprozeß soll transparent und in seiner systematischen Schrittfolge nachvollziehbar sowie vom Verfahren her widerspruchsfrei sein.

Dennoch sind Prognosen stets gekennzeichnet durch ein gewisses Maß an *Subjektivität,* da der Prognostiker im Hinblick auf Modellbildung und Ergebnisinterpretation einen Ermessensspielraum besitzt. Unsicherheit und Risiko der Prognoseinformation lassen sich zwar durch entsprechendes methodisches Vorgehen eingrenzen, aber nicht beseitigen.

Die *Prognosemethoden* kann man danach klassifizieren, ob sie auf formalen Modellen des Prognoseprozesses aufbauen oder nicht[1]. Entsprechend unterscheidet man zwischen quantitativen und qualitativen Prognoseverfahren (Abb. 8.1).

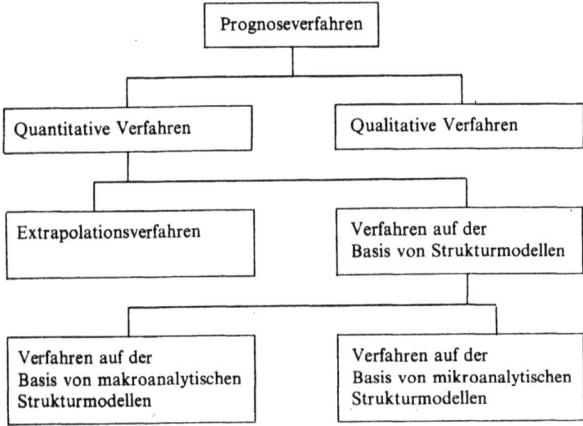

Abb. 8.1. Klassifikation der Prognoseverfahren

Extrapolationsverfahren beziehen sich auf die Analyse einer *einzigen Zeitreihe:* der Zeitreihe der Prognosevariablen, die gewissermaßen „fortgeschrieben" wird. *Verfahren auf der Basis von Strukturmodellen* berücksichtigen nicht nur die Zeitreihe der Prognosevariablen, sondern darüber hinaus auch Zeitreihen der Einflußfaktoren der Prognosevariablen. Die im Rahmen dieser Verfahrensfamilie auftretenden Gruppen unterscheiden sich danach, ob sie aggregierte bzw. disaggregierte Nachfrage- bzw. Verhaltensdaten verwenden. *Makroanalytische Strukturmodelle* basieren auf aggregierten Nachfragedaten, während *mikroanalytische Strukturmodelle*[2] nur Daten berücksichtigen, die sich auf das individuelle Nachfrageverhalten beziehen.

---

[1] Vgl. Hammann, Peter; Erichson, Bernd: Marktforschung, 1978, 2. Aufl., 1990, S. 291–298.
[2] Siehe hierzu u. a. Meffert, Heribert; Steffenhagen, Hartwig: Marketing-Prognosemodelle – Quantitative Grundlagen des Marketing, 1977, S. 99 ff.; Erichson, Bernd: Prognose für neue Produkte, in: MARKETING – Zeitschrift für Forschung und Praxis; Teil I: 1. Jahrgang, Heft 4, 1979, S. 255–266; Teil II: 2. Jahrgang, Heft 1, 1980, S. 49–52 und die dort angegebene Literatur.

Die Hervorhebung der quantitativen Prognoseverfahren besagt nicht, daß *qualitative Prognoseverfahren*[1] nur von geringer Bedeutung seien. Die Fülle sehr unterschiedlich gearteter Verfahren läßt jedoch eine kurz gefaßte Charakterisierung – wie sie für quantitative Verfahren immerhin möglich ist – kaum zu. Wir werden uns daher in § 8 B 3 auf einige charakteristische Formen beschränken. Qualitative Verfahren werden vornehmlich im Bereich der *langfristigen Planung* angewendet und ergänzen die auf Zeitreihenmodellen basierenden quantitativen Verfahren, die eher für Prognosen im *kurz- und mittelfristigen Bereich* benutzt werden.

Beispiele
- Vorausschau im Hinblick auf die weitere Entwicklung von Schlüsseltechnologien,
- Perspektiven des sozialen Wandels von Industrienationen,
- Langfristprognosen der strukturellen Veränderungen von Marktsegmenten.

Häufig werden für diese Zwecke *Aussagen von Sachverständigen* (Experten) erarbeitet, die teilweise auf quantitativen Prognoseverfahren aufbauen können[2]. Dennoch überwiegt hier die durch Erfahrung und Wissen getragene *subjektive Schätzung*, die sich der mathematischen Modellierung nicht ohne weiteres als zugänglich erweist.

Im folgenden sollen einige statistische Prognoseverfahren erläutert werden, die in erster Linie für die *kurzfristige Prognose* von Nachfragedaten geeignet sind.

2. *Statistische Prognoseverfahren*

a) *Extrapolation von Zeitreihen*

Eine erste Grundlage für kurzfristige Prognosen über die Absatzchancen von marktgängigen Standardprodukten bilden Zeitreihen der Absatzmengen, Preise und/oder Umsatzerlöse vergangener Perioden.

---

[1] Siehe zu den wichtigsten Formen z. B. Hammann, Peter; Erichson, Bernd: Marktforschung, 2. Aufl., 1990, S. 297 ff. oder Brockhoff, Klaus: Prognosen, in: Bea, Franz Xaver; Dichtl, Erwin; Schweitzer, Marcell (Hrsg.): Allgemeine Betriebswirtschaftslehre – Band 2: Führung, 4. Aufl. 1989, S. 415 ff.
[2] Besonders bekannt geworden ist hier u. a. die *Delphi-Methode,* die auf einem mehrstufigen Befragungsmodus mit Rückkopplung aufbaut. Vgl. § 8 B 3.

Produktions- und Absatzplanung

> **Beispiel**
> Die Absatzmenge von standardisierten Bauteilen wie Autofedern bestimmter Art soll für den nächsten Monat vorausgeschätzt werden. Man erfaßt den eigenen Absatz und den Absatz der Konkurrenten in einem Marktsegment innerhalb der vergangenen 12 Monate und untersucht anhand eines Zeitreihendiagramms, ob der Absatz der Branche um einen Mittelwert schwankt oder ob ein Trend erkennbar ist und ob der eigene Absatzanteil am Gesamtabsatz über den Betrachtungszeitraum hinweg in etwa konstant bleibt. Dabei soll der Umstand, daß die Nachfrage nach Autofedern u. a. abhängig von der Nachfrage nach Automobilen ist (*derivative Nachfrage*) zunächst zur Vereinfachung vernachlässigt werden.

Sofern die Zeitreihe des Branchenabsatzes keinen Trend und keine ausgeprägten Saisonschwankungen aufweist, kann man den *Mittelwert* als Prognosewert für den kommenden Monat zugrunde legen. Bezeichnet der Beobachtungswert x_t den Absatz eines Produktes in der Periode t und kennzeichnet T die gegenwärtige Periode, so ergibt sich am Ende der Periode T der Prognosewert $\hat{x}^{(1)}_{T+1}$ für die Periode $T + 1$ aus dem arithmetischen Mittel

$$\hat{x}^{(1)}_{T+1} = \bar{x}_T = \frac{1}{T} \cdot \sum_{t=1}^{T} x_t$$

der Beobachtungswerte der vergangenen Perioden.
Bei dieser Mittelwertbildung sinkt der Einfluß der dem Prognosezeitpunkt nahen Beobachtungswerte auf die Prognose mit zunehmender Zahl der berücksichtigten Perioden, da *jeder Beobachtungswert gleiches Gewicht* erhält. Für Absatzprognosen kommt jedoch den älteren Beobachtungswerten grundsätzlich eine geringere Bedeutung zu als den aktuellen Werten. Es ist daher zweckgerechter, für Prognosen *gleitende Mittelwerte* zu verwenden. Das gleitende n-Monatsmittel M_T kann zum Beispiel nach der folgenden Formel berechnet werden:

(8.1) $$\hat{x}^{(2)}_{T+1} = M_T = \frac{1}{n} \cdot \sum_{t=T-n+1}^{T} x_t .$$

Nur die jeweils letzten n Werte der Zeitreihe der Absatzdaten werden für die Bildung des Mittelwertes M_T herangezogen. Durch Umformung von (8.1) erhält man einen Ansatz, der die Berechnung $x^{(2)}_{T+1}$ des gleitenden Mittelwertes wesentlich erleichtert:

(8.2) $$\hat{x}^{(2)}_{T+1} = M_T = M_{T-1} + \frac{1}{n}(x_T - x_{T-n}).$$

Danach ergibt sich der neue Mittelwert, der als Prognosewert für die Periode $T + 1$ verwendet werden soll, als Summe aus

- dem alten Mittelwert und
- dem n-ten Teil der Differenz aus dem neuen Beobachtungswert x_T und dem aus der n-Monatsbetrachtung ausscheidenden Wert x_{T-n}.

Mit der gleitenden Durchschnittsbildung wird der besonderen *Bedeutung der jüngsten Beobachtungswerte* für Prognosen dadurch Rechnung getragen, daß die jeweils ältesten Werte aus der Betrachtung ausscheiden. Unabhängig davon bleibt auch hier zu beachten, daß allen einbezogenen Monatswerten das gleiche Gewicht zukommt $\left(\frac{1}{n}\right)$. Die Prognosereagibilität auf starke Veränderungen bei den jüngsten Daten kann in gewissem Umfang über die Wahl der Größe n beeinflußt werden.

Eine weitere Methode für die Mittelwertbildung unter *besonderer Berücksichtigung der aktuelleren Beobachtungswerte* ist das Verfahren der *exponentiellen Glättung (Exponential Smoothing)*[1].

Bezeichnet S_T den exponentiell geglätteten Mittelwert aus den Beobachtungswerten x_t mit $t = T, T-1, T-2, \ldots, 1$, so gilt:

(8.3) $\quad \hat{x}_{T+1}^{(3)} = S_T = \alpha \cdot x_T + (1 - \alpha) \cdot S_{T-1}$ mit $0 \leq \alpha \leq 1$;

S_T wird hierbei als Prognosewert $\hat{x}_{T+1}^{(3)}$ für die Periode $T + 1$ verwendet.
Setzt man in (8.3) den entsprechenden Ausdruck für S_{T-1} ein

(8.3.1) $\quad S_{T-1} = \alpha \cdot x_{T-1} + (1 - \alpha) \cdot S_{T-2}$

und setzt dieses Verfahren sukzessive fort, so erhält man

(8.4) $\quad \hat{x}_{T+1}^{(3)} = S_T = \sum_{t=0}^{T-1} \alpha (1 - \alpha)^t x_{T-t} + (1 - \alpha)^T S_0$

mit dem Anfangswert S_0. Es ist also $t = T - \tau$ ($0 \leq \tau \leq T - 1$), wobei τ das *Informationsalter* angibt, d. h. den Abstand der Beobachtungszeitpunkte vom Prognosezeitpunkt T.

Demnach werden die Beobachtungswerte x_{T-t} mit den *Faktoren* $\alpha (1 - \alpha)^\tau$ gewichtet, *deren Werte mit zunehmendem Abstand von der gegenwärtigen Periode T exponentiell abnehmen*. Die Summe sämtlicher Gewichtungsfaktoren in (8.4) ist gleich 1, d. h.

$$\alpha \sum_{t=0}^{T-1} (1 - \alpha)^t = \alpha \cdot \frac{1}{\alpha} = 1$$

---

[1] Vgl. Brown, Robert G.: Smoothing Forecasting and Prediction of Discrete Time Series, 1963, S. 97–122 ; Schröder, Michael: Einführung in die kurzfristige Zeitreihenprognose und Vergleich der einzelnen Verfahren, in: Mertens, Peter (Hrsg.): Prognoserechnung, 4. Aufl., 1981, S. 21–60; Marr, Rainer: Absatzprognose, in: Handwörterbuch der Absatzwirtschaft, 1974, Sp. 88–101; Wheelwright, Steven C.; Makridakis, Spyros: Forecasting Methods for Management, 3. Aufl. 1980, S. 29–47.

350 Produktions- und Absatzplanung

für $T \to \infty$. Ein hoher Wert des *Glättungsfaktors* α führt dabei wegen der höheren Gewichtung der jüngsten Beobachtungswerte zu einer stärkeren Reaktion des Prognosewertes auf die aktuelle Absatzentwicklung. Im Extremfall (α = 1) wird der letzte Beobachtungswert zum Prognosewert. Aufgrund von Erfahrungen finden in der Unternehmenspraxis häufig α-Werte um 0,3 Verwendung. Formt man (8.3) noch um, so ergibt sich die übliche *Prognoseformel* für das (First Order) Exponential Smoothing:

(8.5) $\quad \hat{x}^{(3)}_{T+1} = S_T = S_{T-1} + \alpha(x_T - S_{T-1})$,

die in datentechnischer Hinsicht rationeller verwendbar ist als Formel (8.4). Formel (8.5) besagt, daß der Prognosewert für die Periode $T + 1$ gleich der Summe aus dem Prognosewert für die Periode $T(S_{T-1})$) und dem mit α gewichteten *Prognosefehler* (Abweichung des tatsächlich eingetretenen Wertes vom Prognosewert) der Periode T ist. Die gleiche Formelstruktur gilt auch für die Berechnung des arithmetischen Mittelwertes: $\bar{x}_T = \bar{x}_{T-1} + \frac{1}{T}(x_T - \bar{x}_{T-1})$. Dabei leitet sich $\frac{1}{T}$ aus der Anzahl der einbezogenen Größen ab. Dagegen wird α beim Verfahren der exponentiellen Glättung autonom vorgegeben und auch als Gewichtungsfaktor des vorangehenden Prognosefehlers gedeutet[1].

Beispiel
Für die nachstehende Zeitreihe des Absatzes

Beobachtungsperiode	−3	−2	−1	0	1	2	3	4	5	6	7	8
Beobachtungswert	445	437	460	440	464	432	454	478	468	506	484	480

sind die „nachträglichen Prognosewerte" für die Perioden 2 bis 8 sowie der Prognosewert für die kommende Periode 9 nach der Rekursionsformel (8.3) zu ermitteln. Der letzte Prognosewert sei zur Kontrolle auch nach (8.4) berechnet. Als Startwert für die Periode 0 ist der Durchschnitt der Beobachtungswerte der Perioden −3 bis 0 zu verwenden. Der Glättungsfaktor α sei 0,5. Als Lösung ergibt sich:

Prognoseperiode	2	3	4	5	6	7	8	9
Prognosewert	454,75	443,38	448,69	463,35	465,68	485,84	484,92	482,46

---

[1] Vgl. dazu Hüttner, Manfred: Exponential Smoothing und seine Anwendung, in: Der Betriebswirt, 1968, S. 5, sowie derselbe: Markt- und Absatzprognosen, 1982, S. 97 ff.

Der Startwert errechnet sich gemäß obiger Vereinbarung als:

$$S_0 = \frac{1}{4} \sum_{i=-3}^{0} x_i = \frac{1782}{4} = 445,5.$$

Dann ist nach (8.3):

$$S_1 = 0,5 \cdot x_1 + 0,5 \cdot S_o = 0,5 \cdot 464 + 0,5 \cdot 445,5 = 454,75.$$

Dieser Mittelwert S_1 ist der Prognosewert für die Periode $1 + 1 = 2$, d. h. $\hat{x}_2^{(3)} = S_1$.

Alle folgenden Prognosewerte ergeben sich analog.

Die Anwendung von (8.4) zur Ermittlung des Prognosewertes der Periode 9 ergibt folgende Rechnung:

(I) Gewichtungsfaktor	(II) Beobachtungs-/Startwert	(III) (I) x (II)
$0,5 \cdot 0,5^0 = 0,5$	480	240
$0,5 \cdot 0,5^1 = 0,25$	484	121
$0,5 \cdot 0,5^2 = 0,125$	506	63,25
$0,5 \cdot 0,5^3 = 0,0625$	468	29,25
$0,5 \cdot 0,5^4 = 0,03125$	478	14,9375
$0,5 \cdot 0,5^5 = 0,015625$	454	7,09375
$0,5 \cdot 0,5^6 = 0,0078125$	432	3,375
$0,5 \cdot 0,5^7 = 0,00390625$	464	1,8125
$0,5^8 = 0,00390625$	445,5	1,74023
$\sum$: 1		$\sum$: $S_8 =$ __482,46__

Die z.T. unangemessen hohe Rechengenauigkeit dient lediglich dem Zweck der Nachprüfbarkeit.

Zeichnet sich im Zeitreihendiagramm ein *Trend* ab, so muß man auf andere Methoden zurückgreifen, um aus den Istwerten eine tragfähige Prognose abzuleiten[1]. Bei starken Trend- und Saisoneinflüssen können exponen-

---

[1] Im Rahmen der Zeitreihenanalyse existieren Filtermethoden, die eine Zerlegung der Zeitreihe in einzelne Komponenten (z. B. Trend, zyklische, saisonale und irreguläre Komponente) ermöglichen. Vgl. im einzelnen Reichardt, Helmut: Statistische Methodenlehre für Wirtschaftswissenschaftler, 7. Aufl., 1991, S. 97–112; Wheelwright, Steven C.; Makridakis, Spyros: Forecasting Methods for Management, 3rd Edition, 1980, S. 48–61.

352 Produktions- und Absatzplanung

tielle Glättungsverfahren höherer Ordnung herangezogen werden[1]. Besteht die Vermutung, daß die betrachtete Variable einem *linearen Trend* folgt, so kann man diese Hypothese gegen die Zeitreihe der Variablen mit Hilfe von Methoden der Korrelations- und Regressionsanalyse statistisch prüfen. Das einfachste Modell ist folgendes:

$$x_t = a + bt$$

Darin sind a und b zu schätzende Parameter der Funktion, die nur von der Zeit t abhängt (*Zeitregression*). Der Parameter b heißt Trendparameter. Er gibt die marginale Veränderung von x pro Periode an. Auch hier tritt ein Glättungseffekt auf. Im Falle der Verwendung der Methode der kleinsten Quadrate[2] zur Schätzung von a und b wird der quadrierte Abstand von Beobachtungswert (x_t) und Schätzwert ($\hat{x}_t$) der Prognosevariablen, summiert über die Beobachtungszeitpunkte, als Regressionskriterium verwendet, d. h.

$$\sum_t (x_t - \hat{x}_t)^2 \to \text{Min.}$$

Dabei erhalten die Beobachtungswerte (wie im Falle der Berechnung des arithmetischen Mittels oder der gleitenden Durchschnitte) das gleiche Gewicht. Grundsätzlich sind auf Zeitreihen basierende Prognosen nur zu rechtfertigen, wenn die Marktbedingungen in der Zukunft im wesentlichen denen der Betrachtungszeit entsprechen und daher die für die Vergangenheit ermittelte *statistisch gesicherte Regelmäßigkeit* der Prognosegröße (im Beispiel: der Branchenabsatz) Gültigkeit zu behalten verspricht und mit Strukturbrüchen nicht zu rechnen ist. Bei der Extrapolation der Zeitreihe der Prognosevariablen bleiben jedoch die *Ursachen dieser Regelmäßigkeit unerforscht*. Hierin liegen die Aussagegrenzen derartiger Prognosen. Die undifferenzierte Annahme gleichbleibender Marktbedingungen ist problematisch. Allerdings ist häufig die Beschaffung von Informationen über die Haupteinflußgrößen auf den Branchenabsatz nicht möglich, so daß nur auf statistische Grundlagen zurückgegriffen werden kann. Die Verfahren der Zeitreihenextrapolation vermögen *starke Schwankungen* der Prognosevariablen nur ungenügend oder nur mit erheblicher zeitlicher Verzögerung nachzuzeichnen. Dies gilt insbesondere im Falle von Strukturbrüchen. Hier kann nur durch *subjektives Ermessen* die notwendige Korrektur bzw. Ergänzung erfolgen. Subjektives Ermessen mit dem Ziel,

---

[1] Im einzelnen siehe Brown, Robert G.: Smoothing, Forecasting and Prediction of Discrete Time Series, 1963, S. 123–198; Schröder, Michael: Einführung in die kurzfristige Zeitreihenprognose und Vergleich der einzelnen Verfahren, in: Mertens, Peter (Hrsg.): Prognoserechnung. 4. Aufl., 1981, S. 46–55; Wiese, Karl-Heinz: Exponential Smoothing eine Methode der statistischen Bedarfsvorhersage, IBM-Form 78129, 1964, S. 4–9.

[2] Siehe § 8 B 1 b.Vgl. z.B. Reichardt, Helmut: Statistische Methodenlehre für Wirtschaftswissenschaftler, 7. Aufl., 1991, S. 43 f.; Weber, Pierre: Zeitreihen-Analyse, in: Behrens, Karl Ch. (Hrsg.): Handbuch der Marktforschung, 1974, S. 671–689.

Statistische Prognoseverfahren 353

aktuelle und nachhaltige Veränderungen der Prognosevariablen flexibel und entsprechend schnell zu berücksichtigen, schlägt sich aber auch in der *Wahl der Glättungsparameter* der verschiedenen Extrapolationsverfahren (Spannenparameter n bei dem Verfahren der gleitenden Durchschnitte, Gewichtungsfaktor α bei dem Verfahren der exponentiellen Glättung) nieder.

Wenn man auch bei Prognosen häufig mit *linearen* Trendfunktionen arbeitet, so ist dies keineswegs zwingend. Der Funktionstyp richtet sich an der Charakteristik der Zeitreihe und globalen Annahmen über die zukünftige Entwicklung der betrachteten Größe aus.

Für die einzelne Unternehmung reicht die Prognose des Branchenabsatzes (*Marktvolumens*) allein nicht aus, vielmehr ist der eigene Absatzanteil für die Absatzplanung (d. h. das *Absatzvolumen*) maßgebend. Aus der Branchenabsatzprognose ist eine Schätzung über die Entwicklung des eigenen *Marktanteils* abzuleiten. Der eigene Marktanteil wird auf unvollkommenen Märkten maßgeblich vom Einsatz der Absatzinstrumente *aller* Anbieter beeinflußt. Zur Marktanteilsprognose müssen daher neben den eigenen absatzpolitischen Anstrengungen die Aktivitäten der Konkurrenten berücksichtigt werden. Hierfür reichen in der Regel vergangenheitsbezogene statistische Unterlagen nicht aus. Vielmehr sind zusätzlich Expertenschätzungen heranzuziehen, etwa über zu erwartende Veränderungen der Herstell- und/oder Verarbeitungstechnik, Materialsubstitutionen und dergleichen bei den Abnehmern auf Grund von Konkurrenzmaßnahmen usw. Das erwartete Absatzvolumen ergibt sich dann als Produkt aus prognostiziertem Marktvolumen und Marktanteilsvorgabe.

b) Korrelationsrechnungen

Vermutet man zwischen verschiedenen Markt- und Instrumentalvariablen Zusammenhänge, so kann mit Hilfe von Korrelations- und Regressionsrechnungen ermittelt werden, ob im Betrachtungszeitraum Regelmäßigkeiten in der gegenseitigen Entwicklung dieser Variablen aufgetreten sind und in welchem Umfang diese als *statistisch gesichert* gelten können.

Beispiel
Von dem standardisierten Bauteil Autofedern werden je Fahrzeug bestimmte Mengen benötigt. Kennen die Anbieter von Autofedern den Auftragsbestand und die Fertigungskapazität eines bestimmten Marktsegments im Bereich des Automobilbaus, so können sie die zukünftigen Herstellmengen von Fahrzeugen je Monat ziemlich genau schätzen. Die Federn werden von den betreffenden Fahrzeugherstellern meistens in bestimmten Losgrößen nachgefragt. Kann zwischen der Entwicklung des Auftragsbestandes für Fahrzeuge in einem bestimmten Zeitraum (Auftragseingang) und der Entwicklung der Absatzmengen von Federn – je nach Fahrzeugherstellzeit und Bestellpolitik mit einer gewissen zeitlichen Verzögerung – eine statistisch hinreichend gesicherte Regelmäßigkeit festgestellt werden, so läßt

sich darauf eine Bedarfsprognose für die Federanbieter aufbauen. Hierbei wird auch dem Umstand Rechnung getragen, daß die Nachfrage nach Autofedern eine aus der Automobilnachfrage abgeleitete (derivative) Nachfrage ist.

Zur Überprüfung der Validität von Hypothesen über den statistischen Zusammenhang zwischen gemeinsam variierenden (d. h. *assoziierten*) Variablen wird das Instrumentarium der Korrelations- und Regressionsanalyse eingesetzt. Die Tatsache, daß zwei (oder mehr) Variablen assoziiert sind, darf nicht ohne weiteres als Indiz für eine *kausale Beziehung* zwischen den Variablen interpretiert werden. Vielmehr bedarf es dazu außerstatistischen Wissens, wie es nur durch ein *Experiment* vermittelt wird[1]. Wollte man prüfen, ob und inwieweit Preisänderungen eines Anbieters für ein bestimmtes Gut die Ursache für Nachfrage- bzw. Absatzänderungen sind, wäre zunächst dieser Wirkungszusammenhang experimentell zu überprüfen, ehe Zeitreihen der Mengen und Preise für die Erstellung eines Prognosemodells der Gutsnachfrage herangezogen werden. Bei einem Experiment handelt es sich um eine *Erhebung zum Zwecke der Überprüfung einer Kausalhypothese*, bei welcher die unabhängige Variable (im obigen Beispiel: der Preis) vom Experimentator kontrolliert (variiert) wird und die übrigen Einflußgrößen konstant bleiben. In vielen Fällen bedarf es jedoch einer solchen Hypothesenprüfung nicht mehr, da hinreichend Evidenz für ihre Gültigkeit vorliegt. Dann genügt für die Zwecke der Prognose lediglich die Prüfung der Assoziation der Variablen, ihrer *Art bzw. ihrer Stärke*. Entsprechen bei den Beobachtungswerten x_i, y_i ($i = 1, \ldots, n$) zweier Variablen x, y größer werdenden Werten x_i größer (kleiner) werdende Werte y_i, so sind die betrachteten Größen x und y positiv (negativ) korreliert. Als Maßzahl für die Stärke dieses Zusammenhanges eignet sich z. B. der *Korrelationskoeffizient* von *Bravais-Pearson*[2]:

$$(8.6) \qquad r = \frac{\sum\limits_{i=1}^{n} (x_i - \bar{x}) \cdot (y_i - \bar{y})}{+\sqrt{\sum\limits_{i=1}^{n} (x_i - \bar{x})^2 \sum\limits_{i=1}^{n} (y_i - \bar{y})^2}}.$$

Der Korrelationskoeffizient liegt im Intervall $-1 \leq r \leq +1$, wobei $r > 0$ positive und $r < 0$ negative Korrelation anzeigt. Würde in obigem Beispiel das Bauteil synchron zur Automobilproduktion beim Anbieter abgerufen, so wäre für die

---

[1] Vgl. hierzu u. a. Hammann, Peter; Erichson, Bernd: Marktforschung, 2. Aufl., 1990 S. 151 ff.; Banks, Seymon: Experimentation in Marketing, 1965 ; Cox, Keith B.; Enis, Ben M.: Experimentation for Marketing Decisions, 1973.
[2] Vgl. Reichardt, Helmut: Statistische Methodenlehre für Wirtschaftswissenschaftler, 7. Aufl., 1991, S. 89.

Herstellmenge an Autos und die Absatzmenge an Bauteilen $r = 1$. Ein Korrelationskoeffizient von (betragsmäßig) 1 sagt aus, daß der geometrische Ort aller (x, y)-Paare in einem rechtwinkligen Koordinatensystem eine Gerade mit bestimmter Steigung sein muß. Je stärker der Korrelations-Koeffizient vom Wert $|1|$ abweicht, um so schwächer ist der statistische Zusammenhang (d. h. die Korrelation) zwischen den Variablen und um so geringer ist der Anteil der Gesamtstreuung von z. B. x, der durch die Variation von y erklärt wird und umgekehrt. Daher kann bei bloßer Kenntnis des Korrelationskoeffizienten von einem vorgegebenen Wert der Variablen x nicht auf den zugeordneten Wert der Variablen y geschlossen werden. Hierzu ist vielmehr die Errechnung der *Regressionskoeffizienten* erforderlich.

Grundlage regressionsanalytischer Untersuchungen bildet eine Hypothese über den funktionalen Zusammenhang zwischen einer abhängigen Variablen y und einer oder mehreren unabhängigen Variablen x_i ($i = 1, \ldots, n$):

(8.7) $\quad y = f(x_1, x_2, \ldots, x_n)$

Die Funktion f bedarf der Spezifikation. Der bekannteste Funktionstyp ist das *allgemeine linear-additive, multivariate Modell:*

(8.8) $\quad y = b_o + b_1 x_1 + b_2 x_2 + \ldots + b_n x_n + v$

Es besagt, daß die Einflüsse der unabhängigen Variablen auf die abhängige Variable kumulieren. Die Größe v ist eine Störgröße, die als Zufallsvariable die Einflüsse nicht spezifizierter unabhängiger Variablen zusammenfaßt. Die Parameter der Funktion, b_i, sind Ausdruck der Stärke des Einflusses der jeweiligen unabhängigen Variablen x_i auf die abhängige Variable y. Sie heißen *Regressions- oder Wirkungskoeffizienten* und geben die marginale Änderung von y infolge einer marginalen Änderung von x_i an. Durch Anwendung regressionsanalytischer Methoden (hier der multiplen Regressionsanalyse) sollen aufgrund von empirischen Daten der Modellvariablen die *unbekannten Modellparameter* geschätzt werden[1]. Das Ergebnis ist die folgende Schätzbeziehung (*Regressionsfunktion*):

(8.9) $\quad \hat{y} = \hat{b}_o + \hat{b}_1 x_1 + \hat{b}_2 x_2 + \ldots + \hat{b}_n x_n$

Die Koeffizienten $\hat{b}_i$ sind darin Schätzwerte der unbekannten Modellparameter b_i. Mit Hilfe der Schätzbeziehung kann man bei Kenntnis neuer bzw. alternativer Werte für die unabhängigen Variablen $x_1, \ldots, x_n$ den Wert der

---

[1] Vgl. zu diesem Verfahren im einzelnen Reichardt, Helmut: Statistische Methodenlehre für Wirtschaftswissenschaftler, 7. Aufl., 1991, S. 91–97; Förster, Erhard; Egermayer, František: Korrelations- und Regressionsanalyse, 1966, S. 53–92; Wheelwright, Steven C.; Makridakis, Spyros: Forecasting Methods for Management, 3. Aufl., 1980, S. 63–122; Hamman, Peter; Erichson, Bernd: Marktforschung, 2. Aufl., 1990, S. 227 ff.

abhängigen Variablen ($\hat{y}$) schätzen. Soll im obigen *Beispiel* der Bedarf an Autofedern mit Hilfe des Auftragseingangs beim Fahrzeughersteller prognostiziert werden, so wäre letzterer die (einzige) unabhängige Variable (x), ersterer die abhängige Variable (y). Die vermutete Hypothese lautet:

(8.10) $\quad y = f(x)$

oder – bei Unterstellung einer linearen funktionalen Beziehung und unter Vernachlässigung der Störgröße – in spezifizierter Form:

(8.11) $\quad y = a + bx$

Durch die Vernachlässigung der Störgröße wird das stochastische lineare Modell zu einem deterministischen linearen Modell transformiert. Damit einher geht jedoch die Annahme, daß die Variable x ausschließlich und erschöpfend die Veränderungen von y erklärt.

Hier läge ein Fall *linearer Einfachregression* vor. Zu beachten ist hier, daß neben der Funktion $y = f(x)$ auch eine Funktion $x = \Phi(y)$ statistisch auf Signifikanz geprüft werden kann, wobei Φ *nicht* die Umkehrfunktion von f ist. Nicht immer sind beide Funktionen ökonomisch sinnvoll interpretierbar, insbesondere dann nicht, wenn eine eindeutige Kausalität vorliegt. Die Parameter a und b sind anhand von empirischen Daten für y und x zu schätzen. Die Größe a besagt im übrigen, daß der Bedarf an Autofedern erst ab einer bestimmten Höhe (nämlich a) durch Veränderungen des Auftragsbestandes x im Umfang b beeinflußt wird. Die gesuchte Regressionsfunktion wäre dann:

(8.12) $\quad \hat{y} = \hat{a} + \hat{b}x.$

Zur Berechnung von $\hat{a}$ und $\hat{b}$ wird die *Methode der kleinsten Quadrate* verwendet. Da man sich für Schätzwerte $\hat{a}$ und $\hat{b}$ interessiert, die möglichst genau die unbekannten Parameter a und b approximieren, sucht man den Fehler, der durch die Schätzung von $\hat{y}$ mit Hilfe von $\hat{a}$ und $\hat{b}$ zwangsläufig entsteht, möglichst klein zu machen. Dieser Fehler kann wie folgt angegeben werden:

(8.13) $\quad Q = \sum_{i=1}^{n} (y_i - \hat{y}_i)^2 = \min!$

Die Quadrierung der Abweichungsdifferenzen ist notwendig, da teils positive, teils negative Abweichungen auftreten, die sich gegenseitig aufheben können. Die Funktion Q hängt nur von a und b ab, so daß man durch partielle Differentiation von Q nach a bzw. b diejenigen Werte dieser Größen finden kann, die (8.13) ein Minimum annehmen lassen. Ersetzt man in (8.13) $\hat{y}_i$ gemäß (8.12), so errechnet sich aus den notwendigen Bedingungen für ein Minimum der Funktion $Q = Q(a, b)$ der lineare *Regressionskoeffizient* b wie folgt:

$$(8.14) \qquad b = \frac{\sum_{i=1}^{n} (x_i - \bar{x}) \cdot (y_i - \bar{y})}{\sum_{i=1}^{n} (x_i - \bar{x})^2}.$$

Aus der Beziehung

$$(8.15) \qquad \bar{y} = a + b\bar{x}$$

läßt sich die *Konstante a* unmittelbar berechnen. Im Unterschied zur Trendgeradenberechnung enthält die Regressionsfunktion anstelle der Zeit eine andere Einflußgröße als unabhängige Variable.

Will man die Güte der Regressionsbeziehung beurteilen, so verwendet man zweckmäßigerweise das Bestimmtheitsmaß *B*. Es ist der Quotient aus der Summe der quadrierten Abweichungen der Regressionswerte vom arithmetischen Mittel der Beobachtungswerte und der Summe der quadrierten Abweichungen der Beobachtungswerte von diesem arithmetischen Mittel:

$$(8.16) \qquad B = \frac{\sum_{i=1}^{n} (\hat{y}_i - \bar{y})^2}{\sum_{i=1}^{n} (y_i - \bar{y})^2}.$$

B liegt im Intervall $0 \leq B \leq 1$, wobei sich die Schätzwerte an die Beobachtungswerte im Sinne von (8.13) um so näher anpassen, je mehr sich B dem Wert 1 ($= 100\%$) nähert. Bei $y_i = \hat{y}_i (i = 1, \ldots, n)$ wird $B = 1$, d.h. alle y_i-Werte liegen auf der Regressionsgeraden. Für Prognosen sollte B nicht unter 0,6 liegen[1]. Für den Zusammenhang von Korrelationskoeffizient r, Regressionskoeffizient b und Bestimmtheitsmaß B gilt:

$$(8.17) \qquad r^2 = B \text{ und}$$

$$(8.18) \qquad r = b \, \frac{s_x}{s_y},$$

wobei s_x und s_y die Standardabweichungen der Beobachtungswerte x_i bzw. y_i angeben[2].

---

[1] Vgl. Linder, Adolf: Statistische Methoden für Naturwissenschaftler, Mediziner und Ingenieure, 3. Aufl., 1960, S. 32–34.
[2] Vgl. Reichardt, Helmut: Statistische Methodenlehre für Wirtschaftswissenschaftler, 7. Aufl., 1991, S. 94.

358 Produktions- und Absatzplanung

Beispiel
Für die nachstehende Tabelle von Beobachtungspaaren einer Absatzvariablen y und ihrer Haupteinflußgröße x sind die Regressionsgerade nach der Methode der kleinsten Quadrate sowie das Bestimmtheitsmaß zu ermitteln.
– Wie lautet der Prognosewert von y für die nächste Periode, wenn der damit korrespondierende Wert von x auf 24 geschätzt wird?

y_i	10	20	25	10	40	25	45	40
x_i	12	16	18	16	26	22	28	22

Auf der Basis der folgenden Arbeitstabelle:

(I)	(II)	(III)	(IV)	(V)	(VI)	(VII)	(VIII)
i	x_i	y_i	$(x_i - \bar{x})^2$	$(y_i - \bar{y})^2$	$(y_i - \bar{y})(y_i - \bar{y})$	$\hat{y}_i$	$(\hat{y}_i - \bar{y})^2$
1	12	10	64	284,766	135	8,413	340,845
2	16	20	16	47,266	27,5	17,644	85,211
3	18	25	4	3,5156	3,75	22,26	21,298
4	16	10	16	284,766	67,5	17,644	85,211
5	26	40	36	172,266	78,75	40,72	191,684
6	22	25	4	3,516	–3,75	31,49	21,298
7	28	45	64	328,516	145	45,337	340,845
8	22	40	4	172,266	26,25	31,49	21,298
Σ	160	215	208	1296,878	480		1107,69

n	$\bar{x}$	$\bar{y}$	s_x	s_y			B
8	20	26,875	5,099	12,732			0,854

erhält man die Lösungen:

Gemäß (8.14): $$b = \frac{\Sigma \text{(VI)}}{\Sigma \text{(IV)}} = \frac{480}{208} = 2{,}3077,$$

nach (8.15):
$$a = \bar{y} - b \cdot \bar{x} = 26{,}875 - 2{,}3077 \cdot 20 = -19{,}279,$$

so daß lt. (8.12) gilt:
$$\hat{y} = -19{,}279 + 2{,}3077 \cdot x.$$

Statistische Prognoseverfahren 359

Also ist der gesuchte Prognosewert:
$$\hat{y}(x = 24) = -19{,}279 + 2{,}3077 \cdot 24 = 36{,}106.$$
Wegen (8.18) ist
$$r = b \cdot s_x \cdot \frac{1}{s_y} = 2{,}3077 \cdot 5{,}099 \cdot \frac{1}{12{,}732} = 0{,}924,$$
so daß entsprechend (8.17) gilt:
$$B = r^2 = 0{,}924^2 = 0{,}854.$$

Die z. T. unangemessen hohe Rechengenauigkeit dient lediglich Zwecken der Nachprüfbarkeit.

Die Abb. 8.2 zeigt noch einmal die Ausgangsdaten und die ermittelte Regressionsgerade, auf der der gesuchte Prognosewert $\hat{y}(x = 24) = 36{,}106$ auch graphisch abgelesen werden kann.

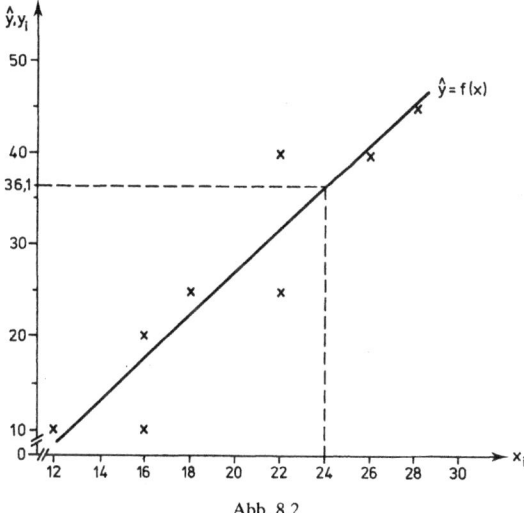

Abb. 8.2

Die Ergebnisse einer Regressionsrechnung können – ebenso wie die unter a) behandelten statistischen Größen – für eine Absatzprognose nur dann zugrunde gelegt werden, wenn eine im wesentlichen *gleichbleibende Entwicklung für die Absatzbedingungen* unterstellt werden kann. Im angeführten Beispiel dürften insbesondere weder die Fahrzeugkonstruktion noch die Bestellpolitik geändert werden. Eine Veränderung der Fahrzeugkonstruktion kann zu anderen qualitativen Anforderungen an das betreffende Bauteil führen und daher neue Produktarten erforderlich machen. Eine Veränderung der Bestellpolitik – etwa in Richtung auf kontinuierliche Anlieferung in Kleinstlosen – wird die Lieferzeitpunkte und die Herstellosgrößen beeinflussen. Weiterhin besitzt die Regressionsfunktion strenggenommen nur Gültigkeit für x-Werte, die zwischen dem Minimum und dem Maximum der in die Regressionsrechnung eingegangenen x_i liegen. Bei einer Überschreitung dieses Gültigkeitsbereiches durch Extrapolation müssen die Ergebnisse dementsprechend vorsichtig interpretiert werden. Schließlich ist auch in diesem Fall über eine Anteilsschätzung aus der Branchenprognose die Absatzprognose für den einzelnen Anbieter abzuleiten.

Die Anwendbarkeit regressionsanalytisch fundierter Prognosen kann weiterhin durch *Informationsbeschaffungsprobleme* eingeschränkt werden. Die Art der Einwirkung der Einflußgrößen auf den Absatz muß erkannt und die Entwicklung des Einflusses in der Zeit beobachtet werden. Im Beispiel wurde vom Auftragseingang des Fahrzeugherstellers ausgegangen. Dieser ist abhängig vom jeweiligen Kaufverhalten der Nachfrager nach Automobilen, das seinerseits von verschiedenen Einflüssen bestimmt wird, so daß theoretisch ein unendlich fortschreitender Prognoseprozeß entsteht. Dies gilt auch in zeitlicher Hinsicht. Werden z. B. weiter in die Zukunft reichende Prognosewerte für die mittel- und langfristige Absatzplanung der Bauteile benötigt, so müßte zunächst eine Prognose des Auftragseingangs beim Fahrzeughersteller aufgestellt werden. Möglicherweise gibt es dafür ebenfalls zeitliche Vorlaufindikatoren etwa in Gestalt des Auftragseingangs beim Fahrzeughandel. Unter Indikatoren versteht man nicht-kontrollierte Prädiktorvariablen, die lediglich in einer assoziativen (nicht unbedingt kausalen) Beziehung zur Prognosevariablen stehen[1]. Die Regressionsergebnisse können in diesem Fall nicht unmittelbar als Grundlage für eine Absatzprognose verwendet werden; vielmehr sind zusätzlich Prognosen über den erwarteten Verlauf der erklärenden Variablen aufzustellen. Daraus ergibt sich auch zeitlich eine *„unendliche Prognosekette"*. In der praktischen Absatzplanung ist eine *„endliche Prognosekette"* bis zum Planungshorizont zu bilden.

Trotz erheblicher Schwierigkeiten mehren sich in der Praxis Erfahrungen mit Prognosemethoden, die auf *Strukturmodellen* aufbauen. Hierbei überwiegen die sog. *Eingleichungsmodelle* vom Typ der Funktion (8.8) bzw. (8.9). Mehrgleichungsmodelle finden sich für gesamtwirtschaftliche Prognosen[2], aber

---

[1] Vgl. hierzu u. a. Hammann, Peter; Erichson, Bernd: Marktforschung, 2. Aufl., 1990, S. 326 f.
[2] Vgl. hierzu z. B. Duesenberry, James et al. (Hrsg.): The Brookings Quarterly Model of the United States, 1965. Siehe auch Schütz, Waldemar: Methoden der mittel- und langfristigen Prognose, 1975, insbesondere S. 99 ff.

auch für einzelwirtschaftliche Prognosen (z. B. auf Basis von Betriebsmodellen)[1].
Eingleichungsmodelle sind vor allem dort gebräuchlich, wo sog. *Wirkungsprognosen* der Kombination des absatzpolitischen Instrumentariums auf die Gutsnachfrage erstellt werden sollen. Dabei fungieren die Instrumentalvariablen als (kontrollierte) unabhängige (Erklärungs-)Variablen. Bei Vorliegen einer validen Regressionsbeziehung können dann Aussagen darüber gemacht werden, wie sich bestimmte Veränderungen bei einzelnen oder allen absatzpolitischen Instrumenten auf die Nachfrage auswirken.

Beispiel
Ein Hersteller eines Autozubehörartikels möchte eine Prognose des Absatzvolumens für dieses Produkt erstellen. Die Nachfrage nach diesem Produkt (y_t) ist in erster Linie abhängig von folgenden teils kontrollierten, teils nicht-kontrollierten *Einflußgrößen:*

y_{t-1} = Absatzvolumen der Vorperiode
W_{t-1} = Werbeausgaben in der Vorperiode
d_t = Anzahl der Verkaufsstellen, die in Periode t das Produkt anbieten
p_t = Preis des Produktes in Periode t
z_t = Anzahl der zugelassenen Pkw in Periode t
e_t = persönlich verfügbares Einkommen in Periode t

Eine mögliche Zusammenhangshypothese könnte die folgende sein[2]:
(8.19) $\quad y_t = a + b_1 y_{t-1} + b_2 \log W_{t-1} + b_3 d_t +$
$\quad\quad\quad + b_4 p_t + b_5 z_t + b_6 e_t + u_t$

Darin ist u_t eine *Restgröße,* die die nicht weiter spezifizierten Einflüsse auf die Nachfrage zusammenfaßt. Das Modell berücksichtigt neben Instrumentalvariablen auch allgemeine *gesamtwirtschaftliche Variablen,* auf deren Veränderung die planende Unternehmung keinen (unmittelbaren) Einfluß hat. Daneben finden sich verzögerte Variablen (y_{t-1}, W_{t-1}) deren Einfluß – wie z. B. im Falle der Werbung – vorauseilt bzw. übergreift.
Die Zahl der Einflußgrößen ist im Grunde unendlich groß. Daher ist es notwendig, sich auf die für die Prognose relevanten Variablen zu beschränken. Im allgemeinen dürften bei der Restgröße u_t keine systematischen Schwankungen zu beobachten sein, wenn alle relevanten Erklärungsvariablen berücksichtigt wurden. Allgemein gelten bezüglich der Restgröße u_t folgende Annahmen: Die Störgrößen sind unabhängig von y normalverteilt, nicht autokorreliert und haben den Erwartungswert 0 sowie eine konstante Varianz σ^2. Treten

---
[1] Vgl. Band 1, §11 C.
[2] Vgl. z. B. Hammann, Peter; Erichson, Bernd: Marktforschung, 2. Aufl., 1990, S. 324 f.

Bewegungen auf, so ist dies ein Indiz für die Vernachlässigung relevanter Variablen.
Die Realitätsnähe eines Modells nimmt mit der Zahl der spezifizierten Variablen zu. Dabei erhöht sich aber zugleich die Gefahr, daß die Genauigkeit der Schätzung aufgrund steigender *Multikollinearität* zurückgeht. Mit dem Begriff Multikollinearität belegt man den Fall der Korrelation der unabhängigen (Erklärungs-) Variablen untereinander. Auf das Problem der *Autokorrelation* von Zeitreihen kann hier nur am Rande hingewiesen werden. Dabei handelt es sich um die Korrelation von Werten ein und derselben Zeitreihe einer Variablen untereinander.
Neben diesen methodischen Problemen ergeben sich mit jeder Modellerweiterung zusätzliche Kosten der Datenbeschaffung und -verarbeitung. Im übrigen stellt sich generell das Problem der Prognose der Prädiktorvariablen. Dieses muß gelöst werden, ehe Prognosen der abhängigen Variablen vorgenommen werden können.

c) Analogieschlüsse

Haben Marktbeobachtungen ergeben, daß in verschiedenen Märkten ähnliche Bedarfs- und Nachfrageentwicklungen für eine Güterkategorie mit einem bestimmten Zeitverzug auftreten, so können Analogieschlüsse als Prognosegrundlage herangezogen werden. Die zeitlich im Vorlauf befindlichen Märkte üben hierbei eine „*Indikatorfunktion*" aus.

Beispiel
Der Pkw-Markt und der Radio- und Fernsehmarkt in der BRD haben sich mit einer zeitlichen Verzögerung (Lag) von 5–10 Jahren in bestimmten Dimensionen ähnlich entwickelt wie in den USA.

Durch statistische Analysen sind die Größen zu ermitteln, für die sich mit einem bestimmten Zeitverzug eine parallele Entwicklung in verschiedenen Märkten abzeichnet. Hierfür kann insbesondere die Lag-Korrelationsrechnung (Reihenkorrelationsrechnung) eingesetzt werden, die es gestattet, den zeitlichen Zusammenhang zweier Zeitreihen x_t und x'_t zu prüfen, d. h. die Korrelation zwischen x_t und x'_t $(L = Lag)$[1].

---

[1] Vgl. im einzelnen Hilber, Günter: Mittelfristige Prognose mit Hilfe der Indikatormethode, in: Mertens, Peter (Hrsg.): Prognoserechnung, 4. Aufl., 1981, S. 209–216; Lewandowski, Rudolf: Prognose- und Informationssysteme und ihre Anwendungen, 1974, S. 383–385.

3. Befragungsverfahren

Im vorangehenden Abschnitt wurde bereits auf die engen Anwendungsvoraussetzungen und Aussagegrenzen von statistischen Prognoseverfahren hingewiesen. Sobald jedoch vorhandenes statistisches Material für die zukünftige Marktentwicklung keine repräsentativen Aussagen zuläßt oder bei der Einführung neuer Produkte keinerlei Erfahrungswissen vorliegt, ist man auf *qualitative* Prognoseverfahren angewiesen. Zu den Sachkundigen können einerseits Personen gehören, die unmittelbar am Marktprozeß beteiligt sind, wie insbesondere das Verkaufspersonal, Absatzmittler, Wartungspersonal, bisherige Kunden und potentielle Nachfrager. Andererseits kommen Mitarbeiter aus Marktforschung, Wirtschaftsverbänden, Beratungsfirmen und Werbeagenturen sowie Angehörige der Verbraucherorganisationen in Betracht.

Für die Aufstellung von *Prognosen aus Befragungen* sind drei Grundprobleme zu lösen:

- Klärung, wer im Hinblick auf das spezielle Prognoseproblem zum Kreis der Sachkundigen gehört;
- Schaffung der Kontakte zu dem ausgewählten Kreis von Sachkundigen und Erschließung der Auskunftsbereitschaft, um die gesuchten Informationen verfügbar zu machen;
- Form und Organisation der Informationsgewinnung und -auswertung (Befragungs- und Auswertungsmethoden).

In der Praxis kann es insbesondere dann schwierig sein, die Sachkundigen zu erkennen und ihr Urteil über die zukünftige Marktentwicklung zu erfahren, wenn diese zu einem großen Kreis überwiegend anonymer Nachfrager gehören. Diese Problematik soll hier nicht näher behandelt werden. Vielmehr soll im folgenden ein kurzer Überblick über die Befragungsverfahren und die Ableitung von Prognosen aus dem erfaßten Informationsbestand gegeben werden. Sachverständigenmeinungen sind subjektive Urteile, Einschätzungen einer zukünftigen Entwicklung aufgrund eigener Erfahrungen. Insoweit beruhen diese Urteile ebenfalls auf Erkenntnissen aus der Vergangenheit. Die Zusammenführung derartiger Aussagen zu einem prognostischen Gesamturteil ist das am schwierigsten zu lösende Problem und nicht ohne *subjektive Wertungen* vollziehbar.

Ein Weg zur Ermittlung von Expertenmeinungen ist die persönliche Befragung. Hier kann zwischen Einzel- und Gruppenbefragung unterschieden werden. Bei *Einzelbefragungen* sammelt der Interviewer unabhängig voneinander geäußerte Expertenmeinungen und fügt sie zu einem Gesamturteil zusammen. Handelt es sich zum Beispiel um Schätzungen künftiger Absatzmengen, erzielbarer Preise oder Erlöse, so kann aus den verschiedenen Expertenmeinungen ein Durchschnitt gebildet und der Streubereich angegeben werden. Sofern bei der Befragung auch Begründungen für das abgegebene Urteil erfaßt werden, können daraus bei stärker vom Durchschnitt abweichenden Meinungen zusätzliche Anhaltspunkte für die Aufstellung von Absatzprognosen gewonnen werden. Bei den nicht quantifizierbaren Angaben kann entweder ein allgemeiner Überblick über das Spektrum der Meinungen gegeben werden oder aber es wird mit Hilfe von Methoden der Einstellungsmessung (z. B. der Methode von Likert, einem Punktbewertungsverfahren)[1] eine quantitative Ausdrucksform fingiert. In dieser Weise werden z. B. Fragen zum Konjunkturklima oder zur erwarteten Nachfragereinstellung ausgewertet, die mittelbar für Absatzschätzungen bedeutsam sein können.

Unter einer *Gruppenbefragung* soll die Erarbeitung einer Expertenschätzung im Rahmen eines organisierten Erfahrungsaustausches zwischen mehreren Personen verstanden werden. Dieses Verfahren wird in der Praxis häufig bei Befragungen der Geschäftsführung unter Hinzuziehung von Fachleuten aus den Stäben angewendet. Dabei kann es sich sowohl um die Mitglieder des Führungsbereichs Verkauf als auch um die Mitglieder aller übrigen Ressorts einer Unternehmung handeln. Im letzteren Fall üben die Vertreter aus Forschung und Entwicklung, Produktion und Finanzen eine Ergänzungsfunktion zu den Fachexperten im Absatzbereich aus. Die einfachste Form der Meinungsbildung in einer Gruppe ist das *Brainstorming*. Unter Anleitung eines Moderators werden die Gruppenteilnehmer angeregt, möglichst viele Aussagen aufgrund ihrer eigenen Erfahrung und Einschätzung der Lage zum vorgelegten Prognoseproblem zu machen. Dabei kommt es insbesondere darauf an, daß die Spontaneität gewahrt wird und keine Statusbarrieren zur Geltung kommen. Jeder muß seine Auffassung möglichst freimütig äußern können und darf auch bei einer stark aus dem Rahmen fallenden Meinung nicht der Kritik der übrigen Teilnehmer unterworfen sein. Es gibt heute verschiedene Organisationsformen des Brainstorming. Insbesondere die Systematisierung und Ausrichtung des Gesprächs auf bestimmte Kernfragen steht hierbei im Vordergrund. Ziel des Brainstorming ist es, eine Expertenaussage bzw. Prognose gemeinsam zu entwickeln. Das schließt nicht aus, daß bei stark gegenüber dem Gruppenurteil divergierenden Einzelauffassungen Sondervoten formuliert werden.
Eine häufig angewandte Kombination aus Einzel- und Gruppenbefragungen mit Hilfe von Fragebögen ist die *Delphi-Methode,* die im folgenden – stellvertretend für eine Reihe ähnlicher Verfahren – kurz charakterisiert werden soll. Es handelt sich dabei um eine mehrphasige, schriftliche und anonyme Befragung, die die Nachteile einer offenen Gruppendiskussion (Dominanz

---

[1] Vgl. Likert, Rensis: A Technique for the Measurement of Attitudes, in: Archives of Psychology Vol. 140, 1932, S. 44 ff. Siehe auch z. B. Hammann, Peter; Erichson, Bernd: Marktforschung, 2. Aufl., 1990, S. 263 ff.; Süllwold, F.: Theorie und Methodik der Einstellungsmessung, in: Graumann, Carl-Friedrich (Hrsg.): Handbuch der Psychologie, Band 7: Sozialpsychologie-Halbband 1: Theorien und Methoden, 1969, S. 415–514; Friedrichs, J.: Methoden empirischer Sozialforschung, 14. Aufl., 1990, Kapitel 4.

bestimmter Persönlichkeiten, Konformitätszwang) ausschaltet[1]. In mehreren Befragungsrunden wird z. B. das Nachfragevolumen eines Marktsegments für das nächste Jahr geschätzt, wobei von Runde zu Runde durch Bekanntgabe der Ergebnisse der Vorrunde ein erhöhter Informationsstand vermittelt wird[2].
In der ersten Befragungsrunde werden die Teilnehmer gebeten, neben einer Absatzprognose eine Einschätzung ihres Beurteilungsvermögens für das betreffende Problem abzugeben. Die Einzelantworten werden anonym an eine Zentrale gegeben, die sie unter Berücksichtigung des selbsteingeschätzten Kompetenzgrades zu einem Gruppenurteil zusammenfaßt. Dieses *unabhängige* Gruppenurteil wird den Teilnehmern in Form eines Mittelwertes (Median) und der beiden Quartilswerte (je 25 % der Antworten über bzw. unter dem Median) in der zweiten Befragungsrunde mitgeteilt. Die Experten werden um eine erneute Absatzprognose gebeten; gleichzeitig sollen Prognosen außerhalb des Quartilsbereiches mit Argumenten belegt werden. Das Ergebnis ist ein Gruppenurteil, das mit Kenntnis der Meinungen der anderen Gruppenmitglieder gebildet ist (*abhängiges* Gruppenurteil). Dieses wird den Teilnehmern zusammen mit den Einzelargumenten in der dritten Runde mit der Aufforderung bekanntgegeben, eine erneute Absatzprognose zu geben und gegebenenfalls Gegenargumente zu nennen. In einer weiteren Runde soll unter Kenntnis aller Argumente und Gegenargumente das Schlußurteil der Experten festgestellt werden.
Die Delphi-Methode ermöglicht die Nutzung von Expertenkenntnissen für unternehmerische Entscheidungen unter Ausschaltung negativer Gruppeneffekte. Man erwartet, daß sich im Zuge der Befragungsrunden ein Gruppenurteil bildet, das dem Einzelurteil und dem unabhängigen Gruppenurteil überlegen ist. Diese Erwartung stützt sich auf die Annahme, daß die Neigung zur Änderung der Einzelurteile mit der Distanz zum unabhängigen Gruppenurteil und mit der Stärke der eigenen Unsicherheit wächst[3]. In einem iterativen Prozeß bildet sich auf diese Weise ein Gruppenurteil, das mit größerer Wahrscheinlichkeit mit der zukünftigen Entwicklung übereinstimmen dürfte als die Summe isoliert gewonnener Einzelmeinungen.
Da das Ergebnis der Delphi-Umfrage die Ansichten einer ausgewählten Gruppe widerspiegelt, hängt die Zuverlässigkeit des Ergebnisses maßgeblich

---

[1] Vgl. Albach, Horst: Informationsgewinnung durch strukturierte Gruppenbefragung, Die Delphi-Methode, in: Zeitschrift für Betriebswirtschaft, Ergänzungsheft, 40. Jg., 1970, S. 18 f.

[2] Vgl. zum Ablauf einer Delphi-Umfrage Helmer, Olaf: The Delphi-Method – An Illustration, in: Bright, James R. (Hrsg.): Technological Forecasting for Industry and Government, 1968, S. 123–133; Mikovich, George T.; Annoni, Anthony J.; Mahoney, Thomas A.: The Use of the Delphi Procedures in Manpower Forecasting, in: Management Science, Vol. 19, 1973, S. 381–388.

[3] Vgl. Albach, Horst: Informationsgewinnung durch strukturierte Gruppenbefragung, Die Delphi-Methode, in: Zeitschrift für Betriebswirtschaft, Ergänzungsheft, 40. Jg., 1970, S. 19.

von der Auswahl der Experten ab, wobei die Zugehörigkeit zum Unternehmen, die schwer beurteilbare Kompetenz sowie der Befragungsgegenstand eine Rolle spielen[1]. Daneben können anderweitige Interessen, die sich aus der internen Funktionszugehörigkeit oder der Zugehörigkeit zu Verbänden ergeben, das Expertenurteil beeinflussen.

Der Aufbau von Prognosen auf der Grundlage von Befragungsverfahren kommt bevorzugt in solchen Fällen zur Anwendung, in denen statistische Informationen aus der Vergangenheit nicht oder nur in geringem Umfang vorliegen. Dies gilt insbesondere bei der Einführung von neuen Produkten und dort in verstärktem Maße bei Marktneuheiten. Für Betriebsneuheiten kann unter Umständen auf Datenmaterial der Unternehmensverbände und veröffentlichtes Material der Konkurrenzunternehmen, Angaben von Verbraucherorganisationen usw. zurückgegriffen werden. In diesem Zusammenhang werden vor allem auch Untersuchungen über das Kaufverhalten ausgewertet (vgl. § 2). Zur Informationsgewinnung können hierbei – insbesondere bei starken Schwankungen unterworfenen Konkurrenzmaßnahmen und Präferenzänderungen von Konsumenten – in regelmäßigen Abständen wiederholt zum gleichen Sachgegenstand mündliche und/oder auch schriftliche Befragungen oder gezielte Beobachtungen bei einer gleichbleibenden Auswahl von Untersuchungseinheiten vorgenommen werden (*Panelerhebung*)[2]. Der große Vorteil derartiger Erhebungen besteht in der Möglichkeit, die Entwicklung eines Marktes im Zeitablauf verfolgen zu können. Durch Verbraucher- bzw. Haushaltspanelerhebungen lassen sich vor allem der Anteil der Wiederholungskäufe und die Marktdurchdringung (d. h. die kumulative Zahl der Erstkäufer) ermitteln. Anhand von Handels- oder Verwenderpanelerhebungen kann man u. a. wertvolle Rückschlüsse auf das Lagerverhalten der Händler oder Weiterverarbeiter bzw. Verwender gewinnen. Diese Verfahren sind aufgrund der Aktualität der laufend gewonnenen Informationen inzwischen weit verbreitet. Besondere Bedeutung besitzen qualitative Prognoseverfahren in Zusammenhang mit Entscheidungen über die *Einführung neuer Produkte*. Um ihre Erfolgsträchtigkeit abschätzen zu können, werden im Konsumgüterbereich *Markttests* durchgeführt, die entweder als *Feld- oder als Laborexperimente* zur Informationsgewinnung über die Akzeptanz des neuen Produkts durch die Verbraucher des relevanten Marktes zum Einsatz kommen. Unter den Gesichtspunkten der Kosten und der Geheimhaltung werden inzwischen

---

[1] Vgl. Schöllhammer, Hans: Die Delphi-Methode als betriebliches Prognose- und Planungsverfahren, in: Zeitschrift für betriebswirtschaftliche Forschung, 22. Jg., 1970, S. 132; Köhler, Horst: Zur Prognosegenauigkeit der Delphi-Methode, in: Zeitschrift für Betriebswirtschaft, 48. Jg., 1978, S. 53–60.

[2] Vgl. Nieschlag, Robert; Dichtl, Erwin; Hörschgen, Hans: Marketing, 16. Aufl., 1991, S. 730ff. Vgl. im einzelnen auch Parfitt, H. H.; Collins, B. J. K.: Prognose des Marktanteils eines Produktes aufgrund von Verbraucherpanels, in: Kroeber-Riel, Werner (Hrsg.): Marketingtheorie, 1972, S. 171–207.

Laborexperimente (oft auf Panelbasis) vorgezogen, in denen das Kaufverhalten der Verbraucher simuliert wird. Die empirischen Ergebnisse dienen als Grundlage für die Erfolgsprognose[1].

C. Absatzplanung

1. Ziele und Grundlagen

Prognosen sind als zukunftsgerichtete Aussagen über wahrscheinliche Marktentwicklungen die wichtigste Grundlage der Absatzplanung, mit der eine Konzeption für zukünftiges absatzpolitisches Handeln zur Erfüllung von konkreten Absatzzielen festgelegt wird. Die *Absatzplanung* bildet in der Regel die *Ausgangsbasis des gesamten betrieblichen Planungsprozesses.* Produktion, Beschaffung und Finanzierung sind grundsätzlich auf den Absatzprozeß auszurichten. Allerdings begrenzen diese Unternehmensbereiche ihrerseits den Planungsspielraum des Absatzes im Hinblick auf Güterqualität, Gütermenge und zeitliche Verteilung des Güterangebots. Außerdem folgen aus den früher getroffenen strategischen Entscheidungen Restriktionen für die kurz- und mittelfristige Planung (vgl. § 3 A). Hierzu gehören vor allem die grundlegenden Entscheidungen über die einzelnen Produkte, das Sortiment, die Vertriebswege und die Vertriebsorganisation. Kurz- und mittelfristige Planfestlegungen kommen vor allem für die Preispolitik, die Absatzfinanzierung, die Werbung und die Verkaufsförderung sowie die Serviceintensität in Betracht. Im folgenden soll zur Erläuterung der grundlegenden Probleme der kurz- und mittelfristigen Absatzplanung (im Sinne der Quartals- und Jahresplanung) von Produzenten von *Konsumgütern in unvollkommenen Märkten* ausgegangen werden.

Im ersten Schritt der Planung sind die *Absatzziele der einzelnen Planperioden festzulegen.* Die Absatzziele dürfen im allgemeinen nicht nur als Mengenziele (Absatzziele i. e. S.) interpretiert werden. Vielmehr sind auch die Wertkomponente und die Ziele einzelner Leistungsbereiche zu berücksichtigen, die hierarchisch gemäß der Struktur der Aufbauorganisation differenziert werden müssen[2]. Grundlage der Zielformulierung bilden einerseits die strategisch festgelegten Globalziele und andererseits die Analyse der wirtschaftlichen Situation der Unternehmung sowie eine Marktanalyse. Dabei sind über die

---

[1] Siehe im einzelnen hierzu z. B. Rehorn, Jörg: Markttests, 1977; Erichson, Bernd: Prognose für neue Produkte, in: MARKETING-ZFP, Teil I: Bd. 1, No. 4, 1979, S. 255–266; Teil II: Bd. 2, No. 1, 1980, S. 49–52; derselbe: TESI – Ein Test- und Prognoseverfahren für neue Produkte, in: MARKETING-ZFP, Bd. 3, No. 3, 1981, S. 201–207; Bauer, Erich: Produkttests in der Marktforschung, 1981, Kap. 3 und die in diesen Quellen angegebene Literatur.
[2] Zum strukturellen Aufbau des absatzwirtschaftlichen Zielsystems siehe § 3 B.

Erhebung der absatzrelevanten Marktdaten hinaus alle prognostisch erfaßten zukünftigen Entwicklungsalternativen der nicht vorbestimmten Marktgrößen zu erfassen[1]. Eine *Einengung des Planungsspielraums* folgt aus längerfristig bestehenden *Lieferverträgen* bzw. dem Bestand fest gebuchter Aufträge. Die Planerlöse und Plankosten der Lieferverpflichtungen ergeben – nach einem Erfahrungsabschlag für Lieferausfälle und Forderungsverluste – das zukünftig mit hoher Wahrscheinlichkeit zu erwartende Erfolgspotential (etwa in Form von Deckungsbeiträgen). Eine Aufgliederung der Lieferverpflichtungen nach Planungsperioden (Jahren, Quartalen und Monaten) zeigt zum einen die zeitliche Verteilung dieses Erfolgspotentials, zum anderen kann auf dieser Grundlage festgestellt werden, ob zeitweise Engpässe im Vertriebs- und Produktionsbereich oder aber ungenutzte Teilkapazitäten zu erwarten sind. Zur Beseitigung etwaiger Engpässe kann entweder versucht werden, die *Liefertermine* in Absprache mit den Kunden in Zeiträume mit nicht voll genutzten Kapazitäten vorzuverlegen bzw. zu verschieben oder durch Zukauf entsprechender Güter (Handelsware) die Belieferung der Kunden sicherzustellen, soweit nicht Erweiterungsinvestitionen getätigt werden können.

Der zweite Planungsschritt umfaßt die Suche bzw. *Entwicklung von absatzpolitischen Alternativen*. Sie können sich auf einzelne absatzwirtschaftliche Bereiche erstrecken oder alle Bereiche im Sinne einer Gesamtstrategie umschließen.

In der dritten Stufe werden die Alternativen anhand der Ziele bewertet (*Bewertungsphase*). Diejenige Alternative, die hinsichtlich der vorgegebenen, oft sehr divergierenden Ziele am günstigsten abschneidet, wird ausgewählt (*Auswahlphase*). Die mengen- und wertmäßigen Zielbeiträge der gewählten Alternative werden gemäß der hierarchischen Struktur der Unternehmung in Vorgabewerte (Plan- oder Sollwerte) für die relevanten Instanzen aufgeschlüsselt (*Vorgabephase*). Da die Erreichung der gesetzten Ziele die Umsetzung der Mittel in die empirische Realität voraussetzt, wozu auch eine geeignete Motivation der Trägerinstanzen notwendig ist, müssen in einer weiteren Phase auch die einzusetzenden Instrumente und ihre Handhabung vorgegeben werden (*Umsetzungsphase*). Nach Vorliegen der erzielten Ergebnisse (Ist-Wert) können diese im Wege der Kontrolle mit den vorgegebenen Plan- oder Sollwerten verglichen werden (*Kontrollphase*).

Besonderes Augenmerk verdienen in diesem Zusammenhang Überlegungen zur *Kapazitätsauslastung* des Betriebes.

Je weiter der Planungshorizont ausgedehnt wird, um so größer wird im allgemeinen der Anteil der durch Auftragsbestände nicht voll genutzten Periodenkapazitäten im Produktions- und Vertriebsbereich. Der Absatzplanung fällt dann die Aufgabe zu, Möglichkeiten zur Füllung der bestehenden

---

[1] Vgl. Gutenberg, Erich: Grundlagen der Betriebswirtschaftslehre, 2. Band, Der Absatz, 17. Aufl., 1984, S. 36–63.

"Auftragslücken" aufzuzeigen, um Vorschläge bzw. Vorgaben für absatzpolitische Aktivitäten zu entwickeln. Dabei ist von der Situationsanalyse der Unternehmung auf der Grundlage von Daten des betrieblichen Rechnungswesens, insbesondere der Absatz- und Erlösstatistik, auszugehen. Durch entsprechende Auswertungen erhält man einen Überblick über die je Marktsegment und Kundengruppe in früheren Perioden abgesetzten Gütermengen, realisierten Auftragsstrukturen und Auftragsgrößen, Vertriebsbedingungen, Erlöse und Vertriebseinzelkosten. Die segmentweise ermittelten Auftragsbestände können nunmehr mit den entsprechend aufbereiteten Unterlagen der Absatzstatistik verglichen werden. Unter Heranziehung von Marktprognosen ist abzuschätzen, bei welchen Kundengruppen mit welchen Gütern die bestehenden Auftragslücken geschlossen werden könnten. Hierbei ist für die einzelnen Absatzobjekte zu prüfen, welche Mengen mittels alternativer Kombinationen der absatzpolitischen Instrumente an bisherige oder neue Kunden absetzbar sind.

Wesentliche betriebswirtschaftliche Informationen liefern hierbei segment-, kunden- und auftragsorientierte *Erfolgsrechnungen* etwa in Form einer *Deckungsbeitragsrechnung*. Allerdings ist die Deckungsbeitragsrechnung nicht unter allen in der Praxis herrschenden marktmäßigen und betrieblichen Voraussetzungen für Zwecke der Verkaufssteuerung geeignet[1]. Sind diese Voraussetzungen nicht erfüllt, so kann stattdessen schon ein segmentweiser Nettoerlösvergleich für ähnliche Absatzobjekte wesentliche Anhaltspunkte für die wirtschaftliche Ausrichtung der Absatzpolitik bieten (vgl. § 4 B). Man wird grundsätzlich die Schließung bestehender Auftragslücken in den relativ erfolgs- bzw. erlösstarken Marktsegmenten anstreben. In der Praxis reichen aber oft die verfügbaren Prognosewerte für die Durchführung derartiger Erfolgs- oder Erlösanalysen nicht aus. Die konkreten Absatzziele folgen dann weitgehend aus autonomen Vorgaben durch die Unternehmensleitung. Hier liegt die zentrale Problematik der Absatzplanung, was im folgenden beispielhaft näher erläutert werden soll.

Betrachtet sei eine teiloligopolistische Angebotsstruktur bei einer polypolistischen Nachfragestruktur auf einem unvollkommenen Markt. Für die erfolgs- oder erlösorientierte Zielfindung im Absatzbereich müßte insbesondere auf Prognosen über folgende Tatbestände zurückgegriffen werden können:

– zukünftige *gesamtwirtschaftliche Entwicklung*[2] (insbesondere Konjunkturverlauf, Saisonentwicklung) und die daraus zu erwartenden Nachfragepotentiale für alle wesentlichen Absatzobjekte des Anbieters; Quantifizierung der

---

[1] Vgl. dazu den Überblick bei Laßmann, Gert: Die Deckungsbeitragsrechnung als Instrument der Verkaufssteuerung, in: Zeitschrift für betriebswirtschaftliche Forschung, 28. Jg., 1976, Kontaktstudium, S. 87–93.

[2] Vgl. Gutenberg, Erich: Grundlagen der Betriebswirtschaftslehre, Band 2, Der Absatz, 17. Aufl., 1984, S. 57–63.

Nachfrageentwicklung für die betrachtete Branche oder Produktgruppe im relevanten Markt (bestimmter Wachstumstrend, Stagnation oder bestimmter Schrumpfungstrend) und je Marktsegment.
- Auswirkungen *alternativer absatzpolitischer Aktivitäten* aller marktstarken Anbieter auf die Nachfrage in den einzelnen Marktsegmenten und die daraus jeweils für das eigene Unternehmen resultierende Nachfrage nach den betrachteten Absatzobjekten (Marktanteile).
- Zu erwartende *Nettoerlöse* bzw. *Deckungsbeiträge* aufgrund einer Bewertung dieser Nachfrageanteile mit geschätzten Erlöskomponenten, Vertriebseinzelkosten und Herstelleinzelkosten bzw. variablen Herstellkosten.

Obwohl für einen optimalen Einsatz des absatzpolitischen Instrumentariums solche Informationen von größtem Interesse wären, können in der Praxis hinreichend zuverlässige Prognosen über diese im wesentlichen marktbestimmten Größen in der Regel nicht gefunden werden. Die skizzierte Problemstruktur ist viel zu komplex und umfassend. Selbst volkswirtschaftliche Globalprognosen über die Entwicklung von Sozialprodukt, Beschäftigung, Inflationsraten und Einkommensverteilung mit ihren konjunkturellen und saisonalen Bewegungen sind zunehmend kontrovers geworden. Regierung, Sachverständigenrat und Wirtschaftsforschungsinstitute gelangen zuweilen zu recht unterschiedlichen Situationsanalysen und Vorausschätzungen. In der Praxis ist es darüber hinaus kaum möglich, die Wirkungen der absatzpolitischen Maßnahmen aller einflußreichen Anbieter auf das Nachfragerverhalten abzuschätzen, da es nach den Gesetzen der Kombinatorik bei mehreren verschiedenartigen Absatzvariablen und mehreren großen Anbietern eine sehr hohe Zahl von alternativen Maßnahmebündelungen gibt. Man hilft sich dadurch, daß nicht die Auswirkungen von absatzpolitischen Maßnahmen *einzelner* Mitanbieter analysiert werden, sondern die Wirkungen von Maßnahmen der *Konkurrenz insgesamt*. Damit wird das Planungsverfahren zwar nicht genauer, aber zumindest oft sinnvoll vereinfacht und man braucht dann nur eigene mögliche absatzpolitische Maßnahmen auf ihre Wirkung hin abzuschätzen. In diese Kombinationen müßten jeweils die eigenen Absatzmaßnahmen –möglichst die gewinnoptimalen – mit einbezogen werden und die Auswirkungen auf das Nachfragerverhalten erfaßt werden. Selbst wenn man unterstellt, daß die Anbieter ihre Absatzaktivitäten in der Praxis nicht ständig verändern, sondern sich mittelfristig stabile anbieterspezifische Verhaltenskonzepte herausbilden, so bleiben *erhebliche Prognoselücken* bestehen.

Aufgrund dieser Gegebenheiten kann meistens nur auf Teilprognosen und Annahmen zurückgegriffen werden, die die Bestimmungsgrößen der Nachfrage und Erlösentwicklung weitgehend vernachlässigen. Man geht insbesondere von der Marktaufteilung in der jüngsten Vergangenheit laut Absatzstatistik aus und unterstellt zunächst, daß die *Absatzaktivitäten der Konkurrenten in etwa gleich bleiben* werden und daher mit der bisherigen Marktaufteilung auch in Zukunft gerechnet werden kann. Aus einer branchenbezogenen Globalprognose wird

dann unter Ansatz der bisherigen Marktaufteilung das auf die eigene Unternehmung entfallende Nachfragevolumen abgeschätzt und darauf die weitere Absatzplanung aufgebaut.
Zeigt allerdings eine Marktanalyse, daß von Mitanbietern bestimmte Absatzaktivitäten intensiviert (abgeschwächt) und neue Absatzvariablen eingesetzt werden, die zu einer Veränderung der bisherigen Marktaufteilung führen könnten, so sind gegenüber der Vergangenheit *veränderte absatzpolitische Maßnahmen* in Betracht zu ziehen. Entsprechendes gilt, wenn die betrachtete Unternehmung von sich aus den bisherigen Marktanteil vergrößern (verringern) will. Im Falle der autonomen Zielsetzung „Anteilsvergrößerung" ist beispielsweise im Rahmen der Vorgabe- und Umsetzungsphasen des Planungsprozesses im einzelnen festzulegen (und zwar nach Kriterien wie Vertriebsweg, Kundengruppe, Auftragsstruktur und -größe, Jahresbezugsmenge differenziert):

- Höhe zusätzlicher preispolitischer Rabatte und/oder
- veränderte Zahlungsfristen, Skonti und Verzugszinsen und/oder
- zusätzliche Gewährleistungen und/oder
- veränderte Produktaufmachung und/oder
- Umfang zusätzlicher Dienstleistungen wie insbesondere Beratung über Produktverwendungsmöglichkeiten und -pflege, Installationshilfen bei Gebrauchsgütern, Wartungsmaßnahmen (z. B. Scheckbuch für die Autowartung alle 10 000 km mit einem Festpreis) und/oder
- Werbemaßnahmen, Intensivierung der Vertreterbesuche und ähnliche Maßnahmen.

2. *Erlös- und Erfolgsplanung*

Auf der mengenmäßigen Absatzplanung bauen die Erlös- und Erfolgsplanung auf. Unter Berücksichtigung der gewählten absatzpolitischen Maßnahmen ist zur segmentspezifischen Absatzmenge der zugehörige Bruttoerlös abzuschätzen. Von diesen Planerlösen sind geschätzte Erlösausfälle und Erlösminderungen wie z. B. Rabatte (vgl. dazu die Erlösstaffel in § 4 B 5) sowie die Planvertriebs-Einzelkosten abzuziehen. Als Ergebnis erhält man die geplanten durchschnittlichen Nettoerlöse je Absatzobjekt(gruppe) für jedes Absatzsegment bzw. die gesamten Nettoerlöse je Absatzsegment.

Durch Zusammenführung der Planerlösrechnung mit der *Plankostenrechnung* erhält man die *Planerfolgsrechnung*. Soweit Herstelleinzelkosten je Absatzobjekt, Auftrag, Kundengruppe und/oder Absatzsegment ermittelt werden können, lassen sich entsprechend abgegrenzte Deckungsbeiträge (Bruttoerfolge) errechnen. Aus der Analyse dieser Deckungsbeitragsrechnung kann noch einmal eine Planrevision erfolgen, wenn etwa bei einzelnen Erfolgsträgern die Deckungsraten unbefriedigend erscheinen. Die Summierung der Bruttoerfolge

372 Produktions- und Absatzplanung

über alle Erfolgsträger und der Abzug der Gemeinkosten führt zum Unternehmensplanerfolg. Soweit sich spezifische Gemeinkosten nach den verschiedenen Erfolgsobjekten abgrenzen lassen, können zusätzliche Aussagen über selbständig disponierbare Teilbereiche der Unternehmung bzw. des Marktes gewonnen werden.

Beispiel[1]
Bei einer Produktgruppe A wird eine Abgrenzung in drei z. B. regionale Segmente durchgeführt. Innerhalb dieser Segmente wird noch nach Groß- und Kleinaufträgen getrennt, denen sich jeweils segmentspezifische Planerlöse und Planvertriebs- Einzelkosten zurechnen lassen, so daß von Segment zu Segment unterschiedliche Nettoerlöse für Groß- und Kleinaufträge entstehen. Da es sich um eine Saldogröße aus Erlös und Kosten handelt, wäre die Bezeichnung Deckungsbeitrag zutreffender. Zur leichteren Unterscheidung wird im Anschluß an die industrielle Praxis von Nettoerlösen gesprochen (vgl. § 4 B 5). Unter Berücksichtigung der Herstelleinzelkosten für die in den Segmenten abgesetzten Mengen ergibt sich der Deckungsbeitrag je Segment. Die Summierung aller Segmentdeckungsbeiträge und die Berücksichtigung der Herstellgemeinkosten der ausschließlich für die Produktgruppe A tätigen Produktionsstätte I führen zum Deckungsbeitrag dieser Produktionsstätte (vgl. Tabelle 8.1).
Im Hinblick auf die dargestellten erheblichen Prognoseunsicherheiten sollten die Plangrößen im Erlösbereich den Führungskräften des Vertriebs nicht als Ziele von einer betriebswirtschaftlichen Planungsinstanz des Unternehmens (z. B. Controller) einseitig vorgegeben werden. Vielmehr hat sich in der Praxis das *Prinzip der Zielvereinbarung* bewährt: Alle wesentlichen Plangrößen im Erlösbereich werden zwischen der obersten Führungsebene einer Unternehmung und den Führungskräften des Vertriebs abgesprochen (*Management by Objectives*)[2]. Der gesamte Planungsprozeß vollzieht sich unter aktiver Mitwirkung des Vertriebspersonals, beginnend mit Verkäuferschätzungen über zukünftige Absatzchancen und -risiken. Die Mitwirkung der Beteiligten an den konkreten Zielformulierungen und an der Bildung der Plangrößen für alle Erlöskomponenten kann wesentliche Motivationseffekte auslösen. Initiative und Kreativität vieler Menschen werden durch erreichbar erscheinende Zielvorgaben, die selbst mitbestimmt worden sind, wesentlich gesteigert. Vielleicht ist daraus die praktische Erfahrung zu erklären, daß die auf sehr ungewissen Erwartungen beruhenden Erlöspläne relativ häufig erfüllt werden. Allerdings ergeben sich oft beträchtliche Abweichungen zwischen den vorgeplanten absatzpolitischen Maßnahmen und den später tatsächlich durchgeführten

---

[1] Zu einem ähnlichen, ausführlicheren Beispiel vgl. Jacob, Herbert: Der Absatz, in: Jacob, Herbert (Hrsg.): Allgemeine Betriebswirtschaftslehre in programmierter Form, 5. Aufl., 1990, S. 335–340.
[2] Vgl. auch § 3 B.

Tabelle 8.1. Absatzobjekt/Produktgruppe A

	Segment 1 TDM	Segment 2 TDM	Segment 3 TDM
	a) Großaufträge	a) Großaufträge	a) Großaufträge
Bruttoerlös abzüglich Erlösminderungen im Durchschnitt	60	90	40
./. Vertriebseinzelkosten der Großaufträge	10	12	10
Nettoerlös je Großauftrag im Durchschnitt	50	78	30
	b) Kleinaufträge	b) Kleinaufträge	b) Kleinaufträge
Bruttoerlös abzüglich Erlösminderungen im Durchschnitt	40	30	50
./. Vertriebseinzelkosten der Kleinaufträge	9	10	14
Nettoerlös je Kleinauftrag im Durchschnitt	31	20	36
Anzahl der			
– Großaufträge	10	20	3
– Kleinaufträge	4	10	10
	10 x 50 = 500	20 x 78 = 1560	3 x 30 = 90
	4 x 31 = 124	10 x 20 = 200	10 x 36 = 360
Nettoerlös je Segment	624	1760	450
./. Vertriebseinzelkosten je Segment	100	200	50
./. Herstelleinzelkosten	250	900	290
Deckungsbeitrag je Segment	274	660	110
Summe aller Segmentdeckungsbeiträge		274 660 110 1044	
./. Herstellgemeinkosten der Produktionsstätte I Deckungsbeitrag der Produktionsstätte I		600 444	

Handlungen. Aufgrund unvorhergesehener Änderungen der Marktbedingungen und der Unternehmenssituation wird die Vertriebspolitik flexibel an die neuen Bedingungen angepaßt, was eine entsprechende Beweglichkeit und wirtschaftliche Urteilskraft des Vertriebspersonals voraussetzt. In der Planung trägt man der geschilderten Unsicherheit dadurch Rechnung, daß detaillierte Vorgaben aller Erlöskomponenten im oben skizzierten Umfang vermieden werden. Vielmehr begnügt man sich mit optimistischen, wahrscheinlichen und pessimistischen Schätzungen globaler Erlösgrößen je Marktsegment und Periode. Mit den Führungskräften wird ein globales Erlösvolumen und ein globaler Gesamtdeckungsbeitrag je Verantwortungsbereich vereinbart. Die Verwirklichung dieser Planungsgrößen wird der Initiative und dem Einfallsreichtum des Verkaufspersonals überlassen.
Diese Vorgehensweise folgt auch daraus, daß die Erlösrechnung in vielen Unternehmen nicht so differenziert ausgebaut ist wie die Kostenrechnung. Daher ist eine detaillierte Brutto- und Nettoerlösplanung nach einzelnen Erlöseinflußgrößen gewöhnlich nicht durchführbar. Die Soll-Ist-Analyse im Rahmen der Absatzkontrolle setzt in diesem Fall ebenfalls an den globalen Mengen- und Erlösvorgaben laut Zielvereinbarung an.

3. Absatzplan und Gesamtplan der Unternehmung

Zur Aufstellung des Gesamtplans einer Unternehmung ist die *Absatzplanung* zunächst mit der *Produktions- und Beschaffungsplanung* abzustimmen. Sodann sind Absatz-, Produktions- und Beschaffungsplanung mit der *Finanzplanung* zu koordinieren. Folgender Ablauf des gesamten Planungsprozesses kann als typisch betrachtet werden (s. Abb. 8.3).
Im ersten Schritt wird überprüft, ob die geplanten Absatzmengen mit den vorhandenen Fertigungs- und Vertriebseinrichtungen im Planungszeitraum hergestellt und verkauft werden können (*Kapazitätsprüfung*). Zeichnen sich in einzelnen Teilperioden Engpässe ab, so wird man Möglichkeiten der (zeitweisen) Kapazitätserweiterung etwa durch Überstunden oder Zusatzschichten, Einsatz von Reserveaggregaten, zeitweise Lagerproduktion und ähnliche innerbetriebliche Maßnahmen, weiter die Vergabe von Lohnaufträgen, den Fremdbezug der Fertigprodukte und andere außerbetriebliche Maßnahmen überprüfen. Die Wirkungen dieser Maßnahmen bzw. Maßnahmenkombinationen auf den Unternehmenserfolg sind zu analysieren. Hierzu dienen vor allem spezifische Plankostenvergleiche. Für den kostengünstigsten Weg der Realisation der Absatzvorgaben ist sodann zu prüfen, ob die Materialbereitstellung sichergestellt werden kann, d. h. es ist eine Materialbeschaffungs- und -lagerplanung durchzuführen. Weiterhin ist ein Personalplan für alle bisher behandelten Unternehmensbereiche aufzustellen. Treten im Bereich Personal, Fertigungsanlagen und/oder Fertigungsmaterial unüberbrückbare Engpässe auf, so ist eine *Revision der Absatzplanung* einzuleiten. Die Reduzierung der

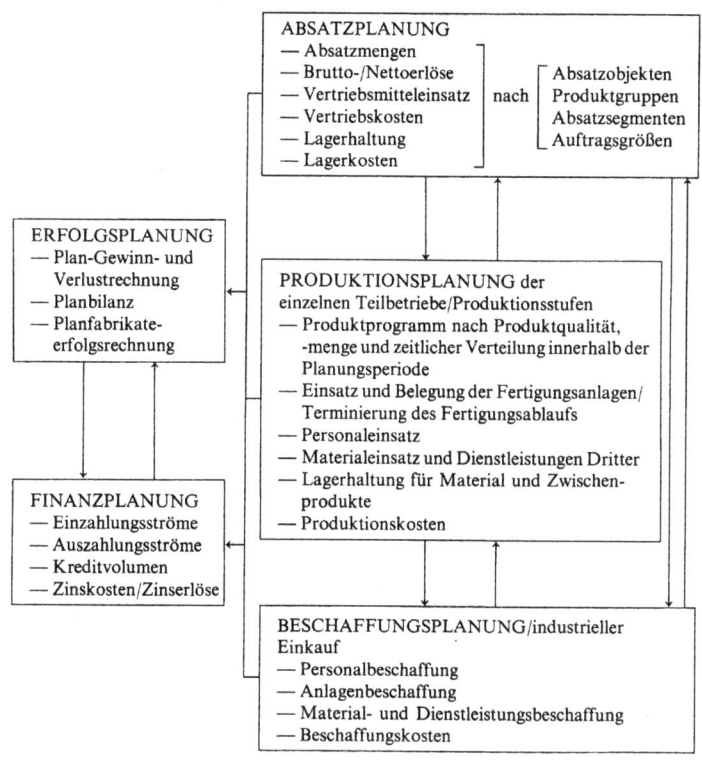

Abb. 8.3

geplanten Absatzmengen kann für die Planungsperiode durch zeitliche Verlagerung der Produktauslieferung (Lieferzeitverlängerung) oder aber durch Auftragsselektion bzw. Kunden- oder Absatzsegmentsselektion erreicht werden. Betriebswirtschaftliche Anhaltspunkte für erfolgsgünstige Korrekturen des Absatzplanes gibt ggf. eine Nettoerlösrechnung oder Deckungsbeitragsrechnung.

Ist in den geschilderten Planungsschritten ein abgestimmter Absatz-, Produktions- und Beschaffungsgesamtplan entwickelt worden, so können die resultierenden Größen zum *Erfolgsplan* verdichtet werden. Anschließend ist auf der Grundlage der *geschätzten Einnahmen- und Ausgabenströme* unter Einschluß des *Kapitalbeschaffungs-* bzw. *Kapitalanlagepotentials* der Finanzplan für die Planungsperiode aufzustellen, der bei Berücksichtigung von Zinskosten und Zinserlösen zu einer Änderung der Planerfolgsgröße führen kann. Tritt eine unüberbrückbare Störung des finanziellen Gleichgewichts innerhalb der Planungsperiode auf, so ist eine erneute Revision der Absatz-, Produktions- und Beschaffungsplanung einzuleiten, bis ein abgestimmter Gesamtplan der Unternehmung entstanden ist[1].

Der vorstehend geschilderte *sukzessive Planungsprozeß* ist relativ schwerfällig, zeitraubend, arbeitsintensiv und kostspielig. Wegen der Interdependenz aller wirtschaftlichen Teilvorgänge sind meist mehrere Revisionsläufe im Planungs prozeß erforderlich. Demgegenüber berücksichtigen *simultane Planungsansätze* alle Interdependenzbeziehungen unmittelbar und führen daher mit einem einzigen Planungsschritt zu einem abgestimmten Gesamtplan der Unternehmung. Die Differenziertheit der Unternehmung und das sehr große Datenvolumen verhindern bisher in der Praxis die Anwendung von simultanen Gesamtplanungsmethoden. Immerhin kann durch die Zusammenfassung von einzelnen Teilbereichen der Planung und geschickte Wahl der Grenzen zwischen den Bereichsplanungen das Simultanitätsprinzip partiell realisiert werden. Dann ist jedoch für eine fundierte betriebswirtschaftliche Urteilsfindung innerhalb der einzelnen Planungsbereiche die Wahl der *Verrechnungspreise* für die Bewertung von Übergangsmengen der Güter aus einem Planungsbereich in einen anderen von ausschlaggebender Bedeutung[2]. Hier werden jedoch im wesentlichen nur Sachgüter (keine Dienstleistungen) zugrunde gelegt. So führt z. B. die Verwendung von grenzkostenorientierten Verrechnungspreisen oder von marktorientierten Verrechnungspreisen zu unterschiedlichen Aussagen bei der Wirtschaftlichkeitsanalyse. Die Bestimmung der Verrechnungspreise muß zweckorientiert nach der Art der Fragestellung erfolgen.

---

[1] Vgl. auch Kilger, Wolfgang: Optimale Produktions- und Absatzplanung, 1973, S. 17 f.
[2] Vgl. Riebel, Paul: Rechnungsziele, Typen von Verantwortungsbereichen und Bildung von Verrechnungspreisen, in: Zeitschrift für betriebswirtschaftliche Forschung, Sonderheft 2: Verrechnungspreise, 25. Jg., 1973, S. 11-19; Drumm, Hans-Jürgen: Zustand und Problematik der Verrechnungspreisbildung in deutschen Industrieunternehmungen, ebenda, S. 91-107. Vgl. aber auch die Ansätze zur Verrechnung innerbetrieblicher Leistungen, z. B. bei Börner, Dietrich Innerbetriebliche Leistungsverrechnung, in: Kosiol, Erich (Hrsg.): Handwörterbuch des Rechnungswesens, 1970, Sp. 1017 ff. oder Hummel, Siegfried; Männel, Wolfgang: Kostenrechnung 1 – Grundlagen, Aufbau und Anwendung, 4. Aufl., 1989, S. 111 ff.

Literaturempfehlungen zu § 8

Schneeweiß, Hans: Ökonometrie, 1971, S. 17–50 (zu § 8 B 2).
Kilger, Wolfgang: Optimale Produktions- und Absatzplanung, 1973, S. 17 ff. (zu § 8 C).
Alewell, Karl: Absatzplanung, in: Handwörterbuch der Betriebswirtschaft, 4. Aufl., 1974, Sp. 64–78 (zu § 8 C).
Marr, Rainer: Absatzprognose, in: Handwörterbuch der Absatzwirtschaft, 1974, Sp. 88–101 (zu § 8 B 2).
Pümpin, Cuno: Absatzplanung, in: Handwörterbuch der Absatzwirtschaft, 1974, Sp. 71–77 (zu § 8 C).
Hammann, Peter: Entscheidungsanalyse im Marketing, 1975, S. 69–125 (zu § 8 B 2).
Schütz, Waldemar: Methoden der mittel- und langfristigen Prognose, 1975, S. 13–38 (zu § 8 B 2).
Bamberger, Ingolf; Mair, Ludwig: Die Delphi-Methode in der Praxis, in: Management International Review, Vol. 16. 1976, S. 81–91 (zu § 8 B 3).
Reichardt, Helmut: Statistische Methodenlehre für Wirtschaftswissenschaftler, 7. Aufl., 1991, S. 42–44 und 79–112 (zu § 8 B 2).
Kotler, Philip; Bliemel, Friedhelm: Marketing-Management, 7. Aufl., 1992, S. 152–161 (zu § 8 B 3).
Meffert, Heribert; Steffenhagen, Hartwig: Marketing-Prognosemodelle, 1977, S. 61–98 (zu § 8 B 1).
Hammann, Peter; Erichson, Bernd: Marktforschung, 2. Aufl., 1990, Kap. 7, (zu § 8 B).
Schäfer, Erich; Knoblich, Hans: Marktforschung, 5. Aufl., 1978, S. 374–433 (zu § 8 B).
Gutenberg, Erich: Grundlagen der Betriebswirtschaftslehre, Band 2, Der Absatz, 17. Aufl., 1984, S. 64–88 (zu § 8 C).
Diller, Hermann (Hrsg.): Marketing-Planung, 1980, S. 80–102 (zu § 8 B 1).
Wheelwright, Steven G.: Makridakis, Spyros: Forecasting Methods for Management, 4. Aufl., 1985, S. 29–122 (zu § 8 B 1).
Hammann, Peter; Erichson, Bernd: Arbeitsbuch zur Marktforschung, 1981, Kap. 2.3 und 2.5 (zu § 8 B 1).
Jacob, Herbert: Der Absatz, in: Jacob, Herbert (Hrsg.): Allgemeine Betriebswirtschaftslehre in programmierter Form, 4. Aufl., 1981, S. 306–340 (zu § 8 C).
Schröder, Michael: Einführung in die kurzfristige Zeitreihenprognose und Vergleich der einzelnen Verfahren, in: Mertens, Peter (Hrsg.): Prognoserechnung, 4. Aufl., 1981, S. 21–71 (zu § 8 B 2).
Green, Paul E.; Tull, Donald S.: Methoden und Techniken der Marketingforschung, 4. Aufl., 1982, Kap. 15 (zu § 8 B 1).
Hüttner, Manfred: Markt- und Absatzprognosen, 1982, S. 26–109 (zu § 8 B 1).
Brockhoff, Klaus: Prognosen, in: Bea, Franz Xaver; Dichtl, Erwin; Schweitzer, Marcell: Allgemeine Betriebswirtschaftslehre, Band 2: Führung, 1983, S. 357–396 (zu § 8 B).
Nieschlag, Robert; Dichtl, Erwin; Hörschgen, Hans: Marketing, 16. Aufl., 1991, S. 730 ff. (zu § 8 B 2).

378 Produktions- und Absatzplanung

Aufgaben zu §8

8.1 Wodurch unterscheiden sich quantitative und qualitative Prognoseverfahren? Geben Sie jeweils ein Beispiel!

8.2 Ein Großhändler von Fernsehgeräten hat in den vergangenen 20 Perioden folgende Absatzmengen (x_t) erzielt:

Periode	1	2	3	4	5	6	7	8	9	10
x_t	105	100	140	95	100	102	98	103	100	150

Periode	11	12	13	14	15	16	17	18	19	20
x_t	145	160	150	148	153	147	150	149	152	150

(a) Welcher Absatz wäre aufgrund der vorliegenden Absatzzahlen für die Perioden 3 bis 20 bei Anwendung des Verfahrens der exponentiellen Glättung prognostiziert worden
 – bei einem Glättungsfaktor von α = 0,3;
 – bei einem Glättungsfaktor von α = 0, 1?
 (Setzen Sie $S_1 = x_1$ bei der ersten Prognose, die im Zeitpunkt $t = 2$ für die dritte Periode zu erstellen ist.)
(b) Tragen Sie die tatsächlichen und prognostizierten Absatzmengen der einzelnen Perioden in ein Schaubild ein und beurteilen Sie die Zweckmäßigkeit der verwendeten α-Werte für die Prognose im Hinblick
 – auf den Einfluß von Zufallsschwankungen auf die Prognosewerte (vgl. Periode 3);
 – auf die Reaktionsgeschwindigkeit der Prognosewerte auf die signifikante Mittelwertänderung ab Periode 10.
(c) Erläutern Sie anhand der Ergebnisse von (b) die Bedeutung des Wertes α bei der exponentiellen Glättung.

8.3 Ein Produkt hat folgende Absatzentwicklung in den vergangenen Monaten gezeigt:

Aufgaben 379

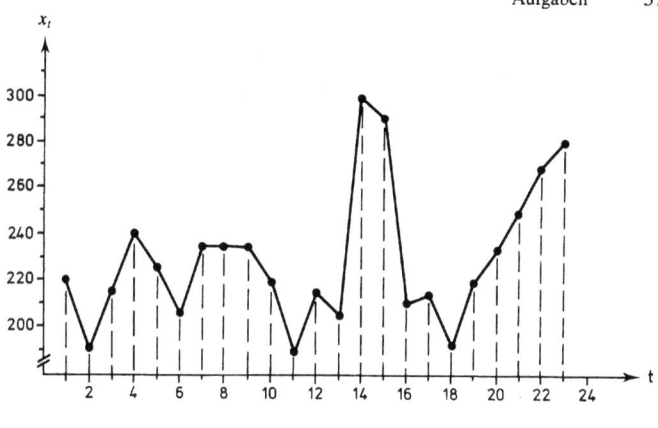

Abb. 8.4

Bisher wurde die Absatzprognose mit dem gleitenden 6-Monatsmittel durchgeführt. Der Vertriebschef beauftragt Sie, eine Absatzprognose für die nächste Periode abzugeben.

(a) Welche Argumente sprechen für die Beibehaltung des gewählten Prognoseverfahrens? Wäre eine Modifikation sinnvoll?
(b) Ist ein Wechsel des Prognoseverfahrens angebracht? Welches Verfahren würden Sie vorschlagen? (Begründen Sie Ihre Ansicht.)

Beantworten Sie die Fragen (a) und (b) für die Prognosezeitpunkte 17 bzw. 23.

8.4 Ein Automobilhersteller vermutet eine enge Beziehung zwischen der allgemeinen konjunkturellen Entwicklung und dem Absatz von PKW. Zur Beurteilung dieser Beziehung liegen ihm die beiden folgenden Zeitreihen vor:

Veränderungsraten des Index der industriellen Nettoproduktion gegen Vorjahr in % (Verbrauchsgüterindustrie)..

1965	1966	1967	1968	1969	1970	1971	1972	1973	1974
+6,2	+0,7	−5,1	+9,5	+11,4	+2,4	+3,6	+5,8	+2,4	−4,0

Quelle: Monatsbericht der Deutschen Bundesbank, 1976, Nr. 11, S. 65.

Neuzulassungen von PKW (in Mio):

1965	1966	1967	1968	1969	1970	1971	1972	1973	1974
1,38	1,37	1,24	1,31	1,69	1,93	1,97	1,96	1,88	1,56

* *Quelle:* Statistisches Bundesamt, Statistisches Jahrbuch für die BRD, 1966–1975.

    (a) Ermitteln Sie den Korrelationskoeffizienten r.
    (b) Wie beurteilen Sie angesichts des unter (a) ermittelten Ergebnisses die Zuverlässigkeit einer Absatzprognose für PKW, die auf den Veränderungsraten des Index der industriellen Nettoproduktion aufbaut?

8.5 Beweisen Sie die Beziehungen
    (8.20) $r_2 = B$ und

    (8.21) $r = b \dfrac{s_x}{s_y}$.

8.6 Zeigen Sie, daß für das arithmetische Mittel $\bar{x}_T$ gilt

    (8.22) $\bar{x}_\tau = \bar{x}_{\tau-1} + \dfrac{1}{T}(x_\tau - \bar{x}_{\tau-1})$.

8.7 Erläutern Sie an Beispielen die Begriffe „assoziative Beziehung" bzw. „kausale Beziehung" von Variablen!

8.8 Worin besteht das Prinzip der „Methode der kleinsten Quadrate"?

8.9 Ein Motorradhersteller möchte das Marktvolumen für sein Motorrad der gehobenen ccm-Klasse für das nächste Jahr schätzen. Er mißtraut den optimistischen Prognosen aufgrund einer Zeitreihenanalyse des Absatzes, die wegen der stürmischen Absatzentwicklung in der Vergangenheit steigende Absatzzahlen auch für das nächste Jahr verheißen. Vielmehr sieht er in steigenden Unfallzahlen, einer zunehmenden Marktsättigung sowie überproportional steigenden Versicherungsbeiträgen stark negative Einflüsse auf den Absatz von Motorrädern. Da er seinen Informationsstand für zu gering hält, um eine tragfähige Prognose abzuleiten, versucht er, zusätzliche Informationen durch Befragungen zu gewinnen.
    (a) Welche Personengruppen kommen für eine Informationsgewinnung über den Motorradabsatz in Frage?
    (b) Welche Befragungsmethoden kann der Hersteller anwenden?
    (c) Auf welche Weise können Gruppenprognosen aufgestellt werden und wovon hängt ihre Aussagekraft ab?

8.10 Aus welchen Gründen und in welcher Form werden Panelerhebungen durchgeführt? Diskutieren Sie dies anhand des Vergleichs von Haushalts- und Handelspanelerhebungen!

Aufgaben 381

8.11 In welche Phasen zerfällt der Prozeß der Absatzplanung? Erläutern Sie diese Phasen am Beispiel der Einführungsplanung eines neuen Konsumgutes!

8.12 Erläutern Sie die Unterschiede beim Einsatz der absatzpolitischen Instrumente für einen Polypolisten auf einem vollkommenen und auf einem unvollkommenen Markt.

8.13 Charakterisieren Sie die Aussagekraft einer absatzobjekt- und -segmentweise aufgegliederten Nettoerlösrechnung gegenüber einer Deckungsbeitragsrechnung (unter Verwendung spezifischer Deckungsbeiträge bei nur einem einzigen Produktionsengpaß).

8.14 Charakterisieren Sie die Methoden simultaner und sukzessiver Planung. Nennen Sie die Voraussetzungen simultaner Unternehmensplanung und erläutern Sie diese am Beispiel der Programmoptimierung für einen Mehrprodukt-Polypolisten auf vollkommenen Märkten (vgl. §4 C). Arbeiten Sie darauf aufbauend die Gründe für die Anwendung sukzessiver Planungsmethoden bei einem Oligopol auf unvollkommenen Märkten heraus.

8.15 Auf welche Weise kann bei sukzessiver Unternehmensplanung für die Bereiche Absatz, Produktion, Beschaffung und Finanzierung ein abgestimmter Gesamtplan entwickelt werden?

8.16 Welche unterschiedlichen Deckungsbeiträge kann eine Mehrproduktunternehmung, die in verschiedenen Marktsegmenten als Anbieter auftritt, errechnen? Welche Erlös- und Kostengrößen gehen in die Berechnungen ein und welche Folgerungen lassen sich für die Absatz- und Produktionsplanung aus den verschiedenen Deckungsbeiträgen ziehen?

Abschlußtest

Der Abschlußtest soll dem Leser die Möglichkeit geben, zu prüfen, ob er sich den Stoff der Betriebswirtschaftstheorie II in wichtigen Teilen zu eigen gemacht hat. In die unausgefüllten Klammern am Ende der Fragen können die gefundenen Lösungsziffern eingetragen werden. Neben den Klammern steht die laufende Nummer der Einzelfrage. Als hochgestellter Index ist die Punktzahl angegeben, die in Bochum der Klausurbewertung zugrunde gelegt wird. Die Punktzahl ist an dem geschätzten Zeitbedarf für die Klausurlösung orientiert. Ein Punkt soll in etwa einer Minute entsprechen. Insgesamt sind 240 Punkte vorgesehen. Das würde einer Klausurzeit von 4 Zeitstunden entsprechen.

Zur Selbstkontrolle sind die richtigen Lösungsziffern in zwei Ablochbelegen, die in Bochum für die Klausurkorrektur mit Hilfe des Computers verwendet werden, eingetragen. Im Klausurbewertungsprogramm führen falsch beantwortete Fragen zu einem Punktabzug von 80 % der jeweils erreichbaren Punktzahl bei 2 vorgegebenen Antwortalternativen und von 20 % bei 5 vorgegebenen Antwortalternativen. Diese Regelung soll verhindern, daß eine Klausurlösung nach dem Rateprinzip positiv bewertet wird.

Aufgabe 1 (2 Punkte)

Prüfen Sie die folgenden Aussagen!
Die Unterscheidung von Konsum- und Investitionsgütern wird in diesem Buch ausgerichtet
(1) an den unterschiedlichen Preisen der betreffenden Güter;
(2) an der Verwendung in einem privaten Haushalt oder in einem produzierenden Betrieb;
(3) an der Unterscheidung als Ge- oder Verbrauchsgut.
Antwort: Richtig ist Alternative Nr.   (   ) 1[2]

Aufgabe 2 (3 Punkte)

Prüfen Sie folgende Aussagen!
Ein relevanter Markt

(1) ist die Zusammenfassung von bestimmten Tauschvorgängen, die unter gleichen Bedingungen abgelaufen sind;
(2) ist das Ergebnis einer zweckbezogenen Marktabgrenzung, die z.B. eine Unternehmung aus ihrer Sicht und Problemlage heraus vornimmt;
(3) ist grundsätzlich nur im Bereich des Wettbewerbsrechts von Bedeutung;
(4) ist ein Teil eines Marktsegmentes.
Antwort: Richtig ist Alternative Nr. ( ) 2^3

Aufgabe 3 (3 Punkte)

Prüfen Sie die folgenden Aussagen!
Die Unterscheidung verschiedener Formen des Wettbewerbs zwischen Anbietern auf Absatzmärkten erfolgt in diesem Buch anhand
(1) der von den Anbietern gezeigten wettbewerbsbeschränkenden Verhaltensweisen
(2) der Elastizität der Nachfrage im Hinblick auf Veränderungen einzelner absatzpolitischer Instrumente der Anbieter
(3) der Prognosen der Anbieter hinsichtlich des absatzpolitischen Verhaltens der Mitbewerber
(4) der von den Anbietern angebotenen Leistungsbündel und der dafür geforderten Preise
Antwort: Richtig ist Alternative Nr. ( ) 3^3

Aufgabe 4 (3 Punkte)

Prüfen Sie die nachstehenden Aussagen!
Gemäß dem morphologischen Marktformenschema gilt:
(1) Bei mehr als drei Anbietern besteht ein Angebotsoligopol.
(2) Bei nur einem Anbieter und einem Nachfrager besteht ein Dyopol.
(3) Ein Polypolist verhält sich notwendig als Mengenanpasser.
(4) Ein Monopolist verhält sich notwendig als Gewinnmaximierer.
(5) Alle Aussagen (1) bis (4) sind falsch.
Antwort: Richtig ist Alternative Nr. ( ) 4^3

Aufgabe 5 (5 Punkte)

Ordnen Sie den nachfolgenden Aussagen die Kennziffer 1 für „richtig" und die Kennziffer 5 für „falsch" zu!
Für einen vollkommenen Markt gelten u. a. folgende *Voraussetzungen*:
(a) ein einheitlicher Preis für die betrachteten Güter; ( ) 5^1
(b) vollständige Markttransparenz und gegenseitige Ersetzbarkeit der betrachteten Güter; ( ) 6^1
(c) die Marktform des Polypols sowie das Fehlen jeglicher Werbung; ( ) 7^1
(d) keine persönlich bedingten Vorteile bei den Tauschbedingungen für einzelne Nachfrager; ( ) 8^1

(e) Konstanz der Tauschbedingungen innerhalb der betrachteten
Periode. ( ) 9^1

Aufgabe 6 (4 Punkte)

Ordnen Sie den nachfolgenden Aussagen die Kennziffer 1 für „richtig" und die
Kennziffer 5 für „falsch" zu!
(a) Ein geschlossener Markt liegt dann vor, wenn für den Zutritt
weiterer Anbieter oder Nachfrager rechtliche oder ausbil-
dungsbezogene Einschränkungen bestehen. ( ) 10^1
(b) Ein offener Markt liegt vor, wenn jedermann bedingungslos als
Anbieter oder Nachfrager für ein Gut auftreten kann. ( ) 11^1
(c) Wegen der Gewerbefreiheit gibt es in der BRD nur offene
Märkte. ( ) 12^1
(d) Ein offener Markt liegt immer dann vor, wenn für den Zutritt
neuer Anbieter keine Beschränkungen bestehen. ( ) 13^1

Aufgabe 7 (3 Punkte)

Ordnen Sie den nachfolgenden Aussagen die Kennziffer 1 für „richtig" und die
Kennziffer 5 für „falsch" zu!
(a) Der Marketing-Ansatz untersucht im Zusammenhang mit der
Ausrichtung an komplexen Bedürfniskategorien schwerpunktmäßig Struktur und Zusammenwirken der Institutionen
des Handels. ( ) 14^1
(b) Der güterbezogene Ansatz kann kurz als Warenanalyse
bezeichnet werden. Untersucht werden vorrangig absatzpolitische Besonderheiten bestimmter Güterkategorien. ( ) 15^1
(c) Der funktionsbezogene Ansatz beschäftigt sich vorwiegend
mit der Frage, welche Funktionen die einzelnen Güter beim
Konsumenten zu erfüllen haben. ( ) 16^1

Aufgabe 8 (6 Punkte)

Ordnen Sie den nachfolgenden Aussagen die Kennziffer 1 für „richtig" und die
Kennziffer 5 für „falsch" zu!
Als Prämissen der Theorie des isolierten Tausches zweier Wirtschaftssubjekte
im Hinblick auf zwei Güter bei unterschiedlichen Versorgungslagen (d.h.
Existenz unterschiedlicher Grenzraten der Substitution) gelten u. a. folgende:
(1) Existenz eindeutiger und konsistenter Präferenzstrukturen ( ) 17^1
(2) Existenz linear-additiver Nutzenfunktionen ( ) 18^1
(3) Beliebige Teilbarkeit der Güter ( ) 19^1
(4) Partielle Substitutionalität der Güter ( ) 20^1
(5) Gültigkeit des Gesetzes von der abnehmenden Grenzrate der
Substitution ( ) 21^1

(6) Existenz von monoton steigenden, stetigen und differenzierbaren Nutzenfunktionen für jeden Tauschpartner ( ) 22[1]

Aufgabe 9 (8 Punkte)

Nehmen Sie an, einem Haushalt sei es gelungen, seine Präferenzen für die beiden Güter 1 und 2 in den Mengen x_1 und x_2 durch ein Indifferenzkurvensystem zu erfassen.

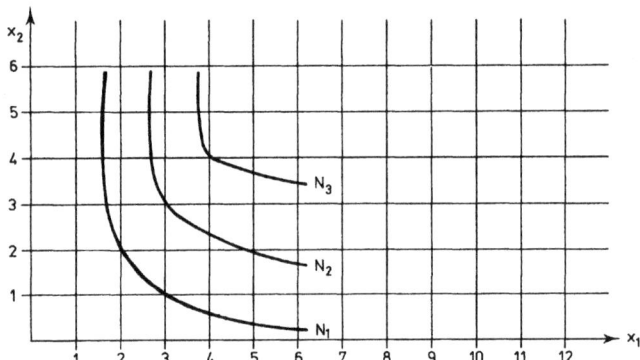

(a) Die Preise für die beiden Güter seien $p_1 = 8{,}00$ DM und $p_2 = 4{,}00$ DM. Dem Haushalt steht ein Betrag von 24,00 DM für die Beschaffung der beiden Güter zur Verfügung. Welche der nachstehenden Mengenkombinationen von Gut 1 und 2 sollte der Haushalt beschaffen, wenn er seinen Nutzen maximieren will?
(1) $x_1 = 0, x_2 = 6$.
(2) $x_1 = 2, x_2 = 2$.
(3) $x_1 = 3, x_2 = 0$.
(4) $x_1 = 4, x_2 = 4$.
(5) Keine der angegebenen Mengenkombinationen würde der Haushalt beschaffen.
Antwort: Richtig ist Alternative Nr. ( ) 23[3]

(b) Falls der Preis p_1 sich verändert und p_2 konstant bleibt, ändert der Haushalt seine Beschaffungsmenge x_1 gegenüber der Ausgangssituation, wenn er weiterhin seinen Nutzen maximieren will. Prüfen Sie unter diesen Voraussetzungen, welche der folgenden Preis-Mengen-Kombinationen der Haushalt realisieren würde (Ordnen Sie einer Kombination, die der Haushalt verwirklichen würde, eine „1" zu, andernfalls eine „5")!

(b_1) $p_1 = 4$ DM, $x_1 = 3$. ( ) 24[1]
(b_2) $p_1 = 2$ DM, $x_1 = 4$. ( ) 25[1]
(c) Welcher der drei unten stehenden Kurvenverläufe gibt ungefähr die Nachfragemenge des Haushalts nach Gut 1 in Abhängigkeit von p_1 bei $p_2 = 4$ DM = konstant an? Tragen Sie die Nummer der Nachfragefunktion als Lösungsziffer ein!

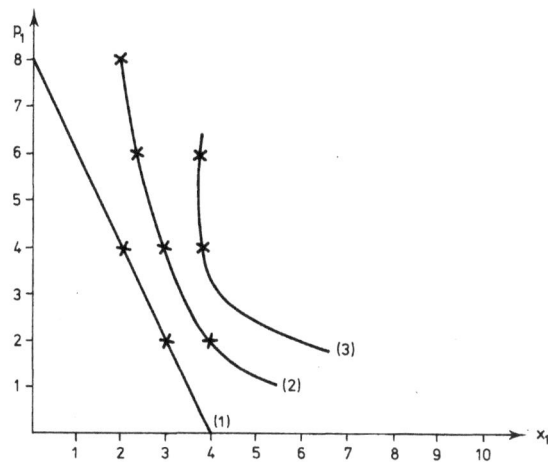

Antwort: Die Nachfragefunktion des Haushaltes nach Gut 1 gibt der Verlauf der Kurve-Nr. ... an. ( ) 26[3]

Aufgabe 10 (5 Punkte)

Ordnen Sie den nachfolgenden Aussagen die Kennziffer 1 für „richtig" und die Kennziffer 5 für „falsch" zu!
(a) Nach dem Kaufmotivtheorem strebt der Mensch nach der Befriedigung verschiedener Grundbedürfnisse, wie etwa physische Existenzerhaltung, Sicherheit, beruflicher Erfolg und Selbstverwirklichung, die er in hochindustrialisierten Gesellschaften nur in der angegebenen Reihenfolge zu erreichen versucht. ( ) 27[1]
(b) Das Referenzgruppentheorem versucht zu erklären, warum Individuen prinzipiell versuchen, sich den Verhaltensnormen ihrer Bezugsgruppen anzupassen, und nicht bereit sind, das Risiko abweichenden Verhaltens einzugehen. ( ) 28[1]

(c) Das Dissonanztheorem behandelt den Zufriedenheitsgrad von Nachfragern nach dem Kauf. Um den Markterfolg eines Produktes insbesondere durch Wiederholungskäufe zu unterstützen, empfiehlt es sich, möglicherweise entstandene Dissonanzen mit Hilfe der Informationspolitik abzubauen. ( ) 29[1]

(d) Im Rahmen des Risikotheorems werden Aussagen über das subjektive Risikoempfinden von Konsumenten formuliert, wobei zwischen einem sozialpsychologischen und einem finanziellen Risiko sowie einem Funktionserfüllungsrisiko unterschieden wird. Mit Hilfe der Informationspolitik (insbes. Werbung) kann ein Anbieter versuchen, das subjektiv empfundene Risiko bei den Nachfragern zu beeinflussen. ( ) 30[1]

(e) Im Howard-Sheth-Modell wird versucht, die partiellen Ansätze zur Erklärung des Kaufverhaltens zusammenzufassen. Über eine Systematisierung der bisherigen Einzelerkenntnisse hinaus ist es nach zahlreichen Versuchen mit diesem Modell gelungen, das komplexe Nachfrageverhalten von Konsumenten quantitativ zu formulieren und auch empirisch abzusichern. ( ) 31[1]

Aufgabe 11 (5 Punkte)

Ordnen Sie den folgenden Aussagen zur Marktsegmentierung die Kennziffer 1 für „richtig" und die Kennziffer 5 für „falsch" zu!

(a) Marktsegmentierung bedeutet die Aufteilung eines nationalen Marktes in regionale Teilmärkte mit dem Ziel, eine gleiche Preissetzung zu ermöglichen. ( ) 32[1]

(b) Nimmt ein Anbieter eine Marktsegmentierung vor, so versucht er damit, die Marktunvollkommenheit in den Marktsegmenten im Vergleich zum übergeordneten Markt zu erhöhen. ( ) 33[1]

(c) Konstitutiv für eine erfolgversprechende Marktsegmentierung ist die relativ gleichförmige Reaktion der Nachfrager in den einzelnen Marktsegmenten auf den spezifischen Instrumentaleinsatz im Vergleich zum Verhalten der Nachfragergesamtheit auf dem relevanten Markt. ( ) 34[1]

(d) Primäres Ziel einer Marktsegmentierung ist es, die Markttransparenz für die Mitanbieter zu verringern. ( ) 35[1]

(e) Sollen im Anschluß an eine Segmentierung segmentspezifische Instrumentaleinsätze entwickelt werden, so ist zu überlegen, welche der Segmente für segmentspezifische Absatzanstrengungen tragfähig erscheinen. ( ) 36[1]

Aufgabe 12 (6 Punkte)
Ordnen Sie den folgenden Aussagen die Kennziffer 1 für „richtig" und die Kennziffer 5 für „falsch" zu!
(1) Werbung bewirkt bei homogenen Konsumgütern eine Produktdifferenzierung gegenüber Konkurrenten. ( ) 37[1]
(2) Die Wirkung von Werbemaßnahmen läßt sich nur deshalb nicht eindeutig messen, da sie sich über einen längeren Zeitraum verteilen und zudem erst verzögert auftreten kann. ( ) 38[1]
(3) Der Inhalt einer Werbebotschaft muß mindestens Informationen über die Herkunft, die Nutzungsmöglichkeiten, die spezifischen Anwendungsrisiken sowie den Preis des Werbeobjekts umfassen. ( ) 39[1]
(4) Durch Mediaselektion werden die für ein spezifisches Werbemittel besonders effizienten Werbeträger ausgewählt. ( ) 40[1]
(5) Der Tausenderpreis ist der Preis einer ganzseitigen Zeitungsanzeige bezogen auf je tausend Leser der Zeitung. ( ) 41[1]
(6) Die Einstellung ist ein Indikator für die Kaufbereitschaft von Konsumenten. ( ) 42[1]

Aufgabe 13 (6 Punkte)
Ordnen Sie den folgenden Aussagen die Kennziffer 1 für „richtig" und die Kennziffer 5 für „falsch" zu!
(1) Durch vertikales Marketing versucht ein Hersteller seine Marketing-Konzeption zur Einführung eines neuen Produktes für die Einzelhändler attraktiv zu gestalten. ( ) 43[1]
(2) Anschlußabsatz ist eine Form der Vertriebsdurchführung, bei welcher ein Händler durch Inaussichtstellung künftiger Vorzugsbehandlung für die Übernahme zusätzlicher Vertriebsfunktionen gewonnen werden kann. ( ) 44[1]
(3) Mit einer Sortimentsabnahmeverpflichtung erklärt sich ein Händler einem Hersteller gegenüber bereit, nicht nur einige aufgrund ihrer Handelsspanne besonders attraktive Artikel abzunehmen, sondern das gesamte Sortiment des Herstellers bereitzuhalten. ( ) 45[1]
(4) Mehrgleisiger Vertrieb ist stets eine Folge horizontaler oder lateraler Diversifizierung. ( ) 46[1]
(5) Gemeinschaftsabsatz ist eine Form der Unternehmenskooperation, bei welcher mehrere Produzenten gemeinsame Institutionen betreiben, die den ausgelagerten Vertrieb übernehmen. ( ) 47[1]

(6) Durch eine unverbindliche Preisempfehlung eines Herstellers soll den Händlern eine Kalkulationshilfe für die Sonderangebotspolitik gegeben werden. ( ) 48[1]

Aufgabe 14 (15 Punkte)

(Diese Aufgabe besteht aus 2 Teilen, die unabhängig voneinander gelöst werden können.)

Teil 1:
Gegeben sei folgendes Bild der Preisabsatzfunktion einer Einproduktunternehmung.

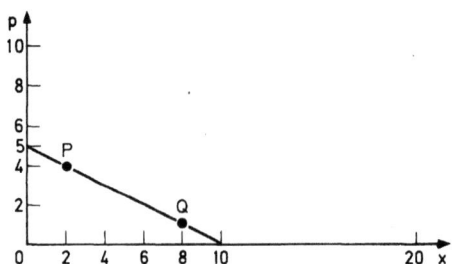

(a) Welche der folgenden Gleichungen stellt die vorliegende Preisabsatzfunktion algebraisch dar?
  (1) $p(x) = 5 + 10x$.
  (2) $x(p) = 5p + 10$.
  (3) $p(x) = 5 - \frac{1}{2}x$.
  (4) $p(x) = 5 + 2x$.
  (5) Alle Alternativen (1) bis (4) sind falsch.
  Antwort: Richtig ist Alternative Nr. ( ) 49[2]
(b) Wie groß ist die Preiselastizität der Nachfrage $\eta_{x,p}$ (positiv definiert) im Punkt *P*?
  (1) $\eta_{x,p} = +0{,}5$.
  (2) $\eta_{x,p} = +0{,}8$.
  (3) $\eta_{x,p} = +3$.
  (4) $\eta_{x,p} = +4$.
  (5) Alle Alternativen (1) bis (4) sind falsch.
  Antwort: Richtig ist Alternative Nr. ( ) 50[2]
(c) Welche der folgenden Aussagen über die Höhe des Prohibitivpreises ist bei der zugrundeliegenden Marktsituation *richtig?*

(1) Ohne Kenntnis der Markentreue läßt sich im vorliegenden Fall über die Höhe des Prohibitivpreises nichts aussagen.
(2) Die Höhe des Prohibitivpreises ist abhängig vom Angebotsverhalten der Mitanbieter, so daß der Prohibitivpreis bei der vorliegenden Marktsituation nicht festgelegt werden kann.
(3) Beide Aussagen (1) und (2) sind falsch.
Antwort: Richtig ist Alternative Nr. ( ) 51[2]
(d) Wie groß ist die Preiselastizität der Nachfrage $\eta_{x,p}$ (positiv definiert) im Punkt Q?
(1) $\eta_{x,p}$ im Punkt Q ist kleiner als $\eta_{x,p}$ im Punkt P.
(2) $\eta_{x,p}$ im Punkt Q ist genauso groß wie $\eta_{x,p}$ im Punkt P.
(3) Keine der Antworten (1) und (2) ist richtig.
Antwort: Richtig ist Alternative Nr. ( ) 52[2]

Teil 2:
Die Preisabsatzfunktion einer anderen Einproduktunternehmung lautet:
$p(x) = 9 - x$.
Als Kostenfunktion wurde ermittelt:
$$K(x) = 2 + \frac{1}{2} x^2.$$

(a) Wie hoch ist der Angebotspreis $p^{E\max}$, wenn der Unternehmer seinen *Erlös* maximieren möchte?
(1) $p^{E\max} = 4$
(2) $p^{E\max} = 8$
(3) Beide Alternativen (1) und (2) sind falsch.
Antwort: Richtig ist Alternative Nr. ( ) 53[3]
(b) Wie hoch sind Angebotsmenge und Angebotspreis, wenn der Unternehmer seinen *Gewinn* maximieren möchte?
Die gewinnmaximale Preis-Mengenkombination lautet:
(1) $x^{G\max} = 4{,}5$ $p^{G\max} = 4{,}5$
(2) $x^{G\max} = 6$ $p^{G\max} = 3$
(3) $x^{G\max} = 3$ $p^{G\max} = 6$
(4) $x^{G\max} = 3$ $p^{G\max} = 7$
(5) Alle Alternativen (1) bis (4) sind falsch.
Antwort: Richtig ist Alternative Nr. ( ) 54[4]

Aufgabe 15 (10 Punkte)

Prüfen Sie die folgenden Aussagen zur empirisch ermittelten Preisabsatzfunktion eines Ein-Produkt-Monopolisten
$p = 400 - 0{,}2x$
und ordnen Sie ihnen die Kennziffern 1 für „richtig" und 5 für „falsch" zu!

392 Abschlußtest

(1) Ein Nachfrageanstieg von 1000 auf 1200 Mengeneinheiten verursacht eine Preissenkung von 200 auf 160 Geldeinheiten. ( ) 55^2
(2) Die Sättigungsmenge des Marktes bei einem Preis $p = 0$ liegt bei 2000 Mengeneinheiten des Gutes. ( ) 56^2
(3) Erhöht der Monopolist seinen Verkaufspreis pro Mengeneinheit des Gutes von 180 auf 200 Geldeinheiten, so muß er mit einem Nachfragerückgang um 100 Mengeneinheiten rechnen. ( ) 57^2
(4) Die Preisabsatzfunktion
$p = u - vx$
ist die zur Nachfragefunktion
$x = a - bp$
gehörige Umkehrfunktion mit $u = a/b$ und $v = 1/b$. ( ) 58^1
(5) Der Wert $-b$ in der Nachfragefunktion
$x = a - bp$
gibt den Regressionskoeffizienten $r_{x,p}$ an, welcher die marginalen Nachfragewirkungen von marginalen Preisänderungen mißt und wie folgt definiert ist:
$$\frac{dx}{dp} \cdot \frac{p}{x} = -b.$$
( ) 59^3

Aufgabe 16 (9 Punkte)

Ein Unternehmer produziert Zucker und beliefert Kunden in der gesamten BRD. Er verfügt nicht über Lagermöglichkeiten. Um keinen Kunden zu diskriminieren, setzt er einen einheitlichen Listenpreis von 120,- DM pro 100 kg fest, der die Lieferung zum Kunden beinhaltet. Die Transportkosten betragen pro Tonne und Kilometer 1,- DM. Nachdem für den kommenden Monat die gesamte Kapazität bis auf sechs Tonnen verplant ist, gehen noch zwei Bestellungen ein. Kunde 1 (Entfernung 50 km) bestellt 4 Tonnen, Kunde 2 (Entfernung 400 km) ordert 6 Tonnen. Einer der beiden Kunden kann also nicht beliefert werden, da Teillieferungen ausgeschlossen sind.

(a) Der Unternehmer will ausschließlich nach dem Ergebnis einer Erlösanalyse auf der Grundlage der hier angegebenen Informationen entscheiden, welchen Kunden er beliefern soll, um seinen Gewinn zu maximieren.
Antwort: Beliefert werden sollte der Kunde Nr. ( ) 60^6

(b) Berücksichtigen Sie zusätzlich, daß der Unternehmer für Bestellmengen unter 5 Tonnen einen Mindermengenzuschlag von 3 % des Listenpreises fordert. Ferner ist bei Transportentfernungen von 150 und mehr Kilometern eine besonders stabile Verpackung erforderlich, die Mehrkosten von 40 DM pro Tonne mit sich bringt.
Antwort: Beliefert werden sollte der Kunde Nr.   ( ) 61[3]

Aufgabe 17 (8 Punkte)

Ordnen Sie den nachfolgenden Aussagen die Kennziffer 1 für „richtig" und die Kennziffer 5 für „falsch" zu!

(a) Mit Hilfe des Qualitätsprofils kann versucht werden, absatzrelevante Teilqualitäten eines Produktes zu erfassen und darzustellen; dabei können allerdings nur kardinal meßbare Produkteigenschaften berücksichtigt werden. ( ) 62[1]
(b) Um die Ausprägungen der Teilqualitäten eines Produktes nach der Darstellung in einem Qualitätsprofil zu einer einheitlichen Maßgröße für die Gesamtqualität zusammenzufassen, kann eine Punktbewertung (Scoring-Verfahren) durchgeführt werden. ( ) 63[1]
(c) Wird ein eigentlich homogenes Gut von einem Anbieter markiert, so geschieht dies in der Regel mit der Absicht, eine derartige Individualisierung zu erzeugen, daß der Nachfrager dieses Gut von den Produkten anderer Anbieter unterscheiden kann; dadurch sollen unternehmensspezifische Präferenzen aufgebaut werden. ( ) 64[1]
(d) Sortimentspolitische Entscheidungen bringen nur dem Anbieter Vorteile, da dieser u. U. die Beschaffungskosten senken, eine höhere Kapazitätsauslastung und – aufgrund phasenverschobener Nachfrage – eine Senkung des Absatzrisikos erreichen kann. ( ) 65[1]
(e) Eine Testmarktuntersuchung wird durchgeführt, um nach dem positiven Ergebnis der Wirtschaftlichkeitsanalyse für ein Produkt festzustellen, ob eine generelle Markteinführung lohnend ist. ( ) 66[1]
(f) In der Praxis können einzelnen Werbemaßnahmen i. d. R. keine zusätzlichen Erlöse bzw. Erlössteigerungen ursächlich zugeordnet werden. Als Hilfsmittel benutzt man daher häufig branchenübliche Kennziffern, über die das Werbebudget als Anteil vom Erlös bestimmt wird. ( ) 67[1]

(g) Im Rahmen der Vertriebspolitik spricht man von vertikalem Marketing, wenn ein Hersteller versucht, seine Marketing-Konzeption über die verschiedenen Verarbeitungs- bzw. Handelsstufen hinweg bis zum Verbraucher bzw. Verwender durchzusetzen. ( ) 68[1]

(h) Der Produktlebenszyklus kann als Resultat der gemeinsamen Wirkung sämtlicher Absatzinstrumente angesehen werden. Weicht die Absatzentwicklung bei einem Produkt vom Branchenzyklus ab, so erhält die Unternehmung durch den Umfang der Abweichung wertvolle Hinweise für eine Änderung ihrer Absatzpolitik. ( ) 69[1]

Aufgabe 18 (30 Punkte)

Der Produktionsleiter Samuel Simplex des 2-Produkt-Betriebes „One & One KG" will das Produktions- und Absatzprogramm mit dem maximalen Periodengewinn simultan ermitteln. In der betrachteten Planungsperiode gilt:
- Die maximale Produktionszeit auf Anlage 1 beträgt 120 Stunden.
- Anlage 2 steht maximal 30 Stunden zur Verfügung.
- Von Produktart 1 können höchstens 20 Stück abgesetzt werden.
- Die Produktion je ME des Gutes 1 dauert 2 (Std.) auf Anlage 1 und 1 (Std.) auf Anlage 2.
- Die Produktion je ME des Gutes 2 dauert 3 (Std.) auf Anlage 1 und 0,5 (Std.) auf Anlage 2.
- Die Preise betragen $p_1 = 40$ und $p_2 = 70$ (DM).
- Die variablen Stückkosten betragen $k_{v1} = 30$ und $k_{v2} = 45$ (DM).
- Die fixen Kosten der Periode betragen 150 (DM).

(a) Wie lautet die zu maximierende Zielfunktion obiger Planungsaufgabe?
  (1) $G = 10 x_1 + 25 x_2$.
  (2) $G = 40 x_1 + 70 x_2 - 75 (x_1 + x_2) - 150$.
  (3) $G = 40 x_1 + 70 x_2 + 150$.
  (4) $G = 10 x_1 + 25 x_2 - 150$.
  (5) Alle Funktionen (1) bis (4) sind falsch.
  Antwort: Richtig ist Alternative Nr. ( ) 70[2]

(b) Wie lautet das zugehörige Restriktionssystem?
  (1) $2 x_1 + 3 x_2 \leq 120$,
  $x_1 + 0,5 x_2 \leq 30$,
  $x_1 \leq 20$,
  $x_1, x_2 \geq 0$.
  (2) $2 x_1 + x_2 \leq 120$,
  $3 x_1 + 0,5 x_2 \leq 30$,
  $x_1 \leq 20$,

$$x_1, \ x_2 \geq 0.$$
(3) $\ 3\ x_1 + 2\,x_2 \leq 120,$
$\quad\ 0{,}5\,x_1 + \ x_2 \leq 30,$
$\quad\qquad\qquad x_1 \leq 20,$
$\quad\qquad x_1, \ x_2 \geq 0.$
(4) $\ 2\,x_1 + 3\ x_2 \geq 120,$
$\quad\ x_1 + 0{,}5\,x_2 \geq 30,$
$\quad\qquad\qquad x_1 \geq 20,$
$\quad\qquad x_1, \ x_2 \geq 0.$
(5) Alle Systeme (1) bis (4) sind falsch.
Antwort: Richtig ist Alternative Nr. ( ) 71[5]

(c) Betrachten Sie nunmehr das folgende Ausgangstableau eines *gleichartigen, zahlenmäßig* von obigem *verschiedenen* Planungsproblems mit dem Ziel 'Maximierung des Gesamtdeckungsbeitrages' in der Planungsperiode!
In der letzten Zeile steht die Zielfunktion. Dabei sind die Stück-Deckungsbeiträge positiv angesetzt.

(c_1) Welche Nichtbasisvariable (Nullvariable x_h) wird im 1. Austauschschritt Basisvariable, wenn der *maximale Stückdeckungsbeitrag* als Auswahlkriterium benutzt wird?

Ausgangstableau

x_1	x_2	x_3	x_4	x_5	b_j	
2	3	1	0	0	150	(Anlage 1)
1	0,5	0	1	0	45	(Anlage 2)
1	0	0	0	1	80	(Absatzbeschränkung)
15	30	0	0	0		

(1) x_1.
(2) x_2.
(3) x_3.
(4) x_4.
(5) x_6.
Antwort: Richtig ist Alternative Nr. ( ) 72[2]

Führen Sie nunmehr den Austauschschritt durch, und beantworten Sie anhand des so erhaltenen 2. Simplextableaus die weiteren Fragen.

(c_2) Wie läßt sich die Produktions- und Absatzsituation des 2. Tableaus beschreiben?
(1) $x_1 = 15, \ x_2 = 30, \ x_3 = x_4 = x_5 = 0.$
(2) $x_1 = 80, \ x_2 = x_3 = x_4 = x_5 = 0.$
(3) $x_1 = 80, \ x_2 = 50, \ x_4 = 20, \ x_3 = x_5 = 0.$
(4) $x_2 = 50, \ x_1 = x_3 = 0, \ x_4 = 20, \ x_5 = 80.$

396   Abschlußtest

(5) Alle Angaben von (1) bis (4) sind falsch.
Antwort: Richtig ist Alternative Nr. ( ) 73^6

(c_3) Wie hoch ist der erzielte Gesamtdeckungsbeitrag D bei dem von Ihnen im 2. Tableau ermittelten Produktions- und Absatzprogramm?
(1) $D = 225$.
(2) $D = 900$.
(3) $D = 1200$.
(4) $D = 1500$.
(5) Alle Alternativen (1) bis (4) sind falsch.
Antwort: Richtig ist Alternative Nr. ( ) 74^2

Der mit dem 2. Tableau erreichte Deckungsbeitrag sei D^*.

(c_4) Steht in Abänderung des obigen Ausgangstableaus Anlage 1 statt 150 Stunden nur 149 Stunden zur Verfügung, so bewirkt diese Kapazitätsminderung von 1 Stunde, daß sich
(1) D^* nicht verändert,
(2) D^* um 1 DM vermindert,
(3) D^* um 10 DM vermindert,
(4) D^* um 30 DM vermindert.
(5) Alle Alternativen (1) bis (4) sind falsch.
Antwort: Richtig ist Alternative Nr. ( ) 75^2

(c_5) Welche Wirkung hat eine Kapazitätsminderung bei Anlage 2 von *2 Stunden* auf den im 2. Tableau erreichten Deckungsbeitrag D^*?
(1) D^* ändert sich nicht,
(2) D^* erhöht sich um 2 DM,
(3) D^* erhöht sich um 20 DM,
(4) D^* erhöht sich um 60 DM.
(5) Alle Alternativen (1) bis (4) sind falsch.
Antwort: Richtig ist Alternative Nr. ( )76^2

(c_6) Wie ändert sich D^*, wenn im Ausgangstableau gleichzeitig alle Schranken (rechten Seiten b_j) um 1 *erhöht* werden, d. h. wenn gilt $b_j^{neu} = b_j^{alt} + 1$ ($j = 1, 2, 3$)?
(1) D^* ändert sich nicht.
(2) D^* erhöht sich um 30 DM.
(3) D^* erhöht sich um 15 DM.
(4) D^* vermindert sich um 10 DM.
(5) Alle Alternativen (1) bis (4) sind falsch.
Antwort: Richtig ist Alternative Nr. ( ) 77^4

(c_7) Nehmen Sie an, das Element $\bar{b}^*_{11}$ im *2. Tableau* ($\bar{b}^*_{11}$ ist das Element in Zeile 1 und Spalte 1) hat den Wert + 2/3.
Was bedeutet dieser Zahlenwert im 2. Tableau?
(1) Anlage 1 benötigt je *ME* der Produktart 1 genau 2/3 Stunden.
(2) Bei Mehrproduktion von 1 *ME* des Gutes 1 vermindert sich x_2 um 2/3 *ME*.

(3) Bei Mehrproduktion von 1 *ME* des Gutes 2 vermindert sich x_1 um 2/3 *ME*.
(4) Bei Mehrproduktion von 1 *ME* des Gutes 2 erhöht sich x_1 um 2/3 *ME*.
(5) Alle Alternativen (1) bis (4) sind falsch.
Antwort: Richtig ist Alternative Nr. ( ) 78[4]

Aufgabe 19 (15 Punkte)
Der Unternehmer K. Pazzo hat 6 verschiedene Produkte in seinem Programm. Pazzo steht vor der Frage, welche Produktmengen x_h ($h = 1, ..., 6$) er im kommenden Monat jeweils herstellen und anbieten soll, um einen möglichst hohen Deckungsbeitrag zu erzielen. Sein Vertriebsleiter beziffert die im kommenden Monat maximal absetzbaren Mengen x_h^{max} und die voraussichtlichen Stückdeckungsbeiträge c_h wie in der unten folgenden Tabelle angegeben.
Fünf der 6 Produkte müssen auf der Maschine *M* bearbeitet werden. Die Koeffizienten b_{Mh} der zeitlichen Inanspruchnahme der Maschine *M* durch die Produkte h sind ebenfalls in der nachfolgenden Tabelle angegeben. Die zeitliche Kapazität b_M der Maschine *M* beträgt 1250 Zeiteinheiten. Pazzo ist jedoch nicht sicher, ob die Kapazität der Maschine *M* einen Engpaß darstellt oder ob die maximalen Absatzmengen aller Produkte hergestellt werden können.
(a) Welchen Deckungsbeitrag (D^{max}) kann Pazzo maximal erwirtschaften?

h	x_h^{max} (1)	c_h (2)	$\overline{b}_{Mh}$ (3)	$\dfrac{c_h}{\overline{b}_{Mh}}$ (4)			
1	400	1	0	–			
2	500	4	1/2	8			
3	200	8	2	4			
4	300	10	2	5			
5	2000	2	1/10	20			
6	500	–5	1/5	–25			

(1) $D^{max} = 8\,200$
(2) $D^{max} = 10\,200$
(3) $D^{max} = 11\,600$
(4) $D^{max} = 11\,800$
(5) Keine der Alternativen (1)–(4) ist richtig.
Antwort: Richtig ist Alternative Nr. ( ) 79[5]
(b) Aufgrund des Wegfalls einer ursprünglich geplanten Reparatur steht die Maschine *M* statt 1250 Zeiteinheiten nunmehr für 2000 Zeiteinheiten zur

Verfügung. Gleichzeitig ergibt sich ein Engpaß bei der Rohstoffversorgung. Mit welchem Produktions- und Absatzprogramm erwirtschaftet Pazzo den maximalen Gesamtdeckungsbeitrag, wenn 5000 Mengeneinheiten des knappen Rohstoffs verfügbar sind und für alle 6 Produkte pro Stück jeweils zwei Mengeneinheiten des Rohstoffs benötigt werden?
(1) $x_1 = 400$; $x_2 = 500$; $x_3 = 200$; $x_4 = 300$; $x_5 = 1100$; $x_6 = 0$
(2) $x_1 = 0$; $x_2 = 500$; $x_3 = 200$; $x_4 = 300$; $x_5 = 1500$; $x_6 = 0$
(3) $x_1 = 400$; $x_2 = 500$; $x_3 = 200$; $x_4 = 300$; $x_5 = 2000$; $x_6 = 0$
(4) $x_1 = 400$; $x_2 = 500$; $x_3 = 200$; $x_4 = 300$; $x_5 = 2000$; $x_6 = 500$
(5) Keine der Alternativen (1)-(4) ist richtig.
Antwort: Richtig ist die Alternative Nr.   ( ) 80[5]

Aufgabe 20 (10 Punkte)

Die BOREZA Hütten- und Stahlwerke AG produziert u. a. Profilstahl. Für die Planungsperiode T rechnet die Unternehmung mit einer Belebung auf dem Stahlmarkt. Deshalb plant das Werk, eine stillgelegte Walzstraße wieder in Betrieb zu nehmen. Der Planungsstab der Unternehmensleitung prognostiziert, daß die jährlichen Fixkosten K_f sich auf 40 Millionen DM und die variablen Stückkosten k_v sich auf 900 DM je Tonne Profilstahl belaufen werden. Der Planungsstab rechnet mit einem Preis von 1200 DM je Tonne Profilstahl, und die Unternehmensleitung fordert vom Profilstahlbereich einen Mindestgewinn von $G^{min} = 2$ Mio. DM im Planungszeitraum. Die Absatzmenge soll der Herstellmenge entsprechen.

(a) Wieviel Tonnen Profilstahl muß das Werk im nächsten Jahr mindestens absetzen, wenn es den Mindestgewinn von 2 Mio. DM erreichen will? In welchem der nachfolgenden Intervalle (1) bis (5) liegt die gesuchte Mindestmenge x^{Gmin}?
(1) $0 < x^{Gmin} \leq 1200$.
(2) $1200 < x^{Gmin} \leq 33333\frac{1}{3}$
(3) $33333\frac{1}{3} < x^{Gmin} \leq 133333\frac{1}{3}$.
(4) $133333\frac{1}{3} < x^{Gmin} \leq 150000$.
(5) $155000 < x^{Gmin} \leq 300000$.
Antwort: p^{Gmin} liegt im Intervall Nr.   ( ) 81[4]

(b) Die unter (a) bestimmte Mindestmenge erscheint der Marketing-Abteilung nicht absetzbar. Es soll daher untersucht werden, unter welchen Bedingungen eine niedrigere Absatzmenge für die Erreichung des Mindestgewinns von 2 Mio. DM genügt.

Nehmen Sie an, die Unternehmung kann nur 100 000 t Profilstahl absetzen. Welcher Preis muß unter obigen Kostenbedingungen durchgesetzt werden, um den Mindestgewinn zu erreichen?
In welchem der folgenden Intervalle (1) bis (5) liegt der gesuchte Preis p^{Gmin}?
(1) $0 < p^{Gmin} \leq 900$.
(2) $900 < p^{Gmin} \leq 1200$.
(3) $1200 < p^{Gmin} \leq 1300$.
(4) $1300 < p^{Gmin} \leq 1400$.
(5) $1400 < p^{Gmin} \leq 1500$.
Antwort: p^{Gmin} liegt im Intervall Nr. ( ) 82[3]

(c) Die Unternehmensleitung sieht sich außerstande, die Höhe der Fixkosten K_f für das nächste Jahr mit ausreichender Sicherheit zu schätzen. Es kann aber fest mit $k_v = 900$ DM je Tonne Profilstahl und $x = 100 000$ t Profilstahl gerechnet werden. Bestimmen Sie unter diesen Bedingungen die Funktion $p = f(K_f)$, die zu alternativen Fixkosten denjenigen Preis liefert, bei dem gerade der Mindestgewinn von 2 Mio. DM erzielt wird.
Prüfen Sie die folgenden Alternativen:

(1) $p = 730 + \dfrac{K_f}{900}$.

(2) $p = 730 - \dfrac{K_f}{900}$.

(3) $p = 920 + \dfrac{K_f}{100\,000}$.

(4) $p = 900 + \dfrac{K_f}{100\,000}$.

(5) Keine der Funktionen (1) bis (4) ist zutreffend.
Antwort: Richtig ist Alternative Nr. ( ) 83[3]

Aufgabe 21 (10 Punkte)

Die folgende Abbildung zeigt die für den Bereich $1 \leq x \leq 7$ ermittelte Erlösfunktion $E(x)$ und die Grenzkosten $K'(x)$ eines Unternehmens. Ferner seien die fixen Kosten $K_f = 1$.
(a) Ermitteln Sie anhand der Zeichnung die Preisabsatzfunktion des Unternehmens.
Wie hoch ist der Preis $p(x)$ an der Stelle $x = 4$?
(1) $p = 4$.
(2) $p = 1$.
(3) $p = 0{,}5$.
(4) $p = 2$.
(5) Keiner der angegebenen Preise (1) bis (4) ist richtig.

Antwort: Richtig ist Alternative Nr. ( ) 84[2]

(b) Wie groß ist der Grenzerlös $E'(x)$ an der Stelle $x = 2$?
 (1) $E'(x = 2) = 0$.
 (2) $E'(x = 2) = 4$.
 (3) $E'(x = 2) = 2$.

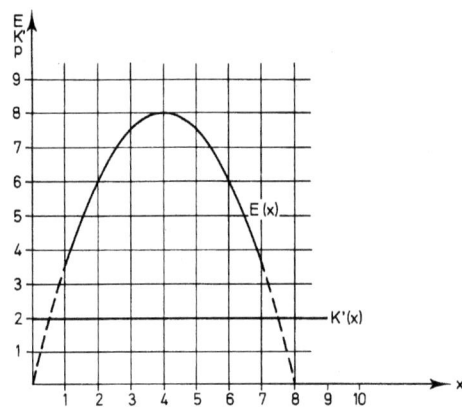

 (4) $E'(x = 2) = 1$.
 (5) $E'(x = 2) < 0$.
Antwort: Richtig ist Alternative Nr. ( ) 85[2]

(c) Wie hoch ist die Angebotsmenge x^{Gmax}, wenn der Unternehmer den maximalen Gewinn realisieren will?
 (1) $x^{Gmax} = 3,5$.
 (2) $x^{Gmax} = 1$.
 (3) $x^{Gmax} = 2$.
 (4) $x^{Gmax} = 4$.
 (5) $x^{Gmax} = 7$.
Antwort: Richtig ist Alternative Nr. ( ) 86[2]

(d) Wie groß ist in diesem Modell der maximal erzielbare Gewinn?
 (1) $G^{max} \leq 0$.
 (2) $0 < G^{max} \leq 2$.
 (3) $2 < G^{max} \leq 4$.
 (4) $4 < G^{max} \leq 8$.
 (5) $G^{max} > 8$.
Antwort: Richtig ist Alternative Nr. ( ) 87[2]

(e) Der Unternehmer will den höchsten Absatz x^{max} realisieren, der ohne Verlust möglich ist. Bestimmen Sie das Intervall, in dem x^{max} liegt.

(1) $1 < x^{max} \leq 1{,}5$.
(2) $1{,}5 < x^{max} \leq 2{,}5$.
(3) $2{,}5 < x^{max} \leq 4$.
(4) $4 < x^{max} \leq 6$.
(5) $6 < x^{max} \leq 7$.
Antwort: Richtig ist Alternative Nr. ( ) 88²

Aufgabe 22 (25 Punkte)

Ein monopolistischer Ein-Produkt-Unternehmer rechnet mit folgenden Preisabsatzfunktionen für den Inlands- und Auslandsmarkt:

Inland: $\quad p_i = 50 - \dfrac{1}{10} x_i$

Ausland: $\quad p_a = 80 - \dfrac{1}{5} x_a$

Daraus hat er für den Gesamtmarkt folgende Preisabsatzfunktion ermittelt:

Gesamtmarkt: $p = \begin{cases} 80 - \dfrac{1}{5} x, & 0 \leq x \leq 150. \\ 60 - \dfrac{1}{15} x, & 150 \leq x \leq 900. \end{cases}$

(a) Bestimmen Sie den erlösmaximalen Preis einheitlicher Preissetzung auf beiden Teilmärkten!
 (1) $p^{Emax} = 0$
 (2) $p^{Emax} = 40$
 (3) $p^{Emax} = 30$
 (4) $p^{Emax} = 46\dfrac{2}{3}$
 (5) Keine der Alternativen (1)–(4) ist richtig.
 Antwort: Richtig ist die Alternative Nr. ( ) 89⁵

(b) Wie teilt sich die Gesamtabsatzmenge auf die Teilmärkte Inland (x_i) und Ausland (x_a) bei einem einheitlichen Preis von $p = 50$ auf?
 (1) $x_i = 50, \quad x_a = 80$
 (2) $x_i = 45, \quad x_a = 70$
 (3) $x_i = 150, \quad x_a = 150$
 (4) $x_i = 0, \quad x_a = 150$
 (5) Keine der Alternativen (1)–(4) ist richtig.
 Antwort: Richtig ist Alternative Nr. ( ) 90⁵

(c) Der Unternehmer überlegt, ob eine differenzierte Preissetzung angesichts der vorliegenden Marktverhältnisse für ihn vorteilhaft ist. Dabei strebt er die Erzielung eines möglichst hohen Gewinnes an. Zu dieser Fragestellung hat er verschiedene Meinungen eingeholt. Wie beurteilen Sie die folgenden Aussagen? (Tragen Sie bei den richtigen Aussagen in die zugehörigen Klammer eine 1 ein, bei den falschen eine 5!)

(c_1) Bei Gewinnmaximierung ist eine Preisdifferenzierung nicht lohnend, wenn die Prohibitivpreise auf beiden Teilmärkten gleich sind. ( ) 91[1]

(c_2) Preisdifferenzierung führt zu einem gegenüber einheitlicher Preissetzung höheren Gewinn, wenn die für einen übereinstimmenden Preis ermittelten Preiselastizitäten der Nachfrage auf beiden Teilmärkten unterschiedlich sind. ( ) 92[1]

(c_3) Preisdifferenzierung ist nur bei gleicher Sättigungsmenge auf beiden Teilmärkten lohnend. ( ) 93[1]

(d) Welche Preise wären auf dem In- und Auslandsmarkt zu fordern, wenn ein möglichst hoher Gewinn erzielt werden soll und die Kosten in Abhängigkeit von der Produktions- und Absatzmenge wie folgt variieren:
$K(x) = 4000 + 20x$ für $0 \leqq x \leqq 1000$
(1) $p_i = 35$, $p_a = 50$
(2) $p_i = 150$, $p_a = 150$
(3) $p_i = 20$, $p_a = 20$
(4) $p_i = 50$, $p_a = 80$
(5) Keine der Alternativen (1)–(4) ist richtig.
Antwort: Richtig ist Alternative Nr. ( ) 94[5]

(e) Das Unternehmen hat bisher zu einem einheitlichen Preis auf beiden Märkten angeboten, da niedrige Transportkosten in Höhe von $K_T^* = 10$ je Produkteinheit eine ausreichende Isolierung der Teilmärkte verhindert haben. Als Folge steigender Benzinpreise ist jedoch mit einer Transportkostenerhöhung zu rechnen. Welchen Betrag müssen die Transportkosten (K_T) mindestens überschreiten, um eine differenzierte Preissetzung nicht zu gefährden? Dabei sind Preise von $p_i = 35$ und $p_a = 50$ beabsichtigt.
(1) $K_T = 35$
(2) $K_T = 15$
(3) $K_T = 30$
(4) Keine der Alternativen (1)–(3) ist richtig.
Antwort: Richtig ist Alternative Nr. ( ) 95[2]

(f) Aufgrund neuerer Marktforschungsergebnisse müssen die Annahmen über den Verlauf der Preisabsatzfunktion im Ausland geändert werden. Diese hat nun den Verlauf
$$p_a = 80 - \frac{1}{10} x_a.$$
bei unverändertem Verlauf der Preisabsatzfunktion für das Inland
$$p_i = 50 - \frac{1}{10} x_i$$
und unveränderter Kostensituation.
Welche Art der Preissetzung wäre zu empfehlen, wenn ein möglichst hoher Gewinn erzielt werden soll und die Teilmärkte hinreichend voneinander isolierbar sind?
(1) Der höchste Gewinn wird bei einheitlicher Preissetzung auf beiden Teilmärkten erzielt.
(2) Zur Erzielung eines möglichst hohen Gewinns sollte Preisdifferenzierung betrieben werden.
Antwort: Richtig ist Alternative Nr.   ( ) 96[5]

Aufgabe 23 (14 Punkte)

Bei der Stahlerzeugung in der Thomas-Birne entsteht u. a. Thomas-Schlacke, die wegen des Phosphorgehaltes in der Landwirtschaft verwendet wird, wobei man die Schlacke zuvor zu Mehl verarbeitet. Die Preisabsatzfunktion für Thomas-Mehl habe zur Zeit bei der Schlacken-GmbH je Tonne (t) folgenden Verlauf:
$$p(x) = 500 - 0.1 x \text{ (DM/t)}.$$
Die Verarbeitung von Schlacke zu Mehl kostet je t 100 DM. Fixe Kosten fallen nicht an. Je t Stahl entstehen 0,1 t Schlacke. Die monatliche Stahlerzeugung liegt aufgrund der zugeteilten Quoten mit 30000 t fest.
(a) Wieviel t Thomas-Schlacke sollten vernichtet (auf Halde gekippt) werden, wenn die Unternehmung den maximalen Gewinn anstrebt und Vernichtungskosten unberücksichtigt bleiben? In welchem Intervall liegt die auf Halde zu kippende Menge Schlacke x^H (in t)?
(1) $x^H = 0$, d.h. alles verkaufen.
(2) $0 < x^H \leq 300$.
(3) $300 < x^H \leq 600$.
(4) $600 < x^H \leq 900$.
(5) $x^H > 900$.
Antwort: Richtig ist Alternative Nr.   ( ) 97[4]
(b) Wie wäre zu entscheiden, wenn die Aufhaldung je t 40 DM Kosten verursachen würde?
Verwenden Sie die unter (a) genannten Intervalle!
Antwort: Richtig ist Alternative Nr.   ( ) 98[5]

(c) Welcher maximale monatliche Gewinn G^{max} läßt sich aus dem Schlackengeschäft erzielen, wenn keine Vernichtungskosten anfallen?
  (1) $G^{max} \leq 150\,000$.
  (2) $150\,000 < G^{max} \leq 300\,000$.
  (3) $300\,000 < G^{max} \leq 380\,000$.
  (4) $380\,000 < G^{max} \leq 420\,000$.
  (5) $420\,000 < G^{max}$.
  Antwort: G^{max} liegt im Intervall Nr.   ( ) 99²
(d) Welcher maximale monatliche Gewinn G^{max} ergibt sich entsprechend bei Vernichtungskosten von 40 DM je t Schlacke? Verwenden Sie die unter (c) genannten Intervalle!
  Antwort: G^{max} liegt im Intervall Nr.   ( ) 100³

Aufgabe 24 (10 Punkte)

Ein Monopolist sieht sich für sein einziges Produkt einer Nachfrage gegenüber, die lediglich vom Produktpreis p und den Werbeausgaben W abhängt. Die Nachfragefunktion lautet:
  $x = 20\,000 - 100\,p + 4\,W^{1/2}$.
Der Betrieb arbeitet mit variablen Kosten pro Mengeneinheit des Gutes von 20 Geldeinheiten. Die fixen Kosten betragen 100 000 Geldeinheiten.
(a) Bestimmen Sie die gewinnoptimale Kombination des absatzpolitischen Instrumentariums!
  (1) $p^{Gopt} = 120$; $W^{Gopt} = 40\,000$.
  (2) $p^{Gopt} = 116{,}25$; $W^{Gopt} = 38\,233$.
  (3) $p^{Gopt} = 113{,}75$; $W^{Gopt} = 35\,156$.
  (4) $p^{Gopt} = 110$; $W^{Gopt} = 32\,000$.
  (5) Alle Kombinationen sind nicht gewinnoptimal.
  Antwort: Richtig ist Alternative Nr.   ( ) 101⁵
(b) Wieviel müßte der Monopolist für Werbezwecke ausgeben, wenn er einen Preis von 130 Geldeinheiten pro Mengeneinheit des Gutes setzen und weiterhin seinen Gewinn maximieren möchte?
  (1) $W^{Gopt} = 50\,000$.
  (2) $W^{Gopt} = 48\,400$.
  (3) $W^{Gopt} = 44\,200$.
  (4) $W^{Gopt} = 41\,600$.
  (5) Keiner der obigen Werte ist gewinnoptimal.
  Antwort: Richtig ist Alternative Nr.   ( ) 102⁵

Aufgabe 25 (10 Punkte)

Die folgende Abbildung zeigt den monopolistischen Bereich der Preisabsatzfunktion p (x), $2 \leq x \leq 5$, einer Einproduktartunternehmung auf einem unvollkommenen Markt. Die Unternehmung produziert mit konstanten variablen Stückkosten von 1 DM. Die Fixkosten betragen 5 DM je Periode.

(a) Zeichnen Sie die Grenzerlöskurve in die Abbildung ein!
Ermitteln Sie dann die erlösmaximale Absatzmenge $x^{E\max}$!

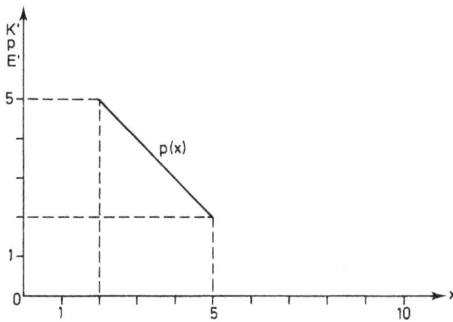

In welchem der folgenden Intervalle liegt $x^{E\max}$?
(1) $x^{E\max} = 2$.
(2) $2 < x^{E\max} \leq 3$.
(3) $3 < x^{E\max} \leq 4$.
(4) $4 < x^{E\max} < 5$.
(5) $5 = x^{E\max}$.
Antwort: $x^{E\max}$ liegt im Intervall Nr.   (   ) 103³

(b) Ermitteln Sie graphisch die gewinnmaximale Absatzmenge $x^{G\max}$! In welchem der folgenden Intervalle liegt $x^{G\max}$?
(1) $x^{G\max} = 2$.
(2) $2\ \ < x^{G\max} \leq 2{,}5$.
(3) $2{,}5 < x^{G\max} \leq 3{,}5$.
(4) $3{,}5 < x^{G\max} \leq 4{,}5$.
(5) $4{,}5 < x^{G\max} \leq 5$.
Antwort: $x^{G\max}$ liegt im Intervall Nr.   (   ) 104²

(c) Ermitteln Sie den maximal erzielbaren Gewinn $G^{\max}$! Runden Sie ggf. auf einen ganzzahligen Wert.
Antwort: $G^{\max} =$ (   ) 105²

(d) Die Unternehmung will in der kommenden Periode durch Werbemaßnahmen ihre Gewinnsituation verbessern. Eine Werbezettelaktion würde Gesamtkosten in Höhe von 5 DM mit sich bringen. Die Unternehmung rechnet damit, daß sich für jede realisierbare Absatzmenge durch die Werbeaktion der erzielbare Preis um $\Delta p = 2$ DM erhöht. In welchem der unter (b) genannten Intervalle liegt bei diesen Bedingungen die gewinnmaximale Absatzmenge $x^{G\max}$?
Antwort: $x^{G\max}$ liegt im Intervall Nr.   (   ) 106³

Aufgabe 26 (5 Punkte)

Ordnen Sie den nachfolgenden Aussagen die Kennziffern 1 für „richtig" und 5 für „falsch" zu!

(1) Prognosen, die mit Hilfe quantitativer Verfahren erarbeitet wurden, sind sicherer als Prognosen, die auf qualitativen Prognoseverfahren aufbauen. ( ) 107[1]

(2) Mit Hilfe von Extrapolationsmethoden werden Prognosewerte einer einzigen Prognosevariablen aus einer Zeitreihe von Vergangenheitswerten der Variablen abgeleitet. ( ) 108[1]

(3) Ein Experiment ist eine Erhebung zum Zwecke der Überprüfung einer Kausalhypothese. ( ) 109[1]

(4) Die Zielfunktion der „Methode der kleinsten Quadrate" lautet:

$$Q = \sum_{t=1}^{T} (y_t - x_t)^2 = \min!,$$

wobei y_t der Wert der Prognosevariablen und x_t der Wert der Prädiktorvariablen im Zeitpunkt t ist. ( ) 110[1]

(5) Indikatoren sind kontrollierte Prädiktorvariablen, die in einer indirekten kausalen Beziehung zur Prognosevariablen stehen. ( ) 111[1]

Aufgabe 27 (10 Punkte)

Herr Dipl.-Ök. B. Tonkopf ist Leiter der Absatzabteilung eines großen Zementherstellers. Für die Management-Unterlagen des kaufmännischen Vorstandes seiner Firma muß er eine Prognose über den Zementabsatz im Monat 8 erstellen. Seit Beginn des Jahres bedient er sich hierfür der Exponentiellen Glättung. Die Absatzprognose (S_T) für die Periode ($T + 1$) berechnet sich dabei gemäß der Formel:

$$S_T = (1 - \alpha) \cdot S_{T-1} + \alpha \cdot X_T.$$

X_T steht für den tatsächlichen Absatz in der Periode T.

Herr Tonkopf entnimmt seinen Unterlagen die folgende Tabelle:

Monat	1	2	3	4	5	6	7	8
X_T	100	105	98	102	80	120	75	
S_{T-1} ($\alpha = 0,5$)	–	100	103	101	102	91	106	

(a) Welche Prognose wird Herr Tonkopf stellen, wenn er auch weiterhin für α den Wert 0,5 verwendet und das Ergebnis seiner Berechnung auf den nächsthöheren ganzzahligen Wert aufrundet?

(1) $S_7 = 91$
(2) $S_7 = 60$
(3) $S_7 = 106$
(4) $S_7 = 75$
(5) Keine der angegebenen Alternativen ist richtig.
Antwort: Richtig ist Alternative Nr.   (   ) 112[5]
(b) Dem Chef des Herrn Tonkopf ist nicht ganz klar, wie die Prognose zu verstehen ist. Er will von Herrn Tonkopf wissen, mit welcher Gewichtung (g_5) der Absatz des Monats 5 (x^5) in die Berechnung des Prognosewertes eingeht; ihn interessiert dabei nur die erste Nachkommastelle.
(1) $g_5 = 0,5$
(2) $g_5 = 0,3$
(3) $g_5 = 0,2$
(4) $g_5 = 0,1$
(5) Keine der Alternativen (1)–(4) ist richtig.
Antwort: Richtig ist Alternative Nr.   (   ) 113[2]
(c) Herrn Tonkopf kommen plötzlich Zweifel, ob seine Prognose dem tatsächlichen Absatz im Monat 8 sehr nahe kommen wird. Ihm ist aufgefallen, daß die Absatzzahlen seit dem Monat 5 viel stärkeren Schwankungen unterworfen sind als in den ersten 4 Monaten. Er beabsichtigt, die Prognosereihe, beginnend mit dem Prognosewert für den Monat 5, neu zu berechnen und den Glättungsparameter dabei auf einen Wert zu setzen, der eine stetigere Prognosereihe erzeugt.
(1) Herr Tonkopf wählt einen hohen Wert für den Glättungsparameter α.
(2) Herr Tonkopf wählt einen niedrigen Wert für den Glättungsparameter α.
(3) Herr Tonkopf darf den Glättungsparameter α auf keinen Fall verändern.
(4) Keine der Alternativen (1)–(3) ist richtig.
Antwort: Richtig ist Alternative Nr.   (   ) 114[3]

Ruhr-Universität Bochum Klausurübung zu Absatztheorie   vom
Abteilung für Wirtschaftswissenschaft

Dozent:

Teilnehmer-Vorname: ....   Familienname: ....

Matrikel-Nr.	Sem. Nr.	KA	Frage Nr.																
			1	2	3	4	5	6	7	8	9	10	11	12	13	14	15	16	17
			2	2	4	5	5	1	5	1	1	5	1	5	5	5	1	5	1
1–5	6	7	8–24																

Frage Nr.																
18	19	20	21	22	23	24	25	26	27	28	29	30	31	32	33	34
5	1	5	1	1	2	1	1	2	5	5	1	1	5	5	1	1
25–42																

Frage Nr.																
35	36	37	38	39	40	41	42	43	44	45	46	47	48	49	50	51
5	1	1	5	5	1	5	5	5	5	1	5	1	5	3	4	3
43–60																

Frage Nr.																
52	53	54	55	56	57	58	59	60	61	62	63	64	65	66	67	68
1	3	3	1	1	1	1	5	2	1	5	1	1	5	1	1	1
61–77																

Frage Nr.																
69	70	71	72	73	74	75	76	77	78	79	80	81	82	83	84	85
5	*4*	*1*	*2*	*4*	*4*	*3*	*1*	*5*	*2*	*2*	*2*	*4*	*4*	*3*	*4*	*3*
78–94																

Frage Nr.																
86	87	88	89	90	91	92	93	94	95	96	97	98	99	100	101	102	103
3	*2*	*3*	*3*	*4*	*1*	*1*	*5*	*1*	*2*	*2*	*5*	*4*	*4*	*3*	*3*	*2*	*3*
95–111																

Frage Nr.										
104	105	106	107	108	109	110	111	112	113	114
3	*4*	*4*	*5*	*1*	*1*	*5*	*5*	*1*	*4*	*2*
112–128										

Nicht vom Teilnehmer auszufüllen	MC-Hd. Korr.	Hd. Ausw.	Sonderleistungsnoten			
			SL 1	SL 2	SL 3	SL 4
	129– 131	132– 133	134– 135	136– 137	138– 139	140– 141

Erläuterungen: 1) Bei mehr als 9 Semestern Studienzeit die Ziffer 9 in Spalte 6 unter Semester-Nummer eintragen.
2) Die Spalten 129–141 sind nicht von den Klausurteilnehmern auszufüllen.
3) Unter Frage Nr. in den freien Raum diejenige Alternative eintragen, die vom Klausurteilnehmer für richtig gehalten wird.

Stichwortverzeichnis

Abfall 162
Absatz 1, 96
–, Anschluß- 187
–, Gemeinschafts- 187
–, Partialziele des 68–70
Absatzausweitung 198
Absatzbereich, Organisation des 96–100
–, Teilfunktionen des 19
Absatzfinanzierung 197–200, 299, 367
Absatzfunktion 109
Absatzhelfer 2
Absatzhöchstmenge 62
Absatzinstrumente 200, 299–304
Absatzmenge, gewinnmaximale 224 f., 298
Absatzobjekt 2
Absatzorganisation,
–, funktionale 98
–, produktorientierte 98
Absatzplan 374–376
Absatzplanung 58, 367–376
–, Grundlagen der 345, 367–371
–, Methoden der 345–367
–, siehe auch Produktions- und Absatzplanung
Absatzpolitik 103 ff., 202 ff., 207
–, für Investitionsgüter 208–210
–, Theorie der 2, 5
absatzpolitische Instrumente, Integration der 200–208
absatzpolitische Maßnahmen 3
Absatzprognose 47, 208, 359
Absatzprozeß 19
Absatzrestriktionen 62 f.
Absatzsegmentrechnung 127

Absatzsicherung 198
Absatzstrategie 56–100
Absatztheorie 1, 17–24
–, funktionsbezogener Ansatz der 19 f.
–, güterbezogener Ansatz der 18 f.
–, institutionsbezogener Ansatz der 17 f.
–, instrumentenbezogener Ansatz der 20–22
–, Marketingansatz der 22–24
Absatzverbund 123, 237, 275
Absatzweg 186
Absatzziel 58–72, 195, 367
Abstimmung, stillschweigende und offene 332 f.
Agrarmarktordnung 17
Akquisitionsfunktion 149
Akquisitorisches Potential 142, 320
Aktionsvariablen, absatzpolitische 15, 20–22, 43, 73, 89, 319
Aktivitätsbereich, absatzpolitischer 104
Alternativkalkül 47
Amoroso-Robinson-Relation 296 f.
Analogieschlüsse 362
Analyse, komparativ-statische 110
Anbieter 2
Anbieterverhalten, Typologie des 106 f.
Angebotskurve, individuelle 227
Angebotskurve, monopolistische 282
Angebotsmenge 27
–, erlösmaximale 229
–, gewinnmaximale 277
Angebotsmonopol 10, 109, 221
Angebotsmonopolist 32, 110
Angebotsoligopol 10, 317
Angebotspolitik 27

Stichwortverzeichnis

Angebotspolypol 10, 221, 317–326
Angebotsstruktur
–, monopolistische 8
–, oligopolistische 9
–, polypolistische 9
Angebotsteilmonopol 107
Angebotsteiloligopol 107
Annahmekontrolle 50
Anpassung 202 f., 278
–, intensitätsmäßige 224, 228
–, quantitative 228, 278
–, selektive 278
–, zeitliche 224, 228
Anschlußabsatz 187
Anspruchsniveau 71 f.
Arbeitnehmer 59
Aufnahmephase 42
Aufpreis 21
Auftragsproduktion, kundenorientierte 264
Ausgangsgröße, Analyse der 72–88
Ausgangslösung 258
Ausgangsvariable 247, 252
Ausgleich, kalkulatorischer 13, 153, 227, 327
Ausgleichskalkulation 68
Auslauf-Bereich 88
Ausschreibung
–, beschränkte 52
–, öffentliche 51
Außendienst 183
Auswahlverbund 153
Autokorrelation 362

Barkäufe 199
Basislösung 245, 248, 251
Basisvariable 246–252
Bedarfsgüter, öffentliche 2
Badarfsmarktkonzept 7
Bedarfsprognose 354
Bedürfnisart 28
Bedürfnis, Grund- 37
Bedürfniskategorien 37
Bedürfnispyramide 37
Bedürfnisstruktur 30, 42
Befragung, persönliche 183, 363 f.
Befragungsverfahren 363–367
Beschaffung 1

Beschaffungsplanung 374
Beschaffungsprozeß 49
Beschaffungsverbund 153
Beschwerdemanagement 148
Bestimmtheitsmaß 357
–, totales 130, 133
Betriebsneuheit 157, 366
Bewertungsphase 41, 368
Bezugsgruppe 38 f.
Bezugsquelle 49
Black-Box-Modell 46
Brainstorming 158, 364
Branchenabsatz 74
Branchenabsatzprognose 353, 359
Break-Even-Analyse 233–236
–, Menge 235
–, Point 224 f., 233
Bruttoerlös 127, 371
Bruttogewinn 238, 292
Budgetgerade 31
Budgetgleichung 30
Budgetlinie 31
Bündelpreis 212
Bundeshaushaltsordnung 51
Bundeskartellamt 333
Bußgeld 333

Cash-Bereich 87
Commodity Approach 18
Controlling 73
Convenience-Produkte 164
Corporate Image 185
Cournot-Kriterium 336
Cournot-Preis 282
Cournotsche Kurve 282 f.
Cournotscher Punkt 277, 301

Datenverbund 194
Deckungsbeitrag 127, 336, 370
–, Grenzzuwachs des 255
–, je beanspruchte Engpaßeinheit 239
–, je Produkteinheit 235, 237
–, je Segment 373
–, Perioden- 292
–, spezifischer 239 f.
Deckungsbeitragsgrenze 266
Deckungsbeitragskurve 235
Deckungsbeitragsrechnung 369

Deckungsbeitragsuntergrenze 263
Deckungsrate 371
Degenerationsphase 205 f
Delphi-Methode 364 f.
Derivative Nachfrage 16, 348
Design 148 f.
Dienstepotential 211
Dienstleistungen 197
–, absatzpolitische Besonderheiten der 210–212
–, fakultative 195
–, Markierung von 211
–, obligatorische 195
–, technische 21, 195 f.
Dienstleistungsbetriebe 103
–, derivative 212
–, originäre 212
Dienstleistungsbündel 211
Dienstleistungsmittler 212
Differenzierung 202 f.
–, personale 13
Differenzierung, räumliche 14
–, sachliche 14
–, zeitliche 14
Differenzierungsstrategie 203
Diffusionsprozeß 43
Diffusionstheorem 37, 41–43
DIN-Norm 146
Dissonanztheorem 37, 39
Dissonanzzustand 39
Distributionsleistung 103
Distributionspolitik 212
Diversifizierung
–, horizontale 155
–, laterale 156
–, vertikale 155
Duales System Deutschland 166
Dyopol 317, 333–337

Early Adopters 43
Early Majority 43
Eigenherstellung 152
Eigenkapitalgeber 59
Eigenkapitalrendite 67
Eigenschaftsprofile 143 f.
Einfachregression 356
Einführungsphase 205 f.
Einführungspreis 138

Einführungszeitpunkt 161
Eingangsvariable 249
Eingleichungsmodell 360 f.
Einkaufskartell 49
Einlagerungskosten 285
Einproduktunternehmen 223–236, 276–283, 317–339
–, erlösmaximale Produktions- und Absatzplanung im 229 f., 279 f.
–, gewinnmaximale Produktions- und Absatzplanung im 223–228, 276–279
–, Preisgrenzbetrachtung im 230–233, 282 f.
Einstellungen der Konsumenten 42, 95, 182
Einstellungsforschung 157 f.
Einstellungsmessung 135, 183
Einzelbefragung 363 f.
Einzelhandel 15
Einzelpreise 127
Elastizität 112
–, Absatz- 113
–, Kreuzpreis- 116–119
–, Mix- 114
–, Preis- siehe Preiselastizität
–, Werbe- 114
Elementarmarkt 4, 96
Emotionale Konditionierung 176
Engpaß 238, 287 f.
Entartung 245
Entgeltform 128
Entscheidung, strategische 94, 367
Entscheidungsbaum 306 f., 338
Entscheidungskriterium 306
Entscheidungsprozeß 71
–, multipersoneller 50
Entsorgungsunternehmen 163
Enumeration, unbegrenzte 47
Erfahrungskurve 85, 134 f.
Erfahrungskurveneffekte 84 f.
Erfahrungsregeln 54
Erfolgsfaktoren 83, 86
Erfolgsplan 375
Erfolgsplanung 371–374
Erfolgsrechnung
–, auftragsorientierte 369
–, kundenorientierte 369
–, segmentorientierte 369

Erklärungsbedürftigkeit von Produkten 42, 179
Erklärungsmodell 47
Erlösarten 125 f.
Erlösartenstaffel 126, 371
Erlösberichtigungen 126
Erlösfunktion 120 f.
Erlösfunktion
–, differenzierbare 285
–, lineare 223 f.
Erlöskomponenten, positive 126, 372
Erlösmaximierung 66, 122 f.
–, unter Nebenbedingungen 66–68, 229 f., 256–258, 279 f.
Erlösminderungen 126
Erlösplanung 371–374
Erlösträger 197
Erstkommunikant 178
Ertragsgebirge 30
Erwartungen 304
–, einwertige 222, 275
Erwartungswert 305 f., 337
Existenzvoraussetzung 59
Experiment 354
Expertenmeinung 363
Expertenschätzung 353
Exponentielle Glättungsverfahren (Exponentential Smoothing) 349–353
Exportkartell 332
externer Faktor 211
Extrapolation 346–353

Faktor-Produktbeziehung 283–307
–, linear limitationale 63
Feldexperiment 366
Fertigungskapazitäten 61
Fertigungsverbund 153
Festpreise 128
Filtermethode 351
Finanzielles Gleichgewicht 56, 63, 233
Finanzierungsbedingungen des Kaufabschlusses 21
Finanzierungshilfen 198
Finanzierungskonditionen 61, 210
Finanzierungsleistungen 103
Finanzierungspotential 64
Finanzlücke 64
Finanzplan 376

Finanzplanung 233, 374
Finanzrestriktion 63 f.
Firmenmarke 150
Fixkosten 335 f.
Flexibilität 98
flexible Abrufsysteme 192
Forschungsverbund 153
Franchising 188
Freihändige Vergabe 52
Fremdbezug 152
Fremdkapitalgeber 59
Frühstückskartell 332
Functional Approach 19
Funktion, konjunkturale 110
funktionale Eigenschaften 141
–, Abstimmung von 148
Fusion 156

Garantiebedingungen 21
Gattungsmarken 150
Gebrauchsgüter 2
Gebrauchsgütermarkt 19
Gebrauchsnutzen 112
Gebrauchsqualität 141 f.
Geltungsnutzen 112, 160
Geltungsqualität 141 f.
Gemeinschaftsabsatz 187 f.
Gemeinschaftsunternehmen 98
Gesamtdeckungsbeitrag, globaler 374
Gesamterlösfunktion 123
Gesamtkapitalrendite 67
Gesamtplan der Unternehmung 374–376
Gesamtpreis 128
Geschäftseinheiten, strategische 79 ff.
Gesetz gegen unlauteren Wettbewerb 177
Gesetz gegen Wettbewerbsbeschränkungen 13, 188
Gewährleistung 195, 210
Gewährleistungsansprüche 161
Gewährleistungsfall 126
Gewichtungsfaktor der exponentiellen Glättung 350
Gewinn 58, 124
Gewinnfunktion 123–125
Gewinnfunktion 124, 223
–, eines Einproduktunternehmens 124

–, 1. Ableitung der 124, 225
–, 2. Ableitung der 124, 225
Gewinngerade 244
Gewinngrenze 277
Gewinnmaximale Produktions- und Absatzplanung im Einproduktunternehmen 223–228, 276–279
Gewinnmaximierung 59
–, gemeinsame im Oligopol 333–337
–, kurzfristige 58–60
–, langfristige 60 f.
–, unter Nebenbedingungen 61–66
Gewinnmaximum
–, absolutes 228
–, lokales 228, 278
Gewinnschwelle 224 f., 233, 277
Gewinnstreben 58
Glättung, exponentielle 349–353
Gleichgewicht
–, betriebsindividuelles 227
–, finanzielles 56, 63, 233, 376
Gleichgewichtslehre, allgemeine 36
Gleichgewichtslösung 330
Globalpreis 127
Greatest Change-Kriterium 250
Grenzdeckungsbeitrag 249
Grenzerfolge, partielle der Instrumentenvariablen 303
Grenzerlös 122, 124
Grenzerlösfunktion 122–125, 277, 294
Grenzkostenfunktion 277
Grenznutzen 31
Grenzpreis, oberer und unterer 321 f.
Grenzrate der Substitution 31, 35
Großhandel 15
Grundbedürfnisse 37
Grundkonzeption, strategische 88–92
Grundpreis 126
Gruppe, strategische 74, 76
Gruppenbefragung 364 f.
Gruppendiskussion 364
Gruppenkarte, strategische 75
Gruppenurteil
–, abhängiges 365
–, unabhängiges 365
Gut
–, Gebrauchs- 2
–, Handels- 2

–, Investitions- 2, 186
–, komplementäres 119
–, Konsum- 2
–, substitutionales 119
–, Verbrauchs- 2
Güter
–, erklärungsbedürftige 212
–, genormte 187
–, standardisierte 187
Güterangebot 4
–, Bestimmungsgrößen des 56–212
Güternachfrage 4, 23–54
Güterzeichen 146
Gutseigenschaft 21

Handel 18
Handelsgüter 2, 49
Handelskette 18, 186
Handelsmarken 151
Handelspanel 366
Handelsware 152, 368
Händlermarkt 28
Handlungsbereich
–, monopolistischer 318
–, preispolitischer 323
Haushaltsgrundsätzegesetz 51
Hausmüll 163
Herrschaftsverhältnisse im Unternehmen 65
Heuristik 57
Hochpreispolitik 68
Homo oeconomicus 33
Howard-Sheth-Modell 37, 44 f.
Hypothetische Konstrukte 44

Ideensuche 157 f.
Image 97, 175
–, des Werbeträgers 182
Immaterialität von Diensten 211
Immissionsschutz 64
Indifferenzkurve 30
Indifferenzkurvensystem 30
Indikatorfunktion 362
Indikatormethode 362
Individualpreise 128
Induktor 178
Informationsalter 349
Informationspolitik 103, 174–185, 212

Informationsverteilung, asymmetrische 11
Innovationen 90
Innovatoren 42
Institution 5f., 17
Instrumentaleinsatz, Integration des 200–208
Instrumentalkombination 202
Instrumente, absatzpolitische 105
Integration der absatzpolitischen Instrumente 200–208
Intervall preispolitischer Autonomie → siehe monopolistischer Bereich der Preisabsatzfunktion
Investitionsgüter 2, 208
–, absatpolitische Besonderheiten der 208–210
Investitionsgütermarkt 15
Investitionskalkül 228, 256
Isogewinnkurven 290

Just-in-Time-Belieferung 192

kalkulatorischer Ausgleich 13, 153, 227, 327
Kampfstrategie 107, 333
Kapazität 62, 222
Kapazitätsgerade 243
Kapazitätsgrenze 223f.
Kapazitätslinie 243
Kapazitätsrestriktion 62f., 257
Kapitalbindung 199
Kapitalstrukturregel 65
Kartell 331f.
Kauf, Wiederholungs- 37, 40, 50
Kaufbereitschaft 183
Käufercharakteristik 42
Käufertyp 43
Käuferverhalten 27–48, 104
Kaufkraft 27, 197
Kaufmotiv 27
Kaufmotivtheorem 37f.
Kaufobjekt 27
Kaufprozeß 27, 208
–, Gesamtmodelle des 43–45
–, Phasen des 27
Kaufsubjekt 27
Kaufwahrscheinlichkeit 183

Kaufziel 27
Kernsortiment 152
Kinky Demand Curve 328f.
klassische Haushaltstheorie 29–33
kognitive Elemente 39
Kommunikation 175ff.
–, direkte 175
–, indirekte 175
–, mehrstufige 178
–, nicht-persönliche 175
–, persönliche 175, 212
Kommunikationsleistung 103
Kommunikationspolitik 21
Komplementärgut 119
Komplementarität 123, 201
Konditionenpolitik 21
Konkurrenten, relevante 74
Konkurrenz
–, oligopolistische 326–339
–, polypolistische 319–326
–, potentielle 78
–, vollkommene 14
Konkurrenzanalyse 76–78
– Informationsquellen der 77
konkurrenzgebundenes Anbieterverhalten 106
Konkurrenznachahmung 94
konkurrenzungebundenes Anbieterverhalten 106
Konsonanztheorem 37
Konsumenten
–, Einstellung der 42, 95, 182
–, Nachfrageverhalten der 29–48
Konsumentenmarkt 28, 95
Konsumentenverhalten 27–48
Konsumerismus 23
Konsumgüter 2
Konsumgütermarkt 15
Konsumsumme 28, 30
Kontakthäufigkeit 182
Kontrahierungspolitik 103
Kooperation 156, 187, 331–333
–, Grundtypen der 331
–, horizontale, vertikale und konglomerate 331
Kooperationsformen 187
Kooperationsstrategie 331–333

Koordination der Absatzaktivitäten 97f.
Korrelationskoeffizient 132f., 354
Korrelationsrechnung 130, 353–362
–, Lag- 362
–, Reihen- 362
Kosten
–, der Wiederingangsetzung 231, 282
–, der Stillegung 231, 282
–, des Stillstandes 231, 282
–, Fix- 335f.
–, Vernichtungs- 285
Kostenfestpreis 52
Kostenfunktion 123, 276–279
–, differenzierbare 223–228, 276f.
–, lineare 223f., 229, 277f.
–, mit sprungfixen Werbekosten 300
–, mit Sprungstellen 278
–, nicht lineare 224–227
–, stückweise differenzierbare 228f., 278f.
Kostentheorie 1
Kostenträger 197
Kreationstechniken 158
Kreativität 98
Kundendienst, technischer 322
Kundendienstpolitik 195–197
Kuppelproduktion 283–290
kybernetischer Prozeß 72

Laborexperiment 366
Laggards 43
Late Majority 43
Leasing 199
Leistungsbündel 12, 103
Leistungspotential 81
Leistungswettbewerb 12, 90, 203
Lerntheorem 37, 40f.
Lieferanten 59
lineare Programmierung 240–256
Linienorganisation
–, eindimensionale 98
–, mehrdimensionale 98
Liquiditätsbelastung 199
Listenpreis 127f.
logistisches System 186, 191, 193
Losgröße 353
Lösungsbereich 242

Machtgleichgewicht 13
Management 59
–, by Objectives 372
Marginalanalyse 21
Marke 146, 150f., 207
Markenfamilie 150
Marketing 1, 22–24
– Ansatz 22–24
–, differenziertes 91
–, konzentriertes 91
– Mix 104, 200f.
– – Elastizitäten 114
– – Planung 203
–, selektiv-differenziertes 91
–, undifferenziertes 91
Marketing Mix Strategien 200–203
Marketing, nicht kommerzielles 24
–, vertikales 189
Markierung 150f.
– von Dienstleistungen 211
Markov-Ketten 41
Markt 3–17
– der öffentlichen Hand 28f.
–, einstufiger 15f.
–, Elementar- 4, 96
–, geregelter 50
–, geschlossener 16
–, Händler- 28
–, internationaler 29
–, Investitionsgüter- 15
–, Konsumenten- 28
–, Konsumgüter- 15
–, mehrstufiger 15f.
–, nachgelagerter 49
–, offener 16
–, Produzenten- 28
–, relevanter 4, 6–8, 95
–, unvollkommener 14f., 72, 93, 317ff.
–, vollkommener 14f., 203
Marktabdeckung 91
Marktabgrenzung 6, 207
–, gutsbezogene 6
Marktabgrenzungskriterien 6
Marktanalyse 367–370
Marktanteil 9, 66, 68, 71, 83f., 137ff.
Marktanteilsverteidigung 327
Marktbearbeitung 72, 91
Marktbedingungen 27, 29

Marktbegriff, institutioneller 5
Marktbeherrschung 13
Marktdurchdringung 74, 89
Markteinführung 161
–, Kosten der 161
Marktentwicklung 73f., 89f.
Markterfolg 67
Markterschließung 72
Marktform 8–12, 27f.
Marktformenschema 10, 107, 119
Marktforschung 76, 112
Marktführer 333
–, stillschweigende Anerkennung eines 333
Marktgleichgewicht 13
Marktinterdependenzen 7
Marktkenngrößen 73f.
Marktlücke 157
Marktmacht 9, 12f., 85, 188
Marktneuheit 157, 366
Marktnische 157
Marktportfolio 92
Marktpositionierungsstudien 157f.
Marktpotential 73f., 89
Marktpreis 52, 222
Marktprognose 369
Marktreaktionsfunktion 201
Marktregelung 16f., 27
Marktsegment 93f., 96, 142, 150, 209
Marktsegmentierung 56, 91, 93–96, 182
Marktstellung 81
Marktstruktur 73
Marktstufe 15
Markttest 366
Markttheorie 1f.
Markttransparenz 11, 28, 50
Marktvolumen 73f.
Marktziele 72, 103
Marktzugang 16f.
Materialbeschaffungsplanung 374
Materiallagerplanung 374
Matrixorganisation 98
Mediaselektion 180, 182
Medienwerbung 175f.
Mehrproduktunternehmen 237–266, 282–291
–, bei Parallelproduktion 275
–, bei verbundener Produktion 275

–, erlösmaximale Produktions- und Absatzplanung im 256–258
–, gewinnmaximale Produktions- und Absatzplanung im 238–256, 283–291
–, Preisgrenzbetrachtungen im 258–266
Meinungsführer 41f., 178
Mengenanpasser 107, 222
Mengenpolitik 21, 206
Mengenrabatte 126
Methode der kleinsten Quadrate 131, 352, 356
Mindestabsatzmenge 62
Mindestdeckungsbeitrag 257
Mindestgewinn 59, 229
Minimalkostenkombination 31
Minimumsektor 224
Mischkonzerne 68, 156
Mischpreiskalkulation 153
Mischpreispolitik 68
Mittel, arithmetisches 349
Mittelwert 348
–, gleitender 348
Mix 104
–, Basis- 104
–, Kontrahierungs- 104
–, Leistungs- 104
Mix, Marketing 104, 200f.
–, Preis- 104
–, Produkt- 104
Mixelastizität 114
M-Methode 258
Mogelpackung 149
Monopol
–, Angebots- 10, 109, 221, 274
–, bilaterales 34ff.
–, Teil- 10
–, vollkommenes 14
–, zweiseitiges 10
Monopolist 130, 274
–, Angebots- 32, 110
–, integrierte Produktions- und Absatzplanung des 274–307
monopolistische Angebotskurve 282
– Angebotsstruktur 8
– Nachfragestruktur 9, 53, 96
monopolistischer Handlungsbereich 318, 320f.

monopolistisches Anbieterverhalten 93, 106
Monopolstellung 93
Morphologische Methode 158
Motiv 44
- Struktur nach Maslow 37
- Theorem 37
Multikollinearität 362
Multimarkenstrategie 150
Multipersonalität 29

Nachfrage
-, elastische 115
-, latente 321
-, starre 115
-, verbundene 238
-, vollkommen elastische 123
Nachfragefunktion 108–111
-, allgemeine 130
- des Monopolisten 130, 300
- eines Oligopolisten 134
-, individuelle 32 f.
-, stochastische 108
Nachfragemonopol 10, 49, 109
Nachfrageoligopol 10, 49, 109
Nachfragepolypol 10, 109, 274
Nachfragepotential 104
Nachfrager 2, 27–29, 59
Nachfragergruppierung 94
Nachfragerpräferenz 274
Nachfragerverhalten 74
Nachfragerziele 23
Nachfragestruktur
-, monopolistische 9, 53, 96
-, oligopolistische 9, 53, 96
-, polypolistische 10, 53
Nachfrageteiloligopol 49
Nachfragetheorie 1
Nachfrageverbund 153, 237
Nachfrageverhalten
- von Handelsbetrieben 49 f.
- von Konsumenten 29–48
- von öffentlichen Institutionen 50–54
- von Produktionsbetrieben 49 f.
Nachtragsauftrag 53
Nachwuchs-Bereich 88
Nebenbedingung 60, 65 f.
Nebenbedingungen, siehe Restriktionen

Nebenziel, sozialbedingtes 66
Nettoerlös 126, 370
-, durchschnittlicher je Marktsegment 126
-, je Segment 373
Nettoerlösrechnung 370–374
Nettoerlösvergleich, segmentweiser 369
Neuproduktentscheidung 157–161
Neuproduktideen 156
-, Quellen der 157
Neuproduktplanung, Phasen der 157–161
Nichtbasisvariable 245
nicht-funktionale Eigenschaften 141
Niedrigpreispolitik 106
No names 150
Normen 146
Normierungsbedingung 239
Nutzen
-, Gebrauchs- 112
-, Geltungs- 112
Nutzendifferential 135
Nutzenfunktion 30, 35
Nutzengebirge 30
Nutzenindifferenzkurve 30
Nutzenschätzung 30
Nutzenvorstellung der Haushalte 28
Nutzungswahrscheinlichkeiten 182

öffentliche Aufträge 50
öffentliche Bedarfsgüter 2
öffentliche Hand 51
öffentliche Institutionen, Nachfrageverhalten der 50–54
Öffentlichkeitsarbeit 175, 185
ökonomischer Horizont 60
Oligopol 10
-, Teil- 9 f.
-, vollkommenes 14
-, zweiseitiges 10
Oligopolist 130, 317
-, integrierte Produktions- und Absatzplanung des 318, 326–337
oligopolistische Angebotsstruktur 9
oligopolistische Konkurrenz 326–339
oligopolistische Nachfragestruktur 9, 53, 96
oligopolistisches Anbieterverhalten 106

420 Stichwortverzeichnis

Opportunitätskosten 247f., 251, 263
Optimalitätstest 245, 251, 265
Optimallösung 245
–, mehrere 245, 252
–, Stabilität der 258–261

Packung 149
Packungsgröße 149
Panelerhebung 366
Periodendeckungsbeitrag 335
Personalplan 374
Phasen des Kaufprozesses 42
Physical distribution 189, 206
PIMS-Projekt 83f.
Planerfolgsrechnung 371
Plankostenrechnung 371
Planung
–, Simultan- 57, 222, 304, 376
–, Sukzessiv- 57, 68, 222, 304, 376
Planungshorizont 360, 368
Polaritätsprofile 143f.
Polypol 10
–, Angebots- 10, 221, 317–326
–, Nachfrage- 10, 109, 274
–, zweiseitiges 10, 107
Polypolist
–, integrierte Produktions- und Absatzplanung des
– – auf dem unvollkommenen Markt 319–326
– – auf vollkommenen Markt 221–273
– – im Einproduktunternehmen 223–236, 319–326
– – im Mehrproduktunternehmen 237–266
polypolistische Angebotsstruktur 9
– Nachfragestruktur 10, 53
polypolistisches Anbieterverhalten 106
Portfolio-Analyse 86–88
Potential, akquisitorisches 142, 320
Potentialfaktoren 2
Präferenz 72, 104
–, Anbieter- 104
Präferenzen, persönlich bedingte 15
Präferenzmessung 135
Präferenzordnung der Haushalte 28
Präferenzstruktur 35
Preis 33, 103

– Bündel- 212
–, Cournot- 282
–, Einzel- 127
–, Gesamt- 128
–, Global- 127
–, Grenz- 321f.
–, Grund- 21
–, Markt- 222
–, Prohibitiv- 111, 121
–, Schatten- 255f.
Preisabsatzfunktion 108–112, 222
–, abschnittsweise differenzierbare 319
– des Monopolisten 32
– des Werbung treibenden Monopolisten 300f.
–, doppelt geknickte 320f., 326–328
–, einfach geknickte 294, 328–331
–, fallende 275, 319
–, Grenzlage der 325f.
–, monopolistischer Bereich der polypolistischen 291
– nichtlineare 298
Preisabsatzfunktionen, empirische Ermittlung von 129–136
Preisabschläge 126
Preisanpassung 107
Preisansatz 125–129
–, konkurrenzorientierter 129
–, kostenorientierter 129
–, nachfrageorientierter 129
Preisaufbau 125–129
Preisbildung 28, 331
Preisbindung, vertikale 128
Preisdifferenzierung 93, 128, 291–304
–, räumliche 291–295
Preiseinpassung 129
Preiselastizität 112–120
– der Nachfrage 112–119, 318
– des Angebots 119f.
–, Kreuz- 116–119
Preisempfehlung, unverbindliche 189
Preisfortführung, zeitliche 129
Preisführer 129, 223, 274
Preisführerschaft 107
Preisgleitklauseln 53, 128, 210
Preisgrenzbetrachtungen 230–233, 258–266, 282f.

Preisgrenzbetrachtung im Einproduktunternehmen 230–233
Preisgrenze 230, 261–264, 266
Preisgrenzen, arithmetische Ermittlung von 264–266
Preiskampf 333
Preisklasse 321
Preislisten 128
Preis-Nachfrage-Verhalten, inverses 112
Preispolitik 21, 103, 108–140, 206
– aufgrund von Durchschnittskosten 280–282
–, monopolistische 320–322, 326–331
Preissetzung, einheitliche 294f.
Preisstrategien, einstufige 128
Preistheorie 8, 29, 36
–, klassische 125, 274
–, mikroökonomische 106, 113
Preisuntergrenze 230–233, 262
–, gewinnorientierte 230–232, 283
–, liquiditätsorientierte 232f., 283
Preiswettbewerb 12, 33, 76, 90, 203
Preiszuschläge 126
Primärleistungen 104
Probierphase 42
Produkt 103, 168
–, Kuppel- 283
Produktbeobachtung 174
Produktbewertungsmodelle 158–160
Produktcharakteristik 42
Produktdifferenzierung 15, 23, 93, 136, 142, 150, 155, 176
Produkteigenschaften 140f.
Produktentwicklung 160
Produktgestaltung 140, 211
Produkthaftungsgesetz 168
Produktion
–, Auftrags- 264
–, Kuppel- 283–290
–, unverbundene 237
–, verbundene 237, 275
—, technologisch 283–287
—, wirtschaftlich 287–290
Produktionsabfälle 162f.
Produktionsbetriebe, Nachfrageverhalten der 49f.
Produktionsfaktoren 49, 211
Produktionskoeffizient 63

Produktionsplanung 374
Produktions- und Absatzplanung
– bei oligopolistischer Konkurrenz 326–337
– bei polypolistischer Konkurrenz 319–326
– bei unverbundener Produktion 237
– bei verbundener Produktion 237–258, 283–290
– – bei einem Engpaß 238f.
– – bei mehreren Engpässen 240–256, 289f.
– des Monopolisten 274–307
– des Oligopolisten 318, 326–337
– des Polypolisten
– – auf vollkommenen Markt 221–273
– – auf unvollkommenen Markt 319–326
–, gemeinsame gewinnmaximale im Dyopol 333–337
–, gewinnmaximale des einzelnen Anbieters im Oligopol 326–331
–, gewinnmaximale im monopolistischen Handlungsbereich 320–322
–, integrierte erlösmaximale unter Einhaltung eines Mindestgewinns 229f., 256–258, 279f.
–, integrierte gewinnmaximale 223–228, 276–279
– – unter Einsatz weiterer absatzpolitischer Instrumente 299–304, 322–326
– – integrierte im Einproduktunternehmen 223–236, 276–283
Produktion, integrierte im Mehrproduktunternehmen 237–266, 283–307
Produktionsprogramm 237, 304
Produktlebenskurve 205–208
Produktlebenszyklus 205–208
Produktmengenrelation
–, konstante 283–286
–, variable 286f.
Produktpolitik 103, 140–151, 206
Produktqualität 23, 141–149
Produktspezialisierung 155
Produkt- und Sortimentspolitik 103, 140–156
Produktvariation 156

Produzentenhaftung 168–174
Produzentenmarkt 28
Prognose 72, 345
Prognose aus Befragungen 363
Prognoseformel 350
Prognoseketten 360
Prognoseprozeß 346
Prognosereagibilität 349
Prognoseverfahren 160, 345–367
–, Befragungs- 363–367
–, statistische 347–362
Prohibitivpreis 111f., 122
Projektrangliste 159
Prototyp 160
Prozeßtheorie 11
Public Relations 175
Punktbewertung 136, 144–146, 364
Punktbewertungsmodell 188f.

Qualität 21, 141, 200
–, Gesamt 144
–, Produkt- 23, 141–149
–, Teil- 136, 141–146
—, Gewichtung der
Qualitätsbewußtsein 147
Qualitätsdistanz 144
Qualitätsindex 145
Qualitätskonrolle 50
Qualitätskreis 148
Qualitätsmerkmal 146
Qualitätsmessung, multidimensionale 146
Qualitätsorientierung 147
Qualitätspolitik 21
Qualitätsprofil 142ff.
Qualitätsprüfung 173
Quotenkartell 107

Rabatt 21, 126
–, funktionsbezogener 126
–, Mengen- 126
–, preispolitischer 126
Rahmenaufträge 128
Randsortiment 152
Ratingskalen 143
Rationalisierungskartell 188
Rationalisierungspotentiale 194
Reaktionsfunktion 45f.

Reaktionshypothese 328
rechtliche Restriktion 64
Recycling 164
Referenzanlagen 210
Referenzgruppe 38, 41, 112
Referenzgruppentheorem 38f., 43
Referenzpersonen 42f.
Reflexkurve von Efroymson 329f.
Regelmäßigkeit, statistisch gesicherte 352
Regressionsfunktion 110, 355
Regressionskoeffizient 355
Regressionsmethoden, lineare 201, 205
Regressionssrechnung 45, 130, 353–362
–, multiple 355
Reifephase 205f.
relevanter Markt 4, 6–8, 95
Rendite
–, Eigenkapital- 67
–, Gesamtkapital- 67
Restriktion 72, 203f.
–, Absatz- 62
–, Finanz- 63f.
–, geschäftspolitische 65f.
–, Kapazitäts- 62f.
–, rechtliche 64
Restriktionen
–, ökologische 161
Return on Investment 81
Risiko
–, finanzielles 40
–, Funktionserfüllungs- 40
–, sozialpsychologisches 40
Risikoempfinden 40
Risikoneigung 305
Risikoneutralität 305
Risikostreuung 156
Risikotheorem 4, 37, 40
Rohstoffbezugsmöglichkeiten 61
Rückrufaktion 174
Rückwärtsintegration 155f.

Sachzielbestimmung 79
Saisonschwankungen 348
Sales Promotion 184f.
Satisfizierungshypothese 71
Sättigungsgrenze 71
Sättigungsmenge 111, 122

Sättigungsniveau der Nachfrage 132
Sättigungsphase 205 f.
Schadensersatzpflicht 168
Schattenpreis 255 f.
Schlupfvariable 245
Schutzmarke 151
Scoring-Modelle 158–160
Scoring-Verfahren 146
Segmenterfolgsrechnung 90
Sekundärleistungen 104
Selbstkostenerstattungspreise 53
Selbstkostenpreis 52
Selbstkostenrichtpreis 52
Semantisches Differential 143 f.
Sensitivitätsanalyse 304
Serviceintensität 367
Serviceleistung 323–326
Siedlungsabfälle 163
Simplex-Algorithmus 240, 244–253
Simplex-Methode 244 ff.
Simplextableau 246
Simulation 46–48
Simulationsmodell 190
Simultanplanung 57, 222, 304, 376
Skalen-Effekte 83
Skalierung, nominale 146
Skalierungsbedingung 239
Snob-Effekt 112
Soll-Ist-Analyse 374
Sonderkartell 332
S-O-R-Schema 44 f.
Sortiment 86, 152
–, Ausweitung des 152, 155
–, Einengung des 152, 155
Sortimentsabnahmeverpflichtung 188
Sortimentsgestaltung 21, 93
Sortimentspolitik 21, 90, 103, 141, 152–156
–, Entscheidungsalternativen der 154
Sparte 98
Sperrmüll 163
Spezialisierung
–, partielle 35
–, totale 35
Spezialisierungskartell 334
spezifischer Deckungsbeitrag 239 f.
Stabilität der Optimallösung 258–261
Standardabweichung 357

Standardisierbarkeit 212
Standardqualität 126
Star-Bereich 87
Stärken- und Schwächenanalyse 80–88
Stärken- und Schwächenprofil 81 f.
statischer Beziehungszusammenhang 222, 275
Steepest Unit Ascent-Kriterium 250
Stochastische Modelle 46–48
Strategie
–, Differenzierungs- 90
–, Markt- 72, 92
–, Marktareal- 89, 91
–, Marktfeld- 89
–, Marktparzellierungs- 89, 91
–, Marktstimulierungs- 89 f.
–, Penetrations- 89
–, Präferenz- 90 f.
–, Preis-Mengen- 91
–, Produktentwicklungs- 90
–, profil 92
Strategien, mehrstufige 128
Strukturkrisenkartell 332
Strukturmodell 360
Stückkosten, variable 324
Substitutionalität 123
Substitutionsgut 74, 114
Substitutionswettbewerb 12
Suchphase 41
Sukzessivlanung 57, 68, 222, 304, 376
Synergien
–, Absatz- 90
–, Beschaffungs- 90
–, Produktions- 90
System, logistisches 186, 191, 193
Systemgeschäft 194

Tausch 1, 34–36
Tauschbedingung 3, 28
Tauschbeziehung 34 f.
Tausch, isolierter 34 f.
Tauschprozeß 3, 36
Tauschtheorie 34–36
Tausender-Preis 180
Teilfunktionen des Absatzbereichs 18
Teilmarkt 8, 127, 291
Teilmonopol 10
Teiloligopol 10

Teilqualität 136, 141–146
Teilqualitäten, Gewichtung der 146
TESI-Preismodell 137–140
Testmarktstudie 134
Testmarktuntersuchung 160f.
Theorie
–, Absatz 1, 17–24
–, der Unternehmung 60
–, Preis- 8, 29, 36
–, statische 14
Total Quality Management 147f.
Transaktionskosten 6
Transparenz 274, 317
– der Tauschbedingungen 14, 54
Transportkosten 127, 297
Trend 351
Trendfunktion, lineare 353
Trendgerade 352
Triffinscher Koeffizient 119

Überbrückungskredit 64
umweltökonomische Probleme
– der Produkt- u. Sortimentspolitik
161–168
Umsatztantiemen 67
Umsatzvolumen 67
Umweltschutz 64
Ungewißheit 72, 304–307, 319, 337–339
Unternehmen, Herrschaftsverhältnisse
im 65
Unternehmens-Gesamtziele 58–72
Unternehmensleitung
–, Aufgaben der 56
Unternehmenslogistik 190
Unternehmensumfeld, Analyse des
73–78
Unternehmensumwelt, Analyse der 78
Unternehmenswachstum 156
Unternehmensziele 56
Unternehmensziele, Analyse der 72, 78
Unternehmenszwecksetzung 78f.
Unternehmung 59
Unternehmung, Gesamtplan der
374–376
Unterschiedslosigkeit der Preise, Gesetz
der 14
Unvollkommener Markt 14f., 72, 93,
317–339

Unvollkommenheit 27, 317

Variable
–, Ausgangs- 247, 252
–, Basis- 246–252
–, Eingangs- 249
–, endogene 46
–, Ziel- 71
Veblen-Effekt 112
Verbraucher-Organisationen 23, 177
Verbraucherpanel 366
Verbraucherzusammenschlüsse 23
Verbrauchsfaktoren 2
Verbrauchsgüter 2
Verbrauchsgütermarkt 19
Verbund
–, Absatz- 275
– von Sachgütern mit technischen
Dienstleistungen 21
– von unterschiedlichen Sachgütern 21
Verbundeffekte 150, 153, 303
Verbundwirkung 201, 203f.
Verdingungsordnungen für Leistungen
51, 53
Verdrängungswettbewerb 68, 331, 333
Verfallsdaten 173
Verfügungsrechte 81, 210
Vergabe, freihändige 52
Verhalten, abgestimmtes 332f.
Verhaltensweise
–, monopolistische 106
–, oligopolistische 106f.
–, polypolistische 106f.
Verhandlungsstrategie 107
Verkauf 97
–, persönlicher 97, 175, 181, 183f.,
210
Verkaufsförderung 175, 184f.
Verkaufsförderungsmaßnahmen 21, 181
Verkaufssyndikate 187
Verlaufsanalyse, dynamische 280f.
Verlust 59
Verlustmaximierung 225
Verlustminimierung 225
Verlustminimum 225
Verpackung 149, 160
Verpackungsabfall 163, 166
Verpackungswertanalyse 166f.

Verrechnungspreis 376
Verschuldungsprinzip 168
Vertrieb 97
–, direkter 186f.
–, eingleisiger 186
–, indirekter 186f.
–, mehrgleisiger 186
–, Organisation des 367
Vertriebsabteilung 96
–, ausgegliederte 97
–, eingegliederte 98
Vertriebsdurchführung 189–194
Vertriebs(einzel)kosten 127
Vertriebsgemeinschaften 187
Vertriebsgesellschaften 187
Vertriebsmethode 42
Vertriebspolitik 103, 185–197, 206
Vertriebsweg 21, 186
Vertriebswegepolitik 21, 186–189
Vollkommener Markt 14f., 203
Vorlaufindikatoren, zeitliche 360
Vorwärtsintegration 155f.

Wachstumsphase 205f.
Wahrnehmungsphase 41
Wahrscheinlichkeit 306
Warenanalyse 18
Warenkorb 42
Warenpräsentation 149
Warenzeichengesetz 151
„weiße" Ware 150
Werbeausgaben 181, 300
Werbebotschaft 41, 176, 182
Werbebudget 176, 180–183, 299
Werbeerfolgskontrolle 303
Werbeinhalt 179f.
Werbemittel 176, 179f., 299
Werbeobjekt 176, 178f., 299
Werbepolitik 206
Werbesubjekt 176f., 179
Werbeträger 176, 179f.
–, Image des 182f.
Werbeträgerauswahl 180

Werbewirkung 181
Werbeziel 176, 178, 299
Werbung 15, 21, 93, 175–183, 210, 299, 322
–, Kaufwirkung der 178f.
–, Medien- 175f.
–, vergleichende 178
–, zeitliche Verteilung der 176
Wettbewerb 10
–, Grundformen des 11
–, heterogener 12, 203
Wettbewerb, homogener 12, 203
–, Leistungs- 12, 90, 203
–, Preis- 12, 33, 76, 90, 203
–, wirksamer 11
Wettbewerbsbeschränkungen, Gesetz gegen 13, 332
Wettbewerbsbeschränkungen, Recht gegen 7
Wettbewerbspolitik 11
Wettbewerbstheorie 11
Wiederholkauf 39f., 50, 150
Wirtschaftlichkeitsanalyse bei Neuproduktentscheidungen 160
Wirtschaftstheorie, klassische 58

Zahlungsziel 64, 200
zeitablaufbezogene Analyse 234
Zeitreihenauswertung 46
Ziele
–, Absatz- 58–72, 195, 367
–, Marketing- 70
–, partielle 57
–, Unternehmens- 56
Zielerfüllungsgrad 60, 72
Zielhierarchie, konsistente 69
Zielkategorien, allgemeine 69
Zielsystem, mehrdimensionales 71f.
Zielvariable 71
Zielvereinbarung, Prinzip der 372
Zusatzauftrag 263
Zweitmarken 150
Zwischenfinanzierung 199

Ch. Schneeweiß

Einführung in die Produktionswirtschaft

4., neubearbeitete Auflage 1992.
78 Abb. 2 Tab. (Springer-Lehrbuch)
Brosch. DM 25,- ISBN 3-540-55775-X

Die hervorragende Resonanz, die die Vorauflagen dieses Lehrbuchs erfahren haben, zeigt, daß es dem Autor gelungen ist, eine überzeugende Einführung in die Produktionswirtschaft zu verfassen. Dabei steht die Planung der Produktion und deren organisatorische Einbindung in die Führungsebenen des Industriebetriebs im Vordergrund. Besonderes Gewicht wird auf die operative Planung gelegt. Sie wird nicht nur in die langfristige strategische Planung eingebettet, sondern es wird auch der Zusammenhang mit der kurzfristigen EDV-Steuerung des Produktionsprozesses hergestellt. Damit schlägt die vorliegende Einführung eine Brücke zu den stärker ingenieurwissenschaftlich orientierten Abhandlungen zur Produktionsplanung und -steuerung.

W. Busse von Colbe, G. Laßmann

Betriebswirtschaftstheorie

Band 1
Grundlagen, Produktions- und Kostentheorie

5. durchges. Aufl. 1991. XVI, 356 S. 112 Abb.
(Springer-Lehrbuch) Brosch. DM 36,-
ISBN 3-540-54101-2

Die Themengebiete werden systematisch und umfassend dargestellt, besonderer Wert wird auf die Darstellung der praktischen Bedeutung modelltheoretisch abgeleiteter Aussagen gelegt. Zahlreiche Beispiele aus der Praxis veranschaulichen die Modellaussagen.

G. Fandel

Produktion I

Produktions- und Kostentheorie

3., neu bearb. Aufl. 1991. XV, 327 S.
139 Abb. 23 Tab. Brosch. DM 49,80
ISBN 3-540-53526-8

*Preisänderung
vorbehalten*

K. Backhaus, B. Erichson,
W. Plinke, R. Weiber

Multivariate Analysemethoden

Eine anwendungsorientierte Einführung

6., überarb. Aufl. 1990. XXIV, 416 S.
126 Abb. 137 Tab. (Springer-Lehrbuch)
Brosch. DM 49,80 ISBN 3-540-52851-2

Dieses Lehrbuch behandelt die wichtigsten multivariaten Analysemethoden, nämlich Regressionsanalyse, Varianzanalyse, Faktorenanalyse, Clusteranalyse, Diskriminanzanalyse, Kausalanalyse (LISREL), Multidimensionale Skalierung und Conjoint-Analyse.

MIX
Papier aus verantwortungsvollen Quellen
Paper from responsible sources
FSC® C105338

If you have any concerns about our products,
you can contact us on
ProductSafety@springernature.com

In case Publisher is established outside the EU,
the EU authorized representative is:
**Springer Nature Customer Service Center GmbH
Europaplatz 3, 69115 Heidelberg, Germany**

Printed by Libri Plureos GmbH
in Hamburg, Germany